Unity5.X游戏开发基础

主 编 张 帆

DVD
随书赠送DVD一张
（包含所有实例文件）

浙江工商大学出版社
ZHEJIANG GONGSHANG UNIVERSITY PRESS

图书在版编目(CIP)数据

Unity5.X 游戏开发基础 / 张帆主编.—杭州:浙
江工商大学出版社,2017.5(2018.2重印)
ISBN 978-7-5178-2093-2

Ⅰ.①U… Ⅱ.①张… Ⅲ.①游戏程序—程序设计—
高等学校—教材 Ⅳ.①TP317.61

中国版本图书馆 CIP 数据核字(2017)第 071376 号

Unity5.X 游戏开发基础

张 帆 主编

责任编辑	罗丁瑞	
责任校对	王文舟	
封面设计	林朦朦	
责任印制	包建辉	
出版发行	浙江工商大学出版社	
	(杭州市教工路 198 号 邮政编码 310012)	
	(E-mail:zjgsupress@163.com)	
	(网址:http://www.zjgsupress.com)	
	电话:0571-88904980,88831806(传真)	
排 版	杭州朝曦图文设计有限公司	
印 刷	杭州恒力通印务有限公司	
开 本	787mm×1092mm 1/16	
印 张	37.5	
字 数	863.5 千	
版 印 次	2017 年 5 月第 1 版 2018 年 2 月第 1 次印刷	
书 号	ISBN 978-7-5178-2093-2	
定 价	98.00 元	

数字游戏设计系列教材委员会

前　言

Unity3D 引擎简介

经过一次次技术革命，数字化的传播方式也日益多元化，数字媒体、数字游戏、VR、AR 等无不触动着每个人的感官神经。如何找到一种方便快捷的生产方式，是每个数字化互动产品开发人员亟需解决的问题。如果你在为寻找合适的开发工具而焦头烂额，不妨尝试 Unity3D 这个游戏引擎。

如果需要制作 2D/3D 的游戏产品，那么它是一个不可多得的游戏引擎工具；如果需要制作 AAA 级画质的数字交互产品，那么它可以为你提供高效优质的渲染效果；如果需要制作 VR 和 AR，那么它可以提供各种方便的创作工具；如果需要让自制的软硬件与数字图形进行交互，那么 Unity3D 可以提供给用户安全而灵活的扩展接口。

Unity3D 除了强大的图形渲染能力和简单快捷的操作方式之外，另一个很重要的特点是跨平台开发，它实现了产品开发一次后一键式发布到各种平台的功能，目前它支持 iPhone、iPad、Android、PC、Mac、Wii、PS3、XB360、Linus、HTC Vive 和 Oculus 等平台。而且由于它的可扩展性，很多开发者为它开发出许多非常棒的插件，比如可以实现与 Kinect 体感设备的通讯，实现增强现实（AR）技术的整合，与外部数据库进行数据交换等等。引用业内一位知名人士的一句话："不要再对所谓的 Flash3D 抱有什么希望，也不要再去花心思去学习那些杂七杂八的 Flash3D 插件，赶紧学习 Unity3D 才是正经"。

目前全球有 330 万个 Unity3D 注册用户，论坛中每月活跃用户数高达 60 万。全世界有 6 亿的玩家在玩使用 Unity3D 引擎制作的游戏，用 Unity3D 创造的应用和游戏目前的累计体验量达到了 87 亿次。在世界范围内，Unity3D 占据全功能游戏引擎市场 45% 的份额，居全球首位。在中国，Unity3D 注册用户数全球第一。这些数字在游戏引擎行业中是不可小觑的，而且用户数量还在不断增加。

由于 Unity3D 的高性能和高质量以及容易上手、性价比高等特点，使得很多国内外高校和企业都转向使用 Unity3D 作为教学内容和用它来开发项目。比如美国密歇根州布罗德州立大学最近推出了使用该引擎制作的多用户在线的"博大虚拟艺术博物馆"（Virtual Broad Art Museum），用户可以通过互联网进入到虚拟博物馆，并且观赏根据实际物品还原的数字艺术品。还有出品过《愤怒的小鸟》系列游戏的 Rovio 公司的最新移动平台作品《捣蛋猪》，也是使用 Unity3D 来完成的。

Unity Technologies 公司在 2012 年 4 月正式登陆中国。此时国内已经有很多大中小型数字娱乐互动公司开始使用 Unity3D 制作游戏和数字互动等产品，比如成都九众的《将魂》，《老友记》，骏梦的《仙剑奇侠传 OL》等等。为了适应中国游戏公司对 Unity3D 人才的需求,中国传媒大学和浙江传媒学院都相继开设了游戏设计专业,其中有不少的课程使用 Unity3D 作为教学的基本工具,比如游戏脚本编程、游戏引擎原理、游戏实战开发等等。

我与这本书

我第一次接触 Unity3D 游戏引擎是在 2008 年,当时是我的导师扈文峰教授推荐给我,并引导我往这个方向去研究其应用的。在那时 Unity3D 没有太多的参考资料,外文的参考资料及教程也甚少。为了研究其应用,我只能通过官方的文档以及其入门视频。

Unity3D 是以组件(Component)的方式来组织游戏逻辑,它的可随意装配、对修改封闭而又对扩展开放的优越性,使得我开始意识到该软件将前途无量。本着更深入研究的目的,我在中国传媒大学学习期间,对 Unity3D 的研究一直在持续。

回想起我开始接触 Unity3D,到我毕业后来浙江传媒学院任教,整整 7 个年头。在这 7 年当中,Unity3D 不断升级,由最初的 2.5 版本,到 2.6 版本、3.0 版本、3.5 版本、4.0 版本,到本书截稿时的 5.4 版本,每一次的版本升级都给用户带来令人惊讶的新功能。它的一站式多平台开发,方便的编辑工具和编辑思路,对各种图形的渲染优化、物理引擎、动画状态机、灵活开放的实现方式以及丰富的脚本 API 等等,是我持续不断地对它进行研究和学习的动力源泉,现在我所承担的课程(游戏关卡设计、游戏脚本编程、游戏引擎原理和游戏实战开发等)基本上都使用 Unity3D 作为教学工具。

除了教导学生运用 Unity3D,我也希望将自己对 Unity3D 的研究和实践探索,通过出书的方式,使得更多人得以了解及运用 Unity3D,为现有的 Unity3D 用户及其潜在用户,提供一个较为实用的教程。

在一次偶然的机会中,我认识了浙江工商大学出版社的罗丁瑞老师,罗老师对我打算出版 Unity3D 实用教程的事情,表示鼓励和支持。于是,从 2012 年 12 月份开始,我除了处理学校的事务外,都把大部分的精力用于这本书第一版的编著上,从大纲的设计以及每章的内容编写上,我都尽力以用户的实用体验及使用为原则。本书的第一版于 2013 年初出版至今,获得了市场和相关院校老师和同学的好评。但随着 Unity3D 技术的发展,我们计划对本书进行一次大的修订,于是便有了这本书的第二版。

第二版在收集广大读者的意见并总结第一版的经验之后,进行了大幅度地修改,第二版将更加突出重点。由于作者水平和学识,再加上时间仓促,书中错误疏漏之处再所难免,敬请广大读者批评指正。如有疑问,可与我联系,邮箱是 Zf223669@126.com。

最后,我仍需要感谢我的导师,中国传媒大学计算机学院的扈文峰教授对我在学期间的指导。还要感谢浙江工商大学出版社的罗丁瑞老师,在他的大力支持下,终于能够让这本书面世。由衷地感谢浙江传媒学院新媒体学院的领导和同事们,是他们为我这本书的编著提供了良好的工作环境和支持。感谢我的学生陈子豪、董宸、何书能、李慧妍、罗权、邵晓燕、王康佳和徐乙炎同学,有很多材料的收集和整理、校对都是在他们的帮助下完成的。感谢杭州点染网络科技有限公司的刘柱老师,为这本书的 3D 模型素材制作提供了帮助。

内容简介及使用说明

章名	主要内容
第 1 章游戏引擎介绍	介绍游戏引擎的由来、当前较为流行的游戏引擎产品、如何选择游戏引擎以及 Unity3D 的安装。
第 2 章 3D 游戏开发所需要的重要概念	介绍在使用 Unity3D 开发游戏时需要了解的重要概念。
第 3 章 Unity3D 界面介绍	介绍 Unity3D 界面布局和各个界面的作用。
第 4 章 Unity3D 脚本程序介绍	介绍 Unity3D 脚本语言的语法和用法。
第 5 章地形编辑器	介绍 Unity3D 中户外地形环境的制作和 Tree Creator、WorldMachine 以及 SpeedTree 的使用。
第 6 章 3D 模型的导入	介绍如何导入三维模型和使用三维模型需要注意的地方。
第 7 章光源	介绍 Unity3D 提供的三种实时灯光,包括平行光、点光源和聚光灯的用法。
第 8 章贴图、材质与 Shader	介绍 Unity3D 的贴图、材质和 Shader 的基础知识。
第 9 章音频	介绍音频和 AudioMixer 的使用方法。
第 10 章碰撞盒与触发器	介绍碰撞盒和触发器的作用和用法。
第 11 章 3D 物理模拟	介绍 Unity3D 内置的 3D 物理引擎,包括刚体、物理关节、布料等。
第 12 章 2D 物理模拟	介绍 Unity3D 内置的 2D 物理引擎,包括刚体、物理关节和物理效应等。
第 13 章动画系统	介绍 Mecanim 动画系统的使用。
第 14 章粒子系统	介绍 Unity3D 新的粒子系统(Shuriken)以及用法。
第 15 章游戏界面 UGUI	介绍游戏界面的实现。
第 16 章人工智能	介绍 Unity3D 的自动寻路系统

　　本书除了可以作为高校相关专业的教材之外,还可以作为 Unity3D 的参考书。它涵盖了 Unity3D 的常见使用功能,除了介绍 Unity3D 的功能之外,每个章节中都有相应的例子和练习题,方便读者对这些功能的理解。本书适合不同水平层次的读者,无论是初学者或者是已经有一定经验的开发人员。

　　如果作为教学用书,建议课时不少于 64(每周 4 节)或 48(每周 3 节)课时。以每周 4 课时计算,前两节介绍 Unity3D 的功能,第 3 节介绍这些功能的例子,最后一节可以作为实践,并在课下完成对应的练习题。如果每周 3 课时,前两节介绍 Unity3D 的功能,第 3 节介绍这些功能的例子,并在课下完成实践和练习题。

光盘内容

为了方便读者学习,本书附带了书中所有章节需要用到的工程文件包和 Unity3D 5.4 版本的安装文件,这些工程的文件名与每个章节序号相对应,这些工程需要在 Unity3D5.x 版本以及以上才能打开。如果在工程中遇到任何问题,也可以通过我的电子邮箱 zf223669@126.com 与我联系。

作者简介

特约顾问:扈文峰,男,教授,中国传媒大学计算机学院软件工程系主任,互动技术与艺术实验室主任,"互动娱乐与动画技术"专业硕士研究生导师。一直从事计算机游戏技术的教学和科研工作,研究方向为严肃游戏以及基于游戏技术的各种应用,发表严肃游戏领域学术论文多篇。历年来主持国家级、省部级科研项目多项,多为严肃游戏领域的开发应用,代表作有"智能节点弹性重叠网实时信息三维图形动态展示系统"、"环保科普教育游戏一生命只在呼吸之间"、"煤层气地面集输生产作业虚拟仿真系统"、"航母战斗群海空作战仿真对抗训练游戏"等。所领导的互动技术与艺术实验室是国内使用 Unity3D 游戏引擎最早的团队之一,具有丰富的 Unity3D 引擎开发经验。

主编:张帆,男,广东省潮州人,硕士研究生,中国传媒大学计算机学院——计算机应用技术(数字娱乐与动画技术方向)毕业。目前任职于浙江传媒学院新媒体学院数字媒体技术专业(数字游戏设计方向)专业系主任。研究方向为数字娱乐交互技术。主要负责课程有游戏脚本编程,Shade 语言,游戏人工智能,游戏引擎技术,游戏综合创作等。承担国家青年自然基金 1 项,浙江省公益项目 1 项,发表论文 8 篇。指导大学生创新基金和新苗人才计划项目 12 项。指导学生参加微软国际创新杯设计大赛、微软国际创新杯(Image Cup)大赛、全国计算机设计大赛、浙江省多媒体设计大赛、全国信息技术应用水平大赛等,获得全国一等奖 8 项,二等奖 20 余项,省级奖项若干。出版游戏设计相关教材《手机游戏的设计开发》《Unity 游戏开发基础》《游戏策划与设计》《计算机游戏程序设计》等。

副主编:潘瑞芳,女,江西南昌人,硕士,教授,第十届浙江省政协委员,全国广播电影电视标委会委员,中国动漫艺术陈列馆专家指导委员会委员,中国动画学会教育委员会委员,计算机学会理事。现为浙江传媒学院教授,新媒体研究所所长,国家动画教学基地副主任。主要研究领域为数字媒体、计算机动画及数据库技术研究等。主持完成国家广电总局项目、浙江省自然科学基金项目、浙江省科技厅等项目;在研有国家科技部、国家新闻出版广电总局、浙江省新世纪教改项目及杭州市等项目。发表论文 60 余篇,获国家软件著作权登记 2 部,编撰出版著作 3 部,主编高校计算机类教材 5 部,获省级优秀教材一等奖 1 项,导演的 2 部三维动画短片获中国国际动漫节美猴奖提名。

副主编:周忠成,男,1964 年 11 月生,浙江东阳人,汉族,教授。毕业于吉林大学研究生院,现任浙江传媒学院新媒体学院副院长,中国广播电视学会会员。曾获浙江传媒学院校中青年学科带头人、校"师德标兵""三育人先进工作者"等荣誉。发表核心刊物论文 10

余篇,出版《数字音频制作技艺》专著及教材 3 部,主持"基于草图的动漫玩具设计和制作系统的开发与应用"省级项目,主持"非线性编辑"省级精品课程,主持及参与其他各类项目 10 项。论文《影视后期制作中的数字色彩校正》获 2011 年度中国电影电视技术学会影视科技优秀论文三等奖。

副主编:杜辉,男,1979 年 11 月生,浙江省东阳人,博士研究生,讲师职称,主要研究方向:数字图像处理、计算机游戏动画。主持与参与了多项省部级科研项目。近三年,共发表了数篇 SCI/EI 论文。其中在国际重要学术期刊 *Computer Graphics Forum*、*The Visual Computer* 上发表 2 篇 *SCI* 论文,发表 6 篇 *EI* 论文。

副主编:褚少微,男,1982 年生,辽宁省辽阳人,博士研究生。2006 年获得辽宁工业大学计算机科学与技术专业学士学位。2008 年获得中国传媒大学计算机应用技术硕士学位。2013 年获得日本筑波大学计算机科学专业工学博士学位。同年在浙江传媒学院,新媒体学院任教,讲师。主要研究方向为人机交互,目前主要从事手势识别与交互,触觉感知界面技术等研究。主要提出了基于运动的手势识别和交互技术,基于头部及面部表情运动的交互技术等。在 *HCII*、*ACHI*,和 *APCHI* 等国际会议上发表学术论文 3 篇,在 *Transaction of HIS* 及 *Personal and Ubiquitous Computing* 上发表期刊论文 2 篇。

参编(按姓氏拼音排序):陈子豪、董宸、顾晶晶、何书能、荆丽茜、况明全、李铉鑫、林生佑、罗权、马同庆、钱归平、邵晓燕、隋慧芸、叶福军、王寒冰、王康佳、王忠、谢昊、徐乙炎、徐芝琦、俞承杭、张小红、张元

目 录

第3章 Unity3D 界面介绍

第4章 Unity3D 脚本程序介绍

第 5 章　地形编辑器

第 12 章　2D 物理模拟

第 13 章　动画系统

第 14 章　粒子系统

01
CHAPTER ONE
第 1 章

游戏引擎介绍

Unity 5.X

本章内容

过去的游戏开发,基本是从零开始一步一步地为游戏添加功能,直到游戏产品完成。这种从零开始的游戏框架搭建,有严重的"车轮再造"嫌疑。此种高成本、低效率的开发方式,已经不适合在当今高速发展、竞争白热化的游戏市场中立足了。

一个游戏团队,应从各个方面节约开发成本,提高开发效率和质量,才能在市场上生存并获得市场的认可,从而获得丰厚的利润。如何站在前人的肩膀上,复用已有的游戏开发技术,防止"车轮再造"所带来的弊端,进而把开发过程更多地集中在游戏内容和游戏可玩性上,是游戏开发人员急需解决的问题之一。

使用过 C/C++、Java 等程序语言创作过游戏的读者都深有体会,每一款游戏都会包括图像、声音、用户输入操作、游戏场景组织、动画控制、游戏逻辑等模块。当你创作了多款游戏之后你会发现,游戏内容可能不同,但是组成游戏的功能模块以及结构却基本差不多。那么是否有一种一劳永逸的办法,把这些基本的功能模块和结构抽象出来,以后在开发游戏时只要往这些功能模块中添加具体的游戏内容便可以了呢? 答案是肯定的。"游戏引擎"便是为解决以上问题而诞生的。

1.1　游戏引擎简介

什么是游戏引擎? 依据 Google Wiki 上的定义,游戏引擎是指一个可以用于创作和开发视频游戏的软件系统。游戏开发人员可以使用由游戏引擎提供的软件框架和所见即所得的游戏编辑系统来创作不同的游戏。游戏引擎为游戏设计者提供了包括图形图像渲染功能、物理模拟功能、碰撞检测功能、音频控制、程序脚本编写、动画系统、人工智能系统、网络系统、流处理、内存管理、线程管理等游戏开发所必要的功能。

根据百度百科的描述,我们可以把游戏的引擎比作赛车的引擎。引擎是赛车的心脏,决定着赛车的性能和稳定性,赛车的速度、操纵感这些直接与车手相关的指标都是建立在引擎的基础上。游戏也是如此,玩家所体验到的剧情、关卡、美术、音乐、操作等内容都是由游戏的引擎直接控制的,它扮演着发动机的角色,把游戏中所有元素捆绑在一起,在后台指挥它们同时、有序地工作。

在游戏引擎面世之前,许多开发者都需要使用各种编程语言和各种开发库(如 Open-GL、DirectX)来搭建整个游戏底层框架,还要时时刻刻注意计算机内部资源的管理,因此没有太多的时间和精力来考虑游戏的创意和玩法。

一款完整的游戏引擎,能够提供给游戏开发者稳定的底层框架和完善的游戏创作工具,使得开发者更加关心游戏的内容和可玩性,不用再去过多地担心游戏程序的底层细节,而且能够让开发出来的游戏产品更加稳定可靠。有了游戏引擎,游戏的开发过程更加简单,同时大大降低开发成本、缩短开发周期,进而降低研发的风险。出于以上原因,越来越多的开发者倾向于使用健全的游戏引擎来制作自己的游戏。正因为有庞大的市场需求,游戏引擎的市场才逐渐形成。

简单地说,引擎就是"用于控制所有游戏功能的主程序,从计算图形图像、碰撞、物理系统和物体的相对位置,到接受玩家的输入,以及按照正确的音量输出声音等等。"无论是 2D 游戏还是 3D 游戏,无论是角色扮演游戏、即时策略游戏、冒险解谜游戏或是动作射击游戏,哪怕是一个只有 1 兆的小游戏,都有这样一段起控制作用的代码。

经过不断的进化,如今的游戏引擎已经发展为一套由多个子系统共同构成的复杂系统,从建模渲染、动画到光影、粒子特效,从物理系统、碰撞检测到文件管理、网络特性,还有专业的所见即所得编辑工具和插件,几乎涵盖了开发过程中的所有重要环节。

总而言之,游戏引擎是一种可复用的、适应性较强的游戏开发中间件,游戏开发人员可以使用同一套游戏引擎来开发出不同的游戏产品,甚至可以很方便地把同一款游戏产品发布到不同的运行平台上。

更多对游戏引擎的描述,可以参考百度百科(http://baike.baidu.com/view/33343.htm)和维基百科(http://en.wikipedia.org/wiki/Game_engine)的相关描述。

1.2　游戏引擎的选择

随着游戏开发市场的日益庞大,游戏引擎产品层出不穷。游戏引擎根据其使用范围,可分为公司内部使用与针对游戏开发市场两种。公司内部使用的游戏引擎一般不会发布到市面上,此类游戏引擎是由公司内部开发,并在内部使用,一般只有加入该公司的开发者才能使用到它。而另外一种是发布到市场上的游戏引擎产品,要使用这类引擎,可以通过免费下载、付费授权等方式获得,具体根据不同引擎开发商的商业策略来定。

目前,面向游戏开发市场流行的游戏引擎有很多种。根据是否开源可以分为开源游戏引擎与非开源引擎;根据是否付费可以分为付费引擎与免费引擎;根据画面空间维数可分为 2D 游戏引擎和 3D 游戏引擎;根据针对的游戏类型划分,可分为针对 RPG 游戏的引擎、针对第一人称射击的引擎、针对第三人称射击游戏的引擎等等。当然,随着游戏引擎市场的发展,其分类也越来越多,界限却越来越模糊。目前,使用比较多的游戏引擎有:Unreal 虚幻引擎、Cry Engine、寒霜、Unity3D、Cocos2D 等等(更多的游戏引擎划分可以参考维基百科的"游戏引擎分类")。

在琳琅满目的游戏引擎产品中,挑选合适的游戏引擎可以使开发事半功倍。那么如何挑选合适的引擎,此处给出一些建议,以供读者参考。

在考虑使用什么游戏引擎时,需要考察以下几个方面的内容:

● 开发的是什么类型的游戏。每种不同游戏引擎产品,对游戏类型都有所侧重。例如 Unreal 虚幻引擎和 Cry Engine 比较擅长开发第一人称和第三人称的次时代游戏,Game Maker 用于 2D 的 RPG 游戏制作,Big World 引擎适合制作大规模大地图的网络多人游戏。

● 开发的游戏成本预算大概是多少。针对目前游戏引擎市场的价格不一,有的引擎授权需要几十万元美金,甚至百万元美金以上,而有的只要几百元美金,还有的是免费的。当然,在游戏引擎市场中,价格的高低很大程度上影响了该引擎的质量、效率、功能和技术支持等方面的内容。

● 开发针对何种平台上的游戏。例如 Cocos2D 适合开发智能手机上的游戏,Unity3D 适合开发多平台的 3D 和 2D 的游戏等等。

● 引擎所提供的功能。一个游戏引擎提供的功能越多,越完善,我们能够实现的效果就越丰富,就有越多的想法能够表达出来。比如是否提供次时代画质、是否提供物理模拟、是否拥有网络开发功能等等。

● 帮助文档是否完整,论坛是否活跃,技术支持是否及时准确。这些是使用游戏引擎的重要技术保障。如果一个游戏引擎的帮助文档不完整,技术支持不够健全,建议不要使用。

● 是否具有扩展性。一些游戏引擎是完全封闭的,为它添加功能是非常困难的事情;有的游戏引擎是提供源代码的,虽然这样自由度非常高,能修改引擎的源代码,但是对于一个游戏开发团队来说,维护代码是一件非常麻烦的事情;如果游戏引擎能够提供一种接口,使得用户能够根据自己的需要编写功能插件,那么是最好的事情了。

● 是否简单易用,界面是否友好。有的游戏引擎虽然提供了非常出色的画面效果和效率管理,但是入门难、界面复杂等问题使得很多用户望而却步,同时也降低了开发效率,所以在选择的时候需要衡量。

● 了解该引擎的"坑"。"坑"是游戏开发界中的行话,指的是在使用某款游戏引擎时可能会遇到的技术难题或者是该引擎潜在的缺点。由于目前的软件框架都存在稳中有降自的优缺点和适用领域,因此引擎带来的"坑"是不可避免的。面对这些"坑",开发者只能选择"填坑"(修复或解决问题)或者"绕道"(利用其他途径实现功能)的方法。了解它可以为我们选择合适的引擎提供更多的参考。

1.3　目前流行的游戏引擎

列举几款流行的游戏引擎,以供读者参考。

1.3.1　虚幻引擎(Unreal4)

读者如果玩过《战争机器》《虚幻竞技场》《细胞分裂》等重量级次时代游戏,定会被它们壮观的游戏场景和华丽的画面所吸引,如图 1-1 所示。

(a)《战争机器》　　　(b)《虚幻竞技场》　　　(c)《细胞分裂》　　　(d)Unreal Logo

图 1-1　Unreal Logo 以及及 Unreal 引擎开发的游戏

这些游戏都是由全球顶级游戏 Epic 公司开发的 Unreal 游戏引擎制作出来的。目前已经发布的版本为 Unreal4。

Unreal4 又名虚幻引擎 4,是一套针对 PC、Xbox、PlayStation、IOS、Android、Oculus 平台的完整的游戏开发框架。它的所有功能编写理念都是为了更加容易的内容制作和编程开发,为了让所有的美术开发人员能够在牵扯到最少程序开发内容的情况下使用抽象程序助手来自由创建虚拟场景,以及提供程序等高效率的模块和可扩展的开发构架来创建、测试和完成各种类型的游戏制作。

虚幻引擎 4 目前已经完全免费,同时包括了整个引擎的源代码。如果需要深入了解虚幻引擎,可以登录官网网址:http://www.unrealengine.com/。

1.3.2 Cry Engine

科幻题材的第一人称射击游戏《孤岛危机》系列,是 Cry Engine 的代表作之一,它以细腻的画面、逼真的场景和高效的物理模拟等效果征服了很多玩家。该游戏是由 Crytek 自主研发的 Cry Engine 游戏引擎制作而成,如图 1-2 所示。该引擎目前已经发布到 Cry Enine V,也是以免费的方式发布。官网网址:https://www.cryengine.com/。

（a)《孤岛危机》   (b)Cry Engine Logo

图 1-2　Cry Engine Logo 以及由 Cry Engine 开发的游戏

1.3.3 寒霜引擎(Frosbite Engine)

寒霜引擎是瑞典 DICE 游戏工作室为著名电子游戏产品《战地》系列设计的一款 3D 游戏引擎。该引擎从 2006 年起开始研发,第一款使用寒霜引擎的游戏在 2008 年问世。寒霜引擎的特色是可以运作庞大而又有着丰富细节的游戏地图,同时可以利用较低的系统资源渲染地面、建筑、杂物的全破坏效果。使用寒霜引擎可以轻松地运行大规模的、所有物体都可被破坏的游戏,如图 1-3 所示。官网网址:http://store.dice.se/。

(a)《战地》　　　　　(b)《极品飞车 16:亡命狂飙》　　　　　(c)寒霜 Logo

图 1-3　寒霜 Logo 以及由寒霜引擎开发的游戏

1.3.4　Torque3D/2D 游戏引擎

　　Torque 游戏引擎是一个轻量级的引擎,因为其具有功能完善、完全开源、性价比高等特点,很多中小型工作室都在使用它。如图 1-4 所示。它是一款多平台发布的游戏编辑系统,能够实现只开发一次,即可一键式地发布到不同的平台系统上,例如 PC、Flash、IOS、Android 等。其官网是:http://www.garagegames.com/products/torque-3d。

(a)Torque Demo　　　　　　　　(b)Torque Logo

图 1-4　Torque 3D/2D 引擎

1.3.5　基于 2D 风格的 Cocos2D 游戏引擎

　　该引擎是针对智能移动平台的游戏创作库的,完全免费并且是开源的。开发者如果专注开发智能移动平台的 2D 游戏,不妨尝试使用该引擎,而且该引擎非常容易上手。同时,Cocos2D 的最新版本 Cocos2D-x 通过 C++的重新编写,使得 Cocos2D 可以用在不同的平台上。如图 1-5 所示。其官网是:http://cocos2d.org/。

图 1-5　Cocos2D 游戏

1.3.6 多平台发布的 Unity3D 游戏引擎

Unity3D 是由 Unity Technologies 开发的一个让开发者轻松创建各种类型游戏和虚拟现实等互动内容的多平台综合型开发工具。它是一款一次开发,即可一键式发布到 Windows、Linus、Mac、IOS、Android、Web、PS、Xbox、Htc Vive 、Oculus 等平台上的轻量级游戏引擎。该款引擎提供的功能已经日益完善,从单机游戏到网络游戏,从 PC 到移动设备,从游戏到 VR、AR 和体感游戏,其可扩展性、易用性、性价比高等优势都吸引着越来越多的开发者投身到使用 Unity3D 的游戏开发中。在全球,尤其在中国,其 Unity3D 的用户群正在不断地扩大,各种论坛、教程相继孕育而生。如图 1-6 所示。其官网是:http://unity3d.com/。本书将围绕 Unity3D 引擎的使用展开,详细介绍 Unity3D 的用法。

(a)《纪念碑谷》　　　　(b)《Shadow Gun》　　　　(c)Unity3D Logo

图 1-6　Unity3D Logo 以及由 Unity3D 开发的游戏

1.4 Unity3D 游戏引擎的下载和安装

Unity3D 安装程序需要通过其官网下载。不想付费的用户可以下载标准版本(Unity3D Standard),该版本提供了游戏开发的基本功能;如果想使用 Unity3D 的全部功能,需要通过官网商店购买专业版本(Unity3D Pro)。下载免费版本有 30 天的 Pro 版本试用期,在此期间,可以体验 Unity3D Pro 版本的所有功能。当试用期过后,便会切换到 Standard 版本。

购买付费版本的 Unity3D,可以无限期地享受 Pro 版本提供的功能和无限期的升级功能,每个月还会向你的注册邮箱发送有关于 Unity3D 的最新消息,而且可以作为会员参加内部升级版的试用。在付费的过程中,你需要有一张支持 Visa、Master 等国际支付功能的信用卡,建议使用 Paypal 支付方式支付,方便快捷。你可以在 Paypal 网站(http://paypal.com)上注册一个账号,并绑定你的信用卡,之后,你就可以采用此方式购买国际上的各种软件,还可以通过 Unity 的资源商店购买各种需要的插件和资源。(当然,出于商业模式的考虑,其付费方式也可能会改变。)

购买 Unity3D Pro 版本的网址是:https://store.unity3D.com/shop/。在此处需要注意的是,Unity3D Pro 只能发布 PC 平台、Web 平台的游戏,如果想发布 Android 或者 IOS 平台游戏的话,需要再购买 Unity3D Pro for Android 或者 Unity3D Pro for IOS。如

果想发布到 XBOX、PS 等控制台平台上,还需要与开发商联系,并提交你的开发能力证明等文件,才能进行发布。目前,一套 Unity3D Pro 的授权,价格是 1 500 美元,再加一个 Android 平台的授权 1 500 美元和 IOS 平台的授权 1 500 美元,还有一个项目版本控制管理工具授权 500 美元,其总价是 5 000 美元。可以根据自己的开发需要选择不同的版本。其版本授权的对照表可以通过网站查看:http://unity3D.com/unity/licenses。

1.4.1　Unity3D 下载

我们以免费版本为例,讲解 Unity3D 的下载和安装过程(目前最新版本的 Unity3D 版本是 5. x 系列,该版本支持 Direct X11 的功能,如果有 Direct X11 的显卡,可以更好地发挥 Unity3D 的功能)。

[1] 登陆 Unity3D 的官网 http://Unity3D.com/。如图 1-7 所示(页面内容会根据官网的更新而不同,安装页面也可能会随着版本的更新而有所改变)。

图 1-7　Unity3D 官网主页

[2] 进入官网之后,点击右上角的获取 Unity 按钮,进入下载页面,如图 1-8 所示(下载版本随官方更新而不同)。

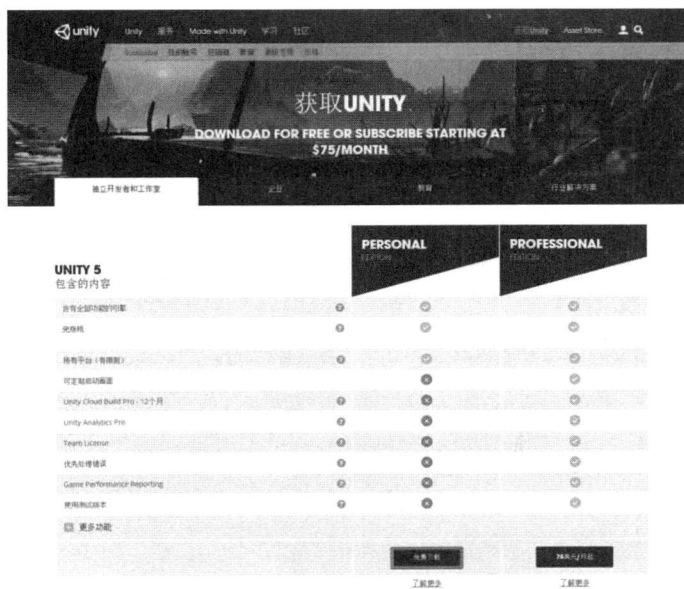

图 1-8　Unity3D 下载页面

〔3〕点击免费下载,此时会自动弹出下载界面并开始下载,如图 1-9 所示。

图 1-9　自动下载页面

〔4〕下载器下载完成之后,双击文件,下载 Unity 各组件。点击【Next＞】按钮,如图 1-10 所示。

〔5〕勾选【I accept the the terms of License Agreement】,点击【Next＞】按钮。如图 1-11 所示。

〔6〕勾选需要安装的组件,点击【Next＞】按钮。如图 1-12 所示。

〔7〕选择自己想要保存的目录,点击【Next＞】按钮。如图 1-13 所示。

〔8〕耐心等待下载,直至完成下载。如图 1-14、图 1-15 所示。

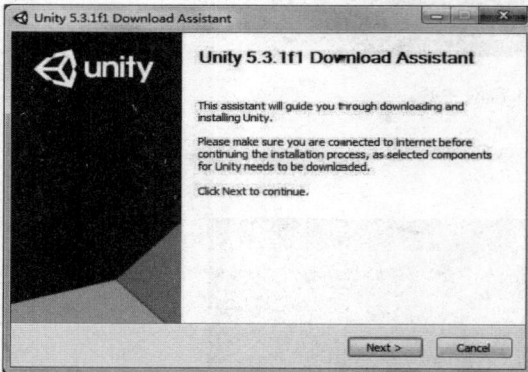

图 1-10　下载界面

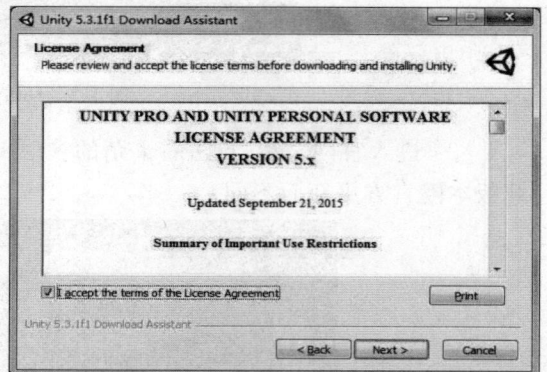

图 1-11　协议界面

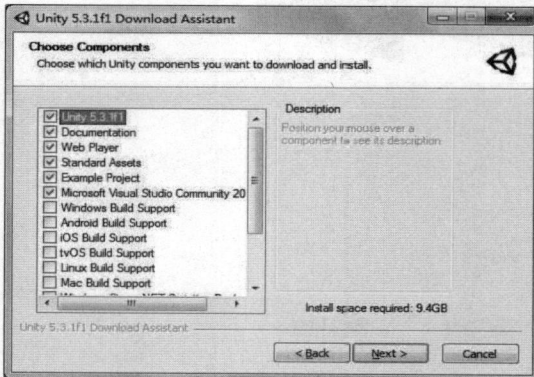

图 1-12　组件安装选择界面

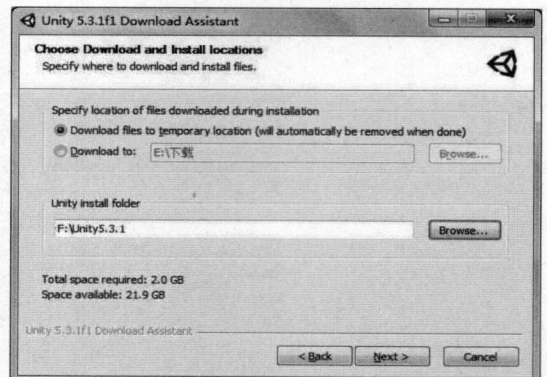

图 1-13　目录选择界面

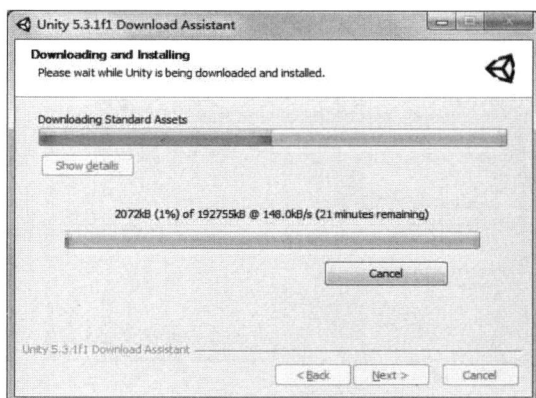

图 1-14　下载过程界面

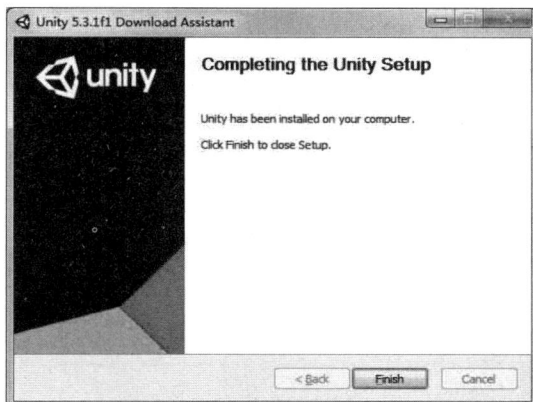

图 1-15　下载完成界面

1.4.2　Unity3D 的安装

［1］下载完成之后，双击 Setup 安装文件，会自动弹出 Unity 3D 的安装界面，如图 1-16 所示。点击【Next＞】按钮，进入协议界面，如图 1-17 所示。

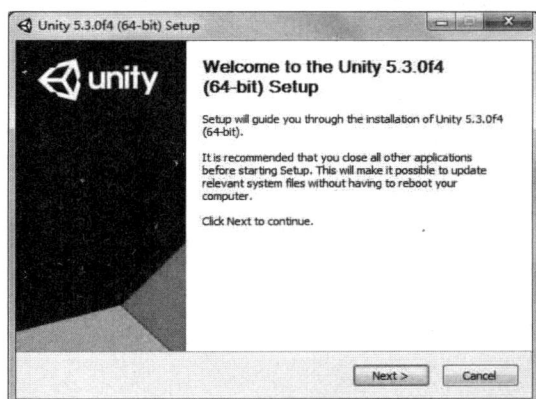

图 1-16　Unity3D 安装界面

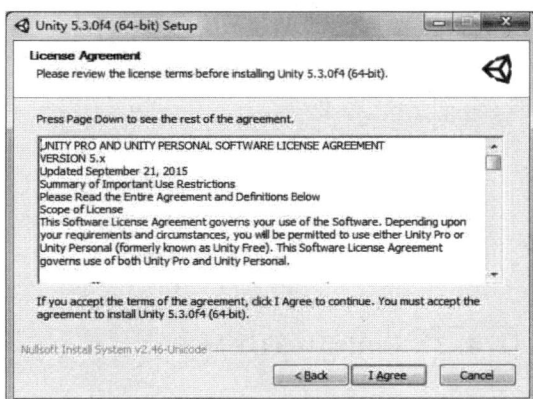

图 1-17　协议界面

［2］点击【I Agree】按钮（界面随引擎版本的更新可能会有所不同），进入下一个安装界面，如图 1-18 所示。其中 Unity 是主程序，Example Project 是自带的例子工程包，Unity Development Web Player 是用于运行和测试 Web 端游戏的插件，Mono Develop 是一个开源的脚本编辑器，是 Unity3D 默认的脚本编辑器。点击【Next＞】按钮，进入安装路径选择界面，如图 1-19 所示。注意安装路径必须是英文名称，请不要安装在带有中文名称的目录下，虽然现在 Unity3D 支持中文，但是还有一些不完善的地方。如果使用的是中文 Windows 操作系统，请不要安装在桌面上，因为桌面的文件目录名为中文。

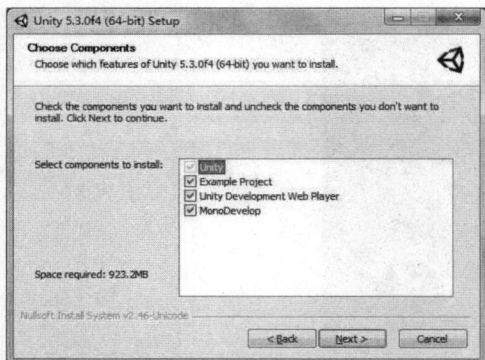

图 1-18　组件安装选择界面

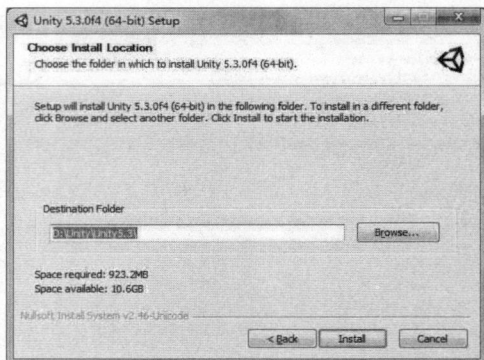

图 1-19　目录选择界面

[3] 点击【Install】按钮，开始安装的过程，如图 1-20 所示。该安装过程比较长，请耐心等待。直到出现如图 1-21 所示的界面，点击【Finish】按钮，便可以运行 Unity3D 了。

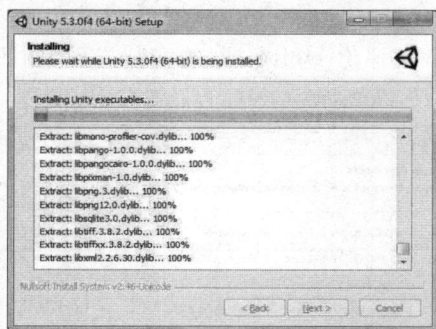

图 1-20　安装过程界面

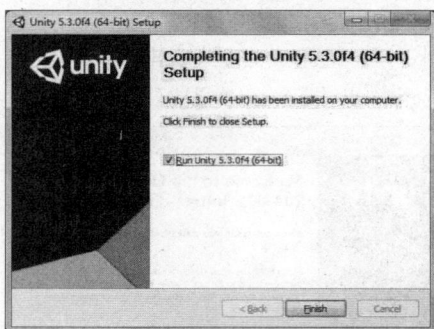

图 1-21　安装完成界面

1.4.3　Unity3D 的注册

安装完 Unity3D 后，第一次打开 Unity 3D 会出现 License Error（许可证错误）界面，需要点击右上角按钮 SIGN IN 登录。如图 1-22 所示。

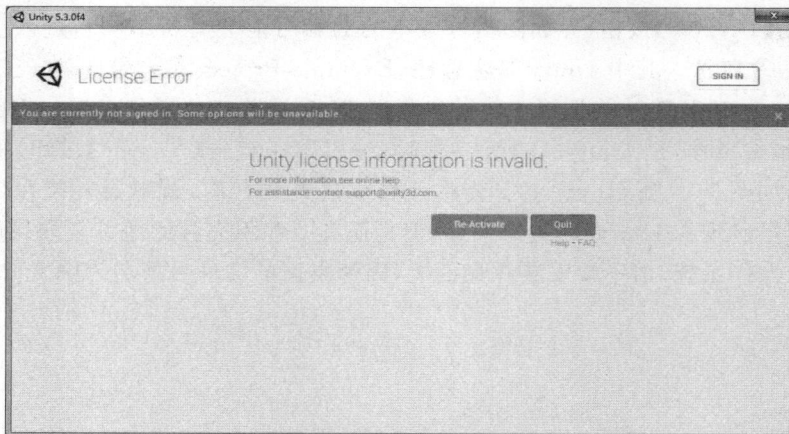

图 1-22　License Error

如果已有 Unity 账号,登录即可。没有则点击 Create one 按钮,进入 Unity 官网注册账号,然后点击 Sign in 即可登录。如图 1-23 所示。

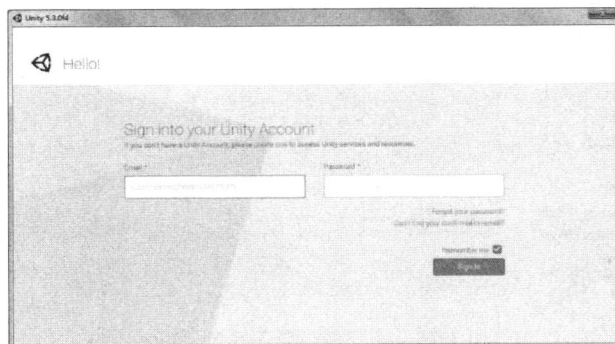

图 1-23　输入账号密码

1.4.4　启动 Unity3D

● 当你需要启动 Unity 时,可以通过点击桌面上的 Unity 图标来进行,如图 1-24 所示。

图 1-24　通过桌面图标启动 Unity

● 或者点击开始菜单,选择【所有文件】→【Unity】→【Unity】来启动,如图 1-25 所示。

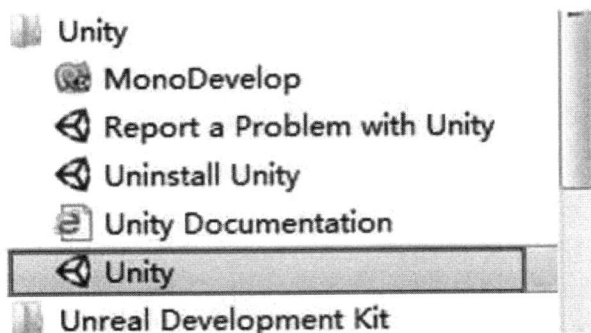

图 1-25　通过开始菜单启动 Unity

● 当然,还可以在它的安装目录下启动 Unity,双击"你的安装目录"/Unity 4/Editor/Unity.exe,如图 1-26 所示。

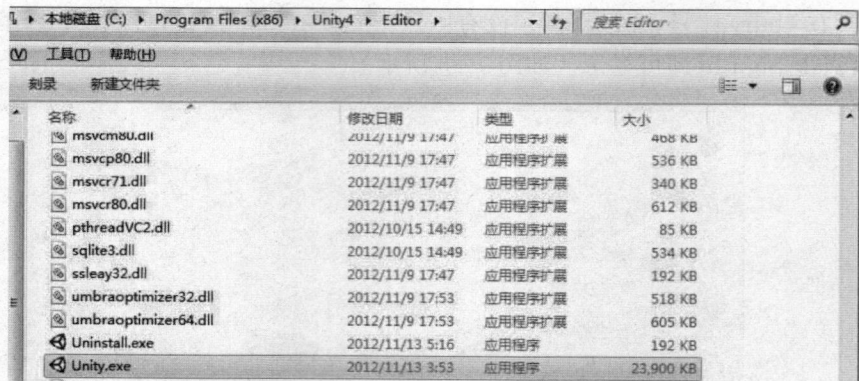

图 1-26　在安装目录下启动 Unity

● Unity 引擎开启成功界面，如图 1-27 所示。

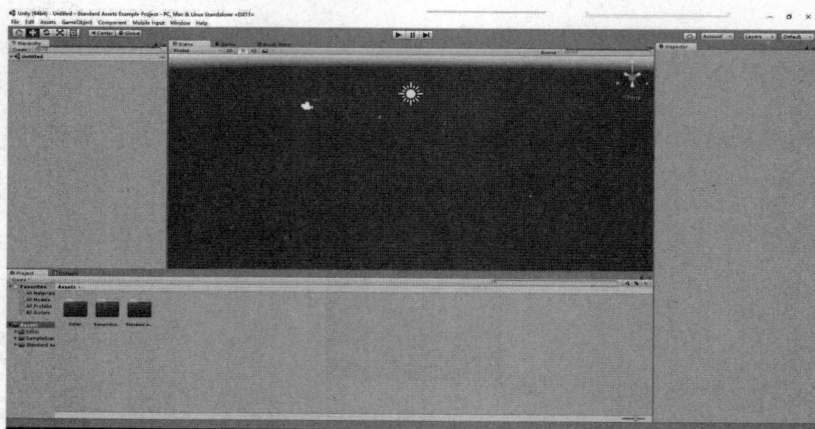

图 1-27　Unity 引擎开启成功界面

1.5　总结

本章介绍了为什么需要使用游戏引擎、游戏引擎的概念，以及目前流行的游戏引擎，并给出挑选游戏引擎的一些建议。最后，介绍了 Unity3D 的下载、安装、注册和启动过程。

1.6　练习题

(1)为什么需要使用游戏引擎？游戏引擎的功能是什么？

(2)谈谈你是如何选择游戏引擎产品的。

(3)列举你所知道的游戏引擎，以及使用这些引擎所制作的游戏作品。

(4)下载并在你的 PC 机上安装 Unity3D。

(5)注册并登录官方的资源商店（Assert Store），里面有很多第三方开发的游戏资源，可以为你的游戏节约很多时间和成本,同时也是学习优秀作品的机会。

(6)打开 https://madewith.unity.com/,该网址里是官方推荐的利用 Unity 创作的优秀游戏作品。

(7)官方提供了 Unity3D 的视频教程,网址为:http://unity3d.com/cn/learn。

(8)官方提供了文档、论坛和问答 BBS,网址为:http://unity3d.com/cn/community。

(9)目前国内的针对 Unity3D 的知名网站主要有 Unity 圣典(http://www.ceeger.com/)以及蛮牛(http://www.manew.com/),建议搜索并收藏。

02
CHAPTER TWO
第 2 章

3D 游戏开发所需要的重要概念

Unity 5.X

本章内容

在 3D 游戏开发中,需要先了解和熟悉一些重要的概念,这样才能够更好地运用这些技术创作出出色的游戏作品。3D 游戏的技术是对 3D 图形学的一种应用。3D 图形学理论,涵盖了很多复杂的原理和算法。幸运的是,游戏引擎已经为我们把这些算法封装好,我们只要拿来"为我所用"便可以了。但是,理解其中一些常用的概念还是有必要的,这样才能做到心中有数。在本章中,将介绍这些经常会使用的 3D 图形学重要概念和在 Unity3D 中所定义的概念。

2.1　3D 图形学中的重要概念

3D 图形学是 3D 游戏开发的技术基础。3D 图形学的发展,对 3D 游戏的发展起到了举足轻重的作用。没有它,便没有 3D 游戏作品。虽然现在的 3D 游戏引擎已经把大量的算法细节封装起来,但是我们还是会经常使用到一些 3D 图形学的基本工具。

2.1.1　坐标系

在现实生活中,我们经常会描述一个物体的位置。例如,我的茶杯放在厨房的桌子上,我的车停在学校门口的停车场。这些描述都是参照某个物体来进行的。例如,我的茶杯以厨房里的桌子为参照物,我的车以学校门口的停车场作为参照物。而在科学研究中,则会使用更加严谨的表达方式。在高中的数学课程中,已知在二维空间中,描述一个点的位置可以使用二维的笛卡尔坐标系。使用二维笛卡尔坐标系,某点的位置可以以(X,Y)的方式来表示,X 表示水平方向上的位置,Y 轴表示垂直方向上的位置。例如,A 点落在该坐标系的(3,2)这个位置,B 点落在该坐标系的(2,5)这个位置。如图2-1所示。

大家都非常熟悉二维的笛卡尔坐标系,它用 X 轴上的值和 Y 轴上的值组合成数据对来表示平面中某点的位置。而在三维空间中,可以使用三维的笛卡尔坐标系来表示某点的空间位置,其形式为(X,Y,Z)。X 轴表示水平方向上的位置,Y 轴表示垂直方向上的位置,而 Z 轴表示的是深度上的位置(至少 Unity3D 是这样)。如图 2-2 所示。

图 2-1　二维笛卡尔坐标系中标记点的位置

当然,以(X,Y,Z)的形式来表示位置是理所当然的。如果抛开其表达位置的意义,我们还可以用这种数字表示方式来表达某个物体绕着某个轴向旋转。例如,物体绕 X 轴旋

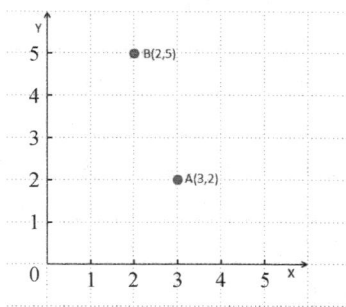

转 30°,绕 Y 轴旋转 20°,绕 Z 轴旋转 45°,可以表示成(30,20,45);还可以表示某个物体沿着某个轴向缩放。例如,物体沿着 X 轴缩放 3 倍,沿着 Y 轴缩放 0.5 倍,沿着 Z 轴缩放 6 倍,可以表示成(3,0.5,6)。除此之外,我们还可以使用这种表达方式来表示其他的实际意义,例如向量、位移等等。以上的表示形式都是以三维的笛卡尔坐标系作为参考对象的。既然只是作为参考对象,那么笛卡尔坐标系根据位置和实际的作用可以分为不同种类。其中,在游戏开发中用得最多的是局部坐标系和世界坐标系。

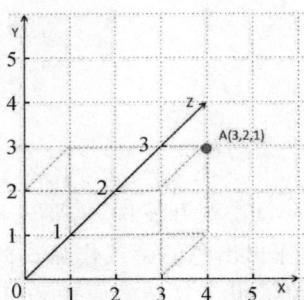

图 2-2　三维笛卡尔坐标系标记点的位置

2.1.2　局部坐标系与世界坐标系(Local & Worldcoordinate System)

在 3D 游戏开发中,局部坐标系和世界坐标系是非常重要的概念,它们关系到你的游戏对象的位置表示和计算方式等等。以下对世界坐标系和局部坐标系做简单介绍。

- 世界坐标系:世界坐标是一种特殊的坐标系,它建立了描述其他坐标系所需要的参考框架。能够用世界坐标系描述其他坐标系的位置,而不能用更大的、外部的坐标系来描述世界坐标系。该坐标系可以确定整个三维空间中物体与物体之间的位置关系。该坐标系的原点,也就是(0,0,0)位置,表示其世界坐标原点。所有的物体最终都要使用该世界坐标系来表示其在场景中的位置。如图 2-3 所示。

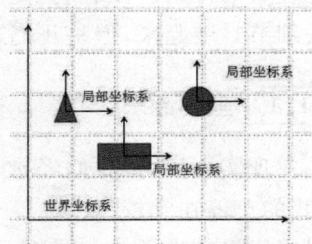

图 2-3　世界坐标系与局部坐标系

- 局部坐标系:局部坐标系,有时候也被称为物体坐标系,它是与某个特定的物体相关联的坐标系。每个物体都有它们独立的局部坐标系。当物体移动或改变方向时,与其相关联的坐标系将随之移动或改变方向(其实是局部坐标系移动,物体跟随它移动)。局部坐标系对在游戏模型进行建模时起到简化计算的作用。而且,使用局部坐标系作为参考,可以使得表示方位的描述更加方便。

世界坐标系与局部坐标系就好比向一个路人问路,这个路人的回答可能使用不同的描述。在中国,北方人比较喜欢使用往东、往西等方位来指路,而南方人更喜欢用向左走、向右走来指路。其中,往东、往西等是以世界坐标系作为参考的,而向左、向右等是以本人所在的局部坐标系作为参考的。

2.1.3　父子物体(Parent-Child)

前面介绍了世界坐标系与局部坐标系的作用,可以看出场景中所有的物体都在世界坐标系中有特定的位置(更准确地说是有对应的变换,变换包括平移、旋转和缩放),这些位置都是以世界坐标系的原点为参考的,例如相对于世界坐标系,该物体的位置为

(3.5,6,6.2),表示的是该物体的局部坐标系原点(物体也跟着移动同样的单位),相对于世界坐标系原点沿着 X 轴平移 3.5 个单位,沿着 Y 轴平移 6 个单位,沿着 Z 轴方向平移 6.2 个单位。

我们知道每个物体都有自己的局部坐标系,假设现在有两个物体 A 和 B,B 是以 A 的局部坐标系作为参考坐标系的,那么可以称 B 是 A 的子物体,而 A 是 B 的父物体。也就是说,A 和 B 物体是一种父子关系。假设 A 的坐标显示的是(3.5,6,6.2),B 的坐标显示是(2,3,5),那么 A 的坐标表示的是相对于世界坐标系原点沿着 X 轴平移 3.5 个单位,沿着 Y 轴平移 6 个单位,沿着 Z 轴方向平移 6.2 个单位,而 B 的坐标表示的是相对于 A 的局部坐标系原点沿着该坐标系的 X 轴平移 2 个单位,沿着 Y 轴平移 3 个单位,沿着 Z 轴平移 5 个单位。以我们学过的数学知识(假设 A 物体没有进行旋转和缩放的操作,而且 A 的局部坐标系与世界坐标系的三个轴平行),这时 B 物体在世界坐标系中的位置为(3.5+2,6+3,6.2+5) = (5.5,9,11.2)。

那么父子关系有什么作用呢? 在目前流行的游戏引擎当中,父子关系的运用非常广泛。假设 B 是 A 的子物体时,当 A 进行移动、旋转或者缩放(统称为变换)时,B 物体也会随之进行变换,而当 B 物体进行变换时,作为父物体的 A 物体却没有变换。也就是说,B 物体继承了 A 物体的变换。这种效果可以用来制作简单的摄像机跟随物体运动的效果,被跟随的物体作为父物体,摄像机作为子物体。

2.1.4 向量(Vector)

在 2D 和 3D 几何的数学研究中,向量是最基本的数学工具之一。我们知道,数学上有向量和标量之分。标量是对我们平时所有数字的称谓。使用标量时,强调的是数量值,是用来计数的。例如 1 只羊、3.3 元钱、50 台电脑等,其中的 1、3.3 和 50 都是标量。在图形学中,向量的几何意义在于它既有大小又有方向。在 2D 的几何表示中,用 $[x,y]$ 来表示,在 3D 的几何表示中,用 $[x,y,z]$ 来表示。向量可以用来表示位移、速度等这些既有大小又有方向的量,这区别于只有大小而没有方向的量,例如距离和速率。

在游戏的开发当中,向量可以说是使用最多的一种数学工具,基本上出色的游戏都离不开向量的运用。例如向量可以用来表示一个物体移动的速度,也可以用来描述一个物体与另一个物体之间的位移量。还有,如果抛开其向量的几何意义,观察它的数学表达方式可以看出,该表达方式也可以用来表示物体的位置。在这里需要注意,向量的数学表达形式即可以用来表示点的位置也可以用来表示具有大小又有方向的量。向量表示的这两种意义在游戏开发的过程中时常来回转换。如图2-4所示。在本书的最后一章中,将较详细地介绍向量的用法。

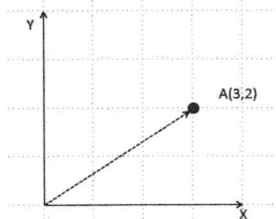

图 2-4 数对(3,2)可以表示某点的位置,也可以表示初始状态到最终状态的移动距离和移动方向

2.1.5 \ 摄像机(Camera)

在虚拟 3D 场景中,摄像机是不可或缺的概念。我们
在游戏中看到的绚丽画面,最终都是在这个虚拟的摄像机中成像并显示出来的。虽然这
个虚拟的摄像机是逻辑上的摄像机,但是在图形学的逻辑上却是必不可少的环节。这个
虚拟的摄像机可以放置在场景中的任何位置,可以为其添加各种需要的动画,也可以用来
作为角色的子物体而使其跟随角色运动。当场景中的对象进入摄像机的视见体时,便可
以通过摄像机看到这些物体。如图 2-5 所示。

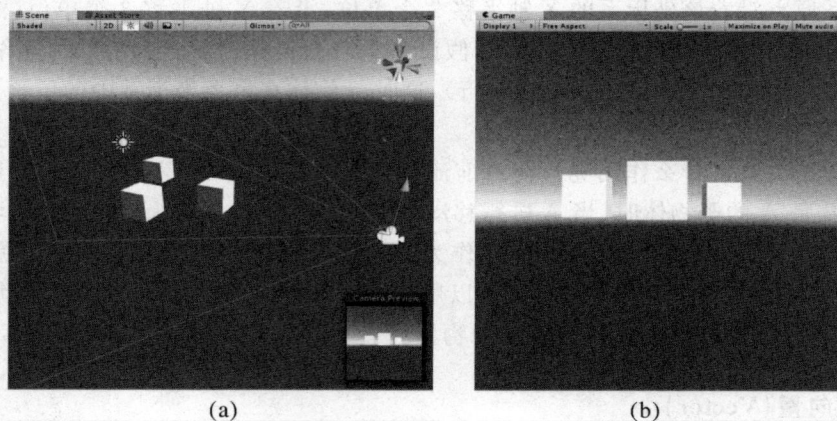

(a)   (b)

图 2-5   进入摄像机视见体的物体可以被显示出来,(b)是当前摄像机所看到的物体

2.1.6 \ 多边形(Polygons)、边(Edges)、顶点(Vertices)和面片(Meshes)

在目前流行的三维建模中,多边形建模是用得最多的一种建模方式。在第三方建模
软件中,例如 3D Max 或者 Maya 等,使用多边形建模方式建成 3D 模型之后,便可以通过
中间文件将其导入到 Unity3D 中。在导入过程中,Unity3D 会把组成模型面片(Meshes)
转换成三边面,每个三边面称为一个多边形(Polygon),而这个三边面由三条边(Edge)组
成,而每条边又由两个顶点(Vertice)组成。如图 2-6 所示。

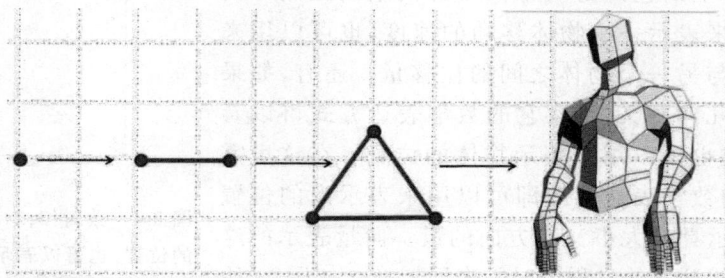

图 2-6   从点到模型的组合过程

在 3D 实时渲染领域中,尤其在游戏这种需要对数据处理反应较快的软件中,渲染的

速度必须很快（至少 24 帧/秒），才能使画面不闪烁。在游戏模型的制作中，我们常常会接触到低模的制作，这是因为组成模型的多边形越多，顶点越多，模型越复杂越精细，占用的资源和计算机要处理的数据也就越大，渲染速度就会受到影响，所以，多边形的数量以及顶点的数量是影响游戏渲染速度的一个重要因素之一。因此，对 3D 游戏场景进行建模时，应该在模型效果与模型顶点数量之间取得一个平衡。当然，现在有很多的技术可以来提高模型数据的处理速度并容纳更多的多边形，例如 LOD 技术、Occlusion Culling、曲面细分等等。

2.1.7　材质（Materials）、贴图（Textures）和着色器（Shaders）

在 3D 模型建模中，无论是针对影视特效的模型还是游戏用的模型，要表现一个物体的质地，需要使用材质这个概念。材质用于表现物体的固有颜色、高光（其范围和强弱是物体质地的一个重要因素，例如看起来像木头还是陶瓷）和反折射等反映物体质地的因素。例如木头的材质与金属的材质就完全不同。

贴图，从狭义上说，贴图提供了物体表面的固有颜色。随着游戏技术的发展，贴图也可以用于提供其他的数据信息，比如法线贴图、高光贴图、AO 贴图、置换贴图等等。贴图是一张图片，这张图片通过某种映射方式贴附到三维物体上，这样，物体就有了自己更加丰富的颜色了。观察可口可乐的瓶罐，把它上面的贴纸撕下来，这张贴纸就是这个瓶子的贴图，而其贴附的方法是绕着罐子绕一圈。当然，贴图的贴法还有很多种。贴图可以使用 Photoshop 等图像处理软件来制作。在这里需要注意，图像的尺寸大小在一定程度上也影响着渲染的效率，而且，基于当前计算机的图形图像处理算法和系统结构等的现状，贴图的长宽尺寸（长宽可以不同相等）最好是 2 的 n 次幂，例如 64px×64px、128px×128px、256px×256px、512px×512px、1024px×1024px、1024px×512px 等等。如图 2-7、图 2-8 所示。

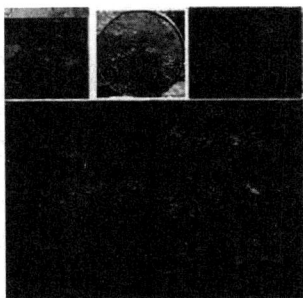

图 2-7　贴图纹理

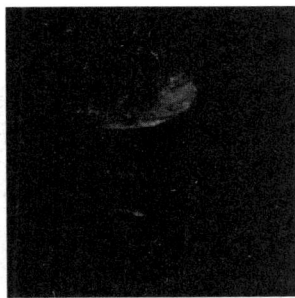

图 2-8　贴图纹理映射到物体上

着色器，是使用着色器语言编写的用于表现模型材质的程序。由于其效果是可编程的，因此可以使得物体的材质效果更加丰富多彩，比如可以用着色器编写一个镜面效果或者砖石晶莹剔透的效果，而且使用着色器可以使得物体的材质能够与场景中的对象进行实时交互，比如一个镜子的着色器可以实时反射在镜子面前的物体或者一个透明的玻璃窗效果。如图 2-9、图 2-10 所示。

```
Shader "Glass"
{
Properties
{
    _ReflectValue ("Reflect Value", Range(0, 1)) = 0.5
    _MainTex ("Main Texture", 2D) = "white" {}
    _AlphaTex ("Alpha Texture", 2D) = "white" {}
    _CubeTex ("Cubemap Texture", Cube) = "" {}
}

Subshader
{
    Tags { "Queue" = "Transparent" }
```

图 2-9　着色器语言编写的部分着色器代码　　　　图 2-10　使用着色器语言编写的次表面反射效果

在 Unity3D 中，着色器是材质的基础。由于编写着色器需要一定的图形学知识、数学知识和编程基础，为了使用方便，Unity3D 已经为我们提供了许多备选的材质，这些材质都是由着色器语言编写而成的。

2.1.8　物理引擎

物理引擎用于模拟现实生活中的各种物理现象，比如两个桌球互相碰撞、炮弹击破一个墙体、布料的模拟等等。对于游戏开发人员来说，提供一个好的物理模拟引擎可以使得一个场景的动力学模拟更加真实，使得游戏场景中的对象在相互作用时看起来更加真实。在 Unity3D 中，已经内嵌了用于 3D 物理模拟的 Nvidia's PhysX 物理引擎和用于 2D 物理模拟的 Box2D，该引擎提供的物理模拟效果非常高效，并且效果非常棒！如图 2-11 所示。

虽然，物理引擎可以提供逼真的物理模拟效果，但是同时也带来一个问题，就是计算量的增大。在效果与效率之间取得平衡，是开发者的一项工作。当然，随着硬件和算法的发展和优化，越来越多的游戏中都加入了物理模拟效果，例如最为典型的《愤怒的小鸟》《捣蛋猪》《牛顿定律》等移动平台游戏，还有大型游戏《使命召唤》中的爆炸效果及《寂静岭》中的尸体（使用布偶物理模拟）从天花板掉下等等。这些游戏把物理模拟效果推向另一个高峰。如图 2-12 所示。

图 2-11　使用物理引擎模拟的爆炸碎片飞溅效果　　　图 2-12　《寂静岭》中使用布偶物理模拟

2.1.9　碰撞检测（Collision Detection）

在游戏的开发中，基本都会用到碰撞检测的技术。碰撞检测是游戏的基本概念。每一款游戏都有碰撞检测算法的存在。使用碰撞检测，可以防止游戏角色穿过墙面、汽车掉到地下,还可以用来判断子弹是否打中了敌人等等。在现在流行的游戏引擎中,都会使用到一种叫作碰撞盒(Collider)的功能。所谓碰撞盒,简单地说就是包围在物体的表面,可以用它来判断是否与其他物体的碰撞盒互相碰撞的轮廓体。碰撞盒在游戏运行过程中是不可见的。

在 Unity3D 中,拥有两类重要的碰撞盒,一种为基本碰撞盒(Primitives),一种是面片碰撞盒(Meshes)。基本碰撞盒是一些简单的碰撞盒轮廓,包括了立方体(Boxes)、球体(Spheres)和胶囊体(Capsules)。面片碰撞盒是一种与物体外观相同或者相似的碰撞盒,该种碰撞盒的形状和复杂度由被包围的物体形状和复杂度决定。当然,使用面片碰撞盒可以使得碰撞的计算更加精确,但是与此同时也带来了计算量的增多。此处要注意的是,碰撞盒可以添加在没有可见物体的游戏对象上,也就是说,碰撞盒可以脱离可视物体的存在而存在。这个很重要,例如你要做一个岸边没有栏杆的小溪流,角色可以在岸边走,但是不能走到河里,则可以在岸边布置一些碰撞盒,使角色碰到这些碰撞盒时不能通过。

2.1.10　凸面体与凹面体(Convex and Concave)

从几何学上来定义,如果一个几何体上任意两点所连的开线段都在它的内部,那么就叫它为凸面体,否则就叫做凹面体,如图 2-13、图 2-14 所示。在碰撞检测算法中,一般只有凸面体形状的包围盒有效,而凹面体会造成各种未知的计算错误。在为物体添加面片碰撞盒时,尤其需要注意这个因素(可以对模型进行拆分处理或者把凹面体碰撞盒转换成凸面体,第二种方法可能会造成碰撞盒边界的不精确)。

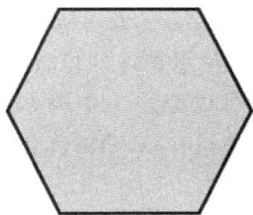　　　　　　

图 2-13　凸面体　　　　　　　　图 2-14　凹面体

2.2　Unity3D 中定义的一些重要概念

本节介绍在 Uinty3D 中定义的一些重要概念。也许在其他的游戏引擎中是没有的,而要掌握 Uinty3D 游戏引擎的用法,这些概念就不能不知道。

2.2.1　资源(Assets)

在 3D 游戏的制作过程中,需要用到各种各样的资源,包括模型、贴图、声音、程序脚本等等。在 Unity3D 中,这些通通被称为资源(Asset),可以把资源比喻成 3D 游戏制作过程中的原材料,通过原材料的不同组合和利用,便形成了一个游戏产品。

2.2.2 \ 工程(Project)

在 Unity3D 中,工程就是一个游戏项目。这个工程包括了该游戏场景所需要的各种资源,还有关卡、场景和游戏对象等等。在创建一个新的游戏之前,必须先创建一个游戏工程。游戏工程可以想象成实现游戏的工厂。它里面有游戏的资源仓库、制作游戏的装配间和打包输出的车间等等。

2.2.3 \ 场景(Scenes)

场景可以想象成一个游戏界面,或者一个游戏关卡。在一个打开的场景中,游戏开发者通过编辑器为该场景配置各种游戏资源。这些资源被放置到场景中之后成为一个个游戏对象,继而通过这些游戏对象实现该游戏关卡中的各种功能。不同的场景相当于制作游戏不同部分的不同车间,可以在不同的车间中搭建不同的场景。

2.2.4 \ 游戏对象(Game Object)

游戏对象是组成游戏场景必不可少的。各种各样的游戏对象通过资源配置加入到游戏场景中,只有某种资源被放置在游戏场景中,才会生成游戏对象。游戏对象根据不同功能的需要是有不同的属性,这些属性可以用来控制游戏对象的不同行为。

2.2.5 \ 组件(Component)

组件,在 Unity3D 中是用于控制游戏对象属性的集合。每一个组件包括了游戏对象的某种特定的功能属性,例如 Transform 组件,用于控制物体的位置、旋转和缩放。你可以通过编辑组件中的参数来修改物体的属性,甚至可以编写一个脚本程序并把该程序添加到游戏对象中,使其一个组件,并利用监视器(Inspector)来编辑你想要的属性值。简而言之,组件其实就是用来定义游戏对象的属性和行为的。

接下来,请大家来看一下图 2-15,它表示出了使用 Unity3D 制作的游戏的一个层次结构。

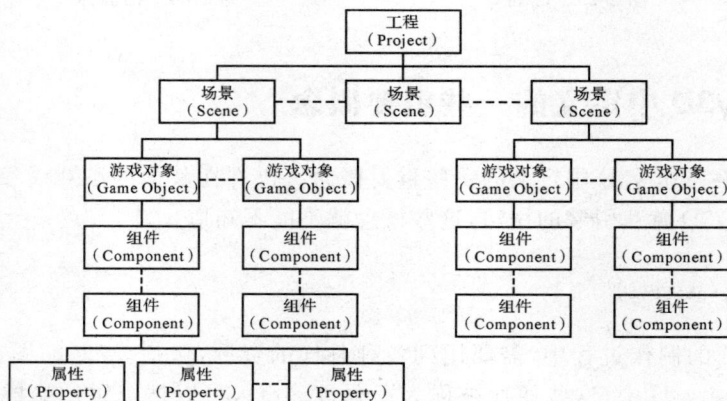

图 2-15 Unity3D 工程层级结构

2.2.6　脚本（Scripts）

我们知道,游戏与其他娱乐方式(电影、图书、电视、广播等等)的最大区别在于互动性。互动性是游戏的最基本特征之一,而程序脚本便是实现互动性的最有效的工具。通过编写程序可以控制游戏中的每一个游戏对象,让他们根据我们的需要改变状态和行为。在 Unity3D 中,使用最多的脚本语言是 Java Script 和 C♯。当然也可以使用 C/C＋＋、Java 等高级语言为它编写第三方插件。

在编写游戏脚本的时候,我们可以不用关心 Unity3D 的底层原理,我们只要调用Unity3D 为我们提供的 API,便可以完成出色的游戏产品。而且,你在 Unity3D 中可以同时使用 C♯ 和 Java Script 脚本进行编写,且并不会影响它的运行,只是这两种语言的语法稍微有些不同而已。

在编写程序的时候,挑选合适的程序编辑器是提高编程效率的方法之一。我们可以使用 Microsoft Visual Studio 编辑器或者使用 Unity3D 自带的 Mono Develop 脚本编辑器来编写代码。你也可以使用其他编辑器,例如 Ultra Editor 或者文本编辑器等来编写脚本,但是笔者更推荐采用前面的两种编辑器。

2.2.7　预置（Prefabs）

有的时候我们会在 Unity3D 中为游戏对象添加各种组件,并设置好它的属性和行为,而后需要反复利用这些已经修改好的对象。Unity3D 为我们提供了一种保存这种设置的方法,称为保存预置(Prefab)。该种方法使得我们在场景中编辑过后的游戏对象被重新保存成一个 Prefab 对象,成为一种资源。这个 Prefab 可以让我们在不同的地方不同的场景重复使用这些保存了的设置。通过预置,我们可以在游戏过程中动态地生成该预置成为场景中的游戏对象。例如,你按下鼠标的左键表示发射炮弹,这个炮弹已经通过添加各种组件,并经由脚本设置好了它的属性后保存成一个预置,从而可以实时地生成一个我们修改好的炮弹对象并加入到场景中。

使用预置功能还有一个好处,便是同步性。当你在游戏场景中有很多的由该预置生成的游戏对象,若你修改其中一个游戏对象的属性并运用到这个预置中,场景中所有的由该预置生成的游戏对象的属性也会同时改变。

2.3　总结

通过以上的章节,我们初步了解了在开发 3D 游戏时所需要用到的重要概念以及由Unity3D 定义的重要概念。这些概念贯穿于 Unity3D 游戏开发的整个过程。掌握这些重要概念,是深入学习 Unity3D 游戏开发的基础。而且要记住 Unity3D 的游戏工程组织结构,即使用游戏资源(Asset)创建游戏对象(Game Object),游戏对象组成游戏场景(Scene),游戏场景组成整个游戏工程(Game Project)。

2.4 练习题

(1)请描述坐标系、局部坐标系与世界坐标系、父子物体的作用以及关系。

(2)请描述在 Unity3D 中定义的重要概念,以及这些概念的作用和内在联系。

(3)请描述贴图、材质和着色器之间的关系以及它们的作用。

(4)如何使游戏作品具有交互性?

(5)向量包含了什么信息,可以用于实现游戏开发中的哪些功能?

(6)三维空间中的模型如何通过虚拟摄像机最终显示到屏幕上,请描述它的流程。

03

CHAPTER THREE

第 3 章

Unity3D 界面介绍

Unity 5.X

本章内容

Unity3D 是一款"所见即所得"的游戏编辑引擎,它为我们提供的各种功能都是通过菜单和不同功能界面窗口来实现的。接下来,本章将详细介绍 Unity3D 编辑器的界面布局和各种功能窗口。

3.1　Unity3D 编辑器的布局

当你第一次打开 Unity3D(本书使用 Unity5.X 版本)时,显示的是 Unity5.X 的默认布局方式。在默认的界面布局方式中,显示了游戏开发中经常使用的界面窗口。当然,你也可以根据实际需要和习惯重新布局 Unity3D 的界面。接下来我们一一介绍这些界面的作用。如图 3-1 所示。

图 3-1　Unity3D 默认编辑窗口

3.1.1　标题栏

所有的应用程序基本上都有标题栏,标题栏用于显示软件的信息。Unity3D 的标题栏也具有同样的作用。这个标题栏中显示了关于游戏工程、游戏场景和游戏发布平台的信息,如图 3-2 所示。

图 3-2　Unity3D 的标题栏

31

Unity(64bit)表示该软件的名称和位数,Complete Main Scene. unity 表示当前打开场景的名称,First Unity5.3 Project 表示该工程的名称,PC,Mac&Linus Standalone 表示该游戏的发布平台。如果该标题栏后面加了一个 * 号,表示该场景做了修改之后还未保存。

3.1.2 主菜单栏

主菜单栏集成了 Unity3D 的绝大部分功能。我们可以通过菜单栏实现我们的创作,如图 3-3 所示。每个下拉菜单的左边是该菜单项的名字,右边是其快捷键,如果菜单项名字后面有省略号,表示将打开一个对应的面板,如果后面有一个三角符号,表示该菜单项还有子菜单。如果安装了其他的插件,可能会在菜单中添加其他的选项。

File　Edit　Assets　GameObject　Component　Window　Help

图 3-3　主菜单栏

(1)File(文件)菜单:创建、打开游戏工程和场景,以及发布游戏、关闭编辑器等。如图 3-4 所示。

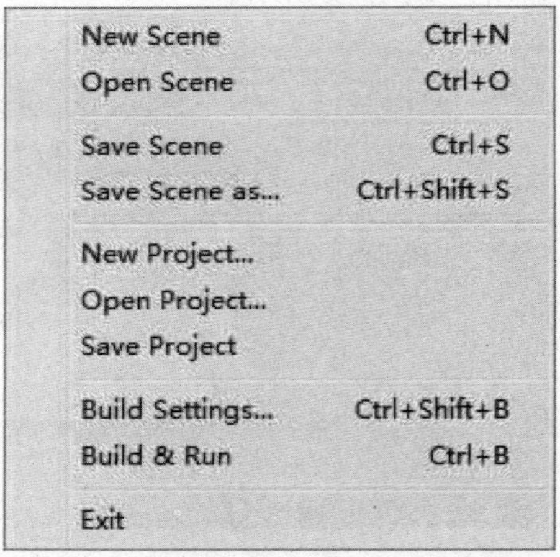

- New Scene(新场景):创建一个新的游戏场景,快捷键是 Ctrl+N。
- Open Scene(打开场景):打开一个已经保存的场景,快捷键是 Ctrl+O。
- Save Scene(保存场景):保存一个正在编辑的场景,快捷键是 Ctrl+S。
- Save Scene as…(把场景另保存为…):把一个正在编辑的场景保存为另外一个场景,快捷键是 Ctrl+Shift+S。
- New Project…(新建工程):创建一个新的游戏工程。
- Open Project…(打开场景):打开一个已经存在的工程。

New Scene	Ctrl+N
Open Scene	Ctrl+O
Save Scene	Ctrl+S
Save Scene as...	Ctrl+Shift+S
New Project...	
Open Project...	
Save Project	
Build Settings...	Ctrl+Shift+B
Build & Run	Ctrl+B
Exit	

图 3-4　File 菜单

- Save Project(保存工程):保存一个正在编辑的工程。
- Build Settings…(发布设置):发布一个游戏。通过这个菜单可以发布不同平台的游戏,快捷键是 Ctrl+Shift+B。
- Build & Run(发布并运行):发布并运行该游戏,快捷键是 Ctrl+B。
- Exit(退出):退出编辑器。

(2)Edit(编辑)菜单:提供了回撤、复制、粘贴、运行游戏和编辑器设置等功能。如图 3-5 所示。

- Undo Selection Change(撤销):当你误操作之后,可以使用该功能回到上一步的操作,快捷键是 Ctrl+Z。

● Redo(取消回撤)：当你撤销次数过多时，可以使用该功能前进到上一步的撤销，快捷键是 Ctrl＋Y。

● Cut(剪切)：选择某个对象并剪切，快捷键是 Ctrl＋X。

● Copy（拷贝）：选择某个对象并拷贝，快捷键是 Ctrl＋C。

● Paste(粘贴)：剪切或者拷贝对象之后，可以把该对象粘贴到其他位置，快捷键是 Ctrl＋V。

● Duplicate(复制)：复制选中的物体，快捷键是 Ctrl＋D。在 Unity3D 中，该功能的使用比 Copy＋Paste 更多。

● Delete（删除）：删除某个选中的对象，快捷键是 Shift＋Del。

● Frame Selected(聚焦选择)：选择一个物体后，使用此功能可以把视角移动到这个选中的物体上，快捷键是 F。

● Lock View to Selected（锁定视角到所选）：选择一个物体后，使用此功能可以移动视角并将其锁定到这个选中的物体上，视角会跟随所选对象移动而移动，快捷键是 Shift＋F。

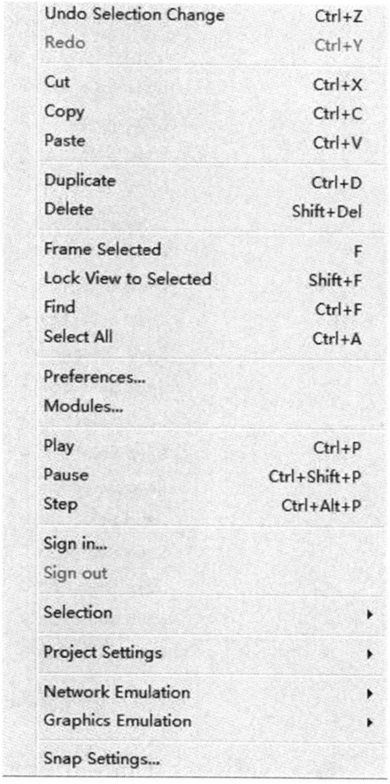

图 3-5　Edit 菜单

● Find(查找)：可以在资源搜索栏中输入对象名称来查找某个对象，快捷键是 Ctrl＋F。

● Select All(选择所有)：可以一次性选择场景中所有的对象，快捷键是 Ctrl＋A。

● Preferences...（偏爱设置）：可以设置 Unity3D 的外观、脚本编辑工具、Android SDK 路径等等。

● Modules...（模块管理）：查看 Unity 各模块及其版本。

● Play(运行)：点击可以运行游戏，快捷键是 Ctrl＋P。

● Pause(暂停)：暂停正在运行的游戏，快捷键是 Ctrl＋Shift＋P。

● Step(逐帧运行)：可以一帧一帧的方式运行游戏，每点击一次，游戏运行一帧，快捷键是 Ctrl＋Alt＋P。

● Selection(所选对象)：包括 Load Selection(载入所选)和 Save Selection(保存所选)。Load Selection 用于载入使用 Save Selection 保存的游戏对象的选择，选择所要载入相应游戏对象的编号，便可重新选择游戏对象，如图 3-6 所示。Save Selection 用于保存当前场景中所选择的游戏对象，并赋予对应的编号。

● Project Settings(工程设置)：可以通过根据工程的需要设置该工程中的输入、音频、计时器等属性，如图 3-7 所示。

Load Selection 1	Ctrl+Shift+1
Load Selection 2	Ctrl+Shift+2
Load Selection 3	Ctrl+Shift+3
Load Selection 4	Ctrl+Shift+4
Load Selection 5	Ctrl+Shift+5
Load Selection 6	Ctrl+Shift+6
Load Selection 7	Ctrl+Shift+7
Load Selection 8	Ctrl+Shift+8
Load Selection 9	Ctrl+Shift+9
Load Selection 0	Ctrl+Shift+0
Save Selection 1	Ctrl+Alt+1
Save Selection 2	Ctrl+Alt+2
Save Selection 3	Ctrl+Alt+3
Save Selection 4	Ctrl+Alt+4
Save Selection 5	Ctrl+Alt+5
Save Selection 6	Ctrl+Alt+6
Save Selection 7	Ctrl+Alt+7
Save Selection 8	Ctrl+Alt+8
Save Selection 9	Ctrl+Alt+9
Save Selection 0	Ctrl+Alt+0

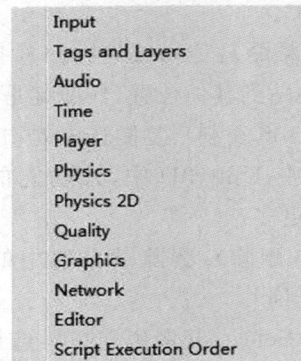

Input
Tags and Layers
Audio
Time
Player
Physics
Physics 2D
Quality
Graphics
Network
Editor
Script Execution Order

图 3-6　Selection   图 3-7　Project Settings

- Network Emulation(网络模拟器)：在开发网络游戏时，可以通过选择不同的网络宽带来模拟实际的网络。如图 3-8 所示。
- Graphics Emulation(图形处理模拟器)：该选项可以针对不同的图形处理 API 或者设备进行最终效果的模拟，如图 3-9、图 3-10 所示。

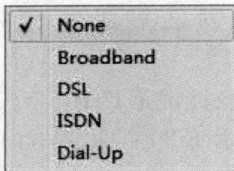

✓ None
Broadband
DSL
ISDN
Dial-Up

✓ No Emulation
Shader Model 3
Shader Model 2

No Emulation
OpenGL ES 1.x
✓ OpenGL ES 2.0

图3-8　Network Emulation 选项　　图3-9　PC 图形处理模拟器　　图3-10　Android 和 IOS 图形处理模拟器

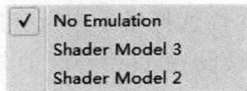

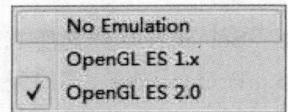

- Snap Settings(捕捉设置)：通过该选项，可以在编辑场景时对游戏对象进行移动、旋转和缩放的精度调整。如图 3-11 所示：

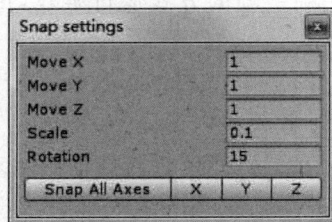

Snap settings

Move X	1
Move Y	1
Move Z	1
Scale	0.1
Rotation	15

| Snap All Axes | X | Y | Z |

图 3-11　Snap Settings 面板

(3)Assets(资源)菜单：该菜单提供了对游戏资源进行管理的功能。该选项的子选项也可以在 Project 窗口中通过鼠标右键打开。如图 3-12 所示。

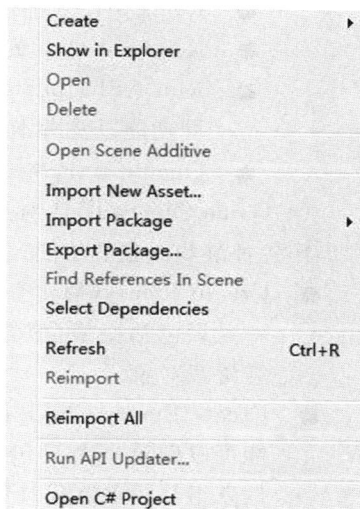

图 3-12　Assets 菜单

- Create(创建):新建各种资源。
- Show in Explorer(打开资源所在的目录位置): 选择某个对象之后,通过操作系统的目录浏览器定位到其所在的目录中。
- Open(打开资源):选择某个资源之后,根据资源类型,用对应的方式打开。
- Delete(删除某个资源):其快捷键是 Del。
- Open Scene Additive(开放场景添加剂):将选定的场景资源中的所有对象添加到当前场景中。
- Import New Asset...(导入新的资源):通过目录浏览器导入某种需要的资源。
- Import Package(导入包):在 Unity3D 中,可以通过打包的方式实现资源的共享,并通过导入包来使用包资源。包资源的文件后缀是,Unitypackage。
- Export Package...(导出包):在编辑器中选择需要打包的资源,并使用该功能把这些资源打包成一个包文件。

- Find References In Scene(在场景中找到对应的资源):选择某个资源之后,使用该功能在游戏场景中定位到使用了该资源的对象。使用该功能后,场景中没有利用该资源的对象会以黑白来显示,而使用了该资源的对象会以正常的方式显示。如图 3-13 所示。此图展示选择了 Helipad 这个资源后使用该功能的效果。

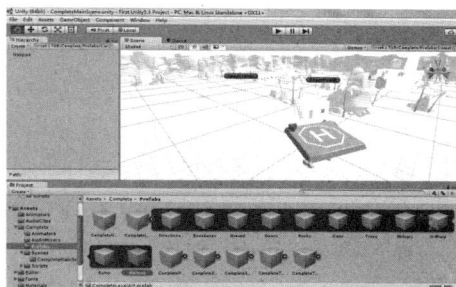

图 3-13　在场景中找到对象所依赖的资源

- Select Dependencies(选择依赖资源):选择某个资源之后,通过该功能可以显示出该资源所用到的其他资源,比如某个模型资源,其附属的资源还包括该模型的贴图、脚本等等资源。图 3-14 为 CompleteTank 资源的附属资源。

图 3-14　依赖资源显示

- Refresh(刷新资源列表):对整个资源列表进行刷新,快捷键是 Ctrl+R。

35

- Reimport(重新导入):对某个选中的资源进行重新导入。
- Reimport All(重新导入全部资源)。
- Run API Updater...(驱动 API 更新器):更新 API 以满足各版本的部分不同功能以及脚本编写方法。
- Open C# Project(打开 C#工程):打开可以编辑 C#脚本的编辑器。

(4)Game Object(游戏对象)菜单:该菜单提供了创建和操作各种游戏对象的功能。如图 3-15 所示。

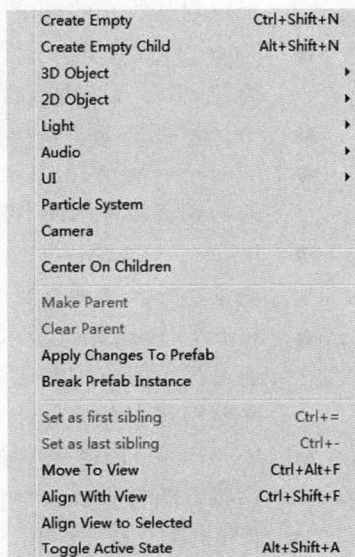

- Create Empty(创建空对象):使用该功能可以创建一个只包括变换(位置、旋转和缩放)信息组件的空游戏对象。
- Create Empty Child(创建空的子对象):使用该功能可以创建一个只包括变换(位置、旋转和缩放)信息组件的空游戏对象并将其作为子对象。
- 3D Object(3D 对象):创建 3D 对象,如立方体、球体、平面、地形、植物等。如图 3-16 所示。
- 2D Object(2D 对象):创建 2D 对象。
- Light(灯光):创建各种灯光,如点光源、平行光等。如图 3-17 所示。
- Audio(音频):创建一个音频源或音频混响区域。
- UI(用户界面):创建 UI 上的一些元素,如文本、图片、画布、按钮、滑动条等。如图 3-18 所示。
- Particle System(粒子系统):创建一个粒子系统。
- Camera(摄像机):创建一台摄像机。

图 3-15　GameObject 菜单

- Center On Children(对齐父物体到子物体):使得父物体对齐到子物体的中心。
- Make Parent(创建父物体):选中多个物体后,点击这个功能可以把选中的物体组成父子关系,其中在层级视图中最上面的那个为父节点,其他为这个节点的子节点。
- Clear Parent(取消父子关系):选择某个子物体,使用该功能,可以取消它与其他物体之间的父子关系。

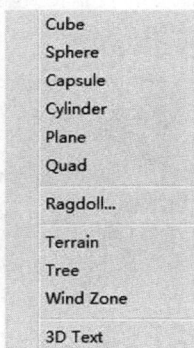

图 3-16　3D Object

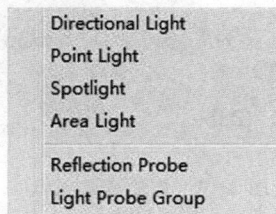

图 3-17　Light

图 3-18　UI

- Apply Changes To Prefab(应用变更到预置):使用 Prefab 生成的对象通过在场景中编辑之后,可以把应用变更于资源库中的预置。

- Break Prefab Instance(断开预置连接):使用该功能可以使得生成的游戏对象与资源中的预置断开联系。

- Set as first sibling(设置为第一个子对象):使用该功能可以使选择的游戏对象调整到同一级中的第一个位置。

- Set as last sibling(设置为最后一个子对象):使用该功能可以使选择的游戏对象在同一级中变到最后一个位置。

- Move To View(移动到场景窗口):选择某个游戏对象之后,使用该功能可以把该对象移动到当前场景视图的中心。快捷键是 Ctrl+Alt+F。

- Align With View(对齐到场景窗口):选择某个游戏对象之后,使用该功能可以把该对象对齐到当前场景视图,快捷键是 Ctrl+Shift+F。

- Align View to Selected(对齐场景视角到选择的对象):选择某个游戏对象之后,使用该功能,可以使得场景的视角对齐到该游戏对象上。

- Toggle Active State(切换活动状态):使得选中的游戏对象激活或者失效。

（5）Component(组件)菜单:该菜单可以为游戏对象添加各种组件,例如碰撞盒组件、刚体组件等等。Unity3D 出色的地方便是以组件的软件架构来控制游戏对象,使得创作游戏的流程更具有灵活性。简单地说,在 Unity3D 中创作游戏就是不断地为各种游戏对象添加各种组件并修改它们的组件属性来实现游戏的功能。这里还要注意,菜单会根据你所添加的组件资源或者插件的不同而不同,其菜单列表也有所变化。如图 3-19 所示。

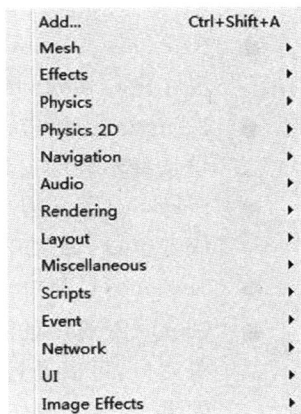

图 3-19　Component 菜单

- Add...(添加):为选中的物体添加某个组件。

- Mesh(面片相关组件):添加与面片相关的组件,例如面片渲染、文字面片、面片数据。

- Effects(效果相关组件):比如粒子、拖尾效果、投影效果等等。

- Physics(武力相关组件):可以为对象添加刚体、铰链、碰撞盒等组件。

- Physics2D(2D 武力相关组件):可以为对象添加 2D 的刚体、铰链、碰撞盒等组件。

- Navigation(导航相关组件):该组件模块可以用于创作寻路系统。

- Audio(音频相关组件):为对象添加与音频相关的组件。

- Rendering(渲染相关组件):可以为对象添加与渲染相关的组件,例如摄像机、天空盒等等。

- Layout(布局相关组件):添加布局相关的组件,如画布、垂直布局组、水平布局组等。

- Miscellaneous(杂项):该选项列表可以为对象添加例如动画组件、风力区域组件、网络同步组件等等。

- Scripts(脚本相关组件):可以添加 Unity3D 自带的或者由开发者自己编写的脚本组件。在 Unity3D 中,一个脚本文件相当于一个组件,可以使用与其他组件形似的方法来控制该组件。
- Event(事件相关组件):添加事件相关的组件,如事件系统、事件触发器等。
- Network(网络相关组件):添加网络相关组件。
- UI(用户界面相关组件):添加用户界面的相关组件,如 UI 文本、图片、按钮等。
- Image Effects(图像效果组件):该组件可以为场景里的摄像机添加各种后期特效组件,例如调色组件、运动模糊组件等等。该组件只有在 Unity3D Pro 版本中才能使用,而且必须导入 Image Effect 资源包之后才能看到。

（6）Window(窗口)菜单:该菜单提供了与编辑器的菜单布局有关的选项。如图 3-20 所示。

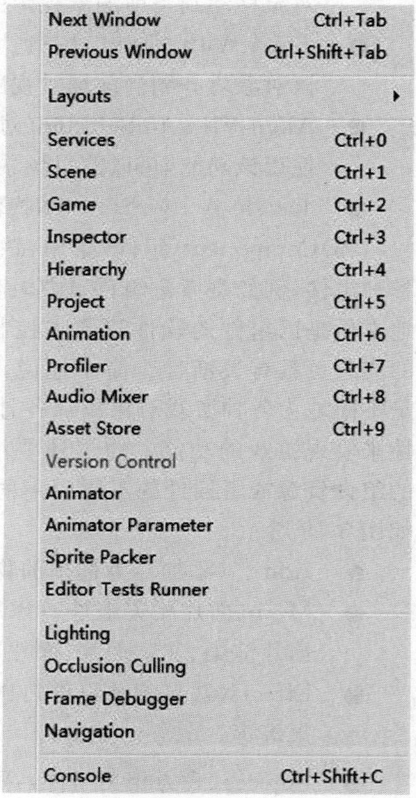

Next Window	Ctrl+Tab
Previous Window	Ctrl+Shift+Tab
Layouts	▶
Services	Ctrl+0
Scene	Ctrl+1
Game	Ctrl+2
Inspector	Ctrl+3
Hierarchy	Ctrl+4
Project	Ctrl+5
Animation	Ctrl+6
Profiler	Ctrl+7
Audio Mixer	Ctrl+8
Asset Store	Ctrl+9
Version Control	
Animator	
Animator Parameter	
Sprite Packer	
Editor Tests Runner	
Lighting	
Occlusion Culling	
Frame Debugger	
Navigation	
Console	Ctrl+Shift+C

图 3-20　Window 菜单

- Next Window(下一个窗口):从当前的视角切换到下一个窗口。使用该功能,当前的视角会自动切换到下一个窗口,实现在不同的窗口视角中观察同一个物体。其快捷键是 Ctrl+Tab。
- Previous Window(前一个窗口):会将当前的操作窗口切换到编辑窗口。
- Layouts(编辑窗口布局):可以通过它的子菜单选择不同的窗口布局方式。
- Services(服务窗口):打开 Unity 官网提供的服务窗口,如打开广告功能模板等。
- Scene(场景窗口):创建一个新的场景窗口。
- Game(游戏预览窗口):创建一个新的游戏预览窗口,可以通过该窗口预览到游戏的最终效果。
- Inspector(属性修改窗口):创建一个新的属性修改窗口。
- Hierarchy(场景层级窗口):创建一个新的场景层级窗口。
- Project(工程资源窗口):新建一个新的工程资源窗口。
- Animation(动画编辑窗口):打开一个动画编辑窗口。
- Profiler(分析器窗口):打开一个资源分析窗口,可以通过该窗口查看游戏所占用的资源和运行效率。
- Audio Mixer(混音器):打开混音器窗口,可以通过该窗口处理音频。
- Asset Store(资源商店窗口):打开 Unity3D 官方的资源商店窗口,通过该窗口,我们可以购买到需要的插件和资源。

- Version Control(版本控制)：打开版本控制工具窗口，可以通过该窗口查看详细的工具和它们是否可用，以及如何使用它们。
- Animator(动画片制作窗口)：可以通过该窗口来编辑角色动画。
- Animator Parameter(动画参数)：打开动画参数控制窗口，可以通过该窗口处理动画。
- Sprite Packer(精灵打包器)：打开精灵打包器窗口，用于创建 2D 资源素材。
- Editor Tests Runner(脚本编辑测试)：打开脚本编辑测试窗口，使用 NUnit 库创建和运行测试。
- Lightning(光照)：打开光照窗口来控制光照。
- Occlusion Culling(遮挡消隐窗口)：该窗口可以制作遮挡消隐效果，对于大型场景来说，非常有用。
- Frame Debugger(帧调试器)：打开帧调试器窗口。
- Navigation(导航窗口)：该窗口可用来生成寻路系统所需要的数据。
- Console(控制台窗口)：通过该窗口，我们可以查看系统所输出的一些信息，包括警告、错误提示等等。

(7)Help(帮助菜单)：帮助菜单提供了例如当前 Unity3D 版本查看、许可管理、论坛地址等功能。如图 3-21 所示。

- About Unity...（关于 Unity）：打开该窗口，可以看到 Unity3D 当前的版本和允许发布的平台，以及创作团队等信息。
- Manage License...（许可管理）：可以通过该选项来管理 Unity3D 的序列号，例如购买了一个 Android 平台的发布许可，那么需要在这个窗口中重新输入允许在 Android 平台发布的序列号。
- Unity Manual(Unity 用户手册)：点击该选项之后，会直接连接到 Unity3D 官网的用户手册页面上。该手册主要是介绍 Unity3D 的基本用法。
- Scripting Reference(脚本参考文档)：点击该选项之后，会直接连接到 Unity3D 官网的脚本参考文档页面。该页面介绍了 Unity3D 提供的在脚本程序编写中所需要用到的各种类以及这些类的用法。简言之，该页面就是 Unity3D API 的文档。

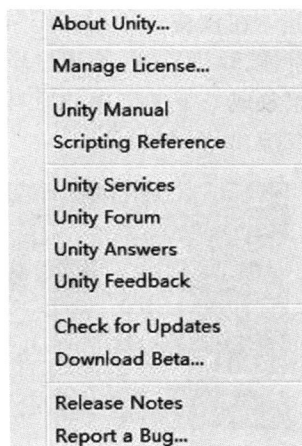

图 3-21　Help 菜单

- Unity Services(Unity 服务)：点击该选项之后，会直接连接到 Unity3D 的官方服务页面，上面描述了 Unity 提供的帮助开发者制作游戏，或用来吸引、留住客户并盈利的各种服务。
- Unity Forum(Unity 论坛)：点击该选项之后，会直接连接到 Unity3D 的官方论坛，在上面可以发起各种帖子或者找到一些在使用 Unity3D 中所遇到的问题的解决方案。
- Unity Answers(Unity 问答论坛)：点击该选项之后，会直接连接到 Unity3D 的官方问答论坛,如果在 Unity3D 中遇到任何问题,可以通过该论坛发起提问。

- Unity Feedback(反馈页面):点击该选项之后,会直接连接到 Unity3D 的官方反馈页面,该页面有官方对用户的一些问题的反馈。
- Check for Updates(检查更新):检查 Unity3D 是否有更新版本,如果有,会提示用户更新。
- Download Beta...(下载测试版):点击该选项之后,会直接连接到 Unity3D 的官方网页,可下载 Unity 最新的测试版。
- Release Note(发布特性一览):点击该选项,会直接连接到 Unity3D 的发布特性一览页面上,该页面显示了各个版本的特性。
- Report a Bug(报告错误):当你在使用 Unity3D 时,若发现引擎内在错误,可以通过该窗口把错误的描述发送给官方。

以上简略介绍了 Unity3D 的菜单功能(以上菜单可能会因为引擎版本的更新而略有不同)。接下来,我们要介绍在 Unity3D 中使用频率最高的几种窗口。

3.1.3 Project(项目资源)窗口

在该窗口中,保存了游戏制作所需要的各种资源。常见的资源包括游戏材质、动画、字体、纹理贴图、物理材质、GUI、脚本、预置、着色器、模型、场景文件等等。可以将该窗口想象成一个工厂中的原料仓库。通过该窗口右上角的搜索栏,可以根据输入的名称搜索资源,如图 3-22 所示。

图 3-22　资源项目窗口

窗口的左边栏是资源目录,你可以通过为工程创建各种资源目录来存放不同的资源,建议为各个目录命名一个有意义的目录名,这样方便我们管理资源。窗口的右边栏是资源目录中的具体资源,不同资源的图标是不一样的。

01 新建资源

接下来介绍新建资源的方法。我们这里从新建一个工程开始。

[1] 选择菜单【File】→【New Project...】,此时会弹出 Projects 窗口,如图 3-23 所示。

[2] 在 Project name 输入框中输入工程名。

[3] 点击 Location 输入框右侧…按钮,打开目录浏览器,定位到你要创建工程的地址,在其中新建一个目录,并命名为 Chapter3-projectWindow。选择这个目录,并点击【选择文件夹】,如图 3-24 所示。

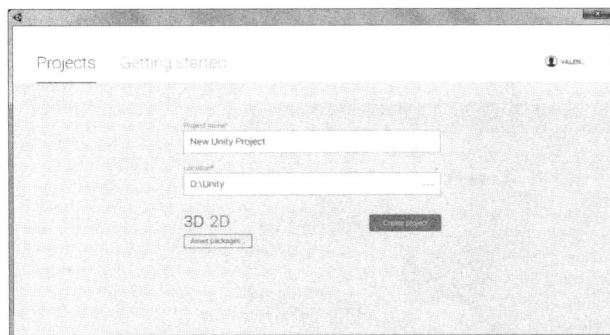

图 3-23　Project Wizard 对话框

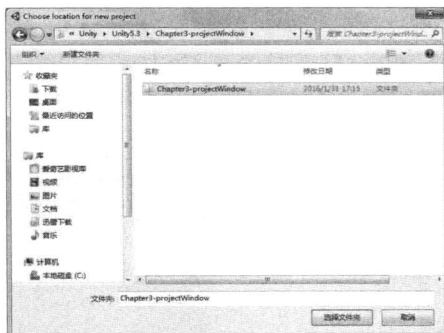

图 3-24　创建工程目录

[4] 回到 Projects 窗口,点击【Create project】按钮,此时,一个新的工程就创建完成了。(此时需要注意的是最好不要把工程放在中文名字的目录下,并且该工程的文件名不要包含中文字符)如图 3-25 所示。

[5] 可选择创建 3D 或 2D 工程,此处我们选择创建 3D 工程。

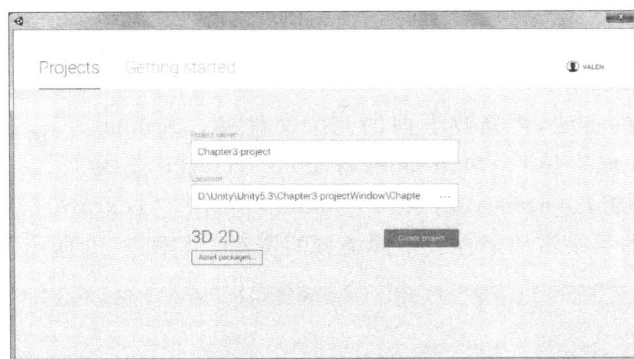

图 3-25　项目向导

[6] Unity3D 自动重启,此时编辑器中是空的。如图 3-26 所示。

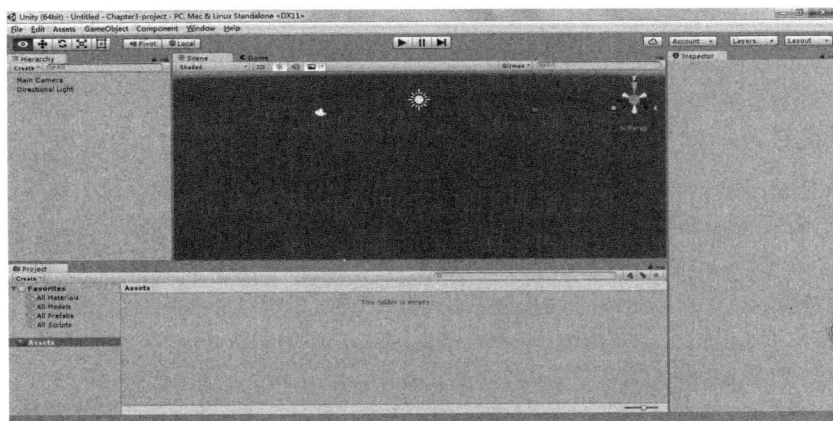

图 3-26　空的游戏项目

41

[7] 在 Project 窗口中点击鼠标右键,选择【Create】,在弹出的子菜单栏中选择【Folder】,此时会在 Project 窗口中生成一个空的目录,如图 3-27 所示。

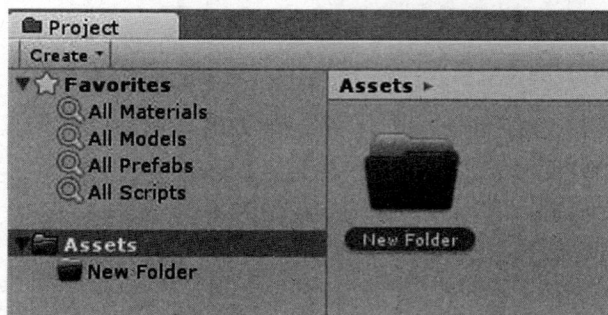

图 3-27　创建资源目录

[8] 新建文件之后,你可以直接输入新的文件名。如果不小心点到其他地方,或者名称输入错误,便不能对文件夹名称进行修改,此时可以选择该文件夹,按下键盘的 F2 键,便可以对它进行命名了。我们把它命名为_Scripts,以后这个文件夹用来保存脚本资源,如图 3-28 所示。

图 3-28　新建的目录

[9] 使用同样的方法,再新建下面的几个文件夹,_Animations(动画)、_Fonts(字体)、_Materials(材质)、_Objects(三维模型)、_Prefabs(预置)、_Scenes(场景)、_Sounds(声音)、_Textures(贴图)、_Shaders(着色器)。这些不同的目录将用于存放不同类型的资源。如图 3-29 所示。

图 3-29　最终的目录结构

[10] 创建子目录。双击进入_Objects 目录,进入它的子层级,使用创建目录的方法,创建_Enemies(敌人模型)、_Environment(环境模型)、_Players(玩家角色模型)3 个子目录。当在一个目录中有子目录时,在 Project 窗口中的目录层级中会在对应的目录左边出现一个三角形,该三角形表示此目录中有其他的文件夹。你可以通过双击该目录或者点击目录左边的三角形展开该目录,如图 3-30、图 3-31 所示。

图 3-30　子目录

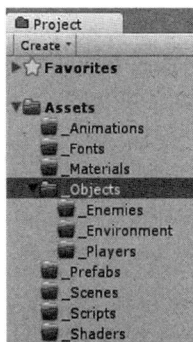

图 3-31　展开文件夹

[11] 点击_Materials 目录,点击鼠标右键,选择【Create】,选择 Material,添加一个材质球,其默认名字为 New Material,如图 3-32 所示。这样便在_Materials 目录中新建了一个材质球资源。至于材质球怎么使用,我们在后面的章节会述及。

图 3-32　创建材质球

以上的步骤讲解了如何在 Project 窗口中创建新的资源的例子。

02 导入资源包

我们先从导入 Unity3D 自带的资源包开始,讲解如何导入一个已经打包的资源。

[1] 在 Project 窗口中,通过鼠标右键打开其浮动菜单,选择【Import Unity Package】,选择【Environment】,此时,它会对该资源包进行解压,并弹出一个窗口,如图 3-33 所示。这个窗口显示了这个包中包含的所有资源。你可以在这个窗口中选择你需要的素材,或者点击【All】按钮选择全部资源,点击【None】取消所有选择,在每个资源的左边有一个单选按钮,当出现"√"符号时,表示该资源被选中。点击【Cancel】

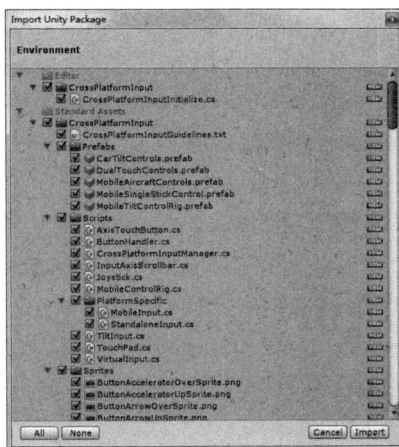

图 3-33　导入的包的内容

43

按键时,取消该包的导入,点击【Import】按钮时,Unity3D便开始导入选中的包。

[2] 导入 Unity3D 自带的资源包之后,其资源都保存在一个名为"Standard Assets"的目录中。你可以打开这个目录来观察该资源包导入的素材,如图 3-34 所示。

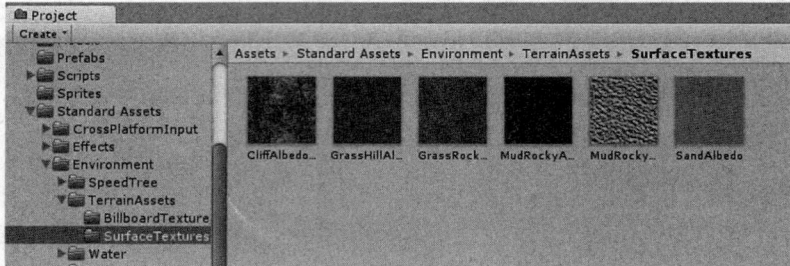

图 3-34　预览导入的包的资源

03 导入自定义包

Unity3D 商店中的很多资源都是以打包的方式出售,其文件的扩展名为. unitypackage。当要使用其他开发者开发的包时,需要通过导入自定义包来导入资源。如图 3-35 所示。

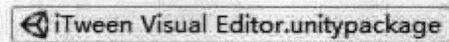

图 3-35　外部包

[1] 在 Project 窗口中,鼠标右键打开浮动菜单栏,选择【Import Package…】中的【Custom Package…】,此时会打开文件浏览窗口,如图 3-36 所示。

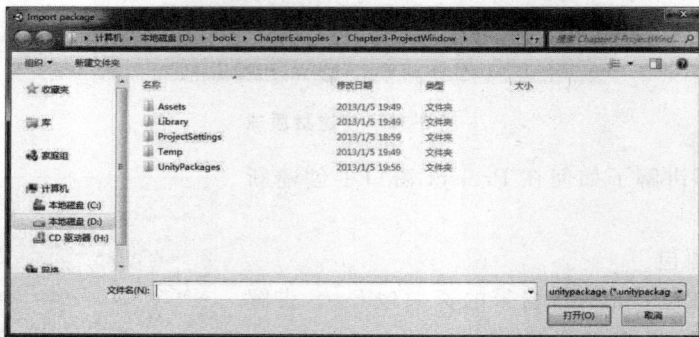

图 3-36　搜索外部包

[2] 打开 Resource 目录,选中其中的 iTween Visual Editor. unitypackage(这个包是可以用于制作补间动画的插件)文件,最后选择【打开】按钮,接着同样出现 Import Package 窗口,点击【Import】按钮,如图 3-37 所示。如果出现如图 3-38 界面,表示正在导入资源。

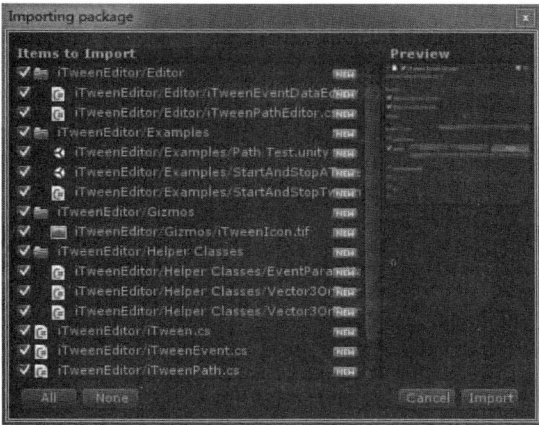

图 3-37　自定义包中的内容

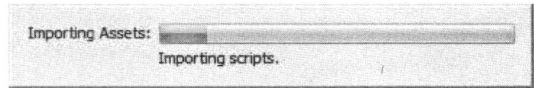

图 3-38　包导入进度条

[3] 导入该资源之后,其在 Projects 窗口中所在的目录位置以及其目录名称由该包来决定,如图 3-39 所示。

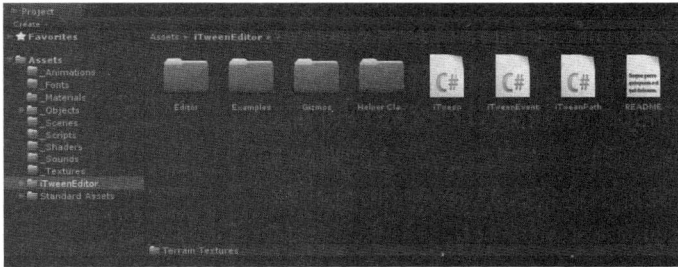

图 3-39　导入工程后的包资源

04 导出资源包

当需要与别人共享你的资源时,可以将资源打包成一个资源包。接下来,介绍对资源进行打包的方法。我们将以 Unity3D 的官方例子 Tanks Tutorial 工程为例。

[1] 选择【File】菜单,选择【Open Project...】菜单项,此时同样会打开 Projects 窗口,显示最近打开的工程列表,这个列表保存了你最近打开过的工程的名称和路径,点击 Tanks Tutorial 工程,如图 3-40 所示。

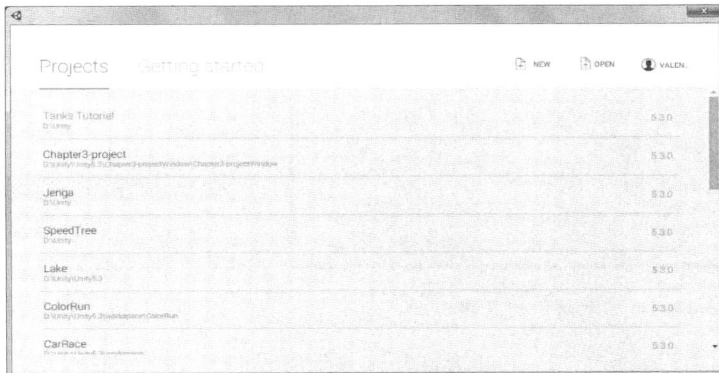

图 3-40　打开工程向导面板

[2] 此时，Unity3D 重新打开。接下来，假设我们要导出 Animators 目录、Materials 目录、Modals 目录和 Scripts 目录中所有的资源，选择这 4 个文件夹（多选操作可以按住键盘的 Ctrl 键不放并逐个选择资源），如图 3-41 所示。

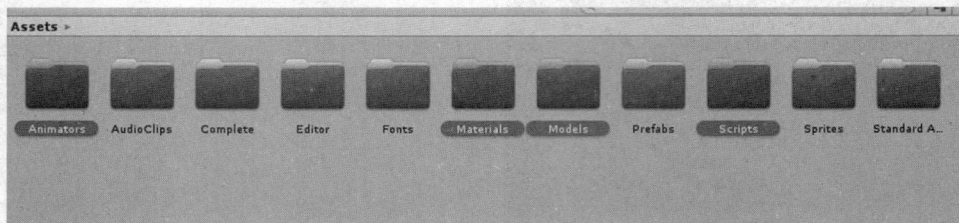

图 3-41　选择要导出的资源

[3] 把鼠标停放在某个已经选上的目录上，点击鼠标右键，打开子菜单栏，选择【Export Package…】选项栏，此时会出现一个 Export Package 窗口，在这个窗口中显示出所有需要导出的资源，你可以点击下方的【All】键来全部选择，或者选择【None】键来取消全部选择，或者你直接在列表中点击资源名称左边的"√"单项选择按钮来选择需要导出的素材。在窗口的正下方有一个单选按钮【Include Dependencies】，如果该按钮勾选上，表示所有被关联的资源都会被导入到这个包中，即一些被关联但是没有选择的资源也会同时打入到这个包中，如图 3-42 所示。

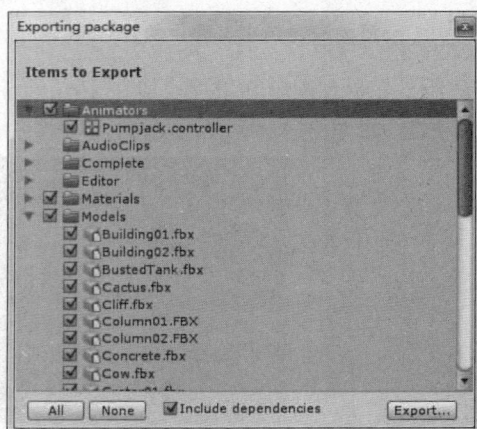

图 3-42　打包窗口

[4] 选择【Export…】按钮，会弹出一个目录浏览器，你可以选择你需要保存该包的目录位置，同时，在目录下方输入你要导出的资源的包的名称，如图 3-43 所示。点击【Export】，如果出现如图 3-44 所示的界面，表示已经开始导出该包，并可以查看到导出的进度。

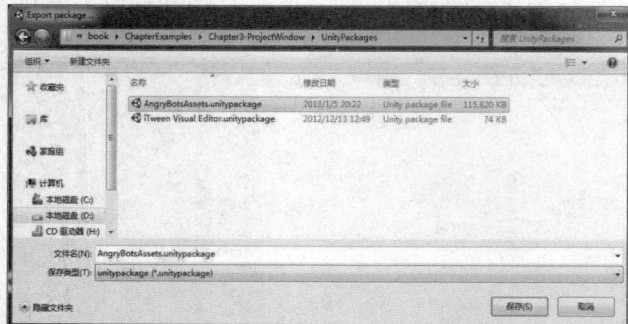

图 3-43　命名资源包的名称

图 3-44　导出资源包进度条

[5] 导出包之后，Unity3D 会自动打开该包保存的位置，如图 3-45 所示。

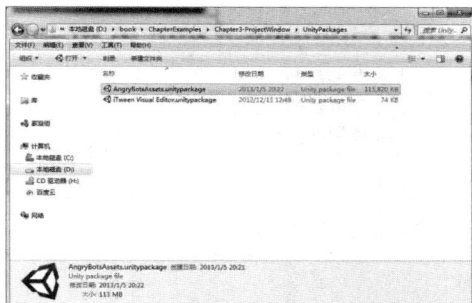

图 3-45　完成资源包的导出

05 使用拖拽的方法导入已有的资源

Unity3D 允许我们通过直接在外部目录中把素材拖入 Project 窗口的方式，这个操作会把该素材拷贝到工程的 Assets 目录下的特定目录中。

[1] 打开 Chapter3-ProjectWindow 工程，在 Project 窗口中点击 Textures 目录，当前该目录下没有任何资源，我们把需要的贴图资源拖入该目录中，如图 3-46 所示。

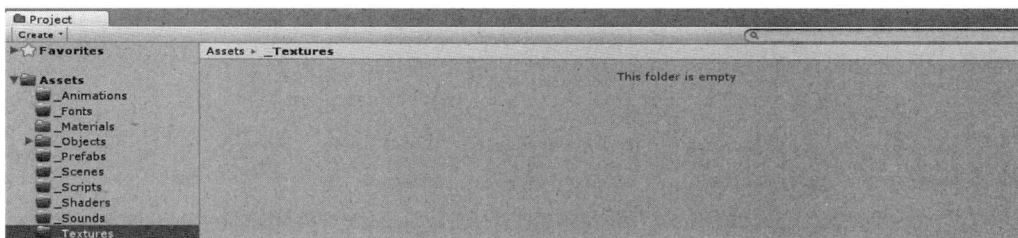

图 3-46　空的 _Textures 目录

[2] 打开操作系统的目录浏览器，打开目录 Water/Textures/Chopter 3，如图 3-47 所示。

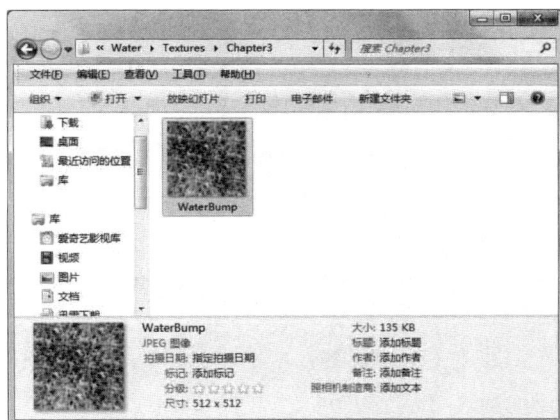

图 3-47　外部资源

[3] 直接把该贴图拖拽到 Unity3D 中的 Project 窗口中，这样便在 Textures 目录下完成了贴图素材的导入，如图 3-48 所示。

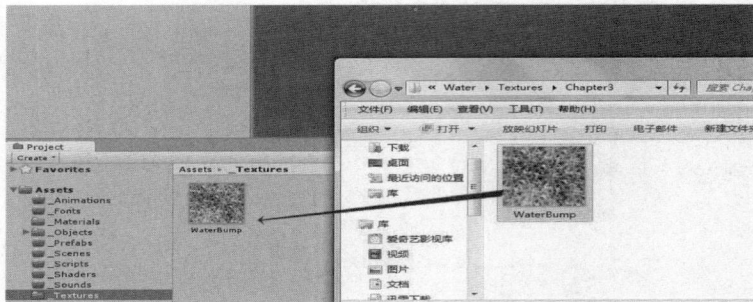

图 3-48　拖动外部资源到工程中

　　以上介绍的是 Project 资源窗口的基本操作,熟悉这些操作,可以提高游戏开发的工作效率。与此同时,需要强调的是,养成时刻为资源分类并整理的习惯,可以方便在开发过程中迅速找到需要的资源,尤其是当游戏非常庞大的时候尤为重要。

3.1.4　Hierarchy(层级窗口)

　　Hierarchy 层级窗口是用于存放在游戏场景中存在的游戏对象。它显示的内容是游戏场景中游戏对象的层次结构图。该窗口列举的游戏对象与游戏场景中的对象是一一对应的。打开 Tanks Tutorial 工程,在 Project 窗口中双击打开 Complete MainScene 场景,此时,Hierarchy 层级也出现了对应的列表,如图 3-49 所示。左边便是 Hierarchy 窗口,右边的窗口是 Scene 的可视化窗口,该窗口在下一节介绍。

图 3-49　Hierarchy 窗口

　　现在在 Hierarchy 窗口中选择任何一个对象,在 Scene 窗口中相应的游戏对象也会被选上,例如选择 CompleteLevelArt 对象,在 Scene 窗口中的对象也会被选上。如图 3-50 所示。

图 3-50　通过 Hierarchy 窗口选择场景中的游戏对象

接下来我们介绍如何使用 Hierarchy 窗口来创建一个游戏对象。

在 Hierarchy 窗口中创建简单的游戏对象。

［1］新建一个工程，命名为 Chapter3-Hierarchy Window。此时该工程中是空的。

［2］此时查看 Hierarchy 窗口，可以看到只有一个 Main Camera 对象，该对象是主摄像机。当你选择摄像机时，在场景窗口中的右下角会出现一个预览窗口，这个预览窗口就是摄像机当前所看到的场景，如图 3-51 所示。

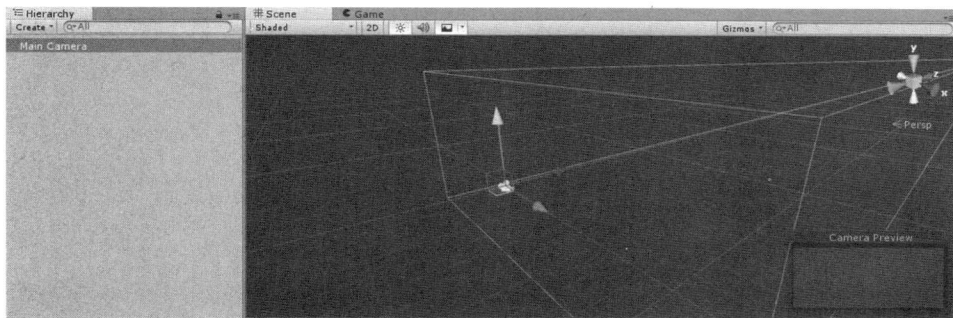

图 3-51　摄像机预览窗口

［3］在 Hierarchy 窗口中，选择左上角的【Create】按钮，会弹出一个浮动菜单栏，该浮动窗口与菜单栏中【Game Object】的上部分一样。如图 3-52 所示。

［4］选择【3D Object】→【Cube】，在场景中创建一个立方体，如图 3-53 所示：

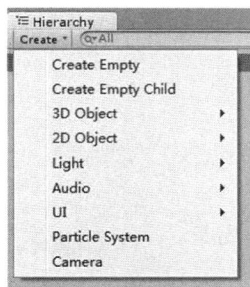

图 3-52　对象创建菜单栏　　　　图 3-53　创建的立方体对象

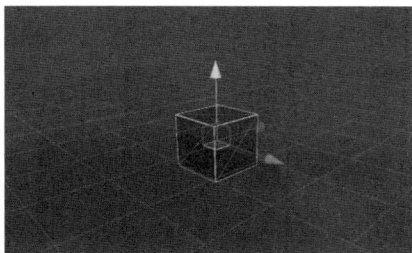

有读者会问，我在 Hierarchy 窗口中创建了一个 Cube 对象，应该是属于资源的一种，为什么在 Project 窗口中没有显示呢？ 在 Unity3D 中，有一些简单的对象（例如摄像机，灯光和简单的几何体）属于内置的资源，可以直接通过 Hierarchy 窗口或者 Game Object 菜单来创建，而无需通过 Project 窗口来创建。

3.1.5　Scene 场景窗口

Unity3D 游戏引擎是一款所见即所得的游戏编辑系统，该系统可以通过可视化的方式对游戏场景进行编辑，从而为游戏开发人员提供直观的操作方式。在 Unity3D 中，游戏的场景编辑都是在 Scene 窗口中来完成，在这个窗口中，我们使用游戏对象的控制柄来移动、旋转和缩放场景里面的游戏对象。当你打开一个场景之后，该场景中的游戏对象就会显示在该窗口上,如图 3-54 所示。

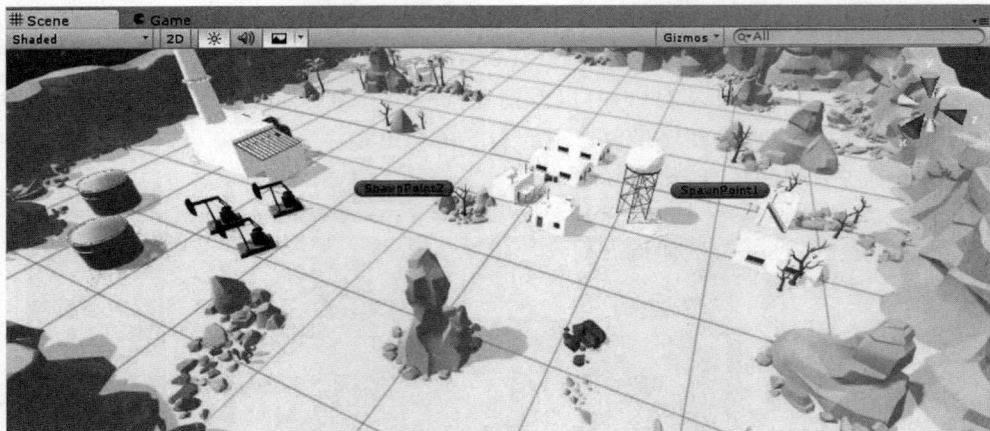

图 3-54　Scene 窗口

(1)Scene View Control Bar(场景视图控制面板):视图控制面板用来控制场景视图的显示方式,它位于场景视图窗口的顶端,如图 3-55 所示。

图 3-55　场景视图控制面板

我们从左到右依次介绍该控制面板的功能。

● Shading Mode(绘制模式):控制面板的第一个下拉菜单第一部分用于设置场景编辑窗口的绘制模式,如图 3-56 所示。

　■ Shaded(贴图模式):以带有贴图的方式显示场景。如图 3-57 所示。

　■ Wireframe(线框模式):以线框的方式显示场景。如图 3-58 所示。

　■ Shaded Wireframe(贴图线框模式):以带有贴图和线框的方式显示场景。如图 3-59 所示。

● Miscellaneous(渲染模式):控制面板的第一个下拉菜单第二部分用来设置场景视图的渲染方式。

　■ Shadow Cascades(阴影级联显示模式):显示阴影的渲染情况。如图 3-60 所示。

　■ Render Paths(渲染路径模式):采用颜色标记标记出场景中每个对象的渲染方式,绿色代表采用"延迟灯光"渲染,黄色代表"前向"渲染,红色代表使用"顶点着色"渲染。如图 3-61 所示。

　■ Alpha Channel(Alpha 通道模式):采用带有 Alpha 信息的方式渲染。如图 3-62 所示。

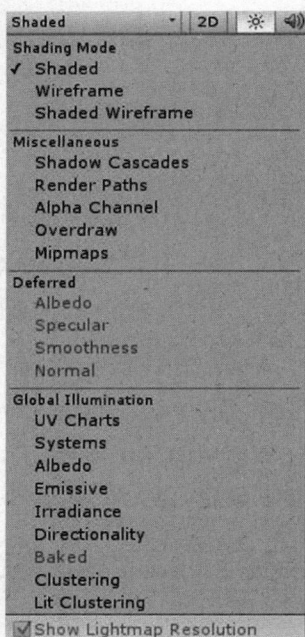

图 3-56　绘制模式菜单

■ Overdraw(透明轮廓模式):采用透明轮廓的方式,并使用透明颜色累积的方式来表示对象被重绘次数的多少。如图 3-63 所示。

■ Mipmaps(Mipmaps 模式):采用颜色标记的方式来显示理想的贴图尺寸,红色表示该贴图的大小大于目前需要的尺寸,蓝色表示该贴图的大小小于目前需要的尺寸。当然,贴图所需要的大小是根据游戏在运行时摄像机与物体贴图之间的远近来决定的。通过这个模式可以方便我们对贴图的大小进行调整。如图 3-64 所示。

图 3-57　Shaded

图 3-58　Wireframe

图 3-59　Shaded Wireframe

图 3-60　Shadow Cascades

图 3-61　Render Paths

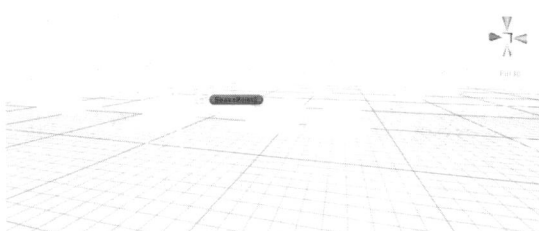

图 3-62　Alpha Channel

图 3-63　Overdraw

图 3-64　Mipmaps

- Deferred(延迟渲染设置)：控制面板的第一个下拉菜单第三部分，这些模式分别可以用来查看渲染的每个参数具体情况（反光率、高光、光滑度和法线）。
- Global Illumination(全局光照)：控制面板的第一个下拉菜单第四部分，这些模式分别可以用来帮助全局光照系统可视化：UV 图、系统、反光率、发光、辐射、方向、烘焙等。
- Show Lightmap Resolution(是否显示光照贴图分辨率)。

（2）2D，Scene Lighting，Audition Mode，Game Overlay(2D 视图切换按钮、场景灯光、音频控制和场景叠加)：位于绘制渲染模式按钮后面，有 4 个按钮，如图 3-65 所示。

图 3-65　场景渲染设置

第一个按钮用于让场景在二维视图和三维视图之间进行切换；第二个按钮用于选择采用默认的灯光照明还是采用场景中已有的灯光照明；第三个按钮用于控制在场景编辑窗口中播放音频；第四个按钮用于控制天空盒、雾效等的显示。

- Gizmos(辅助图标设置)：在场景中，例如灯光、摄像机、碰撞盒、音源等都会以辅助的图标标记出来，方便我们对这些对象进行控制，在最终的游戏画面中这些图标是不显示的。我们可以通过该面板来控制是否显示出这些图标，以及修改图标的大小，如图 3-66 所示。

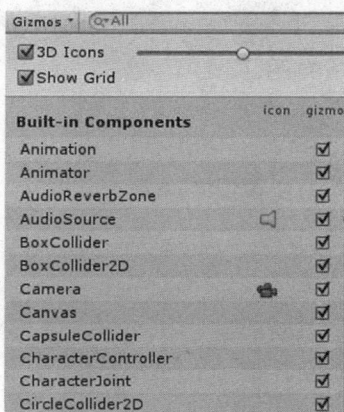

图 3-66　辅助图标设置面板

- 3D Icons，左边的单选按钮用于控制是否显示辅助图标，右边的滑动杆用于控制所有辅助图标的大小。如图 3-67 所示。
- Show Grid，用于控制网格的显示。如图 3-68所示。

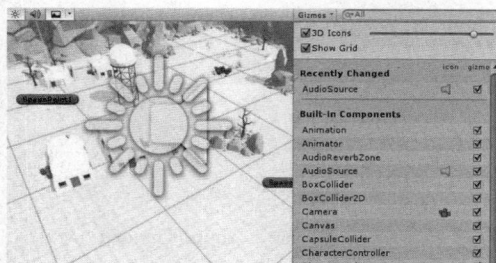

图 3-67　改变图标大小

图 3-68　控制网格显示

- 下面的辅助图标可以控制某种特定类型的辅助图标的显示与否。

3. 视图变换控制：在场景视图的右上角，有一个视图变换控制图标，该图标用于切换场景的视图角度，比如自上往下、自左向右、透视模式、正交模式等等，如图 3-69 所示。

图 3-69　视图控制手柄

　　该控制图标有 6 个坐标手柄以及位于中心的透视控制手柄。点击 6 个手柄中的 1 个,可以把视图切换到对应的视图中,而点击中心的立方体或者下方的文字标记可以切换正交模式与透视模式。如图 3-70 至图 3-74 所示。

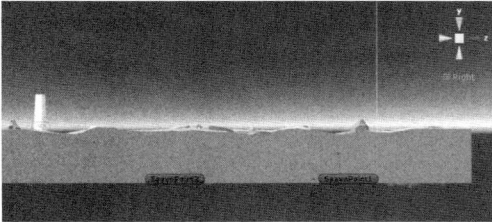

图 3-70　后视图

图 3-71　前视图

图 3-72　右视图

图 3-73　投影模式(近大远小)

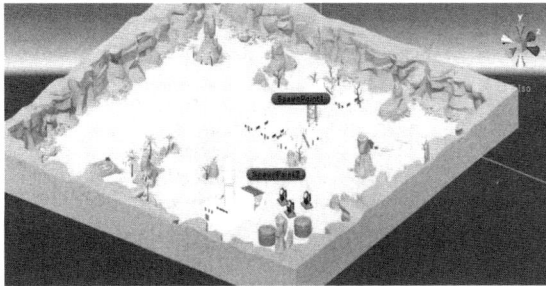

图 3-74　正交模式(无近大远小效果)

　　当你在某种视图模式下,在视图变换控制图标的下方已经标注出该视图的名称,注意到视图名称的左边有一个表示是否正交的或者透视效果的小图标,如图 3-75、图 3-76 所示。可以通过点击该图标切换透视与正交模式。

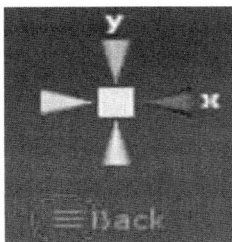

图 3-75　正交显示

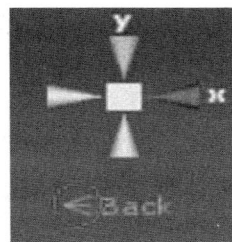

图 3-76　透视显示

(4)场景视图导航(Scene View Navigation)。使用视图导航可以让场景搭建的工作变得更加便捷和高效。视图导航主要采用快捷键的方式来控制,而且在 Unity3D 编辑器的主功能面板上的图标会显示出当前的操作方式,如图 3-77 所示。

图 3-77　第一个图标

- （Arrow Movement)采用键盘方向键控制实现场景漫游。点击场景编辑窗口,此动作可以激活该窗口,使用↑键和↓键可以控制场景视图的摄像机向前和向后移动,使用←键和→键可以控制场景视图摄像机往左和往右移动。配合 Shift 按键,可以让移动加快。

- 聚焦(Focus)定位。在场景或者 Hierarchy 窗口中选择某个物体,按下键盘的 F 键,可以使得视图聚焦到该物体上。

- 移动视图:快捷键为 Alt＋鼠标中键或者直接使用鼠标左键,可以对场景视图摄像机进行平移。当处于场景编辑状态下,可以使用快捷键 Q 键来切换到场景导航操作。其图标为一个手形形状。

- 缩放视图:快捷键为 Alt＋鼠标右键或者直接使用鼠标滚轮,可以对场景视图摄像机进行推拉操作,其图标为一个放大镜。

- 旋转视图:快捷键为 Alt＋鼠标左键或者直接使用鼠标右键,可以对场景视图摄像机进行旋转,其图标是一个眼睛。

- 飞行穿越模式:使用键盘的 WASD 键＋鼠标右键,可以对场景视图摄像机进行移动和旋转,配合鼠标的滚轮,可以控制摄像机移动的速度。

5.场景对象的编辑。健全的游戏引擎编辑器,一般都是通过"所见即所得"的方式来编辑场景。场景的编辑可以通过移动、旋转和缩放物体来操作。在编辑器的左上角有一排按钮,这排按钮用于对游戏对象进行移动、旋转和缩放操作。如图 3-78 所示。

图 3-78　场景对象控制按钮

第一个按钮是场景视图操作,在以上的内容已经讲解过;第二个按钮为对象移动按钮,可以对场景中的对象进行平移,快捷键是 W 键;第三个按钮为旋转按钮,可以对对象进行旋转,快捷键是 E 键;第四个按钮为缩放图标,可以对对象进行缩放操作,快捷键是 R 键;第五个按钮为矩形变换图标,可以对对象进行缩放、旋转操作,多用于 UI 元素,快捷键是 T 键。每种被操作的对象上都会有对应的操作杆,每种操作杆都会有相应的轴向控制柄,方便我们在视图中对它进行操作,如图 3-79 至图 3-82 所示。

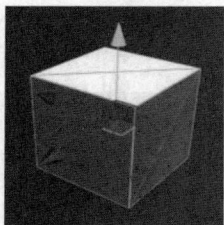　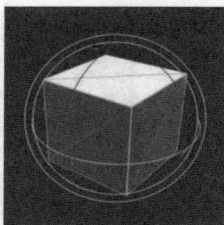　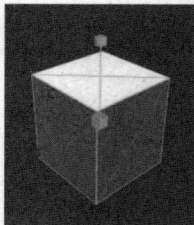　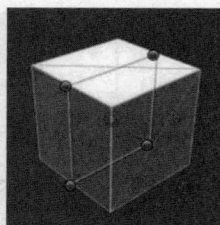

图 3-79　移动　　　　图 3-80　旋转　　　　图 3-81　缩放　　　　图 3-82　矩形变换

接下来,介绍如何在 Unity3D 中对场景进行编辑。

01 场景编辑

[1] 打开 Unity3D，新建一个工程，并命名为 Chapter3-Scene Edit。

[2] 在 Hierarchy 窗口中点击【Create】按钮，弹出浮动菜单栏，选择【3D Object】→【Plane】，新建一个平面，如图 3-83 所示。

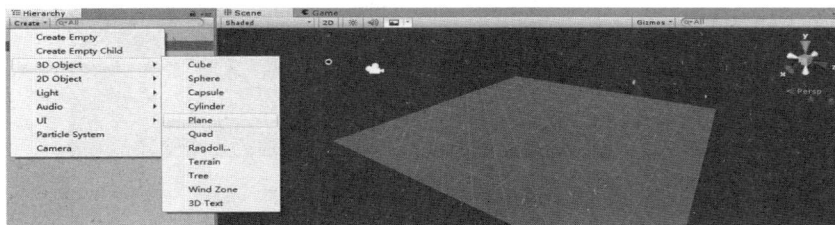

图 3-83　创建平面

[3] 在 Scene 窗口中选中该平面，使用 F 按键，使得该平面位于视图的中心，如图 3-84 所示。

图 3-84　使视口中心对准平面

[4] 在 Hierarchy 窗口中点击【Create】按钮，弹出浮动菜单栏，选择 Cube，新建一个立方体。如图 3-85 所示。

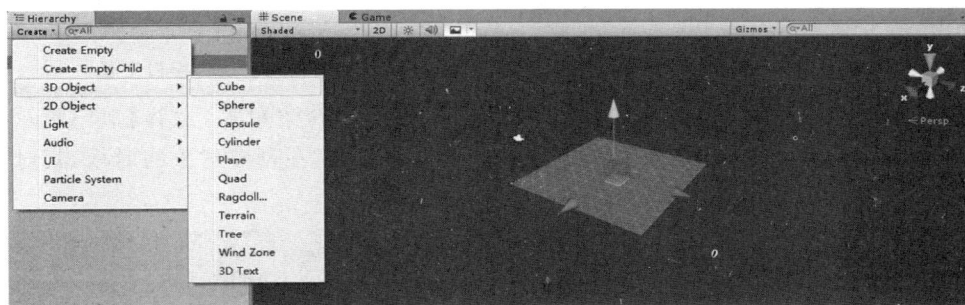

图 3-85　创建立方体

[5] 在 Scene 窗口选中该立方体，如果比较难选中，我们也可以通过 Hierarchy 窗口选中 Cube，接着按下 F 键，使得场景窗口的摄像机聚焦到立方体上（如果你使用 Hierarchy 窗口来选择对象，那么在按下 F 键之前，先使用鼠标点击一个 Scene 窗口激活）。如图 3-86 所示。

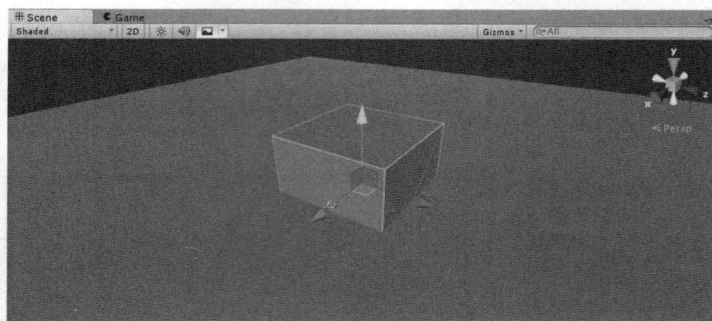

图 3-86　使视口中心对准立方体

　　[6]点击 W 键,切换到对象移动操作上,选择 Y 轴方向的操作柄,按住鼠标左键,拖动鼠标,向上拖动立方体,使得立方体在平面上面。移动操作柄共有 3 个:X 轴向相对于对象的左右方向,用红色来表示;Y 轴向相对于对象的上下方向,用绿色来表示;Z 轴向相对于对象的前后方向,用蓝色来表示。当激活某一个操作柄时,该操作柄会变成黄色。在移动操作柄中,如果你想在由两个轴向定义的平面内移动,可以选择该操作杆中心附近的操作平面。(在平移操作模式下,按住键盘上的 V 键,可进行顶点捕获,该功能可以使得操作点捕获该选中对象的某个点,同时移动该物体,可以使被选中的点对齐到场景中其他对象的点上)如图 3-87 所示。

　　[7]按住鼠标右键,拖动 Scene 窗口,使得视口中心在立方体的左边,如图 3-88 所示。

图 3-87　移动立方体

图 3-88　改变视口位置

　　[8]在 Hierarchy 窗口中点击【Create】按钮,弹出浮动菜单栏,选择【3D Object】→【Cylinder】,创建一个圆柱体,如图 3-89 所示。此时会发现,在创建对象的时候,其对象放置的位置是根据视口的中心点来放置的。

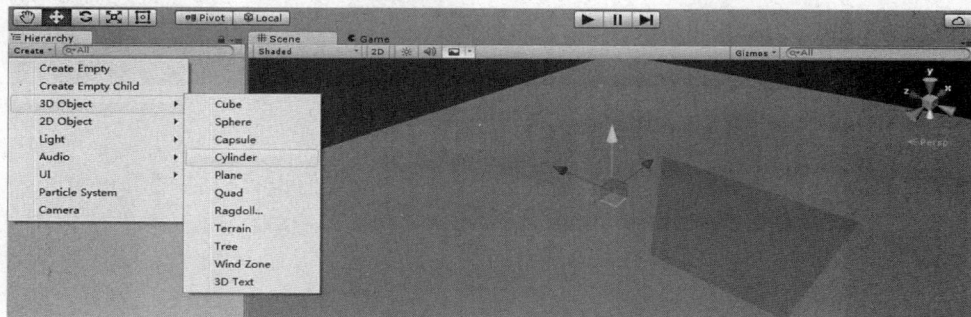

图 3-89　创建圆柱体

［9］使用移动工具调整圆柱体的位置。如图 3-90 所示。

图 3-90　调整圆柱体位置

［10］点击 E 键,把对象操作工具切换到旋转操作,如图 3-91 所示。与移动工具相似,绕 X 轴旋转的操作环为红色;绕 Y 轴旋转的操作环为绿色;绕 Z 轴旋转为蓝色;绕视图视线方向旋转为最外圈的灰色操作环。

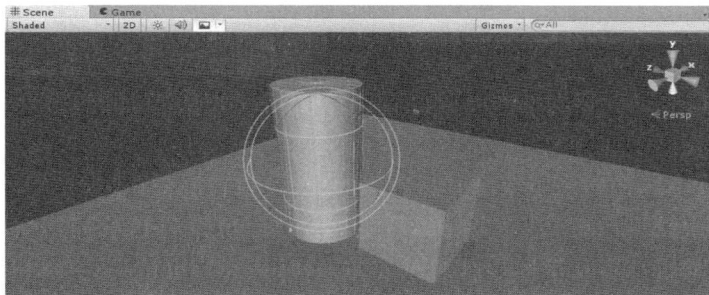

图 3-91　旋转圆柱体

［11］选择绕 Z 轴旋转的操作环,被激活的操作环会以黄色高亮显示,按住鼠标左键,拖动鼠标。对圆柱体旋转 90°左右,如图 3-92 所示:

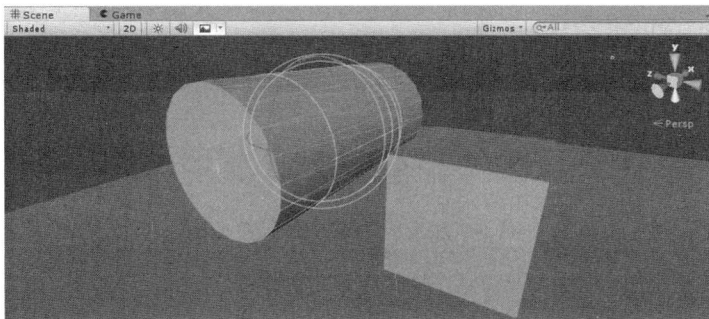

图 3-92　圆柱体绕 Z 轴旋转 90°

［12］点击 W 键,切换到移动工具,调整圆柱体的位置,使得它接触到地下的平面,如图 3-93、图 3-94 所示。此时会发现,移动操作杆的朝向改变了。这里需要注意的是,此时的操作杆的位置和朝向是与该对象的局部坐标系一致的。如果想使得操作杆的朝向与世界坐标系对齐,也就是 X 轴永远对齐左右方向,Y 轴永远对齐场景上下方向,Z 轴永远对

齐场景的深度方向,可以使用如图所示最后一个按钮 ⎡🔘 Pivot　⊕ Local⎤,该按钮用于切换操作杆对齐方式,Local 表示对齐到局部坐标系,World 表示对齐到世界坐标系。

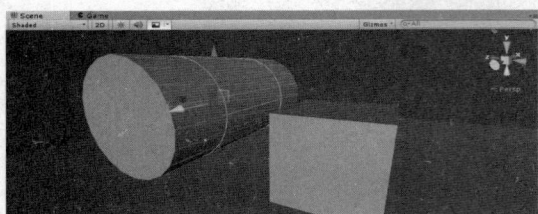

图 3-93　局部坐标系　　　　　　　　　图 3-94　世界坐标系

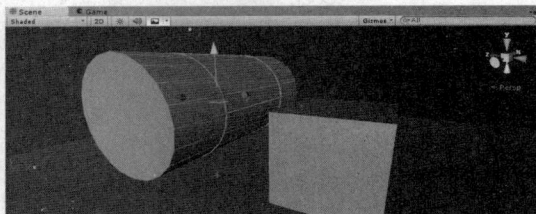

[13] 对视口进行操作,使得视口中心位于立方体的前方空白处,如图 3-95 所示。

图 3-95　调整视口

[14] 在 Hierarchy 窗口中点击【Create】按钮,弹出浮动菜单栏,选择 Sphere,创建一个球体,如图 3-96 所示。

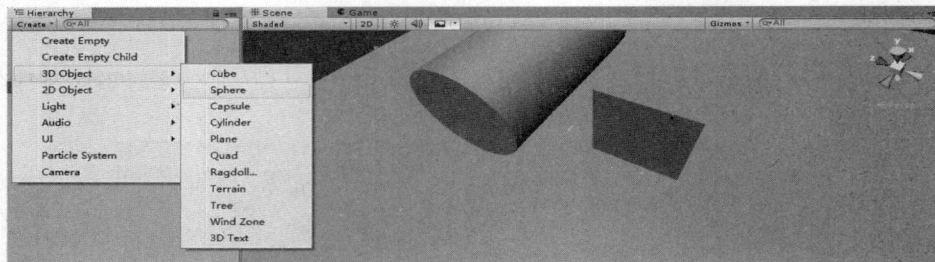

图 3-96　创建球体

[15] 点击 W 键,切换到移动工具,选中球体,调整该球体的位置,如图 3-97 所示。

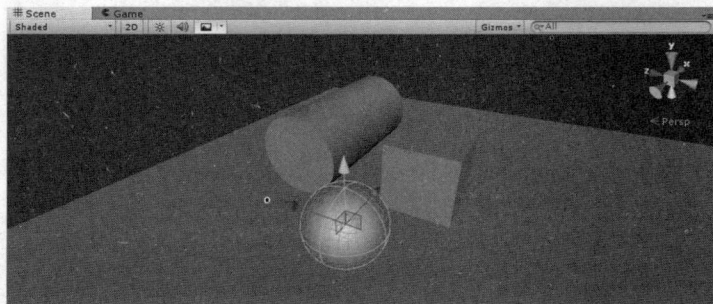

图 3-97　调整球体位置

〔16〕选中球体,点击 R 键,切换到缩放工具,如图 3-98 所示。缩放工具的轴向与移动工具的轴向相似。红色操作杆表示沿着 X 轴向缩放,绿色操作杆表示沿着 Y 轴向缩放,蓝色操作杆表示沿着 Z 轴向缩放,选择中心的操作杆可以使对象在各个轴向上等比例缩放。被选中的操作杆以黄色表示。

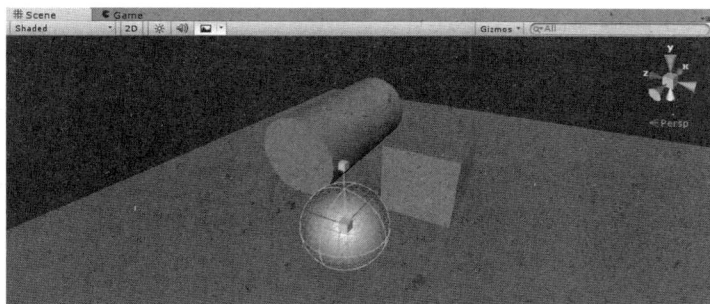

图 3-98　切换到缩放工具

〔17〕选择中心的操作杆,按住鼠标左键,拖动鼠标,使得球体缩放到原来的一半,如图 3-99 所示。

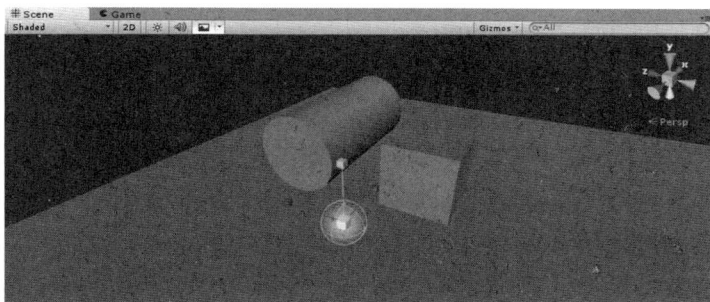

图 3-99　对球体进行缩放

〔18〕最后为场景打上灯光。在 Hierarchy 窗口中点击【Create】按钮,在浮动菜单栏中选择【Light】→【Directional Light】,创建一盏平型光,平行光对象在场景窗口中使用 图标来表示,这样,整个场景就被照亮了。(关于灯光的用法,在以后的章节会涉及到)如图 3-100 所示。

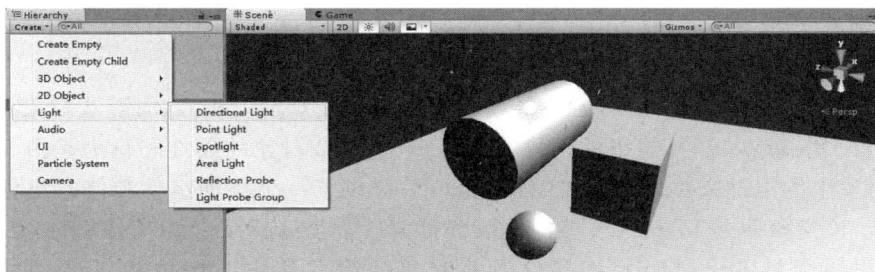

图 3-100　为场景添加平行光

〔19〕选择菜单中的【File】→【Save Scene】或者直接使用快捷键 Ctrl＋S 对场景进行

59

保存。此时会弹出一个目录浏览器,在文件名文本框中输入 SceneEdit 作为该场景的文件名,并点击保存。该步骤使得场景被保存在你需要的目录当中,在此需要注意的是,场景文件一定要放在工程目录的 Assets 目录下或者该目录下的子目录中,如图3-101所示。

[20]保存完场景之后,在 Project 窗口中会出现一个场景的图标,如图 3-102 所示。直接点击该图标,便会打开该游戏场景了。

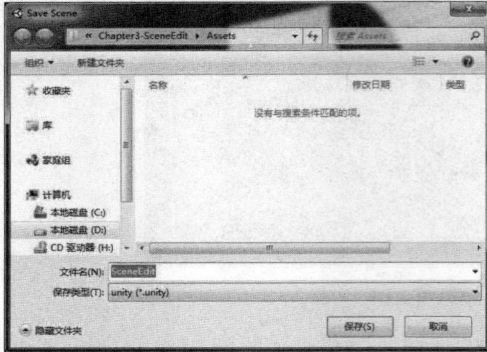

图 3-101　保存场景

图 3-102　保存后场景的图标

02 控制场景编辑窗口的显示图层

在工具栏的最右边,有一个控制场景编辑器窗口的显示图层,如图 3-103 所示。该按钮名为 Layers。

图 3-103　工具栏面板右边的 Layers 按钮

点击该按钮,会弹出一个浮动菜单栏,如图 3-104 所示。眼睛表示渲染出所有的层。如果选择【Nothing】选项,场景编辑窗口将不显示任何内容。如果选择【Everything】选项,场景将显示出所有层的内容。你也可以取消或者选择其中的某些图层。

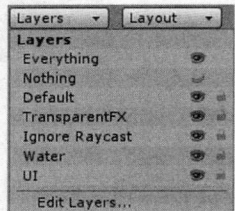

图 3-104　Layer 设置菜单

3.1.6　Inspector 组件参数编辑窗口

使用 Unity3D 创作游戏时,游戏的场景都是由游戏对象组成的,而游戏对象又包括了比如模型面片、脚本、音频等组件。我们已经知道,游戏对象的属性和行为是由其添加到该游戏对象上的组件来决定的。在 Unity3D 中,提供了一个添加组件和修改组件参数的窗口面板,该窗口便是 Inspector 组件参数编辑窗口。当选择某个游戏对象时,在 Inspector 窗口里便会显示出已经添加到该游戏对象的组件和这些组件的属性,如图 3-105 所示。

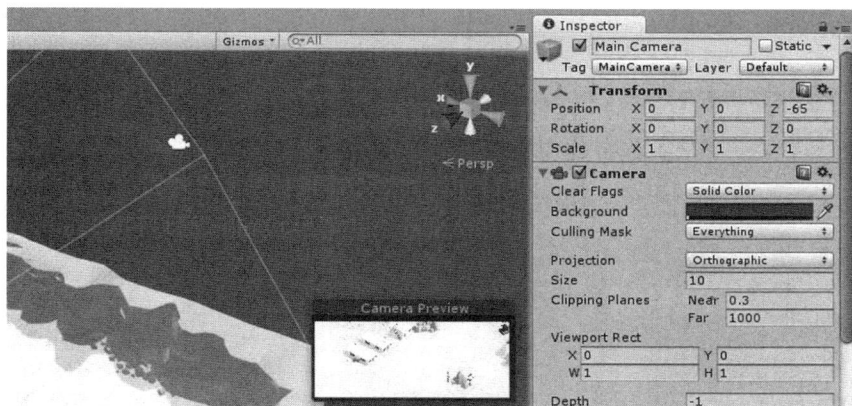

图 3-105　右边窗口为 Inspector 窗口

该窗口中所显示的游戏对象中有几个固定的属性和组件。如图 3-106 所示。

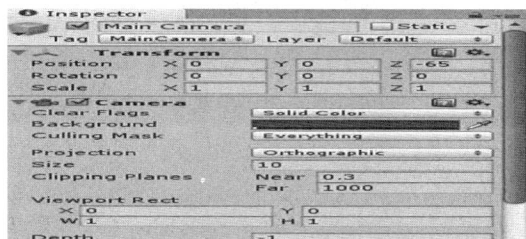

图 3-106　固定属性面板

01 图标设置

在该栏的左上角是一个图标标记，用于标记不同的对象，这些图标可以根据我们的需要进行修改。点击该图标会出现一个面板，如图 3-107 所示。该面板可以将图标修改成不同的形状和颜色。当点击【Other...】按钮时，会出现一个贴图列表面板，如图 3-108 所示，我们可以通过选择自定义贴图来修改该图标。

图 3-107　图标设置

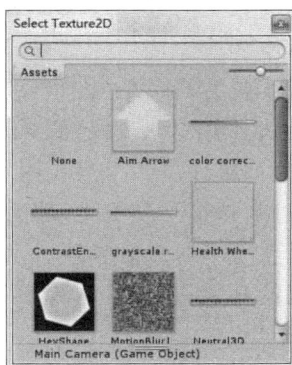

图 3-108　贴图列表面板

02 激活单选按钮☑

该按钮可以用于控制游戏对象在游戏场景中是否被激活，当把这个钩去掉之后，该物体便不会在场景中显示了,并且所有的组件也会失效,不过该物体仍然保留在场景中。如图 3-109 所示。

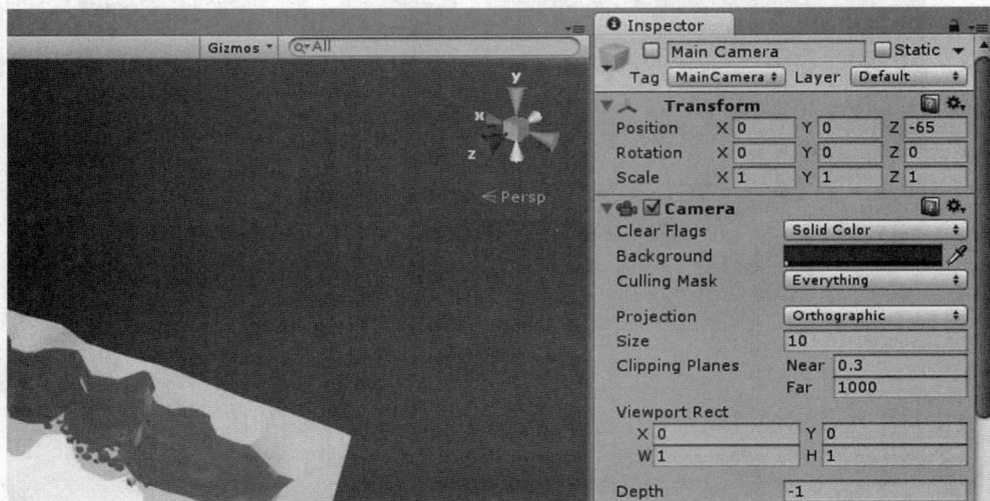

图 3-109　注销游戏对象

03 对象名称

在激活单选按钮的后面是一个文本输入框,可以在该输入框中修改游戏对象的名字,也可以通过在 Hierarchy 窗口中选择对象,按下键盘上的 F2 键来修改。

04 Static 状态按钮

该按钮用于是否把该游戏对象设置成静态物体。对场景中一些静态的对象,可以把此状态按钮勾选上,一方面可以在一定程度上减少游戏渲染工作量,另一方面如果要对该场景中的游戏对象进行光照贴图烘焙、寻路数据烘焙和 Occlusion Culling 的运算,也要把该物体设置成静态物体。

05 Tag(标签设置)

为对象加上有意义的 Tag 标签名称。标签的主要作用是为游戏对象添加一个索引,这样可以为在脚本程序中使用标签来寻找场景中添加了该标签的对象提供方便。标签,可以把它想象成某类游戏对象的别名。我们现在以班级为例子,我们知道,在一个班中有很多位同学,每一位同学都有自己的姓名,当你要叫某位同学帮忙打扫卫生时,你可以直接叫他的名字,但如果你想叫全班的同学一起过来,那么可以直接叫班级的名称,说"某某班级"的同学都过来帮忙打扫卫生,那么这个"某某班级"就是这个班级同学的标签,而每个同学的名字就是每个对象的具体名字。在 Unity3D 游戏场景当中,可以为多个游戏对象添加一个相同的标签,在以后的脚本编写时,可以直接寻找该标签,便能够找到使用该标签的所有游戏对象了。

06 Layer(层结构)

可以设置游戏对象的层,然后令摄像机只显示某层上的对象。或者通过设置层,让物理模拟引擎只对某一层起作用。

07 Prefab（预置操作）

当某个游戏对象是由 Prefab 预置生成的话，便会在此处显示该操作按钮。单击【Select】选择按钮，会在 Project 窗口中找到该对象所引用的 Prefab；点击【Revert】恢复按钮，对当前对该对象所做的修改做回撤操作，并重新引用该对象所引用的 Prefab 的原有属性；点击【Apply】应用按钮时，可以把对该对象的修改应用到原来的 Prefab 上，此时，所有在场景中引用了该 Prefab 的游戏对象将会同步做修改。如图 3-110 所示。

图 3-110　Prefab 控制按钮

08 Transform（变换组件）

该组件是所有游戏对象都具有的组件，即使该游戏对象是一个空的游戏对象。该组件负责设置该游戏对象在游戏场景中的 Position（位置）、Rotation（旋转角度）和 Scale（缩放比例）。如果想精确地设置某个游戏对象的变换属性，可以直接在这个组件中修改对应的参数。当一个游戏对象没有父物体时，这些参数是相对于世界坐标系上的，如果它具有父物体，那么这些参数是相对于父物体的局部坐标系的。

接下来介绍通过 Transform 组件操作游戏对象的例子。

［1］打开我们前面新建的工程 Chapter3-Scene Edit，进入引擎之后，点击 SceneEdit 场景文件，打开该文件。如果场景编辑窗口中没有物体，我们可以在 Hierarchy 窗口中选择任意一个物体，接着激活场景编辑窗口，最后按下 F 键，使视图定位到该选择的物体上。

［2］在 Hierarchy 窗口中选择 Cube 对象，按下 F2 键，修改它的名字为 Box，按下回车，完成修改。如图 3-111 所示。

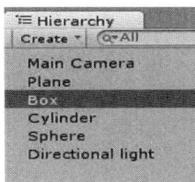

图 3-111　在 Hierarchy 窗口中修改对象名称

［3］在场景编辑器中选择圆柱体对象，在 Inspector 窗口中改名为 Column，按下回车，完成修改。如图 3-112 所示。

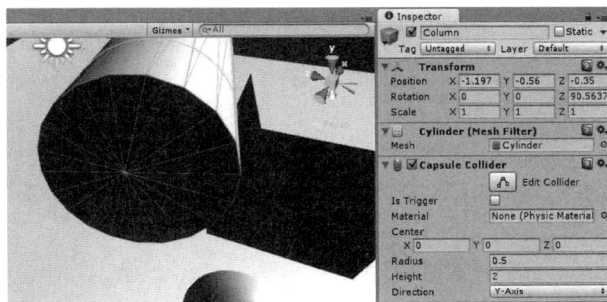

图 3-112　在 Inspector 窗口中修改对象名称

〔4〕继续选择圆柱体,在它的 Transform 组件中,设置 Position(位置)中的 X 值为 0,Y 值为 -1,Z 值为 -6.5,设置 Rotation(旋转)中的 Z 值为 270°,如图 3-113 所示。可以看出,圆柱体的位置和旋转角度被精确地定义下来了。

图 3-113　在 Inspector 窗口中修改旋转角度

〔5〕接下来,把 Sphere 改名为 Ball,从以上步骤可以看出,修改游戏对象的名称可以通过 Hierarchy 窗口或者 Inspector 窗口来修改。如图 3-114 所示。

〔6〕选择 Ball 游戏对象,在 Inspector 中修改 Ball 对象的位置和缩放比例,如图 3-115 所示。

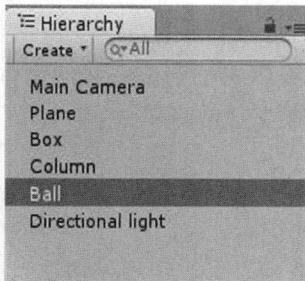

图 3-114　修改 Sphere 名称为 Ball

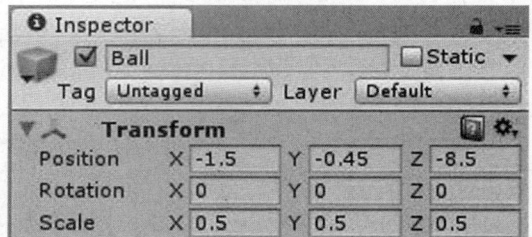

图 3-115　在 Inspector 窗口中修改对象的缩放比例

〔7〕接下来,把 Ball 对象作为 Column 对象的子物体。在 Hierarchy 窗口中,选择 Ball 对象并按住鼠标左键,拖动该对象放置到 Column 对象上,如图 3-116 所示。放开鼠标,这样 Ball 对象就成为 Column 对象的子物体了,如图 3-117 所示。

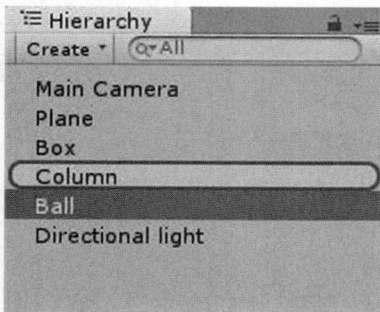

图 3-116　拖动 Ball 对象到 Column 对象上

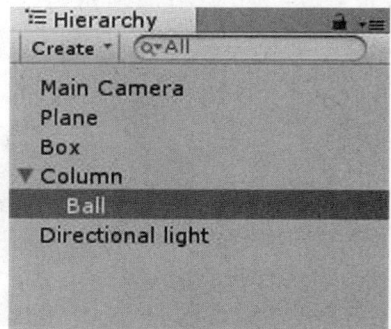

图 3-117　Ball 对象成为 Column 对象的子对象

〔8〕对比 Ball 对象成为 Column 对象的子物体之前的坐标和成为 Column 对象的子物体之后的坐标的变化,可以发现,现在该坐标值是参考 Column 父物体的局部坐标系了。如图 3-118 所示。

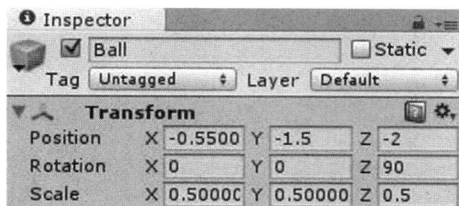

图 3-118　Ball 的坐标值变为以 Column 对象的坐标系为参考的值

〔9〕现在,选择 Column 对象,此时其子物体也会被选上,对 Column 进行平移、旋转和缩放操作,可以看到 Ball 对象也参照父物体的变换而做相应的变换。而当操作子物体的变换时,父物体的变换并没有受影响。此时需要注意的是,当你在操作父物体的变换时,此时的子物体的变换中心点是在父物体的局部坐标轴中心点上。

〔10〕取消父子关系。选择 Ball 对象并按住鼠标左键,把该对象拖出 Column,此操作取消了 Column 和 Ball 对象之间的父子关系。

〔11〕选择多个物体并同时进行变换操作。在 Scene 窗口,按住 Ctrl 键,逐个选择 Ball、Box 和 Column 对象,此时会发现,变换操作杆会逐步移动到最后选择的对象上,如图 3-119 所示。该操作杆最后决定了这几个被选择的物体的变换参考中心。当对这多个物体进行旋转时,其参考中心为最后选择的对象上,当对多个物体进行缩放时,其参考中心为每个物体的局部坐标系的中心(如果你是在 Hierarchy 窗口中选择多个物体,其变换操作杆将在第一个被选择的对象上,这个需要注意。)

图 3-119　选择多个物体之后操作杆的位置变化

〔12〕把多选的物体变换参考中心切换到所有被选物体的中心。在切换局部坐标与世界坐标系统的按钮右边,有一个可以用于切换多选物体参考坐标的按钮,如图 3-120、图 3-121 所示。Pivot 表示以单个物体的局部坐标系为参考坐标,当点击这个按钮之后会把参考中心切换到多对象的中心上。这时,再对这些对象进行变换操作时,无论是移动、旋转还是缩放,都是以这几个对象的中心点为参考进行变换。如图 3-122、图 3-123 所示。

图 3-120　Pivot 模式

图 3-121　Center 模式

65

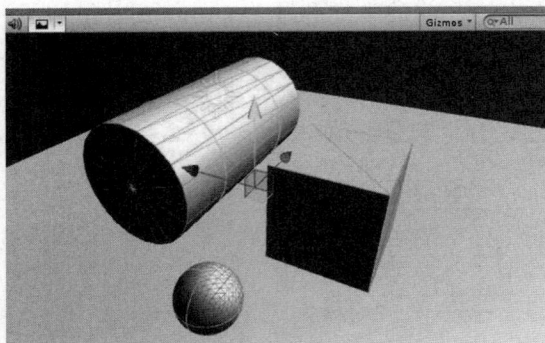

图 3-122　移动操作杆位置　　　　　　　　　　　图 3-123　旋转操作杆位置

3.1.7　Game(游戏预览窗口)

在这个窗口中,可以预览游戏的最终效果。如图 3-124 所示。

图 3-124　Game 窗口

该窗口经常搭配工具栏上的播放按钮、暂停按钮来使用。如图 3-125 所示。图中第一个按钮为游戏播放按钮,快捷键是 Ctrl+P;第二个按钮为暂停按钮,快捷键是 Ctrl+Shift+P;第三个按钮为逐帧播放按钮,快捷键是 Ctrl+Alt+P。

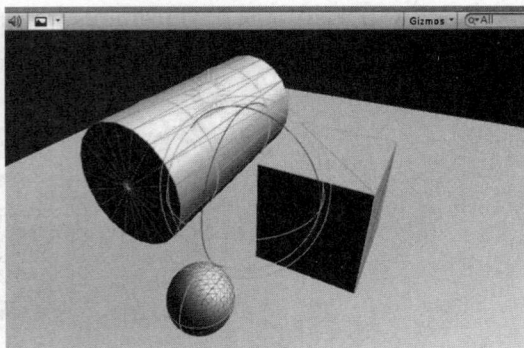

图 3-125　游戏播放控制按钮

01 Display:选择显示器

如果连接有多个显示器时,可以选择在哪个显示器上显示。

02 分辨率设置

在 Game(游戏预览窗口)的左上角是分辨率设置按钮,我们可以根据需要设置不同的播放分辨率。点击该按钮,会弹出一个浮动菜单栏,该菜单栏根据发布平台的不同而有所区别。PC 平台下的分辨率设置如图 3-126 所示。

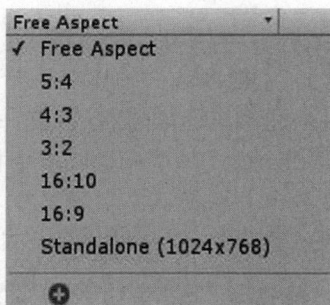

图 3-126　PC 平台下的分辨率设置

03 【Maximize on Play】最大化按钮

当这个按钮处于按下的情况下,点击播放按钮,Game 窗口会全屏化显示。

04【Mute audio】静音按钮

当这个按钮处于按下的情况下，游戏运行时不播放音频。

05【Stats】状态按钮。点击该按钮，会出现一个与游戏运行效率有关的面板，可以从这个面板中查看目前的游戏运行效率状态，如图 3-127 所示。

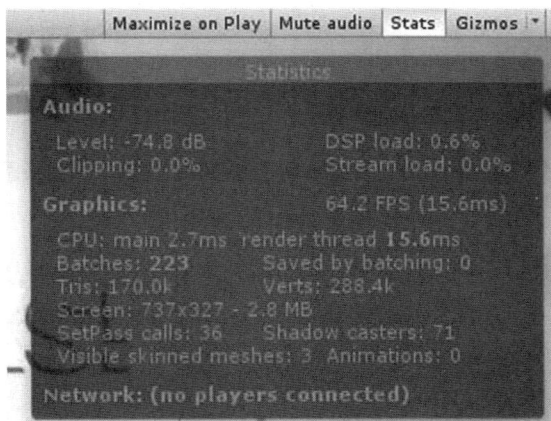

图 3-127　游戏运行效率统计窗口

06【Gizmos】辅助图标按钮

当该按钮处于按下的情况下，窗口中会显示场景中的辅助图标，如图 3-128 所示。

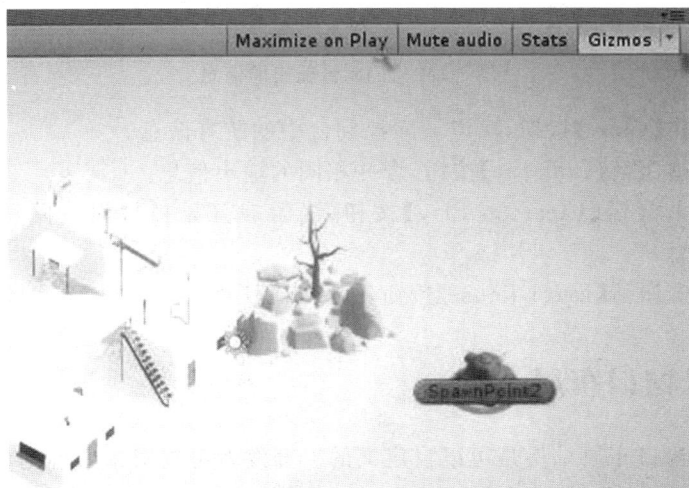

图 3-128　在 Game 窗口中显示辅助图标

3.1.8　Console（控制台）

控制台是 Unity3D 引擎中用于调试与观察脚本运行状态的窗口（最底下的为状态窗口，同时也在 Unity3D 编辑器的最下方，如果有信息输出时，双击状态栏的信息，便可以弹出控制台），当出现脚本编译警告或者出现错误，都可以从这个控制台中查看到错误的位置，方便我们的修改。白色的文本表示普通的调试信息，黄色的文本表示警告，红色的文本表示错误信息。控制台通常跟脚本编程息息相关。如图 3-129 所示。

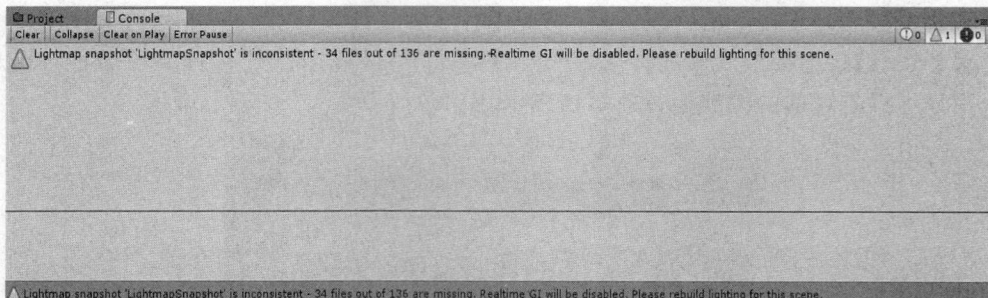

图 3-129　控制台

在控制台中，选择某一条文本，可以在下方出现更详细的说明，如图 3-130 所示。

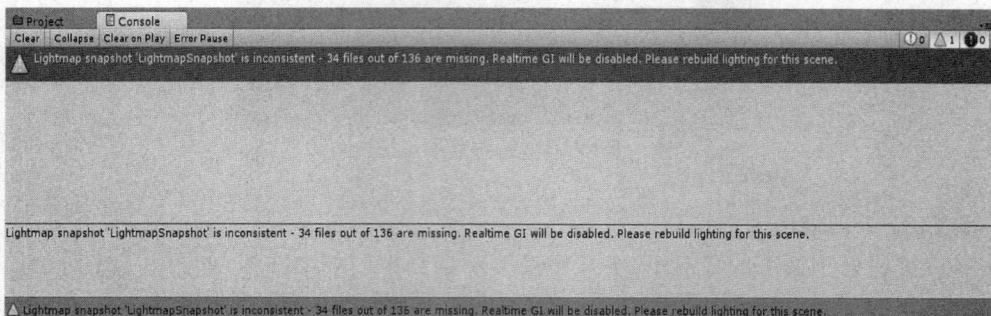

图 3-130　控制台输出的信息

■　点击【Clear】按钮，可以清除控制台中的所有信息。

■　点击激活【Collapse】按钮，合并相同的输出信息。

■　点击激活【Clear on Play】按钮，当游戏开始播放时清除所有原来的输出信息。

■　点击激活【Error Pause】按钮，当脚本程序出现错误时游戏运行暂停。

3.2　自定义窗口布局

Unity3D 的窗口布局结构是可以自定义的。开发者可以根据自己的使用习惯布局窗口，也可以使用 Unity3D 内置的窗口布局功能来实现窗口布局的调整。

3.2.1　使用 Unity3D 内置的窗口布局功能

在工具面板的最右边有一个【Layout】按钮，点击它可以弹出一个浮动菜单栏，其中包含了 Unity3D 内置的窗口布局方式，如图 3-131 所示。

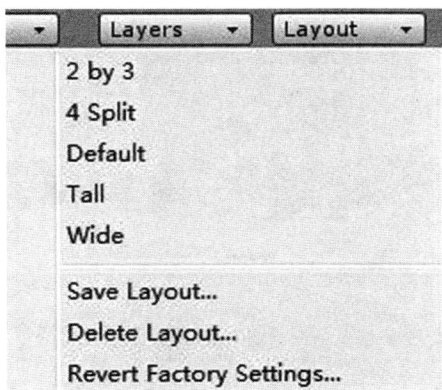

图 3-131　Layout 菜单

展示了 5 种内置的窗口布局方式,如图 3-132 至图 3-136 所示。

图 3-132　2By3(2＋3)窗口布局方式

图 3-133　4 Split(四视图)窗口布局方式

69

图 3-134　Default(默认)窗口布局方式

图 3-135　Tall(高屏)窗口布局模式

图 3-136　Wide(宽屏)窗口布局模式

3.2.2　自定义窗口布局

对于 Unity3D 中的每个窗口,都可以通过拖拽的方式重新布局。

01 停靠窗口

如果我们想把 Project 窗口停靠在编辑器的左边,可以使用鼠标左键点击 Project 窗口的标题,按住鼠标左键不放,把它拖拽到编辑器的左边。在拖拽的过程中,该窗口会以线框的方式显示,如图 3-137 所示。当该窗口停靠到我们需要的地方时,放开鼠标,我们便完成了该窗口的布局操作,如图 3-138 所示。

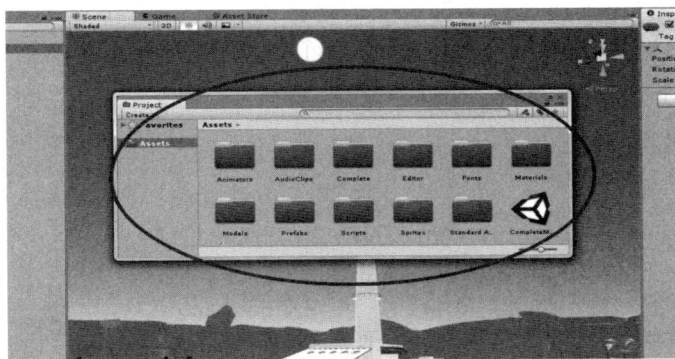

图 3-137　拖动 Project 窗口

图 3-138　停靠 Project 窗口

02 浮动窗口

每一个窗口都可以浮动在编辑器中而不使用停靠的布局方式。还是以 Project 窗口为例,鼠标左键选择 Project 窗口的标题,按住鼠标不放,拖动到我们需要的位置,放开鼠标,便能够形成一个浮动窗口了,如图 3-139 所示。

图 3-139　浮动窗口

❸ 内嵌窗口

在同个窗口中，我们可以内嵌其他的窗口，例如把 Hierarchy 窗口内嵌到 Project 窗口中。使用鼠标左键选择 Hierarchy 标签，按住鼠标左键不放，把该窗口的标签拖动到 Project 窗口的标签上，此时，Hierarchy 和 Project 窗口会共用同一个区域。而要切换这两个窗口，可以通过该区域上面的标签来切换，如图 3-140 所示。

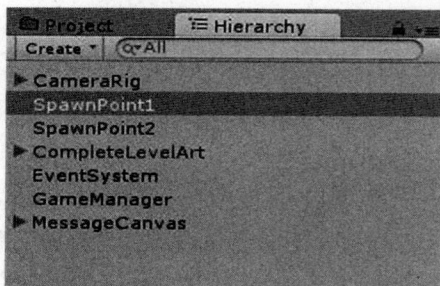

图 3-140　内嵌窗口

❹ 添加窗口

在每个窗口的右上角，有一个图标▼，点击该图标，会出现一个浮动菜单栏，如图 3-141 所示。Maximize 用于最大化窗口，其快捷键是键盘上的空格键。Close Tab 是关闭该窗口，Add Tab 可以在该区域添加其他的窗口，添加窗口（也可以通过菜单栏中的 Windows 菜单来添加）。如图 3-142 所示。

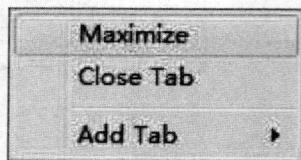

图 3-141　窗口添加菜单　　　　图 3-142　可添加的窗口列表

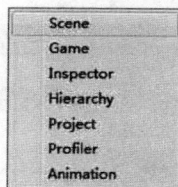

3.3　总结

通过本章的学习，可以了解 Unity3D 菜单的功能以及各种编辑窗口的作用和用法，熟练掌握 Unity3D 的面板布局，可以使得开发者的开发工作更加高效。Unity3D 的各个窗口是可以自定义的，可按照开发者的习惯调整窗口的布局，使工作更加舒适。

3.4　练习题

（1）熟悉 Unity3D 的主要菜单窗口，并描述这些常用窗口的作用。

（2）在 Project 窗口中新建目录：_Scenes、_Meshes、_Textures、_Animations、_Materials、_Sound、_Shaders、_Prefabs、_Scripts。简单说明为什么要新建这些目录，并说明每个目录的作用。

（3）在一个工程中导入 Unity3D 自带的资源包 Character（该包包含了第一人称和第三人称的资源）和 Environment。

（4）在游戏场景中新建一个 Cube 游戏对象、Sphere 游戏对象、Cylinder 游戏对象、capsule 游戏对象和 Plane 游戏对象。并通过快捷键对这些对象进行变换（平移、旋转和缩放）操作，以及使用场景视图导航和它的快捷键对场景的视口进行操作。

（5）对上题中新建的游戏对象分别重新命名，Cube 命名为 Box，Sphere 命名为 Ball，

Cylinder 命名为 Column。

（6）使 Box 成为 Sphere 的子物体，Cylinder 成为 Box 的子物体，接着对这些物体进行变换操作。

（7）通过工具栏上的 Layout 对编辑窗口进行重新布局。接着把 Hierachy 窗口拖到编辑窗口的下方，使它与 Project 窗口共用一个区域。

（8）寻找到 Standard Assets① 包并导入，在 Scene 目录下打开里边的不同范例，体会 Unity 的功能。

---

① 该包可以在安装 Unity 时安装，或者在官方资源商店上下载：https://www.assetstore.unity3d. com/cn/♯! /content/32351

04

CHAPTER FOUR
第 4 章

Unity3D 脚本程序介绍

Unity 5.X

本章内容

继文学、绘画、雕塑、建筑、音乐、舞蹈、戏剧、电影这 8 种艺术形式之后，"电子游戏为第 9 艺术"的观念也在逐渐被人们所接受。与其他的 8 种艺术形式相比，电子游戏的最大特点便是"交互参与性"，它赋予欣赏者（玩家）的参与感要远远超出以往任何一门艺术，因为它使玩家跳出了第三方旁观者的身份限制，从而能够真正融入作品中。玩家在欣赏电子游戏作品时，玩家的主动进行（而不是被动接受），使得参与感与角色代入感大大增强，玩家在一定程度上在虚拟的世界中亲身参与一系列事件的发生，从而使得玩家真正地融入到游戏所创造的虚拟场景和故事情节中。

在游戏作品的整个创作流程里，计算机程序赋予了游戏作品交互性。虽然游戏设计是一个综合了文学、音乐、美术、心理学、市场营销等学科的工程，但是，使得游戏作品能够真正"活"起来，是计算机程序技术的功劳。所以，在游戏作品的开发中，计算机程序的编写是不可或缺的一个重要环节。它可以用于处理玩家的输入信息，也可以用于管理游戏内的各种资源，还可以用于决定游戏运行的各种逻辑等等。

目前，功能较为完善的游戏引擎都会提供游戏脚本程序作为游戏的控制模块。在使用 Unity3D 游戏引擎的过程中，掌握它提供的脚本程序和它所提供的 API 能够令开发者的游戏如虎添翼。

Unity3D 目前支持的脚本程序语言有 Java Script、C♯。在一个游戏中，开发者可以使用其中的一种或者同时使用多种语言来实现游戏脚本的控制，这在一定程度上方便了熟悉不同编程语言的开发者协同工作。这两种语言在最后运行的时候其效率是相当的，因为它们最后都会被编译成 Unity3D 中内置的中间代码。使用 Unity3D 编写程序，掌握它提供的 API 是最基本的。这两种语言在 Unity3D 的官网都有详细的介绍，可以在其官网上找到它们之间的语法差别。官网的脚本参考文档网址是 http://docs. unity3d. com/Documentation/ScriptReference/index. html。可以通过该文档查找到 Unity3D 的所有 API 和使用方法。

4.1　脚本程序初探

任何计算机语言编写的程序，都可以使用具有文本编辑功能的软件来编写，例如 Windows 操作系统自带的文本编辑器。但是，随着计算机程序复杂程度的不断增大和对编写效率的要求，只借助简单的文本编辑器来编写程序已经远远不能满足要求。所以便出现了针对程序编写的带有各种高级功能的程序编辑器，例如微软的 Visual Studio 程序编辑器和 Unity 提供的集成开发环境 Mono Develop。这些高级的编辑器因为集成了程序编写的各种功能，所以也被称为集成开发环境。

4.1.1 \ Mono Develop 脚本编辑器

在 Unity3D 中，默认的脚本集成开发环境是 Mono Develop 编辑器，如图 4-1 所示。该编辑器是一个开源的跨平台的脚本编辑器，它能够在 Windows 操作系统中运行，同时也能够在 Mac Os 操作系统中运行。（如果是在 Windows 操作系统中，我们也可以使用微软的 Visual Studio 集成开发环境。）Mono Develop 编辑器是一个免费的开源项目，目前，它能够同时编辑 Java Script、C♯ 两种语言。（在学习 Unity3D 脚本编程之前，建议先对计算机编程有一定的了解）。

图 4-1　Mono Develop 编辑器

打开 Mono Develop 编辑器最简单的方法是直接在 Unity3D 中双击某个脚本程序文件。如果需要换成微软的 Visual Studio 集成开发环境，可以按照以下步骤设置。

[1] 在主菜单上选择【Edit】→【Preferences...】，打开偏好设置面板，如图 4-2 所示。

[2] 选择左边的【Extenal Tools】，可以看到右边的 External Script Editor 属性，点击右边的下拉菜单，可以选择不同的脚本编辑器。如果需要使用微软的 Visual Studio，事先需要在系统中安装有该软件，如图 4-3 所示。

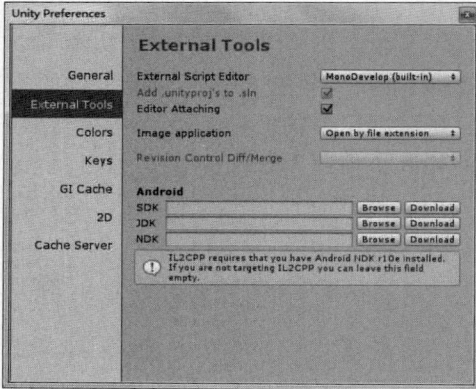

图 4-2　偏好设置面板

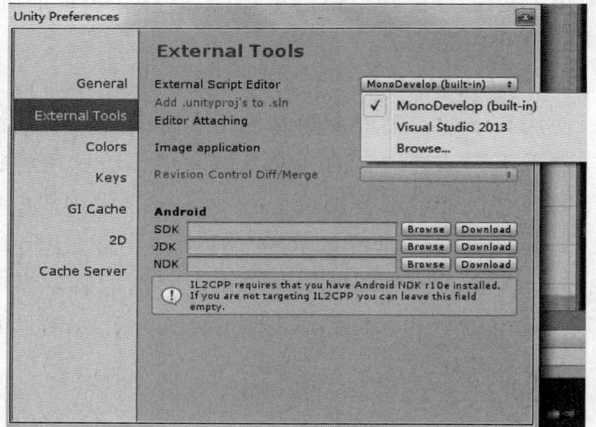

图 4-3　选择程序编辑器

4.1.2 \ 第一个 C♯ Script 脚本

在本节中，我们编写一个脚本，使得场景中的立方体旋转起来。

[1] 新建一个工程，名为 Chapter4-Rotate Cube。

[2] 在场景中，创建一个 Cube 对象，如图 4-4 所示。

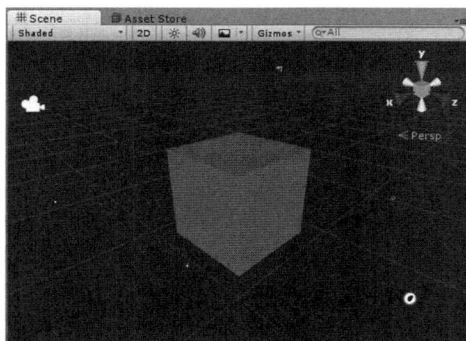

图 4-4　创建一个 Cube 对象

[3] 在 Project 窗口中,点击鼠标右键,在弹出的浮动菜单栏中选择【Create】选项,然后选择【C♯ Script】选项,此时就会在 Project 窗口中创建一个 C♯ Script 的文件,如图 4-5、图 4-6 所示。

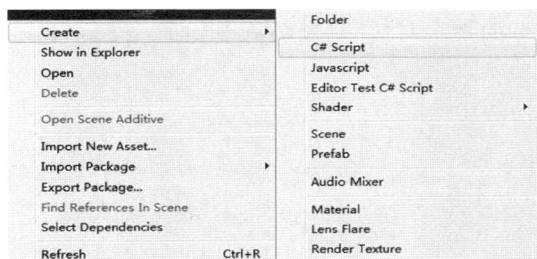

图 4-5　创建 C♯ Script 脚本

图 4-6　新建的 C♯ Script 脚本

[4] 单击这个脚本文件,按下键盘上的 F2,重命名该文件为 Rotation Object。在对脚本命名时,建议名称中每个单词的第一个字母都用大写,最好使用"名词"或者"形容词+名词"的格式来命名。如图 4-7 所示。

[5] 双击该脚本,Unity3D 默认会在 Mono Develop 编辑器中打开脚本文件,如图 4-8 所示。

图 4-7　重命名脚本文件

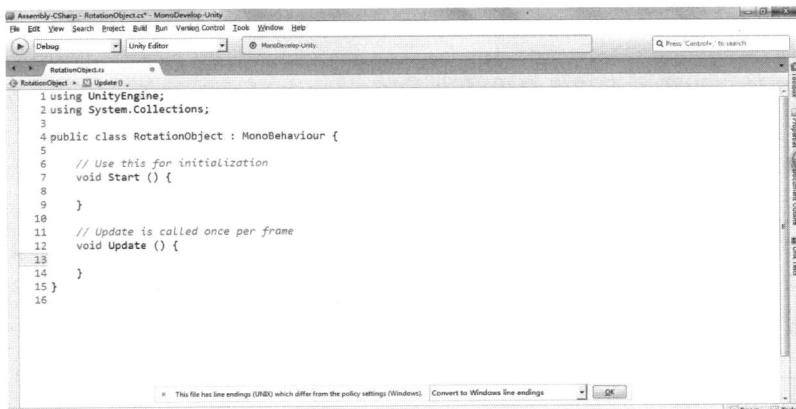

图 4-8　打开该脚本文件

[6] 在新创建的 C♯ Script 脚本中,Unity3D 会生成带有 2 个函数的代码,分别是 Start 函数和 Update 函数。这 2 个函数的定义在后面的章节中再做讲解。代码如下。

```
using UnityEngine;
using System.Collections;
public class RotationObject：MonoBehaviour {
    // Use this for initialization
    void Start (){
    }
    // Update is called once per frame
    void Update (){

    }
}
```

[7] 把光标定位到 Update 函数中,并输入如下代码 transform.Rotate(0,5,0);(因为 C♯ Script 是大小写敏感的语言,请注意字母的大小写)。其代码清单如下：

```
using UnityEngine;
using System.Collections;
public class RotationObject ：MonoBehaviour {
    // Use this for initialization
    void Start () {
    }
    // Update is called once per frame
    void Update () {
        transform.Rotate (0, 5, 0);
    }
}
```

[8] 使用 Ctrl+S,保存代码。接着,回到 Unity3D 中。

[9] 选中 RotationObject 文件,把它拖到 Cube 对象上,该步骤完成把脚本代码添加到游戏对象上的操作。

提示：

为对象添加自定义脚本组件有五种方式。

● 第一种方式,选中脚本文件之后拖动到 Hierarchy 窗口中的对象上。

● 第二种方式,选中脚本文件之后拖动到 Scene 窗口中的对象上。

● 第三种方式,先在 Hierarchy 窗口或者 Scene 窗口中选中对象,在 Inspector 窗口中会出现对应的组件列表,把该脚本文件拖动到该对象的组件列表中。

● 第四种方式,选中对象,选择菜单栏中的【Component】→【Scripts】,在里面选择该脚本文件。

● 第五种方式,选中对象,在其 Inspector 窗口中点击【Add Component】,在里面的 scripts 中选择该脚本。

［10］点击运行按钮，此时观看效果，Cube 对象便自动转动起来了。如图 4-9 所示。

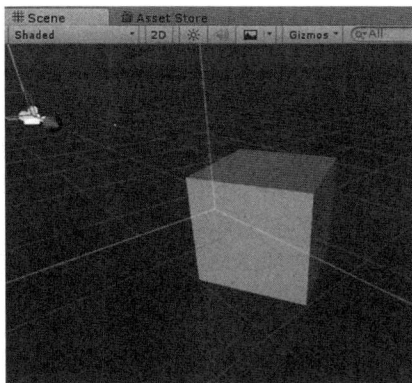

图 4-9　Cube 对象转动起来

4.2　C♯ Script 的语法

在学习任何计算机程序语言之前，首先需要了解该语言的语法，就像我们要用说话或者书写的方式向别人表达我们的想法时，我们需要先掌握一门语言的语法一样。在 Unity3D 中提供的 C♯ Script 语法相对来说比较简单，我们就以 C♯ 为例说明它的语法书写方式，可以直接在官网的文档页面查到相应的描述。

4.2.1　变量声明

变量是一段有名字的连续存储空间，在源代码中通过定义变量来申请这样的存储空间，并通过变量的名字来使用这段存储空间。换句话说，变量就是程序中数据存放的临时场所，我们可以通过我们定义的变量名来访问和修改这个变量的值。

在使用变量之前，首先需要为变量进行声明和定义，这样编译器才能够向计算机申请对应的内存空间，接着才能通过定义的变量名进行数据访问。其声明的格式是（加中括弧的部分为可选部分）：

［作用域］［生命周期作用域］［数据类型］变量名［ = 值］；

其中：

● 作用域：用于定义该变量能被访问的范围，包括了 Public(公有)、Private(私有)和 Protected(保护)三种类型。如果未定义，C♯ Script 会默认为 Private 类型。

● 生命周期作用域：关键字是 Static，确切地说，应该是对是否为静态变量进行设置。在 Unity3D 中，这一般被视为全局变量。

● 数据类型：定义该变量的数据类型。

● 赋值：可以为该变量赋予一个初始值。

例如：

81

float speed ＝ 30.5f；//定义一个名为 speed 的公有浮点型变量,并为它赋予 30.5 的初始值。

private int timeCount ＝ 0；//定义一个名为 timeCount 的私有整型变量,并赋予它初始值为 0。

这里要注意的地方是,在 Unity3D 中,如果一个变量是 Public 公有类型,那么该变量会作为属性参数显示在添加了该脚本的游戏对象的组件面板中,我们可以直接在 Inspector 窗口中修改它的变量值,当我们在窗口中修改该值时,虽然在脚本文本中其值未修改,但是 Unity3D 会使用在 Inspector 窗口中修改后的值。如果设置成私有类型的变量,那么只能在该类中使用,而不对外显示变量。如图 4-10 所示。

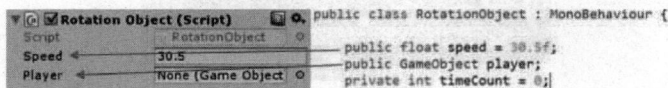

图 4-10　使用公有类型和私有类型修饰的变量在组件面板中的显示

4.2.2　函数声明

在 Unity3D 的脚本编写中,具有 2 种类型的函数:一种是内置事件函数,一种是自定义函数。事件函数是在特定的事件发生时由 Unity3D 自身来调用,比如碰撞事件函数,键盘鼠标事件回调函数等等。自定义函数是由脚本编写者自己定义,其调用时机由脚本编写者决定。

01 自定义函数

我们先来看 C♯ Script 自定义函数的语法:

［作用域］［返回类型］函数名(［参数类型参数名 1,参数类型参数名 2,…］){

函数体

［Return 返回值;］

}

其中:

- 作用域:定义该函数能被访问的范围。包括了 Public(公有)、Private(私有)和 Protected(保护)3 种类型。如果未定义,C♯ Script 会默认为 Private 类型。
- 返回类型:函数对数据进行处理之后需要返回的数值的数值类型。
- 函数名:定义函数的名称,该名称应该能反映该函数的功能。
- 参数类型:定义参数的变量类型。
- 参数名:定义参数的名称,该名称应该能反映该参数的用途。
- 函数体:函数的实际运行代码。
- 返回值:如果函数中有返回类型,那么在函数运行结束时返回与返回类型相对应的数据类型的值。

例如:

intHello(string name){//定义一个名为 Hello 的函数,参数名为 name 的 string 类

型变量，返回类型为整型

Debug.Log(name＋"hello!")；//在控制台打印出 name＋"hello!"的文本，name 由参数值决定

return 0；　　　　　　　//返回数值 0}

}

自定义函数的调用。自定义函数的调用与其他程序语言调用的方法相同，例如我们要调用前面例子中的函数，可以写出该函数的名称，接着把对应的值传入该函数的列表中。例如：Hello("Jimmy")；

02 事件函数

在 Unity3D 中，为程序员提供了各种事件函数，这些事件函数根据不同的时机被调用，我们可以在这些函数体中重写这些函数来达到实现功能的目的。了解并熟知这些事件函数的名称以及回调的时机是学习 Unity3D 的一个重要的环节。使用频率最高的几个回调函数如表 4-1 所示。

表 4-1　回调函数

函数名	调用时机
Update	在每一帧更新之前调用
Late Update	在每一帧更新之后调用
Fix Update	根据物理时钟的频率调用，在物理模拟效果比较多的情况下调用
Awake	脚本在加载时被调用
Start	在该代码中第一次调用 Update 和 FixUpdate 调用之前调用

以上的函数在编写脚本时的很多情况都会用到，尤其是 Update 函数、Awake 函数和 Start 函数。Awake 函数和 Start 函数的用法一般来说差不多，主要用于程序的初始化过程，Update 函数用于循环更新数据。所以，Unity3D 在创建一个脚本之后，都会为我们写好 Start 函数和 Update 函数。

接下来，以一个例子来说明 Update 函数和 Start 函数的用法。

[1] 打开我们上一节的 Chapter4-Rotate Cube 工程，新建一个场景。

[2] 在 Project 窗口中新建一个 Callback Function Test 脚本并双击打开，此时会发现脚本文件中已经为我们写好了 Start 函数和 Update 函数。

[3] 接下来输入以下代码：

```
1   using UnityEngine；
2   using System.Collections；
3
4   public class CallbackFunctionTest ：MonoBehaviour {
5
6       public float xMoveStep；//定义名为 xMoveStep 的公有浮点型变量
7       public float yMoveStep；//定义名为 yMoveStep 的公有浮点型变量
```

```
8      public float zMoveStep;//定义名为 zMoveStep 的公有浮点型变量
9
10     private Vector3 moveStep;//定义名为 moveStep 的三维向量
11
12     // Use this for initialization
13     void Start（）{
14     moveStep = Vector3.zero;//初始化变量
15     }
16
17     // Update is called once per frame
18     void Update（）{
19         moveStep = new Vector3(xMoveStep,yMoveStep,zMoveStep);//根据 xMoveStep、
           //yMoveStep、zMoveStep 变量来修改 moveStep 三维向量的值
20     changePos(moveStep)；//调用自定义函数
21
22  }
23  void changePos（Vector3 speed){
24      transform.position+= speed * Time.deltaTime；//乘以 Time.deltaTime 可以使速度
        //以秒为单位计算,否则以米每帧为单位
        Debug.Log(transform.position);//在控制台中打印出目前对象的位置信息
25      }
26  }
```

　　[4] 点击 Ctrl+S 保存代码,回到 Unity3D 中,等待 Unity3D 进行编译,如果程序无错误,Unity3D 在控制台中是不会输出任何东西的。如果有错误,在编辑器最下方的状态栏中会使用红色的文本提示错误的信息和出错位置,双击该状态栏,会弹出控制台,可以通过该信息找到代码错误的原因和位置。双击该信息,可以在 Mono Develop 编辑器中定位出来。如图 4-11、图 4-12 所示。

图 4-11　状态栏的错误输出信息

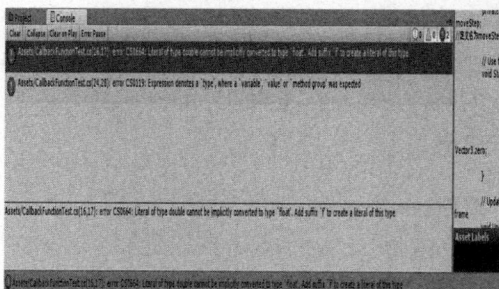

图 4-12　控制台的错误输出信息

　　[5] 在场景中创建任意的物体,我们这里创建一个 Cube,并为它添加 Callback Function Test 脚本,此时我们可以发现,X Move Step、Y Move Step、Z Move Step 3 个公有变

量出现在 Inspector 窗口中，如图 4-13 所示。

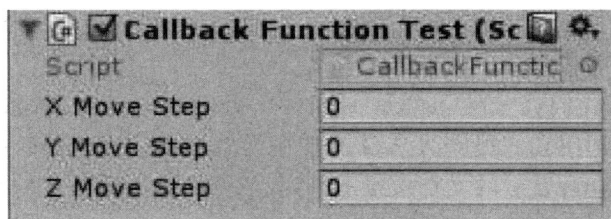

图 4-13　公有变量显示在组件面板中

[6] 点击游戏播放按钮，在 Inspector 窗口中修改 3 个自定义变量后，立方体开始运动起来了。当然，修改的值不能太大，不然立方体就会由于运动地过快而划出窗口。在状态栏或者控制台中会输出物体当前的位置，如图 4-14、图 4-15 所示。

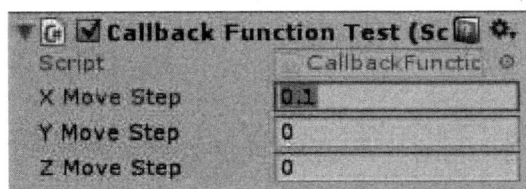

图 4-14　修改变量值

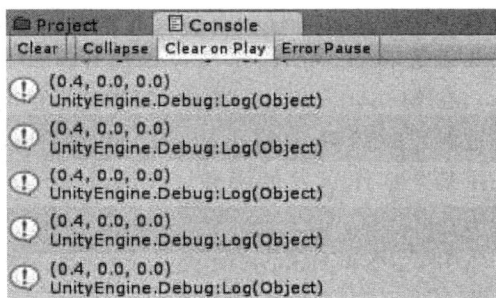

图 4-15　控制台中输出脚本的打印信息

提示：可以按住鼠标左键，在参数上图标会变成一个左右箭头的图标，左右滑动鼠标，便可以修改参数，或者在参数栏中直接修改参数值。

注意：当你在游戏运行时修改参数，可以试试查看修改后的效果，一旦你停止播放游戏之后，这些参数会重置到还没运行游戏之前的状态。

通过以上的代码可以发现，Update 函数在游戏运行时会被不断地调用，主要用于数据的更新，这相当于一个游戏循环。在游戏刷新到下一帧之前，都会调用它一次。由于游戏可能被运行在性能不同的计算机上，有的计算机计算性能好，也许每秒达到上百帧的速率，而有的计算机计算性能较弱，可能只能以每秒几帧的速度渲染。也就是说，根据计算机运算性能的差别，两帧之间的时间间隔是不同的。如果把 Change Pos 函数中的 Transform. Position＋＝ Speed ∗ Time. deltaTime ；代码改成 Transform. Position＋＝ Speed；那么其含义就变成了每帧移动的速度，而不是以"m/s"（Unity3D 中，其距离单位为 m）为单位。所以为了以"m/s"为计量单位，我们需要在 Speed 后面乘上 Time. DeltaTime，用于修正单位的错误。因此，如果想采用"m/s"为单位的计算，需要在数值后面乘以 Time. deltaTime。

提示：Time. deltaTime 用于获得两帧之间的时间间隔。

4.2.3　类与类的使用

与函数相同，Unity3D 中的类的声明与使用也分为 2 种，一种是 Unity3D 提供的内置类,一种是由我们自定义的类。

我们上面创建的代码,其实就是一个自定义的类。在我们创建一个脚本时,一个脚本文件就是一个类,类名就是我们的脚本文件名。

在 Unity3D 中,我们经常使用的是 Unity3D 提供的内置类,就像 Java 语言提供的 API 一样,我们通过调用它们提供的 API 来控制游戏功能。Unity3D 提供的类和方法非常多,具体我们可以查看官方的文档。接下来,我们介绍几个最重要的类。

01 MonoBehaviour 类

该类是所有脚本和类(包括内置类和自定义类)的基础类。这个类主要提供了各种事件函数的静态方法。比如我们上面讲过的 Awake 函数、Start 函数、Update 函数等可重写函数都是由该类提供,我们可以直接调用它的函数而不用实例化它。该类还包含了其他很多重要的回调函数,比如 Invoke 函数,以某个自定义的函数名为参数并在特定的时机调用该自定义函数。还有关于触发器的函数,例如 On Trigger Enter 函数、On Trigger Exit 函数和 On Trigger Stay 函数等。

在 MonoBehaviour 类中,如果其提供的函数开头有"On"单词开头的,都是当某个事件被触发时调用,其格式是 On+事件类型。例如上面的 On Trigger Enter 函数,On 表示是由某个事件触发的函数,Trigger Enter 表示必须当某个对象进入触发器的时候才调用。

由于 MonoBehaviour 类是 Unity3D 中内置类的基类,所以所有的类中很多都继承了这些方法。

02 Transform 类

定义了对象的位置、旋转和缩放属性的类。由于该类继承了 Component 类,所以它也是一种组件,而且对于 Transform 类来说,所有的游戏对象都具有 Transform 类,也就是拥有 Transform 组件,即使该对象是空的对象。我们通过该类可以直接修改对象的位置、旋转和缩放的属性。回顾上一小节的代码,在 Change Pos 函数中第 24 行,Transform. Position += Speed * Time. deltaTime;这行代码就是用了 Transform 的 Position 参数来修改对象的位置。其实这行代码的完整方式是 Game Object. Transform. Position += Speed * Time. deltaTime;其中的 Game Object 表示添加了该脚本组件的游戏对象,一般情况下可以不用写出。从上面的这行代码可以看出,对类属性的访问与其他面向对象的语言相同,都是使用点"."操作符来实现。下面的这段代码,实现了把游戏对象的位置设置在(0,0,0)位置,绕 X 轴旋转 30°,并对其缩放 3 倍的功能。

```
1   using UnityEngine;
2   using System. Collections;
3
4   public class TransformTest ：MonoBehaviour {
5
6       // Use this for initialization
7       void Start () {
8           transform. position = new Vector3(0,0,0);   //设置游戏对象的位置
9           transform. eulerAngles = new Vector3(30,0,0); //设置游戏对象绕 X 轴旋转 30°
```

```
10          transform.localScale = new Vector3(3,3,3);    //设置游戏对象缩放到 3 倍
11      }
12
13      // Update is called once per frame
14      void Update () {
15
16      }
17  }
```

为游戏对象添加 Transform Test 脚本,写上上述代码并运行游戏,该游戏对象在 Inspector 窗口中的 Transform 组件中的参数也在脚本的控制下调整了数值,如图 4-16 所示。

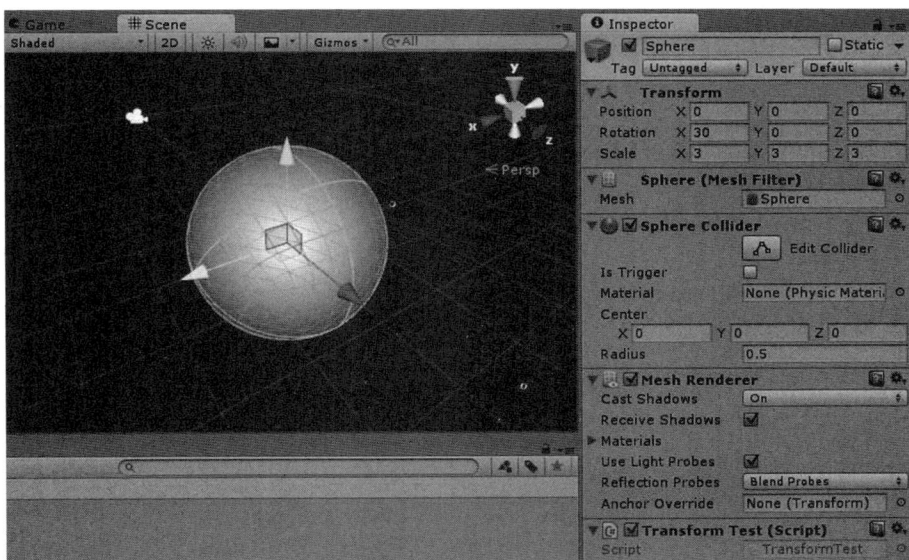

图 4-16　添加了以上代码的球体

03 Game Object 类

Game Object 类就是我们常说的游戏对象的类。场景中所有的游戏对象都是通过实例化该类来生成的。当你把一个资源放置到场景中之后,Unity3D 便会通过 Game Object 类来生成对应的游戏对象。该类包括了游戏对象所需的属性和方法,例如属性中包括了 Transform、Renderer、Is Static 等属性,还提供了 Find()系列方法来找到场景中的某个对象,通过 Get Component()系列方法来获得该游戏对象中的某个组件,同时使用 Add Component()方法来添加某个组件等,这 3 个功能是 Unity3D 中使用最多的。

下面我们来通过例子说明这些方法的使用。

(1)使用 Find("对象名称")方法在场景中通过游戏对象的名称来寻找游戏对象。

[1] 新建一个场景,并在场景中创建一个 Cube 对象、Sphere 对象和 Cylinder 对象,这 3 个对象默认的名字分别为 Cube、Sphere 和 Cylinder。如图 4-17 所示。

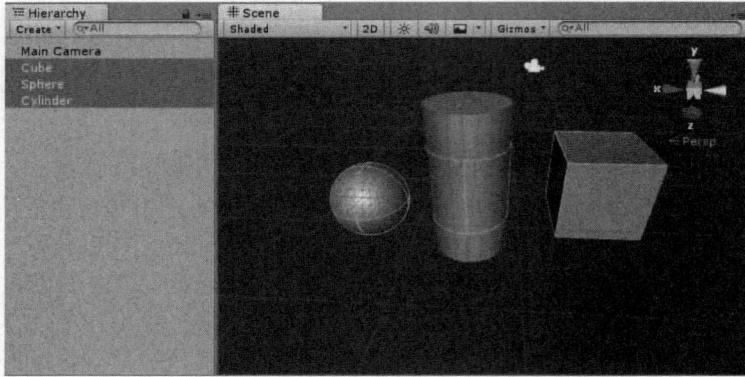

图 4-17　创建 3 个基本图形游戏对象

〔2〕新建一个脚本，命名为 Find Game Object 并打开。

〔3〕输入下面的代码：

```
1   using UnityEngine；
2   using System.Collections；
3
4   public class FindGameObject ：MonoBehaviour｛
5
6       public GameObject cubeObject；//定义名为 cubeObject 的游戏对象变量,用于保存 Cube
                                      //对象
7       public GameObject sphereObject；//定义名为 sphereObject 的游戏对象变量,用于保
                                        //存 Sphere 对象
8       public GameObject cylinderObject；//定义名为 cylinderObject 的游戏对象变量,用于保存
                                          //Cylinder 对象
9
10      // Use this for initialization
11      void Start（）｛
12      cubeObject ＝ GameObject.Find（"Cube"）；//通过 GameObject 类提供的 Find 函数在
                                                //场景中找到名为 Cube 的游戏对象
13      sphereObject ＝ GameObject.Find（"Sphere"）；//通过 GameObject 类提供的 Find 函数
                                                    //在场景中找到名为 Sphere 的游戏对象
14      cylinderObject ＝ GameObject.Find（"Cylinder"）；//通过 GameObject 类提供的 Find
                                                        //函数在场景中找到名为 Cylinder
                                                        //的游戏对象
15
16      Debug.Log(cubeObject.name)；//打印 Cube 游戏对象的名称
17      Debug.Log(sphereObject.name)；//打印 Sphere 游戏对象的名称
18      Debug.Log(cylinderObject.name)；//打印 Cylinder 游戏对象的名称
19      ｝
20      // Update is called once per frame
```

```
21      void Update（）｛
23
23      ｝
24    ｝
```

［4］在菜单栏中，选择【Game Object】菜单，在弹出的菜单栏中选择【Create Empty】，创建一个空的游戏对象，并重命名为 Find Game Object，如图 4-18 所示。

图 4-18　创建一个空的游戏对象

［5］把 Find Game Object 脚本添加到 Find Game Object 对象上，如图 4-19 所示。注意此时 3 个变量的属性都为 None。

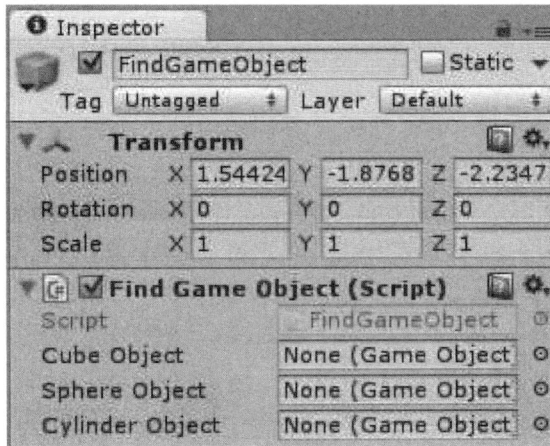

图 4-19　把脚本添加到对象上

［6］运行游戏，此时，在控制台中输出了 3 个游戏对象的名称，同时，在 Find Game Object 组件下，原来值为 None 也变为对应的游戏对象的名称，如图 4-20 所示。

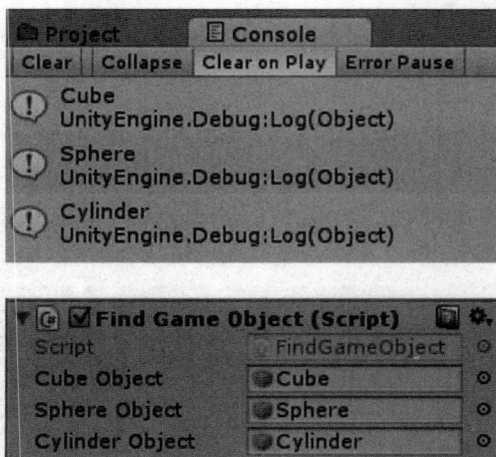

图 4-20　脚本的运行结果

（2）通过 Find WithTag（"标签名称"）以及游戏对象的标签（Tag）在场景中寻找对象。

［1］选择 Find Game Object 对象，在 Inspector 窗口 Find Game Object 组件上右键，弹出一个下拉菜单栏选择【Remove Component】选项，删除该脚本组件。如图 4-21 所示。

［2］选择场景中的 Cube 对象，在 Inspector 窗口中点击【Untagged】，弹出一个浮动菜单栏，如图 4-22 所示。

图21　删除脚本组件操作

图 4-22　打开标签下拉菜单

［3］选择【Add Tag…】选项，为其打开标签添加面板，如图 4-23 所示。

［4］在展开的【Tags】列表，点击【＋】按钮，在【Tag 0】中输入 SimpleObject01，再次点击【＋】按钮，接着在【Tag 1】和【Tag 2】中分别输入 SimpleObject02 和 SimpleObject03，如图 4-24 所示。

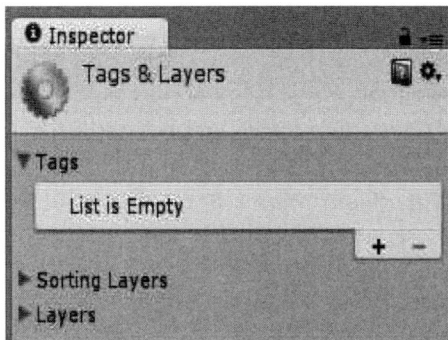

图 4-23　打开标签添加面板

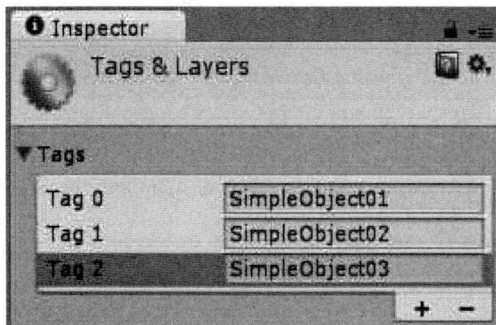

图 4-24　新建标签名

［5］重新选择 Cube，再次点击【Tag】属性，此时，刚才输入已经添加到 Tag 的下拉菜单栏中，如图 4-25 所示。

［6］选择 SimpleObject01，此时，Cube 便加上了 SimpleObject01 的标签。如图 4-26 所示。

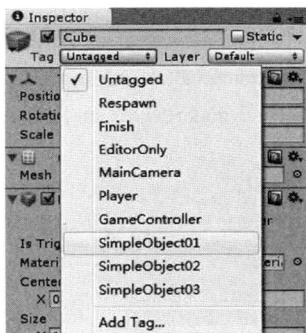

图 4-25　为对象添加标签

图 4-26　为对象添加标签

［7］为 Sphere 对象添加 SimpleObject02 标签，为 Cylinder 对象添加 SimpleObject03 标签，如图 4-27、图 4-28 所示。

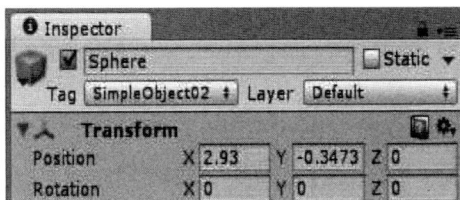

图 4-27　为对象添加标签

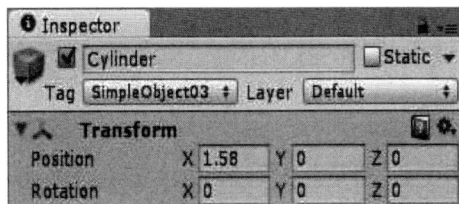

图 4-28　为对象添加标签

［8］新建一个脚本，命名为 Find With Tag Test，并输入如下代码：

```
1    using UnityEngine；
2    using System.Collections；
3
```

```
4    public class FindWithTagTest：MonoBehaviour {
5
6        public GameObject cubeObject；//定义名为 cubeObject 的游戏对象变量,用于保存 Cube 对象
7        public GameObject sphereObject；//定义名为 sphereObject 的游戏对象变量,用于保
                                        //存 Sphere 对象
8        public GameObject cylinderObject；//定义名为 cylinderObject 的游戏对象变量,用于保存
                                          //Cylinder 对象
9        // Use this for initialization
10       void Start () {
11           cubeObject = GameObject.FindWithTag(" SimpleObject01 ");   //通过 Game
                 //Object 类提供的 FindWith Tag 方法获得以 SimpleObject01 为标签的对象
12           sphereObject = GameObject.FindWithTag(" SimpleObject02 ");   //通过 Game Object
                 //类提供的 FindWithTag 方法获得以 SimpleObject02 为标签的对象
13           cylinderObject = GameObject.FindWithTag(" SimpleObject01 ");   //通过 Game
                 //Object 类提供的 FindWithTag 方法获得以 SimpleObject03 为标签的对象
14
15           Debug.Log(cubeObject.name+ "'s tag is "+cubeObject.tag);//打印出该对象的名称
                 //和标签
16           Debug.Log(sphereObject.name+ "'s tag is "+sphereObject.tag);
17           Debug.Log(cylinderObject.name+ "'s tag is "+cylinderObject.tag);
18       }
19
20       // Update is called once per frame
21       void Update () {
22       }
23   }
```

[9] 选择 Find Game Object,为其添加 Find With Tag Test 脚本组件,如图 4-29 所示。

[10] 运行游戏。此时在控制台中,输出了游戏对象的名称以及其标签,同时,在 Find Game Object 组件下,原来值为 None 也变为对应的游戏对象的名称,如图 4-30 所示。

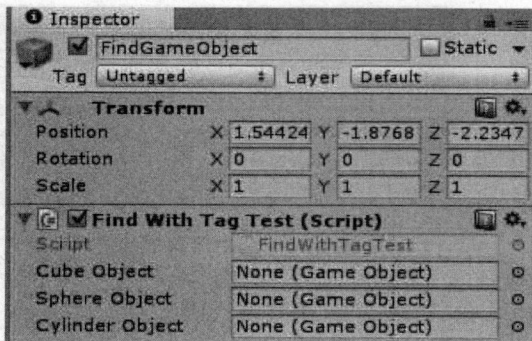

图 4-29　为对象添加 Find With Tag Test 脚本组件

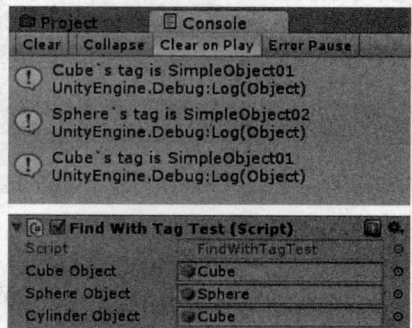

图 4-30　脚本运行结果

(3)通过 Find Game Objects With Tag("标签名字")函数获得使用同一个标签的多个对

象。在 Unity3D 中,假设多个对象使用了同一个标签,如果需要同时获得这些游戏对象,必须采用 Find Game Objects With Tag 方法来实现,同时这些找到的对象被存放在一个数组中并把这个数组返回。

［1］同时选择 Sphere 和 Cylinder 对象,把它的标签改成 SimpleObject01,如图 4-31 所示。

图 4-31　为多个对象添加相同的标签

［2］新建一个脚本,命名为 Find All Object With Tag,并输入一下代码。

```
1   using UnityEngine;
2   using System. Collections;
3
4   public class FindAllObjectWithTag : MonoBehaviour {
5
6       public GameObject[] SimpleObjects;    //定义一个名为 SimpleObjects 的数组,用于保存所有
                                              //找到的游戏对象
7       // Use this for initialization
8       void Start () {
9           //找到所有标签以 SimpleObject01 命名的对象并保存在数组中
10          SimpleObjects = GameObject. FindGameObjectsWithTag (" SimpleObject01 ");
11
12          foreach(GameObject simpleObject in SimpleObjects){//使用 foreach 遍历整个数组
13              Debug. Log(simpleObject. name+" `s tag is "+simpleObject. tag);
14          }
15      }
16      // Update is called once per frame
17      void Update () {
18  }
19  }
```

［3］选择 Find Game Object 游戏对象,删除 Find With Tag Test 脚本组件,接着为其添加 Find All Objects With Tag 脚本组件,同时注意数组变量在 Inspector 窗口中的显示。如图 4-32 所示。

［4］点击运行游戏,可以看到控制台输出了对象的名称和标签,同时在 Inspector 窗口中的 Simple Objects 数组也被赋予了对应的游戏对象。如图 4-33 所示。

图 4-32 为对象添加 Find All Objects With Tag 脚本组件

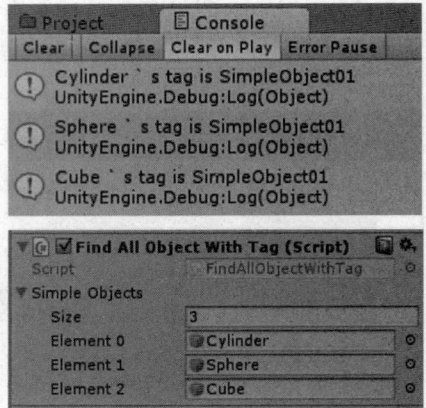

图 4-33 脚本运行结果

（4）使用 Get Component 函数获得某个游戏对象的组件。假设我们现在要获得 Cylinder 游戏对象的 Mesh Filter 组件并访问该组件下的 Mesh 属性，该组件用于确定该游戏对象所使用的模型数据，如图 4-34 所示。

图 4-34 模型游戏对象的 Mesh Filter 组件

[1] 新建一个脚本，命名为 Get Mesh Filter Component，并输入以下代码：

```
1   using UnityEngine；
2   using System.Collections；
3
4   public class GetMeshFilterComponent ：MonoBehaviour {
5       private GameObject cylinderObject；//定义名为 cylinderObject 的游戏对象变量，用于保存
                //Cylinder 对象
6       private MeshFilter MeshFilterCom；//定义名为 MeshFiltercom 的变量（不是游戏对象），类型
                //为 MeshFilter，用于保存该类型的组件对象
7
8       // Use this for initialization
```

```
9        void Start () {
10           cylinderObject = GameObject.Find(" Cylinder ");  //获得名为 Cylinder 的游戏对象
11           MeshFilterCom = cylinderObject.GetComponent<MeshFilter>();  //获得 MeshFilter
               //组件对象
12           Debug.Log(MeshFilterCom.mesh);//访问该组件对象的 mesh 属性,并打印
13        }
14
15        // Update is called once per frame
16        void Update () {
17        }
18   }
```

［2］选择 Find Game Object 游戏对象,删除 Find All Objects With Tag 脚本组件,接着添加 Get Mesh Filter Component 脚本组件,最后运行游戏,控制台输出了 Mesh 属性的信息。如图 4-35 所示。

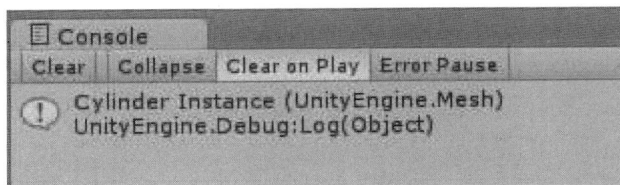

图 4-35　脚本运行结果

(5)使用 Add Component 函数为游戏对象添加组件。我们在上面的章节中已经介绍了如何通过手动的方式来添加游戏对象的组件。但是,这种方法在游戏运行时就不可以使用了。但是,我们可以使用脚本控制的方式来为游戏对象动态地添加组件。下面这个例子介绍如何为游戏对象添加一个刚体物理模拟组件。为了体现更好的效果,我们现在假设游戏对象在三秒钟之后才添加该组件。

［1］新建一个场景,并在场景中添加一个 Plane 游戏对象,和一个 Cube 游戏对象,并把 Cube 游戏对象放置在 Plane 游戏对象的上方,如图 4-36 所示。

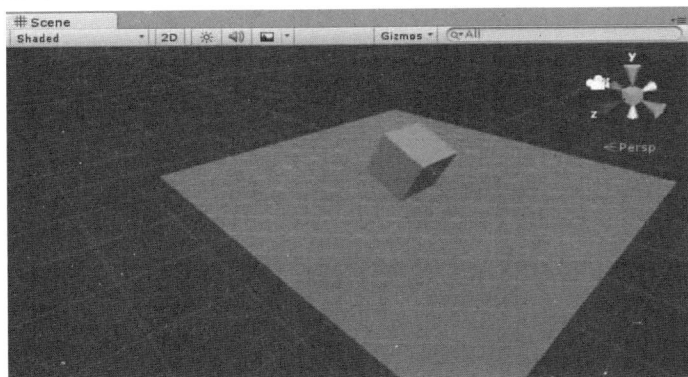

图 4-36　创建一个初始的场景

〔2〕运行游戏,此时场景中并没有任何变化。我们现在希望 Cube 对象能够受到重力的作用而下落。此时必须为该游戏对象添加一个 Rigid Body 组件(刚体物理)。我们可以手动为它添加该组件,但是为了讲解如何通过脚本为游戏对象添加该组件,这里便不使用手动添加的方法。

〔3〕新建一个脚本,并命名为 Add Rigid Body Component,输入如下代码:

```
1   using UnityEngine;
2   using System.Collections;
3
4   public class AddRigidBodyComponent : MonoBehaviour {
5       private float timeCount = 0.0f; //用于计时的变量
6       private bool hasAddCom = false; //判断是否已经添加了组件
7       public float start Add Comime = 3.0f; //定义延迟时间为 3 秒
8
9       // Use this for initialization
10      void Start () {
11      }
12
13      // Update is called once per frame
14      void Update () {
15          if(timeCount<startAddComTime && hasAddCom == false ){
16              //计时器时间小于预想的时间且从未添加过组件
17              timeCount += Time.deltaTime; //计时
18          }
19          else{ //否则为游戏对象添加 Rigidbody 组件
20              GameObject.AddComponent<Rigidbody>();
21              timeCount = 0.0f; //计时器清零
22              hasAddCom = true; //表示已经添加了组件
23          }
24          Debug.Log(timeCount); //打印计时器的值
25      }
26  }
```

〔4〕把该代码添加到 Cube 游戏对象上,并运行游戏。在控制台上可以看到计时器已经开始计时,当计时器的值大于我们预置的 start Add Comime 的值时,便为立方体添加了 Rigidbody 组件,且因其受到重力的作用而往下掉了,如图 4-37 至图 4-39 所示。

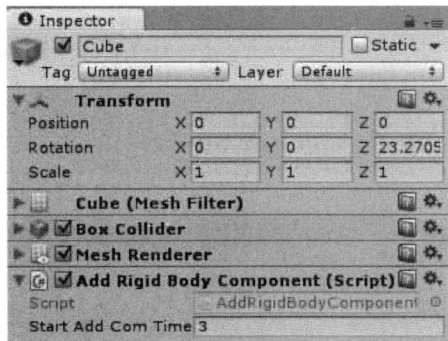

图 4-37　为对象添加 AddRigid Body Component 脚本组件

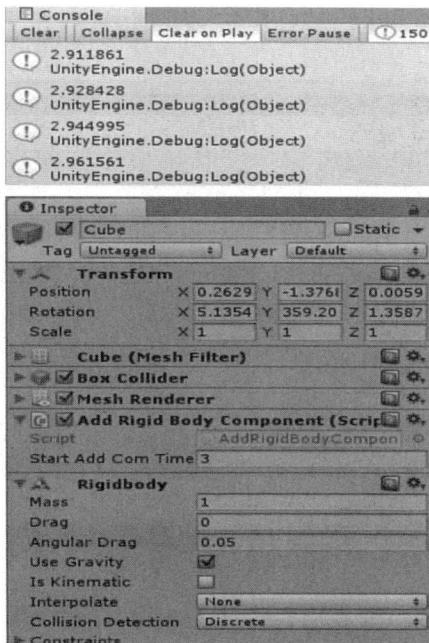

图 4-38　控制台输出的信息

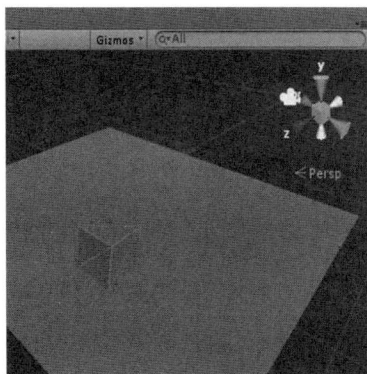

图 4-39　立方体下落的效果

04 后续学习

在学习 Unity3D 的脚本编辑时,建议先将官网提供的文档浏览一遍,对 Unity3D 的 API 有一个大致的了解。

提示:在通读它的 API 文档时,不用刻意去记住每一个类及其提供的属性和方法,而只是对它们所提供的功能有一个大致印象即可。当我们要使用到某个类某个功能时,我们再去文档中查找,实践一段时间之后便能够记住了。

进入脚本 API 文档的方法是:

(1)官网

[1] 在网页浏览器中输入:http://unity3d.com/,进入官网主页。

〔2〕点击【学习】按钮，进入学习页面，如图 4-40 所示。

图 4-40　学习(learn)页面

〔3〕点击小导航栏中的【Documentation】按钮，进入文档页面，如图 4-41 所示。

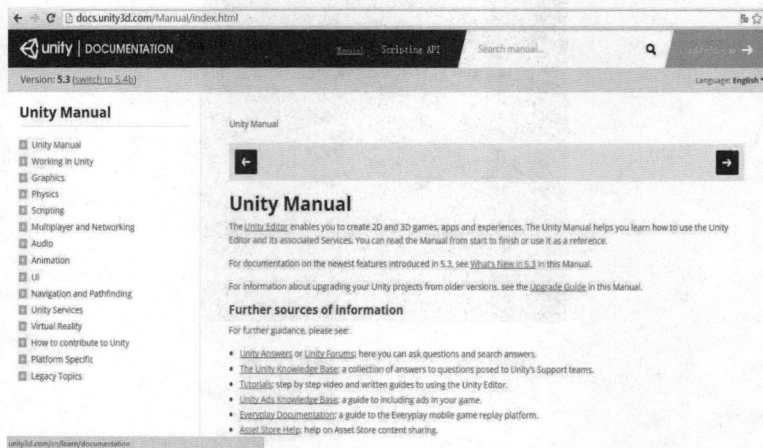

图 4-41　文档(Documentation)页面

〔4〕点击上方【Scripting API】进入脚本参考页面，如图 4-42 所示。

图 4-42　脚本参考页面

［5］在这个页面中，可以看到 UnityEngine、UnityEditor、Other3 个分类。

［6］我们点击 UnityEngine 列表下的目录 Classes，可以看到里面列举了所有类，如图 4-43 所示。

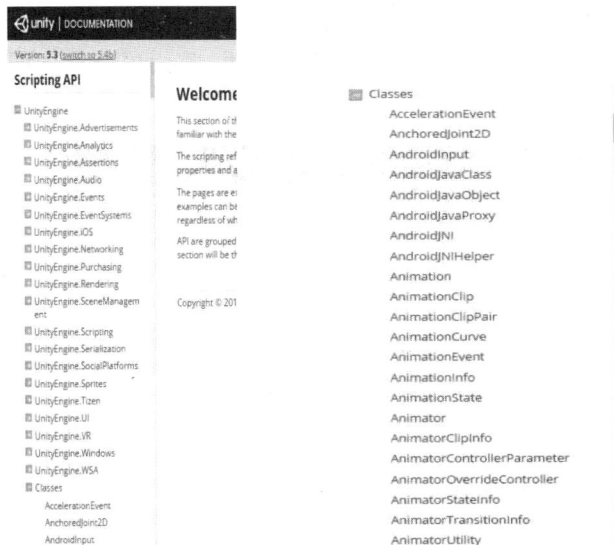

图 4-43　Unity Engine 列表下的 Classes 列表

［7］在该列表中找到 Game Object 类，并点击进入，可以看到该类的所有属性和方法都在该页面中。如图 4-44 所示。

Unity5.X 游戏开发基础

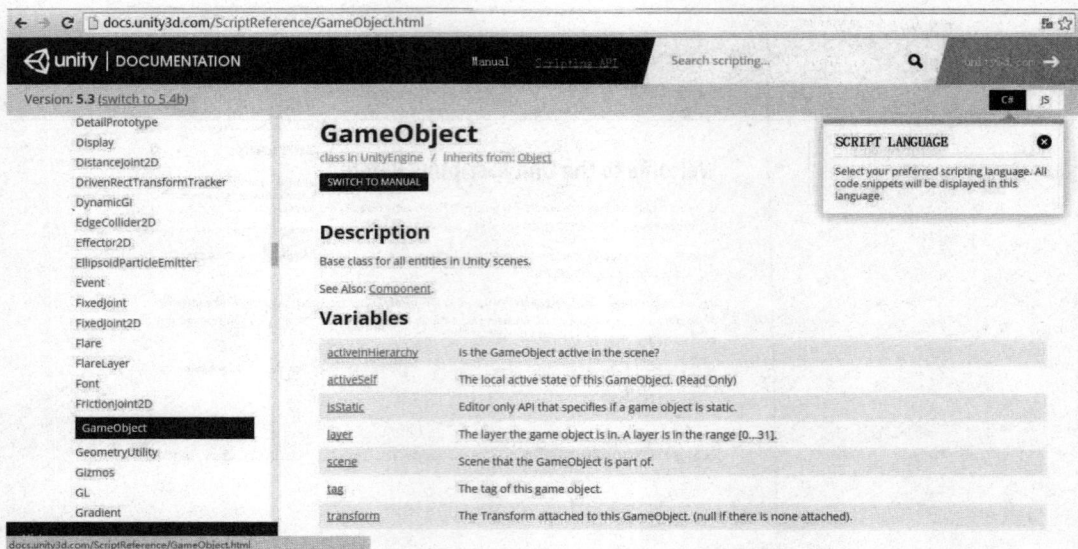

图 4-44　具体类说明页面

[8] 在查看这些类时,建议先把该类所提供的属性和方法通读一遍,然后找到感兴趣的属性或者方法点击进去。例如我们选择 get Component 方法,此时我们会看到该方法的名称、参数以及返回类型,同时还有该函数的用法描述和方法使用范例,Unity3D 的文档中提供了该方法的 C♯ 版本和 JS(JavaScript)版本,我们可以点击该页面右上角来实现脚本不同版本的切换。如图 4-45 所示。

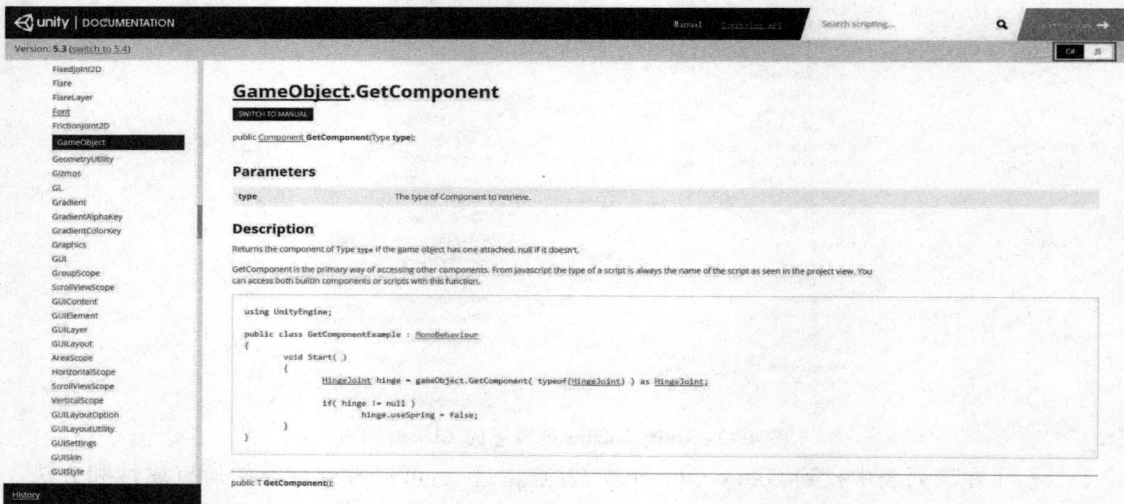

图 4-45　切换脚本语言

2）本地文档

下载 Unity 时往往会同时下载文档，于是我们点击 Unity 界面上的 按钮。即可进入下载到本地的文档页面。如图 4-46、图 4-47 所示。

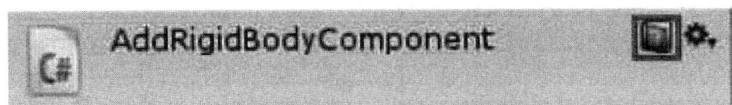

图 4-46　文档按钮

图 4-47　下载到本地的文档界面

由于 Unity3D 提供的 API 比较多，所以在此不再赘述其具体的用法，有一些类我们在后续的章节会提到，建议在浏览其他章节之前，先把官方文档通读一遍。学习 Unity3D 脚本的编程，关键还是在于练习。只有不断练习，熟能生巧，才能真正掌握 Unity3D 脚本编程的思路。

提示：在中国关于 Unity3D 的论坛有许多，这里推荐一个国内比较有名的 Unity3D 论坛，该论坛名称是"Unity 圣典"，其网址是 http://game.ceeger.com/，在该论坛中有很多热心的 Unity3D 爱好者会对 Unity3D 的官方文档进行翻译，而且如果遇到什么问题的话还可以在该论坛中提问。

4.3　Unity3D 事件函数调用顺序

4.3.1　基本事件函数

在 Unity3D 的脚本当中，提供了一些按照预定顺序执行的事件函数。熟悉这些事件函数的调用时机，才能把合适的代码放在合适的事件函数中，并通过对这些函数进行重写来覆盖默认的函数功能。下面这张图展示了这些事件函数的调用时机。如图 4-48 所示。

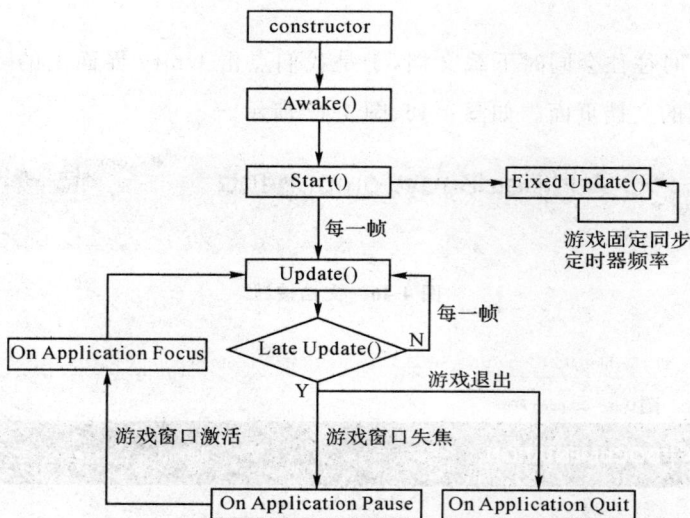

图 4-48　基本事件函数调用时机

- Awake 函数:也被称为唤醒函数,当一个脚本实例被载入的时候调用。该函数它的调用时机先于 Start 函数,一般用于游戏开始之前初始化引用或设置游戏状态,与对象构造函数功能相似。该函数在整个脚本的生命周期内只被调用一次,而且它是在场景中所有的对象被实例化之后才被调用,因此可以在该函数中与其他游戏对象进行对话,或者使用 Game Object 中寻找场景对象的相关函数,如 Find-WithTag 等来寻找场景中的对象,而且一般在该函数中进行脚本或者对象间的引用设置。场景中所有对象脚本中的 Awake 方法的调用顺序是随机的,也就是说没有按照某种规则先执行哪个对象的 Awake 函数。这里需要注意的是,Awake 函数并不是对象的构造函数,而且不能在该函数中执行协同程序(Coroutine)。

- Start 函数:也被称为开始函数,它是在第一次执行 Update 函数之前,Awake 函数执行之后被调用的。一般 Awake 用于初始化对象或者脚本、组件之间的引用,而 Start 函数用于做数值的初始化设置。而且它同 Awake 一样,在整个脚本生命周期中只被调用一次。在该函数中可执行协同程序,用于调整程序执行的节奏,比如等待一个音频素材导入之后再执行下面的代码等等。

- Update 函数:也被称为更新函数。该函数在游戏运行每一帧之前被调用一次,是用于更新每帧游戏逻辑数据(比如角色的位置更新)的最常用函数。该函数的调用频率是基于游戏目前的帧速率的,所以其调用频率是由当前游戏的运行速度来决定,为了获取自最后一次调用 Late Update 所用的时间,可以用 Time. deltaTime 语句。如果要以某个变量来控制另一个变量的属性时,需要把该变量乘以 Time. deltaTime 来使得变量以秒为单位。比如把速度(Speed)的值设置为 5 (Var Speed :float = 5.0;),在 Update 函数中有这么一段代码,如 Game Object. Transform. Positon. z += Speed;它现在表示的是游戏对象沿着 z 轴每帧自增 5,

当前它的速度表示两帧之间的自增量为 5/帧,由于不同平台不同机器的运算效率不同(可能 24 帧/秒,可能 100 帧/秒),所以在思考是以秒为单位的话,每秒的移动量是不同的,为了确保速度值以米/秒为单位,需要让速度值乘以 Time.deltaTime,也就是把上面的代码改为 Game Object.Trans Form.Positon.z＋＝Speed×Time.deltaTime;此时就表示游戏对象每秒钟沿着 z 轴移动的速度为 5/s了。

- Late Update 函数:也称为后更新函数。它在 Update 函数调用之后被调用,也是每帧被调用一次。在 Update()中执行的任何计算都会在 Late Update()开始之前完成。与 Update 函数相同,要获取自最后一次调用 Late Update 所用的时间,可以用 Time.deltaTime。而且在计算以米/秒为单位的变量时,也需要乘以 Time.Delta Time 来修正。Late Update()的一个常见应用就是第三人称控制器的相机跟随。如果把角色的移动和旋转放在 Update()中,那么就可以把所有相机的移动旋转放在 Late Update()。这是为了在相机追踪角色位置之前,确保角色已经完成移动。

- Fixed Update 函数:Fixed Update()比 Update()函数调用的更频繁,它的调用频率是基于整个游戏的固定定时器的。当帧速率较低时,它每帧可能被调用多次,如果帧速率比较高,它有可能就不会被调用了。所有的物理计算和更新都发生在 Fixed Update()之后。当在 Fixed Update()中计算物体移动时,不需要乘以 Time.deltaTime(当然要获得最后一次调用 Fixed Update 所用的时间,也可以用 Time.deltaTime。)。因为 Fixed Update()是基于可靠的定时器的,不受帧速率的影响。这里需要注意的是,处理 Rigidbody 相关物理运算时,需要用 Fixed Update 来代替 Update。例如:给刚体加一个作用力时,必须在 Fixed Update 里应用作用力,而不是在 Update 中,因为物理模拟计算的频率与帧更新的调用频率不同。

- On Application Focus 函数:也被称为应用程序聚焦函数。现在的操作系统都是多任务多窗口运行系统,也就是说可以同时打开多个应用程序,不过当前被激活的应用程序成为被聚焦(激活),其他的应用程序失焦。例如现在窗口中打开了网页浏览器、Word,当你激活页面浏览器时,Word 就失去焦点,当切换到 Word 软件时,页面浏览器失焦,而 Word 软件被激活。当玩家从其他的应用程序聚焦到当前游戏时,On Application Focus 函数会被调用。

- On Application Pause 函数:也被称为应用程序暂停函数。当游戏暂停时,在当前帧更新之后被调用。一般是当程序失焦的时候被调用。不过对于使用 Time.Scale Time ＝ 0 的方法来暂停游戏时,该函数不会被调用。

- On Application Quit 函数:也称为应用程序退出函数。在应用退出之前所有的游戏对象都会调用这个函数。当游戏退出时,有可能要对游戏进行一些善后的处理,比如可以在该函数中做数据永久化保存的工作。

下面的程序演示了这些函数的调用时机:

```
1    void Awake(){
```

```
 2  print(" Awake Function ");
 3  }
 4  void Start () {
 5  print(" Start Function ");
 6  }
 7
 8  void FixedUpdate(){
 9  print(" FixedUpdate Function ");
10  }
11
12  void Update () {
13  print(" Update Function ");
14  }
15
16  void LateUpdate(){
17  print(" Late Update Function
");
18  }
19
20  void On Application Quit(){
21  print(" On Application Quit
Function ");
22  }
```

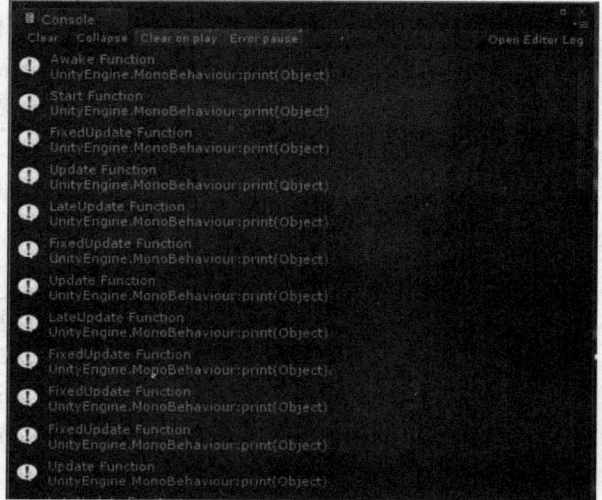

图 4-49　事件函数调用时机

运行结果如图 4-49 所示。

4.3.2　针对游戏对象当前状态的事件函数

在 Unity3D 中,游戏对象的状态可以分为实例化、初始化、激活、注销、销毁等。游戏对象的实例化由游戏对象的构造函数来完成,一般的游戏对象实例化的过程不用人工参与(有时只是为构造函数提供属性值而已),游戏对象实例化之后,其初始化过程由 Awake 函数和 Start 函数来完成,而对于激活、注销和销毁等状态,则会分别调用以下 4 个函数:

● On Enable 函数:也被称为激活函数。当游戏对象从注销状态转到激活状态时被调用。

● On Disable 函数:也被称为注销函数。当游戏对象从激活状态转到注销状态时被调用。

● On Destroy 函数:也被称为对象销毁函数,当场景中的对象被销毁时在所有帧更新之后被调用(也就是在对象存在的最后一帧)。该函数一般用于相应 Destroy 函数或者场景关闭时。使用该函数,可以在对象销毁前做善后工作。On Destroy 不能用于协同程序。

● Reset 函数:也被称为重置函数。Reset 是在用户点击 Inspector 面板的 Reset 按钮或者首次添加该组件时被调用。此函数只能在编辑模式下被调用。Reset 常用于在检视面板中给定一个最常用的默认值。如图 4-50 所示。

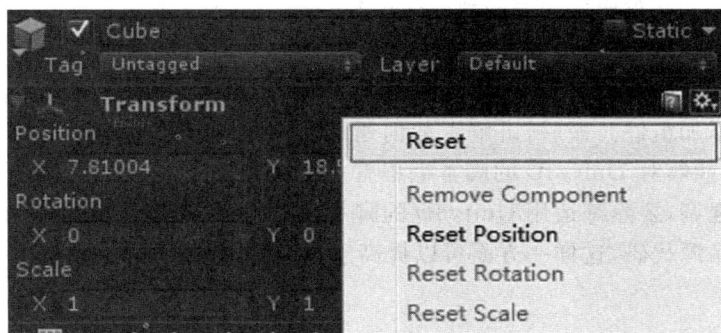

图 4-50　重置按钮

4.3.3　Unity3D 事件运行顺序

在前两节中,介绍了 Unity3D 常用事件函数的调用时机,当然,还有许多其他的事件函数,这些事件函数在前面的章节中也分别介绍过,比如触发事件函数、碰撞事件函数等等。以上的函数都是 Mono Behaviour 类提供的事件响应函数,该类是所有脚本的基类,每个 Javascript 脚本自动继承 Mono Behaviour,使用 C♯ 或 Boo 时,需要显示继承 Mono-Behaviour。这些事件响应函数在整个游戏运行过程中的运行顺序可以总结为以下的流程图,如图 4-51 所示。

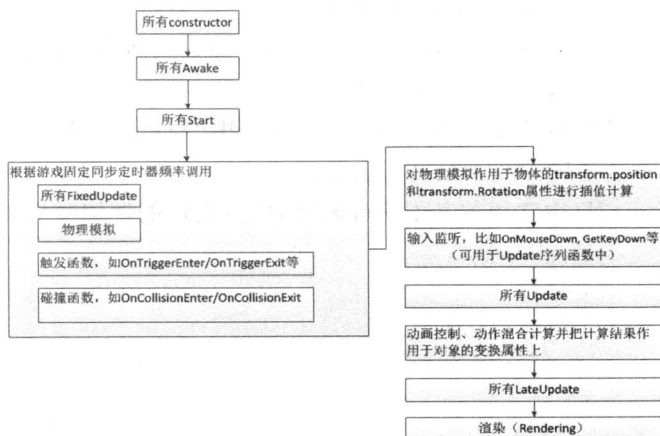

图 4-51　Unity3D 事件函数调用流程图

4.4　总结

在本章中,简要介绍了 Unity3D 中 C♯ Script 脚本的编写方法,在第一节中,我们通过一个简单的范例让读者感受 Unity3D 脚本编程的过程。在第二节中，我们讲解了在 U-nity3D 中使用 C♯ Script 来编写脚本的一些语法，以及它提供的一些重要的 API。

本章提供了一些重要的回调函数（Start、Update 等）和一些类（Transform、Game Ob-ject）的基本作用，同时还通过例子讲解了如何使用 Find 系列函数获得场景中的游戏对象，如何通过 Get Component 来获得游戏对象的组件，以及使用 Add Component 在运行时为游戏对象添加组件。最后，讲解了如何通过官网浏览脚本文档的方法。希望通过本章的介绍，读者能够对 Unity3D 的脚本编程有一定的了解。

在此再次强调，要熟练运用 Unity3D 的脚本，需要不断地练习，如果有必要，可以下载其他团队的作品源代码，这样一方面可以提高学习效率，另一方面也可以学习到别人的制作思路。

4.5 练习题

（1）回顾 C♯ Script 语言的语法。

（2）简单说明事件函数的作用。

（3）新建一个脚本并在 Mono Develop 脚本编辑器中打开。

（4）通过 Inspector 窗口修改和直接修改 Rotation Object 脚本的属性，使物体的旋转速度加快，并体会这两种方法的区别。

（5）修改 Callball Function Test 脚本，使物体沿着 Y 轴方向的移动速度加快。体会在 Inspector 窗口中对属性进行修改和直接在脚本中进行修改的区别。

（6）在场景中任意新建多个对象，并分别使用 Find 函数、Find With Tag 函数、Find Game Objects With Tag 函数找到场景中的对象。

（7）使用 Get Component 函数、Get Components 函数找到游戏对象中的对应组件，接着使用 Add Component 函数为游戏对象添加一个组件。

（8）查找官方的脚本参考文档（Script Reference）中的 Game Object 类，并列出它提供的属性和函数，并对这些属性和函数进行测试。

（9）列举出 Unity3D 中常用的基本事件函数，以及它们的调用时机和作用。

05

CHAPTER FIVE

第 5 章

地形编辑器

本章内容

地形系统

Unity 5.x

使用 Unity3D 创作 3D 游戏场景,一般有两种创作环境模型的方式:第一种是采用第三方建模软件(3DMax、Maya……)制作建筑物、道具、角色模型等等;第二种方式主要用于制作户外地形,也就是采用 Unity3D 内置的地形(Terrain)编辑器。

在这一章中,我们将介绍如何创建地形,并对地形进行编辑。地形的制作包括了五个步骤:地形模型创建、地形形状编辑、地形贴图纹理绘制、地形植被和细节添加。Unity 3D 中的地形示例如图 5-1 所示。

图 5-1　Unity3D 中的地形示例

5.1　地形编辑范例

5.1.1　创建地形

[1] 打开 Unity,新建一个工程,名为 Chapter5-Terrain。

[2] 选择菜单栏中的【GameObject】菜单,弹出后下拉菜单栏,选择 3D Object,如图 5-2所示。

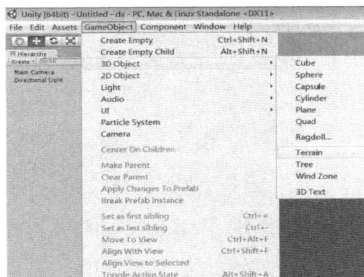

图 5-2　地形创建菜单

〔3〕选择【Terrain】选项，此时会在场景编辑窗口中看到，已经生成了一个初始的地形平面，同时 Project 窗口中也生成了一个地形资源，该地形资源跟场景中的地形数据相关联。如图 5-3 所示。

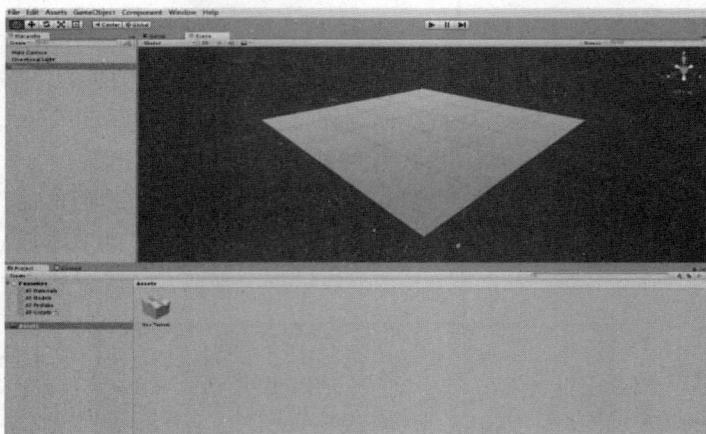

图 5-3　初始地形

〔4〕在 Scene 窗口或者 Hierarchy 窗口中选择 Terrain，此时会在 Inspector 窗口中看到地图的组件，除了 Transform 组件之外，还包括了 Terrain 组件和 Terrain Collider 组件，如图 5-4 所示。

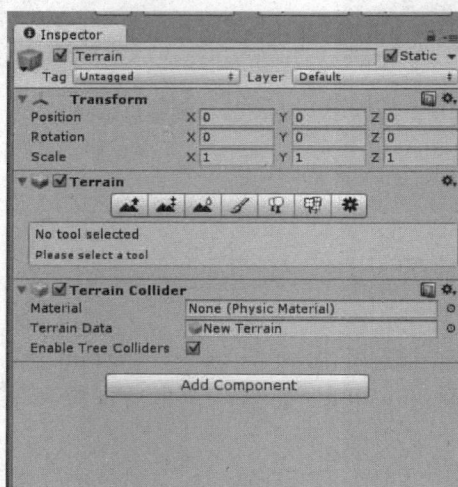

图 5-4　地形编辑面板

〔5〕选择 Terrain 脚本组件中的第一个按钮 。该按钮用于编辑地形的外观，我们暂且称其为"海拔高度编辑按钮"。在地形编辑器中，修改地形高度是以笔刷的方式进行，其面板如图 5-5 所示。Brushes 面板提供了笔刷的形状类型供选择，Settings 中的 Brush Size 用于设置笔刷大小，Opacity 用于设置笔刷的强度。

110

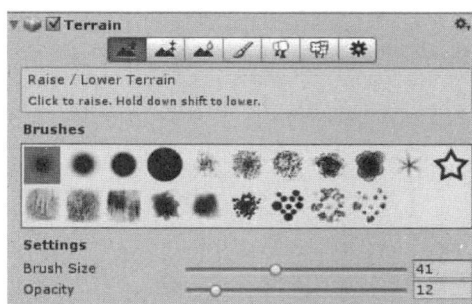

图 5-5　地形笔刷面板

〔6〕选择第一个笔刷形状类型，设置笔刷尺寸（Brush Size）为 100，笔刷不透明度（O-pacity）为 50。此时，把鼠标移动到场景中的地形平面上，会发现笔刷以蓝色的笔刷形状区域显示在地形平面上，该区域表示我们将要绘制的地方。如图 5-6 所示。

图 5-6　地形笔刷在地形上的显示方式

〔7〕在地形上按住鼠标左键，移动鼠标，此时会发现地形被升高了，如图 5-7 所示。

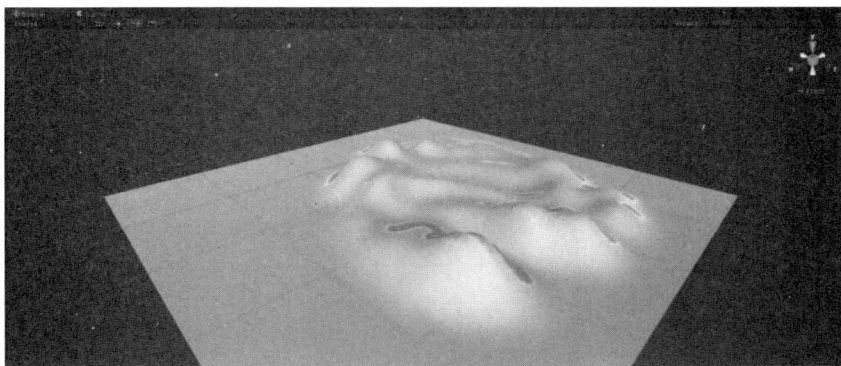

图 5-7　用笔刷修改地形高度

〔8〕把绘制区域移动到已经被升高的地形上，配合 Shift＋鼠标左键，可以降低该区域的高度，如图 5-8 所示。如果绘制错误，还可以通过 Ctrl＋Z 来回撤到上一步操作。

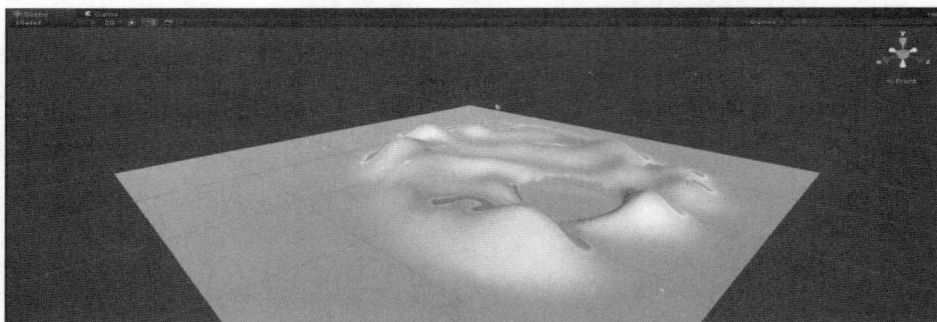

图 5-8　降低地形高度

[9] 选择 Terrain 脚本组件中的第二个按钮![icon]，可以让我们设置地形某个区域的具体高度。我们暂且称为"固定海拔高度编辑"按钮。选择第二个按钮，进入其面板，如图 5-9 所示。此面板与上面一个面板唯一的不同在于 Settings 中多了一个 Height 属性，我们可以通过设置该属性来确定地形某个区域的最高高度。

[10] 我们把 Height 设置成 60，并在地形上的某个区域按住鼠标左键不放，直到这个区域变为一个平面，如图 5-10 所示。

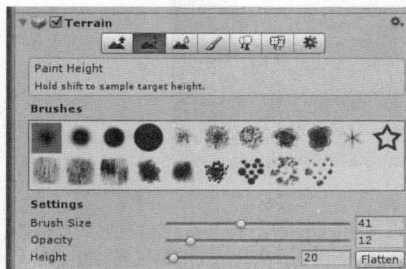

图 5-9　固定海拔高度编辑面板

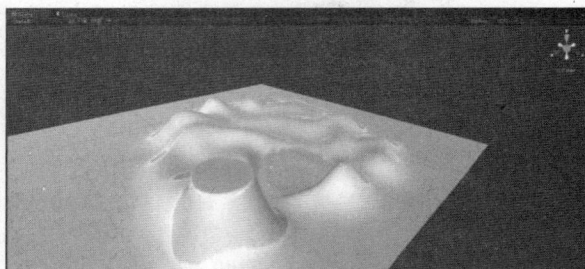

图 5-10　使用固定海拔高度笔刷

[11] Terrain 脚本组件中的第三个按钮为![icon]，我们暂且称它为"地形光滑"按钮，点击该按钮，进入地形光滑面板，如图 5-11 所示。此面板与第一个面板相同。其作用是对地形进行平滑处理。

[12] 点击"海拔高度编辑"按钮，进入其面板，在 Brushes 中选择第二行第三个笔刷区域形状，并在地形中绘制地形高度，此时会发现，地形变得非常尖锐，如图 5-12 所示。

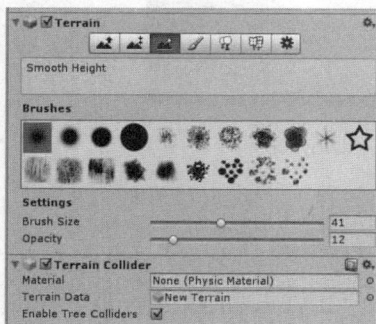

图 5-11　地形光滑面板

图 5-12　制作尖锐的地形

〔13〕选择"地形光滑"按钮,并选择 Brushes 中的第一个笔刷形状类型,接着在粗糙的地形上按住鼠标左键并拖动,会发现此时尖锐的地形变得光滑了,如图 5-13 所示。

图 5-13　使用地形光滑笔刷

Terrain 组件中的前三个按钮用于编辑地形的海拔形状,包括"海拔高度编辑"按钮、"固定海拔高度编辑"按钮以及"地形光滑"按钮。接下来我们讲解后面几个按钮的使用。

5.1.2　为地形绘制贴图纹理

在上一小节中,我们已经绘制好地形的海拔形状模型,因为现在该模型的表面与石膏的表面相似,此时该地形被称为地形的"白模"。我们需要为地形绘制贴图。

在为地形绘制贴图时,我们需要有相应的贴图资源,这些资源我们可以使用第三方图形处理工具(Photoshop)来创作,也可以从 Unity3D 中自带的地形资源包中获得。

〔1〕在 Project 窗口中,点击鼠标右键,弹出资源下拉菜单,如图 5-14 所示。

〔2〕选择【Import Package】包,弹出包资源下拉菜单,在其中选择【Environment】,导入地形资源包,如图 5-15 所示。

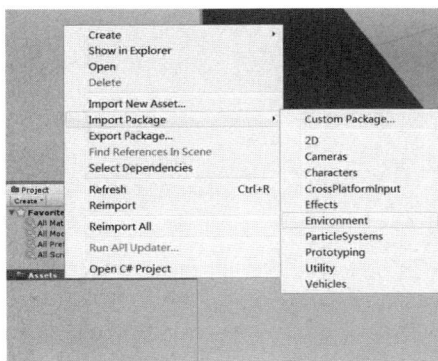

图 5-14　资源下拉菜单

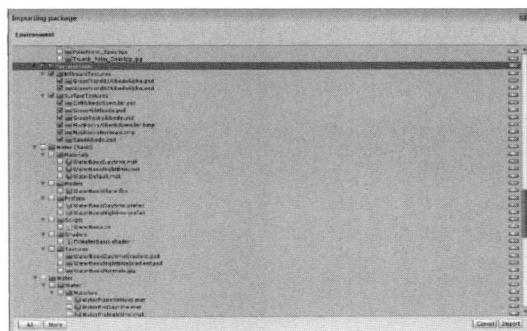

图 5-15　导入地形资源包

〔3〕导入资源包之后,在 Project 窗口会出现 Standard Assets 文件夹,其中有一个子目录,名为 Terrain Assets,表示该地形资源已经成功被导入。如图 5-16 所示。

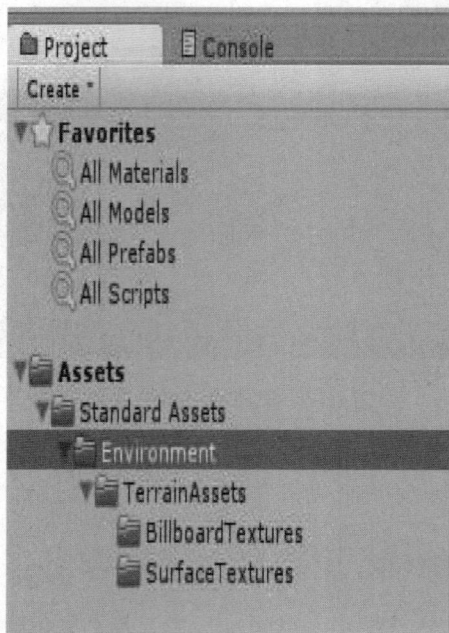

图 5-16　导入后的地形资源包

　　[4] 在 Scene 场景中选择 Terrain，在 Inspector 窗口中点击贴图绘制按钮 ✐ ，进入地形贴图绘制面板，如图 5-17 所示。[Edit Textures …]按钮用于导入和编辑地形贴图，Settings 中的 Opacity 用于设置贴图的不透明度，Target Strength 用于设置贴图的透明度。Opacity 和 Target Strength 两者的功能恰好是相反的。

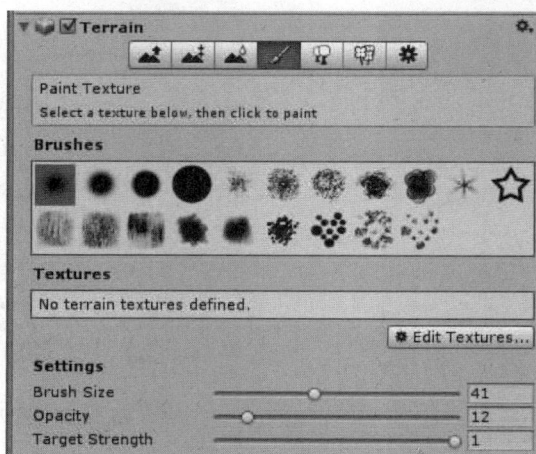

图 5-17　地形贴图绘制面板

　　[5] 在为地形绘制贴图之前，需要把要使用的贴图导入到地形编辑器中。在面板中选择【Edit Textures…】按钮，会弹出一个下拉菜单栏，如图 5-18 所示。

　　[6] 选择【Add Texture …】选项，会弹出一个对话框，如图 5-19 所示。面板上的

Texture用于添加漫反射贴图，Normal Map 用于添加法线贴图，Size 中的参数用来控制贴图绘制到地形上时在 X 轴和 Y 轴方向上的大小，Offset 用于控制贴图在地形上时在 X 轴和 Y 轴方向上的偏移量。

图 5-18　添加贴图下拉菜单　　　　图 5-19　贴图添加面板

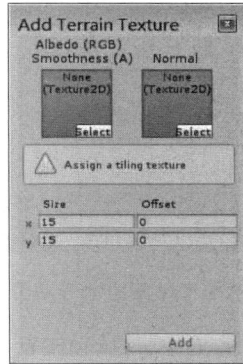

　　[7] 点击 Texture 中的【Select】按钮，会弹出一个资源选择面板，在其中选择 Grass Hill 贴图并双击，完成贴图的选择，如图 5-20 所示。

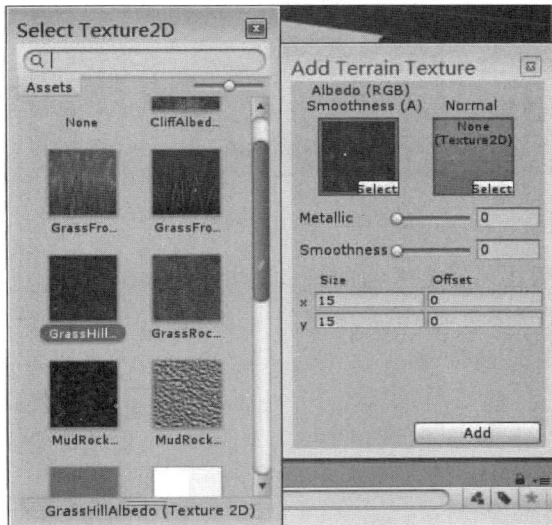

图 5-20　添加 Grass 贴图

　　[8] 点击 Add Terrain Texture 面板上下方的【Add】按钮，完成对贴图的添加。此时会在贴图绘制面板中出现已经添加的贴图，如图 5-21 所示。

　　[9] 此时你会发现，这张贴图已经以平铺的方式绘制在地形上了。在 Unity3D 中，作为地形的基本贴图的第一张贴图都是以此种方式被绘制上去的。接下来，用同样的方式添加 Cliff 贴图和 Grass&Back 贴图，如图 5-22 所示。

115

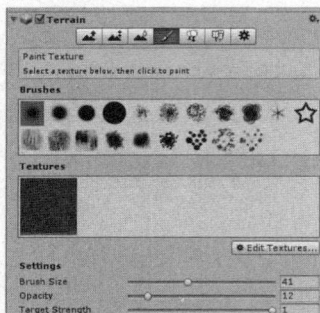

图5-21　添加了贴图的地形贴图面板　　　　图5-22　添加了多张贴图之后的地形贴图面板

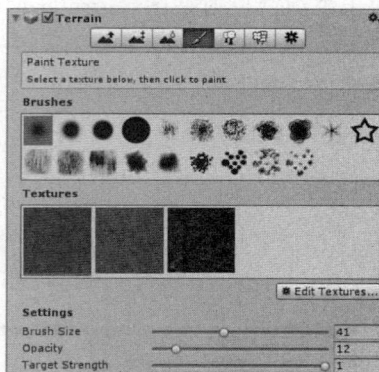

［10］可以看出，从第二张贴图开始，Unity3D不再会为地形平铺上该贴图，我们现在就可以选择合适的笔刷形状、大小和强度等参数来为地形绘制贴图了。如图5-23所示。

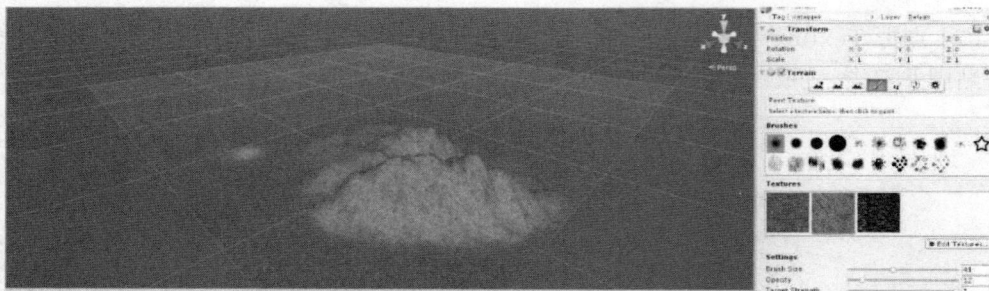

图5-23　为地形绘制贴图

［11］当你发现贴图在地形上平铺的尺寸太小，可以在贴图绘制面板中选择该贴图，再点击【Edit Texture…】按钮，在其下拉菜单中选择【Edit Texture…】选项，进入贴图编辑窗口，如图5-24、图5-25所示。

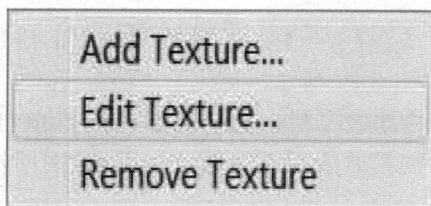

图5-24　编辑贴图下拉菜单　　　　图5-25　修改贴图的平铺属性

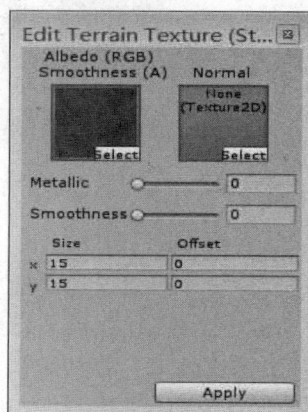

［12］在 Edit Terrain Texture 面板中，把 Size 中的 X 和 Y 的值都设置成 63，此时在 Scene 窗口中能够实时查看最终的效果，达到要求之后，点击 Apply，完成编辑。如图 5-26 所示。

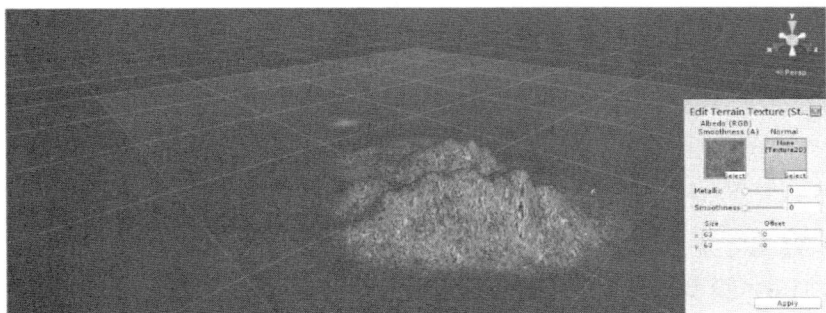

图 5-26　修改平铺贴图属性之后的地形贴图效果

5.1.3　为地形放置树木

Unity3D 中的地形支持使用笔刷放置树木。Unity3D 采用的是植被渲染方法，可以在一个地形上放置成千上万棵树而不太过影响渲染效率，这种方法的原理是当摄像机接近某棵树时，该树会以完整的 3D 模型方式显示，而那些离摄像机较远的树木则会变成 2D 的"广告牌"。（广告牌其实就是一个平面，这个平面会始终朝着摄像机的方向）。可以使用 Unity3D 的 Tree Creator 来创建树木，从而获得上述的优化作用。如图 5-27 所示。

图 5-27　添加到地形上的树木

［1］选择场景中的地形，在 Inspector 窗口中选择放置树木按钮 ，其面板如图 5-28 所示。其中，【Brush Size】调节笔刷大小，【Edit Trees…】用于编辑树木模型，【Tree Density】用于设置区域内树木的密度，【Tree Height】调节树木的基准高度，勾选 Random 表示随机，【Lock Width to Height】调节宽度高度一致，【Tree Width】调节树木的基准宽度，勾选 Random 表示随机，【Color Variation】调节树木之间颜色的随机变化值。这里需要强调的是基准量和随机变化量的用法。假设我们设置树木的基准高度是 100，其树木高度

的随机变化量为 10,那么放置在场景中的树木的高度会在 90～110 取值。

［2］点击【Edit Tree】按钮,弹出下拉菜单栏,如图 5-29 所示。

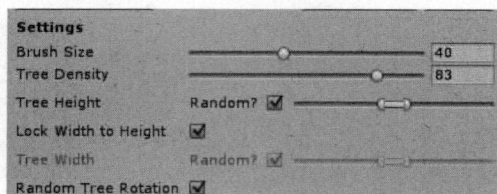

图 5-28 地形树木面板

图 5-29 添加树木下拉菜单

［3］选择【Add Tree】选项,弹出一个添加树木的面板,如图 5-30 所示。【Tree Prefab】用于添加树木模型,【Bend Factor】用于设置弯曲系数,表示当添加了风力区域之后,树木可以随风摇摆的程度。

［4］点击 Add Tree 面板右边的小圆圈,可以打开树木模型的选择窗口,该列表显示当前有多少个树木模型资源,如图 5-31 所示。

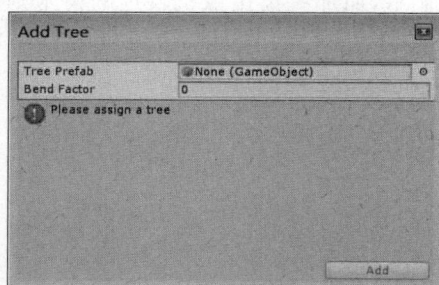

图 5-30 添加树木面板

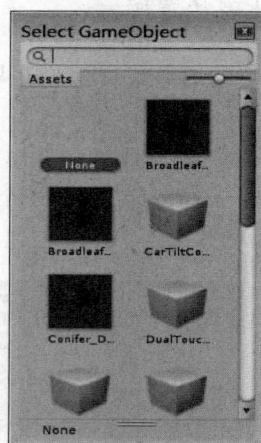

图 5-31 选择已有的树木资源

［5］双击选择 Palm,回到 Add Tree 面板,把 Bend Factor 设置成 0.5,最后点击【Add】按键,如图 5-32 所示。

［6］此时在 Inspector 窗口中,显示该树木模型已经添加成功。如图 5-33 所示。

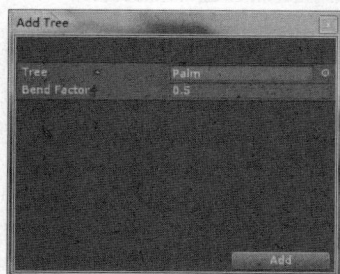

图 5-32 修改弯曲因子

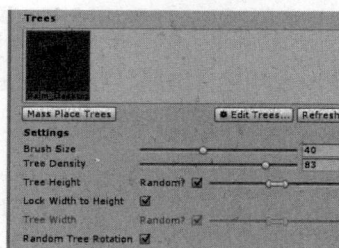

图 5-33 添加树木之后的地形树木面板

［7］选择 Palm，与绘制地形海拔高度的方式一样，把鼠标放置在地形上，按住鼠标左键并拖动，此时会看到这个树木模型已经被放置在地形中了，如图 5-34 所示。你可以通过调节它的参数来添加更加丰富的效果。

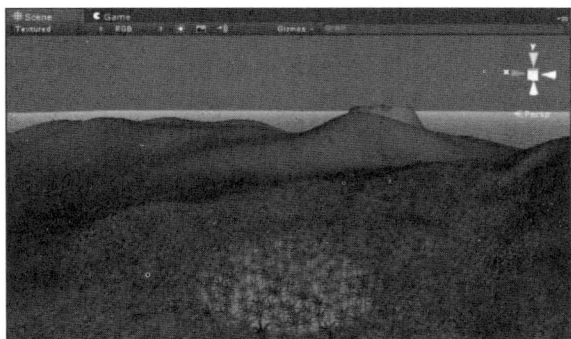

图 5-34　在地形上绘制树木

［8］如果某个位置不需要放置植被，但是该地方已经有植被，可以配合 Shift＋鼠标左键在这个区域点击，便可以删除该区域的树木了，如图 5-35 所示。

图 5-35　删除地形上的树木

［9］为其添加风力作用。如果没有添加风力，点击游戏播放按钮，可以看到树木并没有随风摇摆的效果。在菜单栏中，选择【GameObject】→【3D Object】→【Wind Zone】为场景添加一个风区，如图 5-36 所示。选择该风力图标，在 Inspector 窗口中查看其参数，如图 5-37 所示。

图 5-36　添加风区

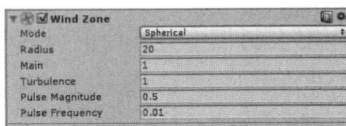

图 5-37　风力属性设置

风区的属性如表 5-1 所示。

表 5-1　风区的属性

属性	说明
Mode	风区提供两种模式的区域,一种是球形(Sphere)区域,一种是平行(Directional)区域。球形区域其风仅影响半径内,并由从中心朝向边缘衰减。平行区域风区会影响整个场景的一个方向
Radius	如果模式设置为球形,可以设置球形风区的半径
Wind Main	主要风力。产生风压柔和变化
Wind Turbulence	湍流风的力量。产生一个瞬息万变的风压
Wind Pulse Magnitude	定义有多大风随时间的变化
Wind Pulse Frequency	定义风向改变的频率

[10] 为风区设置参数。如下:

● Mode:Direction
● Wind Main:1. 16
● Wind Turbulence:0. 1
● Wind Pulse Magnitude:1
● Wind Pulse Frequency:0. 25

[11] 点击播放游戏按钮,观察放置好的树木和花草,可以发现树木和花草开始随风摇摆起来了,如图 5-38 所示。

图 5-38　树木随风摇摆的效果

下面附上制作一些常用的风力效果的属性设置。

● 柔和的风

■ Mode:Direction

120

■　Wind Main：1.0 以下的数值

■　Wind Turbulence：0.1

■　Wind Pulse Magnitude：1.0 以上的数值

■　Wind Pulse Frequency：0.25

● 直升机路过的效果

■　Mode：Sphere

■　Radius：直升机螺旋桨的尺寸

■　Wind Main：3.0

■　Wind Turbulence：0.1

■　Wind Pulse Magnitude：1.0

■　Wind Pulse Frequency：0.25

● 爆炸的效果

属性值与直升机属性一致,只是需要使用脚本控制来使得 Wind Main 和 Turbulence 迅速衰减为 0。

5.1.4　为地形放置花草

Unity3D 中,支持使用笔刷为地形放置花草。这些花草都是使用广告牌(billboard)技术来实现的,也就是说每一株花草都是一个平面,而且这个平面会始终朝着摄像机的位置。同时,为了节约渲染资源,距离摄像机较远的花草会被剔除掉。

[1] 选择场景中的地形,在 Inspector 窗口中选择放置细节的按钮 █ ,其面板如图 5-39 所示。其中的【Brush Size】、【Opacity】和【Target Strength】参数与绘制贴图的定义相同,此处不再赘述。

[2] 选择【Edit Details...】→【Add Grass Texture】,打开花草贴图添加面板,如图 5-40 所示。

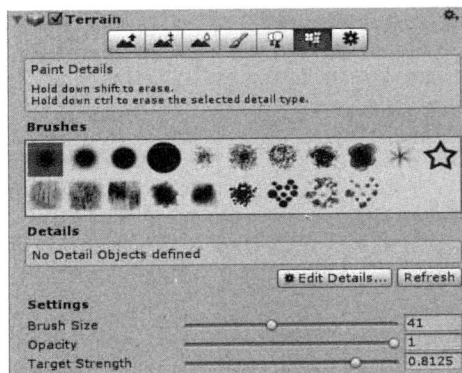

图 5-39　花草和细节面板

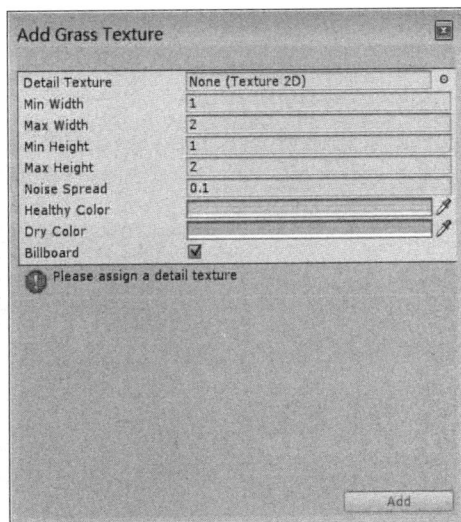

图 5-40　Add Grass Texture 面板

121

花草其属性说明如表 5-2 所示。

表 5-2　花草属性及说明

属　　性	说　　明
Detail Texture	花草的贴图
Min Width	花草的最小宽度值（m）
Max Width	花草的最大宽度值（m）
Min Height	花草的最小高度（m）
Max Height	花草的最大高度（m）
Noise Spread	花草的噪波产生簇大小。越低的值意味着噪波越低
Healthy Color	健康颜色的草，在噪波中心非常显著
Dry Color	干燥的草的颜色，在噪波边缘非常显著
Billboard	如果选中，花草将随着摄像机一起转动，面朝主摄像机

〔3〕点击【Detail Texture】最右边的小圆圈，打开贴图资源列表，并双击选择 Grass 贴图，如图 5-41 所示。

〔4〕添加完植被之后，在 Inspector 窗口中会显示该贴图，表示已经添加完成。如图 5-42 所示。

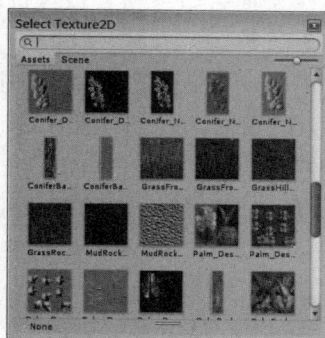

图 5-41　选择花草的贴图

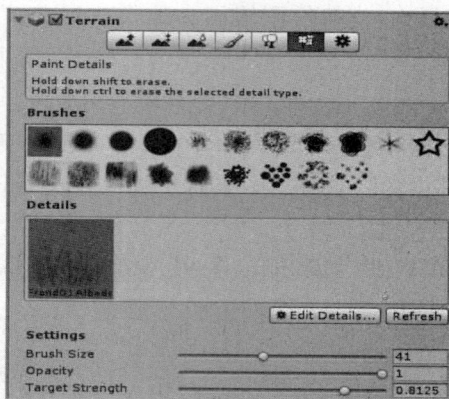

图 5-42　添加了花草贴图的花草面板

〔5〕添加完花草贴图之后，与树木的放置方式相同，可以直接在地形上刷出花草，这里要注意的是，摄像机不要距离放置花草的区域太远。如图 5-43 所示。

图 5-43　绘制在地形上的花草效果

5.1.5　为地形添加细节模型

除了放置树木和花草之外，还可以为地形添加其他的细节模型，比如石头等。如图 5-44 所示。

图 5-44　地形细节

[1] 选择场景中的地形，在 Inspector 窗口中选择放置细节的按钮 ▦ ，其面板如图 5-45 所示。其中的【Brush Size】、【Opacity】和【Target Strength】参数与绘制贴图的定义相同，此处不再赘述。

[2] 选择【Edit Details...】→【Add Detail Mesh】，打开添加细节模型面板，如图 5-46 所示。

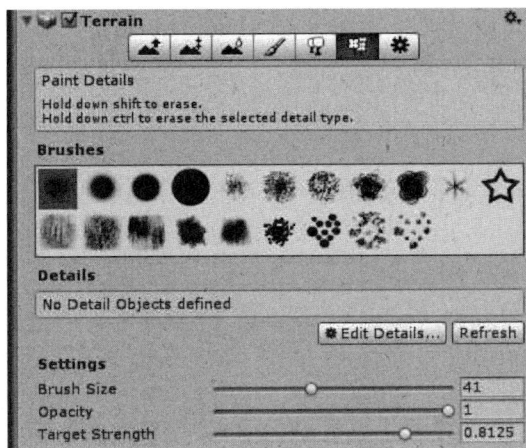

图 5-45　细节面板

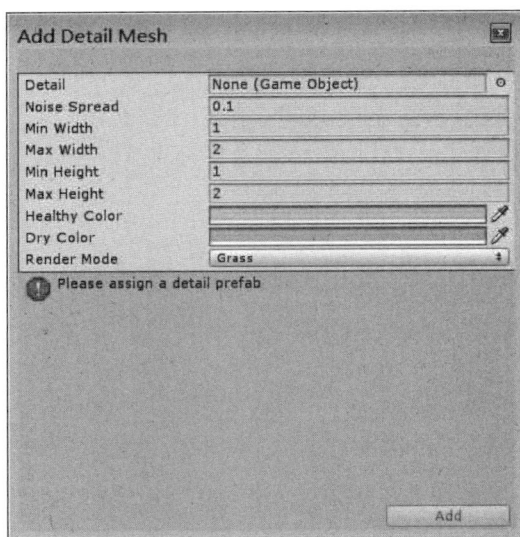

图 5-46　细节模型添加面板

细节其属性说明如表 5-3 所示。

表 5-3　地形细节说明

属　性	说　明
Detail	细节网格模型
Noise Spread	细节网格生成的噪波簇大小。越低的值意味着噪波越低
Min Width	所有细节物体的最小宽度值(m)
Max Width	所有细节物体的最大宽度值(m)
Min Height	所有细节物体的最小高度(m)
Max Height	所有细节物体的最大高度(m)
Healthy Color	健康颜色,在噪波中心非常显著
Dry Color	干枯颜色,在噪波边缘非常显著
Render Mode	选择是使用顶点着色方式渲染还是以花草着色方式渲染

〔3〕点击【Detail】最右边的小圆圈,进入细节模型列表。此时,发现除了树木模型之外,没有其他的模型可以选择。由于 Unity3D 中没有自带细节模型,我们需要自己制作或者导入本书资源中的 TerrainAssets 自定义包。其最终效果如图 5-47 所示。

〔4〕双击选择 Rock Mesh 模型素材,关闭素材浏览窗口之后,在 Add Detail Mesh 面板中把 Render Mode 模式设置成 Vertex Lit,同时把 Healthy Color 和 Dry Color 设置成灰色,如图 5-48 所示。最后点击【Add】。(如果此时已经关闭 Add Detail Mesh 窗口,可以在 Inspector 窗口中选择该资源的缩略图,并通过【Edit Detail】→【Edit】来对该资源进行参数修改。)

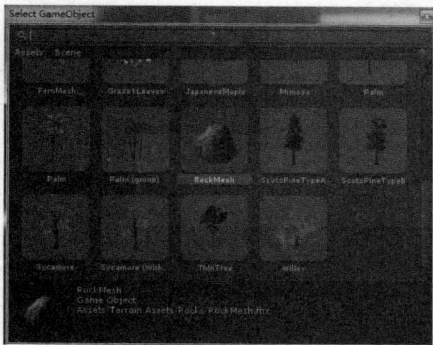

图 5-47　选择细节模型

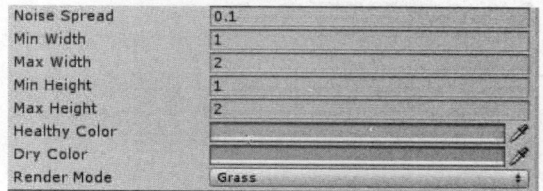

图 5-48　设置添加的细节模型属性

〔5〕添加完 Detail 之后,在 Inspector 窗口中会出现该资源的缩略图,如图 5-49 所示。

〔6〕把 Target Strength 的属性设置得小一些,比如 0.062 5,它可以控制细节的密度。

接着与放置花草的方式一样，可以在地形上刷出细节来，如图 5-50 所示。

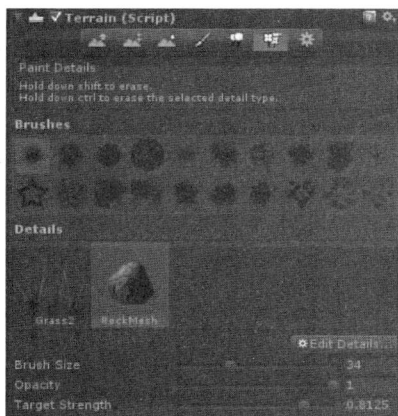

图 5-49　添加了细节模型的细节模型面板

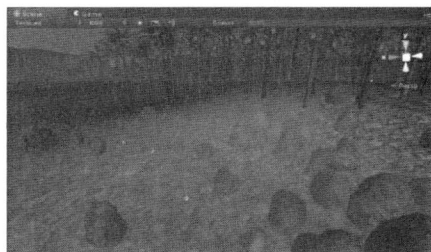

图 5-50　绘制到地形上的细节模型

5.1.6　其他设置

地形编辑器的最后一个按钮为地形参数选项 ，该选项可以对地形进行全局属性设置，如图 5-51 所示。

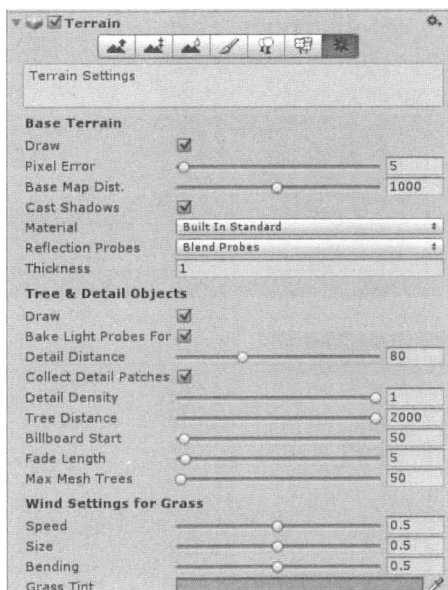

图 5-51　地形全局属性面板

地形全局属于面板所有参数如表 5-4 所示。

表 5-4　地形全局属性

参数类型	参数	说明
Base Terrain（地形基础参数）	Draw	如果被选中，地形将被隐藏
	Pixel Error	地形的 LOD 容错。在显示地形网格时允许的错误数量
	Base Map Dist.	在高分辨率下地形贴图的距离
	Cast Shadows	是否投射阴影
	Material	为地形设置其他材质效果
Tree & Detail Objects（树木花草细节物体参数）	Draw	如果选中，所有的树、草和细节模型将被画上去
	Bake Light Probes For	灯光探测器
	Detail Distance	在离摄像机多远时，细节将不被显示
	Collect Detail Patches	收集细节补丁
	Detail Density	设置细节的密度
	Tree Distance	在离摄像机多远时，树将停止显示。值越高，更远的树将被显示
	Billboard Start	在距离摄像机多远时，树将显示为公告板而不是模型
	Fade Length	树从公告板过渡到模型的所有树的总距离差值
	Max Mesh Trees	在地形上种的所有模型树的总数量上限
Wind Settings（风力设置）	Speed	风吹过草时的速度
	Size	风影响的草的面积
	Bending	草被风吹时的弯曲程度
	Grass Tint	所有草和细节模型整体的色调量

5.2　地形编辑的其他设置

上一节中，我们讲解了地形编辑的基础内容，接下来，我们来讲解地形编辑中的其他设置。

5.2.1　设置地形的分辨率

在 Unity3D 中，一个单位相当于现实生活中的 1m，这个单位务必牢记，因为引擎中的很多功能都是基于此单位来计算的，例如光照和环境遮挡贴图的烘焙、阴影显示的距离、角色的移动、地形的大小尺寸和海拔高度等等。

当新建一个新的地形时,默认的大小尺寸是 2 000m×2 000m,最高海拔高度为 600m。我们也可以根据情况重新设置地形的大小。如图 5-52 所示。

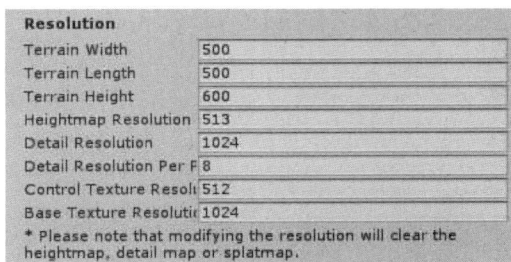

图 5-52　地形分辨率设置面板

地形分辨率属性如表 5-5 所示。

表 5-5　地形分辨率属性说明

属　　性	说　　明
Terrain Width	地形宽度:地形的单位宽度(m)
Terrain Height	地形高度:地形的单位高度(m)
Terrain Length	地形长度:地形的单位长度(m)
Heightmap Resolution	高度图分辨率:当前选中的地形的高度图分辨率
Detail Resolution	细节分辨率:控制草地和细节模型的地图分辨率,考虑性能(节省描绘调用)在不太多影响效果的情况下这个值越低越好
Detail Resolution Per Patch	每个地形面片上的细节分辨率
Control Texture Resolution	控制纹理分辨率:用于绘制到地形上混合不同纹理的溅斑贴图的分辨率
Base Texture Resolution	基础纹理分辨率:在一定的距离下用于代替溅斑贴图的复合纹理的分辨率

5.2.2　提高海平面

当创建一个新的地形时,默认的海平面在 0m 处,也就是说该地形的最低海拔为 0m,“固定海拔高度编辑”按钮可以设置地形的基准海平面,从而使地形的海拔高度位于 0m 以下。如图 5-53 所示。

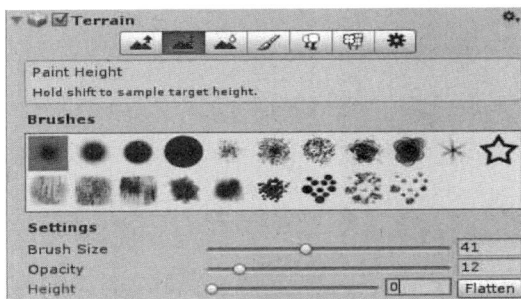

图 5-53　设置海平面

127

我们以创建一个小岛地形为例,说明它的用法。

[1] 新建一个场景,名为 Island。

[2] 选择菜单栏中的【GameObject】→【3D Object】→【Terrain】,创建一个新的地形。

[3] 在其他设置 中,设置其参数,如图 5-54 所示。

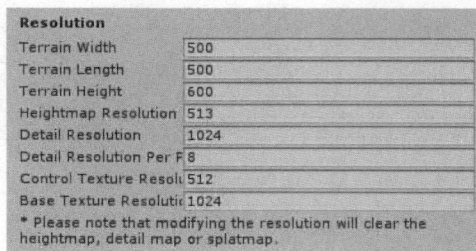

图 5-54　设置地形参数

[4] 选择 ,并设置其海平面高度为 20m,如图 5-55 所示。

图 5-55　海平面高度修改面板

[5] 点击 Scene 窗口中的导航图标里的 Y 轴方向,使得视图转置到自顶向下的视图,如图 5-56 所示。

[6] 选择该地形,在地形编辑工具中点击地形海拔高度编辑按钮,进入海拔高度编辑面板,选择第一个笔刷形状类型,设置笔刷大小【Brush Size】为 100,笔刷强度【Opacity】为 75。

[7] 在 Scene 视图中,按住 Shift＋鼠标左键,描绘出小岛的轮廓。如果你从透视视图看,此时会发现,这些地方已经往下凹陷了,如图 5-57、图 5-58 所示。

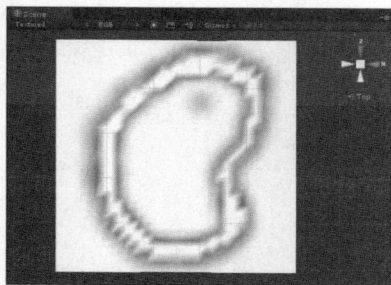

图 5-56　把视图调整为顶视图

图 5-57　小岛顶视图轮廓

图 5-58　小岛透视图

［8］地形轮廓确定之后，我们再次按下 Shift＋鼠标左键，把地形的外边缘也往下凹，如图 5-59、图 5-60 所示。

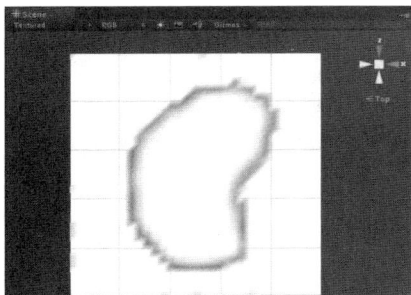

图 5-59　制作大陆架（顶视图）　　　　　图 5-60　制作大陆架（透视图）

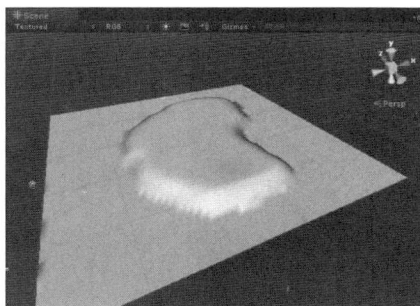

［9］绘制小岛地形。一般小岛都是起伏不平的，我们可以通过地形海拔高度编辑工具，为其添加凹凸不平的细节，如图 5-61 所示。

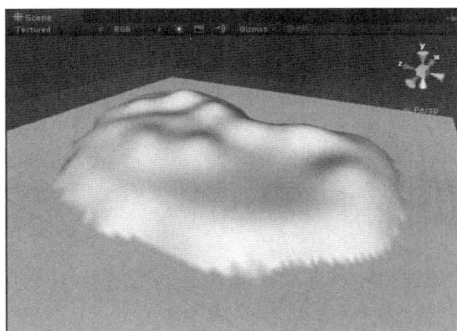

图 5-61　最终小岛效果

［10］制作一个火山。点击固定海拔高度编辑按钮，设置其高度为 100，如图 5-62 所示。

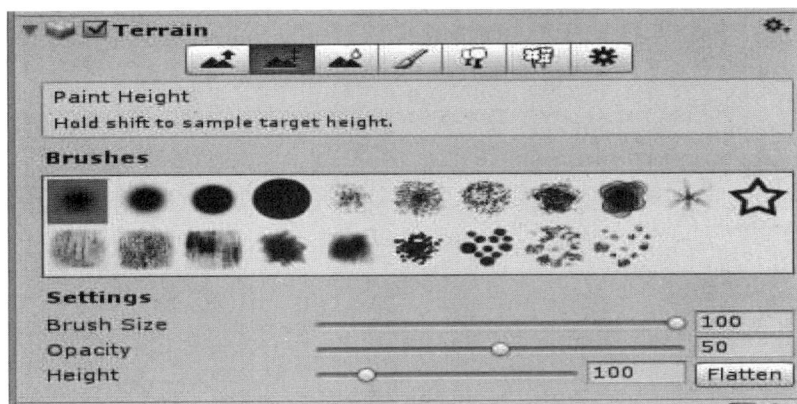

图 5-62　设置固定海拔高度参数

129

[11] 在所示的地方绘制一个平顶山,(在制作地形时,可以改变 Scene 窗口中的视图显示来观察地形各个方位的形状),我这里采用了自顶向下的顶视图来绘制火山口,如图 5-63、图 5-64 所示。

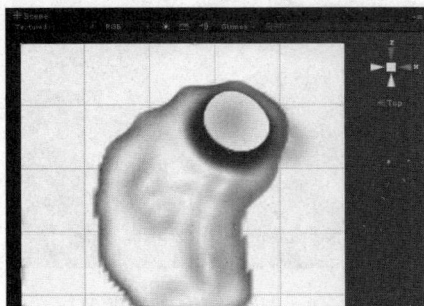

图 5-63　火山顶视图

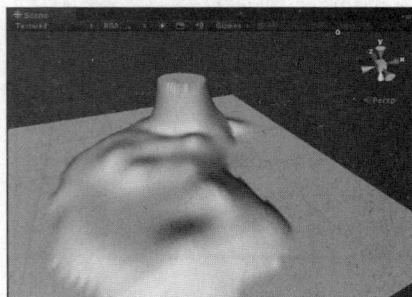

图 5-64　火山透视图

[12] 制作火山口。火山口的中心一般都是往下凹陷的,我们采用地形海拔高度编辑工具,按下 Shift＋鼠标左键为其绘制凹陷的效果。如图 5-65、图 5-66 所示。

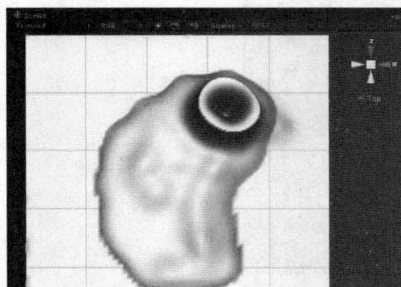

图 5-65　制作火山口(顶视图)

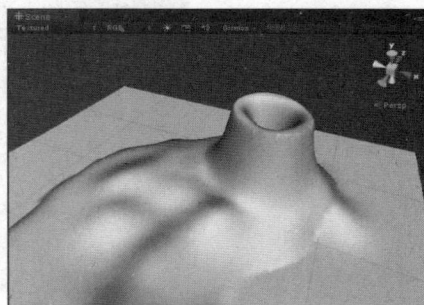

图 5-66　制作火山口(透视图)

[13] 如果火山口不够光滑,我们可以使用地形光滑工具对它的边缘进行光滑。

[14] 把教材中的自定义包 TerrainAssets 导入。

[15] 在地形贴图绘制工具中把 Grass、ForestFloor 和 Cliff 贴图导入到地形编辑器中,在导入贴图时,把贴图的 Size 都设置成 63,如图 5-67 所示。

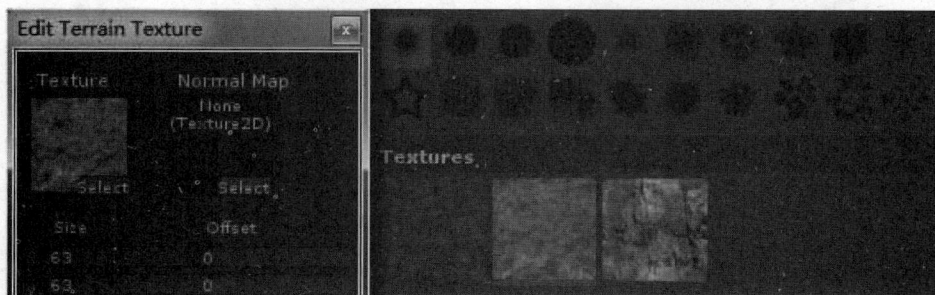

图 5-67　添加地形贴图

[16] 根据所需效果不断调整笔刷形状类型、大小等参数，为小岛绘制贴图，最终效果如图 5-68 所示。

图 5-68　绘制地形贴图

[17] 为其添加树木。选择放置树木工具，把 Plam 树木模型素材导入到放置树木工具中，并把 Bend Factor 属性都设置为 0.5，如图 5-69 所示。

图 5-69　添加树木

[18] 在小岛上放置树木，最终效果如图 5-70 所示。

图 5-70　树木添加效果

[19] 为地形添加花草。点击进入花草放置面板，导入 Weed2、Weed3 和 White Flow-

ers 贴图素材,并同时把 Healthy Color 和 Dry Color 设置成白色的,如图 5-71 所示。

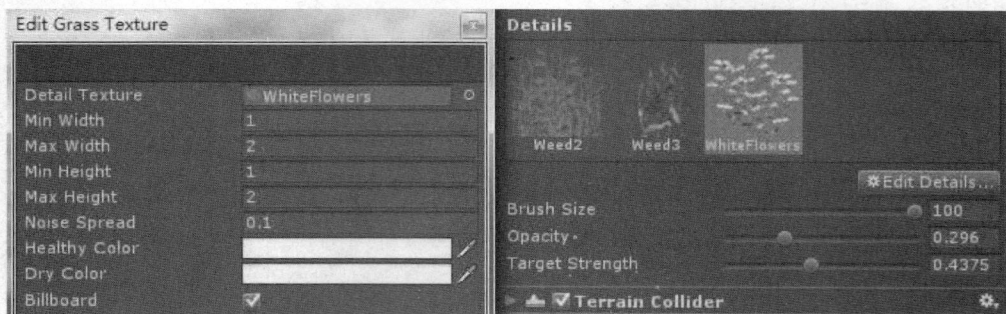

图 5-71　添加花草

〔20〕调整笔刷形状、大小和强度,在地形上放置不同的花草,最终效果如图 5-72 所示。

图 5-72　花草绘制效果

〔21〕为地形添加石头细节模型,点击进入细节模型面板,把石头模型的素材导入到面板中,并设置其参数,如图 5-73 所示。

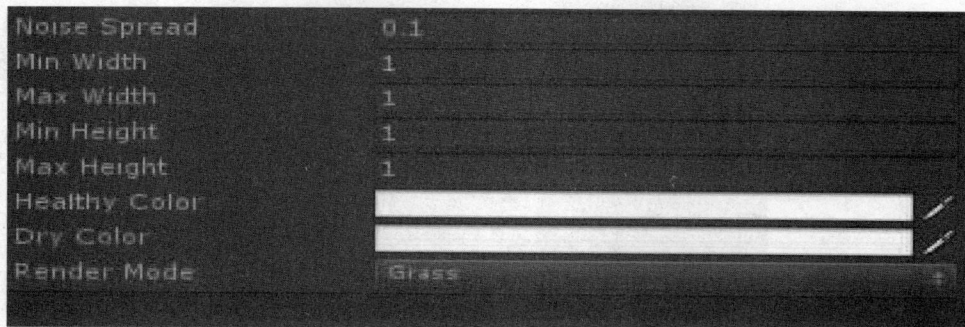

图 5-73　添加细节模型

〔22〕在放置细节模型时,尽量把 Brush Size 和 Target Strength 参数设置小一些,这

样放置的细节模型才不会结团。如图 5-74、图 5-75 所示。

图 5-74　Brush Size 和 Target Strength 属性设置过大

图 5-75　Brush Size 和 Target Strength 属性设置恰当

到此,小岛的地形已经编辑完成。

5.2.3　使用地形高度图

在前面的章节中,我们使用手动的方式创建地形。在 Unity3D 中,我们还可以通过地形高度图的方式来创建地形。地形高度图就是一张长宽相等(建议)并且尺寸为 2 的 n+1 次幂的灰度图,地形会根据该高度图的黑白灰色阶来决定地形的海拔,白色表示最高点,黑色表示最低点,灰色表示介于最低点和最高点之间的高度。当我们在手动编辑地形海拔时,其实是在创建它的高度图。该高度图可以被导出。

01 导出地形高度图

［1］我们现在选择上一节的小岛地形。

［2］在其他设置▩中选择【Export Heightmap】选项,打开高度图导出设置面板,如图

5-76 所示,其参数如表 5-6 所示。

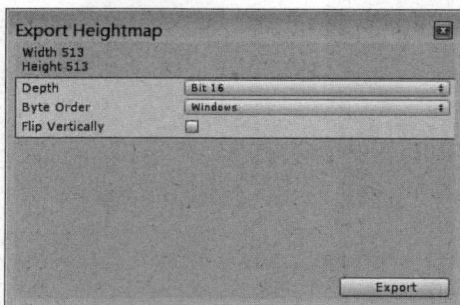

图 5-76　导出高度图设置面板

表 5-6　导出高度图属性

参　数	说　明
Width	显示高度图宽度（像素）
Height	显示高度图高度（像素）
Depth	高度图色彩深度
Byte Order	数据格式
Flip Vertically	垂直翻转

　　［3］在 Windows 操作系统环境下,我们把 Byte Order 设置为 Windows,点击【Export】按钮,弹出文件保存对话框,选择保存位置并设置该高度图的文件名,点击【保存】,这样,高度图便以 RAW 格式图像保存在硬盘中了,如图 5-77 所示。
　　［4］使用 Photo Shop 等第三方图形处理软件打开该图片,如图 5-78 所示。

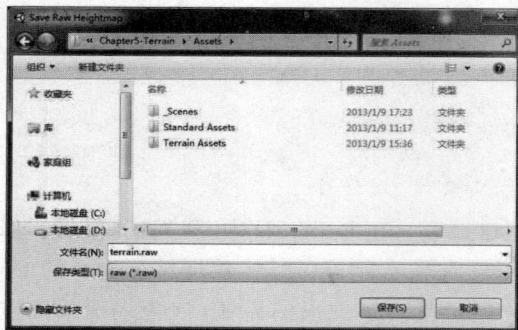

图 5-77　导出高度图

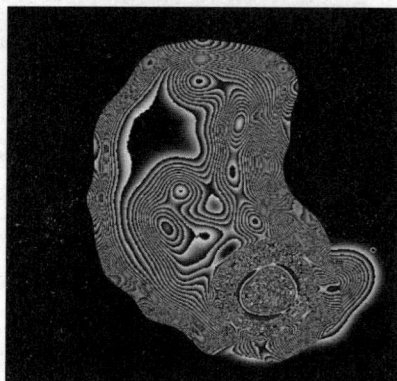

图 5-78　在 Photoshop 中显示的高度图

　　❷ 使用高度图制作地形
　　在 Unity3D 中,采用的高度图图像格式为 RAW,同时要注意,如果想要创建一个 500px ×500px 的地形,那么最好把高度图尺寸设置为 512px×512px,也就是说以 2 的 n＋1 次幂与该地形尺寸相接近的尺寸来决定。我们下面以 Photoshop 为例制作一张高度图。

[1] 在 Photoshop 中,创建一张 512px×512px 大小的空白图,颜色模式为灰度,位数为 16 位。如图 5-79 所示。

[2] 选择菜单中的【滤镜】→【渲染】→【云彩】,为图片添加一个随机的云彩,如图 5-80 所示。

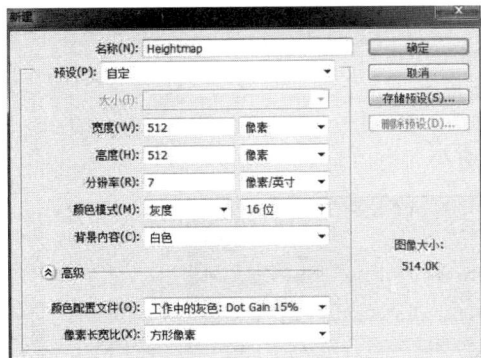

图 5-79　新建图片

图 5-80　添加云彩滤镜

[3] 把图像保存成 RAW 格式,如图 5-81 所示。

[4] 回到 Unity3D 中,新建一个场景,名为 HeightMap。

[5] 创建一个新的地形。并设置其分辨率为 Width:512,Height:600,Length:500,并设置 Heightmap Resolustion 为 512,如图 5-82 所示。

图 5-81　保存高度图为 RAW 格式

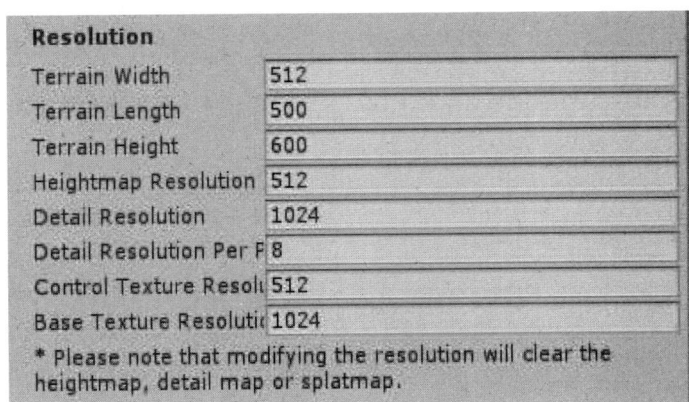

图 5-82　设置地形分辨率属性

[6] 选择其他设置中的 Import Raw... ,打开文件浏览器,找到刚制作的高度图,并点击打开,如图 5-83 所示。

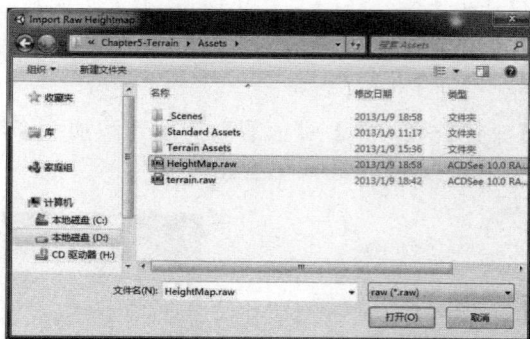

图 5-83 导入高度图

[7] 此时会打开高度图设置面板,如图 5-84 所示。

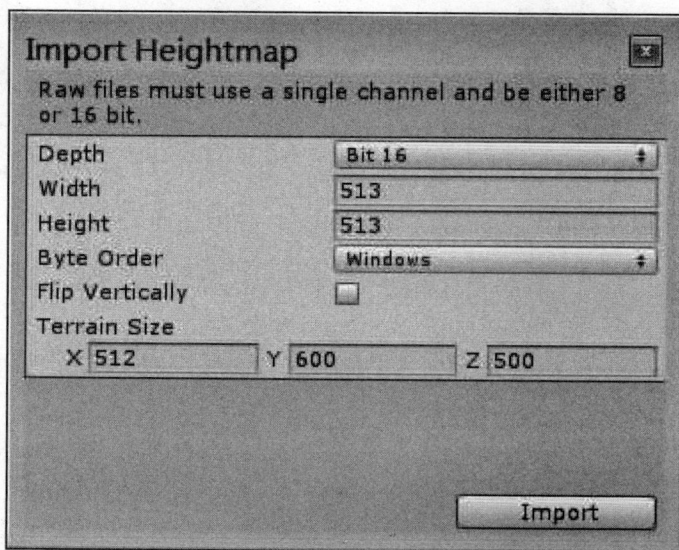

图 5-84 高度图设置面板

其参数如表 5-7 所示。

表 5-7 导入高度图属性

参 数	说 明
Depth	色彩深度
Width	图片宽度(像素)
Height	图片高度(像素)
Byte Order	色彩数据格式
flip vertically	垂直翻转
Terrain Size	地形的大小

［8］一般 Unity3D 会自动识别该高度图的信息,所以保持默认值便可以了,当然,如果你保存的 RAW 格式是 Windows 格式的,必须先把 Byte Order 设置成 Windows。点击【Import】,此时,高度图已经作用于地形上了,如图 5-85 所示。

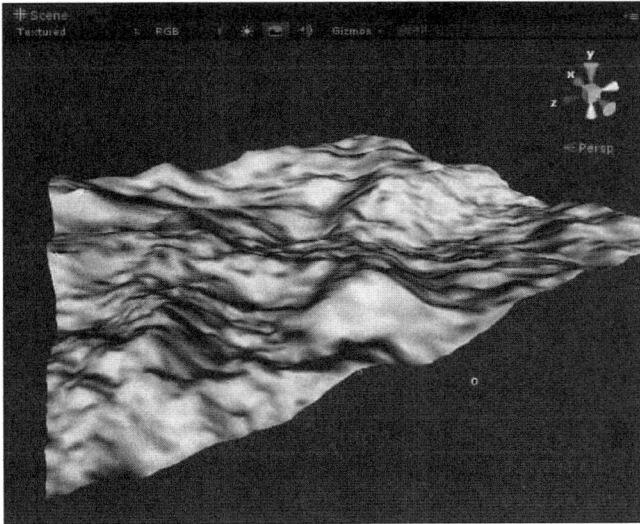

图 5-85　该高度图作用于地形上的效果

5.3　为场景添加水体、天空盒与太阳光

在制作户外游戏场景中,天空盒和户外光线是必不可少的。如果需要创造浩瀚的海洋效果,在 Unity3D 中也为我们自定义了水体的素材。打开前面制作的小岛场景,现在为其添加水体、天空盒和太阳光。

5.3.1　添加水体

［1］在 Project 窗口中,鼠标右键弹出浮动菜单栏,选择【Import Package...】→【Environment】,导入内置的水体资源包。如图 5-86 所示。

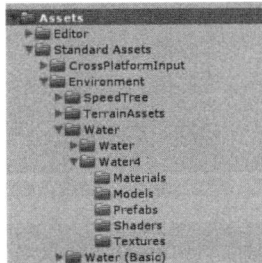

图 5-86　导入的水体资源包目录位置

［2］打开 Water 目录,找到 Water4 子目录并打开,如图 5-87 所示。

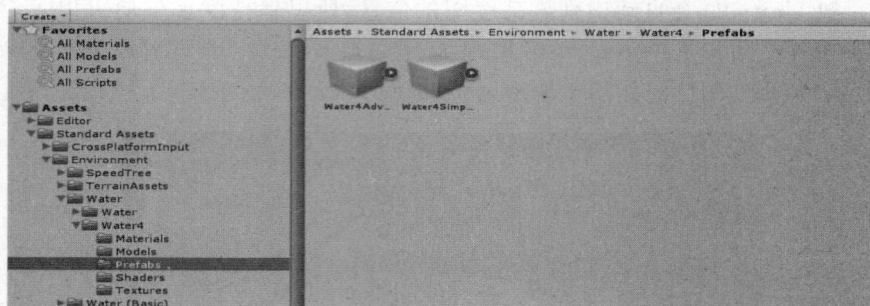

图 5-87　水体资源

［3］把水体资源拖到 Scene 场景中，如图 5-88 所示。

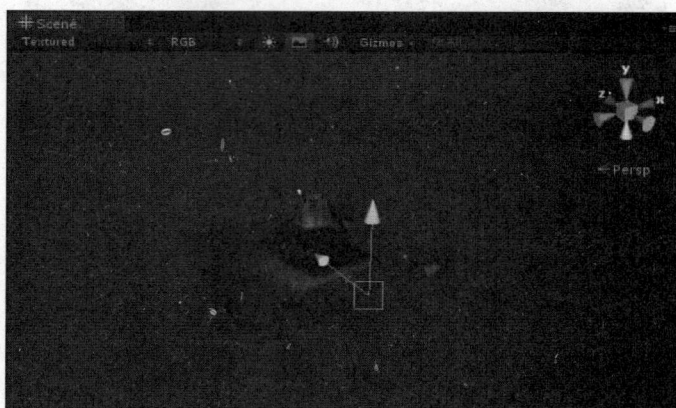

图 5-88　把水体添加到场景中

［4］在 Scene 窗口中选择这个水体，在 Inspector 窗口中把 Scale 的 X 值和 Z 值分别设置为 16 和 16，并调整水体的位置，最终效果如图 5-89 所示。

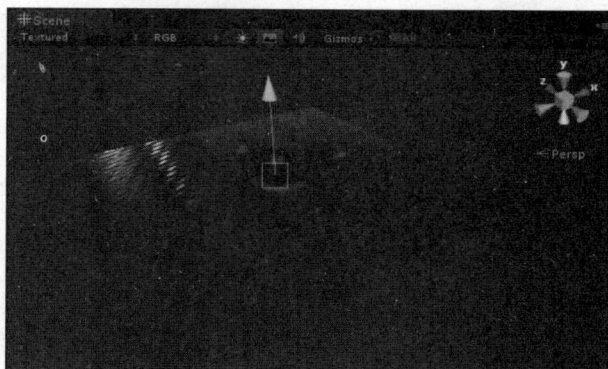

图 5-89　设置水体大小及位置

5.3.2 添加天空盒

在 Unity3D 中，天空盒是一个六面朝内的立方体，能包围住整个场景，在这六个面上都为其附上无缝贴图，摄像机位于该立方体的中心，当摄像机移动时，天空盒也跟随移动，保证了摄像机始终在天空盒的中心，这样的做法可以产生永远都到不了边际的效果。

［1］在 Project 窗口中，鼠标右键打开资源导入下拉菜单，导入 Unity3D 内置的天空盒资源包。如图 5-90 所示。

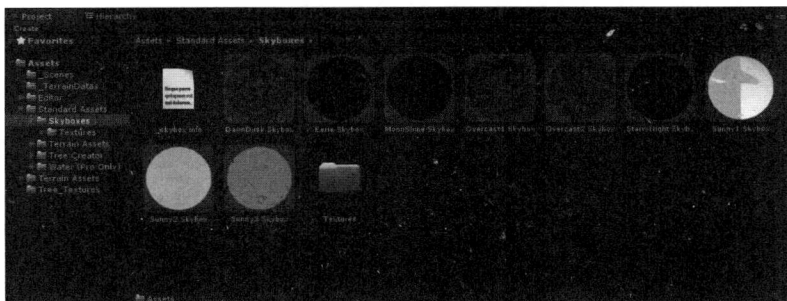

图 5-90　天空盒素材

［2］在 Hierarchy 中添加一个 Camera，创建项目的时候默认会添加一个，如果没有就手动添加一个，如图 5-91 所示。

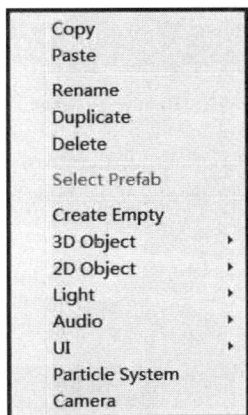

图 5-91　添加 Camera

［3］在菜单栏中，选择【Component】→【Rendering】→【Skybox】，此时在 Inspector 窗口中出现 Render Settings 的面板。要注意的是，点击前必须在 Hierarchy 视图中选中 Main Camera，否则无法添加。如果选中了别的对象，会添加到别的对象上去。如图 5-92 所示。

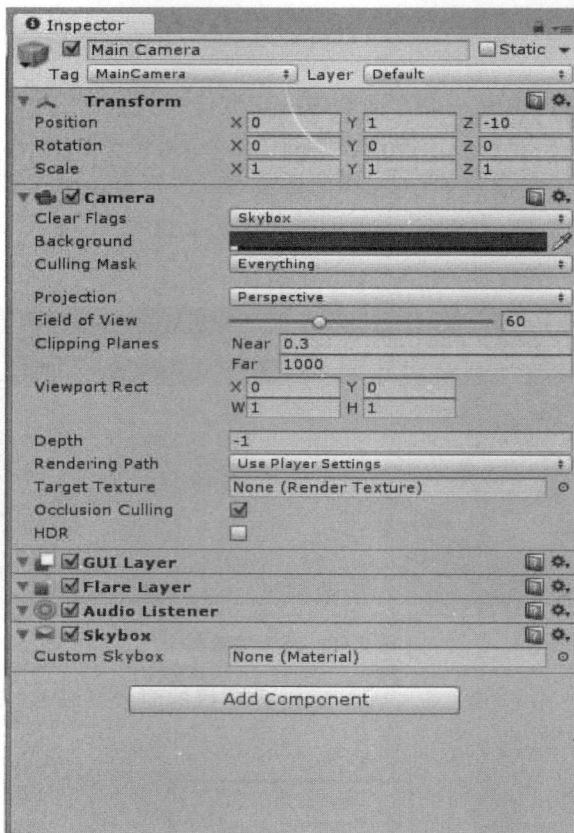

图 5-92　Render Settings 面板

[4] 将某一个天空盒的文件拖放到 Main Camera 上面 Skybox 组件的"Custom Sky-box"上,这样天空盒就设置好了。可以在游戏效果预览框"Game"中看到效果,运行后也将会有天空盒背景效果。

5.3.3　添加太阳光

太阳光是一种近似平行光,这种类型的光只与灯光的角度有关,而与该灯光的位置无关。

[1] 在菜单栏中选择【Game Object】→【Light】→【Directional Light】,添加后的太阳光如图 5-93 所示。

[2] 选择灯光,调整它的角度,使得与天空盒中的阳光方向相同,如图 5-94 所示。

图 5-93　添加平行光

图 5-94　修改平行光角度

[3] 选择该太阳光,在 Inspector 窗口中,把 Light 组件中的 Shadow Type 阴影类型设置成 Soft Shadows。此时,便为场景投射了阴影,如图 5-95 所示。

图 5-95　开启灯光阴影

5.3.4　为场景添加第一人称角色

[1] 在 Project 窗口中,点击鼠标右键弹出资源导入菜单栏,选择【Import Package】→【Character】,导入 Unity3D 自带的角色控制资源包。如图 5-96 所示。

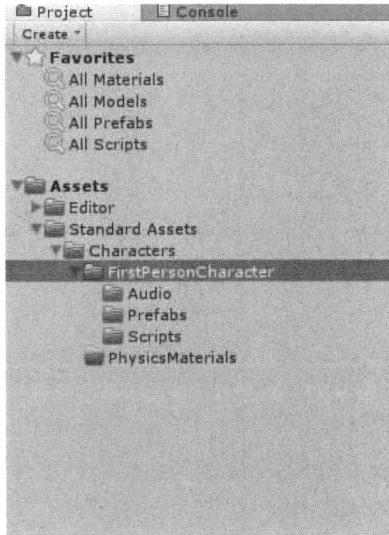

图 5-96　角色资源

141

［2］打开 Character 目录下的 First Person Controller 并将其拖到 Scene 窗口中,调整它的位置,使它在地形上方,如图 5-97 所示。

［3］运行游戏,在 Game 窗口中,使用键盘上的 WASD 键控制角色的运动,使用鼠标控制角色的朝向。现在我们便完成了一个小岛的创建,并在场景中添加了水体、天空盒和灯光,以及第一人称控制角色。此时,便可以在小岛中自由漫游了。如图 5-98 所示。

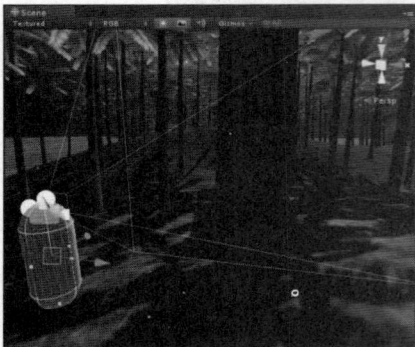

图 5-97　添加第一人称角色　　　　　5-98　最终效果

［4］点击 Ctrl＋S 键,保存场景。

5.4　树木创建器（Tree Creator）

树是游戏场景中必不可少的组成要素之一,但由于树木形体具有复杂性,不能直接对树木进行细致的建模。因为模型的复杂度越高,其需要的渲染开销也就越大。因此,人们使用各种优化方法来近似模拟树木的模型。下面先介绍几种目前较为流行的植物制作方法。

5.4.1　植物的传统建模方法

在游戏建模过程中,一般远景的模型细节最少,中景的模型次之,而近景的模型需要十分精细。因此,根据植物离摄像机的远近,可以分为远景树、中景树和近景树 3 种。远景树一般用于距离摄像机比较远,而且摄像机永远不会到达的地方的树;中景树是距离摄像机比较近,但不会太近的树;近景树用于摄像机能够近距离观看的树。由于细节度的不同,需要使用不同的建模手段来达到目的。

01 远景树制作方法

这种制作方法可以减少顶点个数,从而提高渲染能力,但是其缺点是建模粗糙,近处观看不真实。如图 5-99 所示。

图 5-99　远景树的效果和模型

远景村的制作流程如下：

（1）基本模型的创建。由于观看视角远，在用最少的面的原则下，利用两个相互垂直交叉的平面加阿尔法贴图的方法制作。在三维软件中建一个平面，并将此平面再复制一个，旋转 90°，使两个平面交叉。

（2）透明贴图的制作。选取整株植物的图片，在二维图像处理软件中抠除背景，输出带有 Alpha 通道的图片，以作贴图备用。

（3）整体效果的调整。分别给两个平面贴上已经做好的 Alpha 贴图，调整贴图及平面大小，即可渲染输出得到远景的植物。

02 中景树的制作方法

中景树比远景树的细节要多，但仍摆脱不了真实感的欠缺。如图 5-100 所示。

图 5-100　中景树的效果和模型

它的制作流程大致如下：

（1）主干模型的制作。中景较远景植被要做得细致一些。植物的枝干要通过建模软件制作出来，大致做出植物的形态和伸展趋势。

（2）主枝和枝叶模型的制作。枝叶的制作同远景植被的制作方法相似，即将相互垂直交叉的平面置于枝干的上方。

（3）调整贴图坐标。分别给枝干和枝叶进行贴图，枝叶的贴图一般使用带有 Alpha 通道的图片。

03 近景树的制作方法

与前面两种树比起来，近景树观赏性强的优点就展现出来了，但同时，这种精致的建模方式可能会导致场景的渲染速度慢。如图 5-101 所示。

它的制作流程大致如下：

（1）枝干模型的制作。近景植被的模型要进行比较仔细地雕琢，建模要求较高。

（2）需要对树木模型进行较为烦琐的 UV 贴图展开。

（3）制作贴图。在制作工程中根据需要对贴图进行切分，一般把带有 Alpha 通道的贴图和不需

图 5-101　近景树的效果和模型

要使用 Alpha 通道的树干贴图分开。

以上 3 种类型的树木的建模都是在第三方建模软件中进行。这种方法可以使用多边形的建模工具进行,但是它也有它的缺点。假设现在要制作一个树林,树林中同一品种的树分布在整个场景中,此时就需要分别制作 3 套不同景别的模型,而且这些模型在 Unity3D 中不能与场景中的风力区域进行交互,也就是说它们是静态的。

而在 Unity3D 中,内置了一个树木创建器(Tree Creator)。对它制作出来的树,可以根据摄像机与它的距离切换模型精度。当摄像机离树木较近时,使用精度最高的模型,当摄像机离树木很远时会切换成一个平面甚至可以被裁减掉(LOD 技术)。同时,使用该工具制作的树可以与场景中的风力区域(Wind Zone)进行交互,从而实现产生随风摇摆的效果。对这些模型,还能够通过使用树木笔刷在地形上刷出大片的树木来。下面介绍该工具的基本用法。

5.4.2 树木创建器面板

树木创建器通过节点方式来对树木进行建模,它提供了几种节点模式,如表 5-8 所示。

表 5-8　树木创建器属性

节点图标	说　　明
	根节点。这是树的起点,它确定整棵树的全局属性,如:质量、随机生成种子树木、周围的遮挡和一些材料属性等等
	枝干节点,也称为分支节点。连接根节点的枝干节点创建出树木的主干。而同时枝干节点上面可以连接其他的枝干节点,从而形成分叉效果
	树叶节点。它可以连接到根节点(如小灌木)或分支节点上。但是树叶节点不能再连接其他的节点
	蕨类枝叶节点。该节点可以生成与蕨类植物一样的枝干树叶形状
	蕨类和分支节点的混合。它是蕨类叶节点和枝干节点的混合

下面先来介绍这些节点的可调属性。

01 根节点属性

每棵树有一个根节点,其中包含了这棵树的全局属性。这是最复杂的组类型,它包含了一些重要的属性,控制整个树的渲染和生长。其属性如表 5-9 所示。

表 5-9　根节点属性

类　　型	属　　性	说　　明
Distribution（分布）：控制树木各个部位的位置分布。	Tree Seed	一般计算机的随机数都是伪随机数，以一个真随机数（种子）作为初始条件，然后用一定的算法不停迭代产生随机数。通过改变该种子数，可以改变树的部位在父物体上的随机位置分布
	Area Spread	蔓延区域。调整主干节点的蔓延。当有多个主干时，可以调节主干的根部生长位置范围
	Ground Offset	地面偏移。调整主干节点上 Y 轴的偏移量
Geometry（几何）：设置树的几何形状的总体质量和控制环境遮挡效果。	LOD Quality	LOD 质量。定义整个树的细节级别。级别越高生成的树越精细，但是模型顶点数和面片数会增加
	Ambient Occlusion	是否产生环境遮挡效果
	AO Density	调整环境光遮挡的密度。该值越高环境遮挡效果越明显
Material（材质）：控制整棵树的材质效果，通过它可以控制材质属性达到半透明的效果和阴影效果。这个分组可以设置树叶的半透明效果，也就是说它们允许光的透过，但它们是以漫反射方式渲染的。	Translucency Color	半透明颜色。叶子逆光时的颜色
	Translucency View Dependency	透明度依赖视图的程度。完全依赖于视图的透明度（Fully view dependent translucency）取决于视线与光线构成的角度；而独立于视图的透明度（View independent）取决于树叶面片的法线与光线构成的角度
	Alpha Cutoff	Alpha 裁减（抠像）。在原有的贴图上对 Alpha 范围进行扩散
	Shadow Strength	阴影强度。阴影可以减少叶面的毛边，但是因为它会缩放叶面所接收到的所有阴影，所以当这棵树位于一座山的阴影下时需要注意
	Shadow Offset	阴影偏移量。缩放原材质中的阴影偏移值。它主要用于偏移正在接收阴影的叶面的位置，从而使得叶面看起来不是简单地放置在一个平面上。调节该属性可以使得基于广告牌技术渲染的叶面在树叶贴图的中心更明亮而在边缘处更暗，从而让叶面更有立体感
	Shadow Caster Resolution	设置用于该树木投射阴影的贴图的分辨率。分辨率越大，投射的阴影效果越好，但会消耗更多的资源

❷ 分支节点属性

枝组节点负责生成树枝和叶片。当选择一个分支节点，蕨类枝叶节点或分支＋叶的节点时，它的属性会被显示。其属性如表 5-10 所示。

表 5-10 分支节点属性

类 型	属 性	说 明
Distribution（分布）：调节枝干和树叶在该分支上的分布。	Group Seed	修改种子数。调节程序随机生成的子枝干和树叶在父枝干上的位置
	Frequency	频率。调节该子枝干在父枝干上产生的数量
	Distribution	枝干分布。设置子枝干在父枝干上的分布方式。分别可以选择"随机"（Random）生长，"交替"（Alternate）生长、"反向"（Opposite）生长和"螺旋"（Whorled）生长4 种
	Twirl	调节子枝干围绕父枝干的扭转角度，每个枝干组节点的扭转角度与其他枝干组节点的扭转角度是通过 Fibonacci 数列来错开的
	Whorled Step	当分布设置成螺旋时，可以设置每个螺旋节点的枝干数量。
	Growth Scale	生长缩放因子。使用该属性后面的曲线来控制沿着父枝干枝端方向其子枝干生长的缩放值。横坐标中的 0 表示父枝干的前端，1 表示父枝干的末端。纵坐标表示子枝干相对于原始子枝干的缩放比例。可以使用它来制作像松树那样下面枝干长而上面枝干短的效果，而且使用滑杆可以调节整体的缩放
	Growth Angle	子枝干生长角度。使用该属性后面的曲线来控制沿着父枝干枝端方向其子枝干生长的角度值。横坐标中的 0 表示父枝干的前端，1 表示父枝干的末端。纵坐标表示子枝干相对于原始子枝干的角度。使用滑杆可以设置子枝干的初始角度，0 表示与父枝干之间的角度为 90°，1 表示与父枝干之间的角度为 0°。曲线控制是基于该初始角度来计算的
Geometry（几何形）：设置枝干的模型 LOD 级别、枝干类型和材质。	LOD Multiplier	调整该枝干组的 LOD 级别，它是以整棵树的 LOD 级别作为参考的，所以它可以低于或者高于整棵树的 LOD 级别
	Geometry Mode	设置该枝干的类型。分别是"只有枝干"（Branch only）、"枝干和蕨类形状"（Branch＋Fronds）和"只有蕨类形状枝干"（Fronds only）
	Branch Material	枝干的材质
	Break Material	枝干折断部分的材质
	Frond Material	蕨类形状枝干的材质

类型	属性	说明
Shape(形状):设置枝干的基本形状,而且属性中的曲线都是相对于枝干本身的属性。	Length	枝干的长度范围
	Relative Length	检测树干的半径是否相对于该树干本身的长度
	Radius	调节枝干的半径。其曲线用于沿着该枝干到末端方向的半径变化
	Cap Smoothing	对枝干顶端进行光滑的程度,该设置非常适合制作仙人掌
	Crinkliness	褶皱。调节枝干的扭曲褶皱程度,可以通过曲线来做微调
	Seek Sun	调节枝干的向阳性。也就是往上长的程度
	Noise	设置枝干表面的凹凸程度
	Noise Scale U/V	沿着树干的 U 或者 V 坐标方向凹凸程度的缩放值
Flare 相关属性(只针对主枝干,也就是说该枝干不是其他枝干的子枝干)	Flare Radius	主干的根部往外扩展的程度
	Flare Height	主干向外扩展的高度
	Flare Noise	主干向外扩展的凹凸程度
Welding 和 Spread 相关属性(用于子枝干,主枝干没有该属性)	Weld Length	子枝干与父枝干交界处的焊接长度,也就是设置子枝干与父枝干开始焊接的位置。该属性决定了下面两个属性的影响范围
	Spread Top	子枝干上端与父枝干的焊接高度
	Spread Bottom	子枝干下端与父枝干的焊接高度
Breaking(折断)	Break Chance	折断枝干的数量。0 表示没有枝干被折断,0.5 表示有一半的枝干被折断,1 表示所有的枝干都被折断
	Break Location	设置枝干折断的位置,该属性以枝干的长度作为基准
Fronds(蕨类枝干,当枝干类型设置成蕨类枝干或者枝干＋蕨类枝干时会显示)	Frond Count	设置该枝干上有多少叶片,这些叶片是围绕枝干均匀分布的
	Frond Width	设置叶片的宽度。可以使用曲线来控制
	Frond Range	沿枝干方向叶片生成的范围
	Frond Rotation	设置叶片围绕枝干的旋转角度
	Frond Crease	设置叶片对折的程度
Wind(风)	Main Wind	设置风力对该枝干(主枝干、子枝干、父枝干和树叶)的影响程度
	Create Wind Zone	在场景中创建一个风力区域

03 叶节点

叶节点产生叶片的几何形状。可以使用原始的形状或用户自己创建的网格形状。其属性如表 5-11 所示。

表 5-11　叶节点,类型属性及说明

类　　型	属　　性	说　　明
Distribution(分布)	Group Seed	设置一个随机种子数,使得该枝干中的树叶随机分布
	Frequency	设置父枝干上的树叶面片数量
	Distribution	树叶面片的分布。设置树叶在父枝干上的分布方式。分别可以选择"随机"(Random)生长、"交替"(Alternate)生长、"反向"(Opposite)生长和"螺旋"(Whorled)生长 4 种
	Growth Scale	生长缩放因子。使用该属性后面的曲线来控制沿着父枝干枝端方向其树叶生长的缩放值。横坐标中的 0 表示父枝干的前端,1 表示父枝干的末端。纵坐标表示树叶相对于原始树叶的缩放比例。同时使用滑杆可以调节整体的缩放
	Growth Angle	树叶生长角度。使用该属性后面的曲线来控制沿着父枝干枝端方向其树叶生长的角度值。横坐标中的 0 表示父枝干的前端,1 表示父枝干的末端。纵坐标表示子树叶相对于原始树叶的角度。使用滑杆可以设置子枝干的初始角度,0 表示与父枝干的角度为 90°,1 表示与父枝干的角度为 0°。曲线控制是基于该初始角度来计算的
Geometry(几何)	Geometry Mode	这是树叶的网格形状。可以选择"平面"(Plane)、"交叉面"(Cross)、三面交叉(Tricross)、"广告牌技术"(Billboard)和"具体网格"(Mesh)。如果使用 Mesh,可以实现树上结果实或者开花的效果
	Material	用于树叶的材质
Shape(形状)	Size	调整树叶的大小范围
	Perpendicular Align	调整叶片是否垂直对准到父分支的程度
	Horizontal Align	调整叶片是否是水平对齐的程度
Wind(风)	Main Wind	主要风的效果。通常它应该保持一个较低的值,以避免叶子产生浮离于父分支上的错误
	Edge Turbulence	设置针对树叶面片边缘的紊流强度,这对于蕨类或者棕榈树等非常有用

由以上这些节点的连接组成整棵树的层级结构,如图 5-102 所示。

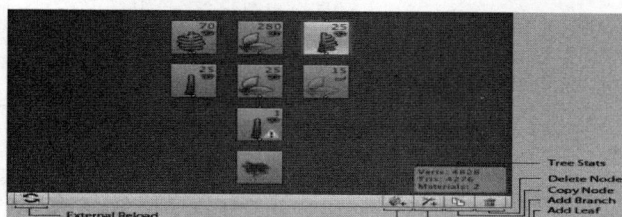

图 5-102　整棵树的层级结构

树木的层级结构和树木节点编辑面板如图 5-102 所示。从图 5-102 中可以看出这棵树有一个树干,树干上有 25 根树枝、25 个树叶和 15 个被注销的树叶(不可见,可以通过节点上的眼睛图标来判断)。在树枝节点上,又包括了 70 个藤叶状的树枝、280 片树叶和25 个包括树枝和藤叶状的分支(当前处于被选上状态,可以往该节点上继续添加其他节点),此时组成了一个组(Group)。当节点图标右下角出现感叹号时,表示该节点通过了手动修改,一些属性将被禁用。

该面板的按钮说明如表 5-12 所示。

表 5-12　树木层级属性

按钮名称	说　　明
Tree Stats	树状态。显示树的状态信息,包括总共有多少个顶点、三角形和材质
Delete Node	删除当前选定的层次结构中的一个节点或在场景中选定的样条曲线点
Copy Node	复制当前选择的组
Add Branch	添加一个分支节点到当前选定的节点上
Add Leaf	添加一个树叶节点到当前选定的节点上
External Reload	外部加载。重新计算整棵树,当材质更改或者模型结构更改时需要使用该功能

在树木的层级结构面板下有一个编辑工具按钮,如图 5-103 所示。

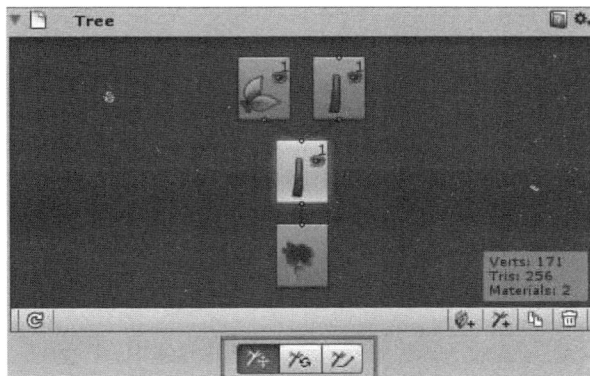

图 5-103　编辑工具按钮

第一个按钮可以对枝干或者树叶进行移动操作。在层级结构图中选择一个节点或在场景中选择一个样条曲线点。拖动节点可以对它进行移动操作,同时它始终围绕它的父节点。样条曲线可以使用普通拖动来移动。第二个按钮可以对枝干上的每一个样条曲线点或者树叶进行旋转操作。第三个按钮是徒手画按钮,点住样条曲线点并拖动鼠标可以绘制一个新的形状,当松开鼠标完成绘制。制图过程是垂直于观察平面内进行的。

5.4.3　制作银杏树

使用 Tree Creator 创建树木,其流程大致是观察树木的枝干和树叶等结构,接着是制作树木枝干、制作树叶、添加树干材质、添加树叶材质。

银杏是属于落叶乔木,它最高可长到 40m 左右。银杏可以作为庭荫类植物,植于庭院、公园、广场、风景区等以取绿荫为目的的场所。接下来介绍银杏的制作过程。

5.4.3.1 观察银杏的生长结构

收集银杏的照片,观察它的枝干和树叶生长形态,如图 5-104 所示。从图中可以看出这种银杏的主枝干比较笔直,分支树干围绕树干的一周展开。银杏的树叶是成簇生长的。

图 5-104　银杏的枝干和树叶生长形态

5.4.3.2 制作银杏模型

[1] 打开 Unity3D,选择主菜单中的【GameObject】→【3D Object】→【Tree】,创建一棵树,如图 5-105 所示。

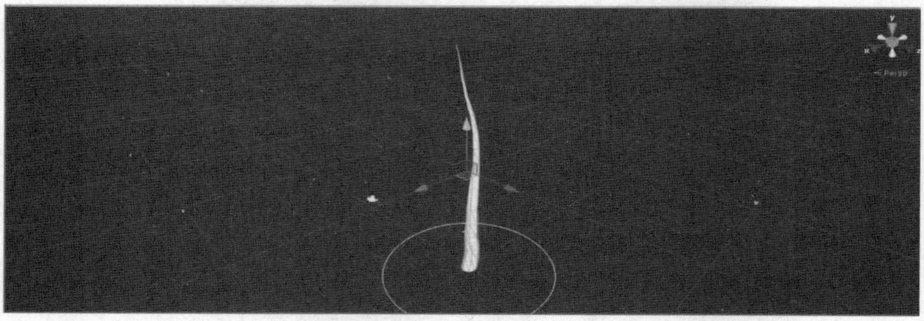

图 5-105　创建一个树

[2] 在场景中选择这棵树,在 Inspect 窗口中显示 Tree Creator 面板,如图 5-106 所示。

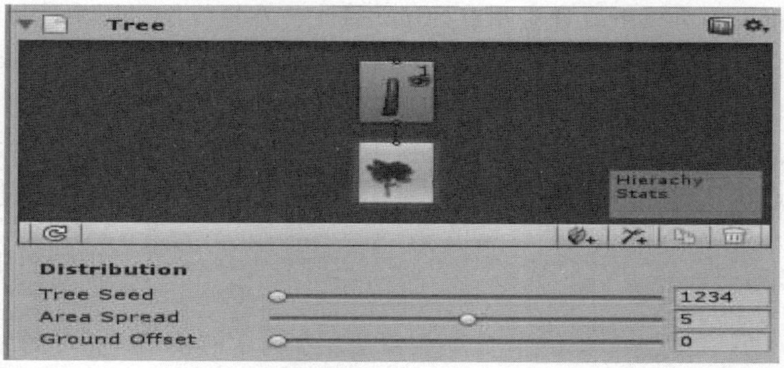

图 5-106　Tree Creator 面板

〔3〕创建分枝干。选择主枝干节点,点击添加枝干按钮,为主枝干添加子枝干,如图
5-107 所示。

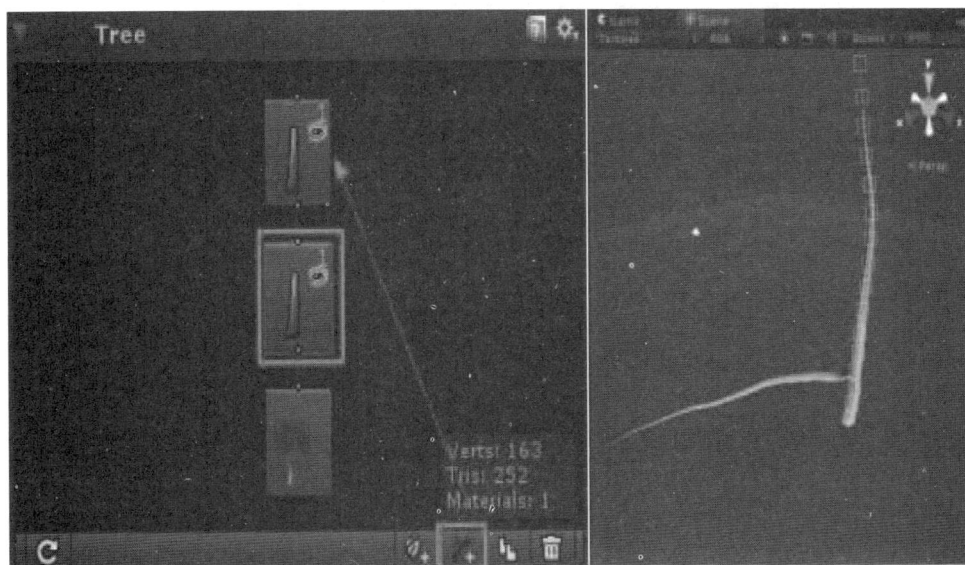

图 5-107　创建分枝干

〔4〕调节分枝干的生长分布和数量。选择分枝干,设置 Distribution 为 Whorled,设
置 Frequency 为 26,如图 5-108 所示。

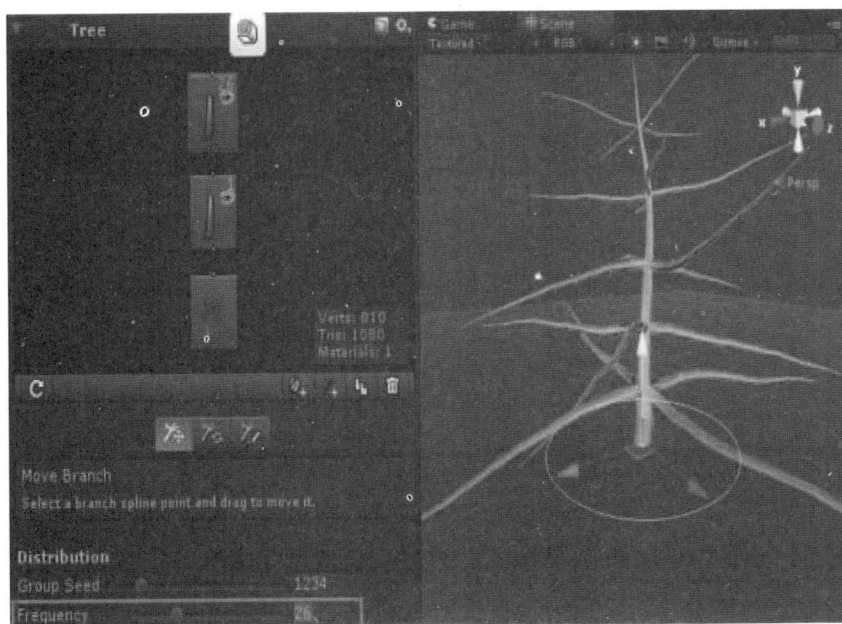

图 5-108　设置分枝干数目和分布类型

〔5〕增长主枝干开始长出分枝干的高度。选择分枝干节点,打开 Distribution 属性的

曲线编辑器,设置它的曲线如图 5-109 所示。

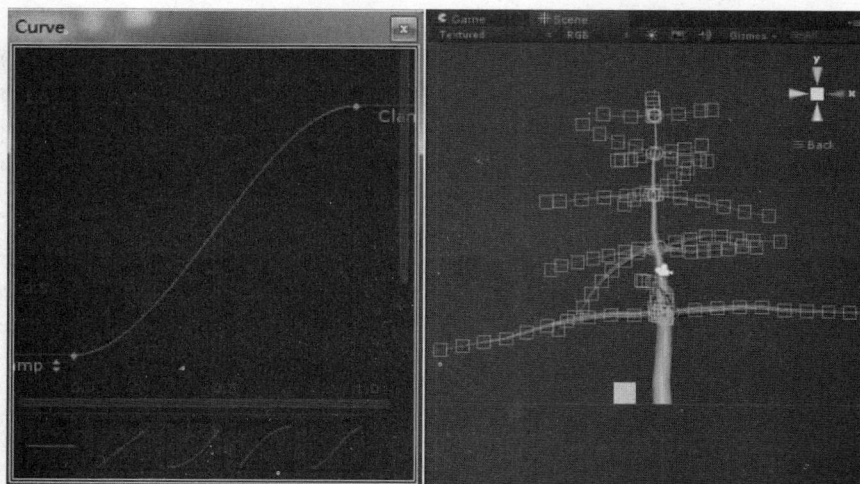

图 5-109　设置后的 **Distribution** 曲线(左下角是一个标准立方体,用于作为高度参考)

[6] 使分枝干往上生长。选择分枝干节点,调节 Growth Angle 的值为 0.6,如图 5-110所示。

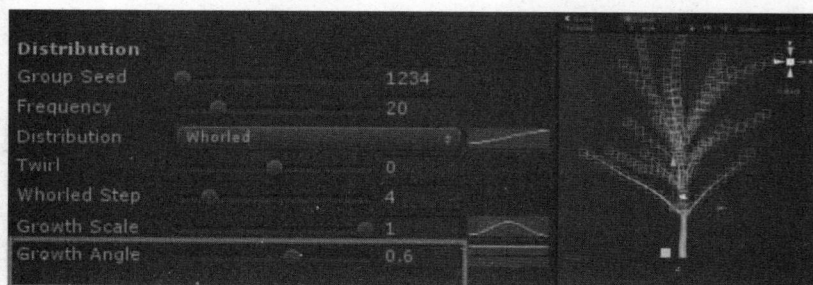

图 5-110　调节 Growth Angle 属性

[7] 调整分枝干长度范围。选择分枝干节点,调节 Shape 中的 Length,如图 5-111 所示。

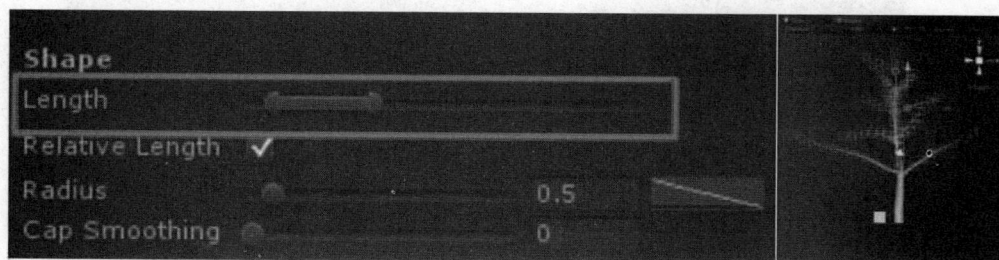

图 5-111　设置 Length 属性

[8] 设置分枝干沿主枝干方向各个分枝干的长度。打开 Growth Scale 属性的曲线编

152

辑器,设置它的曲线如图 5-112 所示。

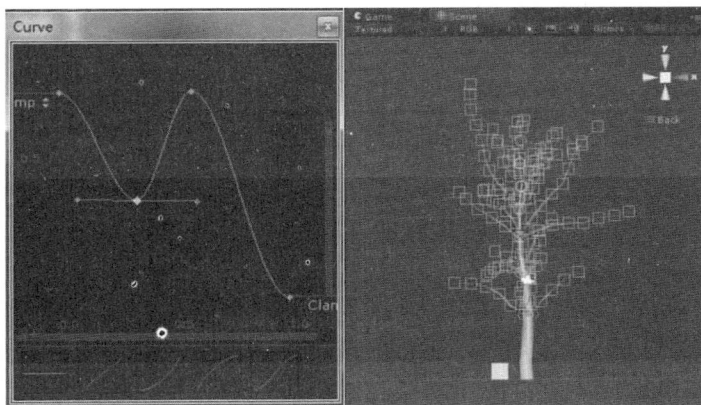

图 5-112　调节 Growth Scale 的曲线

［9］设置分枝干的扭曲程度。选择分枝干节点,设置 Crinkliness 为 0.25,如图 5-113
所示。

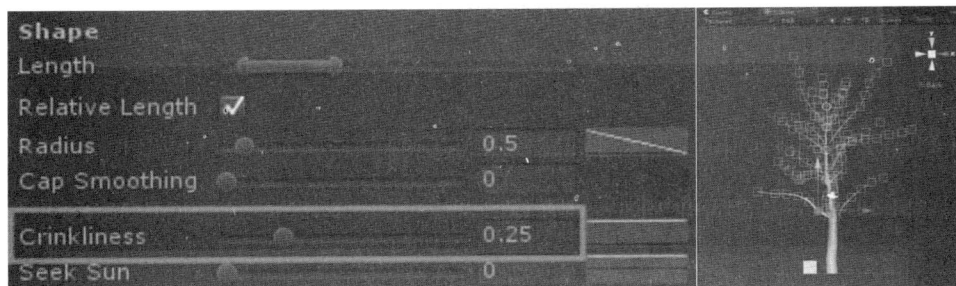

图 5-113　设置 Crinkliness 属性

［10］添加枝杈。观察银杏的照片,可以发现在分枝干上面还会长出一些枝杈来。选
择分枝干节点,接着点击添加枝干按钮,会在枝干上长出新的枝杈来,如图 5-114 所示。

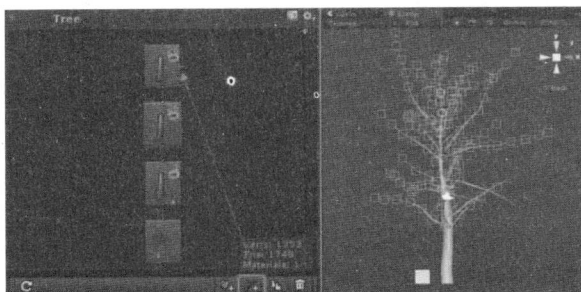

图 5-114　添加枝杈

［11］增加枝杈数量。选择枝杈节点,设置 Frequency 的值为 5,如图 5-115 所示。

图 5-115　增加枝杈数量

　　［12］设置枝杈交替生长。选择枝杈节点,设置 Distribution 为 Alternate,如图 5-116 所示。

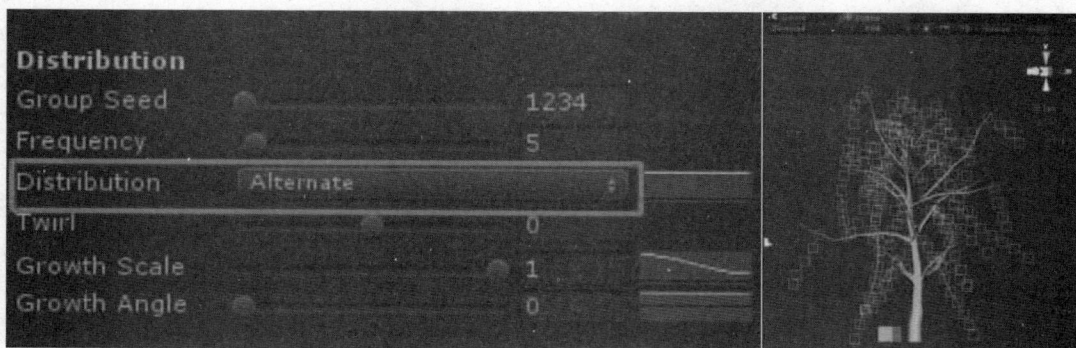

图 5-116　设置枝杈交替生长

　　［13］调整枝杈生长朝向。选择枝杈节点,设置 Growth Angle 的值为 0.2,如图 5-117 所示。

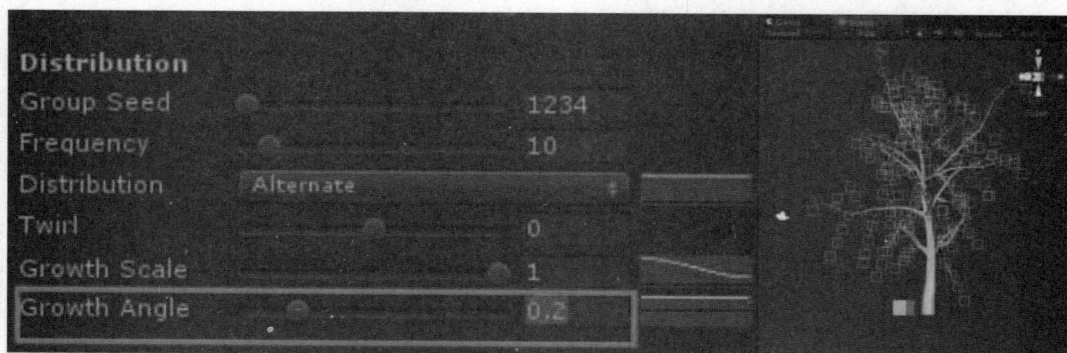

图 5-117　调整枝杈生长朝向

　　［14］设置枝杈围绕父枝干的旋转角度。选择枝杈节点,设置 Twirl 的值为 1,如图 5-118 所示。

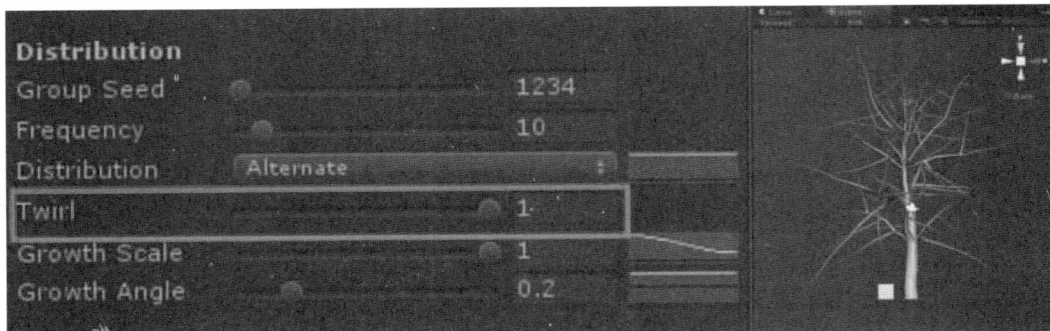

图 5-118　设置 Twirl 旋转角度

提示：新建一棵树之后，Unity3D 会生成一棵树的 Prefab，可以直接选择 Project 窗口中的对应的树，这样修改树的属性时在 Scene 窗口中不会出现节点图标，从而方便观察效果。

［15］修改枝杈长度。选择枝杈节点，设置 Length 属性值，如图 5-119 所示。

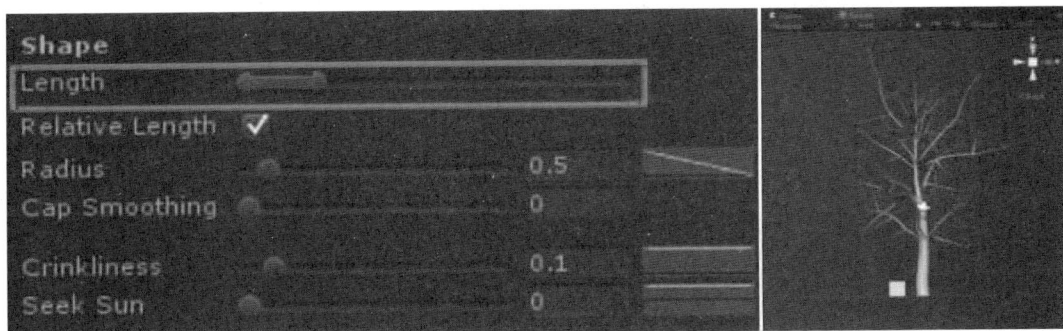

图 5-119　设置 Length 属性

［16］为枝杈添加树叶。选择枝杈，点击添加树叶按钮，如图 5-120 所示。

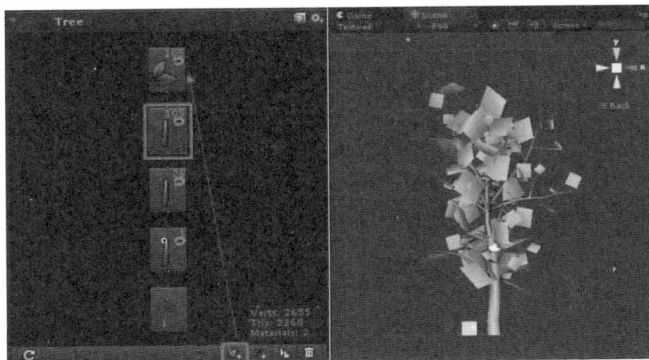

图 5-120　为枝杈添加树叶

［17］增加树叶数量。点击树叶节点。设置 Frequency 的值为 15，如图 5-121 所示。

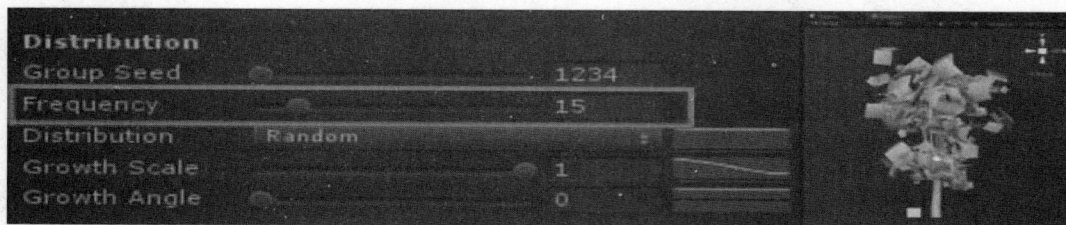

图 5-121 设置树叶的数量

[18] 设置树叶的分布方式。选择树叶节点,设置 Distribution 为 Alternate,如图 5-122 所示。

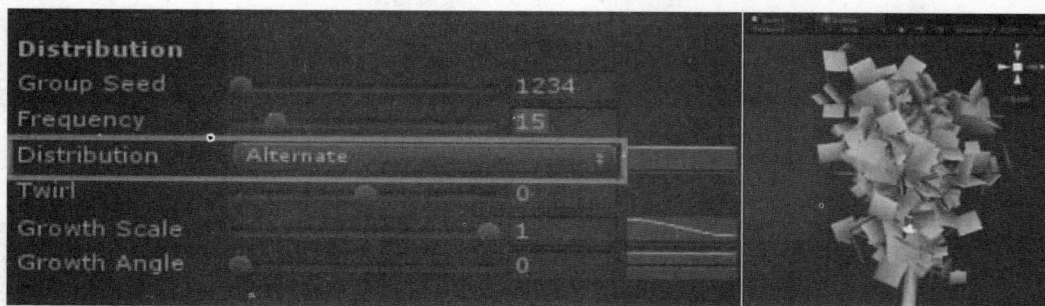

图 5-122　设置树叶的分布方式

[19] 修改树叶大小。选择树叶节点,设置 Size 值,如图 5-123 所示。

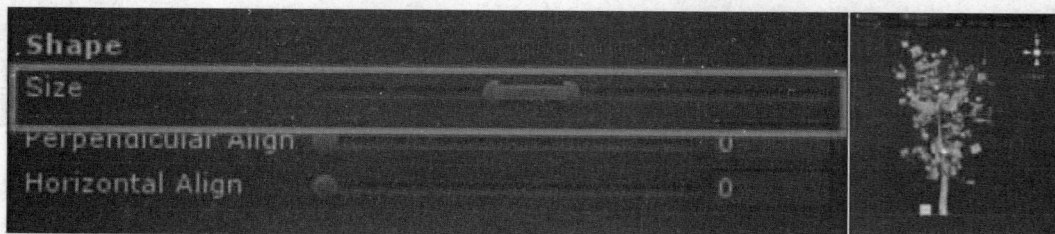

图 5-123　设置树叶的大小

[20] 添加树皮材质。在 Project 窗口中找到_Textures 文件夹中的 gingko 材质,把它拖到主树干节点的 Branch Material 属性中,重复该操作,也为分枝干和枝杈添加同样的材质,如图 5-124 所示。

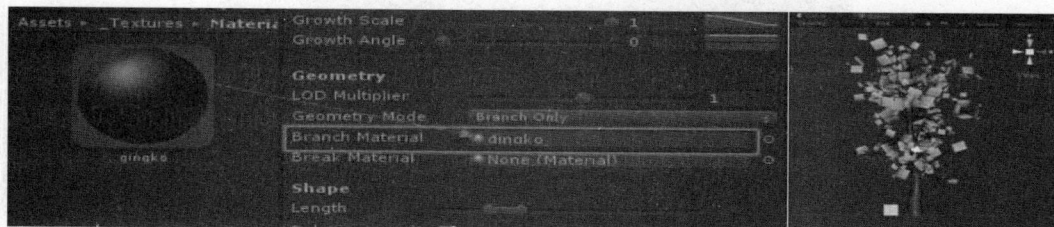

图 5-124　添加树皮材质

注意：对树的材质做任何修改之后，需要点击【External Reload】按钮进行重新导入。
如图 5-125 所示。

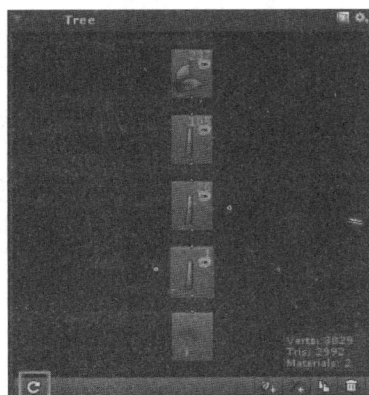

图 5-125　点击【External Reload】按钮进行重新导入

［21］添加树叶材质。把 gingko-leave 材质拖到树叶节点的 Materials 属性中，如图 5-126 所示。

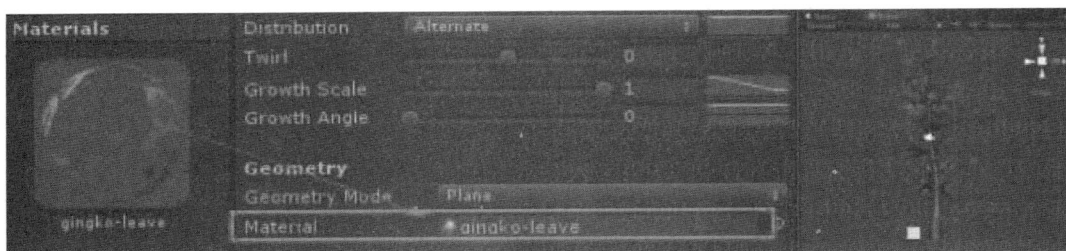

图 5-126　添加树叶材质

［22］调整树叶的 Geometry Mode 为 Billboard 模式，使得树叶始终朝着摄像机，如图 5-127 所示。

图 5-127　调整树叶的 Geometry Mode 为 Billboard 模式

［23］最后，对它进行细节修正，其结果如图 5-128 所示（在 Chapter5-Gingko 的 Gingko-ok 场景中可以看到最后效果）。

图 5-128　银杏林

5.5　World Machine 制作地形

World Machine 是一款成功的地形编辑工具。这套软件的特点在于可以通过节点式创建,快速制作出多种形态的地形,而且容易上手,操作简单,在影视特效或游戏场景中有广泛的运用。World Machine 的安装程序可以在下面网站下载(具体的安装过程在此不做赘述):http://www.world-machine.com/。下面,我们将利用 World Machine 来制作一个火山地形。

5.5.1　World Machine 制作火山口

[1] 首先创建一个 Radial Grad 节点,再用 生成器围绕一个点在空间中创建径向梯度的形状,从而创建一个山体的基本形态。如图 5-129 所示。

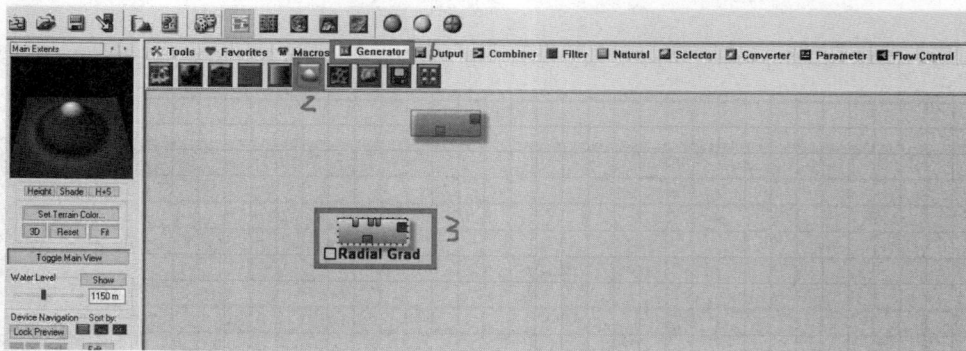

图 5-129　创建 Radial Grad 节点

双击创建的节点,弹出一个对话框。半径设置(Radius)为 8km,类型(Type)设置为高斯(Gaussian)。参数如图 5-130 所示。

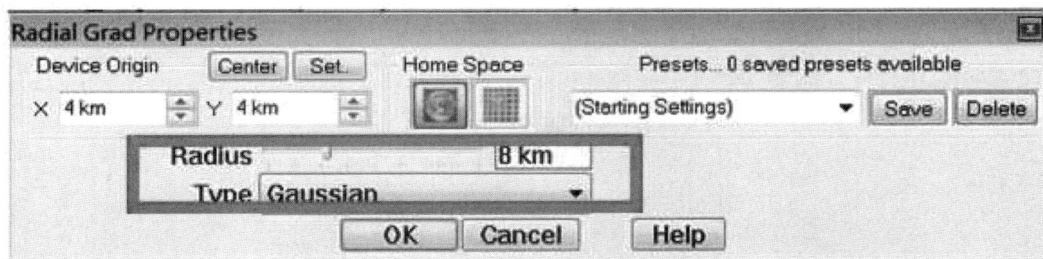

图 5-130　Radial Grad 节点参数

［2］接着我们创建一个 Ramp 节点，，Ramp 用于缩放和重新映射地形的高度值。将 Radial Grad 节点的高度图通过 Primary Output(Heightfield)的孔连接到 Ramp 节点的高度图输入孔 Primary Iutput(Heightfield)如图 5-131 所示。

在这里我们可以设置地形的蔓延。在斜坡的类型上选择线性斜坡，然后频率(Frequency)调节为 1.6，在 Keep full height 后面打上钩，保持完整的高度。当被勾选时，地形能够被垂直缩放，以便随着斜坡频率增长其容貌不会扩散其大小。当未勾选时，地形的斜率将会被保持。参数如图 5-132 所示。

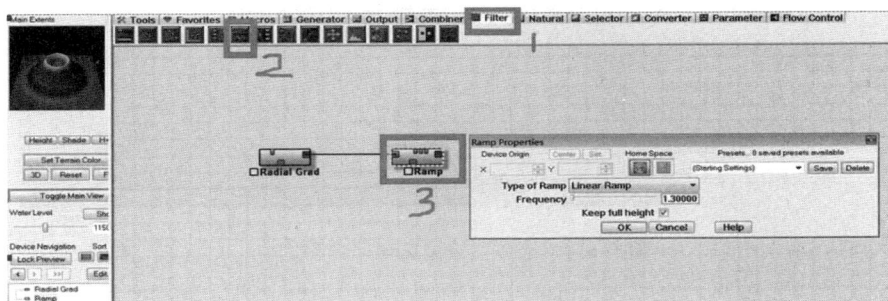

图 5-131　创建 Ramp 节点

图 5-132　设置 Ramp 节点参数

［3］创建 Layout Generator 节点。Ramp 节点的 Primary Output(Heightfield)连接到 Layout Generator 节点的 Terrain Input(Heightfield)，将地形的高度图输入到 Layout Generator 节点。如图 5-133 所示。

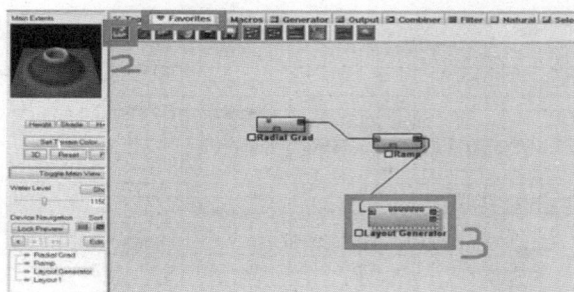

图 5-133　Layout Generator 节点

　　该节点用于塑造地形(宏观造型)。双击模块,接着会进入 Layout Generator 界面。白框所框选的区域就是渲染区域,鼠标左键按住区域即可移动。若是想改变大小,鼠标左键按住区域的 4 个角即可任意拉动改变大小。地形一定要在渲染区域内,即白框之中。如果地形不在白框中,将不会显示效果图。如图 5-134 所示,地形在白框中,左上角出现地形的效果。

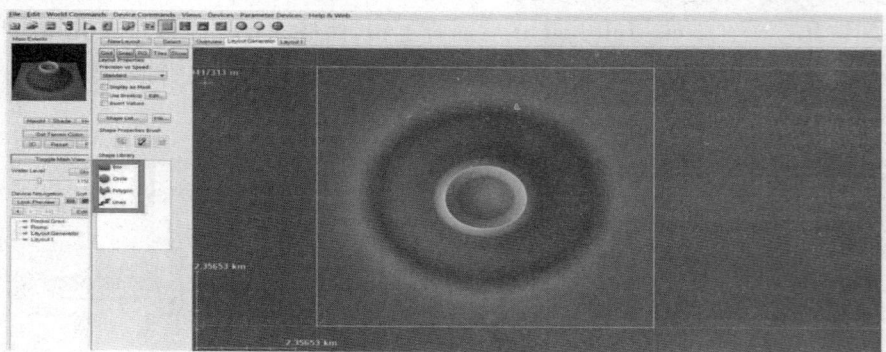

图 5-134　地形在渲染区域即白框之中

　　该节点提供 4 种形状的笔刷,可用于勾勒地形的形状。分别为矩形笔刷(Box)、圆形笔刷(Circle)、多边形笔刷(Polygon)、路径笔刷(也称线形笔刷 Lines)。我们选择多边形笔刷,勾勒出下面的这个图案,然后点击鼠标右键,创建一个地形,就会出现这么一个效果。如图 5-135 所示。

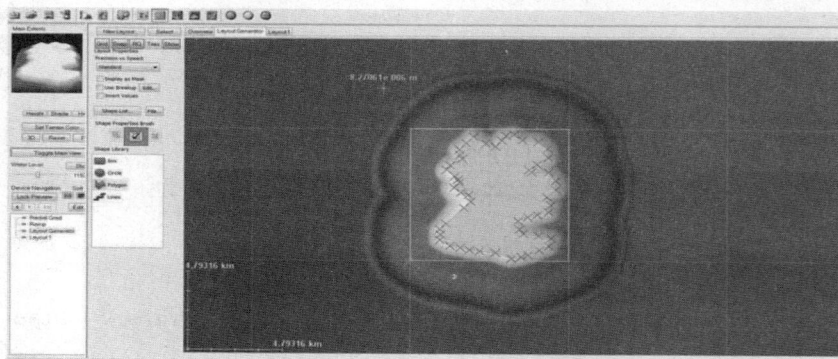

图 5-135　勾勒出地形外轮廓

在白色方框中点击鼠标右键，选择【Edit Shape Properties】（设置形状属性）。也可以直接选择 工具。如图 5-136、图 5-137 所示。

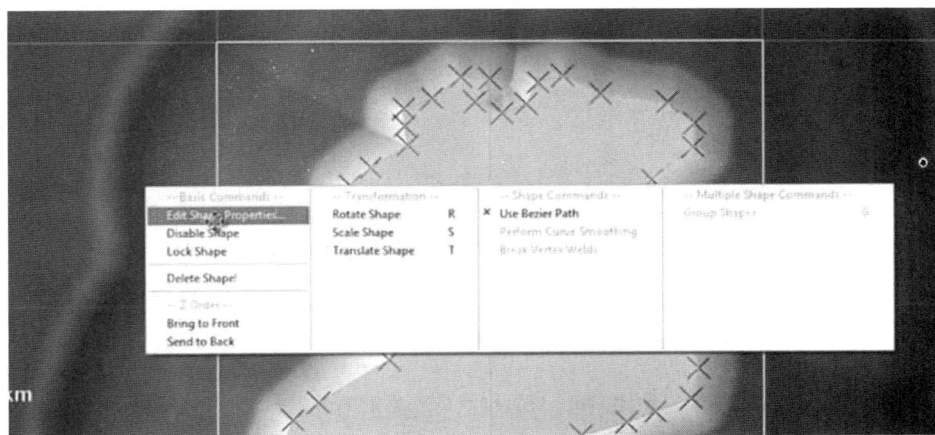

图 5-136　选择【Edit Shape Properties…】，设置形状参数

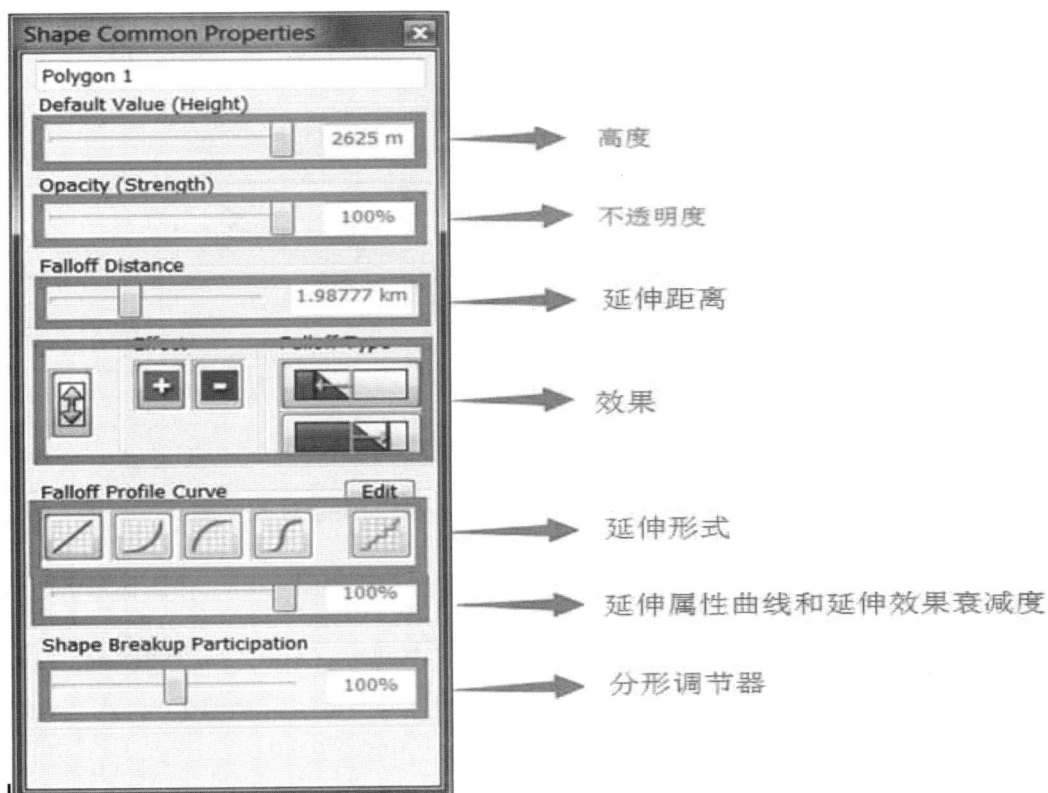

图 5-137　形状属性面板

将延伸的距离调为 1.987 77km，该数值越大，向外扩散的区域就越大。延伸形式有

两种：向外延伸、向内延伸。我们选择向内延伸。延伸属性曲线选择第一种。

效果如图 5-138 所示。

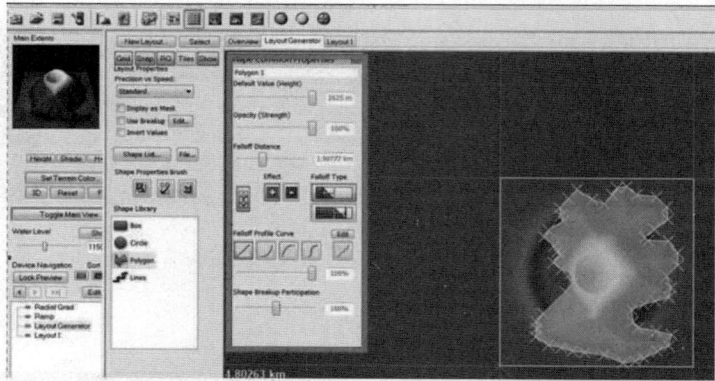

图 5-138　设置形状属性之后的效果

［4］选中 3 个模块，点击鼠标右键，选择 Group selected devices ，给这 3 个模块设置一个组，命名为 basic shape。如图 5-139 所示。

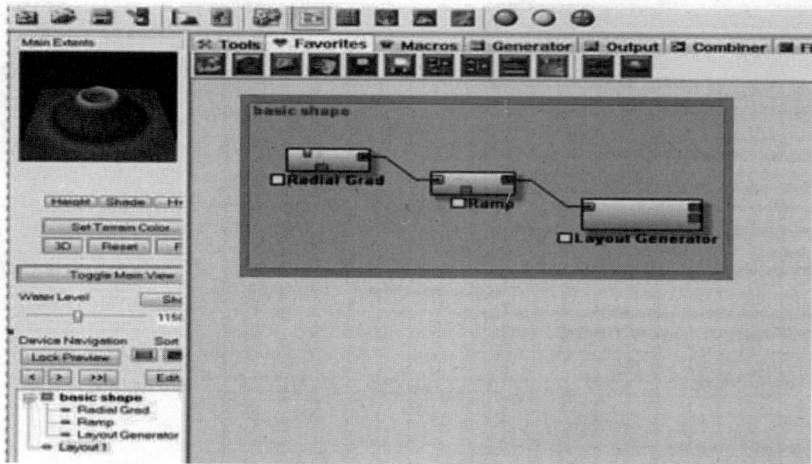

图 5-139　可以为某一组节点统一注释，方便管理

［5］创建一个 Perlin Noise 节点 ，用于生成 Perlin 噪点，提高地形的随机性，丰富地形细节。创建一个 Combiner（用于混合不同的节点）节点 ，将 Perlin Noise 节点的 Primary Output（Heightfield）和 LayoutGenerator 节点的 Primary Output（Heightfield）分别连接到 Combiner 节点的 Primary Iutput（Mixed）上。将两个节点的高度图结合成一个。如图 5-140 所示。

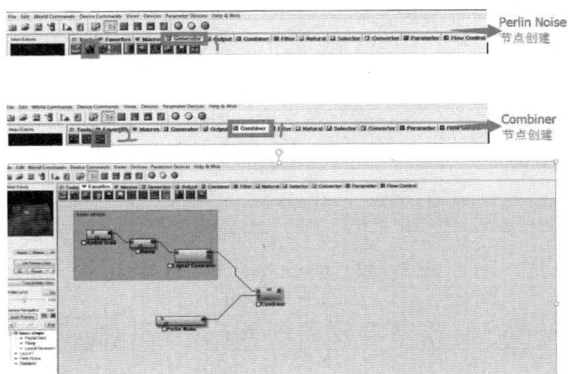

图 5-140　把 **Layout Generator** 和 **Perlin Noise** 通过 **Combiner** 节点进行混合

Perlin Noise 节点设置如图 5-141 所示。

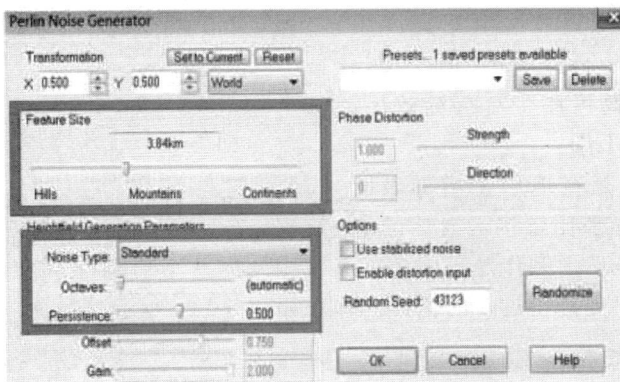

图 5-141　**Perlin Noise** 节点参数

其属性如下表 5-13 所示。

表 5-13　**Perlin Noise** 参数属性及说明

属　性	说　明
Feature Size(形体尺寸)	数值越大,地形越平缓;数值越小,地形越陡峭
Noise Type(噪点风格)	标准型(Standard)、崎岖型(Ridged)、汹涌型(Billowy)等等
Octaves	这个用来控制进行分形构图的噪波的数量。数值越小,噪波越少,地形越平滑;数值越大,噪波越多,地形越崎岖
Persistence(作用强度)	数值越小,噪波的作用越弱,地形越平滑

Combiner 节点混合了两种分离地形。用各种不同的混合方法来结合地形,将出现不同的效果。参数如图 5-142 所示。Method 中选择 Average,平均两个地形;强度参数控制加权平均值,将 Strength 的数值调为 0.171 88。这里,Combiner 节点把 Perlin Noise 真实的大陆地形特征赋予这个锥形的山体。

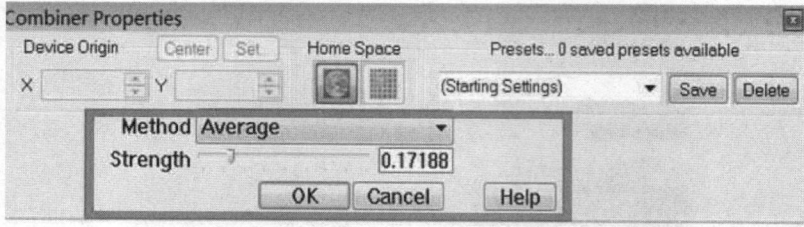

图 5-142　Combiner 节点参数

[6] 增加一个 Erosion(生成地形侵袭效果)的节点 。将 Combiner 节点的 Primary Output(Heightfield)连接到 Erosion 节点的 Primary Iutput(Heightfield),把地形的高度图传给 Erosion 节点。如图 5-143 所示。

此外,Flow Map(Heightfield)输出的图带有流水侵蚀效果,后面制作岩浆时会用到;Wear Map(Heightfield)输出的高度图带有磨损侵蚀效果;Deposition Map(Heightfield)输出的高度图带有沉淀效果;每个孔输出的高度图不同。

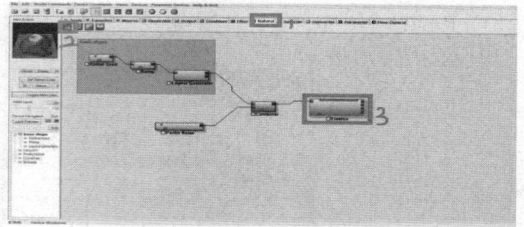

图 5-143　创建 Erosion 的节点

这个节点的作用是在地形上增加表面侵蚀的效果,使其看起来比较接近自然的地理现象。可以说,这是地形制作过程中必定会使用到的一个功能,注意不要把 Erosion 的设置调节过高,以免出现修正过多的错误。参数如图 5-144 所示。

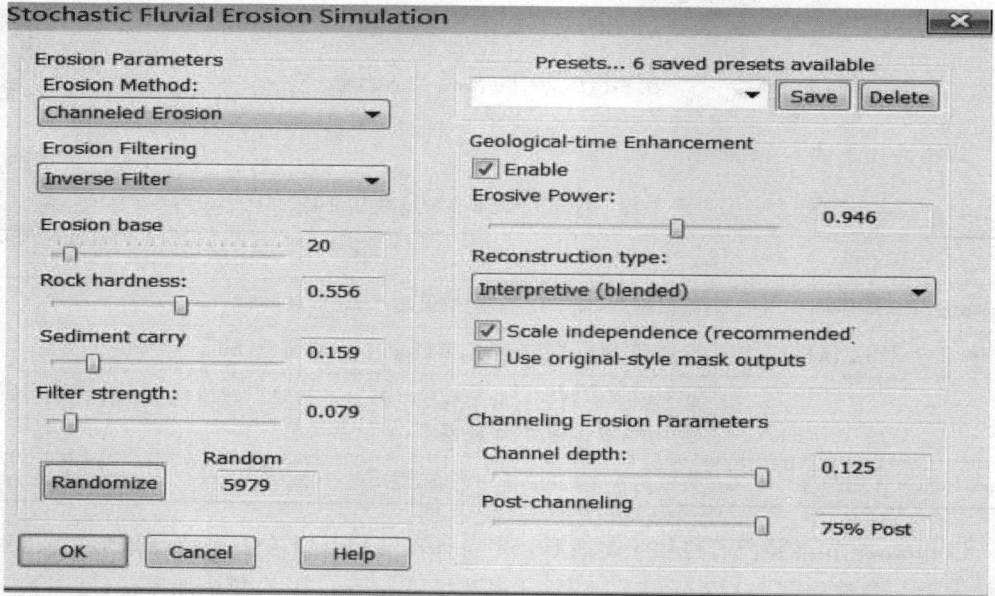

图 5-144　Erosion 节点参数

其属性大致如表 5-14 所示。

表 5-14　Erosion 节点属性

属性	说明
Erosion Method	腐蚀方法： Standard Erosion 标准侵蚀：没有较深沟壑侵蚀产生的风化特性。 Channeled Erosion 沟道侵蚀：加剧和雕刻附加沟壑地形
Erosion Filtering	侵蚀过滤： No Filter 无过滤：这种类型的侵蚀往往有一种锋利的、干燥的感觉。 Simple Filter 简单的过滤：功能更圆润平滑，适合潮湿的气候。 Inverse Filter 逆滤波器：更适合冰雕环境
Erosion Base	侵蚀基面
Rock Hardness	岩石硬度
Sediment Carry Amount	泥沙携带量
Filter Strength	过滤增强
Erosive Power	侵蚀能力：这个滑块会对侵蚀产生影响，数值越大，侵蚀的效果成倍增长
Channel Depth	沟道深度：指定的百分比侵蚀后执行
Post-channeling Erosion	增加这个值看起来更自然

［7］新增一个 Terrace 的节点，将其连接在 Combiner 节点和 Erosion 节点之间，加入这个节点的作用是让地形呈现出阶梯状的分层效果。将节点按以下方式连接，如图 5-145、图 5-146 所示。

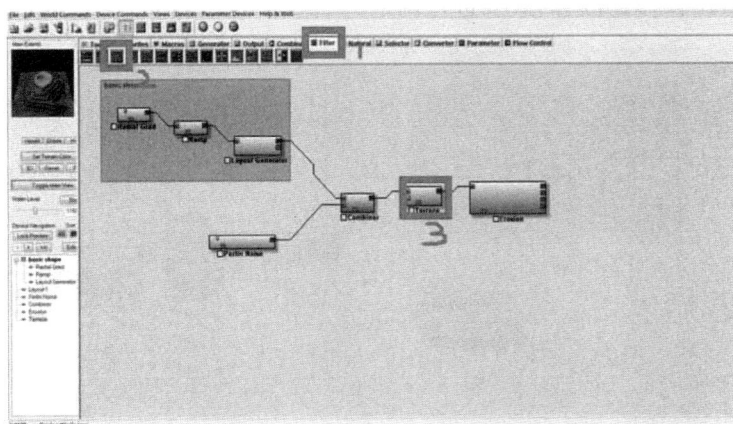

图 5-145　创建 Terrace 节点

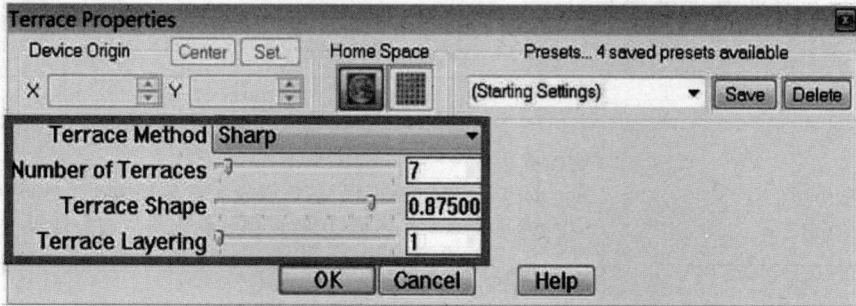

图 5-146　Terrace 节点参数

其属性大致如表 5-15 所示。

表 5-15　Terrace 节点属性

属　　性	说　　明
Terrace Method	阶梯状方式： Simple 简单的：简单的阶梯状,是完全平坦的 Sharp 强烈的：大幅产生不同的锋利边缘的阶梯状分层 Smooth 平滑的：顶部和底部边缘平滑
Number of Terraces	梯田的数量雕刻成地形,0~1 高度范围内划分,均匀地分布
Terrace Shape	这个参数最终控制地形阶梯状的强度
Terrace Layering	数值越大,分层效果越明显

[8] 将 Layout Generator 节点的 Shape Mask(Heightfield)连接到 Terrace 节点的 Mask Input。可以产生遮罩的效果,使得分层的现象只影响在山体上,不会影响到地面等其他地方。将 Perlin Noise 节点的 Primary Output(Heightfield)连接到 Terrace 节点的 Terrace Modulation,对分层的效果进行调整。如图 5-147、图 5-148 所示。

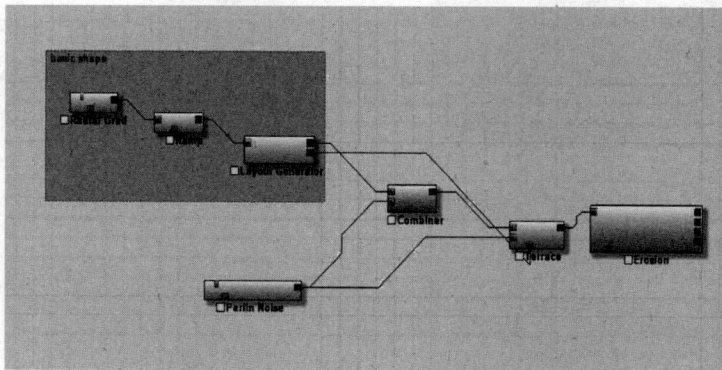

图 5-147　连接方式

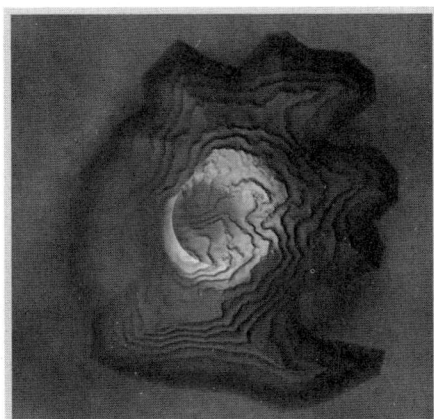

图 5-148　此时的效果

[9] 增加一个  节点。Bias/Gain 节点允许非线性调整偏差和增益，对于调整地形的形状非常有用。如图 5-149、图 5-150 所示。

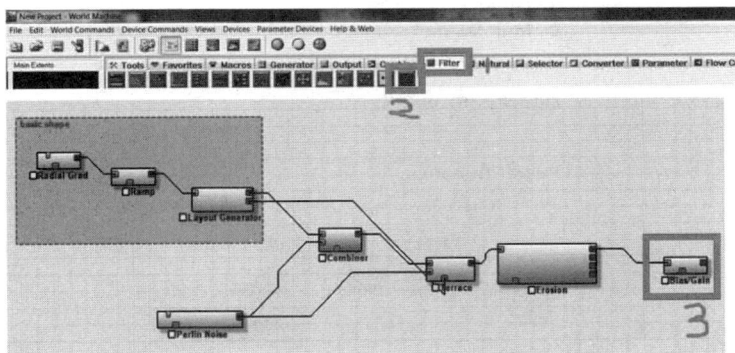

图 5-149　创建 Bias/Gain 节点

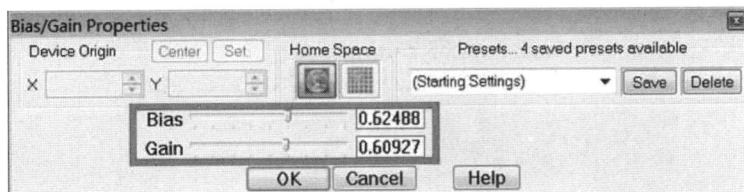

图 5-150　Bias/Gain 节点参数

说明：Bias　调整海拔，数值降低，地形高度也会降低。Bias 的值调为 0.624 88。
Gain　调整陡度、高值产生强烈的明暗差别，陡峭的地形。Gain 的值调为 0.609 27。
这里的设置是为了增加火山口的高度和地形的陡峭程度，调节整体的外形。

[10]增加一个 Layout Generator 节点,将 Layout Generator 节点的 Shape Mask (Heightfield)连接在 Erosion 节点的 Mask Input。为了创建火山口侵蚀的效果,这里的设置只对山体遮罩的部分产生影响。如图 5-151 所示。

双击进入编辑节点界面,选择 Polygon 笔刷 ,在山体中间勾勒出一个多边形,选择对这个多边形区域进行编辑。参数如图 5-152、图 5-153 所示。

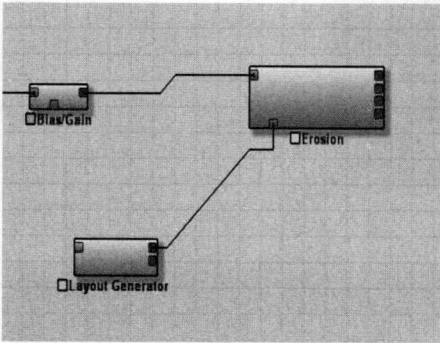

图 5-151　创建 Layout Generator 节点

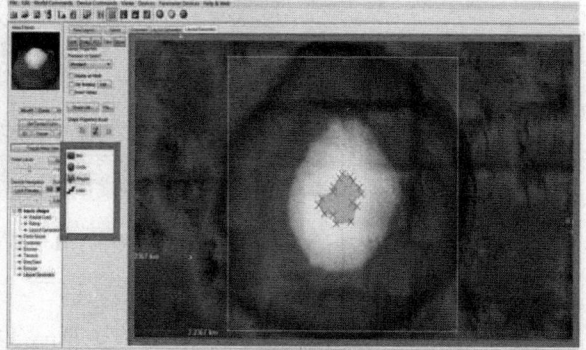

图 5-152　双击进入编辑节点界面

图 5-153　节点参数

然后返回节点,选择 Layout Generator 节点,再右键选择 Set Device Display Hint,从中选择 Mask。这样是为了遮罩住顶端,刨出一个坑来。如图 5-154 所示。

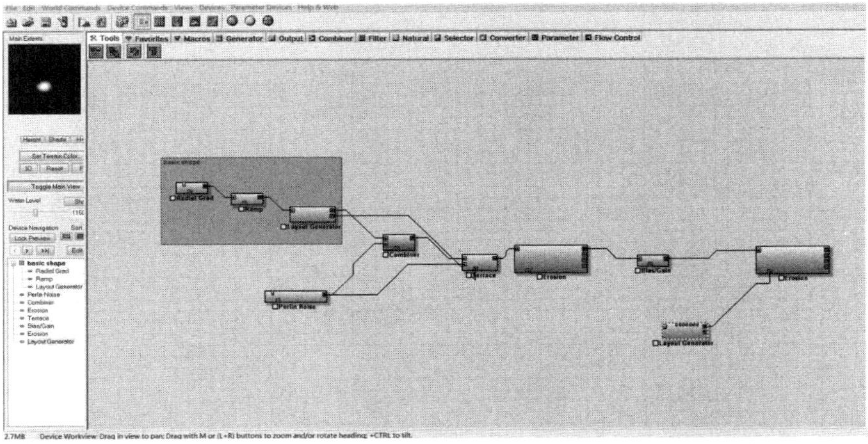

图 5-154　设置遮罩

将最后添加的 Erosion 节点的参数调为如图 5-155 所示的值。

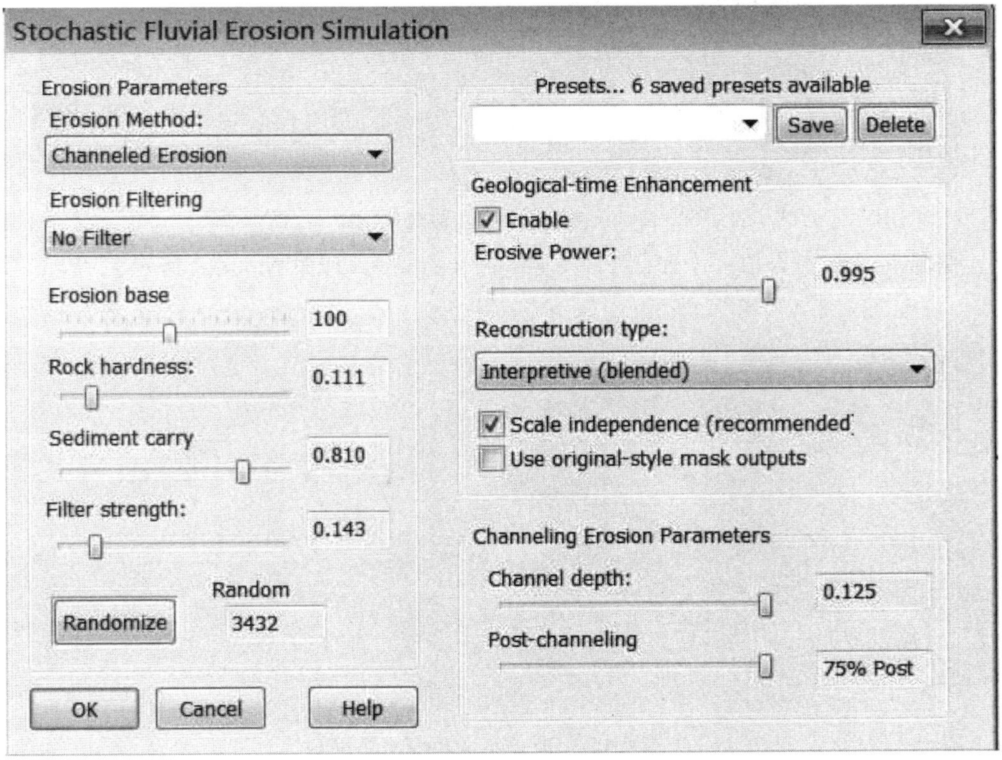

图 5-155　Erosion 节点参数

此时的效果如图 5-156 所示。

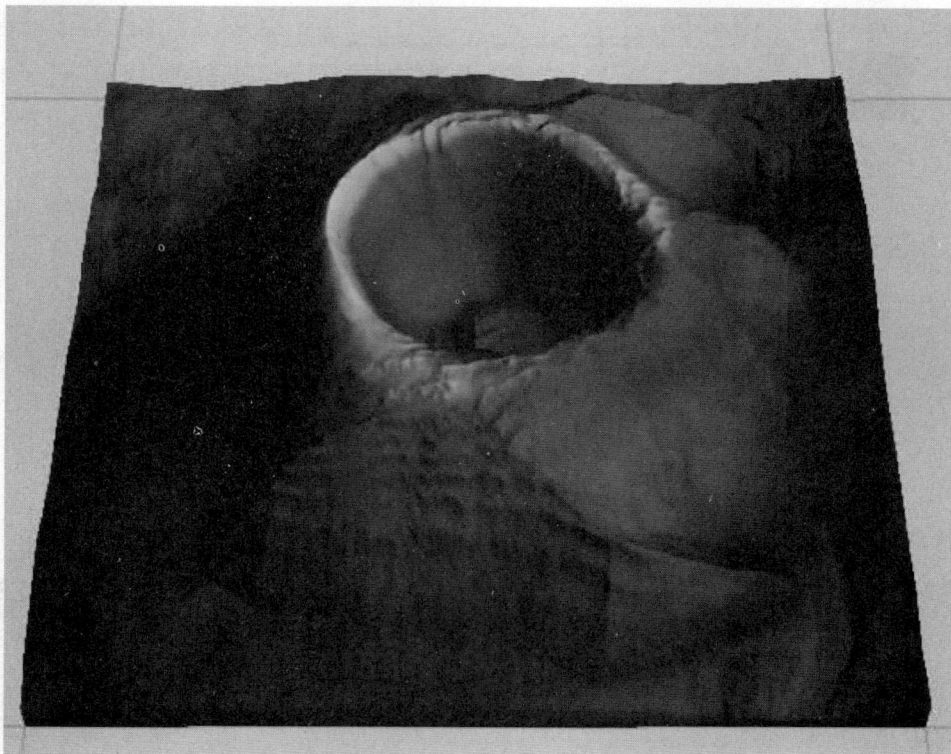

图 5-156　当前效果

将这些节点组合成一个组,命名为 shape Retinement,如图 5-157 所示。

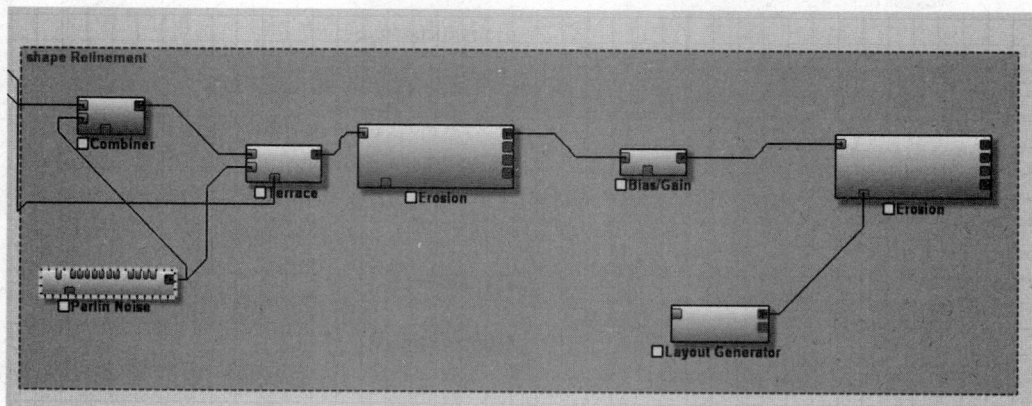

图 5-157　命名为 shape Retinement

[11] 添加一个 Voronoi 节点 ,可以给山体增加剧烈的纹理效果,参数如图 5-158 所示。

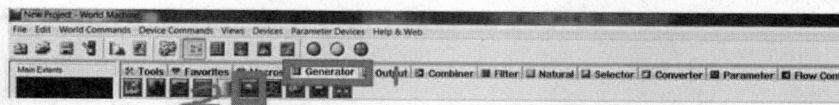

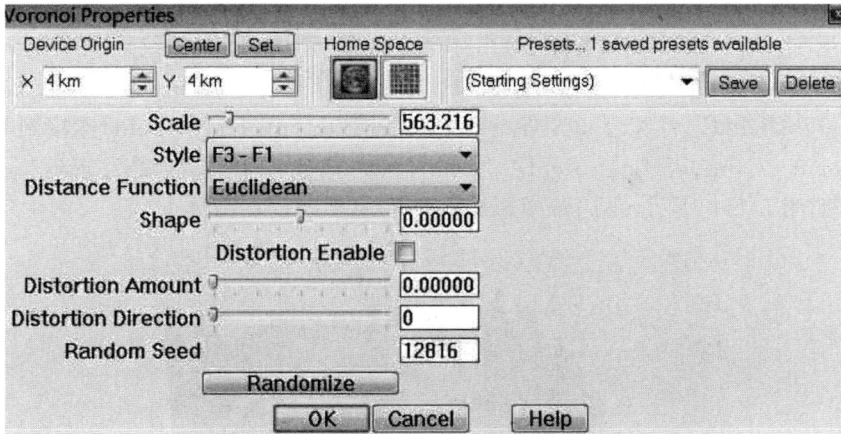

图 5-158　Voronoi 节点参数

说明：Scale　控制地形密度特征，低值迅速改变地形，适合丘陵；中间值是理想的山脉；高值允许创建大陆和其他大规模的形状。

Shyle　Shyle 的类型很难描述，需要多次的检验试用，找到适合自己的。

Distance Function　设备如何测量距离最近的点。

［12］增加一个 Select Height 节点　，参数如图 5-159 所示。

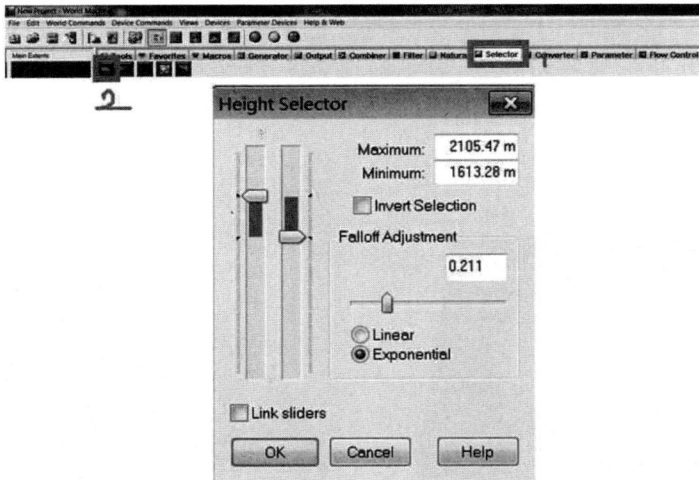

图 5-159　Select Height 节点参数

说明：Select Hight 节点　两个高度的高度滑块定义一个范围，它们之间的范围值将被选中。

Invert Selection　反向选取。

Falloff Adjustment　调节选区范围外的强度。

Linear　模糊曲线是一个线性曲线。

Exponential 模糊曲线是一个指数曲线(急剧下降,慢衰减更远)。

[13] 增加一个 Combiner 节点,给山体选定的高度增加剧烈的纹理效果。

将 Erosion 节点的 Primary Output(Heightfield)连接到 Combiner 节点的 Primary Output(Heightfield)。将 Voronoi 节点的 Primary Output(Heightfield)连接到 Combiner 节点的 Primary Output(Heightfield)。将两种地形高度图混合,但是发现这不是我们想要的结果,如图 5-160 所示,我们希望影响的范围主要出现在山体上。

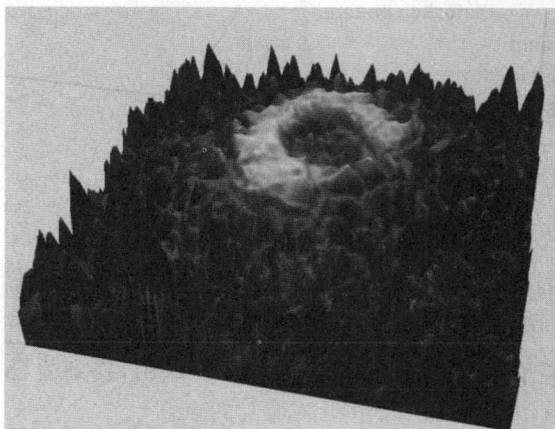

图 5-160　当前效果

所以将 Erosion 节点的 Primary Output(Heightfield)连接到 Combiner 节点的 Mask Input。在中间加一个 Select Height 节点,通过遮罩选择影响的范围。白色的地方会产生影响,灰色的地方产生微弱的影响,黑色的地方不会产生影响。如图 5-161 至图 5-164 所示。

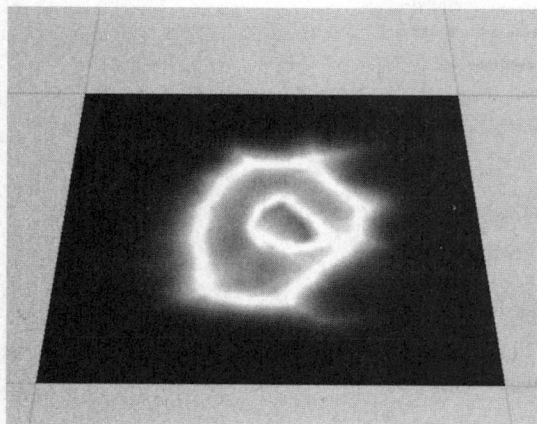

图 5-161　遮罩

图 5-162　当前效果

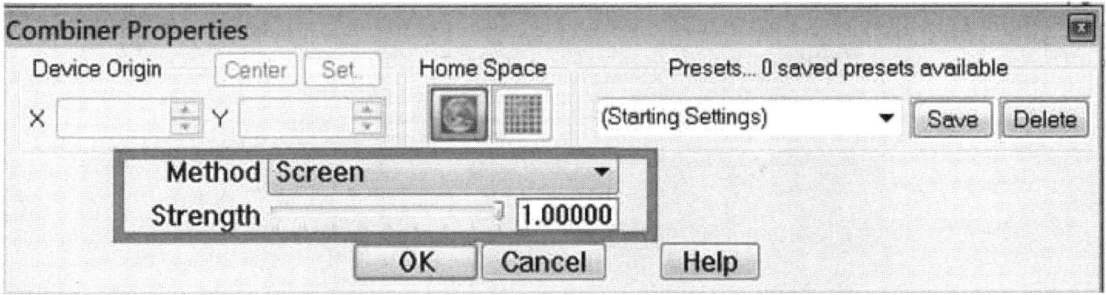

图 5-163　Combiner 节点参数

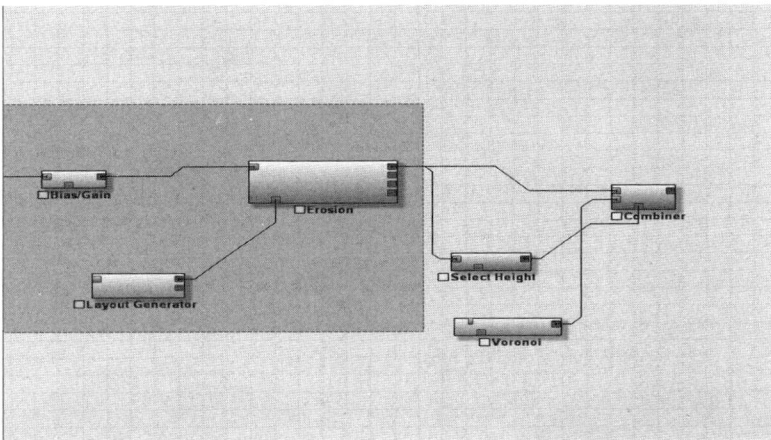

图 5-164　连 接 方 式

［14］增加一个 Erosion 节点，连接 Combiner 和 Select Height 节点，Combiner 节点将高度图传给 Erosion 节点，Select Height 节点选择影响的范围，侵蚀山体产生风化效果，山体的纹理就没那么明显。如图 5-165、图 5-166 所示。

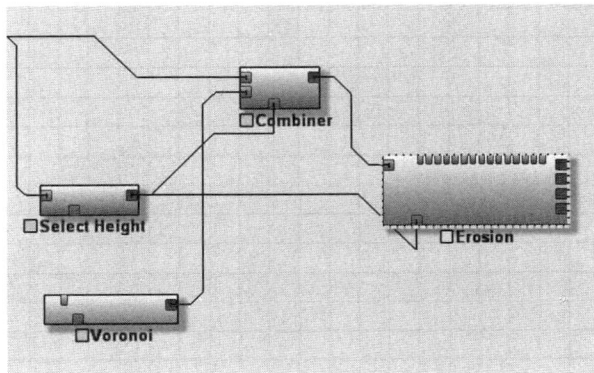

图 5-165　连 接 方 式

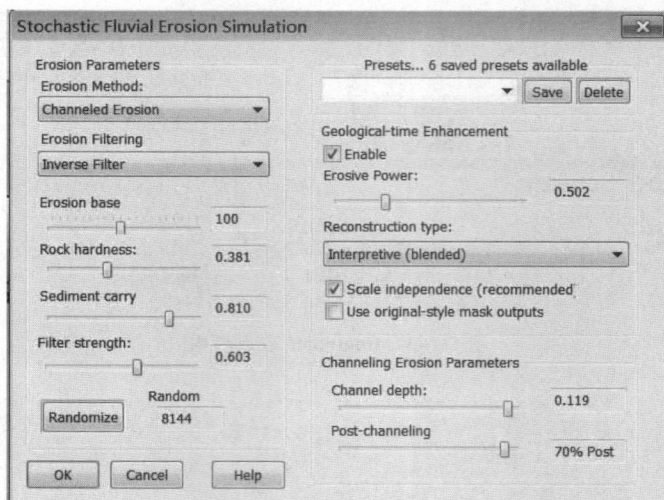

图 5-166　Erosion 节点参数

[15] 增加一个 Combiner 节点。将两个 Erosion 节点的 Primary Output（Height-field）分别连接到 Combiner 节点的 Primary Iutput（Mixed），平均结合之后的效果既没有原来地形那么光滑，也没有那么尖锐。如图 5-167、图 5-168 所示。

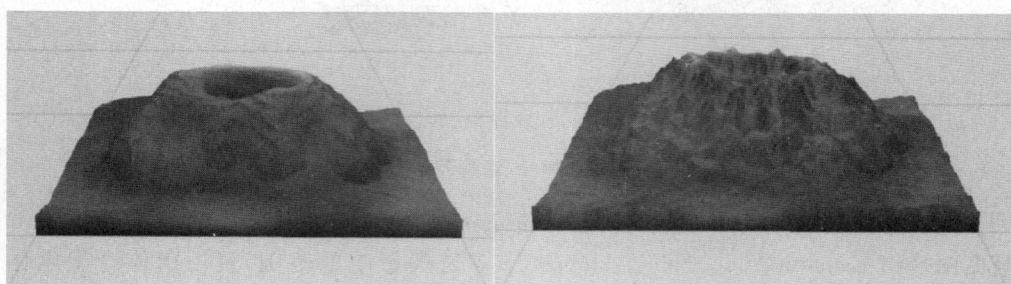

（a）　　　　　　平均结合　　　　　　（b）

（c）

图 5-167　当前效果

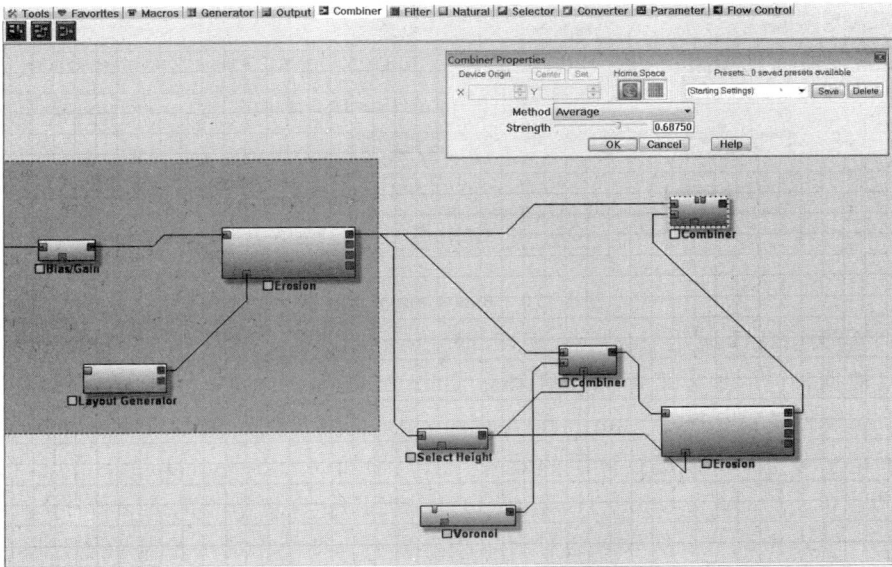

图 5-168　Combiner 节点参数与连接方式

[16] 添加一个 Bias/Gain 节点，连接到 Combiner 节点的 Primary Output（Height-field），对山体的整体进行调整，增加陡度。如图 5-169、图 5-170 所示。

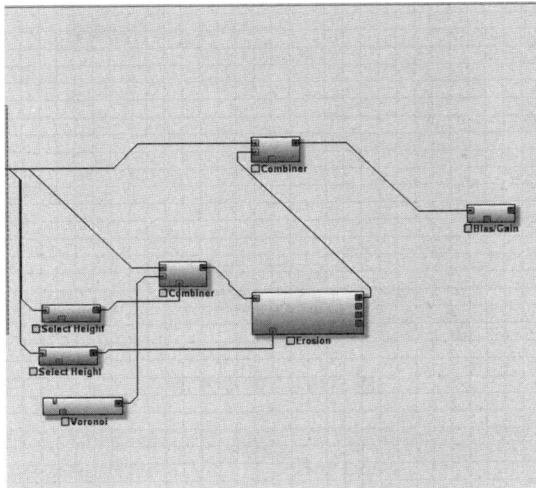

图 5-169　Bias/Gain 节点连接方式

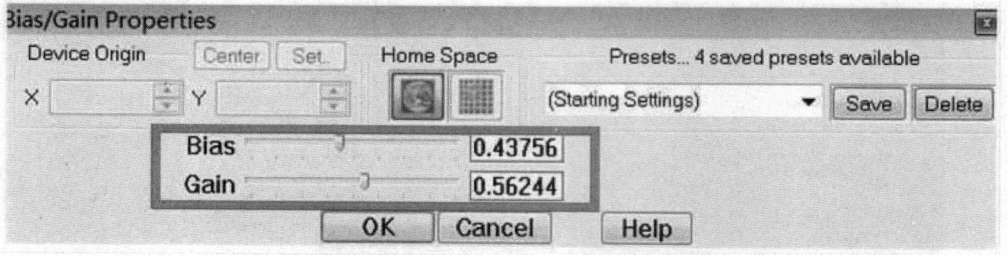

图 5-170　Bias/Gain 节点参数

　　[17] 给火山整体加几个分层的效果,增加一个 Terrace 节点和 Select Height 节点,数值可以根据自己的地形来调节。将 Bias/Gain 节点的 Primary Output(Heightfield)连接到 Terrace 节点的 Primary Iutput(Heightfield),将高度图传输到 Terrace 节点。但是我们并不是想对整个山体进行分层的效果。所以增加一个 Select Height 节点,将 Select Height 节点的 Primary Output(Heightfield)连接到 Terrace 节点的 Mask Input。在 Select Height 节点中调节分层效果会对山体产生影响。可使用滑块控制山体分层的高度。如图 5-171 至图 5-173 所示。

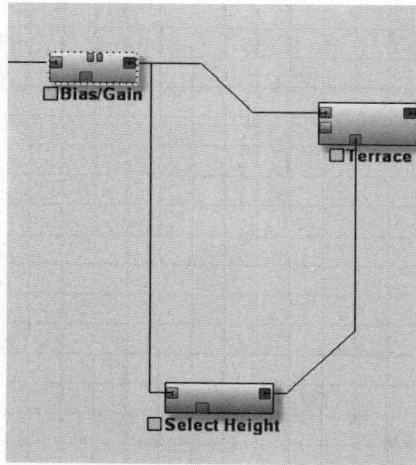

图 5-171　连接方式

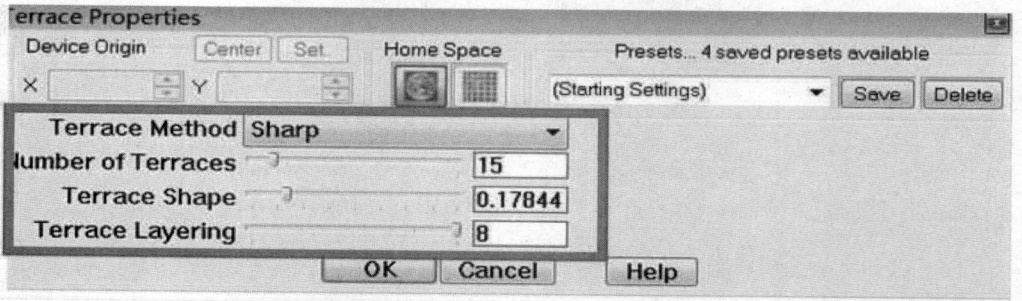

图 5-172　Terrace 节点参数

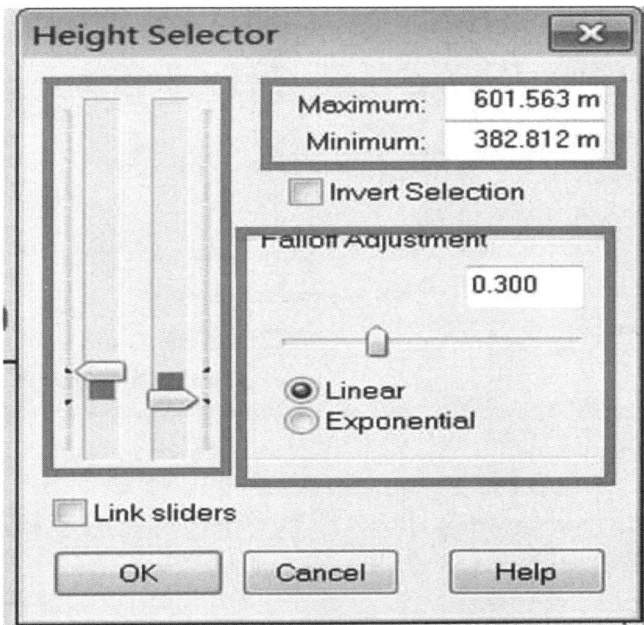

图 5-173　Select Height 节点参数

［18］增加一个 Erosion 节点，将 Terrace 节点的 Primary Output(Heightfield)连接到 Erosion 节点的 Primary Iutput(Heightfield)，高度图传给 Erosion 节点，然后调节 Erosion 节点的参数，增加火山口的地貌侵蚀程度，如图 5-174 至图 5-176 所示。

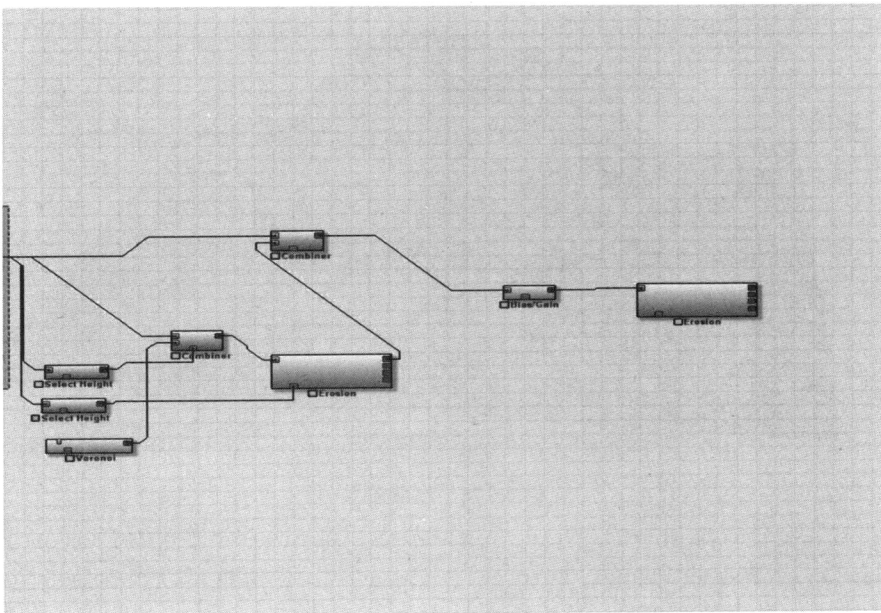

图 5-174　连接方式

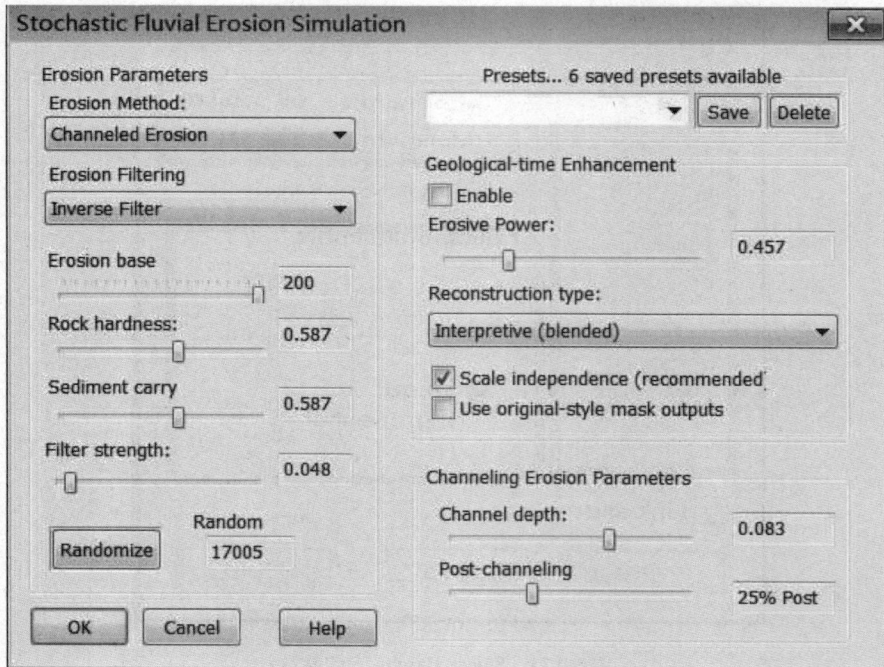

图 5-175　Erosion 节点参数设置

图 5-176　当前效果

[20] 岩浆制作。增加一个 Overlay View 节点。将 Erosion 节点的 Erosion 节点连接到 Overlay View 节点的 Primary Iutput（Heightfield）。在这里可以看到最后的高度图。上面的孔连接地形模型高度图，下面的连接选区或者颜色材质等。如图 5-177、图 5-178 所示。

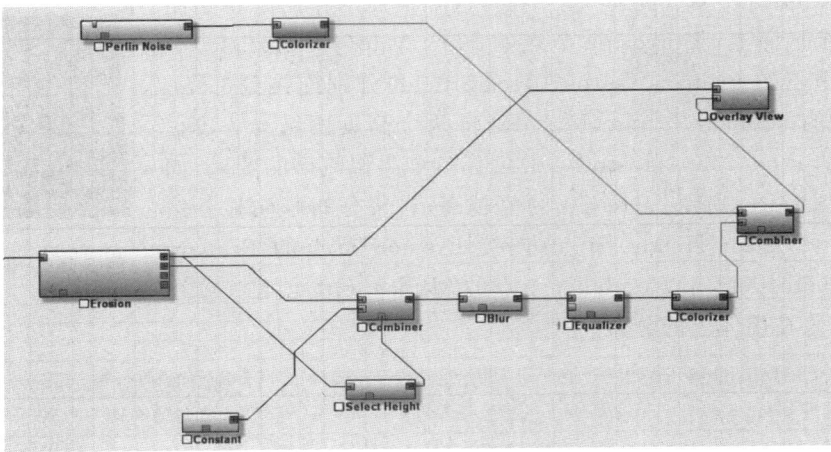

图 5-177　连接方式

图 5-178　Overlay View 节点参数

[21] 增加一个 Colorsize 节点。制作岩浆的颜色,使颜色慢慢地变浅。如图 5-179 所示。

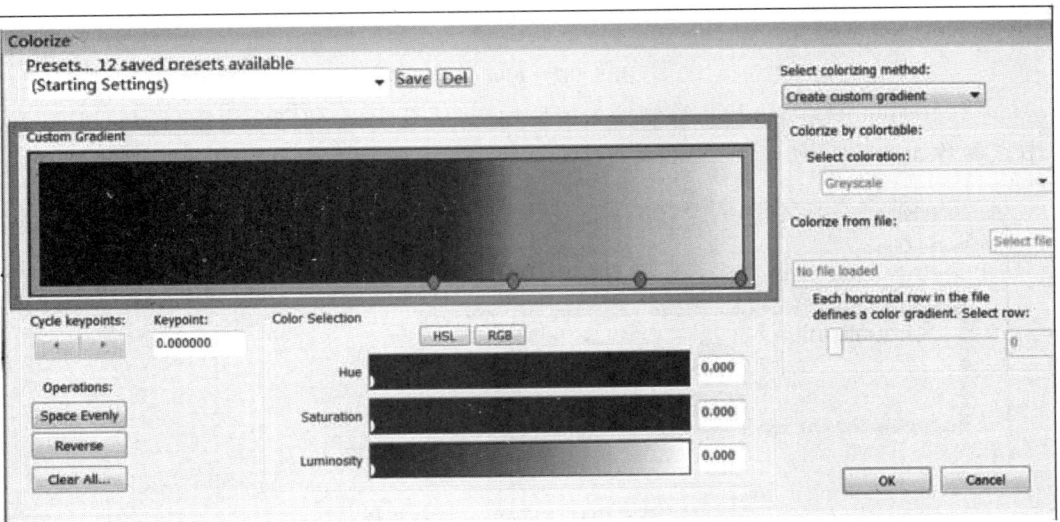

图 5-179　Colorize 节点参数

［22］Constant 节点创建一个平面,这个平面的作用是将贴图赋予在这个平面上,将 Erosion 节点的 Flow Map(Heightfield)和 Constant 节点的 Primary Output(Heightfield)分别连接到 Combiner 节点的 Primary Iutput(Mixed),将两个高度图结合。Erosion 节点的 Flow Map(Heightfield)创建一个类似流谱的效果,如图 5-180、图 5-181 所示。Height 的值越高,岩浆分布越明显。然后创建一个 Select Height 节点,连接 Erosion 节点的 Primary Output(Heightfield)和 Combiner 节点的 Mask Input,创建一个遮罩,控制岩浆在山体上的分布。

图 5-180　流谱效果

图 5-181　Constant 节点参数

［23］Blur 节点产生模糊的效果,将 Combiner 节点的 Primary Output(Heightfield)连接到 Blur 节点的 Primary Iutput(Mixed),将这张黑白的贴图传给 Blur 节点,调节模糊程度,Blur Radius 的值越大,模糊的效果越明显。Blwr 节点参数如图 5-182 所示。

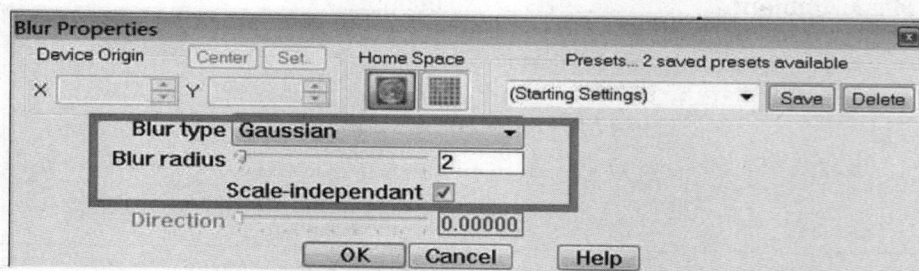

图 5-182　Blur 节点参数

［24］Equalizer 节点执行控制输入地形均衡,从无(0.0)到完全均衡(1.0)。Equalizer 节点参数如图5-183所示。

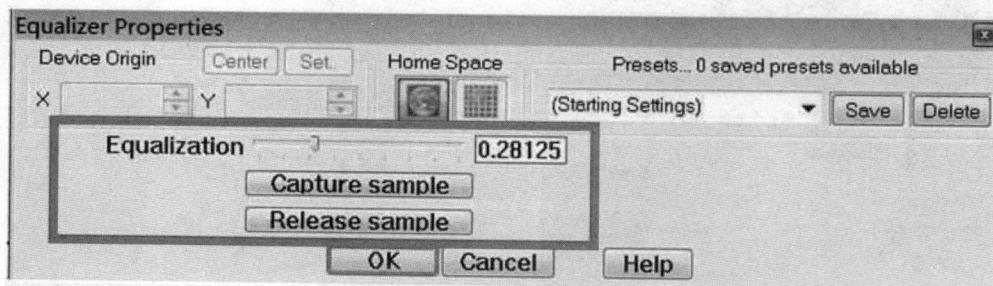

图 5-183　Equalizer 节点参数

Blur 节点和 Equalizer 节点、Constant 节点控制岩浆在山体的均衡、分布的情况。如

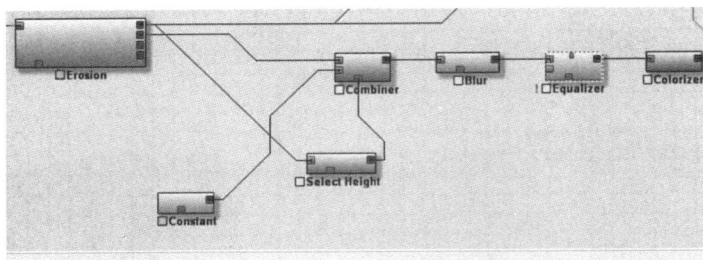

图 5-184 所示。

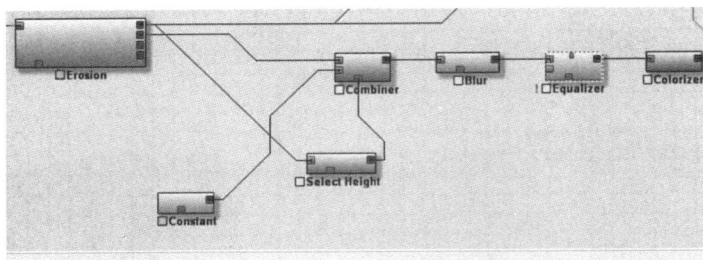

图 5-184　Blur 节点和 Equalizer 节点

［25］将这几个节点一一连接，把贴图慢慢地调整。最后将 Equalizer 节点的 Primary Output（Heightfield）连接到 Colorsize 节点 Primary Iutput（Heightfield），将贴图传输给 Colorsize 节点，给贴图加上岩浆的渐变色。

［26］用 Perlin Noise 节点和 Colorize 节点给山体加上褐色。Perlin Noise 节点，它可以用来作为一个地形的基础。连接到 Colorize 节点的 Colorize 节点，调节成火山山体地表的颜色。将两个 Colorize 节点的 Primary Iutput（Bipmap）分别连接到 Combiner 节点的 Primary Iutput（Mixed），将这两个贴图结合。如图 5-185、图 5-186 所示。

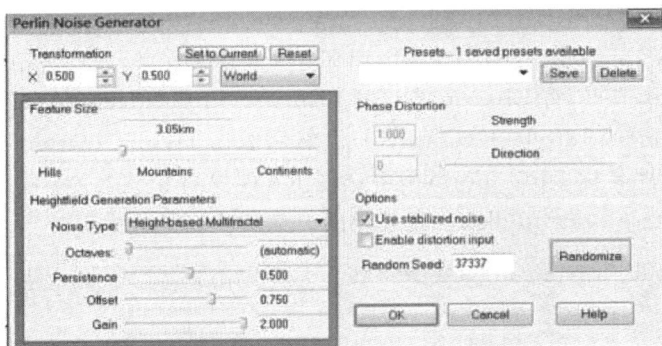

图 5-185　Perlin Noise 节点参数

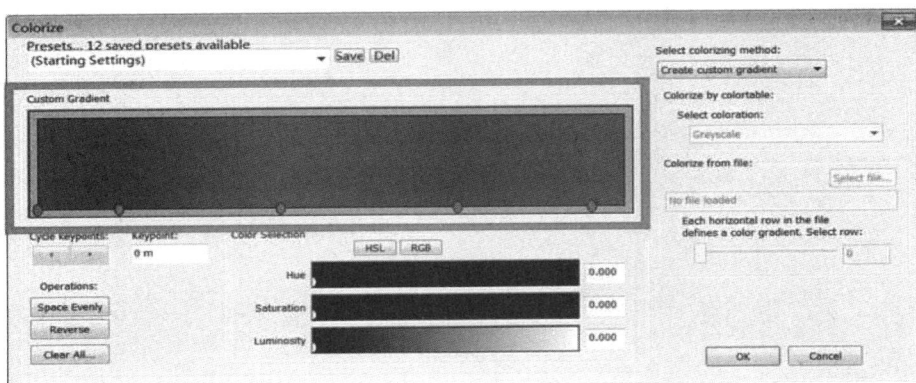

图 5-186　Colorize 节点参数

最后将山体的模型高度图和贴图结合,将山体模型的高度图连接到 Overlay View 节点的 Primary Iutput(Heightfield),将贴图连接到 Overlay Inuput(Mixed)。

[27] 最终完成,如图 5-187,图 5-188 所示。

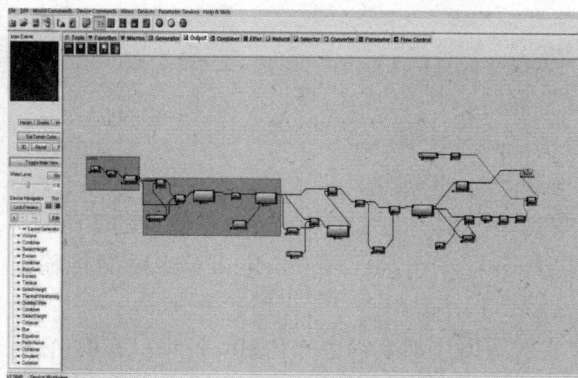

图 5-187 节点连接图

图 5-188 效果图

5.5.2 \ 导入 Unity

[1] 高度图导出。创建一个 Heightfield File Output 节点。将完成的山体高度图传输到 Height Output 节点,将 Erosion 节点的 Primary Output(Heightfield)连接到 Height Output 节点的 Primary Iutput(Heightfield)。然后双击 Height Output 节点。Filename 后面输入导出的文件名称。File Format 中选择 RAW 文件格式。Set 选择文件存放的位置。最后点击 Write output to disk! 完成导出。如图 5-189 所示。

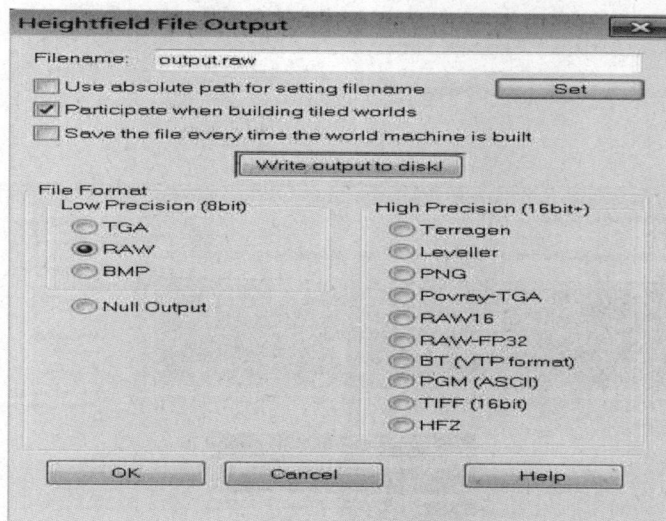

图 5-189 高度图导出

[2] 贴图导出。创建一个 Bitmap Output 节点。Combiter 节点中存放着最终的山体

贴图,所以将 Combiter 节点的 Primary Output(Heightfield)连接到 Bitmap Output 节点的 RGB Intpuut(Bitmap),将贴图传输给 Bitmap Output 节点。然后双击 Bitmap Output 节点,点击 Specify Output File 选择贴图存放的位置和文件名,然后点击 Write output to disk! 完成导出。如图 5-190、5-191 所示。

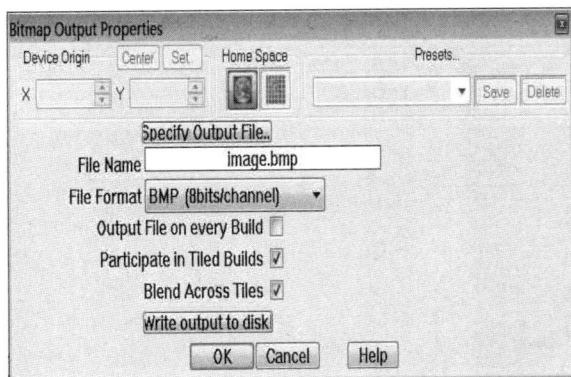

图 5-190　贴图导出

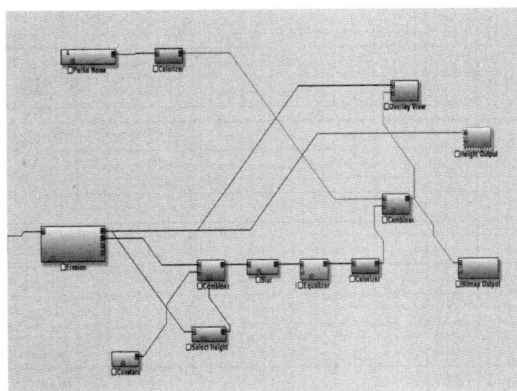

图 5-191　节点连接图

[3] 打开 Unity,创建一个大小为 4km 的地形。将地形的小大设置为导入 RAW 文件地形的大小。在 Inspector 窗口中点击【Import Raw ...】导入 RAW 文件,如图 5-192、图 5-193 所示。

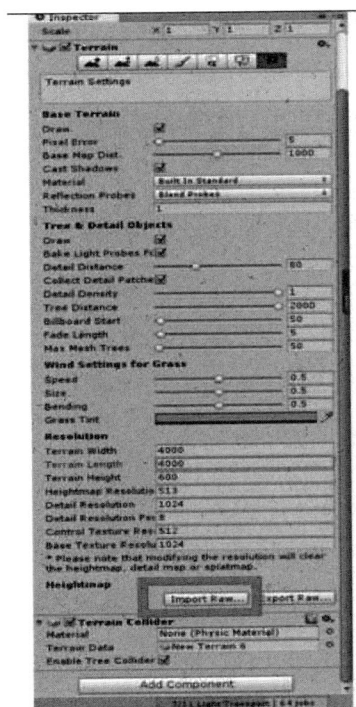

图 5-192　Import Raw

图 5-193　模型导入到 Unity

[4] 给它添加上导出的贴图。在 Size 中调节贴图的大小,点击 Add 完成导入。如图

Unity5.X 游戏开发基础

5-194 所示。

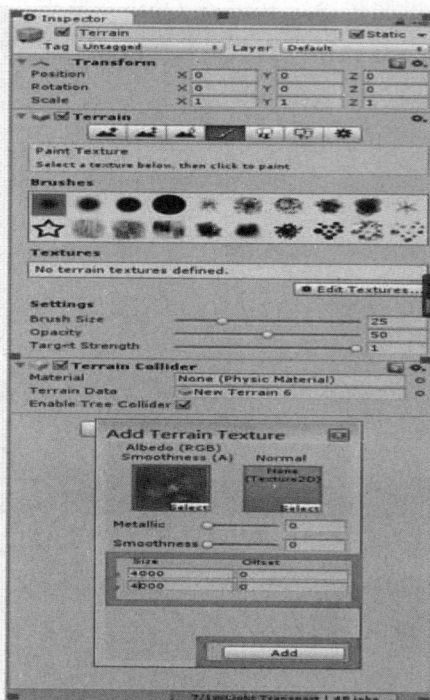

图 5-194　导入贴图

[5] 效果如图 5-195 所示。

（a）World Machine 中的效果　　　（b）Unity（Unity 中加入了全局光照的效果,因此颜色偏蓝）

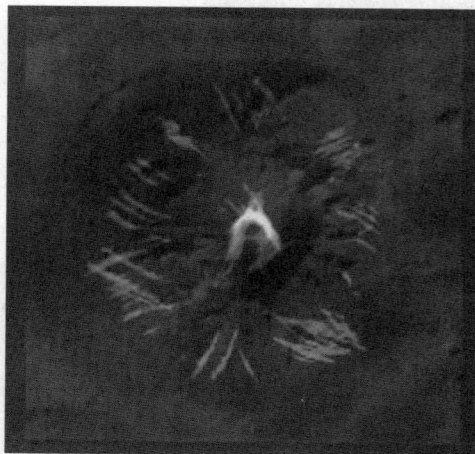

图 5-195　最终效果图

5.6　Speed Tree

Speed Tree 是一款用于制作植物 3D 模型的软件,通过简单的属性设置,便可以创作

184

出逼真的植物效果。接下来,本书将简单讲解如何使用 Speed Tree 来制作出一棵柳树的模型。可以通过官网下载适用于 Unity 引擎的 Speed Tree(http://www.speedtree.com/)。

5.6.1　树的基本结构

首先,需要先简单了解植物的基本结构。

[1] 树的类型有以下几种划分方式:有主干型、无主干型;阔叶、针叶;落叶、常绿;乔木,灌木。茎的分枝有单轴分枝、合轴分枝、假二叉分枝等,如图 5-196 所示。

[2] 树冠结构包括:主干、主枝、骨干枝、辅养枝、结果枝等。如图 5-197 所示。

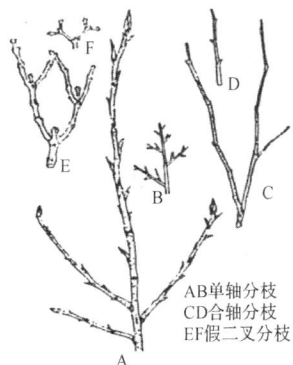

图 5-196　茎的分枝的类型

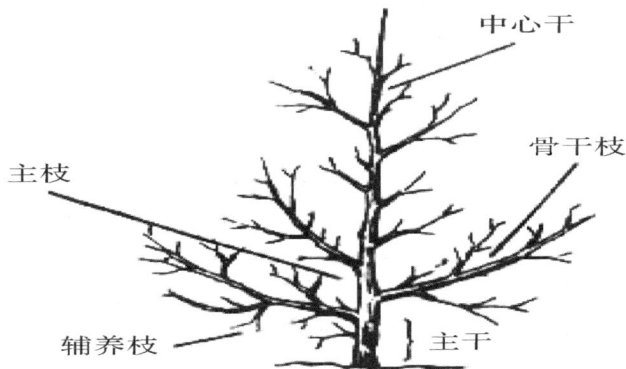

图 5-197　树冠结构

[3] 主干一般分高、中、低和无干型(丛状)。树枝有主枝、侧枝、辅养枝;直立生枝、斜生枝、下垂枝;生长枝、营养枝、果枝;长枝、中枝、短枝、超长枝、极短枝等分类类型。如图 5-198 所示。

[4] 叶形:单叶、复叶、异形叶形。如图 5-199 所示。

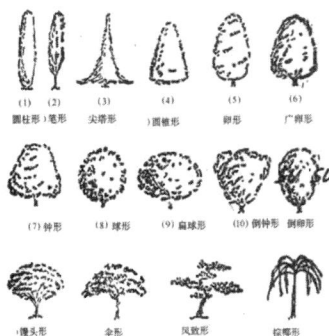

图 5-198　基本树形

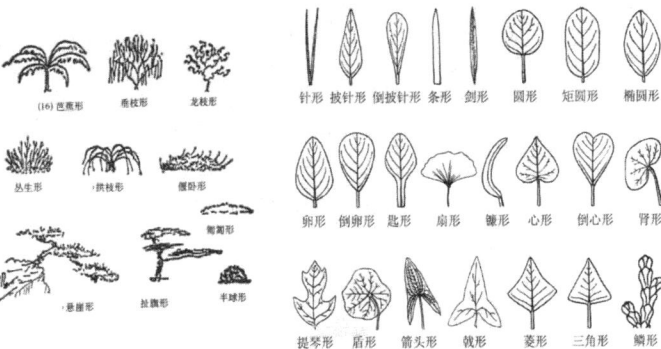

图 5-199　常见的叶形

5.6.2　对柳树的形态结构分析

柳树属落叶乔木,一般高达 12~18m。树干主干低矮、自然弯曲,多为三叉分支或假二叉分枝;骨干枝较长、自然扭曲,辅养枝较多;树冠为垂枝形,开展而疏散;树皮灰黑色,不规则开裂;下垂枝数量繁多,枝条细长而低垂,呈褐绿色;柳叶属线状披针形,叶互生,密着于枝条,多数为浅绿色。如图 5-200 所示。

图 5-200　柳树的形态

5.6.3　利用 Speed Tree 创建柳树模型

[1] 使用 File/New,新建工程然后用 File/Save 将其保存为 *.Spm 格式文件,设置存储路径、文件名。(注意:路径名称、文件名称都不能包含中文。)

[2] 在 Generation 窗口中,选中 Tree 节点,单击工具条的 Add / Trunks /Standard 添加柳树的树干。如图 5-201 所示。

(a)　　　　　　　　　　　　　　　(b)

图 5-201　(a)创建树干,(b)创建后的效果

[3] 选中树干,在左侧属性窗口中,选择 Spine/Length,将树干高度修改为 10,选择 Branch/Radius,将树干粗细修改为 0.3,符合柳树一般的高度和粗细。如图 5-202 所示。

[4] 在左侧属性窗口的 Bifurcation 中将 Chance 调整为 1,使树干成为二叉分支,并调整 Break/Right Break 调整为 1,使右侧分支长完整。如图 5-203 所示。

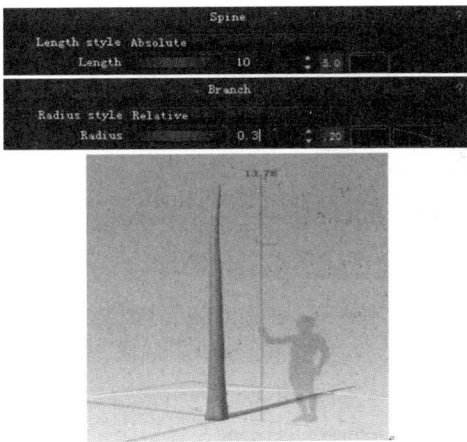

图 5-202　修改树干的长度和粗细

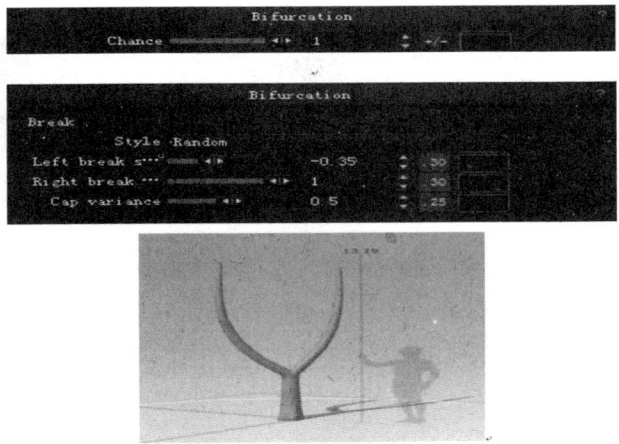

图 5-203　生成二叉分支

［5］Spot 调整为 0.2，符合柳树分叉处低矮的特点。如图 5-204 所示。

［6］点击工具条的 Forces/Add Force/Magnet 磁铁工具，改变树干形状。选中树干，在属性窗口的 Forces 选项中，勾选 Magnet，适当调整右侧第二个受力范围强度曲线，使枝干呈现柳树树干自然弯曲的状态。如图 5-205 所示。

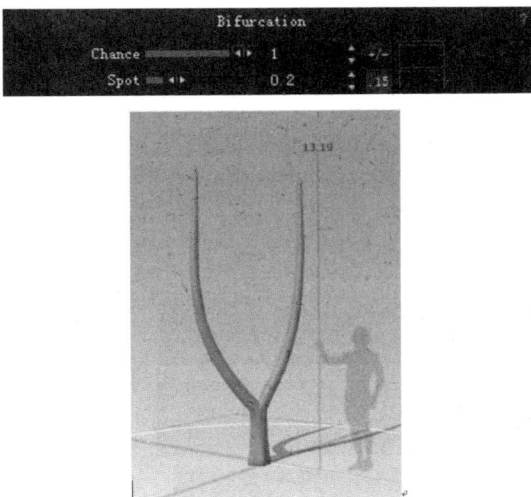

图 5-204　降低分叉处

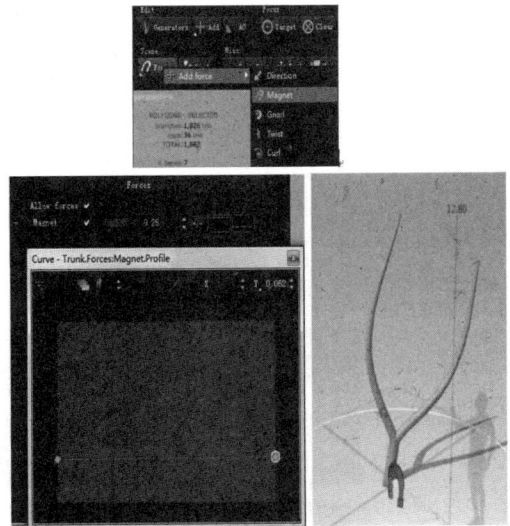

图 5-205　使树干自然弯曲

［7］点击工具条的 Forces/Add force/Twist 扭曲工具，改变枝干形状。选中树干，在属性窗口的 Forces 选项中，勾选 Twist，适当调整右侧第二个受力范围强度曲线，使枝干呈现出自然扭曲的状态。如图 5-206 所示。

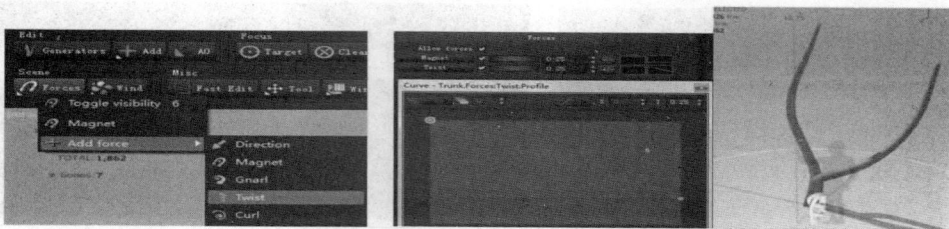

图 5-206　使树干自然扭曲

[8] 在 Generation 窗口中,选中树干 Trunk 节点,单击 Add/Branches/Standard,添加树枝,自动生成一级树枝和二级树枝。分别作为柳树的骨干枝和辅养枝。选中树干 Trunk 节点,单击 Add/Roots/Standard,添加树根。如图 5-207 所示。

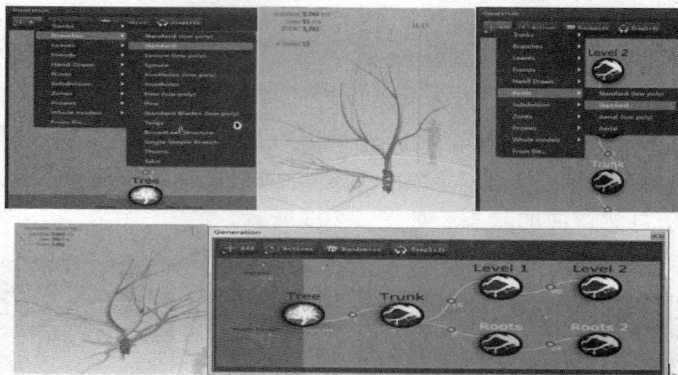

图 5-207　创建骨干枝、辅养枝和树根

[9] 选中一级树根节点,在左侧属性窗口中,单击 Spine/Length,修改树根长度为 1.5,单击 Branch/Radius,修改树根粗细为 1.5。选中二级树根节点,单击 Spine/Length,修改树根长度为 2,使其符合一般柳树树根的长度和粗细。如图 5-208 所示。

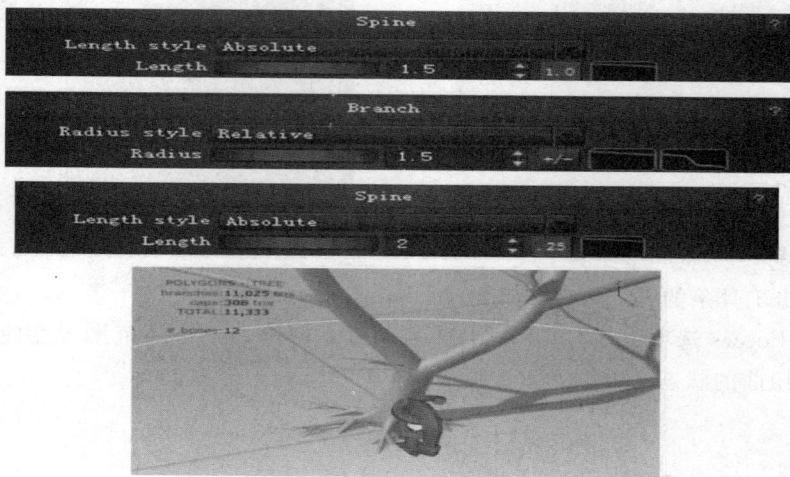

图 5-208　修改树根长度和粗细

〔10〕选中一级树枝节点,选择属性窗口的 Generation/Frequency,设置树枝数量为
10。将 Shared/First 设置为 0.3,Last 设置为 1,调整树枝的生长位置。如图 5-209 所示。

〔11〕选中二级树枝节点,选择属性窗口的 Generation/Frequency,增加树枝数量至
15,将 Orientation/Sweep 调整为 1.5,使树枝朝向略微向上调整。将 Steps/Spread 设置
为 1,使树枝的位置相互交错。选择 Spine/Length,修改树枝长度为 0.4。如图 5-210
所示。

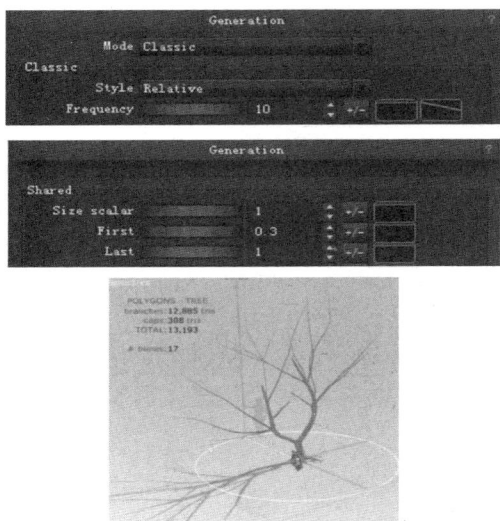

图 5-209　调整树枝的生长位置

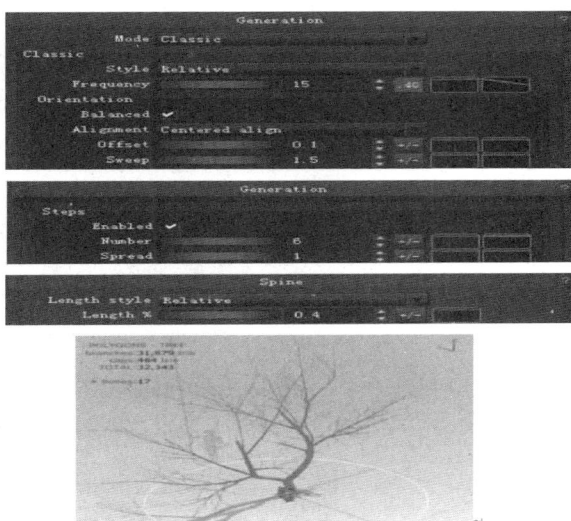

图 5-210　修改树枝的生长形态

〔12〕点击工具条的 Forces/Add force/Direction,加重力改变树枝形状。选中二级树
枝节点,在属性窗口的 Forces 中,勾选 Direction,调整受力大小为 1,点开右侧第二个受力
范围强度曲线。在曲线图上右击,选择 Insert point here 加点,调整至如图 5-211 所示曲
线,使二级柳枝呈现出微微下垂的趋势。

〔13〕在 Generation 窗口中,选中二级树枝节点,单击 Add/Branches/Standard 添加树
枝,自动生成一级树枝和二级树枝。把不需要的二级树枝节点选中,删去。如图 5-212所示。

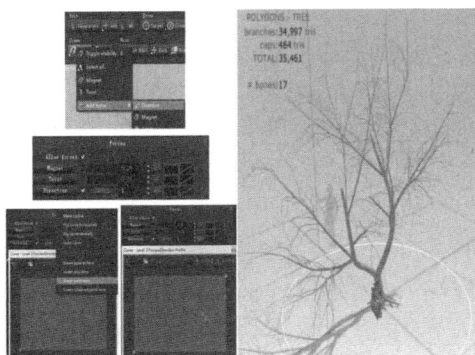

图 5-211　使树枝微微下垂

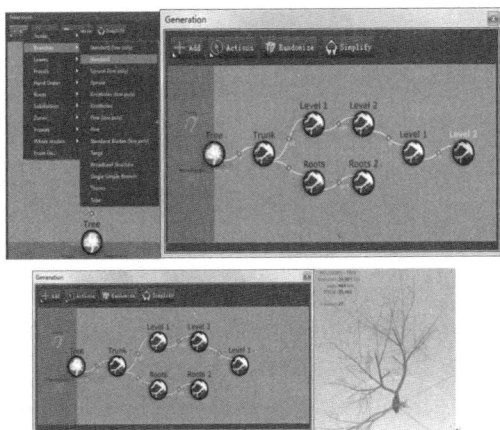

图 5-212　添加外层树枝

［14］选中刚建的次一级树枝节点,选择属性窗口的 Generation/Frequency,增加树枝数量至 10,点击右侧第一个绿色分布调整曲线,调整至如图 5-213 所示,将枝条更多地集中在枝干尾部。将 Steps/Number 设置为 9,增加次一级树枝的数量。

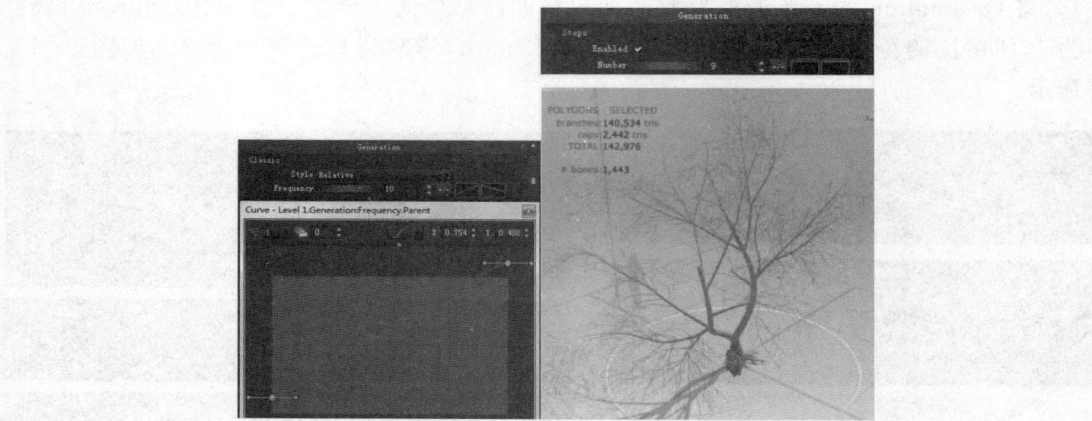

图 5-213 调整树枝数量和位置

［15］选中次一级树枝节点,在属性窗口的 Forces 中,勾选 Direction,调整受力大小为4,呈现出柳枝细长而低垂的状态。如图 5-214 所示。

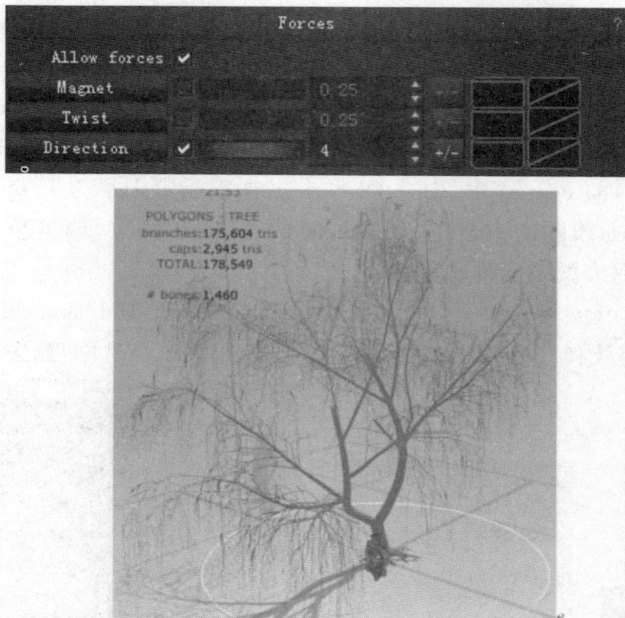

图 5-214 使外层树枝低垂

［16］选中树干,在右侧 Assets 窗口的 Materials 标签中,点击“＋”图标,查找到软件安装位置的 Speed Tree/Samples/Textures 文件夹,添加软件自带的树干纹理贴图 Broadleaf Bark 和树干横截面纹理贴图 Cap_01。在左侧属性面板中,打开 Materials 栏,点击Branch 栏的“＋”图标,在 Matirial 栏选择刚才添加的 Broadleaf Bark 贴图。同理,单击

Cap/Matirial,选择 Cap_01 贴图。这样,我们就可以完成了柳树的枝干的贴图。如图 5-215 所示。

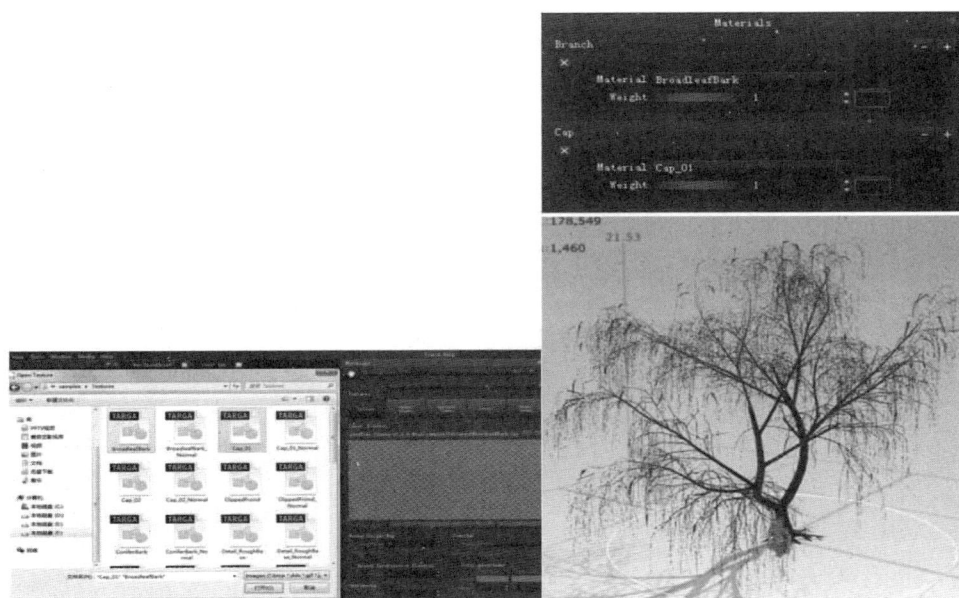

图 5-215　添加树干的贴图

［17］选中次一级树枝,在 Generation 窗口中,单击 Add / Leaves / Camera Facing / Standard,添加树叶。如图 5-216 所示。

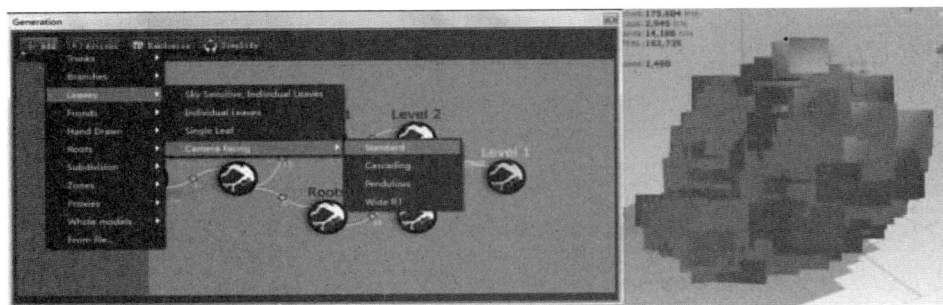

图 5-216　创建树叶

［18］制作柳树树叶贴图。背景透明,存储为 .PNG 格式。如图 5-217 所示。

图5-217　制作树叶贴图

191

[19] 选中树叶节点,在右侧 Assets 窗口的 Materials 标签中,点击"＋"图标,添加自己制作的柳叶贴图。在左侧属性面板中,打开 Leaves 栏,点击 Type 栏的"＋"图标,在 Matirial 栏选择刚才添加的自定义贴图。根据柳树整体效果调整 Frequency、Number、Spread、Size 等参数,如图 5-218 所示,使树叶大小形状和角度恰当。

[20] 在 View 栏,点击眼睛图标 Show,选择不显示树叶,以便修改枝干。如图 5-219 所示。

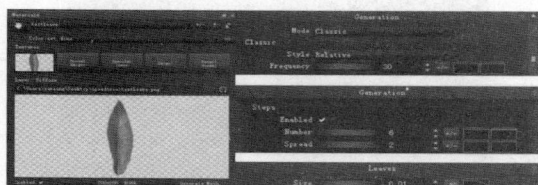

图 5-218　添加树叶贴图

图 5-219　隐藏树叶

[21] 通过工具栏的节点编辑工具 Generators,选中某根树枝,单独修改其位置、角度等,在选择状态下,按 Delete 键即可删除多余的树枝,根据柳树整体效果做最后的调整。如图 5-220 所示。

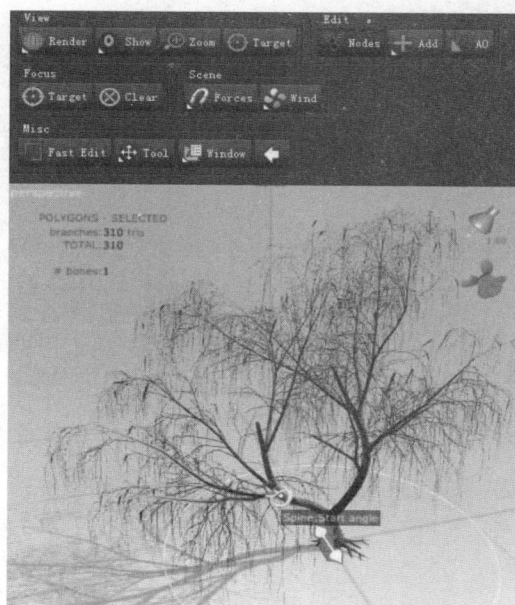

图 5-220　调整单个树枝

［22］最终效果，如图 5-221 所示。

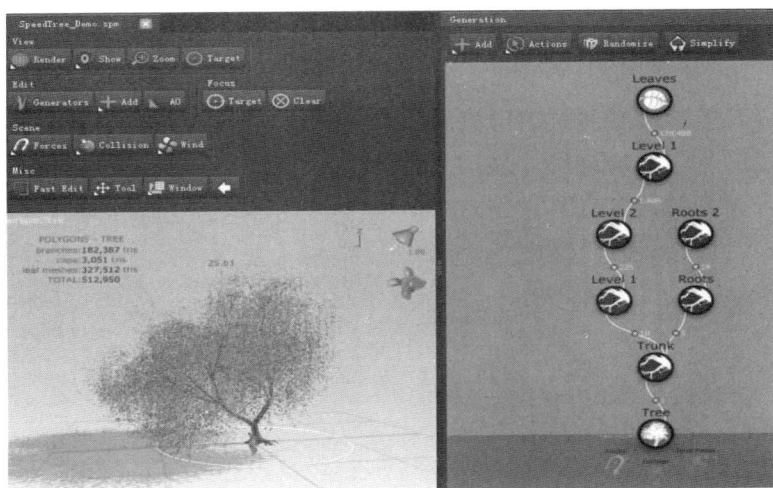

图 5-221　最终效果图

注：如果需要用 Speed Tree 做一个十分特殊的枝干，可以采用完全自定义方式，按住空格键的同时，用鼠标左键拖动，可实现自由构建树木枝干。

5.6.3　Speed Tree 模型导入 Unity5

［1］安装并运行 Speed Tree for Unity 5。将 Speed Tree 保存的模型载入 Unity。（注意：将贴图材质和模型一同导入）如图 5-222 所示。

图 5-222　导入 Unity

［2］选中 Assets 里的树模型，在右侧模型属性面板中将 Wind Quality 的参数改为 Best。如图 5-223 所示。

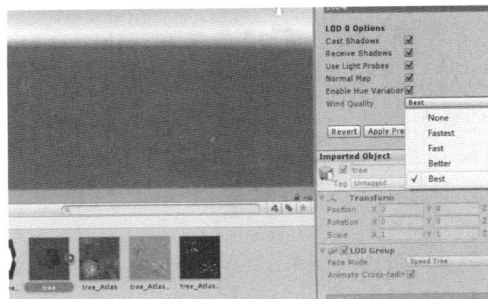

图 5-223　修改风对模型的影响效果

5.6.4 为地形使用笔刷放置 Speed Tree 树模型

[1] 选择场景中的地形,在 Inspector 窗口中选择放置树木按钮 ![]。点击【Edit Trees】按钮,弹出下拉菜单栏,选择【Add Tree】选项,弹出一个添加树木的面板。如图 5-224所示。

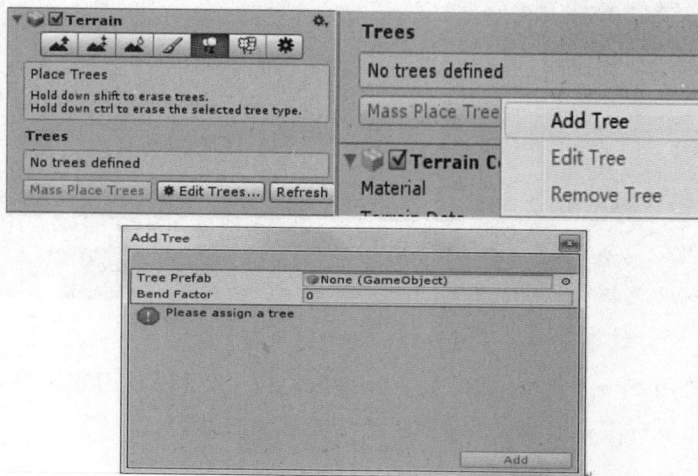

图 5-224 打开添加树木的面板

[2] 点击 Tree Prefab 右边的小圆圈,可以打开树木模型的选择窗口,双击选择我们刚刚导入的 Speed Tree 模型,回到 Add Tree 面板,点击【Add】按钮。如图 5-225 所示。

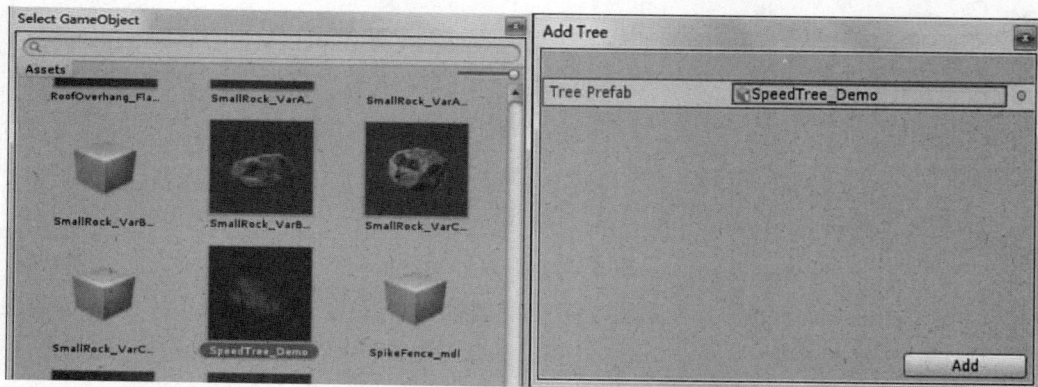

图 5-225 添加树木模型的笔刷

[3] 选中刚添加的 Tree,与绘制地形海拔高度的方式一样,把鼠标放置在地形上,按住鼠标左键并拖动,此时会看到树木模型已经被放置在地形中了。你可以通过调节它的参数来配合添加更加丰富的效果。如图 5-226 所示。

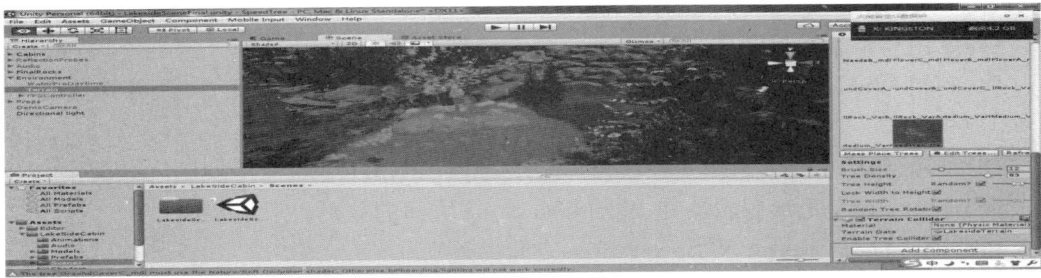

图 5-226　往地形上刷树木

[4] 为其添加风力作用。在菜单栏选择 GameObject /3D Object /Wind Zone，适当调整风场参数，就可以看到树叶随风飘扬的场景。如图 5-227 所示。

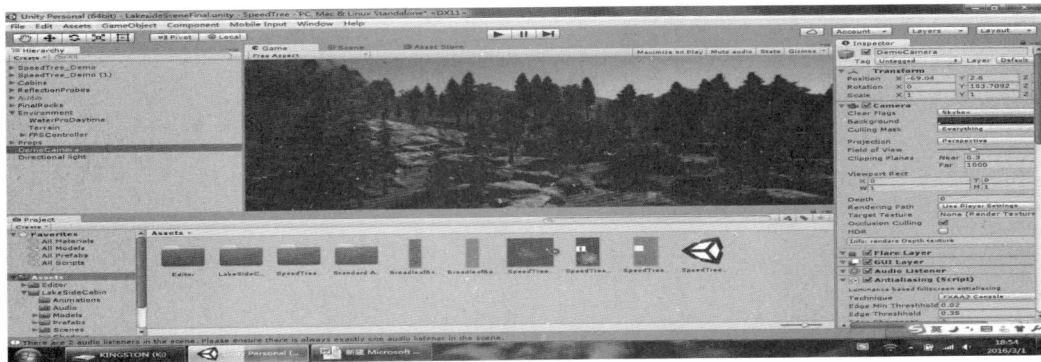

图 5-227　效果图

5.7　总结

本章通过例子，介绍了 Unity3D 地形编辑系统的使用，其操作步骤可以总结为创建地形、设置地形分辨率、设置地形海平面高度、编辑地形海拔、为地形绘制贴图纹理、为地形放置树木花草以及细节模型。本章除了介绍使用手动方式生成地形地貌，还介绍了使用高度图来生成地形地貌，接着介绍了为场景添加水体、天空盒和太阳光效果的方法。然后我们介绍了树木编辑器的用法。最后我们介绍了通过 World Machine 创建地形的方法以及用 Speed Tree 创建柳树的方法。

这里需要注意，在游戏的开发当中，地形的创建与否是根据游戏场景来确定的，比如当你创作的游戏是发生在城市场景中的，路面就可以不用地形来创建，而是直接使用三维建模软件来实现。

5.8　练习题

（1）描述地形编辑器的作用和所提供的功能。
（2）使用地形编辑器制作一个你想象的地形，如森林、高山、高原、小溪等等，并为场景添加各种环境元素,如水、天空、太阳光。

(3)使用树木编辑器制作一棵树,并把它放置到你所制作的地形上。

(4)利用 World Machine 创建一个地形,例如喜马拉雅山、富士山等等,并导入到 U-nity3D 中。

(5)利用 Speed Tree 制作一种植物,并导入到 Unity3D 中。

(6)体会 Unity 地形编辑器和 World Machine 之间的差别。

(7)体会 Tree Creator 和 Speed Tree 之间的差别。

(8)思考如何在保证运行效率的情况下,制作一个森林场景。会使用到什么技术,有什么优化方法。

06
CHAPTER SIX
第 6 章

3D 模型的导入

Unity 5.X

本章内容

　　3D 游戏场景中的三维模型大部分是用第三方三维建模软件制作的。这些三维建模软件包括了 Maya、Cinema4D、3Ds Max、Cheetah3D、Modo、Lightwave 和 Blender 等等。采用第三方三维建模软件势必需要一种既能够在建模软件中被识别，又能够被 Unity3D 读取的文件。现在 Unity3D 能够直接读取以上建模软件的工程文件，例如 Maya 的 Ma 和 Mb 格式文件、3Ds Max 的 Max 格式文件。但是，直接使用以上工程文件时，可能会包含一些不必要的或者 Unity3D 无法识别的信息，例如摄像机、灯光等等，而且在系统上必须安装有对应的建模软件。还有一种 FBX 格式，笔者建议采用 FBX 格式，该格式可以更加方便地对需要导出的信息进行筛选和设置，而且它能够包括模型数据、贴图数据、动画数据等 3D 游戏中经常会使用到的数据，且这种格式在目前较为流行的三维建模软件中都能导出。当然，除了以上的格式，Unity3D 还可以读入 Dae、3Ds、Dxf 和 Obj 的三维模型文件格式。

　　在本章中，将以使用 3Ds Max（版本为 2012）为例来介绍如何向 Unity3D 导出 FBX 格式。

6.1　静态模型的导出

6.1.1　单位的设置

　　在 Unity3D 中，一个系统单位表示的是 1m，为了能够与最终的游戏场景尺寸匹配，需要在 3Ds Max 中设置它的系统单位。单位的匹配对于搭建游戏场景和实现一些与尺寸有关的效果是非常重要的，特别在灯光效果和物理模拟方面尤为重要。

　　[1] 打开 3Ds Max，在主菜单中选择【Customize】→【Units Setup...】，弹出单位设置面板，如图 6-1、图 6-2 所示。

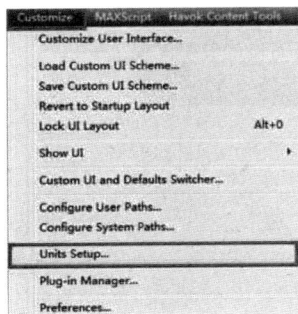

图 6-1　Unit Setup... 位置

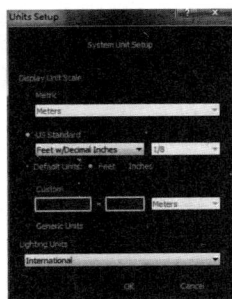

图 6-2　Units Setup 面板

［2］在 3Ds Max 的单位中，默认单位是英寸，我们要把它修改为以 m 为单位。在【Display Unit Scale】中选择"Metric"（公制），并在其下拉菜单中选择"Meters"（m）选项，如图 6-3 所示。该设置使得在编辑三维模型时在参数栏中的值以 m 为单位，当然，可以根据需要设置成"Centimeter"（cm）等，此设置只是为方便建模师的尺寸设置，并不是系统单位，不影响模型最终的导出单位，如图 6-4 所示。

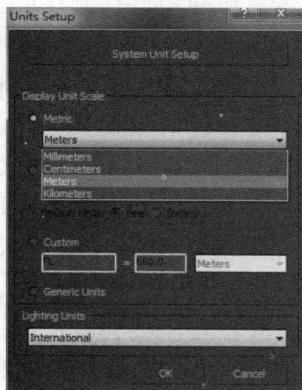

图 6-3　修改显示单位　　　　图 6-4　修改后的属性单位

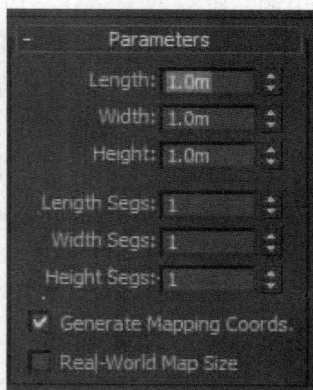

［3］在 Unit Setup 面板中，点击【System Unit Setup】按钮，进入系统单位设置面板，并把 System Unit Scale 中的 1 Unit ＝ 1.0 后面的单位设置成"Meters"（m），设置完之后，点击面板下的【OK】按钮。回到 Units Setup 面板中，再次点击【OK】按钮，完成单位的设置，如图 6-5 所示。

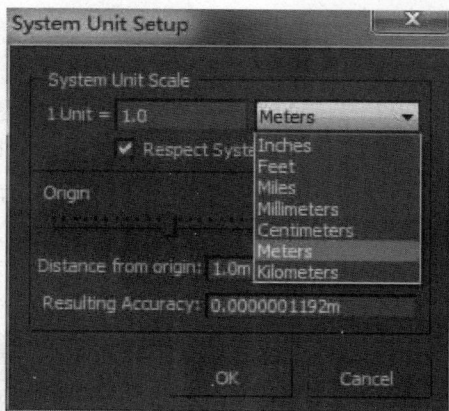

图 6-5　修改系统单位

6.1.2　制作一个茶壶模型

现在，我们先制作一个 30cm 大小的茶壶，作为导出的模型。

［1］在模型创建面板中，选择"Teapot"（茶壶），设置它的 Radius（半径）为 0.3m，如图 6-6 所示。

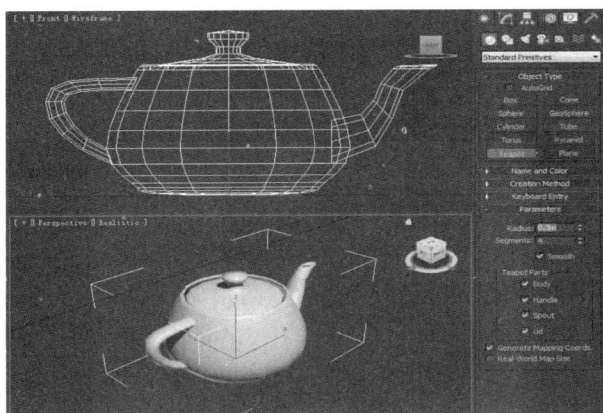

图 6-6　创建一个茶壶

［2］由于最终导出的模型会以 3Ds Max 中的世界坐标系原点作为中心点，也就是说，当导出为 FBX 格式并把它导入到 Unity3D 之后，该中心点就是该模型的局部坐标系的原点。这样可以方便我们对模型进行平移、旋转和缩放操作，所以建议把模型放置在此原点上，即设置模型的位置属性值为(0,0,0)，如图 6-7 所示。

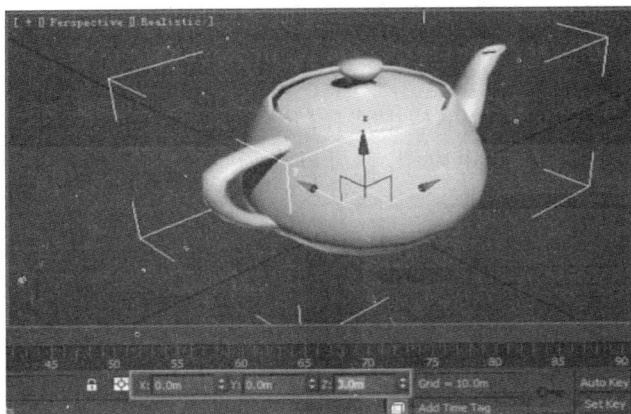

图 6-7　设置模型在世界坐标原点上

［3］为茶壶添加一个 Standard 材质，并为它添加一张贴图，名为 plstr02.jpg，如图 6-8 所示。

图 6-8　添加贴图

提示：Unity3D 只能识别 Standard 材质，而且只能认出 Diffuse 参数和 Self-Illumination 中的贴图数据，其他类型的材质目前还不能识别。3Ds Max 的自动展开 UV 功能和渲染到纹理（RenderToTexture）功能能用来创建光照贴图。在 Unity 内置光照贴图工具，也可以使用 3Ds Max 的光照贴图烘焙。如果需要对模型进行光照贴图烘焙，通常需要两套 UV 集，一套 UV 集用来定位主要的颜色贴图，或者法线贴图，另一个 UV 集用来定位光照贴图。

［4］在导出模型之前，最好先把贴图文件拷贝到 Unity3D 工程下，否则导出的模型在 Unity3D 中不会自动添加贴图，当一个模型的贴图量比较多时，可能会造成很多麻烦。新建一个工程，名为 Chapter8-Model Import，并在 Assets 目录下创建两个子目录，分别为_Meshes 和_Textures，并把 plstr02.jpg 贴图拷贝到_Textures 下，如图 6-9 所示。

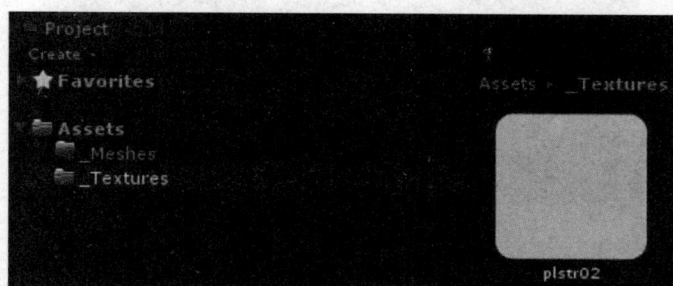

图 6-9　先导入贴图再导入模型

［5］回到 3Ds Max 中，在菜单栏中选择【File】→【Export】→【Export】，如图 6-10 所示。如果只想导出场景中的某个模型，你可以在场景中选择该模型，再选择【Export Selected】选项。

［6］点击【Export】后，会弹出文件的导出窗口，在保存类型中选择 FBX 格式，并选择需要保存的位置，并为模型文件命名为 Teapot。此处建议保存到 Unity3D 的工程目录的 Assets 文件夹或者 Assets 子目录中，这样可以让 Unity3D 自动导入该模型，如图 6-11 所示。

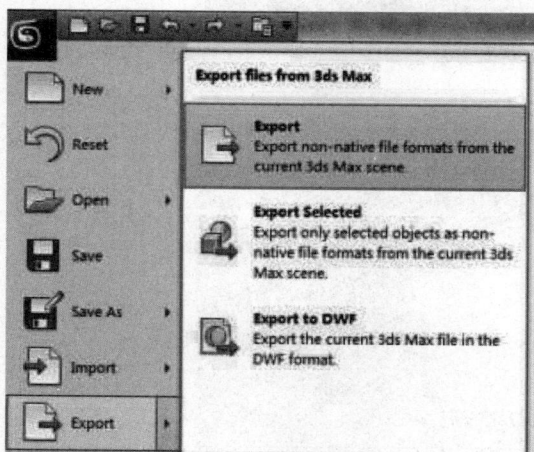

图 6-10　打开 FBX 导出面板

图 6-11　导出模型

〔7〕点击【保存】按钮，此时弹出 FBX 导出设置菜单，如图 6-12 所示。

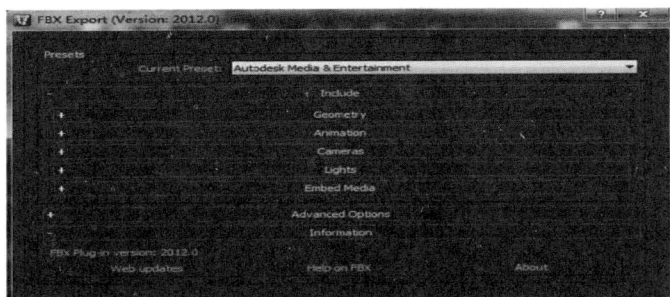

图 6-12　FBX 导出设置面板

〔8〕展开其中的 Advanced Options 中的 Units 面板，取消 Automatic 选项，确认 "Scene units converted"（场景单位转换为）的选项为 "Meters"（m）。展开 Axis Conversion 面板，确认 "Up Axis"（向上轴向）为 "Y-up"（Y 轴向上）。如图 6-13 所示。

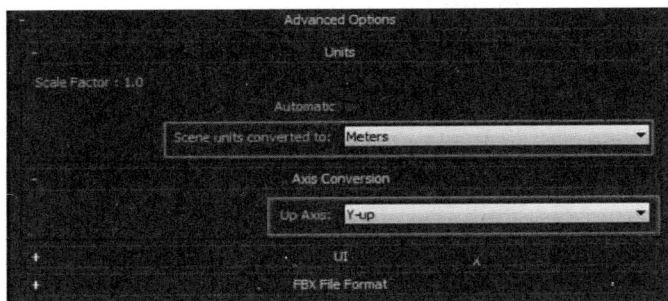

图 6-13　设置导出属性

〔9〕点击 FBX 导入设置面板最下方的【OK】按键，此时在 3Ds Max 左下方会出现导出进度条，如果当该进度条到 100％的位置时无提示错误，便说明文件导出成功，如图 6-14 所示。

图 6-14　模型正在导出为 FBX 文件格式

〔10〕如果把 FBX 放在 Unity3D 工程中 Assets 目录下的任何位置，那么 Unity3D 会自动导入该 FBX 文件，如图 6-15 所示。

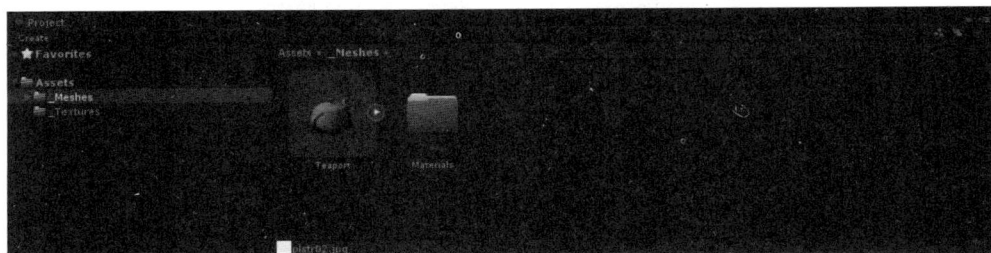

图 6-15　导入到 Unity3D 中的模型资源

[11] 在 Project 窗口中选择 Teapot 模型，在 Inspector 窗口中弹出 Teapot Import Settings(模型导入设置面板)，设置 Scale Factor(缩放因子)为 1，最后点击右下角的【Apply】按钮，如图 6-16 所示。

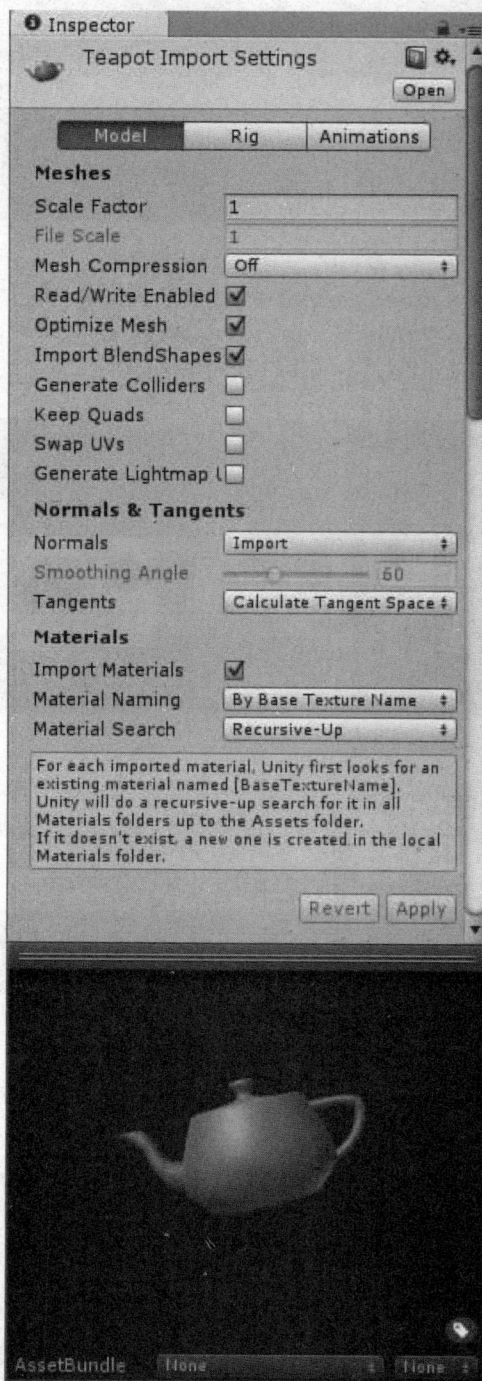

图 6-16　FBX Import 面板

FBX Import 面板中 Model 标签栏中的属性如表 6-1 所示。

表 6-1　Model 属性

类　型	属　性	说　明
Meshes（网格）	Scale Factor	缩放因子。Unity3D 默认空间单位中的一米等于导入的文件中的一个单位。如果在第三方建模软件中用不同的大小单位建模，在这里可以得到校正。一些常见的 3D 文件格式 Scale Factor 的默认值:.fbx,.max,.jas,.c4d = 0.01,.mb,.ma,.lxo,.dxf,.blend,.dae = 1,.3ds = 0.1
	Mesh Compression	网格压缩。增大这个值将减小网格体的文件大小,但有可能导致网格错误。在网格看起来和没压缩前没太大区别的前提下,最好尽可能将这个值调大。这将有助于优化游戏模型
	Read/Write Enabled	使模型可被实时读写,这样就可以在场景中修改模型数据,但是它是要在内存中复制一个副本作为代价的,所以会占用多一倍的内存空间
	Optimaize Mesh	此项使得三角形面片在网格中列出顺序
	Generate Collider	如果勾选此项,模型在导入时将自动加上 Mesh Colliders 组件。在导入环境静态物体时可以让其快捷地生成碰撞,但不要对场景中的移动物体使用这个选项
	Swap UVs	如果模型带有光照烘焙贴图 UV,但是 Unity3D 识别错误的 UV 通道,通过勾选该选项,以交换第一和第二 UV 通道
	Generate Lightmap UVs	使用这个选项将产生用于光照贴图的第二 UV 通道
Normals & Tangents（法线和切线）	Normals	定义是否以及如何计算法线,有助于优化游戏。分别可以选择"Import"(从文件导入);"Calculate"(自动计算):依照 Smoothing Angle 属性计算法线,选择后 Smoothing Angle 属性激活;"None"(禁用法线),如果模型既没有法线投射,也不被实时光照影响可以选择该项
	Tangents	定义是否以及如何计算切线,有助于优化游戏。分别可以选择"Import"(从文件导入),从文件中导入切线和双法线,只有文件格式是 FBX、Maya 和 3Ds Max 时,并且法线已从文件中导入后,这个选项才可用;"Calculate"(自动计算),默认选项,计算切线和双法线,只有当法线已从文件中导入或计算后,这个选项才可用;关闭切线和双法线(None),网格将不具有切线,因此将不支持法线贴图着色渲染器
	Smoothing Angle	平滑角度。设置一个边的锋利程度,决定是否将其处理为硬边。同时用于分割法线、贴图切线
	Tangents	分割切线。如果模型因法线贴图而造成接缝,尝试激活这个选项。一般情况下这个选项只作用于角色

类型	属性	说明
Materials	Import Materials	如果不想模型产生材质,可以关闭它,系统将用默认的漫反射材质取代
	Material Naming	决定 Unity3D 材质的命名方式。有 3 个选项可以选择,分别是"By Base Texture Name"(依照基础贴图名称),导入材质中的漫反射贴图名称将作为 Unity 中的材质名称。如果导入的材质中不含漫反射贴图,Unity3D 将用导入的材质名称命名;"来自模型的材质名",导入材质的名称将被用作 Unity3D 材质名称;"Model Name＋Model's Material"(模型名＋模型材质名),导入模型的名称加上导入的材质名称被用作 Unity3D 材质名称
	Material Search	材质搜索。设置 Unity3D 如何根据 Material Naming 选项搜索定位一个材质。有 3 个选项可以选择,分别是"Local"(局部),Unity 将仅在"局部"材质文件夹搜索,比如,和模型文件在同一个文件夹下的材质子文件夹;"递归向上",Unity 将向上搜索 Assets 文件夹中所有的材质子文件夹;"Everywhere"(任何地方),Unity3D 将在整个 Project 文件夹中搜索材质。也就是说,材质必须保存在同一个工程中,Unity3D 才有可能找到材质。

［12］在 Project 窗口中把 Teapot 模型拖到 Scene 窗口中,如图 6-17 所示。此时在 Teapot 的对象组件设置面板中,可以看到贴图已经自动添加进来了。

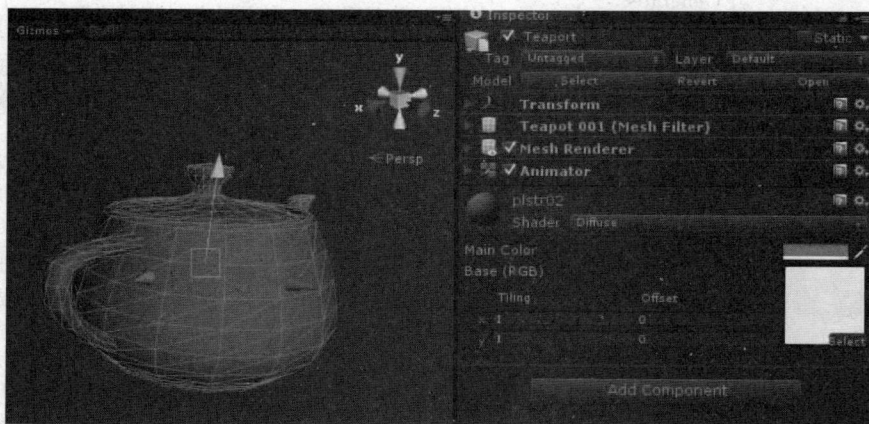

图 6-17　把茶壶放置到场景中

［13］如果觉得尺寸有问题,可以在场景中创建一个基本的 Cube 立方体。该立方体的尺寸为 1m×1m×1m,如图 6-18 所示。

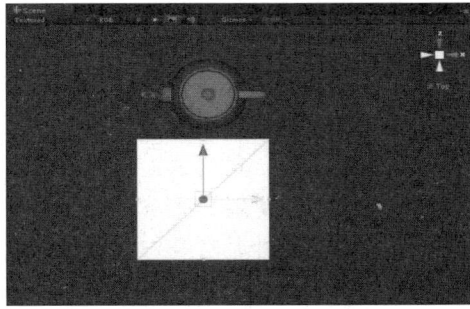

图 6-18　使用标准立方体做尺寸对比

6.1.3　模型导出之前需要注意的事项

在导出 FBX 格式之前,需要注意以下几个方面。

● 对模型进行有意义的命名,例如一个女性角色起名为 Female-Player,一堵墙的模型可以起名为 Wall01 等等,尤其当工程中的模型量很大时,可以方便你在 Unity3D 中找到该物体。如图 6-19 所示。

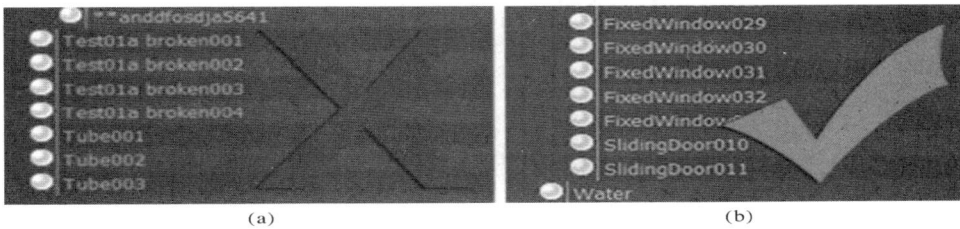

(a)对模型的命名非常糟糕,(b)才是比较准确的命名

图 6-19　对模型进行命名

● 尽量使得模型的层级结构简单。
● 尽量使得模型的拓扑结构简单,在不影响质量的情况下顶点数、面数最少。如图 6-20 所示。

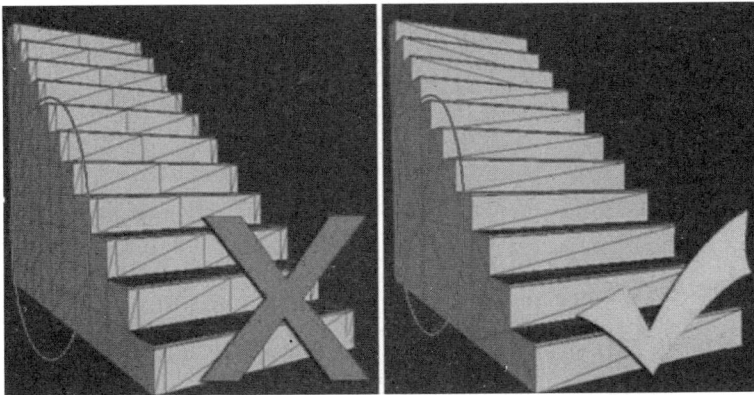

图 6-20　尽量删除不必要的点和面来减少模型的顶点数和面数

207

● 尽量使得贴图的尺寸为 2 的 n 次幂,例如 512px×512px,256px×1024px 等等,这种贴图可以使得贴图的处理更有效率,同时也不用在导出游戏的时候由 Unity3D 来重新缩放。

● 建议在制作贴图的时候先采用大尺寸大分辨率的贴图,例如 2048px×2048px 或者 1024px×1024px 等,然后在导出最终的游戏产品时再通过 Unity3D 中的贴图缩放来调整它的大小。同时建议使用 PSD 或者 TAG 等无损高质量的图片格式,这样可以在创作的过程中对它实时地修改。对于贴图的优化,Unity3D 可以根据平台的不同而自行优化。

● 尽量在导出模型之前把这些被引用的贴图先放在游戏工程中,同时在三维建模软件中直接关联到这些已经放在游戏工程中的贴图,这样可以不用在把模型导入到 Unity3D 中时再手动为它添加贴图。

● 把需要使用 Alpha 通道的贴图和不需要使用 Alpha 通道的贴图分开,这样可以提高游戏的渲染效率。如图 6-21 所示。

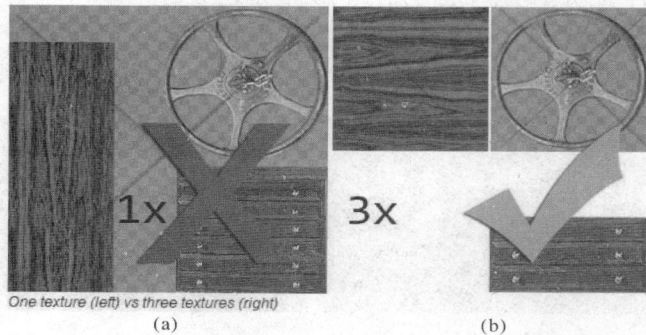

(a)图把透明和不透明贴图合在一起,(b)这张贴图分成 3 张,把透明和不透明贴图区分开

图 6-21　区分透明与不透明贴图

● 如果在制作重复无缝贴图时,必须保证该贴图上没有明显的标记,这样才能保证贴图重复时不会容易被察觉,如图 6-22 所示。

(a)具有明显的标记,不适合做无缝平铺贴图,(b)没有明显的标记,适合做无缝平铺贴图

图 6-22　不要使用有明显标记的无缝贴图

● 对每个材质进行有意义的命名,这样的话可以更加方便地对这些材质进行管理。一般来说其命名规则为 Modelname-Materialname 或者直接用贴图名称(当然也要尽量使得贴图的名称有意义)。同时导入 Unity3D 中的材质只能识别出漫反

射颜色(Diffuse Color)、漫反射贴图(Diffuse Texture),而其他的信息比如高光(Specular)等信息等并不能被识别。

● 在 3Ds Max 中要导出骨骼动画之前,首先先选择所有骨骼,并选择修改面板中的【Motion】→【Traectories】并点击【Collapse】,这样可以塌陷掉所有的骨骼关键帧,并转换成序列帧,Unity3D 才能识别这些动画数据。最后确保 FBX 导出设置面板中的 Animation 选项勾选上,如图 6-23 至图 6-25 所示。

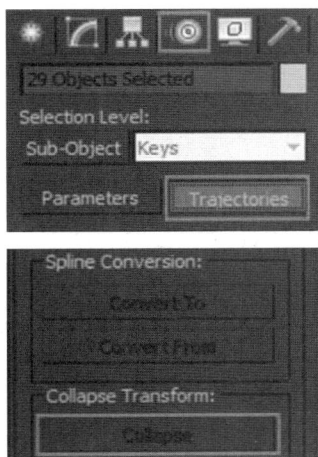

图 6-23　塌陷骨骼动画

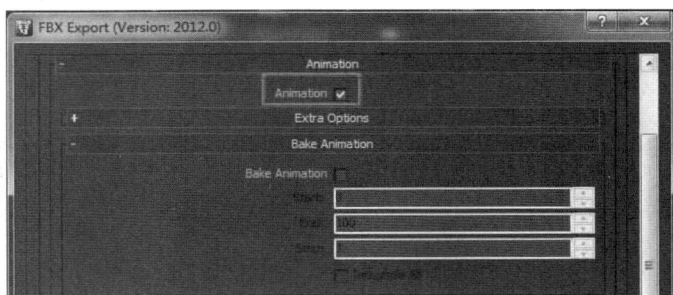

图 6-24　启动动画数据导出

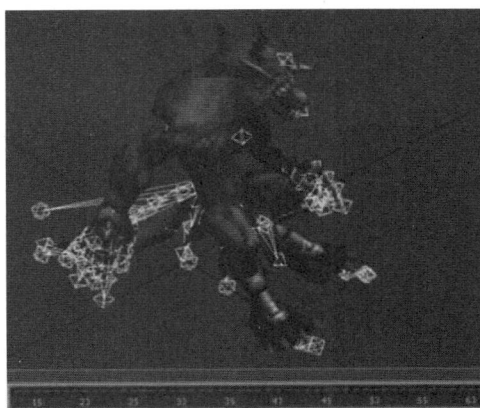

图 6-25　塌陷后的骨骼动画

6.2　总结

Unity3D 默认的一个系统单位为 1m,而且单位尺寸在 Unity3D 场景中尤为重要,它在很大程度上影响着物理模拟和灯光渲染的计算等,所以,在使用第三方三维建模软件进行建模和导出之前,需要先统一该软件的系统单位,同时在 Unity3D 中尽量保持场景模型尺寸的合理性。如果对尺寸没有把握,可以在场景中创建一个默认的立方体,该立方体尺寸为 1m×1m×1m,我们可以以此作为模型尺寸的参考。

在导出带有贴图的模型之前,先要把这些贴图拷贝到游戏工程目录下的 Assets 目录中的任何位置,然后在第三方建模软件中关联这些贴图,最后再导出模型文件格式。我们在制作贴图时需要保证它的尺寸为 2 的 n 次幂,这样可以优化游戏运行的渲染效率。同时尽量将模型、贴图和材质命名为有意义的名称,这样可以方便资源的管理。在模型方面,除了使得模型的顶点数和面数尽量少之外,另一个需要注意的地方是,每一个多边形尽量保持在 3 条边或者 4 条边(这 4 条边必须共面)以内,而且每个多边形都不能太窄或者太宽,具体在建模方面和贴图方面的要求可以通过网络搜索到很多资料。

6.3　练习题

(1)列举 Unity3D 目前支持的三维模型文件格式。

(2)对比使用第三方建模软件的存档文件(比如 Maya 的 Mb 格式,3Ds Max 的 Max 格式等)和使用 FBX 格式导入 Unity3D 的区别。

(3)在第三方建模软件中制作一个模型并贴上贴图,导出为 Unity3D 中能够识别的格式,并导入到 Unity3D 中。

(4)描述 FBX Import Settings 的属性。

(5)请说出 Unity3D 中的系统单位,同时如何在第三方三维建模软件中设置单位使得模型的尺寸单位与 Unity3D 中的系统单位相吻合。

(6)描述在模型导出前需要注意的问题。

(7)次时代游戏建模是目前最为流行的三维建模流程,请查找资料,描述次时代游戏建模有哪些流程,并说明为何称为次时代游戏建模。

(8)随着技术的发展,次时代游戏建模运用了一种称为 PBS(或 PBR)的建模流程,请查找资料,何为 PBS(或 PBR),它与其他次时代建模流程有何区别和优点。

07

CHAPTER SEVEN

第 7 章

贴图、材质与 Shader 着色器

Unity 5.X

本章内容

在现实生活中,物体呈现在我们面前的除了形体之外,还包括固有颜色和它的质地(质感和光学属性)。其中物体的固有颜色反映的是该物体的本来颜色,例如大理石的纹理颜色、茶杯上的花纹、可口可乐罐上的商标图案等等,而质感决定于该物体是由什么材质制作的,例如是金属还是木头,是玻璃还是陶瓷等等,材质决定了光线作用在该物体上的光学效果。

在制作三维场景时,最基本的流程是使用三维建模软件中的建模工具创作物体的形态,使用贴图表现物质的固有颜色,使用材质表现物体的质感,如图 7-1 所示。我们知道,一个物体的质地可以通过触觉和视觉来判断。但在计算机视觉中,主要是通过视觉来判断一个物体的质感,因此,需要研究不同的材质在视觉上的表现是怎么样的。

图 7-1　不同材质的效果

在传统的材质创作流程中,主要由固有颜色(也称为物体的纹理或漫反射颜色 Diffuse Color)、质感(主要由高光(Specular)属性)、光学属性(反折射(Reflection/Refraction)、自发光(Self-illumtnation)和透明(Transparent))等决定。这种传统的材质一般利用 Lambert、Phone 和 Blinn-Phone 等光照算法模型来实现。但是,以上的属性大多较为抽象,艺术家在创作材质时需要依靠丰富的艺术经验积累。而在创作较为真实的材质时流程较为随意,缺乏统一性,最重要的一点是传统的材质在环境光照等效果方面相对较弱。

随着光照算法模型的发展,现在很多游戏引擎都采用一种称为"基于物理渲染/着色"(Physically Based Rendering/Shader,PBR 或 PBS)的光照模型替换传统的光照模型,如 Unity3D 5.x 和 Unreal 4 等等。

7.1　贴图(Texture)

以前,因为实时渲染技术还未成熟,贴图常常除了用于表现物体的固有颜色之外,还用于表现物体的高光等物体质感,但是随着实时渲染技术的逐渐成熟,使得贴图越来越倾向于只用于表现物体的固有颜色,而高光和光学特性的表现则被分配给着色语言来完成。在 Unity3D 中,贴图根据功能的不同被分为二维贴图、立方体贴图、视频贴图、实时渲染贴图和动态程序贴图等等。

　　一般我们使用的是二维贴图。二维贴图是一张普通的图片,它以某种方式(由 UV 坐标决定或者贴图映射等)贴附在模型或者粒子上,它决定了游戏对象模型的固有颜色。同时出于对渲染效率的考虑,游戏的模型顶点数和多边形数都不能太多,所以很多的细节都需要靠贴图来表现。如图 7-2 至图 7-4 所示。

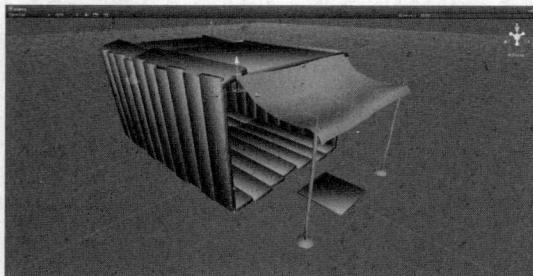

图 7-2　无添加贴图　　　　　　　　　　　图 7-3　添加贴图

图 7-4　贴图

　　目前 Unity3D 支持的图片文件格式有 PSD、TIFF、JPG、TGA、PNG、GIF、BMP、IFF 和 PICT。我们一般使用 PSD、TIFF 和 TGA 等无压缩或者无损压缩的高质量高分辨率图片文件格式来制作贴图,这样可以尽量地保证图片信息不会过分地丢失,直到在发布游戏之前再根据需要修改图片的质量和分辨率,从而提高游戏的运行效率和减少游戏的文件体积。当图片具有分层信息时,建议采用 PSD 和 TIFF 等具有多个图层的图片格式,这些格式在导入 Unity3D 中时会自动把这些图层合并,但对于原文件来说这些图层信息还保存着,这种方法方便我们对贴图进行修改。

　　在制作除 GUI 贴图之外的贴图,例如游戏模型的贴图时,建议贴图的尺寸为 2 的 n 次幂,比如 2、4、8、16、32、128、256、512、1024 和 2048pixels 等等。但是贴图的长和宽可以不相等。如果贴图的尺寸不是 2 的 n 次幂,那么在导入 Unity3D 中时会自动把它适配到 2 的 n 次幂的尺寸,但此时出现的一个问题便是贴图可能被拉伸变形。

7.2　PBS 关键属性介绍

　　PBS 这种新的光照模型相对于传统的光照模型来说能够模拟更加自然的光照交互（反折射、吸收）效果，从而更方便地创建真实的材质效果。由于其算法更多地利用光线与物体之间的真实物理现象来进行建模，因此这种光照模型也就被叫作"基于物理的渲染"。同时，由于 PBS 的很多属性都是根据现实中的质地来进行计算的，因此可以做到参数化，进而统一同种纹理的参数数值，例如，木炭、铝、铜等质感都有较为固定的颜色值。

　　在 PBS 光照模型中，主要由 3 个属性来确定物体的材质，分别是固有颜色（Albedo/Base Color）、金属度（Metallic）、光滑度（Smoothness）。

7.2.1　固有颜色（Albedo）

　　每个物体都有其自身的固有颜色，例如黄铜，本身便有一种偏黄的固有颜色（R:255，G:230，B:150），而黑炭则是黑色（R:50，G:50，B:50）的[1]。PBS 中的 Albedo 属性用于表示该物体表面的本来颜色。Albedo 可以是纯色的，也可以是复杂的固有颜色纹理贴图。对于纯色的表面，可以利用已经试验获得的标准化材质参数进行设置，如图 7-5 所示。

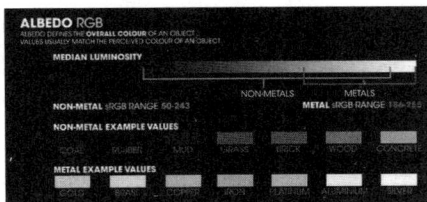

图 7-5　不同材质的 Albedo 属性颜色值

　　在 PBS 流程中，Albedo 的固有颜色贴图只需携带该物体的固有颜色信息，而不携带任何的光影（如缝隙阴影等）信息，因此 Albedo 贴图看起来比传统的 Diffuse 贴图要亮很多，如图 7-6 所示。

(a)　　　　　　　　　　　　(b)

图 7-6　(a)传统的光照模型与(b)PBS 光照模型对比[2]

---

①　http://docs.unity3d.com/Manual/StandardShaderMaterialCharts.html。

②　http://www.marmoset.co/toolbag/learn/pbr-conversion。

7.2.2 金属度（Metallic）

金属度属性可以控制物体表面看起来是金属的还是非金属的。在 PBS 光照模型中，通过该属性计算一个物体的高光强度、高光范围和菲涅尔现象等等。在控制该属性时，一般只取 0 或 1，0 表示非金属，1 表示金属。而当金属度取 0～1 之间的数值时，主要用于表现表面覆盖有灰尘等脏东西的效果。

由于 PBS 的光照模型考虑了光照能量守恒的现象，因此，当表面为金属时，则会反射更多环境中的光线而削弱了固有颜色的显示，如果表面为非金属，则固有颜色会呈现出来，而削弱反射效果。这样便能保证物体表面的光线不会超出入射的光线，使得材质看起来更真实，如图 7-7 所示。

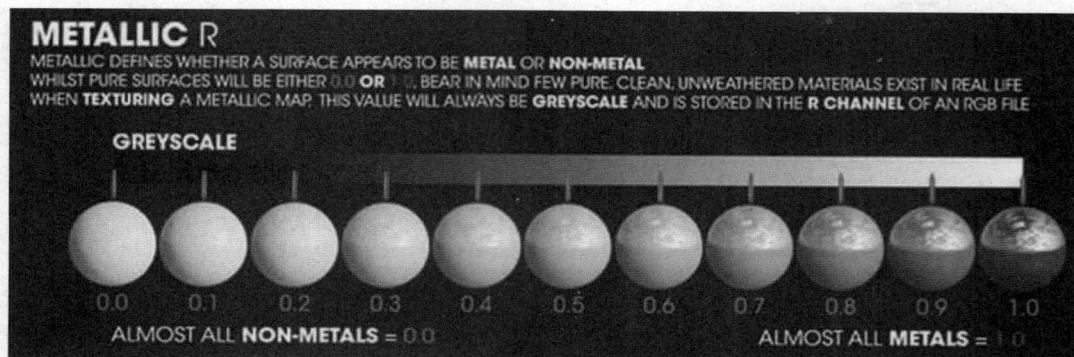

图 7-7　不同金属属性的效果

金属属性也可以利用贴图来控制。利用贴图控制，可以使得一个物体的不同部分表现出不同的质感，例如一支圆珠笔，这支笔的笔头是用金属制作的，而笔握的部分是由塑料制作的。对于金属，利用该贴图中的红色通道作为金属度的控制，像素值越高（越白）则表示该部分的金属度越高，像素值越低（越黑）则表示该部分的金属度越低。如图 7-8 所示。

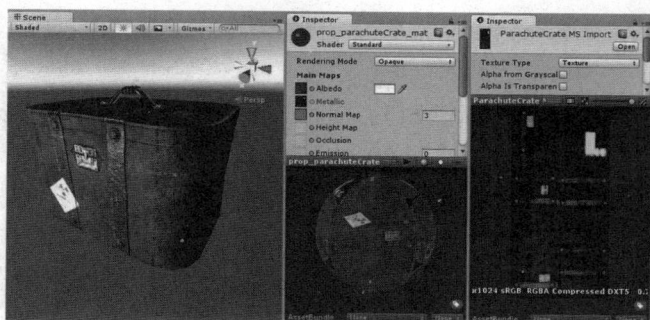

图 7-8　利用贴图控制物体表面不同部位的金属属性

7.2.3 光滑度（Smoothness）

任何物体表面都会有粗糙与光滑之分，例如磨砂玻璃和抛光玻璃。在 PBS 模型中，被称为"微表面细节"（Microsurface Detail）。当表面越光滑，光线反射越集中，反射效果越清晰，反之当表面越粗糙，则光线反射越发散，反射效果越模糊。如图 7-9 所示。

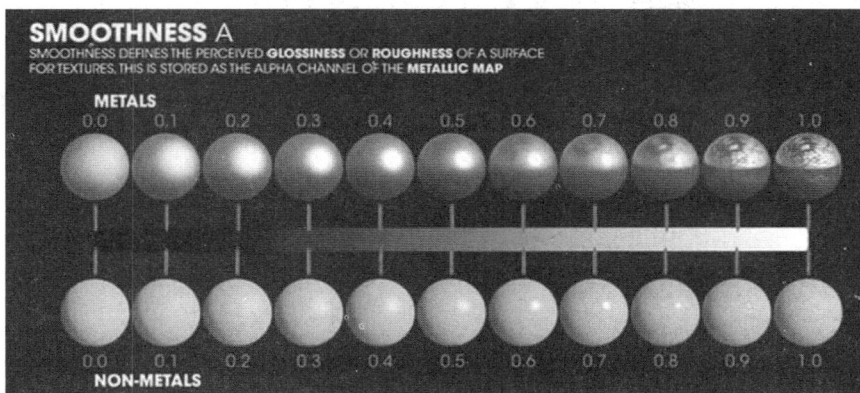

图 7-9　不同光滑度属性的效果

默认情况下，光滑度的取值范围也是 0～1，0 表示表面是最粗糙的，1 表示表面是最光滑的，而介于 0 到 1 之间的值则表示光滑度介于最粗糙与最光滑之间。同样，光滑度也可以利用贴图来控制。而该属性的贴图控制是利用金属贴图中的 Alpha 通道来实现。

7.3　PBS 其他属性介绍

以上的 3 个关键属性（Albedo、Metallic、Smoothness）决定了物体的材质质地，而以下的 4 个属性则主要用于增强对材质视觉细节的显示。这 4 个属性分别是法线贴图（Normal Map）、高度贴图（Height Map）、环境遮挡贴图（Occlusion Map）以及自发光（Emission）。

7.3.1　法线贴图（Normal Map）

由于游戏需要进行快速的实时渲染，所以就必须有很高的渲染速度（或者是较高的帧速率 FPS），其中一个影响帧速率的因素便是场景中模型的顶点数或面数。一般而言，顶点数越多，需要消耗的渲染时间就越长，因而渲染速度也就变慢，反之，顶点数越少，需要消耗的渲染时间越短，因而渲染速度就越快。

减少顶点数，最直接的后果就是造成模型细节的减少。如何在保持较低顶点数的条件下，增加模型的视觉细节呢？这就是法线贴图技术诞生的原因。

法线贴图，是一张保存有模型表面细节法线的贴图。在引擎中，通过法线贴图提供的法线信息与光线的计算，便可以呈现更多的表面细节，例如划痕效果、凹凸效果等等，因此法线贴图也被称为凹凸贴图（Bump Map）。通过法线贴图，这些凹凸细节可以不需要利用真正的顶点和面来表达。如图 7-10 所示。

(a)　　　　　　　　(b)　　　　　　　　(c)　　　　　　　　(d)

(a)没有设置法线贴图,(b)为设置了法线贴图,(c)为 Albedo 贴图和 Normal 贴图

图 7-10　法线贴图的效果

7.3.2　高度贴图(Height Map)

在 Unity3D 5.x 中,高度贴图也被称为视差贴图(Parallax Map),可以理解为对凹凸贴图的补充。因为法线贴图只是在视觉上产生凹凸的效果,并不会真正改变模型,所以从一些角度上,可以发现法线贴图是平的。因此,为了在一定程度上弥补这个缺陷,所以便有了高度贴图的技术。这种技术其实也不是真正改变模型顶点,但是在细节上能够产生一定的凹凸所带来的遮挡效果。

高度贴图是一张带有黑白灰的贴图,黑色表示下凹,白色表示上凸,灰色则是介于两者之间。如图 7-11 所示。

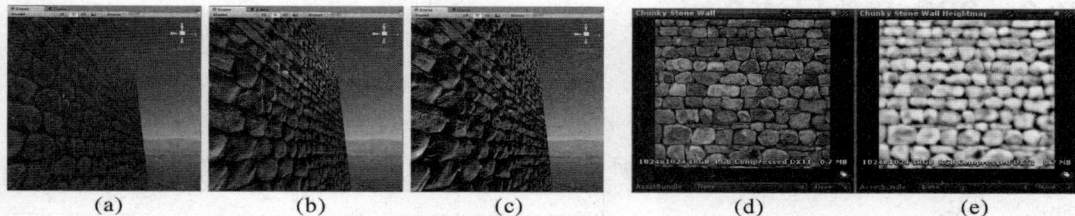

(a)　　　　　　(b)　　　　　　(c)　　　　　　　　(d)　　　　　　　(e)

图 7-11　(a)、(b)、(c)分别是 Albedo、Normal 和 Height 效果,(d)、(e)为 Albedo 和 Height 贴图

7.3.3　遮挡贴图(Occlusion Map)

在现实生活中,由于物体表面的凹凸会使得凹的部分接收到的光照(更多的是间接光照,如环境光)比凸起的部分要少一些。所以使得凸起的部分比凹下的部分要亮一些,这种效果也称为环境光照遮挡(简称环境遮挡,英文为 Ambient Occlusion,也称 AO 贴图)。这种效果能够加强物体表面的细节效果和空间关系。但是对于利用法线贴图和高度贴图产生的凹凸效果,引擎并不能计算出这些凹凸之间的环境遮挡效果,所以需要人为地为表面提供这些信息。而遮挡贴图就是用于产生这种效果的。遮挡贴图也是一张携带黑白灰信息的贴图,黑色表示接受的光照最少,白色表示接受的光照最多,灰色则是介于两者之间。如图 7-12 所示。注意砖块与砖块之间缝隙的效果。

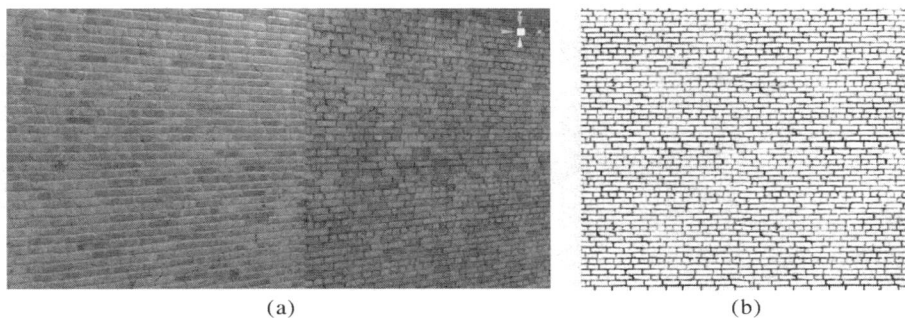

(a) (b)

图 7-12　(a)右侧未设置遮挡贴图,左侧为设置遮挡贴图,(b)为遮挡贴图

7.3.4　发光属性(Emission)

默认情况下,物体表面只能接受外界的光照,但如果要创作如显示器、太阳、灯泡等发光的物体,则需要使用到发光属性。发光属性也称为自发光(Self-illumination)属性。这个属性并不是真正意义上的灯光(但在烘焙光照贴图时,可以使得自发光表面产生间接的光照效果),但是从视觉上,会感觉它是一个发光体,因为它会削弱或者屏蔽其他光源对它的作用。

发光属性可以利用纯色控制,也可以利用贴图来控制。如图 7-13 所示。

图 7-13　自发光贴图

7.3.5　菲涅尔效果(Fresnel Effect)

当你站在清澈的湖边,可以发现离我们较近的水面是比较透明的,而远处的湖面却并不透明,而是反射非常强烈。这就是所谓的"菲涅尔效应"。也就是说,当视线垂直于表面时,反射最弱,而当视线非垂直于表面时,视线与表面法线之间的夹角越大,则反射越明显。除了水,其他物质如金属等其他材质都会有不同程度的"菲涅尔效应"。例如球形的菲涅尔现象,可以发现球的边缘会发生较强的反射效果,而其中心位置的反射效果较弱,从而可以用于模拟轮廓光。

在传统的材质工作流程中,菲涅尔效果的实现需要人为地创作,但在 PBS 中,则会自动根据材质的金属度和光滑度等来实现,这种效果,而并不需要人工的制作。如图 7-14 所示。

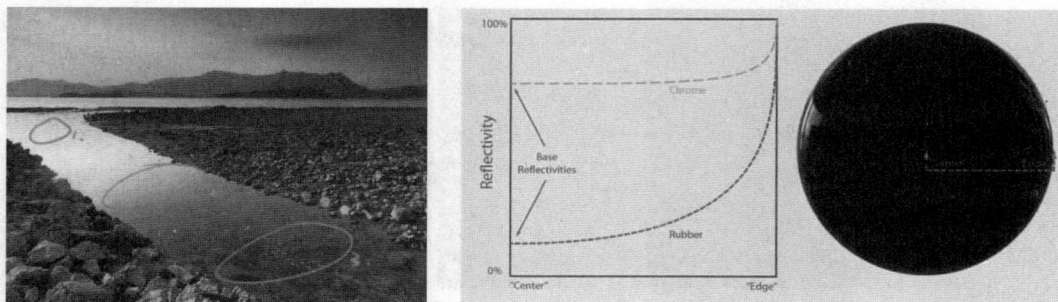

图 7-14　菲涅尔现象

7.4　PBS 范例

下面以一幢房屋为例,介绍如何利用 PBS(Albedo、Normal、Metallic 和 Occlusion 贴图)来为房屋设置材质。效果如图 7-15 所示。

[1] 新建工程,名为 Chapter07-PBS,并导入 Chapter07-PBS 资源包,如图 7-16 所示。

图 7-15　最终效果①

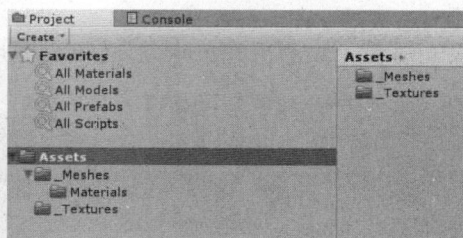

图 7-16　导入资源包

[2] 在_Meshes 目录下,找到 Building 模型,拖到场景中,如图 7-17 所示。

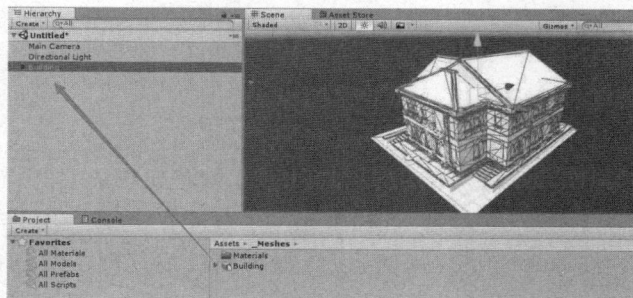

图 7-17　把 Building 拖到场景中

[3] 选择场景中的 Brick1 模型,在 Project 窗口的_Textures 目录中找到 Brick1_Albedo 贴图,把它拖到模型的 Brick1_M 材质上,此时,Brick1 模型便显示出它的固有颜色,

---

① 本模型为我的学生李慧妍制作。感谢来自杭州点染网络科技有限公司刘柱老师的指导。

如图 7-18 所示。

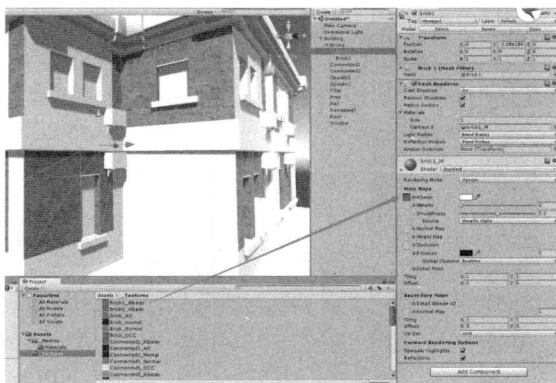

图 7-18 把 **Brick1_Albedo** 贴图赋给 **Brick1_M** 材质中的 **Albedo** 属性

[4] 同样,把 Brick_Normal 法线贴图赋给 Normal Map 属性,并把 Normal Map 属性的值设置为 2,此时墙面的砖块便有了凹凸效果,如图 7-19 所示。

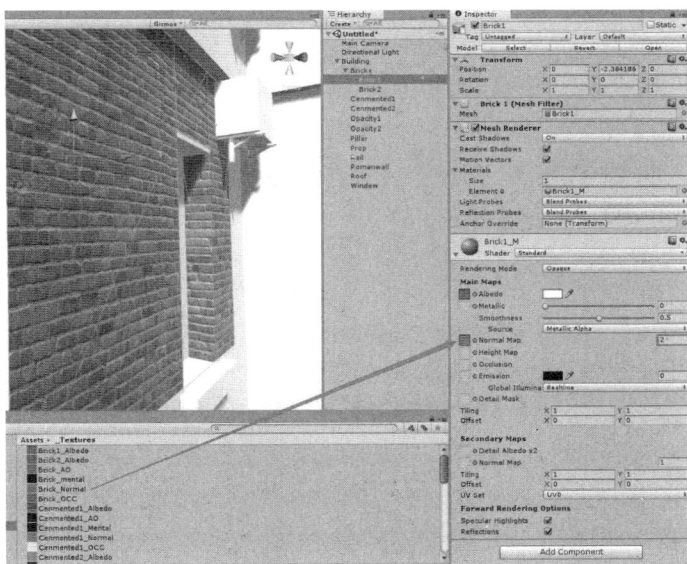

图 7-19 为墙面添加法线贴图

[5] 把 Brick_Mental 贴图赋给 Metallic 属性,用于控制材质的金属度和光滑度(贴图的 R 通道控制金属度,Alpha 通道用于控制光滑度),如图 7-20 所示。

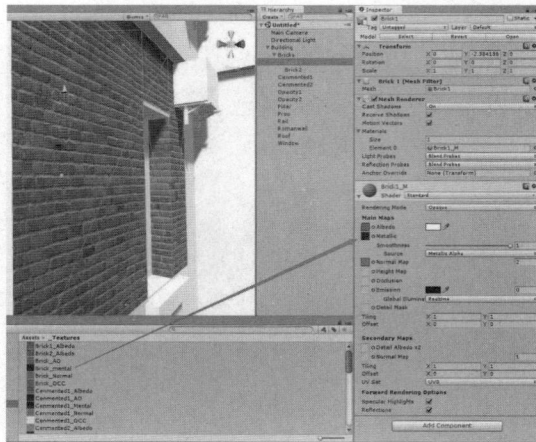

图 7-20　为墙面添加 Mental 贴图

[6] 把 Brick_OCC 赋给 Occlusion 属性，用于加强细节的阴影，提高墙面砖块的空间感，并调整 Occlusion 的强度值为 0.5，如图 7-21 所示。

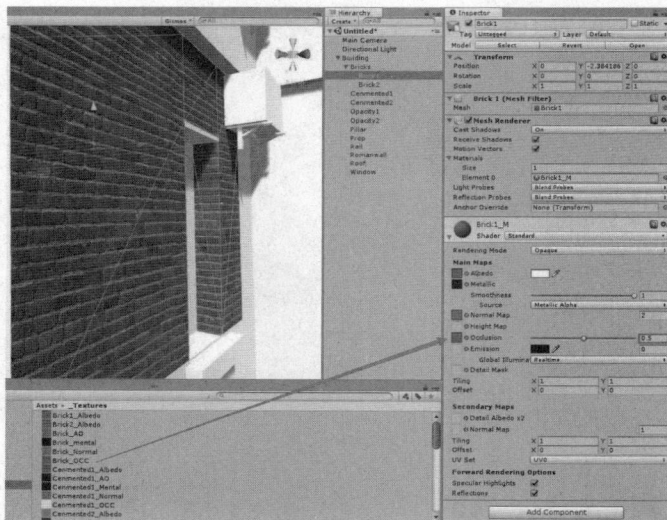

图 7-21　为墙面添加 Occlusion 材质

[7] 以此类推，为 Brick2、Cenmented1、Cenmented2、Pillar、Prop、Opacity1、Romanwall、Roof 添加对应的贴图，操作与以上类似，这里不再赘述。当前建筑效果如图 7-22 所示。

以上的材质都是不透明材质，但在游戏场景中，经常会使用到透明贴图来模拟镂空的效果，例如栏杆之类的物体，这样可以在减少模型面数的情况下增强模型的视觉效果。

在 Unity 的标准（Standard）材质中，提供了

图 7-22　当前建筑效果

4 种材质渲染模式,分别是不透明(Opaque)、裁剪(Cutout)、透明(Transparent)、渐变(Fade)。后 3 种渲染模式属于透明渲染模式。如图 7-23 至图 7-25 所示。

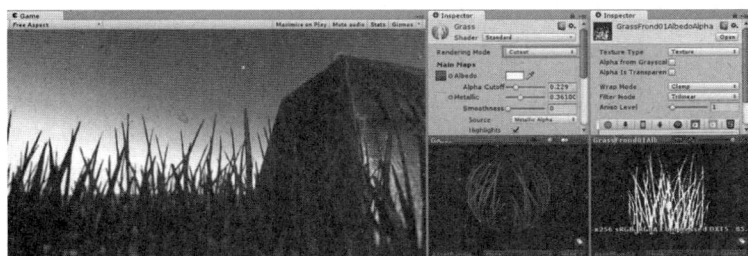

图 7-23　Cutout 效果

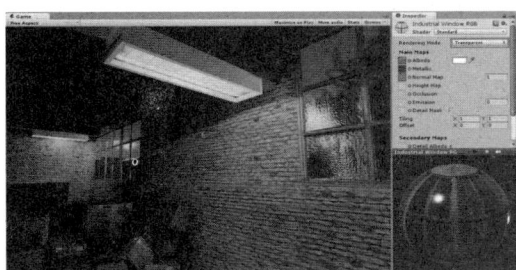

图 7-24　Transparent 效果　　　　　　　　　图 7-25　Fade 效果

● Cutout,利用带有 Alpha 透明通道的贴图控制材质的透明程度,这种渲染模式的特点是可控制材质的透明范围,但是在透明与不透明交界处的过渡较为生硬。这种渲染模式非常适合用来制作树叶、栏杆等等。

● Transparent,同样利用带有 Alpha 透明通道的贴图控制材质的透明程度。这种渲染模式在透明的部分其高光和反射效果仍然存在,比较适合制作透明玻璃和透光塑料等等。

● Fade,与 Transparent 类似,只是在透明的部分其高光和反射效果也会随着 Alpha 通道的数值改变而改变,如果是全透明,则其高光和反射效果会消失。

接下来,我们将利用标准材质提供的不同透明渲染模式,来实现房屋的栏杆效果。

[8] 选择场景中的模型 Rail,未加透明效果时,当前只是两个面片,如图 7-26 所示。

图 7-26　未加透明材质前的效果

［9］在 Project 窗口中找到 Rail_Albedo 贴图，并把它赋给 Rail_M 中的 Albedo 属性，效果如图 7-27 所示。

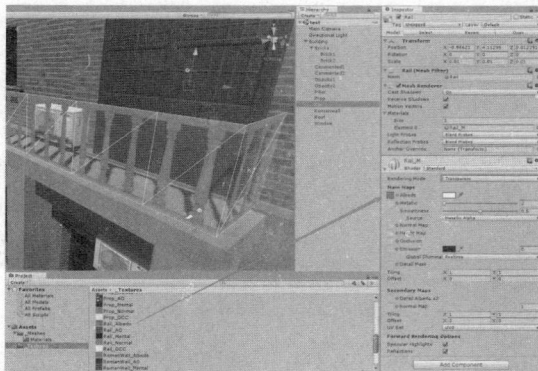

（Unity 会判断这张贴图中是否带有 Alpha 通道，如有，便会自动切换到 Transparent 渲染模式）

图 7-27　添加了 Rail_Albedo 贴图之后的效果

Rail_Albedo 贴图如图 7-28 所示。

图 7-28　带有 Alpha 通道的贴图

［10］为栏杆添加法线贴图，从而使其更有立体感。把 Rail_Normal 贴图赋给 Normal Map 属性，如图 7-29 所示。

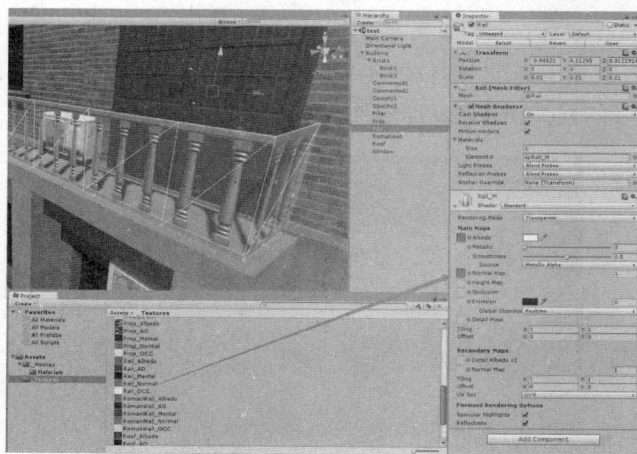

图 7-29　添加法线贴图之后的效果

［11］接着，分别为其添加 Metallic 贴图和 Occlusion 贴图，最终效果如图 7-30 所示。

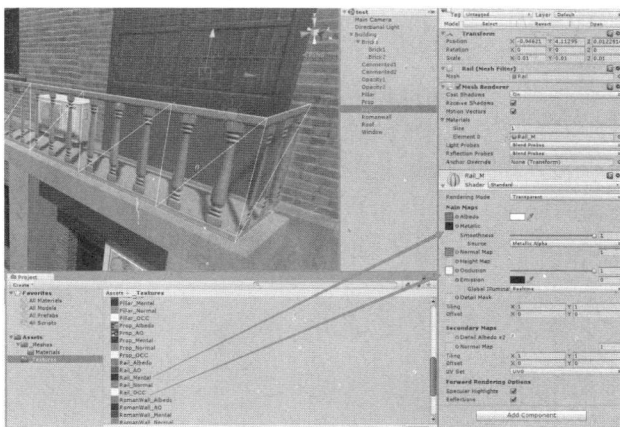

图 7-30　添加了 Metallic 和 Occlusion 贴图之后的效果

［12］此时你会发现，栏杆透明的部分也会有反光的效果，这是不正确的。需要把渲染模式修改为 Cut Out，最终效果如图 7-31 所示。

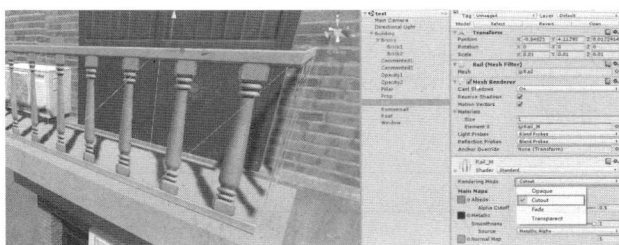

图 7-31　栏杆的最终效果

［13］最后是屋顶的边缘修饰。为了让屋顶的边缘更有层次感，在其上增加了作为修饰用的模型，如图 7-32 所示。

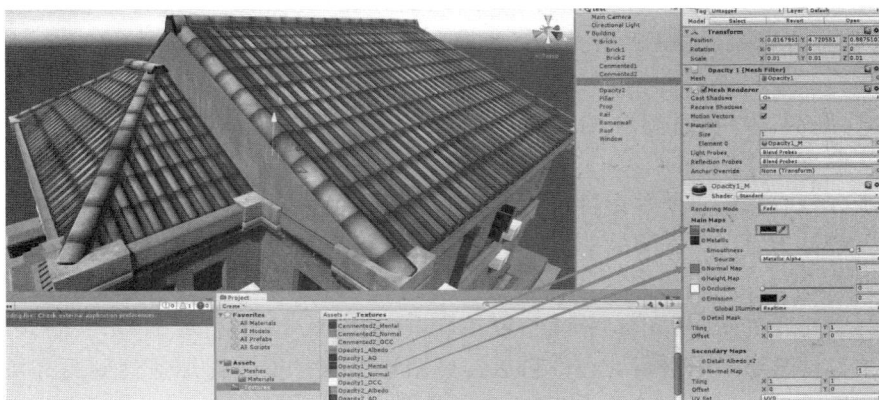

图 7-32　利用 Fade 渲染模式，增加屋顶边缘的层次感

至此，我们便完成了对该模型添加所需的材质效果。

7.5　着色器（Shader）

Unity3D 内置的材质都是由着色语言（Shader Language）编写实现的。Unity3D 提供了已经封装着色器功能的 API 来方便用户编写着色器,同时它也支持 Direct3D 的 HLSL 着色语言和 OpenGL 的 GLSL 着色语言以及 CG 语言。在介绍如何使用着色语言之前,先讲解着色语言的原理。这样,可以在以后的使用中更加清楚它的工作方式,从而编写出合适的着色器。

7.5.1　着色器的作用

目前图形渲染都是按照一定的运行流程来进行的,这种运行流程称为渲染管线。图形数据从管线的一端输入,经过各个图形处理模块的处理,最终在管线末端输出并把需要显示的内容输出到显示器上。它就像一个加工工厂的流水线一样,原料（图形顶点等数据）被送往车间的流水线上,经过一定的加工流程（图形处理模块）,最终生产出需要的产品（显示器上显示的效果）。了解渲染管线的流程,是编写着色器的基础。应用软件在进行图形渲染时,其一般的流程如图 7-33 所示。

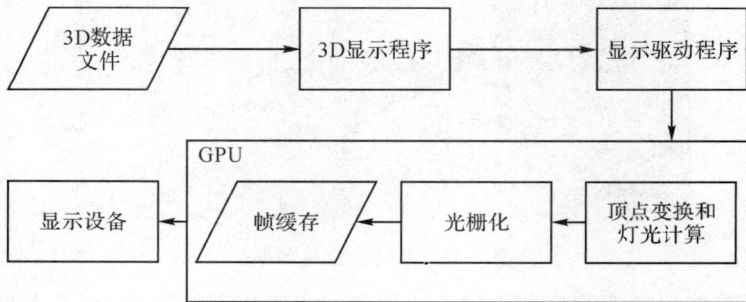

图 7-33　三维场景处理流程

● 3D 数据文件。现在的三维模型都是保存在某种格式的文件中的,例如 FBX、OBJ、Max、Mb、Md 等格式,当然也可以是由程序自动生成或者保存在内存中的数据。

● 3D 显示程序通过读取 3D 数据文件,并对其处理,比如数据识别、向显示硬件发送指令等。

● 所有的应用程序要与硬件进行通讯,需要有驱动程序作为软件与硬件的中间件,在渲染方面,需要渲染驱动程序,才能使得应用程序所发出的指令被 GPU 所识别。

● 图形处理单元（Graphic Processing Unit,GPU）。它是相对于 CPU 而言的,它专注于对图形图像进行处理。它通过对图形图像进行硬件加速达到提高渲染能力的作用。

● 顶点变换和灯光计算。对图形的顶点进行平移、旋转、缩放等操作和对图形场景数据进行灯光的计算。

- 光栅化。对 3D 图形场景进行像素化或者说是平面化。
- 把最终光栅化的数据存放到帧缓存中,便于显示设备的读取。
- 显示设备。从帧缓存中读取数据并显示在显示设备上。

以上的渲染流程是所有采用硬件加速的一般流程。在 GPU 层级,可以对该流程继续细化,也可以称为渲染管线。根据渲染管线的不同,可以分为固定渲染管线和可编程渲染管线两种。首先来看固定渲染管线的原理。

(1)固定渲染管线。

旧式的渲染管线是一种固定渲染管线,这种渲染管线的功能是固定的,只能通过调用它的接口来实现特定的功能,由于灵活性不高,所以很多预想的效果都不能实现,OpenGL 的工作管线如图 7-34 所示。

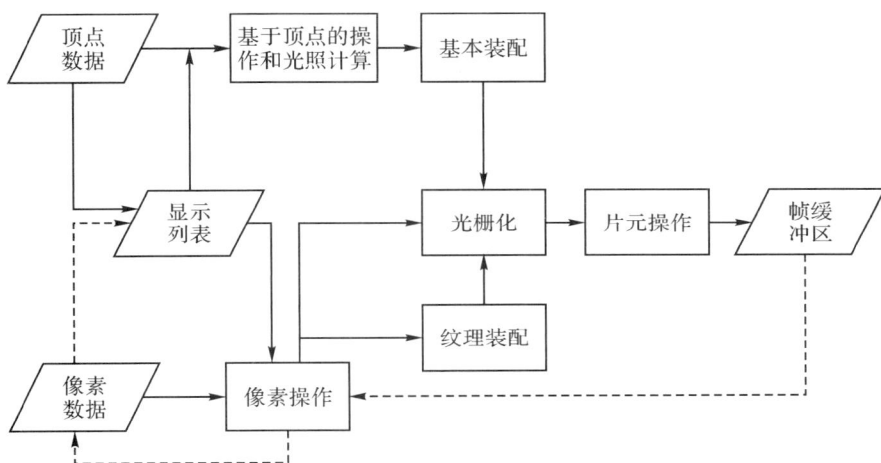

图 7-34　固定型渲染管线

- 顶点(Vertex)数据是模型的顶点信息,像素数据是除了顶点信息之外的数据,例如可以是贴图或者从帧缓冲区中获得的像素数据。
- 显示列表,用于保存任何数据,它可以是几何图元顶点数据或是像素,当中的数据可以在当前或者以后使用。当然,数据也可以不用保存在显示列表中而是立即被处理。
- 基于顶点的操作和光照计算。用于对顶点进行变换,从一个空间坐标系转换到另外一个空间坐标系,进行纹理坐标的计算等操作,还有如果场景中有灯光信息,还需要综合变换后的顶点、表面法线、光源位置、材质属性以及其他光源信息进行光照计算,产生最终的颜色值。
- 基本装配。从上一个流程中获得最终的数据,经过裁剪、透视效果计算等操作,把顶点装配成图元,也就是通过不同的装配方法把顶点转配成例如三角面片等基本形状。
- 像素操作。该操作对像素信息进行处理,例如解压、解码、缩放、偏移等操作。该处理单元的数据来源可以是图片文件或者是显示列表或者是从帧缓冲中获取。
- 纹理装配。纹理,通俗说,就是模型上的贴图,该处理模块会根据需要对贴图进行处理使其适合作用于模型上,而且提供了贴图优化的机制,例如采用纹理对象和纹理内存等。

● 光栅化。就是把几何图形的数据和像素数据进行片元(Fragment)的过程。每个片断方块对应于帧缓冲区中的一个像素。对于纹理操作,从纹理内存中为每个片断生成一个纹理单元(Texel),并反过来作用于片元上,接下来组合主颜色和辅助颜色,如果开启了雾效,还会经过一次雾效计算。前面一步生成了最终的颜色和深度,如果这些数据有效,要执行裁剪测试、Alpha 测试、模板测试和深度缓冲区测试。如果某个片断的某个测试没有符合条件,那么便终止处理。随后,执行混合、抖动、裸机以及掩码操作等等。最后,把处理完成的片元输送到适当的缓冲区,最终成为一个像素保存在缓冲区中。

在以上展示的渲染管线中,所有的功能都是固定的,只能通过调用图形渲染库的 API 完成有限的功能,所以也叫作固定渲染管线。固定渲染管线虽然在三维图形渲染技术发展中起到了举足轻重的作用,但是随着用户要求的提高,其有限的控制已经逐渐不能满足需求了。

(2)可编程渲染管线。

随着显示技术的发展,传统的固定渲染管线已经被可编程渲染管线所取代。用于控制渲染管线的技术被称为可编程着色器(Shader)技术,该技术使用着色语言(Shader Language)实现渲染的操作。由于这种可编程性,使得开发人员可以更灵活地根据需要自定义渲染效果而不再受限于固定渲染管线的功能,从而实现了更多样的渲染效果。其原理如图 7-35 所示。

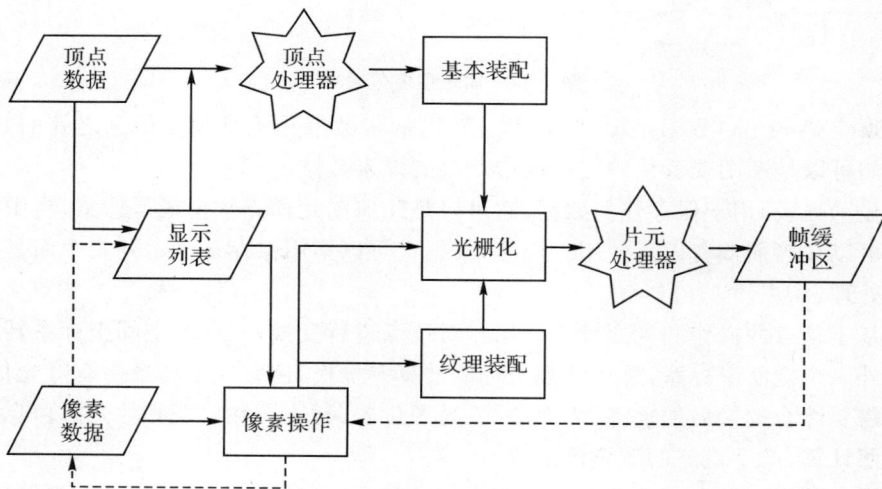

图 7-35　可编程渲染管线

对比固定渲染管线可以发现,"基于顶点的操作和光照计算"处理模块被"顶点处理器"取代,"片元操作"处理模块被"片元处理器"取代。

采用可编程管线程序员可以通过对"顶点处理器"和"片元处理器"进行编程来自定义效果。这两个部分的程序分别被称为顶点着色器(Vertex Shader)和片元着色器(Fragment Shader)。

1)顶点着色器。顶点着色器作用于顶点处理器(Vertex Processor)。顶点处理器是一种可编程的单位,它所操作的是输入的顶点值和与其相关联的数据。该处理器用于执行传统的图形操作,包括定点变换、法线变换以及归一化、纹理坐标生成、纹理坐标变换、光照以及彩色材质应用。这里需要注意的是,顶点着色器每运行一次只处理一个顶点,而且不能增删顶点,但是通过并行计算,可以同时运行多次顶点着色器。这是在编写顶点着色器时需要注意的地方。

2)片元着色器。片元着色器也被称为像素着色器,作用于片元处理器(Fragment Processor)。片元处理器是一个处理片元值以及相关联数据的可编程单元。片元处理器用来执行传统的图形操作,包括在插值得到的值上进行操作、访问纹理、应用纹理、雾化和颜色叠加等等。片元着色器用来描述片元处理器上执行的算法,它根据所提供的输入值生成输出值。这里需要注意的是,使用片元着色器不能改变片元的 x 值和 y 值,但可以用于执行特殊的纹理访问和纹理应用。片元着色器每运行一次只能处理一个片元,而且它不能访问其他的片元数据。所以在编写片元着色器时,需要注意每一个片元着色器每次只作用于一个片元。

3)如果不使用 Mac 或者 Linux 等操作系统进行游戏开发,在 Windows 平台下,一般使用 Direct3D 图形库进行开发。在 Direct3D 版本 10 以及以后的版本中,加入了一种称为几何着色(Geometric Shading)的处理单元,它位于可编程管线中"顶点处理器"与"基本装配"之间,通过它可以对模型顶点进行增删操作,从而达到细化模型等效果。虽然我们在制作游戏三维模型时,一般采用低模的方式,但是在 Direct3D 的渲染光线中,经过几何着色处理单元的处理,其模型会变得很平滑,次时代游戏的光滑模型效果和实时动态毛发效果,就是该着色处理单元的功劳。在 Unity3D 4.0 版本中,也全面支持了 Direct11 的功能(其中把细分曲面功能独立出来,放在几何着色器之前),如图 7-36 所示。

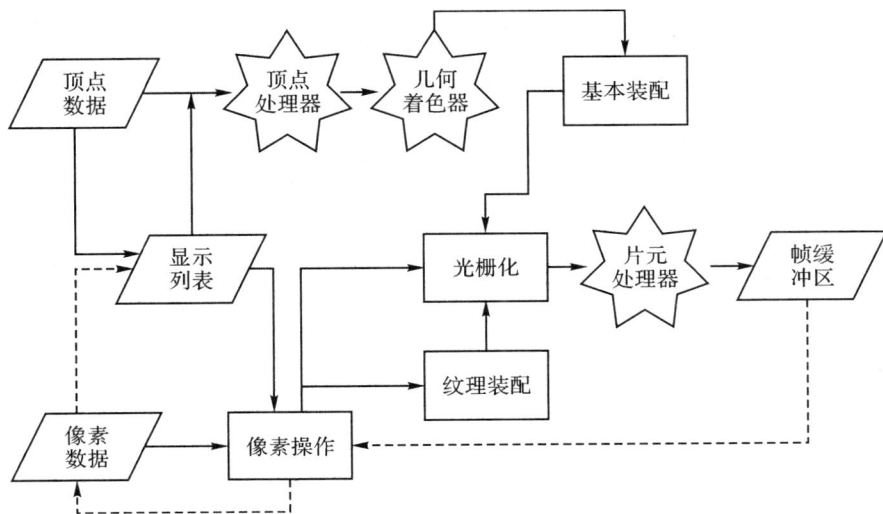

图 7-36 Direct3D 渲染管线

7.5.2 \ 着色语言

目前，使用的比较多的着色语言是 Direct3D 的 HLSL（High Level Shader Language）、OpenGL 的 GLSL（OpenGL Shading Language）以及 CG 语言。

（1）高级着色器语言（HLSL），是由微软开发的一种类似于 C 语言语法的着色器语言，它只能运用于 Windows 操作系统平台上，只能供 Direct3D 使用。

（2）OpenGL 着色语言（GLSL），也称为 GL Slang，它是由 OpenGL 组织建立的一种以 C 语言为基础的高阶着色语言。由于 OpenGL 的跨平台性，使得这样的语言能够运行于各种操作系统平台上，包括 Windows 平台、Mac 平台、Linux 平台、IOS 平台和 Android 平台等等。对于移动设备应用的开发，一般采用 OpenGL 的子集 OpenGL ES 中的 GLSL 开发。

（3）CG 语言是由 NVIDIA 公司开发的针对 GPU 编程的高级着色语言，它极力保留了 C 语言的大部分语义，并让开发者从硬件细节中解脱出来。

7.5.3 \ Unity3D 中的着色器

Unity3D 中所有的渲染都是通过着色器来完成的。前文列举的所有材质都是通过着色器来完成的。

（1）Unity3D 中包含的 3 种着色器。在 Unity3D 中，包含了 3 种不同用途的着色器。这 3 种着色器分别是：

1）表面着色器（Surface Shaders）

Unity3D 提供了一种称为表面着色器的着色器，它是比顶点着色器和片元着色器更高层的程序，而且它采用 Unity3D 的灯光渲染模式，同时支持前向光照（Forward lighting Path）和延迟光照（Deferred Lighting Path）两种渲染路径。采用这种着色器可以使用较简洁的方式实现更加复杂的着色效果，使得用户不用为复杂的灯光计算担心，只要编写少量的 CG 或者 HLSL 着色语言代码，Unity3D 便会自动生成其他一些所需的代码，而且可以有效地与多个实时灯光进行互动。这也是官方推荐的一种着色器。但是如果不需要任何光照效果，最好不要使用表面着色器。例如在编写 Image Effects 或者一些特殊的着色器，表面着色器是次要考虑的，因为该着色器会做一些无谓的光照计算。

2）顶点（Vertex）和片元着色器（Fragment Shaders）

如果需要实现一些表面着色器所不能完成的效果，可以使用这两种着色器。由于它们提供的程序库比表面着色器较为底层，所以实现与表面着色器同样的效果需要更多的代码来支持，而且也很难与光照进行互动。但是它的灵活性要比表面着色器要好得多。这两种着色器也同时支持 CG 或者 HLSL 着色语言。

3）固定功能着色器（Fixed Function Shaders）

用于那些不支持可编程渲染管线的硬件所写的着色器，它能够确保游戏在旧的硬件系统或简单的移动平台上渲染出正常的效果。

（2）Shader Lab 着色语言。

Shader Lab 着色语言是 Unity3D 专门用于组织着色器代码的一种语言，除了 Shader

Lab 提供的功能外,还可以调用 CG 或 HLSL 的着色器代码。使用 Shader Lab 要比使用 CG 和 HLSL 更为简单,在这里需要注意的是,表面着色器与顶点和片元着色器是用 CG 或 HLSL 语言编写的,而固定功能着色器则是完全使用 Shader Lab 着色语言编写的。

　　无论直接使用 Shader Lab 着色语言编写,还是使用 CG 或者 HLSL 来进行表面着色,都包含在 Shader Lab 着色语言的结构中。Shader Lab 着色语言的基本结构如下所示。

```
Shader " MyShader " ⦃
    Properties ⦃
        //用于声明各种属性,例如颜色、向量等等,这些属性将显示在 Unity3D 的材质属性面
        板中
    ⦄
    SubShader ⦃
//这里用于编写表面着色器、顶点和片元着色器或者固定功能着色器
    ⦄
    SubShader ⦃
        //当运行于比较旧的显卡上时所使用的简化的兼容版本
    ⦄
⦄
```

　　(3)使用 Shader Lab 着色器。下面介绍创建一个简单的 Shader Lab 着色器。

　　1) 打开 Unity3D,在 Project 窗口中点击鼠标右键,在弹出的下拉菜单栏中选择【Create】→【Shader】,创建一个 Shader 文件,并命名为 Basic,如图 7-37 所示。

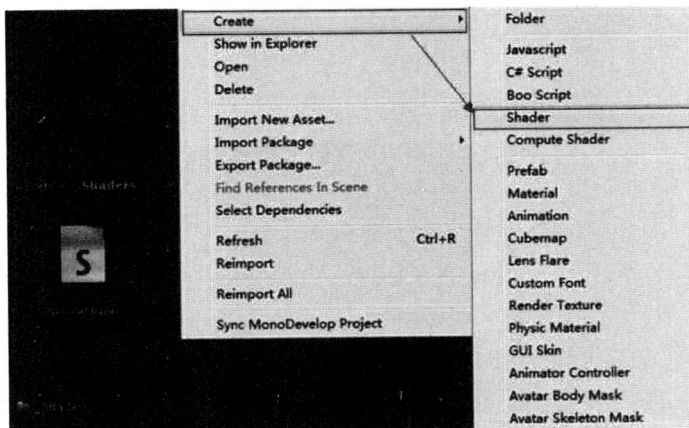

图 7-37　创建 Shader

　　2) 双击创建的 Shader 文件,打开脚本编辑器,删除自动生成的 Shader 程序,输入以下代码。

```
Shader " Tutorial/Basic " ⦃ //以 Shader 开头,Shader 名称为 Basic,并在 Tutorial 目录下
    Properties ⦃
        _Color (" Main Color ", Color) = (1,0.5,0.5,1) //定义主颜色的 RGBA 值,
```

```
                    (red=100% green=50% blue=50%alpha=100%)
        }
        SubShader {
            Pass {//每个通道作用几何物体被渲染一次
                Material {//定义一个采用顶点着色材质
                Diffuse [_Color]//材质的漫反射属性设置为上面的_Color 参数中的值
                }
                Lighting On//打开灯光
            }
        }
    }
```

3）保存该着色代码，回到 Unity3D 中，在场景新建一个球体 Sphere，如图 7-38 所示。

4）在 Project 窗口中新建一个材质（Material），并命名为 BaseMaterial，如图 7-39
所示。

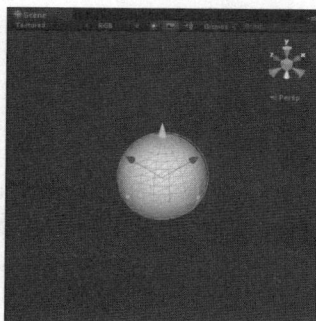

图 7-38 新建球体   图 7-39 新建的材质球

5）把这个材质拖到 Sphere 游戏对象上，如图 7-40 所示。

图 7-40 为对象添加材质

6）选择 Sphere 对象，在 Inspector 窗口显示该对象的组件属性，找到 BaseMaterial 属
性面板，在 Project 窗口中找到 Base 着色器，拖到 Shader 属性中，此时，Shader 中的材质
类型更改为 Tutorial/Basic，说明着色器已经添加完成，如图 7-41 所示。

图 7-41　修改材质球为刚创建的着色器

7）当场景中没有光照时，球体对象是黑色的，现在在场景中添加一个灯光，此时球体被照亮。在 BaseMaterial 材质中显示了我们在着色程序中添加的主颜色（Main Color）属性，现在改变它的颜色值，可以发现，材质的主颜色也随着参数的调节而变化。如图 7-42 所示。

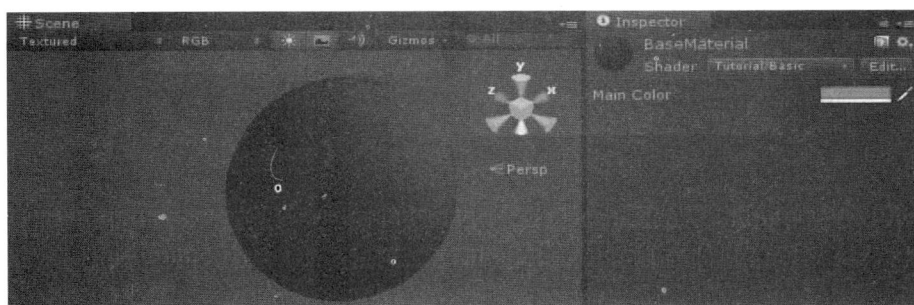

图 7-42　运用了刚才编写的着色器

（4）镜面反射 Shader。下面给出一个使用法线贴图实现屏幕被雨水打湿的着色器代码。该代码引自一位网友的例子。如图 7-43、图 7-44 所示。

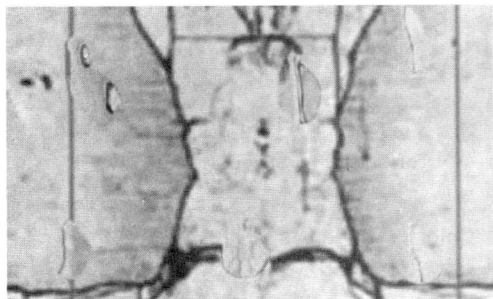

图 7-43　最终效果

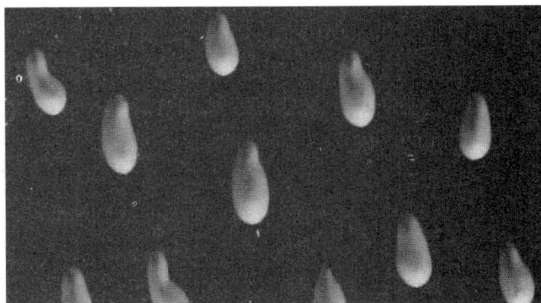

图 7-44　使用的法线贴图

下面为该着色器的代码,名称为 Image Refraction Effect. Shader。

```
1   Shader " Image Effects/Refraction "
2   {
3   Properties
4   {
5     _SpeedStrength (" Speed (XY), Strength (ZW)", Vector) = (1, 1, 1, 1)
6     _RefractTexTiling (" Refraction Tilefac ", Float) = 1
7     _RefractTex (" Refraction (RG), Colormask (B)", 2D) = " bump " {}
8     _Color (" Color (RGB)", Color) = (1, 1, 1, 1)
9     _MainTex (" Base (RGB) DON'T TOUCH IT! ;)", RECT) = " white " {}
10  }
11  SubShader
12  {
13    Pass
14    {
15    ZTest Always Cull Off ZWrite Off
16    Fog{Mode off}
17
18    CGPROGRAM
19    # pragma vertex vert_img
20    # pragma fragment frag
21    # pragma fragmentoption ARB_precision_hint_fastest
22    # include " UnityCG. cginc "
23    uniform samplerRECT _MainTex;
24    uniform sampler2D _RefractTex;
25    uniform float4 _SpeedStrength;
26    uniform float _RefractTexTiling;
27    uniform float4 _Color;
28    float4 frag (v2f_img i) : COLOR
29    {
30      float2 refrtc = i. uv * _RefractTexTiling;
31      float4 refract = tex2D(_RefractTex, refrtc+_SpeedStrength. xy * _Time. x);
32      refract. rg = refract. rg * 2.0-1.0;
33
34      float4 original = texRECT(_MainTex, i. uv+refract. rg * _SpeedStrength. zw);
35
36      float4 output = lerp(original, original * _Color, refract. b);
37      output. a = original. a;
38
39      return output;
```

```
40      }
41      ENDCG
42      }
43   }
44   Fallback off
45   }
```

下面是调用该着色器的代码（使用 C♯代码）Image Refraction Effect. cs。

```
1   using UnityEngine；
2   ［ExecuteInEditMode］
3   ［AddComponentMenu(" Image Effects/Image Refraction ")］
4   public class ImageRefractionEffect ：SlinImageEffectBase
5   {
6   // Called by camera to apply image effect
7   void OnRenderImage（RenderTexture source，RenderTexture destination）
7   {
8       ImageEffects.BlitWithMaterial(material，source，destination)；
9   }
10  }
```

由于使用顶点着色器和片元着色器以及 CG 着色语言等需要对 Direct3D、OpenGL
或者 CG 着色语言以及图形学知识有所了解，而且涵盖的内容比较多，有兴趣的读者可以
自行阅读相关的书籍材料，这里对该部分不做描述。

7.6　总结

本章着重介绍了 PBS 的关键属性，其中包括 Albedo、Metallic 和 Smoothness，以及起
到修饰作用的 Normal Map、Occlusion 和 Emission 属性。同时通过例子讲解如何利用贴
图设置这些属性，以及 Unity 标准材质的四种渲染模式（Opaque、Transparent、Cutout 和
Fade）。最后，初步介绍了 Unity 的着色语言以及原理。

7.7　练习题

（1）Unity3D 支持什么格式的图像文件格式，它对图像有什么要求？

（2）列举出 Unity3D 中共有的贴图类型。这些贴图的作用分别是什么？

（3）请描述贴图、材质和 Shader 之间的关系。

（4）搜集资料，谈谈 PBS 光照模型的基本原理。

（5）PBS 有哪些关键属性，以及这些关键属性的作用何在。

（6）Unity3D 支持 Substance 程序贴图格式，请查找资料，什么是 Substance 贴图，它
的优点是什么。

（7）请收集资料，谈谈基于 PBS 光照模型的建模流程，尝试使用第三方软件制作一个

模型,并利用 PBS 着色器来实现模型的材质。

(8)搜集资料,尝试编写某种着色效果的着色程序。

(9)除了 2D、静态的贴图,还有立方体贴图、视频贴图等,请查阅文档,总结所有的贴图类型,并说明它们的作用和使用方法。

08

CHAPTER EIGHT
第 8 章

光　源

本章内容

在 3D 游戏场景中,光源不仅可以用于照亮场景,还可以表现物体的空间关系、烘托
场景气氛等等。照亮场景自不用说,表现
物体的空间关系是由光线照射在此物体上
的强弱和色调变化以及光线作用于物体上
而产生的阴影等因素来决定;至于烘托场
景气氛,例如灯光的角度、灯光的强弱和灯
光的颜色,都可以用来表现场景的气氛。
光源的布置和属性设置是否恰当,在一定
程度上决定了该场景的质量。如图 8-1
所示。

图 8-1　Unity3D 的灯光

Unity3D 提供了 3 种基本的光源类
型,分别是:平行光(Directional Light)、点光源(Point Light)和聚光灯(Spot Light)①。每
种灯光类型的作用和参数都有所区别。接下来分别介绍这 3 种光源类型。

8.1　平行光(Directional Light)

平行光是由光源发射出的相互平行的光。使用平行光,可以把整个场景都照亮,可以
认为平行光就是整个场景的主光源,一般用于模拟太阳光或者月光等户外光线。如图 8-2
所示。

图 8-2　平行光

---

① 这 3 种光源属于直接光照,是可以做到实时渲染的。也有用于全局光渲染的间接光照(Indirec-
tional Light),这种光照需要采用光照烘焙贴图的技术。

8.1.1 \ 太阳光

［1］创建 Chapter8-Light 工程，导入 Light 资源包，打开里边的 Sun 场景，如图 8-3 所示。

［2］在主菜单中选择【Game Object】→【Light】→【Directional Light】，如图 8-4 所示。

图 8-3　打开 Sun 场景

图 8-4　添加平行光

［3］设置太阳光颜色。在场景中选择 Directional Light 对象，在 Inspect 窗口中设置它的 Color 属性，如图 8-5 所示。

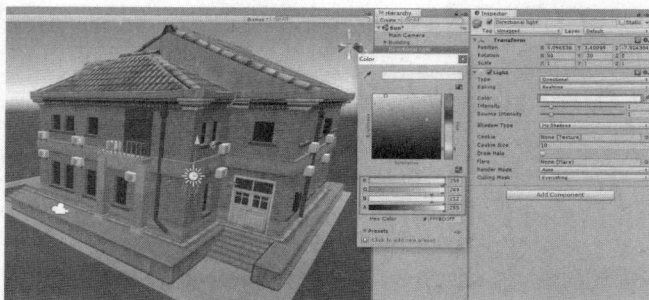

图 8-5　设置太阳光颜色

［4］设置太阳光的强度。选择 Directional Light 对象，在 Inspect 窗口中设置它的 Intensity 的值为 1.3，如图 8-6 所示。

图 8-6　设置太阳光的强度

［5］开启光照阴影。默认情况下，光照对象的阴影效果是关闭的，所以需要手动开启，如图8-7所示。

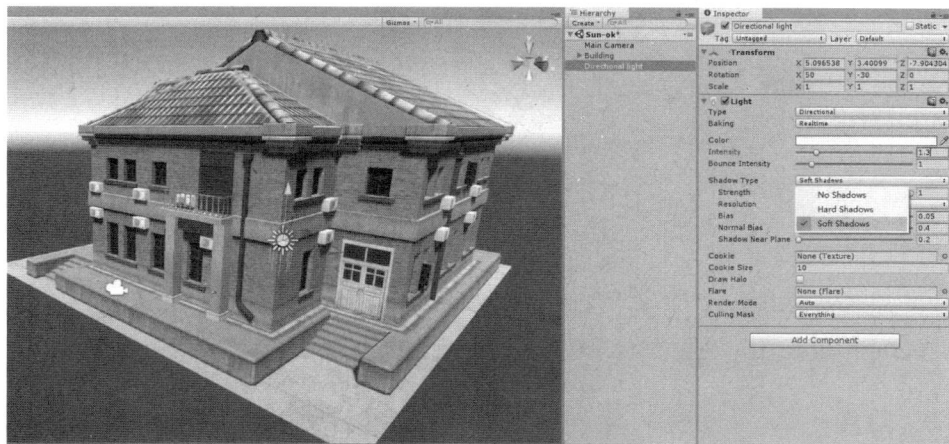

图8-7 开启阴影

［6］添加天空盒。在Unity5.X中，默认的天空盒是根据平行光的角度来自动生成，是属于较为简单的天空盒。如果需要细节较多的效果，需要重新置换天空盒，步骤如下。

在主菜单中选择【Windows】→【Lighting】，此时会弹出Lighting设置面板，如图8-8所示。

在Project窗口中找到Sky5×目录下的Sky5×2材质，并把该材质拖到Lighting面板中的Skybox属性中，如图8-9所示。

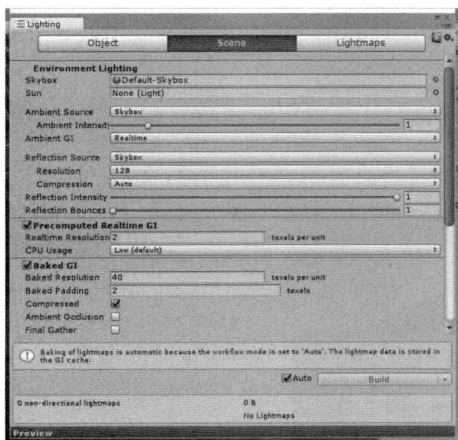

图8-8 Lighting设置面板

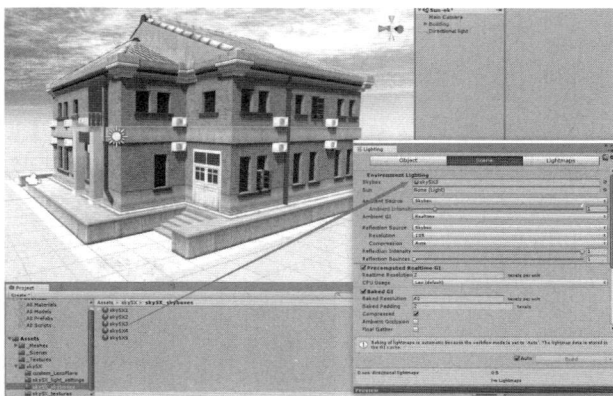

图8-9 修改Skybox之后的效果

根据天空盒太阳的位置，旋转Directional Light，使其角度对应天空盒。如图8-10所示。

图 8-10　旋转 Directional Light

至此,太阳光的设置便完成了。这里注意,平行光的光照方位只与它的旋转角度有关,而与它的位置无关。也就是说,无论平行光的位置在哪里,都不会影响光照效果。

8.1.2　月光

[1] 打开上面工程下的 Night 场景,如图 8-11 所示。

图 8-11　Night 场景

[2] 在主菜单中选择【Game Object】→【Light】→【Directional Light】,如图 8-12 所示。

图 8-12　添加平行光

［3］设置月光颜色。在场景中选择 Directional Light 对象，在 Inspect 窗口中设置它的 Color 属性，如图 8-13 所示。

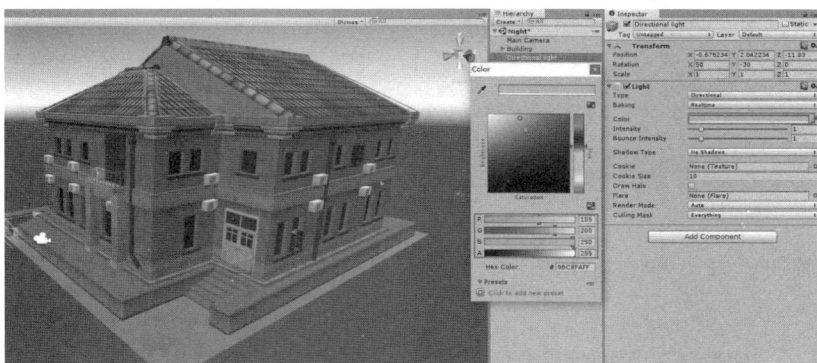

图 8-13　设置月光颜色

［4］设置月光的强度。选择 Directional Light 对象，在 Inspect 窗口中设置它的 Intensity 的值为 0.6，如图 8-14 所示。

图 8-14　设置月光的强度

［5］旋转 Directional Light 的角度为 x：56，y：－145，z：－125，如图 8-15 所示。

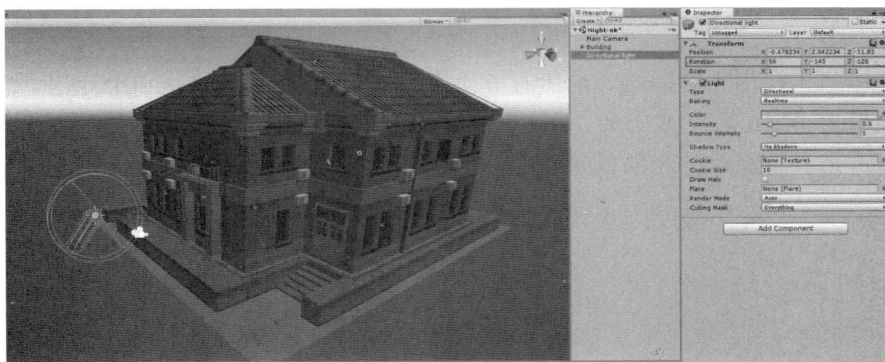

图 8-15　旋转灯光角度

［6］开启光照阴影。默认情况下，光照对象的阴影效果是关闭的，所以需要手动开启，如图 8-16 所示。

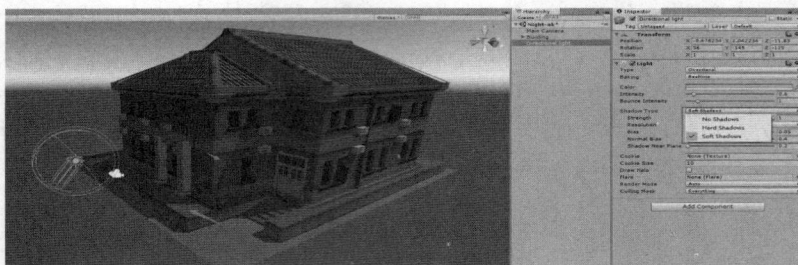

图 8-16 开启阴影

［7］置换天空盒。与太阳光的天空盒操作类似,只需把天空盒置换为 Sky5×5,如图 8-17 所示。

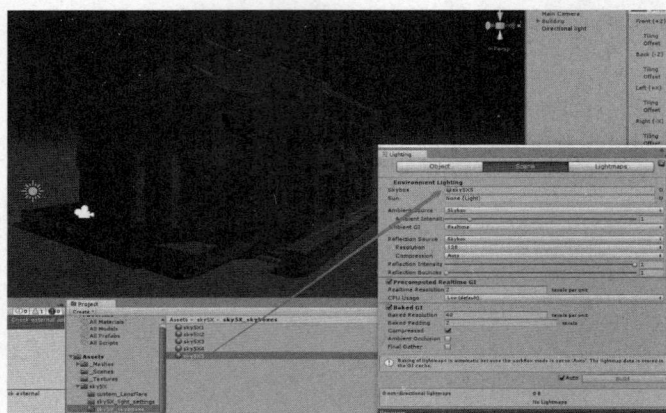

图 8-17 置换为夜空天空盒

从以上两个例子可以看出,设置太阳光和月光,最主要的区别是设置灯光颜色和强度。

8.2 点光源（Point Light）

点光源的光线由光源的中心向所有方向发出,可以将它想象成是一个灯泡,光线向四面八方照射出去,如图 8-18 所示。在游戏的开发中,点光源是用得最多的一种光源,可以使用点光源来制作爆炸的光照效果、灯泡效果等等。

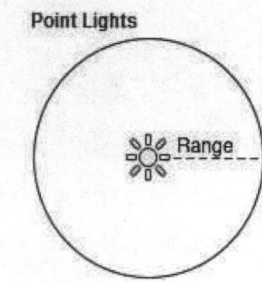

图 8-18 点光源

使用点光源

[1] 打开场景 Point Light，当前效果如图 8-19 所示。

图 8-19 初始场景

[2] 为房屋的窗户添加自发光属性。选择 Prop 模型，然后在 Project 窗口中找到 Prop_Emission 贴图，把它赋给 Prop_M 材质的 Emission 属性，并把该属性的颜色值设置为金黄色，如图 8-20 所示。

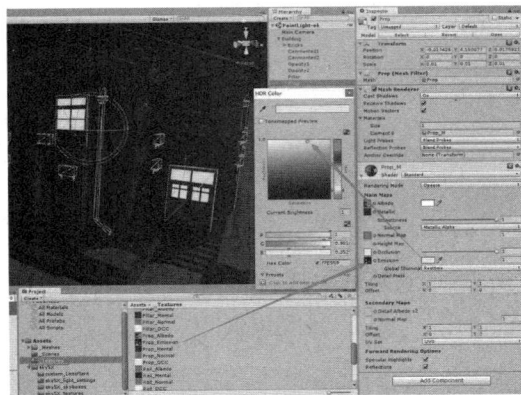

图 8-20 添加自发光属性

[3] 同样，为 Window 模型添加自发光材质，如图 8-21 所示。

图 8-21 添加自发光材质

245

〔4〕为房屋添加点光源。在主菜单中选择【Game Object】→【Light】→【Point Light】，接着把点光源放置在房屋的大门口，如图 8-22 所示。

图 8-22 添加点光源

〔5〕设置点光源颜色。选择场景中的 Point Light，把它的颜色设置成暖黄色，如图 8-23 所示。

图 8-23 设置点光源颜色

〔6〕设置点光源强度。把点光源的强度设置为 2，使其更亮一些，如图 8-24 所示。

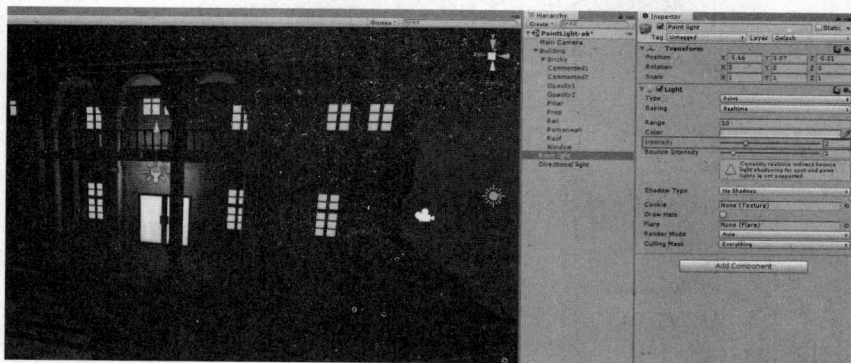

图 8-24 设置点光源强度

〔7〕开启阴影。当未开启阴影时，可以看出房子二楼也会被一楼的点光源照亮，这种效果是错误的，但可以通过开启光源的阴影来解决，同时增加画面的层次感，如图 8-25

所示。

图 8-25　开启阴影

［8］为其他窗口添加点光源。这一步可以通过 Ctrl＋D 的方式来复制已经存在在场景中的点光源来创建。选择场景中的 Point Light，按下 Ctrl＋D，可以发现场景中复制出了一个点光源。把这个点光源移动到二楼的窗户上，如图 8-26 所示。

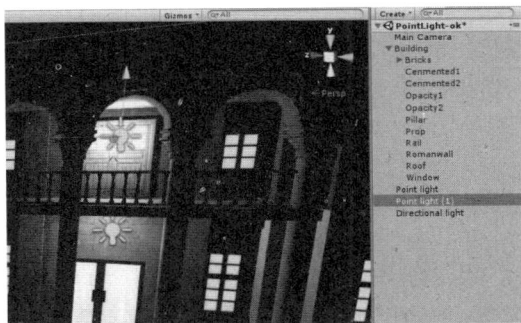

图 8-26　复制点光源

［9］修改点光源的强度和作用范围。选择 Point Light(1)，设置它的强度为 1，Range 为 5。其作用范围在 Scene 窗口中以一个黄色的球边框显示，如图 8-27 所示。

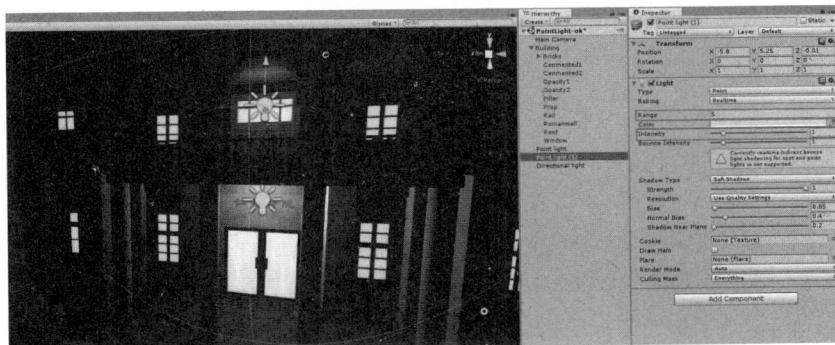

图 8-27　设置点光源强度和作用范围

［10］最后，对其他窗户进行同样的操作，最终的效果如图 8-28 所示。

图 8-28　最终效果

8.3　聚光灯（Spot Light）

聚光灯的光线是朝一个方向发射的，但与平行光相比，它的光线只在一个圆锥体的范围之内，如图 8-29 所示。聚光灯的效果与现实生活中的舞台聚光灯相似，我们可以使用聚光灯来模拟物体被灯光聚焦的效果或者使用它制作手电筒灯光。

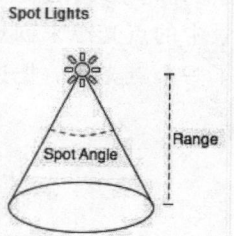

图 8-29　聚光灯

8.3.1　使用聚光灯

［1］打开场景 Spot Light，如图 8-30 所示。

图 8-30　初始场景

［2］在主菜单中选择【Game Object】→【Light】→【Spot Light】，并把它放置在屋顶的红十字的下方，如图 8-31 所示。

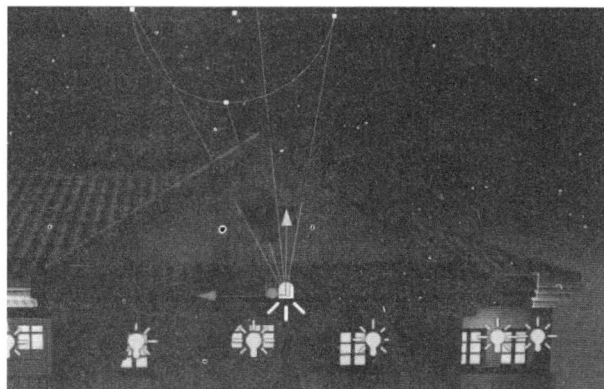

图 8-31　添加聚光灯

[3] 调整灯光强度。设置 Spot Light 的强度为 2，如图 8-32 所示。

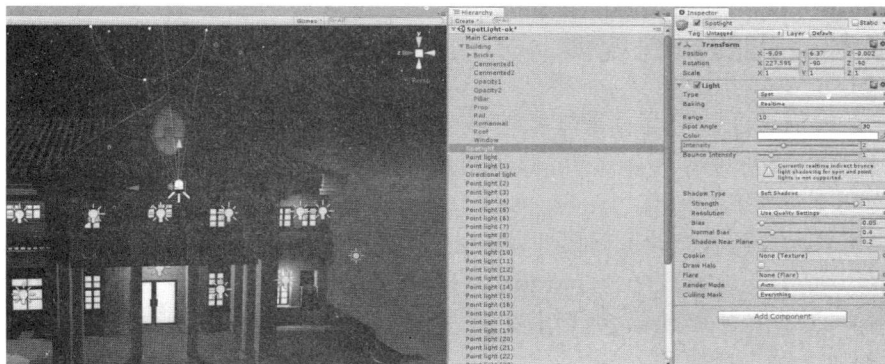

图 8-32　调节强度

[4] 修改光照的角度范围 60°，如图 8-33 所示。

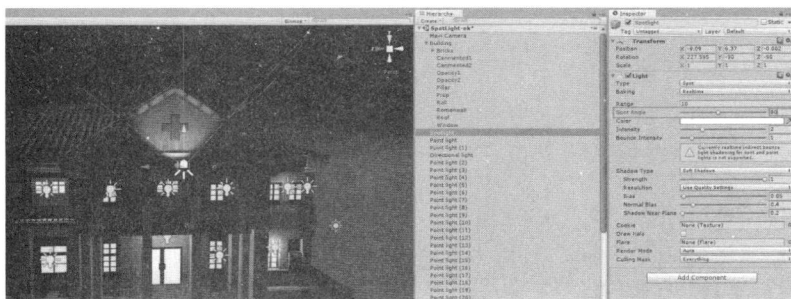

图 8-33　调节角度范围

[5] 使用灯光 Cookie。在 Project 窗口中，找到 Light Cookies 目录下的 Flashlight-Cookie 贴图，并把它赋给 Spot Light 的 Cookie 属性上，这样可以使得光影更加丰富，如图 8-34 所示。

图 8-34　添加 Cookie

8.4　3 种灯光的属性说明

从以上的例子可以看出，3 种灯光的属性相类似，主要有灯光颜色（Color）、强度（Intensity）和阴影（Shadow Type）。它们之间的区别主要在于：点光源具有光源范围属性（Range），用于设置光线的作用范围，而这个范围是一个球形，该属性便是用于设置该球形的半径。聚光灯具有光源范围属性（Range）和范围角度（Spot Angle），Range 与点光源属性类似，只是它是设置该聚光灯的椎体高度，而 Spot Angle 用于设置椎体的顶角角度。

如图 8-35 至图 8-37 所示，列举出 3 种灯光的属性面板。

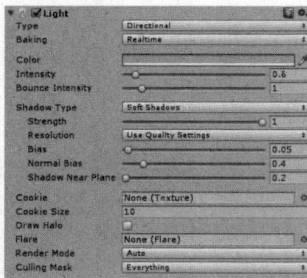

图 8-35　平行光

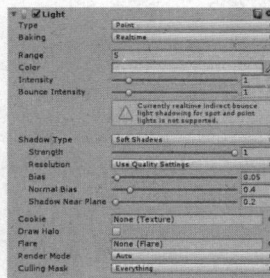

图 8-36　点光源

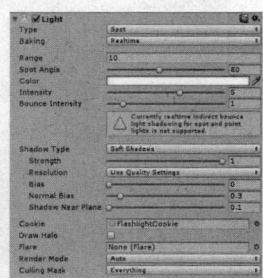

图 8-37　聚光灯

8.5　使用程序控制灯光

在 Unity3D 场景中，游戏对象基本都是由 Unity3D 中的 Game Oject 类生成的，所以可以通过程序获得场景中的对象，接着通过获得某个组件控制该对象的属性和行为。在这一章中，将使用 API 中的 Light 类来控制灯光的变化。这里需要注意的是 Light 类继承了 Behaviour 类，而 Behaviour 类又继承自 Component，所以 Light 是一个组件类，按照这个继承关系，可以知道所有 Behaviour 类都是组件类的子类。现在使用脚本来动态控制场景中两行路灯的灯光。

　　[1] 打开 Road Night 场景,如图 8-38 所示。

图 8-38　初始场景

[2] 新建一个 C♯ 脚本,命名为 Light Control。打开该脚本,输入以下程序。

```
1    using UnityEngine；
2    using System.Collections；
3
4    public class LightContrl ：MonoBehaviour {
5        private GameObject[] lightObjs = new GameObject[12]；//保存灯光对象数组
6        float waitTime = 0.5f；//保存灯光延迟时间
7        // Use this for initialization
8        void Start () {
9            StartCoroutine ("createLights")；
10       }
11
12       public GameObjectControlLight(string name,Vector3 pos){
13           //生成名为 name 的游戏对象
14           GameObject lightObject = new GameObject (name)；
15           //添加 light 组件
16           Light light = lightObject.AddComponent<Light>()；
17           //设置灯光类型为聚光灯
18           light.type = LightType.Spot；
19           //设置灯光距离
20           light.range = 40f；
21           //设置灯光辐射范围
22           light.spotAngle = 80；
23           //设置灯光颜色
24           light.color = new Color(1f,1f,0.6f)；
25           //设置灯光强度
```

251

```
26          light. intensity = 3f;
27          //设置灯光阴影为软阴影
28          light. shadows = LightShadows. Soft;
29          //设置灯光位置
30          lightObject. transform. position = pos;
31          //设置灯光角度
32          lightObject. transform. eulerAngles = new Vector3(90,0,0);
33          return lightObject;
34      }
35
36      IEnumerator createLights(){
37          Vector3 leftLightPos = new Vector3 (-6.5f,15f,0f); //左灯光位置
38          Vector3 rightLightPos = new Vector3 (7f,15f,0f);  //右灯光位置
39          //生成光源
40          for(int i = 0;i < 12;i++){
41              lightObjs [i] = ControlLight (" light "+i,leftLightPos);
42              i++;
43              lightObjs [i] = ControlLight (" light "+i,rightLightPos);
44              leftLightPos+= new Vector3 (0,0,-30f);
45              rightLightPos+= new Vector3 (0,0,-30f);
46              yield return new WaitForSeconds (waitTime);
47          }
48      }
49  }
```

[3] 创建空物体。在主菜单中选择【Game Object】→【Create Empty】,命名为 Light-ControlObj,如图 8-39 所示。

图 8-39 创建空物体

[4] 把 Light Control 脚本添加到 Light Control Obj 对象上,如图 8-40 所示。

图 8-40 把脚本添加给 Light Control Obj

[5] 点击运行,可以看到每隔 0.5s 便打开 2 盏灯光,如图 8-41、图 8-42 所示。

图 8-41　最终效果　　　　　　　　图 8-42　最终效果

8.6　总结

本章介绍了 Unity3D 提供的 3 种实时光照,分别为平行光、点光源和聚光灯。每种光源的用途各有差别。平行光一般用于模拟户外光线,例如太阳光和月光,点光源用于模拟向四面八方发射光线的灯光,例如灯泡和火把,聚光灯用于模拟聚光灯的效果。接着,介绍了用程序脚本控制灯光的用法。这里要记住灯光是由 Light 类来决定的,这个类继承自 Behaviour 类,而 Behaviour 类继承自 Component 类,所以 Light 类是一个组件类,任何添加了 Light 组件的游戏对象,都能够产生灯光的效果。由于 Unity3D 中场景中的游戏对象属性和行为基本上都是由组件来控制的,这种方式使得我们可以通过为游戏对象添加组件,然后利用脚本获得组件,最后通过修改该组件的属性来控制该游戏对象的属性和行为。

8.7　练习题

(1)参考相关摄影和摄像的书籍和资料,总结灯光的布光方法以及作用。

(2)描述平行光、点光源、聚光灯的光线分布以及每种灯光类型的属性。

(3)描述清晨、中午、傍晚和夜晚(晴天)的光线特点。

(4)请利用 Unity3D 提供的基本物体搭建一个简易场景,并利用灯光分别创建中午、傍晚和夜晚的效果。

(5)打开 Road Night 场景,尝试编写程序实现:当按下方向键的右键时,开启 2 盏灯光,当按下方向键的左键时,关闭 2 盏灯光。

(6)Unity3D 提供了可以用于创作镜头光斑(Flare)的功能,请查阅文档,描述光斑的原理,并尝试制作一个太阳光的镜头光斑效果。

(7)本章介绍的是直接光照(Directional Lighting),在游戏的光照系统中,还有一种称为间接光照(Indiectional Lighting)、全局光照(Global Illumination)、光照贴图烘焙(Bake Lightmapping)、线性空间(Linear Rendering)和 Gamma 空间的技术,请查阅资料,描述这些技术的功能和作用。

(8)Unity3D 提供了面光源(Area Light),请尝试利用面光源对你的场景进行布光。

09

CHAPTER NINE
第 9 章

音 频

本章内容

　　在游戏行业有这么一句话,"如果游戏是一个人,那么策划是灵魂,程序是骨架,美术是肌肉,声音是血液"。这句话说明了游戏是一门多学科综合的艺术,而其中能够给最终用户(玩家)带来直接影响的是美术和声音。美术是视觉体验,声音是听觉体验。因此游戏音频的制作和使用也是不可马虎的一项工作。一般来说,音频的添加都是在游戏创作的最后阶段添加的。

　　游戏的音频可分为背景音乐和环境音效两种,背景音乐在游戏运行过程中循环播放,一般是时间较长的音频;环境音效一般用于游戏场景中对象发出的声音,一般是时间较短的音频。游戏的音频可以起到烘托游戏环境气氛,突出故事情节、辨别对象位置等作用,如果没有音频技术,游戏世界将寂静无声、了无生趣。所以基本上所有的游戏引擎都提供了播放和控制音频的工具,Unity3D 也不例外。

9.1　音频剪辑(Audio Clip)

　　使用游戏引擎的音频播放,首先需要有音频剪辑(Audio Clip)文件,也就是说需要有声音数据,这些数据被某种音频算法压缩在一个文件当中。这些文件便被称为音频文件。根据音频算法的不同,可以把音频文件分为很多不同的格式,在 Unity3D 中,目前支持的有 4 种音乐格式文件,如表 9-1 所示。这 4 种音频文件记录的是声音的具体波形数据,所以它的体积会比较大。

表 9-1　音频格式说明

格　式	说　明
Wav	适合较短音频,一般作为环境音效
Aiff	适合较短音频,一般作为环境音效
MP3	适合较长音频,一般作为背景音乐
Ogg	适合较长音频,一般作为背景音乐

　　被导入 Unity3D 的音频文件称为音频剪辑(Audio Clip)资源。音频剪辑资源可以选择不进行压缩(Native)或者压缩(Compressed)方式。不进行压缩的音频将采用音频源文件,而对于采用压缩的音频文件时,要先对音频进行压缩,此操作会减少音频文件的体积,但是在播放的时候需要额外的 CPU 资源来进行解码。所以在需要制作反应迅速的音频时最好使用不压缩的方式。

　　Unity3D 还支持 4 种音轨模式,其格式是 Impulse Tracker(. it)、Scream Tracker(. s3m)、Extended Module File Format(. xm)和 original Module File Format(. mod)。音轨模式文件有点类似于 Midi 音轨。这些文件不是记录音频的波形,而是通过记录音符、

控制参数等指令来指示 MIDI 设备（游戏一般为声卡）要播放什么乐曲、什么时候播放、播放多大音量等等，也就是说这些文件只是保存了控制声卡指令的信息。但是 MIDI 有一个缺点便是不同的声卡可能发出的声音是不一样的，这取决于声卡中的音频库。为了修正这个缺点，Unity3D 支持的 4 种音轨模式文件通过 PCM 采样来做到使声音效果与平台无关。使用音轨模式文件可以使得音频文件体积非常小，虽然它的质量可能达不到音频文件的水平，但是用于制作一些小的音效是非常合适的，比如打击声、弹跳声等这些比较短促的音频。

在 Project 窗口中选择音频剪辑，会在 Inspector 窗口中显示该音频的属性设置，通过该面板可以设置音频的压缩方式，也可以进行修改音频声道等操作。如图 9-1 所示。

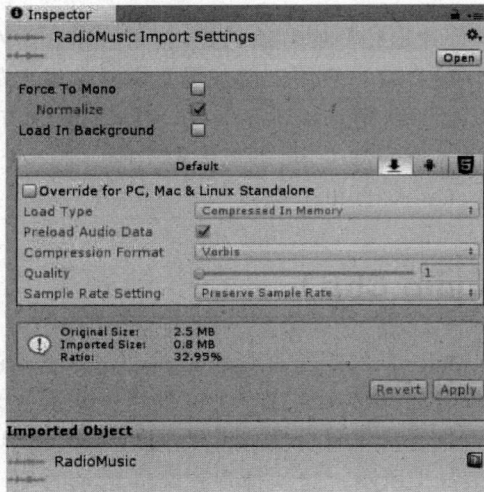

图 9-1　音频剪辑属性

其属性说明如表 9-2 所示。

表 9-2　音频剪辑属性说明

属　性	说　明
Force to Mono	强制将音频合并成单通道音频。混合后的信号音量通常比原来小，用 Peak-Normalize（峰值归一化）调整
Load In Background	音频剪辑将在后台加载
Preload Audio Data	音频剪辑将在加载场景时预先加载
Load Type	运行时加载音频的方式
Decompress On Load	加载时解压缩
Compressed In Memory	在内存中压缩
Streaming	流数据。采用从硬盘中读取，边读取边播放的方式，适用于较大的、对速度不敏感的音频
Compression Format	压缩格式

属　性	说　明
PCM	质量高、文件大。适合较短音频
ADPCM	包含一个合理的噪音,用于大音量的声音,如脚步、冲击、武器等。压缩比是 3.5,小于 PCM,但 CPU 的使用率比 MP3 / Vorbis 格式低很多
Vorbis	文件小、质量低。通过 Quality 滑块可以调节压缩比。适合中等长度的音频
HEVAG	这是在 PS Vita 上用的没有压缩的格式。与 ADPCM 格式非常相似
Sample Rate Setting	设置采样率
Preserve Sample Rate	原采样率
Optimize Sample Rate	根据分析最高频率的内容自动优化采样率
Override Sample Rate	手动设置采样速率

在每个音频剪辑的属性窗口下,有一个音频预览窗口,如图 9-2 所示。

图 9-2　音频预览窗口

9.2　播放音频

音频剪辑需要配合 Unity3D 的两个组件来实现音频的播放和接收。这两个组件分别是:音频源组件(Audio Source)和音频监听组件(Audio Listener)。一个场景,只有同时具有这两个组件才能够正常工作。根据需要,这两个组件可以放在同个游戏对象上,也可以分开放在不同的游戏对象上。

9.2.1　音频监听组件(Audio Listener)

顾名思义,音频监听组件就是用于接收声音的组件,该组件的功能有点像麦克风一样,接收场景中的各种声音,并通过设备的扬声器输出声音。如果音频源是 3D 音效,侦听器将模拟在 3D 世界声音的位置、速度和方向。而如果是 2D 音效,将忽略任何 3D 处理。

该组件默认添加在主摄像机(Main Camera)上,如图 9-3、图 9-4 所示。如果场景中需要切换不同的摄像机,那么可以在每个摄像机上添加一个 Audio Listener 组件,但对那些没有被激活的摄像机,则需要把 Audio Listener 组件关掉。该接收器没有任何的属性,只是标注了该游戏对象具有接收音频的作用,同时用于定位当前的接收位置。

图 9-3　场景中的 Audio Listener　　　　图 9-4　Audio Listener 工作原理

添加 Audio Listener 组件非常简单,只要选择需要添加该组件的游戏对象,在菜单栏中选择【Component】→【Audio】→【Audio Listener】便完成了组件的添加。需要注意的是,一个场景中如果添加了多个 Audio Listener,同时只能有一个起作用。

9.2.2　音频源组件(Audio Source)

音频源组件用于播放音频剪辑文件,负责控制音频的播放。该组件的属性也比较多,如图 9-5 所示。利用该组件,可以控制音频的播放方式,比如是否循环、音量、多普勒现象等等。如果音频剪辑是 3D 音效,音频源就是一个定位工具,并可以根据音频监听对象的位置控制音频的衰减。这里需要提及的是,Unity3D 目前所能支持的 3D 音效最高可以立体声 7.1 的扬声器系统。

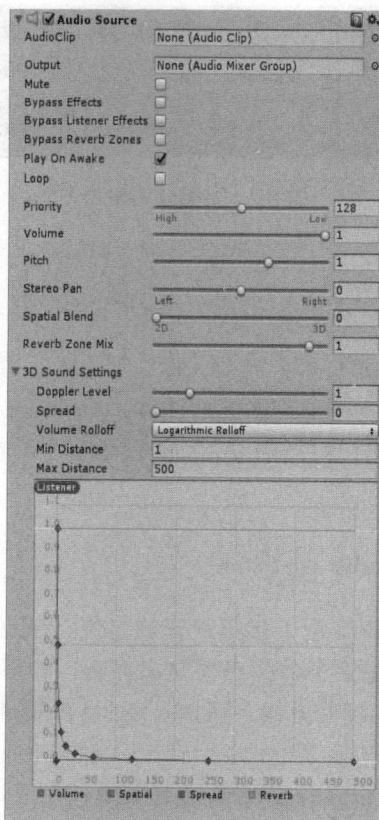

图 9-5　Audio Source 属性面板

其属性说明如表 9-3 所示。

表 9-3　Audio Source 属性说明

属　性	说　明
Audio Clip	音频剪辑文件
Output	输出到混音器
Mute	静音
Bypass Effects	关闭 Audio Source 的效果器
Bypass Listener Effects	关闭 Audio Listener 的效果器
Bypass Reverb Zones	关闭混响区
Play On Awake	游戏运行时激活音频
Loop	循环播放
Priority	优先级,优先播放音频的次序。该值为 0,优先级最高,该值为 256,优先级最低,默认值为 128
Volume	音量
Pitch	通过改变播放速度来改变音调,1 是正常状态
Stereo Pan	设置声道
Spatial Blend	设置三维引擎对音频源的影响程度
Reverb Zone Mix	设置路由到混响区的输出信号量
3D Sound Settings	3D 音频设置项
Doppler Level	多普勒效应强度,0 表示没有效果
Spread	设置三维立体声或多声道声音的传播角度
Min Distance	在最小距离(Min Distance)之内,声音最大,在最小距离之外,声音逐渐衰减,衰减方式有音频衰减模式决定
Max Distance	声音停止衰减距离。超过这一距离,它将保持音量不再衰减
Volume Rolloff	音量衰减曲线:分别是 Logarithmic Rolloff 对数衰减;Linear Rolloff 线性衰减;Custom Rolloff 自定义衰减

9.2.3　音频混合器(Audio Mixer)

Unity3D 自 5.x 版本开始,引擎提供了一个音频混合器。该混合器可以把多个音频混合,并对每一个音频进行音频效果的修饰,从而可以通过多个音频的叠加创作出更加复杂的音频效果,如图 9-6 所示。

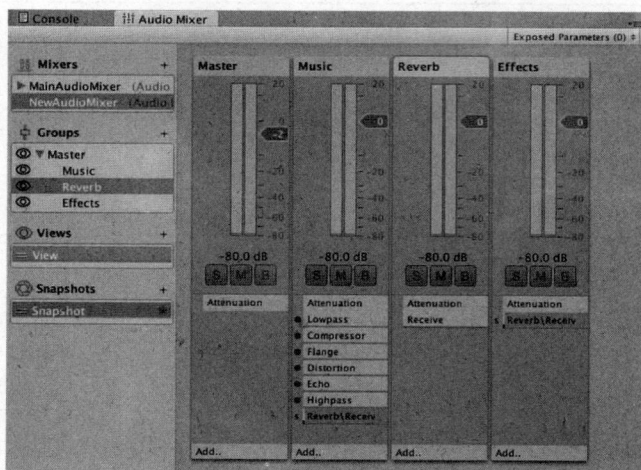

图 9-6　Audio Mixer 编辑面板

其工作原理如图 9-7 所示。场景中的一个或者多个 Audio Source 可以通过 Audio Mixer 进行混合,同时,一个 Audio Mixer 的输出也可以作为另一个 Audio Mixer 的输入,最后输出到 Audio Listener 上。可以看出,它们之间是一种树型结构。

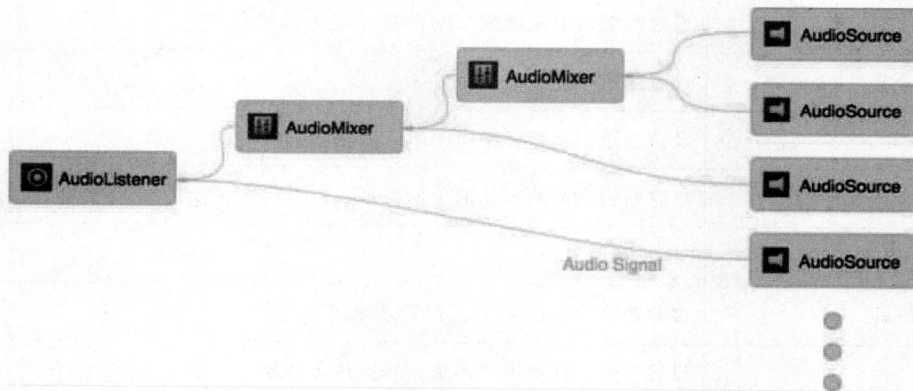

图 9-7　Audio Mixer 原理

Audio Mixer 是作为一个资源存在的,因此创建 Audio Mixer 与创建其他资源的步骤是相似的。如在 Project 窗口中鼠标右键→【Create】→【Audio Mixer】,便可以创建出一个 Audio Mixer。

9.2.4　音频过滤器/效果器(Audio Filters/Audio Effects)

Audio Filters 和 Audio Effects 是用于对音频进行效果处理的,例如回声效果、使音频变得低沉或者尖锐等等。Audio Filters 通常被添加在 Audio Listener 或者 Audio Source 上,Audio Effects 一般用于 Audio Mixer 中。

Audio Filters 和 Audio Effects 都提供了低通滤波器(Low Pass)、高通滤波器(High Pass)、空间回声效果(Reverb)、残响回声(Echo)、失真效果(Distortion)、和声效果(Chorus)等。在 Unity 中,属于过滤器的音频处理器后面加上 Filter,属于效果器的音频处理器后面加上 Effect,如图 9-8 所示。

Audio Filters
- Audio Low Pass Filter
- Audio High Pass Filter
- Audio Echo Filter
- Audio Distortion Filter
- Audio Reverb Filter
- Audio Chorus Filter

Audio Effects
- Audio Low Pass Effect
- Audio High Pass Effect
- Audio Echo Effect
- Audio Flange Effect
- Audio Distortion Effect
- Audio Normalize Effect

图 9-8　Unity 提供的音频效果器

提示:Unity3D 对游戏对象中的组件默认运行方式是自顶向下的,也就是说,添加在上面一层的组件先运行,接着再是下一层。当然,可以通过移动组件的位置来调整运行顺序。如图 9-9 所示。

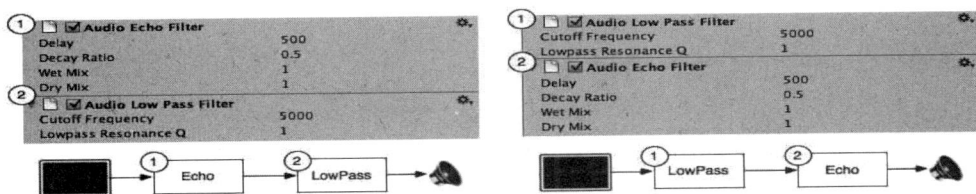

图 9-9　音频滤波原理

9.2.5 \ 混响空间(Reverb Zones)

使用音频混响区组件,可以在场景中的某个位置上添加混响失真效果。例如在赛车游戏中,在露天的公路上行驶的声音跟进入隧道之后的声音效果是不一样的。该组件在 Scene 窗口中的显示方式和其组件属性面板,如图 9-10 所示。

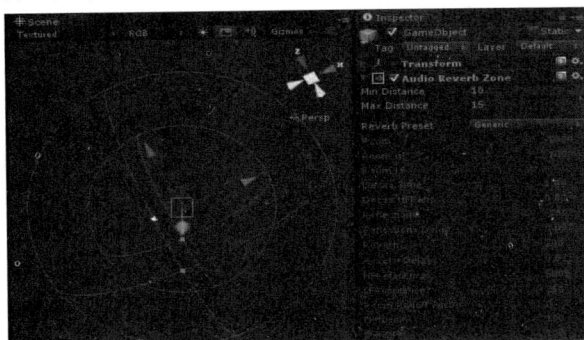

图 9-10　音频混响区

其中有 2 个特殊参数分别是 Min Distance(最小距离)、Max Distance(最大距离)。其他的参数都与 Reverb Filter 组件参数相同。参数如表 9-4 所示。

表 9-4 音频混响参数说明

参　　数	说　　明
Min Distance	表示 Gizmo 的内圆半径,这决定了一个逐步的混响效果和完整混响效果的区域。(全混响效果与渐变混响区域的分界线)
Max Distance	表示 Gizmo 的外圆半径,这决定了没有混响效果和混响逐步开始得到应用的区域。(没有混响效果区域和渐变混响区域的分界线)
Reverb Preset	混响预置,可以通过修改预置来控制混响区的音频效果

9.3　Audio Mixer

9.3.1　Audio Mixer 原理

Audio Mixer 是 Unity 5.0 版本新加入的音频编辑器,它能够更加灵活地对游戏音频进行编辑和控制,因此也更加复杂。接下来,用一个例子来介绍 Audio Mixer 的使用方法。

Audio Mixer 的音频流流向如图 9-11 所示。

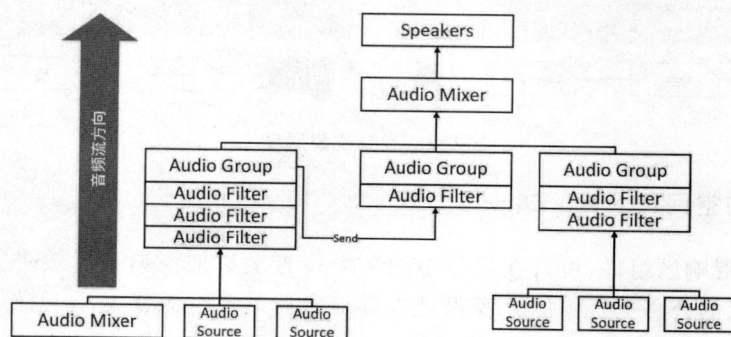

图 9-11　Audio Mixer 中音频数据流向

从图 9-11 可以看出,音频由 Audio Source 发出,接着,Audio Source 的音频输出流向 Audio Group,在 Audio Group 中,可以对音频源进行音频特效的处理。然后,Audio Group 再流向 Audio Mixer(如 Audio Master),最后由 Speakers(即 Audio Listener)接收。此时注意到,Audio Group 同样可以接受另外的 Audio Mixer 的音频输出。同时,可以通过 Send 和 Receive 指令在不同的 Audio Group 之间进行音频信息的流通。

这种分层结构是目前音频特效师较熟悉的音频编辑架构。在游戏音频的处理上,一般也是使用这种分层分类结构,从而使得音频的处理更加具有逻辑性,如图 9-12 所示。

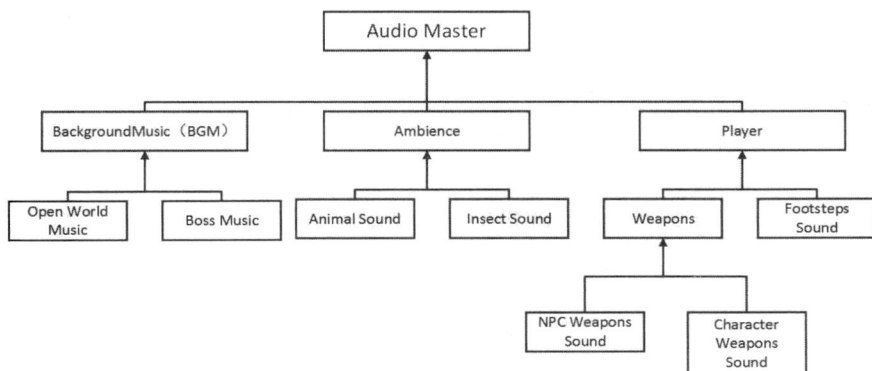

图 9-12　Audio Mixer 分层分类数据结构

9.3.2　使用 Audio Mixer

[1] 新建工程，导入 Chapter9-Audio 资源包，打开 sewer Scene 场景，如图 9-13 所示。

图 9-13　初始场景

[2] 添加水的音效。在 Hierarchy 场景中选择 Water Fall Water 对象，接着在主菜单中选择【Game Object】→【Create Empty Child】，在 Water Fall Water 下创建子对象，并命名为 Water Stereo Sound，如图 9-14 所示。

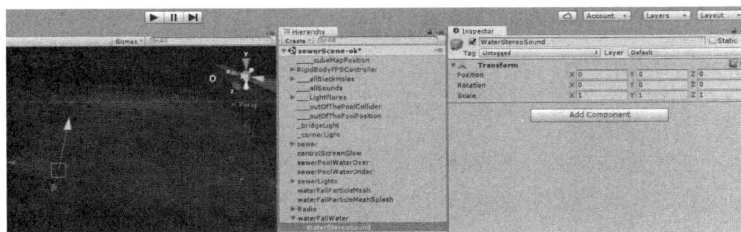

图 9-14　添加水的音效

[3] 选择 Water Stereo Sound 对象，在 Inspector 窗口中点击【Add Component】按钮，找到 Audio Source 组件，为该对象添加 Audio Source 组件，此时该对象的位置上出现了

一个喇叭形状的图标,表示已经添加了一个 Audio Source 组件,如图 9-15 所示。

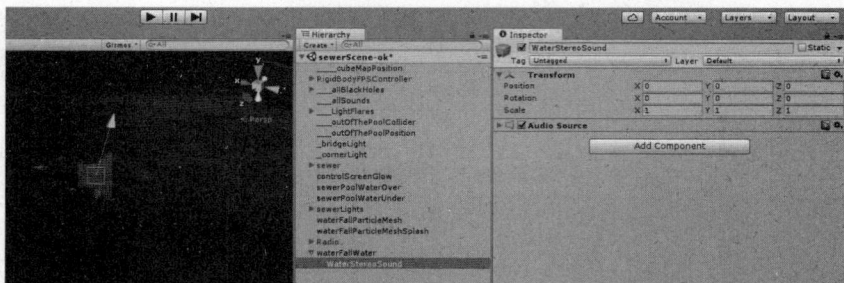

图 9-15　添加 Audio Source

[4] 在 Project 窗口中,找到_Sounds 目录中的 WaterfallStereo 音频文件,如图 9-16 所示。可以单击该音频文件,在 Inspect 窗口中的预览窗口点击浏览音频,如图 9-17 所示。

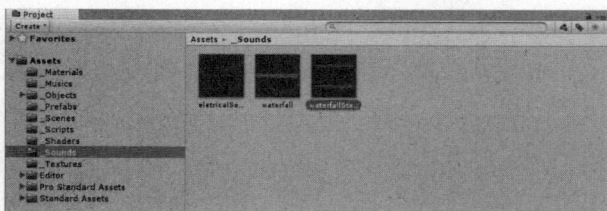

图 9-16　音频剪辑素材

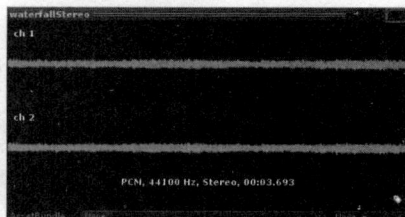

图 9-17　音频预览面板

[5] 选择 Water Stereo Sound 对象,在 Inspector 窗口中显示其 Audio Source 组件属性,把 WaterfallStereo 音频文件拖到它的 Audio Clip 上,如图 9-18 所示。

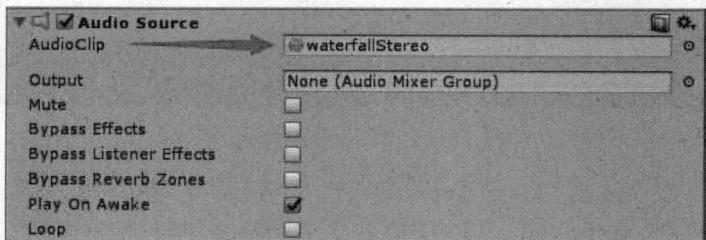

图 9-18　把音频剪辑赋给 Audio Clip

[6] 设置音频循环播放。选择 Water Stereo Sound 对象,勾选其 Audio Source 属性下的 Loop。如图 9-19 所示。

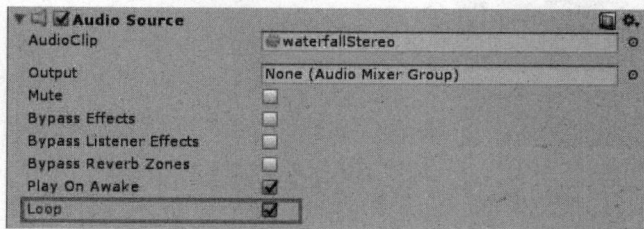

图 9-19　设置循环播放

［7］点击播放，可以发现水的声音开始循环播放。

［8］此时可能会发现，水声在播放时并没有表现出方位感，也就是它当前是以 2D 的方式播放，我们需要把它转换为 3D 方式播放。选择 Water Stereo Sound 对象，把 Audio Source 中的 Spatial Blend 属性值设置为 1，如图 9-20 所示。再次播放，可以发现水声能够根据音频源和接收源之间的方位进行空间处理。

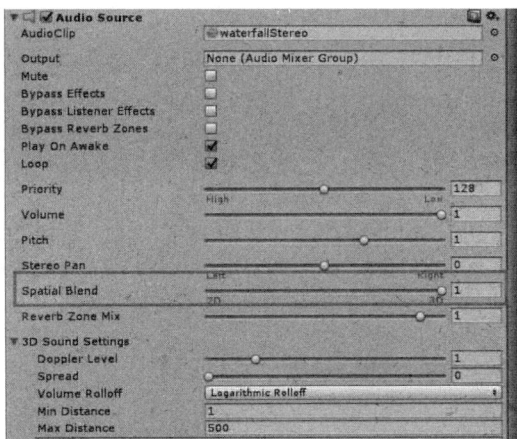

图 9-20　设置 3D 音效

［9］再次选择 water Fall Water，在主菜单中选择【Game Object】→【Creat Empty Child】，创建另一个子物体，并命名为 Water Stereo Sound Down，并把它放在水流倾泻的位置，如图 9-21 所示。

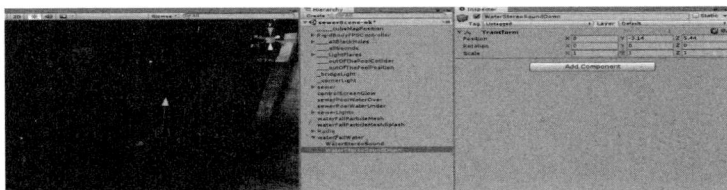

图 9-21　再次添加音效

［10］选择 Water Stereo Sound Down，添加 Audio Source 组件，并把音频剪辑 Water Fall 赋给该组件的 AudioClip，同时勾选 Loop，将 Spatial Blend 设置为 1。如图 9-22 所示。

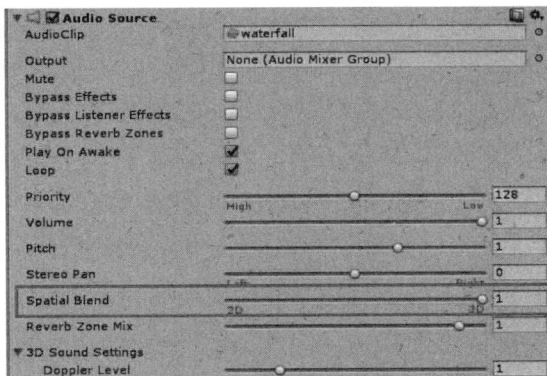

图 9-22　设置 3D 音效

267

[11] 选择 Control Panel Desk，为其添加 Audio Source 组件，并把音频剪辑 eletrical-Sound 赋给该组件的 AudioClip，同时勾选 Loop，将 Spatial Blend 设置为 1，如图 9-23 所示。

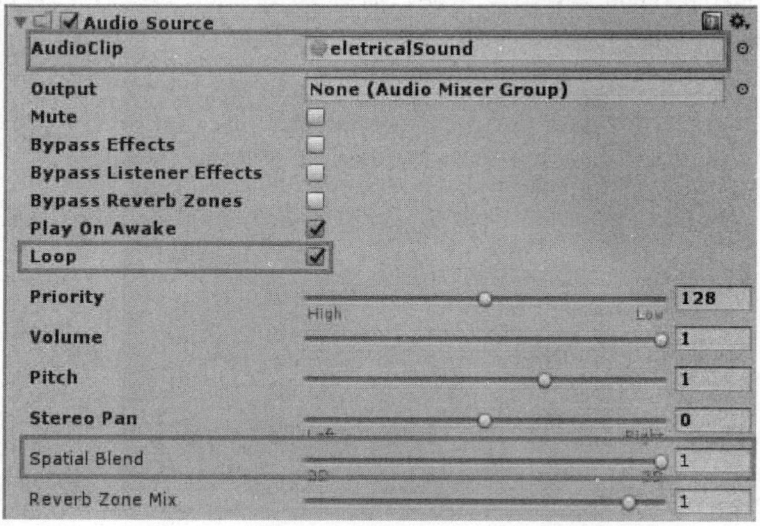

图 9-23　设置水音效属性

[12] 为收音机添加声音。在场景中选择 Radio 对象，为其添加 Audio Source 组件，并把音频剪辑 Radio Music 赋值给 Audio Clip，同时勾选 Loop，将 Spatial Blend 设置为 1，如图 9-24 所示。

图 9-24　设置收音机的音频

[13] 添加背景音乐。在主菜单中选择【Game Object】→【Create Empty】。创建一个空物体，命名为 BGM，并为其添加一个 Audio Source，把音频剪辑 BGM 赋给 Audio Clip，勾选 Loop。因为背景音乐不需要进行空间方位模拟，因此设置 Spatial Blend 为 0，如图 9-25 所示。

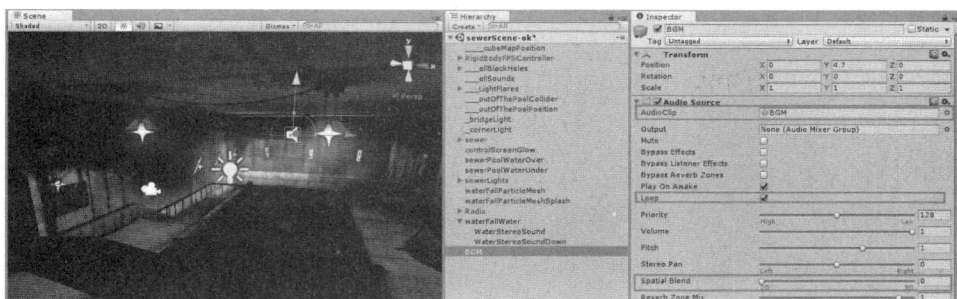

图 9-25　设置背景音乐

至此,场景中的音频源已添加完毕。接下来,我们将利用 Audio Mixer 来对这些音频源进行控制。我们要实现以下功能:当角色靠近控制台和收音机时,背景音乐音量降低,当角色离开控制台和收音机时,背景音乐音量提高。

[14] 首先,先对场景中的音频进行分类,如图 9-26 所示。

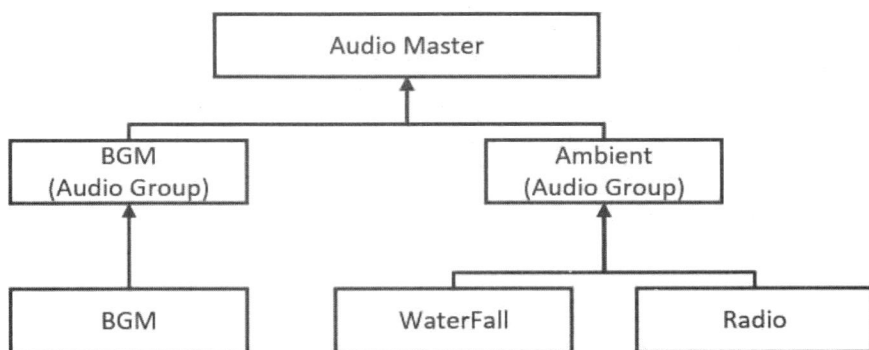

图 9-26　本例的音频分类层级

[15] 创建 Audio Mixer。在 Project 窗口中,右键→【Create】→【Audio Mixer】,创建一个 Audio Mixer 资源,并命名为 Envir Audio Mixer,如图 9-27 所示。

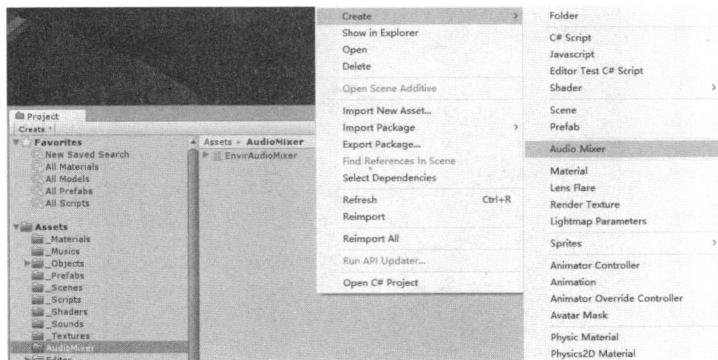

图 9-27　创建 Audio Mixer

[16] 双击 Envir Audio Mixer，弹出 Audio Mixer 控制面板，如图 9-28 所示。

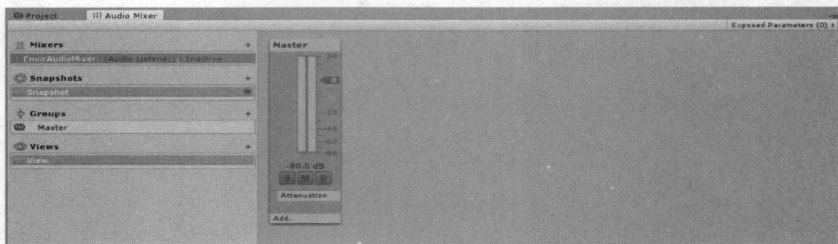

图 9-28　打开 Audio Mixer 控制面板

[17] 创建用于控制背景音乐的 Audio Group。在左侧 Groups 下，点击＋号，新建一个 Audio Group，并命名为 BGM，如图 9-29 所示。

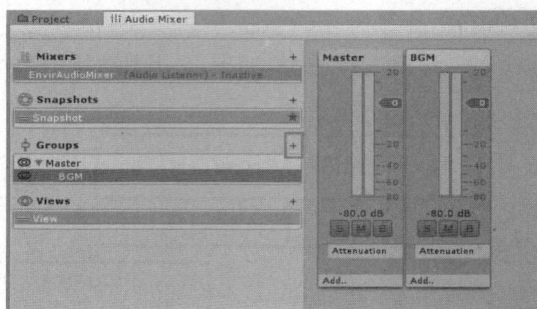

图 9-29　创建 BGM Audio Group

[18] 在场景中选择 BGM 对象，设置 Audio Source 中的 OutPut 为 BGM（Audio Group），如图 9-30 所示。此操作表示 BGM 的 Audio Source 播放的音频流向 BGM（Audio Group）。当点击播放时可以看出，背景音乐已经传送到 BGM（Audio Group）上了。在 Group 面板中，还可以看出 Master 是 BGM 的父对象，这是表示，作为子对象的 BGM（Audio Group）的音频会送到 Master 上。这种父子关系也是 Audio Mixer 的精髓所在。

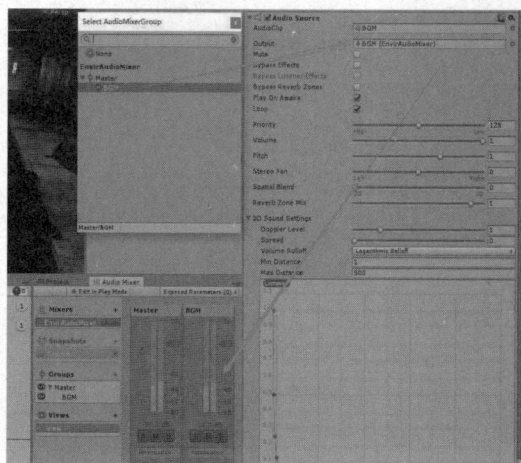

图 9-30　设置 BGM 的 Audio Source 输出到 Audio Mixer 中的 BGM Group

[19] 接下来，在 Mixers 面板中，新建一个 Mixers，并命名为 Ambient Sound Mixer，如图 9-31 所示。

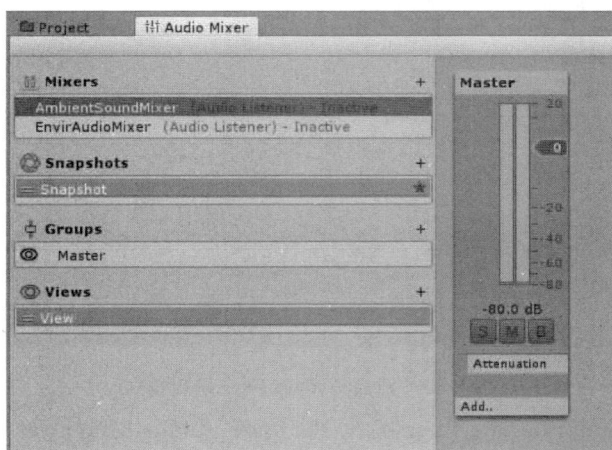

图 9-31　新建 Mixers

[20] 选择 Ambient Sound Mixer，创建 3 个 Audio Group，分别为 WaterFall、Radio 和 Electrical，并把场景中的 Audio Source 的 Output 对应地设置为这 3 个 Audio Group，如图 9-32 所示。

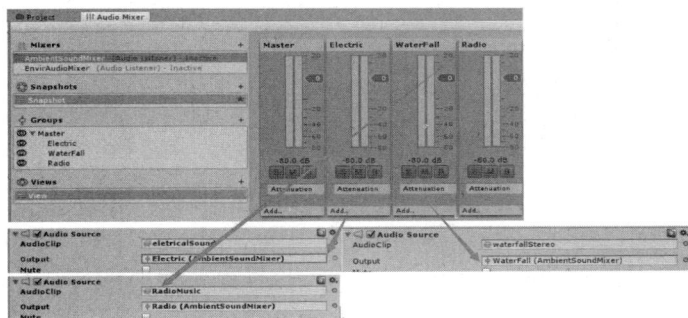

图 9-32　设置环境音效的 Audio Source 输出

[21] 点击播放，此时可以看到，环境中的音效已经能够传到对应的 Audio Group 上，如图 9-33 所示。

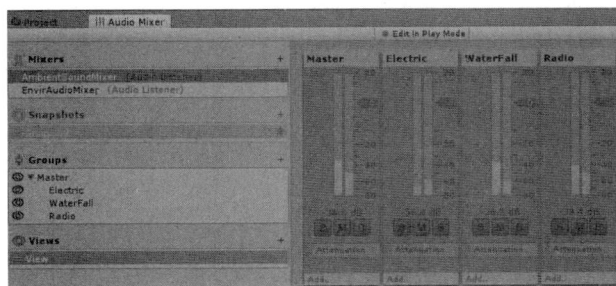

图 9-33　环境音效输出到 Audio Mixer 的效果

［22］在播放状态下，点击【Edit in Play Mode】按钮，那么便可以对每一个 Audio Groups 进行编辑。这个模式与在 Inspector 界面下修改参数不同，当停止游戏播放时，这些音频的设置都会被保留下来。如图 9-34 所示。

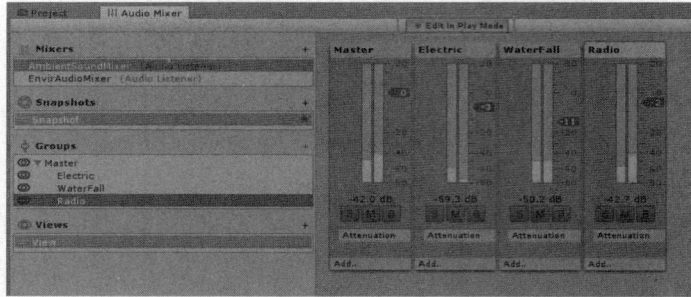

图 9-34　开启 Audio Mixer 编辑模式

［23］使 Ambient Sound Mixer 输出到 Envir Audio Mixer 中。选择 Envir Audio Mixer，新添加一个 Audio Group，命名为 Ambient Sound，如图 9-35 所示。

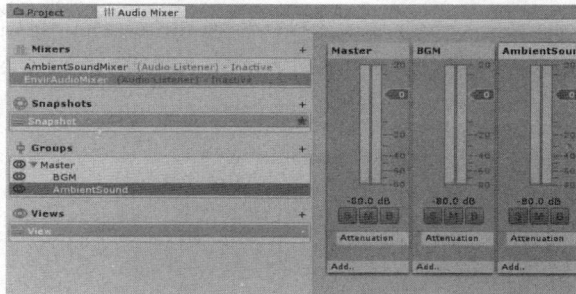

图 9-35　创建新的 Audio Group，名为 Ambient Sound

［24］把 Ambient Sound Mixer 拖到 Envir Audio Mixer 上，此时会弹出该 Mixer 要输出到哪个 Audio Group，选择 Ambient Sound，该操作使得 Ambient Sound Mixer 的音频输出传到 Envir Audio Mixer 的 Ambient Sound（Audio Group）上，如图 9-36 所示。同时，Ambient Sound Mixer 也成为 Envir Audio Mixer 的子物体，表示 Ambient Sound Mixer 的音频流传输到 Envir Audio Mixer 上。

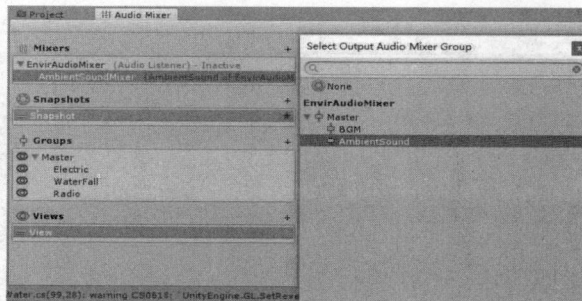

图 9-36　使 Ambient Sound Mixer 输出到 Envir Mixer 中的 Ambient Sound

[25] 点击运行。开启 Edit in Play Mode，在 Envir Audio Mixer 中修改 Ambient Sound 的音量，可以发现 Ambient Sound Mixer 中的音量也同步改变。同时 Envir Audio Mixer 的 Master(Audio Group)可以同时控制 BGM 和 Ambient Sound。如图 9-37 所示。

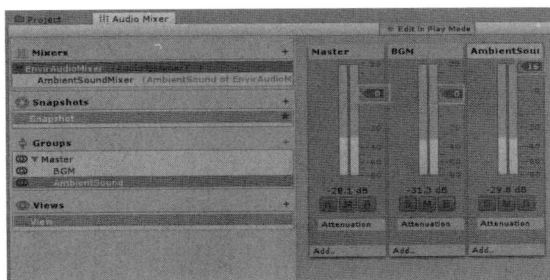

图 9-37　效果

[26] 创建 Snapshots(快照)。快照可以保存 Mixers 的不同设置，方便快速地利用程序切换不同的 Mixer 效果。选择 Envir Audio Mixer，在 Snapshots 面板中添加两个快照，并命名为 LowBGM 和 LoudBGM，如图 9-38 所示。

[27] 选择 LowBGM，设置 BGM(Audio Group)的音量为－20dB。如图 9-39 所示。此时你可以对比两个快照的区别。

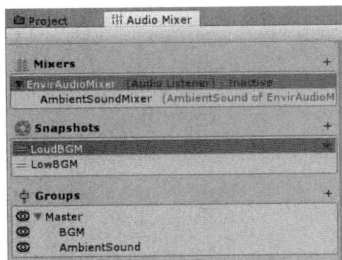

图 9-38　创建快照

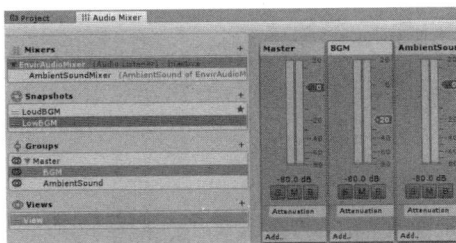

图 9-39　设置不同快照属性

[28] 实现当角色靠近操作台或收音机时，降低 BGM 音量。此时需要使用代码来切换两个快照。新建 C♯脚本，并命名为 BGMSnapshootTrans。输入以下代码：

```
1   using UnityEngine；
2   using System.Collections；
3   using UnityEngine.Audio；
4
5   public class BGMSnapshootTrans : MonoBehaviour {
6
7       public AudioMixerSnapshot loudBGM；
8       public AudioMixerSnapshot lowBGM；
9
10      //当触发器检测到有其他碰撞盒进入该区域时调用
11      void OnTriggerEnter(Collider col) {
12          //如果进入该触发器的游戏对象名称为 RigidBodyFPSController 时,切换到
```

273

Low BGM 快照

```
13        if (col. GameObject. name == " RigidBodyFPSController ") {
14
15            lowBGM. TransitionTo(.03f);//TransitionTo 中的参数表示利用多长时间
                                          过渡到该快照
16        }
17    }
18
19    void OnTriggerExit(Collider col)
20    {
21        if(col. GameObject. name == " RigidBodyFPSController ")
22        {
23            loudBGM. TransitionTo(.03f);
24        }
25    }
26 }
```

[29] 把脚本添加到 Radio 对象上,并把 LoudBGM 和 Low BGM 的快照赋给对应的变量。接着,为 Radio 对象添加一个触发器(触发器的具体使用将在下一章讲解),设置其半径为 8.85,如图 9-40 所示。

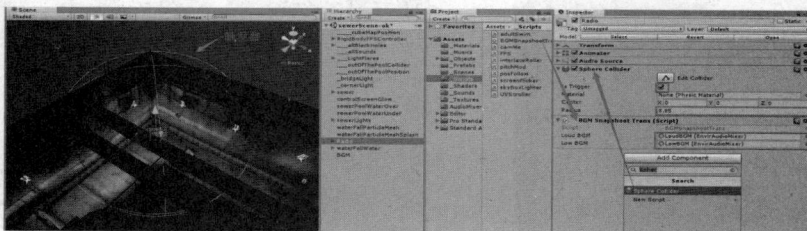

图 9-40　为脚本的 Loud BGM 和 Low BGM 赋值

[30] 运行游戏。当角色进入该触发器时,BGM 音量会降低,当角色走出该触发器时,BGM 的音量恢复。如图 9-41 所示。

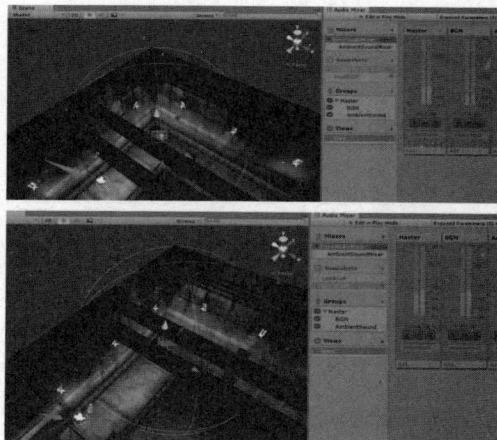

图 9-41　当前效果

● 利用音频效果器实现旧式收音机的效果。旧式收音机的声音都会有不同程度的失真,而且低频效果不明显,时常有较尖锐的声音。

［31］在 Audio Mixer 窗口中选择 Radio(Audio Group),点击下方的 Add 按钮,添加 Highpass 效果器,设置它的 Cutoff freq 为 800Hz(表示 800Hz 以上的声音才能通过)。如图 9-42 所示。

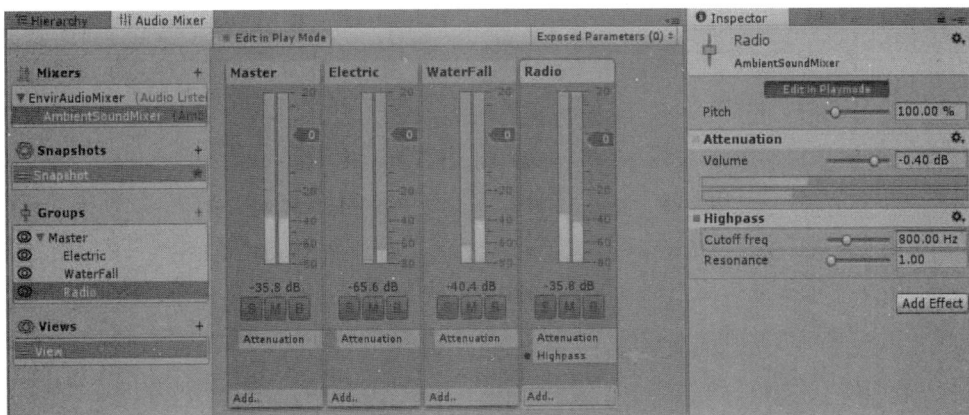

图 9-42　为 Radio Group 添加高通滤波器

［32］添加失真效果器。同样的操作,为 Radio(Audio Group)添加 Distortion 效果器,设置 Level 为 0.7,如图 9-43 所示。这里需要注意,效果器的顺序是非常重要的,例如收音机的效果合成顺序是 Attenuation→Highpass→Distortion。如果需要修改顺序,可以采用鼠标左键拖拽的方式来实现。

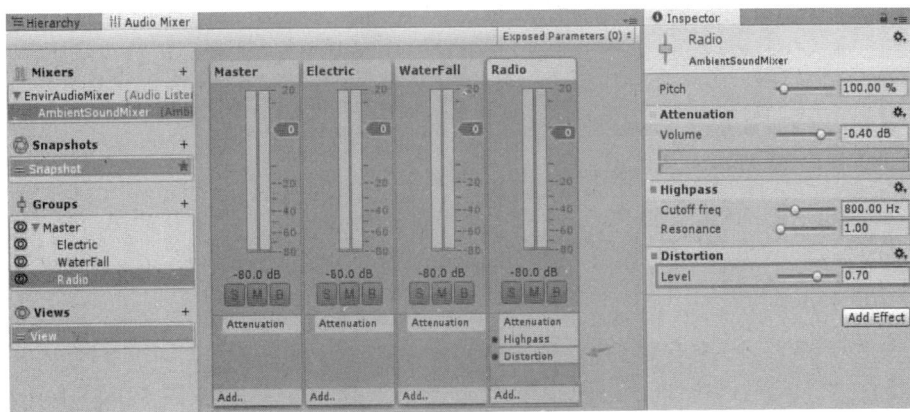

图 9-43　为 Radio Group 添加失真效果器

● 利用 Send 和 Receive 指令为 Radio 添加方向混响效果。

［33］在 Ambient Sound Mixer 中,创建一个新的 Audio Group,并命名为 SFX Reverb,如图 9-44 所示。

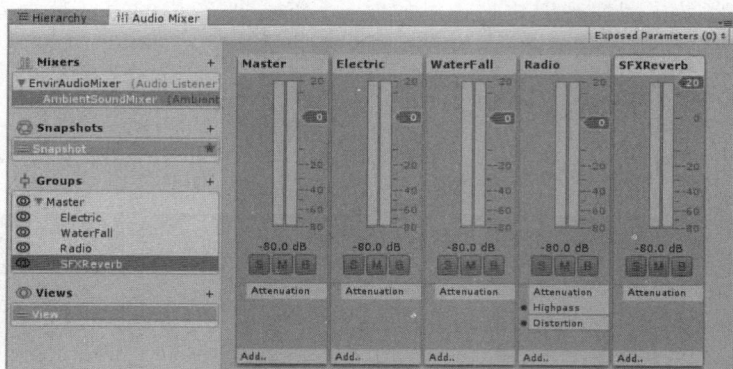

图 9-44　新建 Audio Group，用于处理特殊效果

［34］为 Radio（Audio Group）添加 Send 指令。如图 9-45 所示。Send 表示可以通过该指令把声音流向其他指定的 Audio Group。

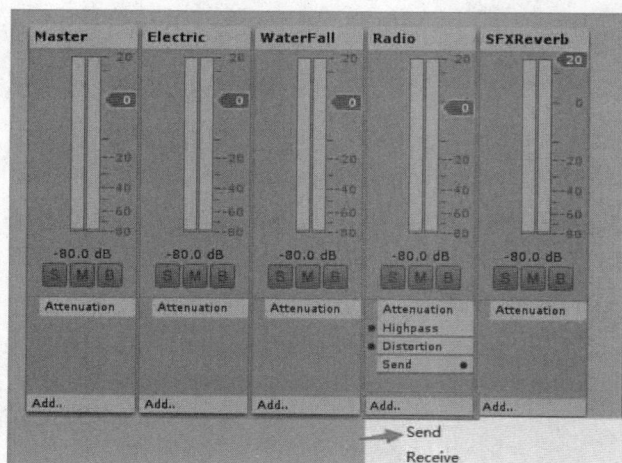

图 9-45　为 Radio 添加 Send 指令

［35］为 SFXReverb 添加 Receive 指令，该指令表示可以接收由其他 Audio Group 的发送出来的音频。如图 9-46 所示。在 Inspector 窗口中当前提示没有发送源（No Send Sources Connected）。

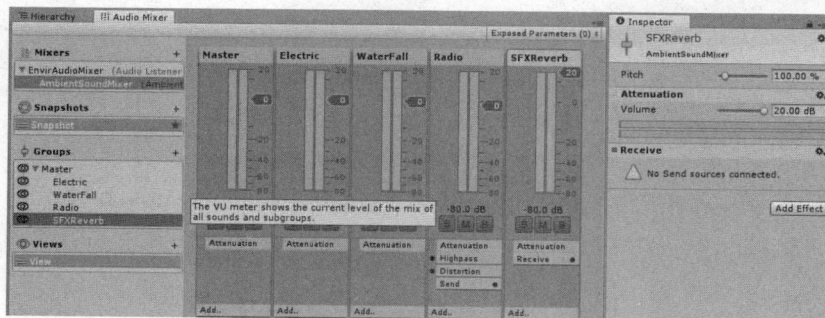

图 9-46　为 SFXReverb 添加 Receive 指令

276

[36] 建立 Send 和 Receive 链接。选择 Radio（Audio Group）中的 Send 指令，在 Inspect 窗口中的 Receive 属性上选择 SFX Reverb/Receive，便建立起了它们的链接。如图 9-47 所示。此时会出现 Send Level 属性，此属性用于表示有多少音频输出到 Receive 中，这里设置为 0dB，表示 Radio 中的所有声音都发送到 SFX Reverb 中。

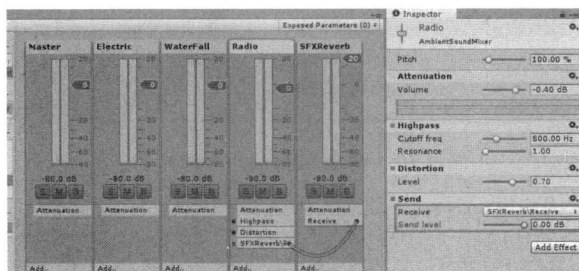

图 9-47　建立 Radio 和 SFX Reverb 的链接

通过设置链接显示，可以查看哪些 Audio Group 之间存在链接，如图 9-48 所示。

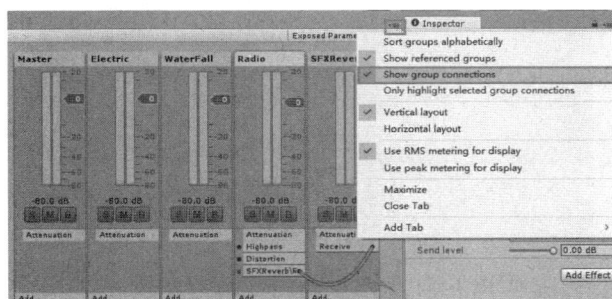

图 9-48　显示链接

[37] 为 SFX Reverb 添加 SFX Reverb 效果器，并设置参数如图 9-49 所示。运行游戏，可以发现收音机的声音具有了混响的效果。

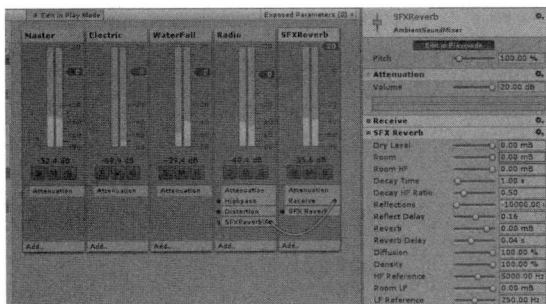

图 9-49　添加 SFX Reverb 效果器

● 当按下 ESC 按键，弹出音量设置界面，同时背景音乐和音效声音变得低沉，拖动背景音乐或音效滑动条可以设置对应的音量，再次按下 ESC，隐藏界面。

[38] 在 Audio Miser 窗口中选择 Envir Audio Mixer，创建新的 Master Audio Mixer，并把 Envir Audio Mixer 拖到它下方，成为它的子对象，输出 Audio Group 为 Master，

如图9-50所示。

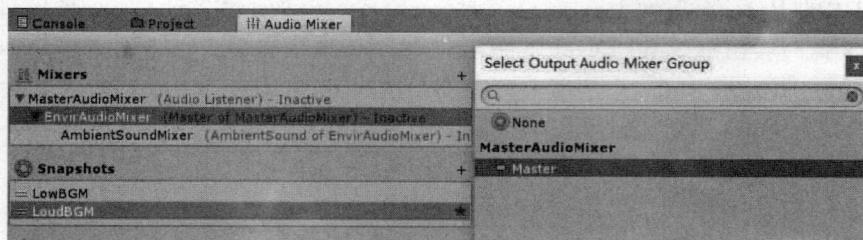

图 9-50　新建 Mixer，作为总输出

［39］选择 Master Audio Mixer，为 Master(Audio Group)添加一个 Lowpass 效果器，如图 9-51 所示。

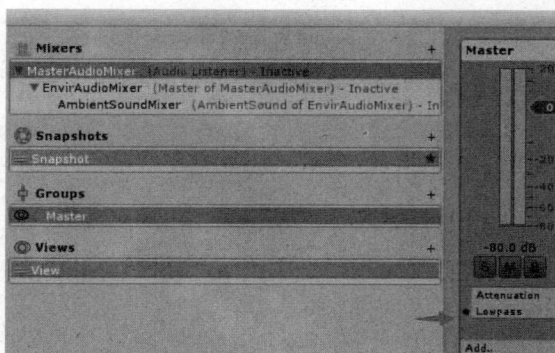

图 9-51　为总输出添加低通滤波器

［40］为 Master Audio Mixer 创建两个快照，分别为 Pause 和 Unpause，如图 9-52 所示。

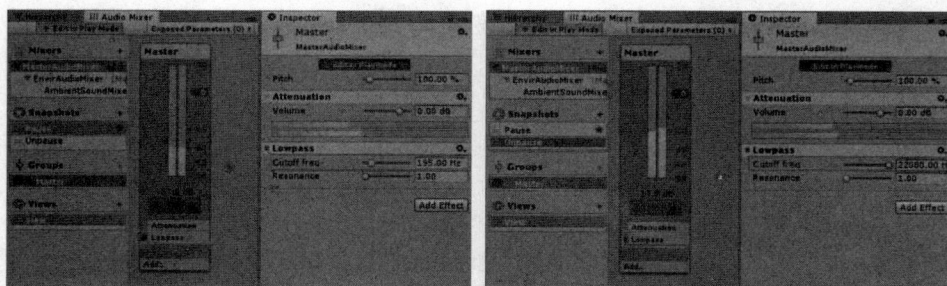

图 9-52　创建快照

［41］创建 C♯脚本，并命名为 Sound Control，输入下面代码：

```
1   using UnityEngine；
2   using System. Collections；
3   using UnityEngine. UI；
4   using UnityEngine. Audio；
5
```

```
6   public class SoundControl ：MonoBehaviour {
7       public AudioMixerSnapshot paused；
8       public AudioMixerSnapshot unpaused；
9       Canvas canvas；//界面的画布对象
10  // Use this for initialization
11  void Start () {
12          canvas = GetComponent<Canvas>()；
13  }
14
15  // Update is called once per frame
16  void Update () {
17          //监听是否按下 ESC 键
18          if (Input. GetKeyDown(KeyCode. Escape)) {
19              //如果 Canvas 处于激活状态,则取消,反之亦然
20              canvas. enabled = ！ canvas. enabled；
21              Pause()；
22          }
23  }
24
25  void Pause()
26  {
27  //timeScale 用于设置游戏的运行时间,1 表示游戏按照正常速度运行,0 表示游戏停止。
28  Time. timeScale = Time. timeScale == 0 ? 1 ：0；
29  Lowpass()；
30  }
31
32  void Lowpass()
33  {
34  if(Time. timeScale == 0)
35  {
36  paused. TransitionTo(.001f)；
37  }else
38  {
39  unpaused. TransitionTo(.001f)；
40  }
41  }
42  }
```

[42] 把代码赋给场景中的 Canvas 对象,并把 Master Audio Mixer 中的 Pause 和 Unpause 快照赋值给对应的变量,如图 9-53 所示。

图 9-53　把代码添加到 Canvas 对象上

[43] 运行游戏，按下 ESC 键，观察音频效果。如图 9-54 所示。

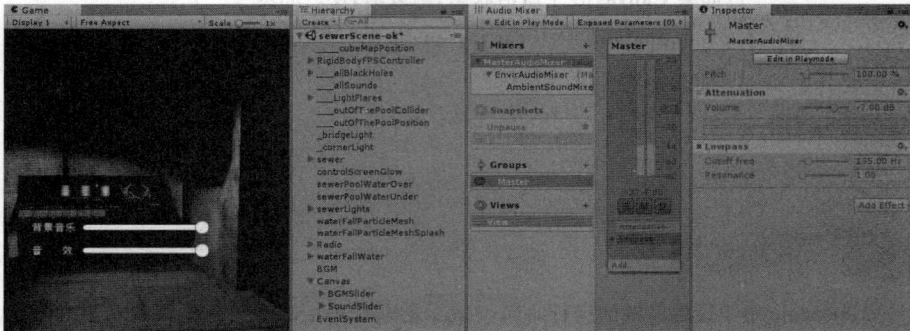

图 9-54　当前音频效果

[44] 通过滑条设置背景音乐和环境音效音量。首先，需要先向外暴露（Exposed）可用于代码控制的属性。选择 Envir Audio Mixer 中的 BGM（Audio Group），在 Inspect 窗口中右键 Attenuation 中的 Volume，弹出下拉菜单，选择 Expose'Volume（of BGM）'To Script，此时在 Audio Mixer 窗口中的右上角会提示已经暴露成功，如图 9-55 所示。

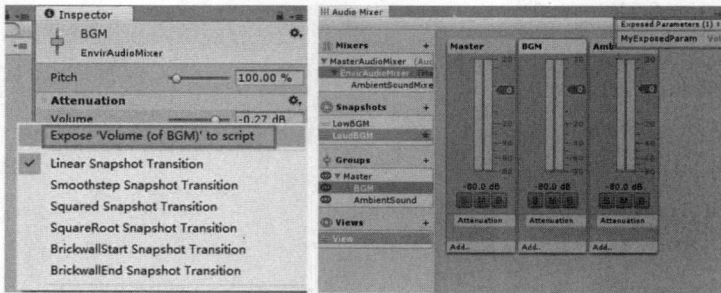

图 9-55　向外暴露属性

[45] 选择右上角的参数，按下 F2，进行重命名，如图 9-56 所示。这样在代码中就可以通过该参数名进行访问和修改。

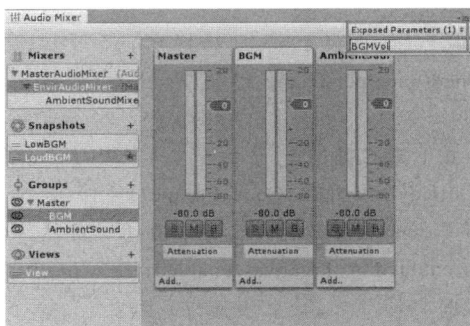

图 9-56　修改属性名称

[46] 选择 Envir Audio Mixer 中的 Ambient Soud(Audio Group)，按照以上的步骤暴露出 Volume 属性，并命名为 Ambient Vol。如图 9-57 所示。

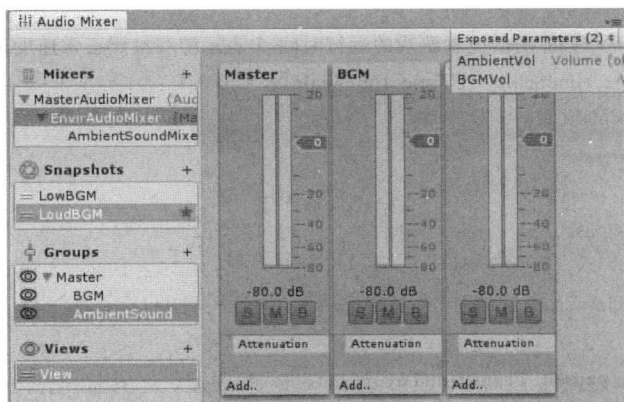

图 9-57　暴露 Ambient Vol 属性

[47] 打开 Sound Control 脚本，修改代码，在里边添加 Set BGM Vol 和 Set Ambient Vol函数。

```
1   using UnityEngine；
2   using System. Collections；
3   using UnityEngine. UI；
4   using UnityEngine. Audio；
5
6   public class SoundControl：MonoBehaviour {
7       public AudioMixerSnapshot paused；
8       public AudioMixerSnapshot unpaused；
9       public AudioMixer masterMixer；
10      Canvas canvas；//界面的画布对象
11      // Use this for initialization
12      void Start () {
13          canvas = GetComponent<Canvas>()；
```

```
14          }
15
16          // Update is called once per frame
17          void Update () {
18              //监听是否按下 ESC 键
19              if (Input.GetKeyDown(KeyCode.Escape)){
20                  //如果 Canvas 处于激活状态,则取消,反之亦然
21                  canvas.enabled = ! canvas.enabled;
22                  Pause();
23              }
24          }
25
26          void Pause()
27          {
28              //timeScale 用于设置游戏的运行时间,1 表示游戏按照正常速度运行,0 表示游戏停止。
29              Time.timeScale = Time.timeScale == 0 ? 1 : 0;
30              Lowpass();
31          }
32
33          void Lowpass()
34          {
35              if(Time.timeScale == 0)
36              {
37                  paused.TransitionTo(.001f);
38              }else
39              {
40                  unpaused.TransitionTo(.001f);
41              }
42          }
43
44          public void SetBGMVol(float BGMVol)
45          {
46              masterMixer.SetFloat(" BGMVol ", BGMVol);
47          }
48
49          public void SetAmbientVol(float ambientVol)
50          {
51              masterMixer.SetFloat(" AmbientVol ", ambientVol);
52          }
53      }
```

[48] 回到 Unity,为 Master Mixer 参数设置为 Envir Audio Mixer,如图 9-58 所示。

图 9-58　为 Master Mixer 属性赋值

［49］在 Hierarchy 窗口中选择 BGM Slider 对象，该对象为 UI 滑条对象（在后边章节会有介绍），在 On Value Changed 中点击＋号，添加相应事件（当滑条的值改变时被调用），接着把 Canvas 对象赋值给新添加的事件对象，最后选择 Sound Control 脚本中的 Set BGM Vol 作为事件相应函数。如图 9-59 所示。

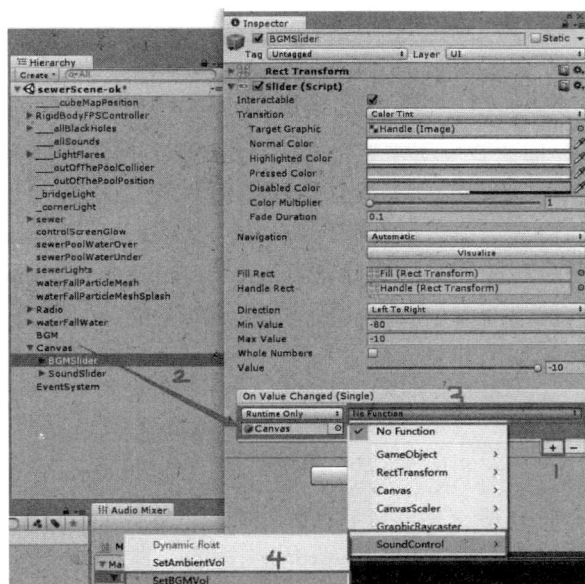

图 9-59　添加回调函数

［50］在 Hierarchy 窗口中选择 Sound Slider 对象，该对象为 UI 滑条对象（在后边章节会有介绍），在 On Value Changed 中点击＋号，添加相应事件（当滑条的值改变时被调用），接着把 Canvas 对象赋值给新添加的事件对象，最后选择 Sound Control 脚本中的 Set AmbientVol 作为事件相应函数。如图 9-60 所示。

［51］运行游戏，按下【ESC】，显示出音量调节界面，调节两个音量滑条，会发现音量会跟随这两个滑动条的数值的改变而改变。如图 9-61 所示。

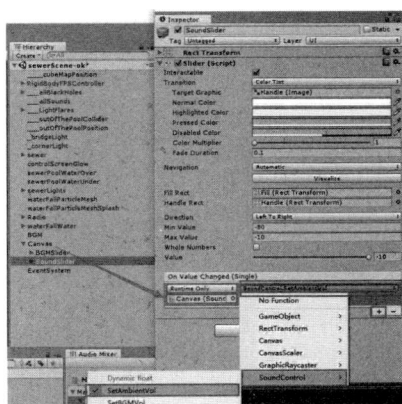

图 9-60　添加回调函数

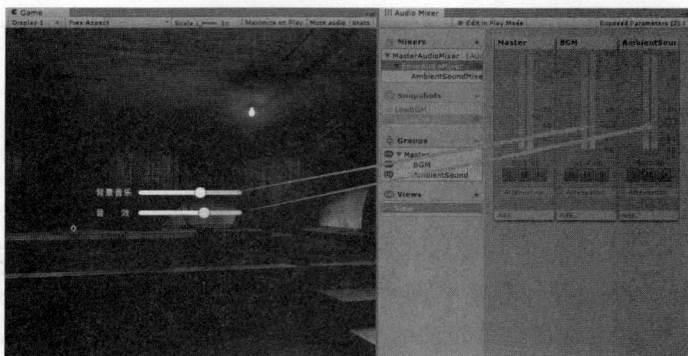

图 9-61　最终效果

9.4　总结

本章介绍了 Unity 播放音频所需要的组件(包括用于播放音频的 Audio Source 和接收音频的 Audio Listener)以及 Audio Mixer 的使用方法。从使用 Audio Mixer 的例子中可以发现,该功能采用树型结构组织音频流的传输,从而大大增加了音效师创作音效的方便性和灵活性。需要注意,音频流的流向是具有顺序性,因此在添加 Audio Mixer、Audio Group 和音频特效时需要注意。最后,一般来说,场景中能且只能有一个 Audio Listener 被激活,否则会出现音频方位计算的错误和警告。

9.5　练习题

(1)列举当前 Unity3D 所支持的音频文件格式,以及不同音频格式适用的范围。

(2)描述 Audio Listener 和 Audio Source 的作用。

(3)请列举 Audio Source 提供的属性的功能。

(4)背景音乐和环境音效有什么区别。

(5)查找文档,熟悉 Audio Mixer 的使用方法。

(6)搜集音频,修改 Sewer Scene 场景的背景和收音机的音频,把该场景的气氛烘托成明快诙谐的气氛。

(7)请尝试每个音频效果器的功能,并熟悉每个效果器的属性。

(8)请搜索网络资源,搭建一个森林场景,环境音效为鸟叫声和风声,按下空格键时,角色发出枪声,当枪声响起时,环境音效中鸟叫声的声音减弱。提示:利用 Duck Volume 效果器。

10

碰撞盒与触发器

Unity 5.X

本章内容

　　碰撞盒和触发器是游戏逻辑中最基本的逻辑功能。碰撞盒用于检测游戏场景中游戏对象是否互相碰撞,最基本的功能是使得物体之间不能穿过,还可以用于检测某个对象是否碰到了另外的对象,比如用于检测子弹是否碰到了敌人。触发器是一个区域,用于当某些对象进入该区域时触发某些事件,比如当主角走到门口时,播放一段剧情视频。

　　碰撞盒和触发器都是包围在游戏对象外围的虚拟区域,该区域在游戏运行时不会显示。在计算对象是否碰撞时,是根据该包围区域的形状,而不是由对象的形状来决定的,它比对象的形状要简单(除了使用网格碰撞盒),不过碰撞盒的包围区域最好是凸面体而不是凹面体。

10.1　碰撞盒(Collider)

　　无论是 2D 游戏还是 3D 游戏,都要对场景中的游戏对象进行碰撞检测。游戏在进行碰撞检测的过程中需要消耗很多的运算资源,所以应该尽量地简化碰撞盒的形状,以此来降低检测过程中的资源消耗。在 Unity3D 中提供了各种基本形状的碰撞盒组件,包括立方体碰撞盒(BoxCollider)、球形碰撞盒(SphereCollider)、胶囊状碰撞盒(CapsuleCollider)、车轮碰撞盒(WheelCollider)、网格碰撞盒(MeshCollider)以及地形碰撞盒(TerrainCollider)。

　　如果没有对游戏场景中的对象添加碰撞盒组件,那么就会造成角色穿墙、无法判断子弹是否打中敌人等情况,即使在视觉上他们已经碰撞上了。所以,在需要在阻止对象穿过的模型上或者位置上添加碰撞盒,在需要判断子弹是否打中敌人之前,为子弹和敌人都添加上碰撞盒。还有很多时候在场景中通过射线法找到某个对象,也是根据碰撞盒来进行的。最后当需要为对象添加物理效果时,也要为它添加碰撞盒。

　　由于碰撞盒也是一种组件,所以添加碰撞盒的方式与添加其他组件的方式一样,它的位置在主菜单下的【Component】→【Physics】中。如图 10-1 所示。

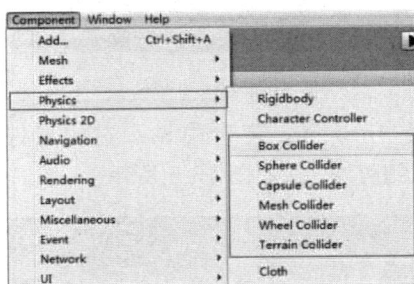

图 10-1　碰撞盒组件选项

10.1.1 碰撞盒初探

下面的例子使用 Unity3D 内置的基础图形来体现碰撞盒的作用（Unity3D 中的地形会自动添加 TerrainCollider，所以使得地形上的对象不会穿过）。

[1] 新建场景，导入 Chapter10-Collider 包，打开 BaseCollider 场景，如图 10-2 所示。该场景除了角色对象之外，其他的物体都是由 Unity3D 中的基础图形组成。

[2] 点击游戏运行按钮，通过键盘上的 WASD 按键和鼠标控制角色运动，会发现角色不能穿过场景中的物体，如图 10-3 所示。这是由于 Unity3D 在创建基本图形时也会为其添加一个碰撞盒组件。

图 10-2　初始场景

图 10-3　角色不能穿过胶囊状物体

[3] 结束游戏，在场景中选择任何一个形状的基本图形，会发现在这些图形上有一个绿色的包围盒包围在图形上，这个区域便是碰撞盒区域。这些碰撞盒在游戏运行时是看不到的，只有在编辑状态下，才会在 Scene 窗口中显示出来。如图 10-4 所示。

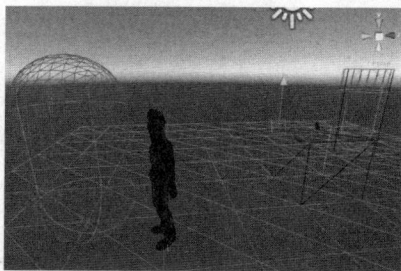

图 10-4　碰撞盒区域

[4] 选择立方体对象，在 Inspector 窗口中显示它的组件属性，并把当中的 Capsule Collider 组件勾选掉，使得该组件失效，如图 10-5 所示。

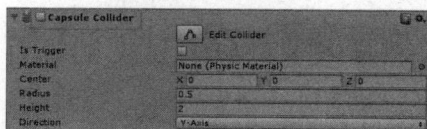

图 10-5　使碰撞盒组件失效

［5］再次点击游戏运行按钮，控制角色走到胶囊体上，此时角色穿过了胶囊体，而不是被它所阻挡了。如图 10-6 所示。

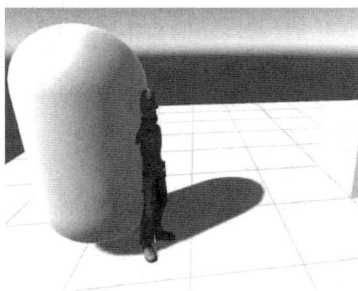

图 10-6　碰撞盒失效之后的效果

从以上的例子可以看出，对象的形状是否显示与是否具有碰撞功能是无关的。碰撞检测算法根据的是该对象上的碰撞盒而不是该对象的实际形状。当然，在为对象添加碰撞盒时，其碰撞盒形状最好与对象的几何形状相似。

10.1.2　网格碰撞盒（Mesh Collider）

接下来，介绍如何为外部的三维模型添加碰撞盒。导入 Unity3D 中的外部模型是不会自带碰撞盒的，需要手动或者使用自动生成网格碰撞盒来为其添加碰撞盒。

首先介绍自动生成网格碰撞盒的方法。网格碰撞盒是根据模型的形状生成与形状相同的碰撞盒，此种碰撞盒形状比较复杂，如果模型比较复杂时，建议不要使用该种碰撞盒。当该模型是凹面体时，需要把该模型拆分成凸面体或者勾选碰撞盒中的 Convex，把碰撞盒转换成凸面体（但是此时会使得碰撞不准确）。

［1］打开 MeshColliderScene 场景。场景中有一个平面和一个角色，如图 10-7 所示。

图 10-7　初始场景

［2］在 Project 窗口中找到 Meshes 目录下的 rock_01 模型，选择 rock_01 模型素材，如图 10-8 所示。

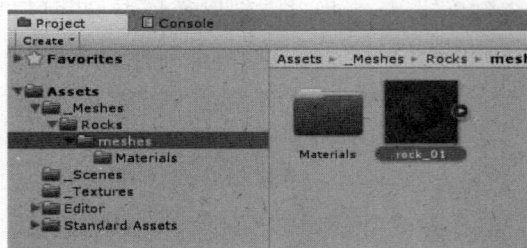

图 10-8　Rock 模型资源

[3] 现在先不对它的属性进行设置，直接把模型拖到 Scene 窗口中，并点击游戏运行按钮，控制角色走到石头那边，会发现角色穿过了该模型，如图 10-9 所示。

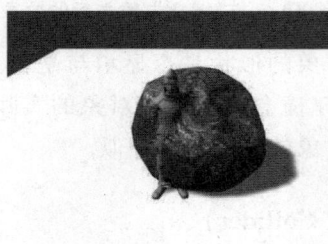

图 10-9　未添加碰撞盒

[4] 为该石头模型添加 Mesh Collider。有两种方式，一种是在 Scene 窗口中选择该石头模型，接着在 Inspector 窗口中点击【Add Component】→【Physics】→【Mesh Collider】，手动为该石头添加网格碰撞盒，如图 10-10 所示。此时再运行游戏，角色便被石头挡住了。但是这种方法只能对场景中的对象起作用，当需要从 Project 窗口中拖入同样的模型时，还得手动添加。

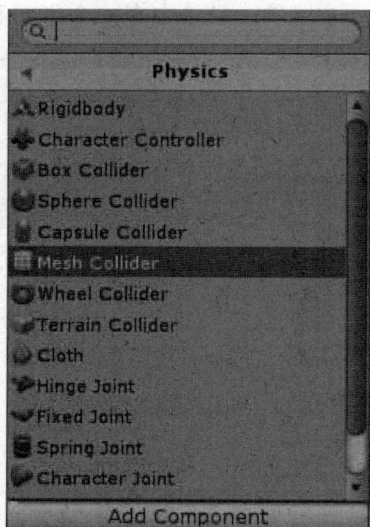

图 10-10　手动添加网格碰撞盒

[5] 在 Project 窗口中选择 rock_01 模型，在 Inspector 窗口中显示该模型的 FBX

属性。

[6] 找到 Generate Colliders(生成碰撞盒)参数并把它勾选上,接着在该面板下方点击【Apply】应用按钮。如图 10-11 所示。

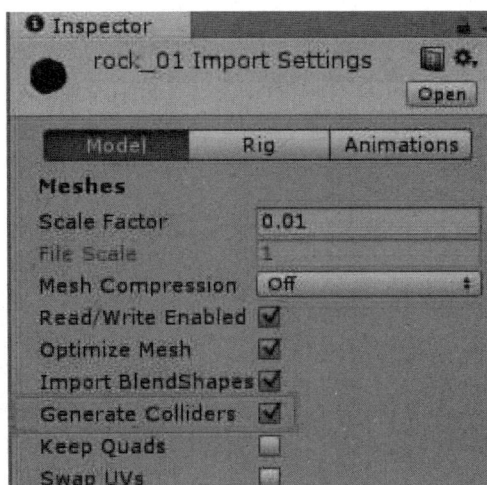

图 10-11　生成网格碰撞区域

[7] 接着再把 Rock_01 模型拖到场景中,点击游戏运行按钮,此时角色便不会再穿过石头了,甚至可以控制角色跳到石头上,如图 10-12 所示。

图 10-12　添加碰撞盒后的效果

[8] 如果是在场景中为模型的游戏对象手动添加 Mesh Collider 组件,若要使得以后能够重复使用该对象,可以把该对象从 Hierachy 窗口中拖到 Project 窗口中,这时该对象会生成一个 Prefab 资源,它保存了我们在场景中对对象进行的所有修改。

10.1.3　碰撞盒的阻挡作用

由于 Mesh Collider 生成的碰撞盒形状是根据模型的形状来确定的,所以当模型比较复杂时,生成的碰撞盒的复杂度也会随着增加,从而导致大量的计算资源被消耗。对于比较复杂的模型,可以采用形状较为简单的碰撞盒来代替,虽然使用这种方法降低了碰撞检测的精确度,但是却能够大大减少计算资源的消耗。

　　Unity3D 提供的基本碰撞盒有立方体碰撞盒(Box Collider)、球形碰撞盒(Sphere Collider)、胶囊状碰撞盒(Capsule Collider)。在该场景中,除了不规则形状的模型使用 Mesh Collider 组件外,其他的都使用基本碰撞盒来实现。

　　[1] 打开 Base Collider2 场景,该场景中包含一个角色和一个地形。该角色已经添加了一个被称为 Character Controller 的组件,该组件用于控制角色的基本属性,比如碰撞盒大小、最小爬坡角度等等,该组件自动为角色添加了一个胶囊状的碰撞盒,是一种典型的碰撞盒。如图 10-13 所示。

图 10-13　初始场景

　　[2] 在 Project 窗口中找到 coastal_gun_battery 下的 _Meshes 目录,该目录下包含了场景中需要用到的模型,这些模型都是没有添加碰撞盒的物体,如图 10-14 所示。

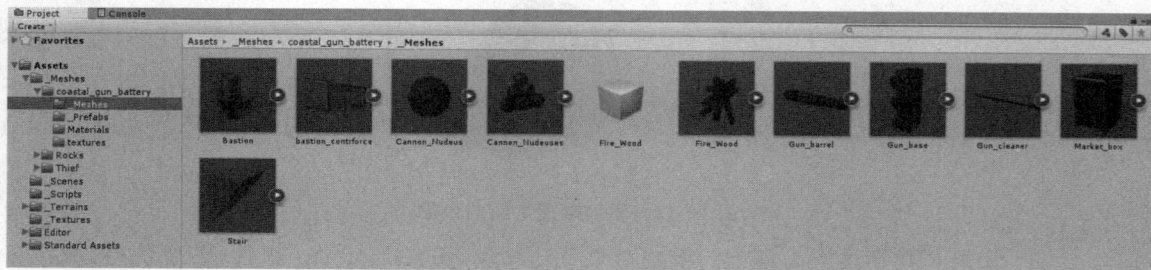

图 10-14　模型资源文件

　　[3] 选择 Bastion(堡垒)模型,在 Inspector 窗口中显示该模型的 FBX 导入属性,在 Preview 窗口中查看该模型,由于该模型形状是不规则的,但是其模型复杂度并不高,所以使用 Mesh Collider 作为碰撞盒。找到 Generate Colliders 属性,并把它勾选上,最后点击 Apply 按钮,完成属性修改。如图 10-15 所示。

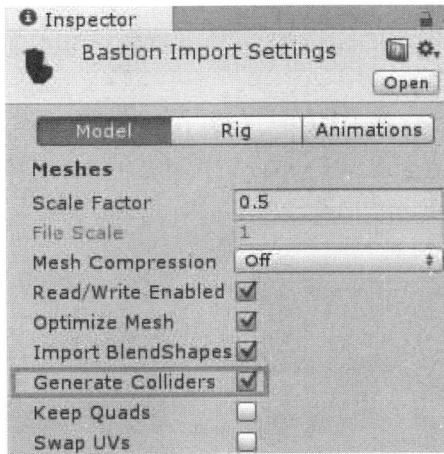

图 10-15　生成网格碰撞区域

［4］把该模型拖到场景中，放置在地形的高地上，如图 10-16 所示。

［5］选择阶梯（Stair）模型，由于模型不规则，所以还是采用同样的方法添加 Mesh Collider 作为碰撞盒。添加碰撞盒之后把它放置在场景中如图 10-17 的位置上。

图 10-16　放置模型到场景中

图 10-17　添加阶梯模型

［6］点击有运行按钮，现在可以通过键盘的 WASD 按键、空格键和鼠标控制角色的行走，由于有碰撞盒的作用，角色能够登上堡垒，如图 10-18 所示。

图 10-18　当前碰撞效果

[7] 选择 bastion_contrforce 模型,使用同样的方法为它添加 Mesh Collider 碰撞盒,然后把它拖到场景中,接着配合 Ctrl＋D 组合键复制出多个 bastion_contrforce 模型,放置在如图 10-19 所示的地方。

[8] 选择 Gun_Base(炮筒基座)模型,查看其模型,可知其形状接近长方体。现在我们为其添加一个立方体碰撞盒(Cube Collider),然后把 Gun_Base 模型拖到场景中,成为一个游戏对象,如图 10-20 所示。

图 10-19　添加堡垒边缘

图 10-20　添加大炮基座

[9] 在场景中选择 Gun_Base 游戏对象,由于 Gun_Base 对象包含了多个子模型物体,所以在 Scene 窗口中双击基座,选择该模型的子物体 gun_base_01,在 Inspector 窗口中的组件面板中选择【Add Component】→【Physics】→【Box Collider】,此时,Unity3D 会根据该模型的尺寸为该模型添加合适的立方体碰撞盒,如图 10-21 至图 10-23 所示。

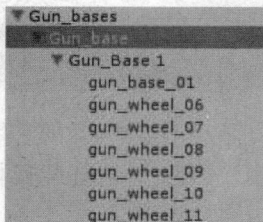

图 10-21　Hierachy 窗口中显示该物体的层级

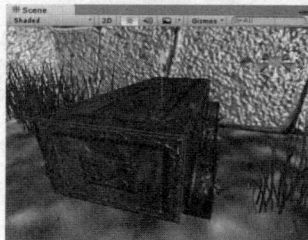

图 10-22　绿色边框为碰撞盒区域

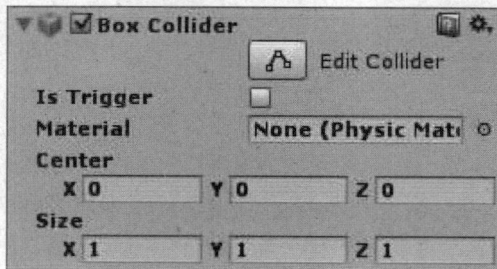

图 10-23　立方体碰撞盒的组件属性面板

立方体碰撞盒的属性列表如表 10-1 所示。

表 10-1　立方体碰撞盒属性

属性	说明
Is Trigger	勾选此项,把碰撞盒转换为触发器,碰撞功能失效
Material	用于添加物理材质
Center	碰撞盒相对游戏对象的中心点位置
Size	碰撞盒大小

　　[10] 选择 gun_wheel_06 子物体,该车轮是一个圆柱体形状的物体,一般为其添加胶囊状的碰撞盒。在 Inspector 窗口中点击【Add Component】→【Physics】→【Capsule Collider】,为它添加一个胶囊状的碰撞盒,如图 10-24、图 10-25 所示,并对其他五个轮子进行同样的操作。

图 10-24　为车轮添加胶囊状碰撞盒　　图 10-25　胶囊状碰撞盒属性面板

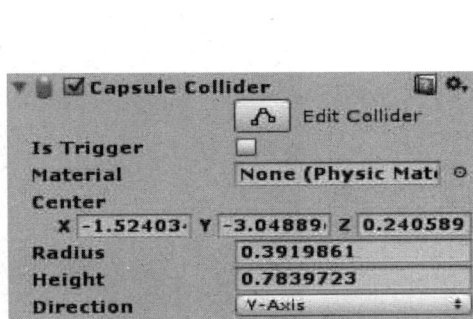

胶囊状碰撞盒的参数列表如表 10-2 所示。

表 10-2　胶囊状碰撞盒参数说明

属性	说明
Edit Collider	使碰撞盒可以编辑
Is Trigger	勾选此项,把碰撞盒转换为触发器,碰撞功能失效
Material	用于添加物理材质
Center	碰撞盒相对游戏对象的中心点位置
Radius	碰撞器中圆柱体的半径
Height	碰撞器底圆的高度
Direction	在游戏对象局部坐标系中胶囊长轴方向所处的坐标轴

　　[11] 为了使得 Gun_base 能够被重复利用,我们把它保存成 Prefab(预置资源)。为了防止误选,在 Hierachy 窗口中选择 Gun_base,直接把它拖到 Project 窗口中,直接生成一个 Prefab 文件,如图 10-26 所示。这样,在 Unity3D 中对模型所进行的操作便保存在这个文件中。同时场景中的 Gun_base 也会自动被关联到该 Prefab 上。

图 10-26　把场景中的对象保存成 Prefabs 资源

〔12〕在场景中配合 Ctrl＋D 复制出多个 Gun_base，并把它放置在堡垒上，如图 10-27 所示。

图 10-27　复制出几个大炮基座放置在场景中

〔13〕在 Project 窗口中把 Gun_barrel 拖到场景中，观察它的模型，该模型与胶囊形状形似，所以也为它添加一个 Capsule Collider（胶囊状的碰撞盒），此时需要调整该胶囊状碰撞盒的参数，如图 10-28 和图 10-29 所示。首先把 Gun_barrel 转换成 Prefab 资源（直接把该对象从 Hierachy 窗口中拖到 Project 窗口中），接着配合 Ctrl＋D 复制出多个 Gun_barrel，放置在每个大炮基座上。

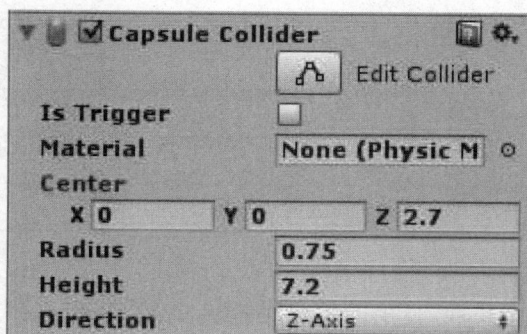

图 10-28　炮管的胶囊状碰撞盒属性

图 10-29　修改后的炮管碰撞盒

［14］在 Project 窗口中选择 Cannon_Nudeuses 模型，把它拖到场景中，为它添加一个胶囊状碰撞盒，并设置该碰撞盒的参数，如图 10-30 和图 10-31 所示。

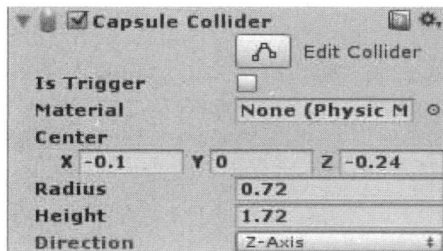

图 10-30　炮弹堆的胶囊状碰撞盒属性

图 10-31　修改后的炮弹堆的胶囊状碰撞盒

［15］把 Cannon_Nudeuses 转换成 Prefab 资源（直接把该对象从 Hierachy 窗口中拖到 Project 窗口中），接着配合 Ctrl＋D，复制出多个 Cannon_Nudeuses 模型，放置在每个大炮旁边，如图 10-32 所示。

图 10-32　把炮弹堆复制出多个

［16］在 Project 窗口中把 Cannon_Nudeus（单个炮弹）模型对象拖到场景中，由于这个模型是单个的炮弹，是球形的形状，因此我们为它添加一个 Sphere Collider（球形碰撞盒），如图 10-33 和图 10-34 所示。该参数与上面两种碰撞盒的参数相似，不过 Radius 是用于控制球体的半径的而已。

图 10-33　单个炮弹使用球形碰撞盒

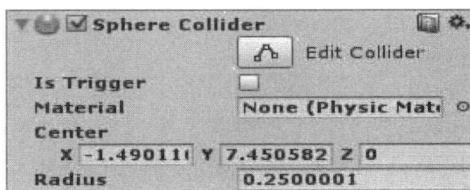

图 10-34　修改球形碰撞盒的属性

[17] 首先把 Cannon_Nudeus 模型转换为预置(Prefab)资源,接着配合 Ctrl+D 组合键复制多个 Cannon_Nudeus 对象,放置在炮台上。如图 10-35 所示。

图 10-35 放置多个炮弹

[18] 在 Project 窗口中选择 Market_box 模型,拖到场景中,为它添加一个 Box Collider(立方体碰撞盒),如图 10-36 所示。

[19] 把它转换成 Prefab 资源,接着配合 Ctrl+D 组合键复制出多个 Market_box 模型,放置在炮台上,如图 10-37 所示。

图 10-36 为弹药箱添加立方体碰撞盒

图 10-37 放置多个弹药箱

[20] 在 Project 窗口中选择火把(Fire_Wood)模型,拖到场景中,并为其添加一个胶囊状碰撞盒(Capsule Collider),如图 10-38 和图 10-39 所示。

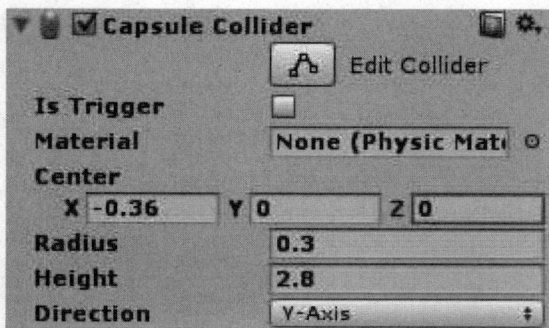

图 10-38 火堆胶囊状碰撞盒的属性

图 10-39 修改后的火堆胶囊状碰撞盒

298

[21] 把 Fire_Wood 转换为 Prefab 资源，并配合 Ctrl＋D 复制出多个 Fire_Wood，放置在炮台上，如图 10-40 所示。在这里需要注意一点，为了使得场景更加符合现实情况，模型的放置不能过于随意。游戏场景中的模型一般都是有它的用意所在，比如这个火把是用于大炮点火的，所以这里分配两架大炮公用一堆火把。

图 10-40　放置多个火把

[22] 因为古代的大炮需要有一个清理杆来清理大炮内部的炮灰，所以在 Project 窗口中选择了 Gun_Cleaner 模型并将其拖到场景中，如图 10-41 所示。由于这个清理杆比较小，为了节省资源，便不为它添加碰撞盒了。

图 10-41　放置清理杆

[23] 点击游戏运行按钮，现在角色在碰到物体时会被挡住，如图 10-42 所示。

图 10-42　最终效果

［24］在进行下个步骤之前,首先对场景的对象进行整理,否则在 Hierachy 窗口中的对象太过杂乱,当场景比较大时,会非常不方便管理,如图 10-43 所示。

［25］在主菜单中,选择【GameObject】→【CreateEmpty】,新建一个空的游戏对象,并命名为 bastion_contrforcea,接着把所有的 bastion_contrforce 对象拖到该对象上,成为 bastion_contrforcea 的子对象,如图 10-44 所示。

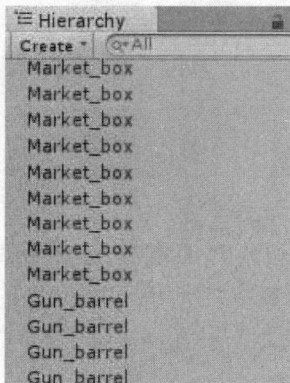

图 10-43　整理场景中的游戏对象

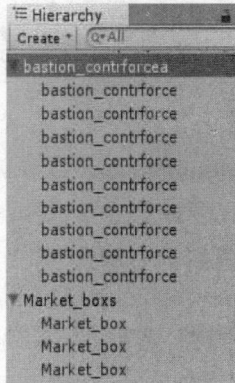

图 10-44　在场景中合并多个相同的游戏对象

［26］对其他同类的游戏对象进行相同的整理,最后结果如图 10-45 所示。这样,Hierachy 窗口看起来会整洁很多。

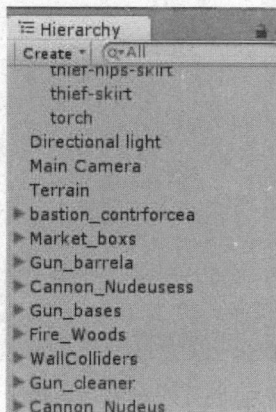

图 10-45　整理后的 Hierarchy 窗口

[27] 一般的游戏都是会把玩家限制在一定的区域中,而目前的场景中的角色可以任意走动,甚至从炮台上跳下,或者走到地形的边缘跳到海水中,如图 10-46 所示。我们要把该角色的活动范围限制在炮台上。

[28] 在场景中创建一个空的游戏对象,并命名为 WallCollider,接着为它添加一个 BoxCollider 组件,并设置它的属性,最后调整它的位置,如图 10-47 所示。虽然该对象没有模型数据,但是我们同样可以为它添加碰撞盒。

图 10-46　角色掉到水里

图 10-47　无模型的立体碰撞盒

[29] 重复上面的步骤,或者使用 Ctrl+D 复制出多个 Wall Collider 对象,把整个炮台包围起来。如要在 Scene 窗口中显示碰撞盒,则需要选择该对象。最后把所有的 Wall Collider 对象选上,在主菜单中选择【Game Object】→【Make Parent】,把第一个对象作为父对象,下面所选的对象设置成它的子对象。如图 10-48 所示。

[30] 现在点击游戏运行按钮,角色的活动范围就不会超出炮台的范围了,如图 10-49 所示。

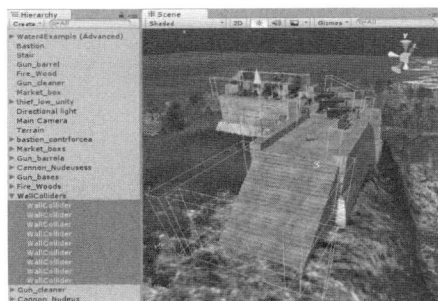

图 10-48　使用立方体碰撞盒把炮台围住

图 10-49　角色不能走出炮台

上面的例子说明可以利用碰撞盒来使得游戏中的对象互相阻挡。碰撞盒除了具有阻挡作用之外,还可以通过对象的互相碰撞来产生一系列的事件和行为。

10.1.4　碰撞事件的运用

在游戏开发当中,碰撞事件的触发是再普遍不过的技术了。无论是从零开始编写游戏代码,还是使用游戏引擎制作游戏,或多或少都会使用到碰撞事件的触发技术。例如一个角色触碰到地雷而使得地雷爆炸。

碰撞盒由一个名为 Collider 的类控制的,该类继承自 Component 类,所以它也是一种组件。在该类中提供了三个函数,分别是 OnCollisionEnter、OnCollisionExit 和 OnCollisionStay。在 Unity3D 中,函数名的第一个单词为 On 的函数,是一种基于事件触发的函数,在必要的时候需要开发者重写该函数。函数的调用由某一个事件的触发而被调用,用户不需要手动去调用它。三个函数的说明如表 10-3 所示。

表 10-3　Collidor 函数参数说明

函数名	参数类型	说明
OnCollisionEnter	Collision(当发生碰撞事件时系统传入被碰撞对象的碰撞信息,例如碰撞点、碰撞的相对速度、被碰撞的游戏对象、被碰撞游戏对象的碰撞盒、对象位置以及变换等等)	当该碰撞盒刚开始触碰另外的碰撞盒时被调用。
OnCollisionExit		当该碰撞盒停止与另外的碰撞盒触碰时被调用。
OnCollisionStay		当该碰撞盒与另外的碰撞盒保持接触时,在每一帧被调用。

接下来以 OnCollisionEnter 函数为例介绍该回调函数的用法,其他两个回调函数用法相似,只是调用时机不同而已。我们将使用该函数来实现当一个手雷弹掉下来碰到地面时发生爆炸的效果。

[1] 打开 OnColliderEnterTest 场景,场景中只有一个地面和一个手雷,如图 10-50 所示。

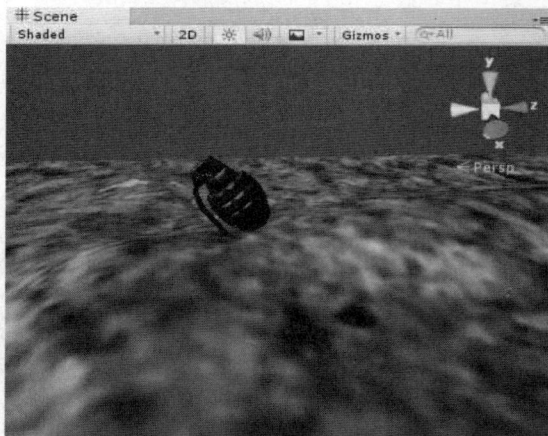

图 10-50　初始场景

[2] 新建一个 C♯ 程序脚本,并命名为 Explosion。打开编辑器,并输入以下脚本。

```
1   using UnityEngine;
2   using System.Collections;
3
4   public class Explosion ：MonoBehaviour
5   {
6
7       public Transform explosionPrefab;//用于生成爆炸效果的粒子对象
```

```
8        public AudioClip explosionAudio；    //保存爆炸音效
9
10       void OnCollisionEnter(Collision collision)
11       {
12           ContactPoint contact = collision.contacts[0];
13           //从 collision 对象参数中获得碰撞时的第一个碰撞点
14           Quaternion rot = Quaternion.FromToRotation(Vector3.up，contact.normal)；
15           //生成爆炸效果的例子对象 Y 轴朝向碰撞点的朝向旋转的角度
16           Vector3 pos = contact.point；//获得碰撞点的位置
17           Instantiate(explosionPrefab，pos，rot)；//使用 Instantiate 函数生成爆炸效果粒子
                                                        对象，
18                                                    //第一个参数是要生成的对象
19                                                    //第二个参数是要生成对象的位置
20                                                    //第三个参数是要生成对象的旋转方向
21           GameObject explosionSoundSource = new GameObject()；//实例化一个空的游戏
             对象，用于播放音频
22           explosionSoundSource.transform.position = pos；  //设置该对象的位置为碰撞点
             的位置
23           explosionSoundSource.AddComponent<AudioSource>()；//添加音源组件
24           explosionSoundSource.GetComponent<AudioSource>().PlayOneShot(explosion-
             Audio)；//播放一次音频
25           Destroy(gameObject)；//销毁手雷对象
26
27       }
28   }
```

［3］把该代码添加到 Grenade(手雷)游戏对象上。在 Project 窗口中的 Asset 目录下找到 Explosion Particle 把它添加到 Grenade 游戏对象的 Explosion 脚本组件中的 Explosion Prefab 属性上，从_Audios 目录中把 Explosion 音频添加到该脚本组件的 Explosion Audio 属性上，如图 10-51 所示。

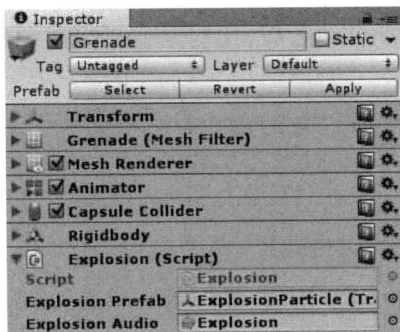

图 10-51　添加脚本组件并为公有属性赋值

［4］点击游戏运行按钮，当手雷下落碰到地面时，会在碰撞的地方出现爆炸的效果。

如图 10-52 所示。

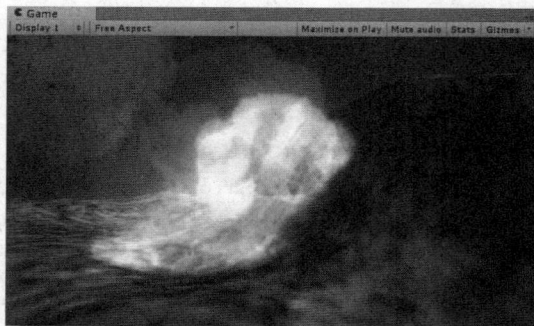

图 10-52 手雷触碰地面发生爆炸

〔5〕把该添加了 Explosion 脚本组件的手雷拖到 Project 窗口中,把它转换为 Prefab 对象。接着,在场景中放置多个手雷,这时候,每个手雷碰到地面都会爆炸,如图 10-53 所示。

图 10-53 多个手雷发生爆炸

〔6〕现在还有一个问题便是当爆炸结束后,爆炸效果的粒子和播放爆炸音效的对象还保留在场景中。经过很多次爆炸之后,这些保留在场景中的残留对象会占用计算机资源,所以需要让这些对象在一段时间后能自动销毁。新建一个 Javascript 脚本,命名为 DestroyObject,打开并输入以下代码。

```
1    using UnityEngine;
2    using System. Collections;
3
4    public class DestroyObject : MonoBehaviour {
5
6    // Use this for initialization
7    void Start () {
8            Destroy(GameObject,5);//5 秒钟之后自动销毁该对象
```

```
9    }
10   }
```

［7］在 Project 窗口中选择 ExplosionParticle 资源，在 Inspector 窗口中点击【Add Component】→【Scripts】→【Destroy Object】，如图 10-54 所示。

图 10-54　添加脚本组件

［8］在主菜单中选择【Game Object】→【Create Empty】，在场景创建一个空的游戏对象，命名为 ExplosionSoundSource，并把 DestroyObject 脚本组件添加到该空对象上，如图 10-55 所示。

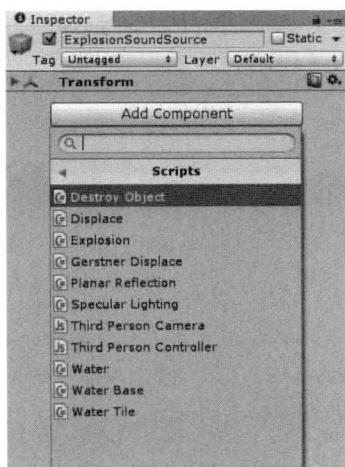

图 10-55　为空对象添加脚本组件

［9］为该对象添加一个 Audio Source 组件，如图 10-56 所示。

图 10-56 添加 AudioSource 组件

[10] 把 ExplosionSoundSource 游戏对象拖到 Project 窗口中，把它转换成 Prefab 资源，接着把场景中的 ExplosionSoundSource 删除掉。如图 10-57 所示。

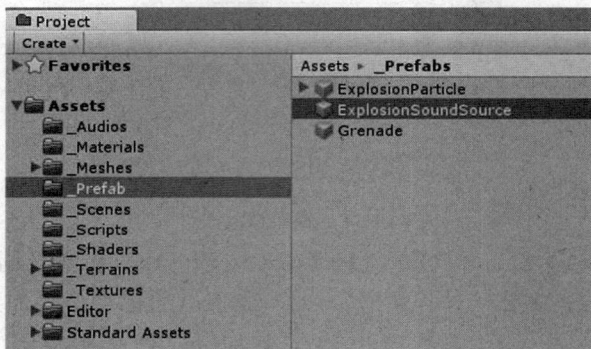

图 10-57 把游戏对象保存为预置(Prefab)

[11] 修改 Explosion 脚本，其代码如下所示。

```
1   using UnityEngine；
2   using System.Collections；
3
4   public class Explosion ：MonoBehaviour
5   {
6
7       public Transform explosionPrefab；//用于生成爆炸效果的粒子对象
8       public AudioClip explosionAudio；   //保存爆炸音效
9       public GameObject explosionSoundSource；
10
11      void OnCollisionEnter(Collision collision)
12          {
13          ContactPoint contact = collision.contacts[0]；
14          //从 collision 对象参数中获得碰撞时的第一个碰撞点
15          Quaternion rot = Quaternion.FromToRotation(Vector3.up, contact.normal)；
```

```
16        //生成爆炸效果的例子对象 Y 轴朝向碰撞点的朝向旋转的角度
17        Vector3 pos = contact.point;//获得碰撞点的位置
18        Transform explosion = Instantiate(explosionPrefab, pos, rot) as Transform;
          //使用 Instantiate 函数生成爆炸效果粒子对象,
19                                          //第一个参数是要生成的对象
20                                          //第二个参数是要生成对象的位置
21                                          //第三个参数是要生成对象的旋转方向
22        GameObject tempExplosionSoundSource = Instantiate(explosionSoundSource, pos,
          rot) as GameObject;
23        tempExplosionSoundSource.transform.position = pos;  //设置该对象的位置为碰
          撞点的位置
24        tempExplosionSoundSource.AddComponent<AudioSource>();//添加音源组件
25         tempExplosionSoundSource.GetComponent<AudioSource>().PlayOneShot(ex-
          plosionAudio);//播放一次音频
26        Destroy(gameObject);//销毁手雷对象
27
28      }
29    }
```

[12] 在场景中选择任意一个 Grenade 游戏对象,把 ExplosionSoundSource 游戏对象
从 Project 窗口中拖到 Grenade 游戏对象中 Explosion 脚本组件上的 ExplosionSound-
Source 属性上,如图 10-58 所示。

图 10-58　把 Grenade 赋值给 ExplosionSound Source 属性

[13] 继续选择该 Grenade 游戏对象,在 Inspector 窗口中点击 Prefab 属性中的【Ap-
ply】按钮,使得该修改运用于所有的 Grenade 的 Prefab 上,如图 10-59 所示。

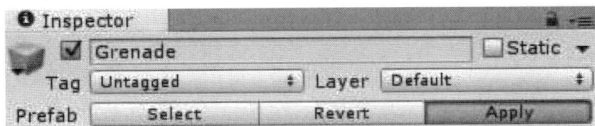

图 10-59　使场景中游戏对象的修改作用于原预置上

[14] 点击游戏运行按钮,可以观察到,这些生成的爆炸效果粒子对象和爆炸音频播

放的游戏对象在生成 5 秒钟之后就自动销毁了。如图 10-60 所示。

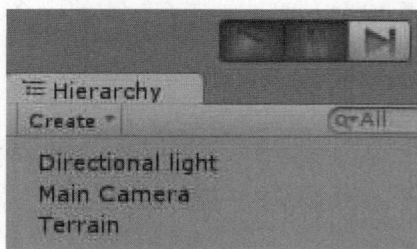

图 10-60　对象自动销毁

10.2　触发器

从前面一节可以看出,碰撞盒用于游戏对象的碰撞检测,它最主要是起到阻挡游戏对象的作用,还提供了基于碰撞事件的函数用于根据碰撞的状态来被调用。如果现在需要取消碰撞盒的阻挡作用,保留基于碰撞事件函数的功能,最简单的方法便是把碰撞盒设置成触发器(Trigger)。

触发器技术与碰撞盒技术在游戏的开发中都占据着很大的比重。触发器的工作原理与碰撞盒的工作原理相似,只是没有了阻挡作用。触发器是一个区域,该区域的形状类型与上一节所介绍的碰撞盒区域的形状类型是相同的。把某个区域设置成触发器区域很简单,只要为该区域添加一个碰撞盒,并在碰撞盒面板中把 Is Trigger 属性勾选上,如图 10-61 所示。

图 10-61　把碰撞盒修改为触发器

使用触发器关键在于掌握触发器的三个基于事件触发的函数,分别是 OnTriggerEnter、OnTriggerExit 和 OnTriggerStay。该三个函数的说明具体表 10-4 所示。

表 10-4　事件触发函数参数说明

函数名	参数类型	说明
OnTriggerEnter		当某个碰撞盒刚进入该触发器时调用
OnTriggerExit	Collider(与该触发器相互作用的碰撞盒对象引用)	当某个碰撞盒离开该触发器区域时调用
OnTriggerStay		当某个碰撞盒停留在该触发器区域中时的每一帧调用

现在使用触发器提供的以上三个函数来实现一个开关灯和开关门的效果。

[1] 新建工程,导入 Chapter10-Trigger 资源包,打开 TriggerTest 场景,如图 10-62

和图 10-63 所示。现在可以点击游戏运行按钮，使用键盘的 WASD 键、空格键和鼠标键控制场景中的角色。

图 10-62　初始场景　　　　图 10-63　初始场景

　[2] 先实现当角色来到门前时，名为 frontDoor 的游戏对象（门）会自动打开的功能。这里先不使用触发器，而是使用射线检测的技术。射线检测技术是从对象上发射出一条虚拟的射线（逻辑上的，在游戏场景中不显示出来），当该射线与某个碰撞盒相交时，会传回该碰撞盒的游戏对象。

　[3] 新建一个 C♯ 脚本，并命名为 PersonRaycast，打开脚本编辑器，输入以下代码。该代码用于显示从角色头部发射出一条射线的效果。

```
1  void Update（）｛
2  //测试从添加该代码的游戏对象的位置开始朝前发射出一条红色的射线；
3  Debug.DrawRay(transform.position,transform.forward * 3f,Color.red)；
4  ｝
```

　[4] 在 Hierachy 窗口中，找到 EthanHead1 游戏对象，它位于 Third Person Controller 游戏对象的子对象中，如图 10-64 所示。把上面的代码添加到该对象上，如图 10-65 所示。

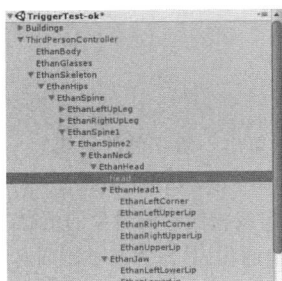

图10-64　选择角色的 helmet_bone 骨骼　　　图 10-65　添加脚本组件

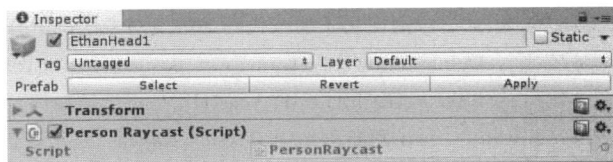

　[5] 点击运行游戏，此时在 Scene 窗口中，会看到从角色的头部朝前方发射出一条红色的射线，如图 10-66 所示。使用 Debug 的 DrawRay 函数可以在 Scene 窗口绘制射线，但是在 Game 游戏预览窗口中不会显示，可以用该函数来测试射线的状态，该射线只是一个可视的射线，而不是逻辑上的射线。

图 10-66 从角色头部发射的射线

[6] 现在来编写真正发射射线的代码,并找到 frontDoor 游戏对象。在 PersonRay-
cast 脚本代码中输入如下代码。

```
1   using UnityEngine;
2   using System. Collections;
3
4   public class PersonRaycast : MonoBehaviour
5   {
6       RaycastHit hit; //RaycastHit 是一个结构体,保存了被射线检测到的对象的信息
7                       // Use this for initialization
8       void Start()
9       {
10
11      }
12
13      // Update is called once per frame
14      void Update()
15      {
16          //测试从添加该代码的游戏对象的位置开始朝前发射出一条红色的射线
17          Debug. DrawRay(transform. position, transform. forward * 3f, Color. red);
18          RaycastHit hit; //RaycastHit 是一个结构体,保存了被射线检测到的对象的信息
19          //if 判断语句中 Physics. Raycast 才是真正发出射线的代码,当与某个游戏对象的碰
                撞盒相交时,返回为真
20          if (Physics. Raycast(transform. position, transform. forward, out hit, 3))
21          {
22              //判断检测到的游戏对象名称是否为 frontDoor
23              if (hit. collider. gameObject. name == " frontDoor ")
24              {
25                  //如果射线检测到的游戏对象名称为 frontDoor,便在控制台上输出信息
26          Debug. Log(" This is frontDoorgameObject ");
```

```
27              }
28
29          }
30      }
31  }
```

[7] 在 Unity3D 的主菜单中，选择【Window】→【Console】，打开控制台面板，接着点击游戏运行按钮，控制角色走到门前，如果该射线检测到名为 frontDoor 的游戏对象存在时，便会控制输出信息，如图 10-67 所示。此时说明射线能够正常检测场景中的游戏对象了。

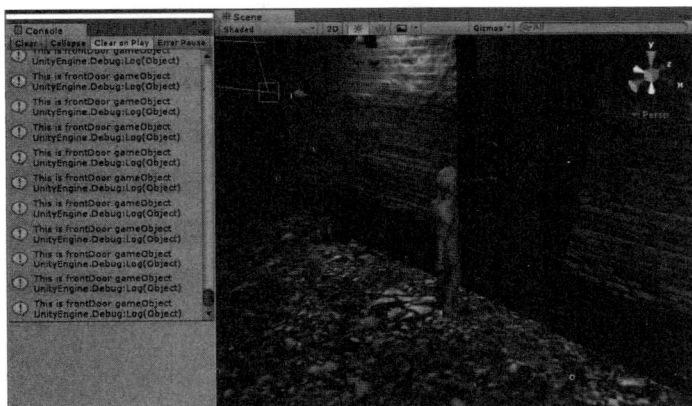

图 10-67　射线检测到门时控制台的输出信息

[8] 开门动画。我们将使用 Mathf 中的 SmoothDampAngle 函数来控制门的旋转。该函数能够控制角度进行光滑地从初始状态变化（插值）到最终状态，打开 PersonRaycast 脚本，并输入以下代码。

```
1  using UnityEngine;
2  using System.Collections;
3
4  public class PersonRaycast : MonoBehaviour
5  {
6      RaycastHit hit; //RaycastHit 是一个结构体,保存了被射线检测到的对象的信息
7
8      Transform currentDoorTrans; //用于保存门的转换对象
9      float smooth = 0.3f; //光滑程度
10     private float yVelocity = 0.0f;   //旋转速度,用于保存旋转过渡中的旋转速度
11     bool isOpening = false; //判断门是否正在打开
12     private float targetAngle = 90;   //门打开后的最终角度
13
14     // Use this for initialization
15     void Start()
```

```
16      {
17
18      }
19
20      // Update is called once per frame
21      void Update()
22      {
23          //测试从添加该代码的游戏对象的位置开始朝前发射出一条红色的射线
24          Debug.DrawRay(transform.position, transform.forward * 3f, Color.red);
25          RaycastHit hit;  //RaycastHit 是一个结构体,保存了被射线检测到的对象的信息
26                          //if 判断语句中 Physics.Raycast 才是真正发出射线的代码,当与
                            某个游戏对象的碰撞盒相交时,返回为真
27          if (Physics.Raycast(transform.position, transform.forward, out hit, 3))
28          {
29              //判断检测到的游戏对象的名称是否为 frontDoor
30              if (hit.collider.gameObject.name == " frontDoor " &&isOpening == false)
31              {
32                  //把检测到的门的游戏对象的转换赋值给 currentDoor
33          currentDoorTrans = hit.collider.gameObject.transform;
34          isOpening = true;
35                  //如果射线检测到的游戏对象名称为 frontDoor,便在控制台上输出信息
36          Debug.Log(" This is frontDoorgameObject ");
37              }
38          }
39          if(isOpening == true)
40          {
41              //SmoothDampAngle 第一个参数是初始值,第二参数为最终值,第三个参数为
                  当前速度,第四个参数为光滑程度
42              float yAngle = Mathf.SmoothDampAngle(currentDoorTrans.eulerAngles.y,
43      targetAngle, ref yVelocity, smooth);
44              //把角度值赋值给门沿着 y 轴旋转的旋转角度值
45              currentDoorTrans.eulerAngles = new Vector3(currentDoorTrans.transform.
        localEulerAngles.x,yAngle,currentDoorTrans.localEulerAngles.z);
46              //当门完全打开后,把 IsOpening 设置为 false
47              if (yAngle == targetAngle)
48              {
49          isOpening = false;
50              }
51          }
52      }
53  }
```

[9] 点击游戏运行按钮,测试门是否按照预期的设想打开,如图 10-68 所示。

图 10-68　运行效果

[10] 接下来,我们改用触发器来打开门口的灯。观察门口的这盏灯,现在是暗的,而这盏灯的一个子物体是一个灯光对象,如图 10-69 和图 10-70 所示。现在要实现的功能是,当角色走到门口的时候灯光对象的 Light 组件激活,同时把门的模型材质转换为自发光材质。

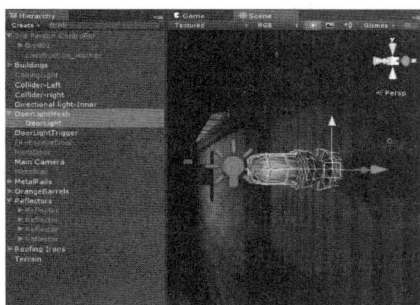

图 10-69　门口的灯

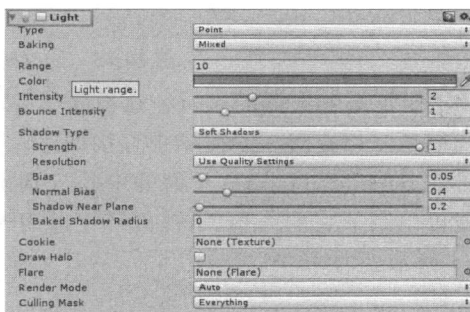

图 10-70　当前灯组件是失效的

[11] 在主菜单中选择【Game Object】→【Create Empty】,创建一个空的游戏对象,命名为 DoorLightTrigger,并把它放置在门的前面,如图 10-71 所示。

图 10-71　创建一个空游戏对象

313

〔12〕选择 DoorLightTrigger，在 Inspector 窗口中点击【Add Component】，选择【Physics】中的【Box Collider】，为它添加一个立方体碰撞盒，如图 10-72 所示。

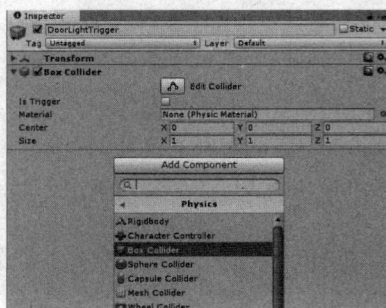

图 10-72　为空对象添加立方体碰撞盒

〔13〕保持 DoorLightTrigger 选中，在 Inspector 窗口中打开 Box Collider 组件属性，勾选上 Is Trigger 选项，把该碰撞盒转换为触发器，如图 10-73 所示。

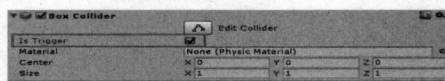

图 10-73　修改碰撞盒为触发器

〔14〕调整该触发器的区域。这里除了在 Inspector 中直接对该触发器的大小进行调节外，我们还可以在 Scene 窗口中直接调整。先把 Box Collider 中的 Edit Collider 按钮打开，此时在 Scene 窗口中，六个面的中心分别出现控制点，使用鼠标选择对应的控制点并拖动，便可以调节它的大小了，该方法也适用于触发器。调节它的大小，使它与门对齐，如图 10-74 所示。

图 10-74　调整触发器区域

〔15〕新建一个 C♯脚本，并命名为 LightTrigger。打开该脚本，并输入以下代码。

```
1   using UnityEngine；
2   using System. Collections；
3
4   public class LightTrigger ：MonoBehaviour
5   {
6
7       public GameObject lightMesh；//保存门灯的模型的游戏对象
8       public Light doorLight；//保存灯光对象的 Light 组件
9       private Material lightShader；   //保存灯光模型的材质
10
```

```
11    void Start()
12      {
13        lightShader = lightMesh.GetComponent<Renderer>().material;
14      }
15
16    /* OnTriggerEnter 是 Collider 类的方法,用于当其他的碰撞盒进入到该触发器时,调用该
17    方法,同时把进入该触发器的碰撞盒对象作为参数传入该函数 */
18    void OnTriggerEnter(Collider other)
19      {
20          //判断进入该触发器的碰撞盒的游戏对象的名称是否为角色的名称
21        if (other.gameObject.name == " ThirdPersonController ")
22          {
23              //修改灯光模型的材质类型为自发光类型中的凹凸高光材质类型
24              lightShader.SetColor("_EmissionColor ", Color.red);
25              //激活灯光对象的 Light 组件
26              doorLight.enabled = true;
27            }
28        }
29    /* OnTriggerExit 是 Collider 类的方法,与 OnTriggerExit 方法调用时机刚好相反,当某个碰
      撞盒离开该触发器时调用,离开该触发器的碰撞盒对象作为参数传入该函数 */
30    void OnTriggerExit(Collider other)
31      {
32          //判断进入该触发器的碰撞盒的游戏对象的名称是否为角色的名称
33        if (other.gameObject.name == " ThirdPersonController ")
34          {
35              //修改灯光模型的材质类型为普通的凹凸高光材质类型
36              lightShader.SetColor("_EmissionColor ", Color.black);
37              //取消激活灯光对象的 Light 组件
38              doorLight.enabled = false;
39            }
40        }
41  }
```

[16] 在 Unity3D 中,把该脚本添加到 DoorLightTigger 游戏对象上,并把 Door-LightMesh 和 DoorLight 对象添加到该脚本组件的 Light Mesh 属性和 Door Light 属性上,如图 10-75 所示。

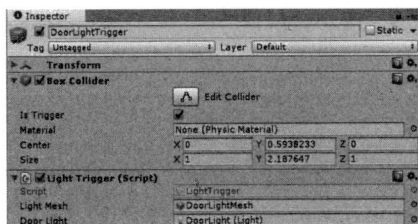

图 10-75　把 DoorLight 对象赋值给脚本中的 Door Light 属性

[17] 运行游戏,当角色进入该触发器时,门口的灯亮起来了,当角色离开该触发器时,门口的灯也随之灭掉,如图 10-76 和图 10-77 所示。

图 10-76　角色进入触发区域,灯被激活

图 10-77　角色走出触发区域,灯失效

[18] 在屋内,屋顶上也有一盏灯,下面同样用触发器来打开该盏灯。如图 10-78 所示。

[19] 现在使用前面的方法为屋内创建一个触发器,命名为 CeilingLightTrigger,并调整它的位置和大小,如图 10-79 所示。

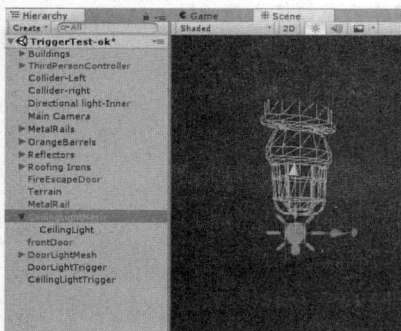

图 10-78　屋内的灯

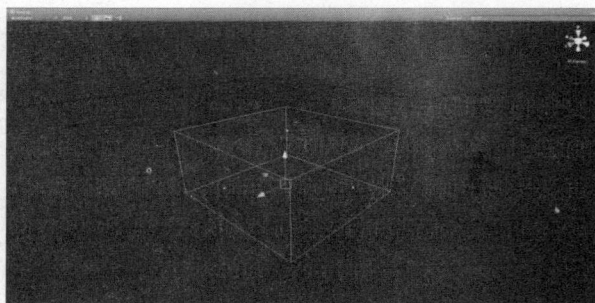

图 10-79　创建一个屋内的触发器

[20] 把 LightTrigger 脚本添加到 CeilingLightTrigger 对象上,接着把 CeilingLightMesh 和 CeilingLight 添加到到该脚本组件的 Light Mesh 属性和 Door Light 属性上,如图 10-80 所示。

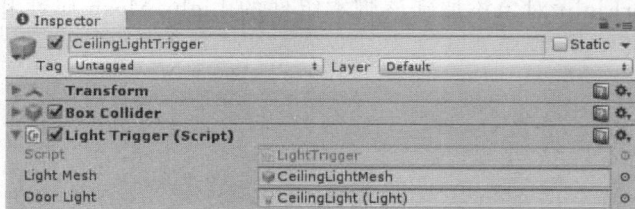

图 10-80　把 CeilingLight 对象赋值给脚本中的 Door Light 属性

[21] 运行游戏,当角色进入屋内时,屋顶的灯打开,当角色离开屋子时,灯便熄灭,如

316

图 10-81 所示。

图 10-81　最终效果

10.3　总结

本章介绍了碰撞盒和触发器的作用以及用法。碰撞盒和触发器的使用在游戏开发中非常普通。它们是与游戏逻辑息息相关的,掌握它们技术的作用和用法,是开发一个游戏的必要技能。

碰撞盒主要用于检测对象与对象的碰撞检测。在 Unity3D 中,提供了立方体碰撞盒、球形碰撞盒、胶囊状碰撞盒、网格碰撞盒这四种不同形状的碰撞盒。最后讲解了触发器的作用和使用方法。在本章中还讲解了射线检测的技术,该种技术通常是配合碰撞盒技术来使用的,因为它需要根据对象所添加的碰撞盒来检测射线是否与该对象相交,而不是由对象的模型数据来决定的。

10.4　练习题

1. 描述碰撞盒和触发器的作用和区别。

2. 列举 Unity3D 提供的碰撞盒类型以及每种碰撞盒的属性。

3. 列举碰撞事件函数和触发事件函数,以及这些函数的参数类型,并说明他们被调用的时机。

4. 设计一个场景,在该场景中要体现出碰撞盒和触发器的作用,同时使用碰撞事件函数和触发事件函数来达到某种功能。

5. 除了射线(Raycast)检测之外,在 Physics 类中还有其他类型的检测方法(一般在函数中包含了 cast 单词),请在脚本 API 中总结这些方法以及它们的功能。

6. 在 RTS 游戏中,常见的功能是通过屏幕单选或框选场景中的物体,请尝试在 Unity中实现该功能。

7. 尝试为第 7 章的建筑模型添加碰撞盒,并利用触发器实现灯光的开关。

11

CHAPTER ELEVEN
第 11 章

3D 物理模拟

本章内容

　　所谓物理模拟,就是在虚拟世界中运用物理相关算法对游戏对象的运动进行模拟,使其运动更符合真实世界的物理定律,从而让游戏更加富有真实感。而编写模拟真实环境中物理现象的程序是非常费时的工作,好在有很多程序已经封装在一种称为"物理引擎"的工具中,用户只要调用它的接口便可以轻松实现物理的模拟。对于一款成熟的游戏引擎,一般都自带有较为成熟的物理引擎,以便用户使用。

　　Unity3D 内置了 NVIDIA 公司的 PhysX 物理引擎。目前该物理引擎是全球三大物理模拟引擎之一,另外两款是 Havok 和 Bullet。当然还有很多其他的工具,比如 2D 的物理引擎,如 Box2D 等等。

　　PhysX 采用硬件加速的方式对物理现象进行模拟运算,所以其速度比采用软件运算要快得多。现在流行的 NVIDIA 显卡中都嵌入了 PhysX 物理加速功能。当然,当用户的GPU 不具备物理加速功能(比如旧式显卡或者游戏发布平台为移动平台等等)时,其物理模拟运算会转接到 CPU 来完成。

11.1　刚体（Rigid Body）

　　刚体,在物理学中的定义是形状不会发生改变的理想化模型,即在受力之后其大小、形状和顶点相对位置都保持不变的物体,例如铅球落到地上时其形状是基本不变的。刚体是相对于软体和流体而言的。在虚拟世界中刚体常作为物理模拟的基本对象。

　　在 Unity3D 中,要对它进行物理模拟运算,需要为游戏对象添加一个刚体组件。当然,如果需要该对象与其他游戏对象进行相互作用,还需要一个碰撞盒(Unity3D 中为游戏对象添加一个刚体组件,它会自动为该对象添加一个碰撞盒组件)。为游戏对象添加刚体组件,才会受到场景中物理现象(比如重力、外力)的作用,接下来介绍如何为游戏对象添加刚体组件。

　　[1] 新建工程,导入 Chapter11-Physics3D 包,打开 RigidBodyTest 场景。该场景包括了悬浮的一个球体、一个立方体、一个圆柱体和一个平面。这几个对象都已经添加了碰撞盒属性。如图 11-1 所示。

　　[2] 此时运行游戏,场景中没有任何的变化。

　　[3] 我们现在要使得三个悬浮的物体能够受到重力的作用往下掉落到地面上。按住键盘上的 Shift 键,在场景中选

图 11-1　初始场景

择这三个悬浮的物体。在 Inspector 窗口中单击【Add Component】按钮,在弹出的菜单中选择【Physics】→【RigidBody】,同时为这三个物体添加刚体组件,如图 11-2 所示。

图 11-2　添加 Rigid body

[4] 添加完刚体组件之后,运行游戏,会发现由于受到重力的作用,三个悬浮的物体掉落到地面上了。如图 11-3 所示。

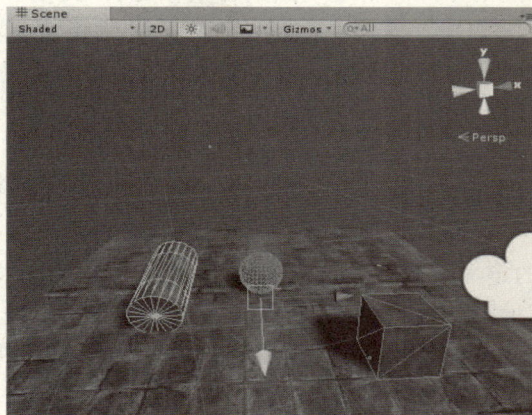

图 11-3　运行效果

从以上的例子中可以看出,为游戏对象添加刚体非常简单。接下来,列举出刚体组件的属性,任意选择场景中添加了刚体组件的对象,在 Inspector 窗口中会显示该组件的属性,如图 11-4 所示。

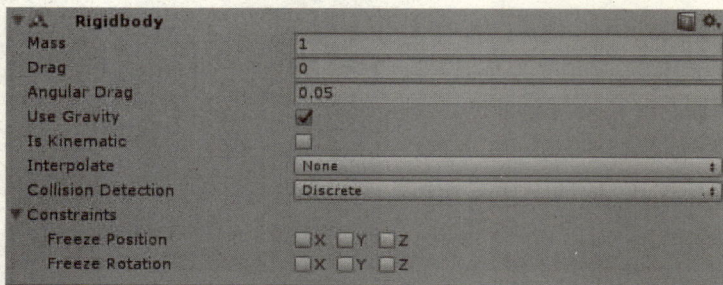

图 11-4　刚体属性

● 其属性的说明如下表所示。

表 11-1　刚体面板属性说明

属性	说明
Mass 质量	物体的质量。建议一个物体的质量不要多于或少于其他单位的 100 倍。
Drag 阻力	当受力移动时物体受到的空气阻力。0 表示没有空气阻力,极大时使物体立即停止运动。
Angular Drag 角阻力	当受扭力旋转时物体受到的空气阻力。0 表示没有空气阻力,极大时使物体立即停止旋转。
Use Gravity 使用重力	若激活,则物体受重力影响。
Is Kinematic 是否开启动力学	若激活,游戏对象将不再受到物理引擎的影响,从而只能通过几何变换组件属性来对其操作。该方式适用于模拟平台的移动或带有铰链关节链接刚体的动画。
Interpolate 插值	控制刚体运动时的抖动,可以尝试下面的选项。
—None 无	不应用插值。
—Interpolate 内插值	基于上一帧的变换来平滑本帧变换。
—Extrapolate 外插值	基于下一帧的预估变换来平滑本帧变换。
Collision Detection 碰撞检测	该属性用于控制避免高速运动的游戏对象穿过其他的对象而未发生碰撞,可以尝试下面的选项。
—Discrete 离散碰撞检测	该模式与场景中其他的所有碰撞体进行碰撞检测。该值为默认值。
—Continuous 连续碰撞检测	该模式用于检测与动态碰撞体(带有刚体)碰撞,使用连续碰撞检测模式来检测与网格碰撞体的(不带有刚体)碰撞。其他的刚体会采用离散碰撞模式。此模式适用于那些需要采用连续动态碰撞检测的对象相碰撞的对象。这对物理性能会有很大的影响,如果不需要对快速运动的对象进行碰撞检测,就使用离散碰撞检测模式。
—Continuous Dynamic 连续动态碰撞检测	该模式用于检测与采用连续碰撞模式或连续动态碰撞模式对象的碰撞,也可用于检测没有刚体的静态网格碰撞体。对于与之碰撞的其他对象可采用离散碰撞检测。该模式也可用于检测快速运动的游戏对象。
Constraints 约束	对刚体运动的约束。
—Freeze Position 冻结位置	刚体对象在世界坐标系中的 X,Y,Z 轴方向上的移动将无效。
—Freeze Rotation 冻结旋转	刚体对象在世界坐标系中的 X,Y,Z 轴方向上的旋转将无效。

11.2　物理材质(Physics Material)

在现实生活中,每种质地的物体的物理属性都是有区别的,例如质量、摩擦力、反弹系数等等。所以 Unity3D 提供了一种称为物理材质(Physics Material)的功能,使用物理材质可以设置物体的摩擦力、反弹系数等属性。物理材质是一种资源,而不是一种组件。这里需要注意的是,物理材质是赋值给该对象上的碰撞盒属性中的 Physics Material 属性上的,所以当游戏对象没有碰撞盒时,需要先为它添加一个碰撞盒组件。

11.2.1 反弹系数

物理材质中的反弹系数用于控制物体与其他物体碰撞时所消耗的能量。在物理理论中,假如有一个垂直自由落体的物体与地面发生碰撞,当碰撞时能量不消耗,则物体会重新反弹到原来的位置上。当碰撞时有能量消耗时,每碰撞反弹一次,其反弹高度会越来越小,直到最后停止。这种现象有点像玻璃弹珠落到地面的情况。下面介绍为对象添加物理材质并使用它的反弹系数来讲解它的用法。

[1] 打开工程中的 PhysicsMaterialTest 场景,该场景与上面的例子相同,只是已经为悬浮的物体添加了刚体属性。

[2] 在 Project 窗口中,点击鼠标右键,在弹出的下拉菜单中选择【Create】→【Physic Material】,新建一个物理材质资源,并把资源命名为 BallPhysicsMaterial,如图 11-5 所示。

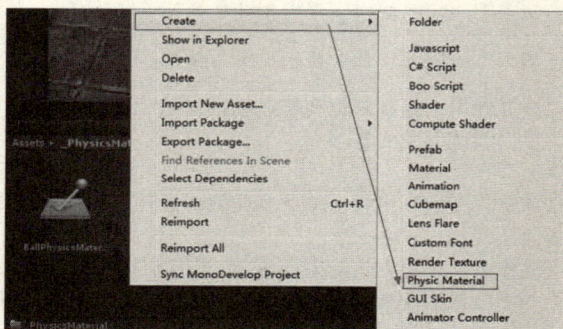

图 11-5　创建物理材质

[3] 在场景中选择 Sphere 对象,在 Inspector 窗口中显示该对象的 Sphere Collider 属性面板,接着把 BallPhysicsMaterial 资源拖到 Sphere Collider 的 Material 属性中,如图 11-6 所示。

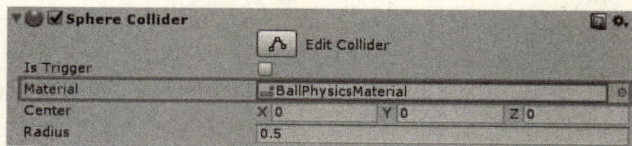

图 11-6　为碰撞盒添加物理材质

[4] 在 Project 窗口中选择 BallPhysicsMaterial 资源,在 Inspector 窗口中显示其属性面板,如图 11-7 所示。

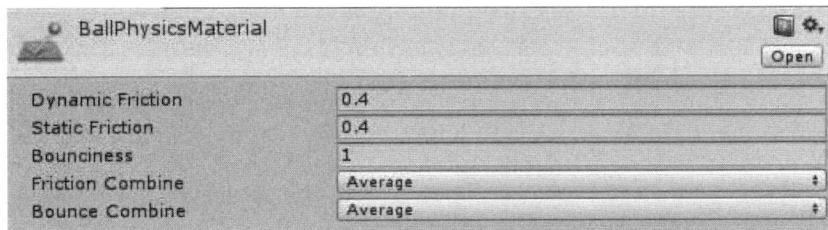

图 11-7　物理材质属性面板

其属性列表如表 11-2 所示。

表 11-2　物理材质面板属性说明

属性	说明
Dynamic Friction	滑动摩擦力。当物体移动时的摩擦力。通常为 0 到 1 之间的值。当值为 0,效果像冰,而设为 1 时,物体运动将很快停止,除非有很大的外力或重力来推动它。
Static Friction	静摩擦力。当物体在表面静止时的摩擦力。通常为 0 到 1 之间的值。当值为 0 时,效果像冰,当值为 1 时,要使物体移动起来十分困难。
Bounciness	表面的弹力。值为 0 时不发生反弹。值为 1 时反弹不损耗任何能量。
Friction Combine	定义两个碰撞物体的摩擦力如何相互作用。共有四种模式,分别是"平均"(Average),使用两个摩擦力的均值;"最小"(Min),使用两个值中最小的一个;"最大"(Max),使用两个值中最大的一个;"相乘"(Multiple),使用两个摩擦力的乘积。
Bounce Combine	定义两个相互碰撞的物体的相互反弹模式,它的模式种类和相互摩擦力模式一样。

[5] 设置它的 Dynamic Friction 值为 0.4,Static Friction 值为 0.4,Bounciness 值为 1。其他属性保持默认值,如图 11-8 所示。

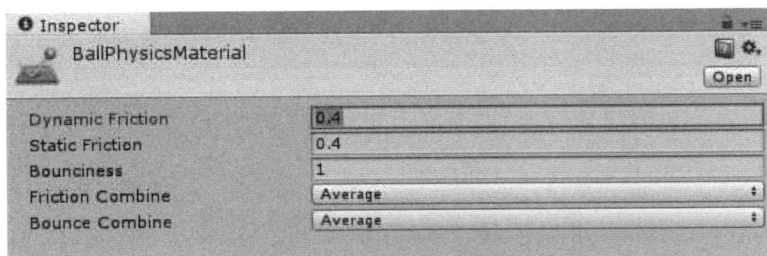

图 11-8　设置物理材质

[6] 修改完该物理材质属性之后,运行游戏,会发现添加了 BallPhysicsMaterial 物理材质的球体接触到地面之后会反弹起来,直到最后能量消耗完。

在 BallPhysicsMaterial 物理材质中虽然设置了 Bounciness 的值为 1,表示物体在反弹的过程中不消耗能量,但是,反弹效果是需要至少两个对象的碰撞才能产生的,这里是球体和地面的碰撞。由于没有为地面添加一个物理材质,所以它的默认反弹系数是 0,表示能量全部消耗掉,而在物理材质的 Bounnce Combine 中设置为平均值(Average),表示两个物体的反弹系数分摊为 0.5。所以球体碰到地面时,每反弹一次,能量消耗一半。最终会停止下来。如果要使得球体反弹回到原来的高度,可以把 BallPhysicsMaterial 添加到地面的碰撞盒属性中的 Material 属性上。

11.2.2 摩擦系数

由于任何物体都不可能完全光滑,所以或多或少都会有摩擦力存在。在物理概念中,摩擦力是当两个接触的物体表面存在正压力时,阻止两个物体进行相对运动的切向阻力。通俗点说,摩擦力是阻止物体相对运动的一种力。在游戏场景的物理模拟中,摩擦力包含滑动摩擦力和静摩擦力两种(当然,在物理学领域还包括其他类型的摩擦力,比如滚动摩擦力等等),滑动摩擦力是一个物体在另一个物体表面上滑动时产生的摩擦,此时摩擦力的方向与物体相对运动的方向相反。静摩擦力是指一个物体相对于另一个物体,有相对运动趋势但没有相对运动时产生的摩擦力,它随推力的增大而增大,但不是无限地增大,当推力超过最大静摩擦力时,物体就开始运动起来,同时其摩擦力变为滑动摩擦力。如图 11-9 所示。

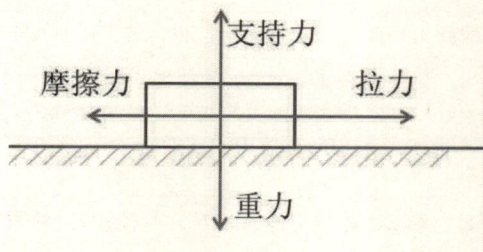

图 11-9 物体受到拉力的作用的受力分析图

在 Unity3D 的物理材质中,提供了静摩擦力和滑动摩擦力的属性设置。接下来,通过例子来展示摩擦力的作用。

[1] 打开工程中的 FrictionTest 场景,该场景包括了一个斜坡和三个不同材质的立方体。这三个立方体已经添加了刚体组件,现在运行游戏,由于还未对场景中的对象添加物理属性,它们的摩擦系数都是最大的,因此由于摩擦力的作用,这三个立方体都不会往下落。如图 11-10 所示。

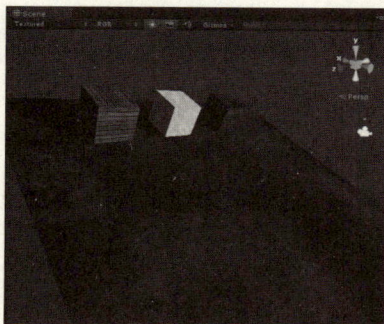

图 11-10 初始场景

［2］在 Project 窗口中创建三个物理材质,并分别命名为 Wood、Ice 和 Metal,并设置它的参数如图 11-11 所示。

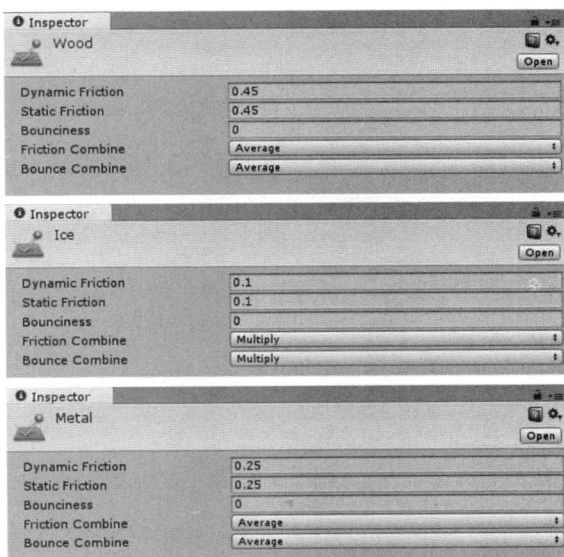

图 11-11　Wood、Ice 和 Metal 物理材质属性设置

［3］分别把这三个物理材质赋值给场景中的 WoodCube、IceCube 和 MetalCube 对象中碰撞盒属性中的 Material 属性,如图 11-12 所示。

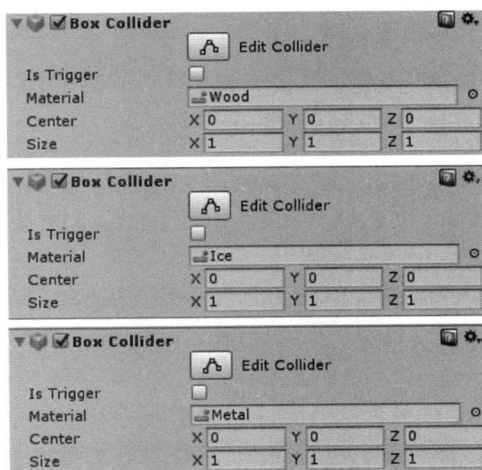

图 11-12　添加物理材质到对应对象上的碰撞盒 Material 属性上

［4］最后将斜坡也设置成 Metal 物理材质,如图 11-13 所示。

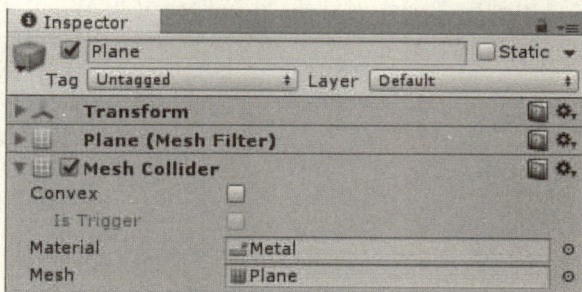

图 11-13　为 Plane 对象添加物理材质

[5] 运行游戏，可以发现，摩擦系数最小的 IceCube 下滑的速度最快，接着是 Metal-Cube，速度最慢的是 WoodCube。如图 11-14 所示。

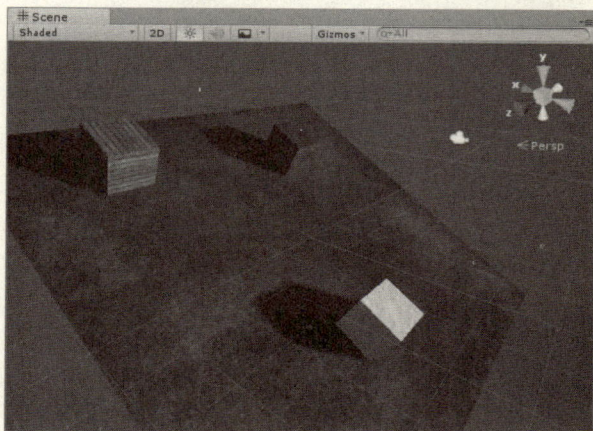

图 11-14　最后效果

11.3　脚本控制刚体（Control Rigidbody by Script）

在一般的游戏开发中，要修改对象的位置和旋转角度时一般直接调用 Translate 或者 Rotate 等函数，通过修改它的 Transform 组件属性来完成。但是，如果一个物体添加了刚体组件，那么建议采用为它添加作用力或者修改刚体的速度的方式来操作。这样可以避免脚本控制的位置与物理引擎所计算的位置相冲突，进而避免一些非常奇怪的结果，例如位置抖动、物体穿插等等。接下来，介绍如何使用脚本代码来控制刚体运动的方法。

❶ 使用速度控制刚体的运动。

[1] 打开工程中的 VelocityTest 场景，如图 11-15 所示。场景中包含了一个地面和两个不同材质的立方体（Wood 和 Metal），我们将实现通过键盘的 WASD 键来控制施加在 Wood 游戏对象的不同方向的速度。

图 11-15　初始场景

[2] 新建一个 C♯ 脚本,并命名为 VelocityController。接着输入以下代码:

```
1    using UnityEngine;
2    using System.Collections;
3
4    public class VelocityController : MonoBehaviour {
5        public float vel = 100.0f;    //设置速度的大小
6        private Rigidbody rigidObj;//保存该物体的刚体组件
7        // Use this for initialization
8        void Start () {
9            rigidObj = gameObject.GetComponent<Rigidbody>();
10       }
11       /* 使用 FixedUpdate 代替 Update 函数,保证其调用时钟与物理引擎的时钟相同 */
12       // Update is called once per frame
13       void FixedUpdate () {
14           //监听水平方向按键
15           float h = Input.GetAxis("Horizontal");
16           //监听垂直方向按键
17           float v = Input.GetAxis("Vertical");
18           if (Mathf.Abs(h) > 0.1f || Mathf.Abs(v) > 0.1f) {
19               //根据 h 和 v 确定方向
20               Vector3 dir = new Vector3(h, 0, v);
21               rigidObj.velocity = dir * vel * Time.fixedDeltaTime;
22               Debug.Log(rigidObj.velocity);
23           }
24       }
25   }
```

[3] 把该代码添加到 Wood 游戏对象上。如图 11-16 所示。

329

〔4〕运行游戏,通过键盘上的 WASD 键,可以控制 Wood 对象的移动,当它撞到另一个立方体时,另一个立方体也会由于碰撞而计算出合理的位置,如图 11-17 所示。

图 11-16　运行效果

图 11-17　最终效果

❷ 使用力来控制物体的运动。

上面的例子通过控制刚体的速度来达到移动物体的目的,但是,回想牛顿第一定理(任何一个物体在不受外力或受平衡力的作用时,总是保持静止状态或匀速直线运动状态,直到有作用在它上面的外力迫使它改变这种状态为止)和牛顿第二定律(物体的加速度跟物体所受的合外力成正比,跟物体的质量成反比,加速度的方向跟合外力的方向相同)。如果其速度由物理引擎自己计算,将会得到更加准确的效果。

〔1〕打开工程中的 ForceTest 场景,该场景与上面的场景一样。

〔2〕创建一个 C♯脚本,并命名为 ForceController,接着输入以下代码。

```
1   using UnityEngine;
2   using System. Collections;
3
4   public class ForceController : MonoBehaviour {
5       public float force = 1000.0f;    //设置力的大小
6       private Rigidbody rigidObj;  //保存该物体的刚体组件
7                                   // Use this for initialization
8       void Start()
9       {
10          rigidObj = gameObject. GetComponent<Rigidbody>();
11      }
12      /* 使用 FixedUpdate 代替 Update 函数,保证其调用时钟与物理引擎的时钟相同 */
13      // Update is called once per frame
14      void FixedUpdate()
15      {
16          //监听水平方向按键
17          float h = Input. GetAxis(" Horizontal ");
18          //监听垂直方向按键
19          float v = Input. GetAxis(" Vertical ");
20          if (Mathf. Abs(h) > 0.1f || Mathf. Abs(v) > 0.1f)
```

```
21              {
22                  //根据 h 和 v 确定方向
23                  Vector3 dir = new Vector3(h, 0, v);
24                  rigidObj.AddForce(dir * force * Time.fixedDeltaTime);
25              }
26          }
27  }
```

[3] 把代码赋给 Wood 物体,运行游戏。按 WASD 或者方向键,可以看到木箱开始移动起来。其最终效果如图 11-18 所示。

图 11-18　最终效果

11.4　布料（Cloth）

在 Unity3D 中,物理模拟包括了两种类型,一种是刚体,一种是柔体。刚体在运动中形状不发生变化,柔体是相对于刚体而言的,它的运动会影响到物体的具体形状,比如衣服、旗帜、皮球等等这些容易发生形变的物理对象。

在 Unity3D 中,柔体是使用布料模拟来完成的。柔体在 Unity3D 中由 Skinned Mesh Renderer 组件和 Cloth 组件来实现。布料的参数比较多,下面我们将通过几个实例来了解一下其中一些比较重要的参数。

11.4.1　飘扬的旗帜

下面我们就先来了解一下,布料系统中最基础的实例,随风飘动的旗帜。如图 11-19 所示。

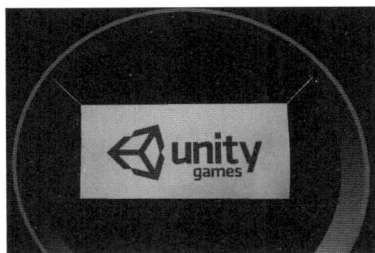

图 11-19　布料效果

[1] 首先,创建一个平面 Plane。如图 11-20 所示。

〔2〕给 Plane 添加 Cloth 组件。如图 11-21 所示。

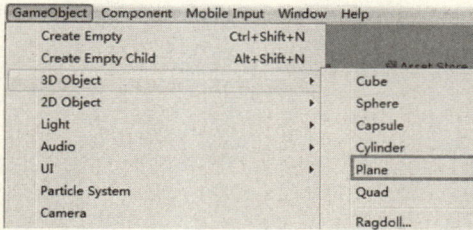

图 11-20　创建平面

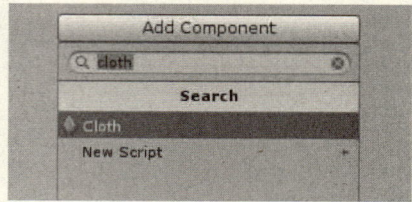

图 11-21　为 Plane 添加 Cloth 组件

添加 Cloth 组件之后，面板上将多出两个组件，Skinned Mesh Renderer 组件和 Cloth 组件。

〔3〕我们需要给该 Plane 添加布料网格系统，因为我们选择的是一个平面，所以自然我们就需要给该平面添加一个 Plane 布料网格，点击属性后面的圆圈选择 Plane 网格即可。如图 11-22 所示。

现在，我们的平面已经有了布料一样的效果，但是如果只是到这里，其实我们是无法用肉眼看出这个效果的，那么此时我们就需要给这个平面添加一定的外力，让肉眼看到它确实变成了布料。下面，我们就需要调整 Cloth 组件中的一些相关系数。如图 11-23 所示。

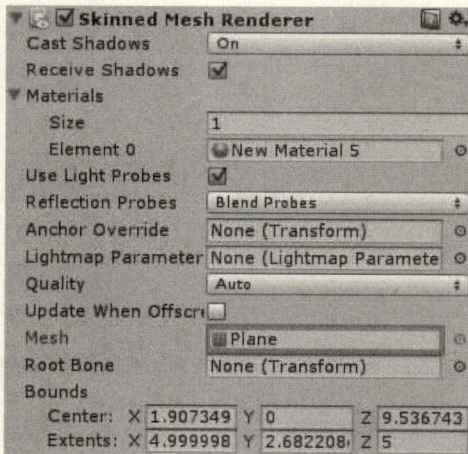

图 11-22　添加网格数据

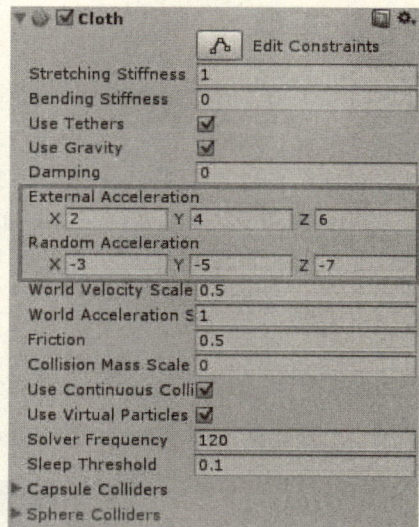

图 11-23　模拟布料受力

〔4〕External Acceleration 属性是外部加速度的意思，相当于外部施加的力。Random Acceleration 属性是内部随机加速度的意思，也就是由物体内部所产生的力。所以，想要模拟出外部风力其实很简单，我们只要调整相应的 External Acceleration 数值即可，例如 X 值是 2，指的是外部力在 X 轴方向上对平面所施加的力产生的加速度为 2。Y 值，Z 值也是同样的道理。如果觉得外部力还达不到需要的效果，那么我们就可以再调节内部力，直到最佳效果。其中还有一点需要我们注意，旗帜并不是全部都在飘动，它的最顶

端是固定不动的,这样是为了更加真实地模拟出一面旗帜悬挂的效果。那么如何做到让旗帜的顶部固定不动呢,其实很简单。

[5] 点击 Cloth 组件的 Edit Constraints 按钮,就会弹出一个面板。如图 11-24 和图 11-25所示。

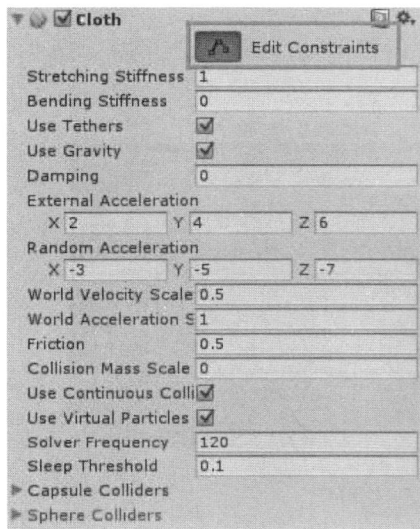

图 11-24　打开编辑模式

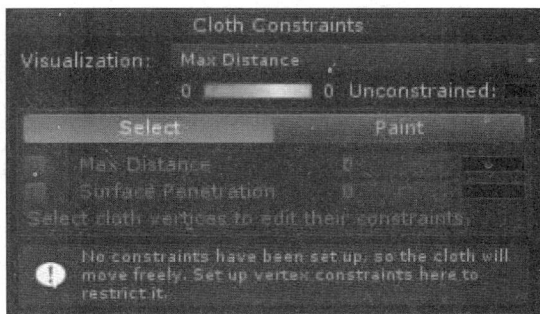

图 11-25　固定点编辑面板

旗帜会变成一种编辑状态。如图 11-26 所示。

图 11-26　固定点编辑状态

[6] 我们只要全部选中最上一排的黑点,然后勾选弹出面板中的 Max Distance 属性即可,此时选中的黑点会变成红色。如图 11-27 和图 11-28 所示。

图 11-27　设置固定点

图 11-28　当前固定点编辑面板

[7] 最后我们只需要贴上贴图即可,至此,一面随风飘动的旗帜就做完了。

这里再声明一点,我们可以根据不同的效果来固定不同的点,例如我们如果要做一面国旗,那就需要固定平面最左边的一排点,如果我们要做一面终点的旗帜,那么就需要固定平面最左边和最右边的两排点,各种效果我们都可以尝试一下。

11.4.2 软皮球

我们再用布料系统来做两个不同效果的软皮球实例。效果如图 11-29 和图 11-30所示。

图 11-29 最终效果   图 11-30 最终效果

[1] 首先,创建一个球体。

[2] 然后为这个球体添加 Cloth 组件。

[3] 我们需要给该球体添加布料网格系统,因为我们选择的是一个球体,所以自然我们就需要给该平面添加一个 Sphere 布料网格,点击属性后面的圆圈选择 Sphere 网格即可。如图 11-31 所示。

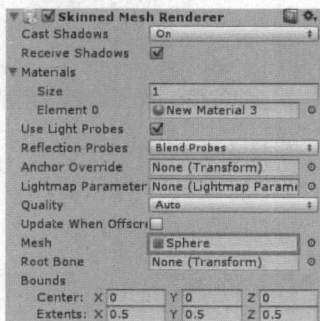

图 11-31 设置布料网格

这里还需要介绍一下比较重要的两个属性:Stretching Stiffness 属性(布料的抗拉伸强度,介于 0 与 1 之间,该值越大,越不容易拉伸)和 Bending Stiffness 属性(布料的抗弯曲强度,介于 0 与 1 之间,该值越大,越不容易弯曲)。这里我们需要将这两个属性都调节到最大即为 1。

然后我们可以发现,上方透明的皮球像纸一样铺在下方的实心球上,那么这里就有一个相互作用的关系。

[4] 再创建一个球体,作为下方的实体球。然后点开 Cloth 组件中的 Sphere Colliders 属性,并在 Size 中输入 1。然后就会出现 Element 0 属性,点开这个属性,又会有 First 和 Second 属性,将我们创建好的实心球拖入 First 属性中,这样,实心球和透明球之间就有了相互作用的效果。如图 11-32 所示。

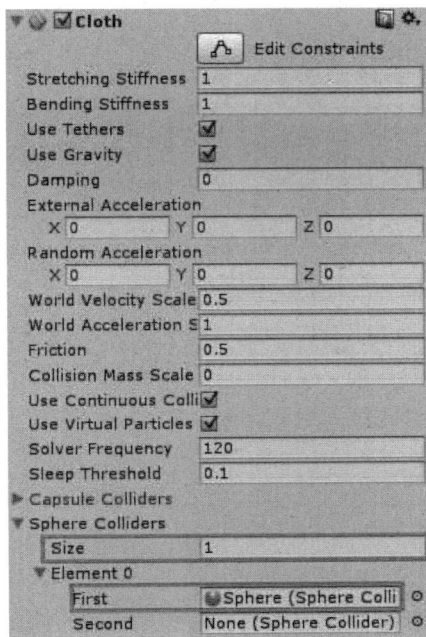

图 11-32　设置碰撞盒

[5] 最后,我们给实心球附上蓝色材质,给透明球附上透明蓝色材质,这样就好像一颗很大的水滴落在了蓝色圆球上一样。如果想对多个物体都有相互作用的效果,那么我们只需要调节 Size 的数值,然后把相互作用的物体都拖入 Element 0 的下方属性中即可,总体来说还是很简单的。

我们再来看一下第二个软皮球的效果,细心的读者可以发现,第二个效果其实跟第一个有很大的区别。第一个例子中,整个皮球都是软化的,然而第二个例子中,皮球只是部分软化,另外的部分还是很硬的质地。那么这是如何实现的呢,我们来看一下。

[1] 创建一个球体。

[2] 然后为这个球体添加 Cloth 组件。

[3] 我们需要给该球体添加布料网格系统,因为我们选择的是一个球体,所以自然我们就需要给该平面添加一个 Sphere 布料网格,点击属性后面的圆圈选择 Sphere 网格即可。

[4] 其实上面步骤是一样的,这里我们又要用到了 Cloth 组件的 Edit Contraints 属性。点击该属性,分别选中皮球上下左右前后 6 个面中正中心的一部分黑点,然后将他们编辑为红色的点,操作方法同旗帜的实例。最终调节效果如图 11-33 所示。

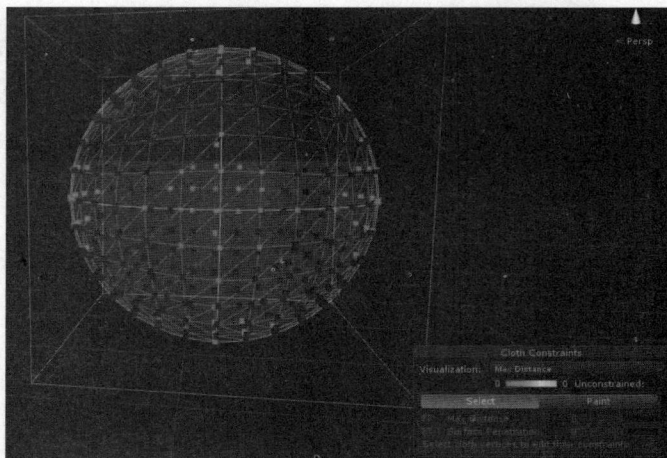

图 11-33　编辑固定点

[5] 到此我们将软球拆分为了黑点部分和红点部分，同时我们还需要调节 Stretching Stiffness 属性（布料的抗拉伸强度，介于 0 与 1 之间，值越大，越不容易拉伸）和 Bending Stiffness 属性（布料的抗弯曲强度，介于 0 与 1 之间，值越大，越不容易弯曲）。这里我们需要将这两个值调节 0.5。

[6] 这样，我们就实现了黑色部分为软化效果，而选中的红色部分为硬化效果，最后我们再为软皮球添加一个刚体组件，那么它就可以像皮球一样弹跳起来了。

11.5　物理关节（Physics Joint）

物理关节（Physits Joint）用于模拟连接两个刚体之间的连接物的物理现象，比如弹簧、绳索、铰链等等。物理关节在 Unity3D 中是作为组件形式存在的。Unity3D 提供了铰链关节（Hinge Joint）、固定关节（Fixed Joint）、弹簧关节（Spring Joint）、人物关节（Character Joint）以及自定义铰链关节（Configurable Joint）五种。前四种关节是用于固定连接物的模拟，第五种给出了 PhysX 引擎中所有与关节相关的属性，使得可以更加灵活地创建需要的连接物。

11.5.1　铰链关节（Hinge Joint）

铰链关节的工作原理是，使得两个被连接的刚体能够绕着某一个锚点方向（Axis）进行旋转，可以用于模拟旋转门、钟摆、铁链等物理现象。下面的例子展示如何使用铰链关节。

本例子是由六扇不同属性的门组成的，我们将针对每一扇门进行具体细致的讲解。整体的效果图，如图 11-34 所示。

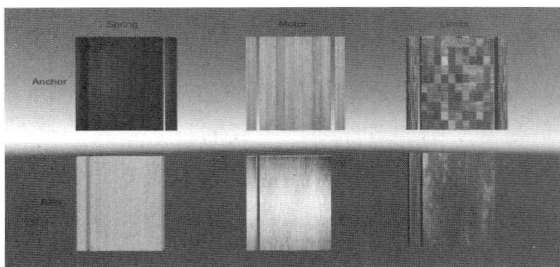

图 11-34　场景效果

首先是第一扇门,它是由 Anchor 和 Spring 两个属性组成的,那么接下来我们来具体说一下它的创建过程。

[1] 创建 3 个 Cube,分别作为中间的门板和两边的门框,分别给 3 个 Cube 添加 Rigidbody 组件,因为铰链关节是基于刚体组件创建生成的。其中我们要勾选两个门框刚体组件中的 Is Kinematic 属性,这样就取消了物理模拟属性,才可以让门悬挂在空中不下落。如图 11-35 和图 11-36 所示。

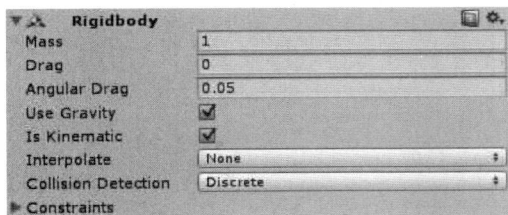

图 11-35　参数设置

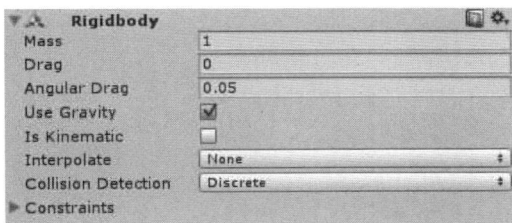

图 11-36　参数设置

[2] 将门板与门框连接起来,因为我们要实现的效果是门板绕着两个门框轴旋转,这是门框对门板的作用,所以我们要给门框添加关节组件,然后把门板物体分别拖入 Hinge Joint 的 Connected Body 属性中。

[3] 调节锚点位置,因为我们要保证锚点位于门框的顶部,调整 Anchor 的 Y 值为 0.5。

[4] 使用弹簧属性,因为我们要实现的是门受到外力被打开然后又慢慢回到最开始的状态,所以我们要将 Use Spring 属性勾选,同时展开弹簧属性列表,调节适当的值。例如将 Spring 调为 20,意味着旋转时弹性为 20;Damper 调为 10,意味着旋转时阻力为 10;Targrt Position 保持为 0,默认为初始位置即可。如图 11-37 和图 11-38 所示。

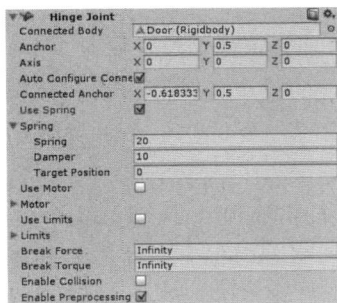

图 11-37　开启 Use Spring

图 11-38　当前效果

第二扇门,它是由 Anchor 和 Motor 两个属性组成的,那么接下来我们来具体说一下它的创建过程。

[1] 创建 3 个 Cube,分别作为中间的门板和两边的门框,分别给三个 Cube 添加 Rigidbody 组件,因为铰链关节是基于刚体组件创建生成的。其中我们要勾选两个门框刚体组件中的 Is Kinematic 属性,这样就取消了物理模拟属性,才可以让门悬挂在空中不下落。

[2] 将门板与门框连接起来,因为我们要实现的效果是门板绕着两个门框中心自动旋转,这是门框对门板的作用,所以我们要给门框添加关节组件,然后把门板物体分别拖入 Hinge Joint 的 Connected Body 属性中。

[3] 调节锚点位置,因为我们要保证锚点位于门框的中间,调整 Anchor 的 X 值,Y 值,Z 值为 0。

[4] 使用马达属性,因为我们要实现的是门一直绕着门框中心点不停旋转,所以我们要将 Use Motor 属性勾选,同时展开马达属性列表,调节适当的值。例如将 Target Velocity 调为 20,意味着马达速率为 20;Force 调为 10,意味着施加的力为 10;勾选 Free Spin 属性,意味着发动机永远不会停止,旋转只会越转越快。如图 11-39 和图 11-40 所示。

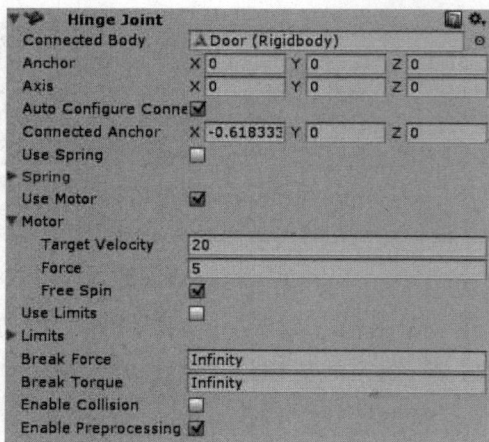

图 11-39　开启 Motor

图 11-40　当前效果

第三扇门,它是由 Anchor 和 Limits 两个属性组成的,那么接下来我们来具体说一下它的创建过程。

[1] 创建 3 个 Cube,分别作为中间的门板和两边的门框,分别给三个 Cube 添加 Rigidbody 组件。因为铰链关节是基于刚体组件创建生成的,其中我们要勾选两个门框刚体组件中的 Is Kinematic 属性,这样就取消了物理模拟属性,才可以让门悬挂在空中不下落。

[2] 将门板与门框连接起来,因为我们要实现的效果是门板绕着两个门框轴旋转,并且有旋转角度限制,这是门框对门板的作用,所以我们要给门框添加关节组件,然后把门板物体分别拖入 Hinge Joint 的 Connected Body 属性中。

[3] 调节锚点位置,因为我们要保证锚点位于门框的顶部,调整 Anchor 的 Y 值为 0.5。

[4] 使用限制属性,因为我们要实现的是门板绕着门框有角度限制的来回旋转,同时展开限制属性列表,调节适当的值。例如将 Min 调为 −60,意味着旋转的最小角度为一

60 度；Max 调为 60，意味着旋转的最大角度为 60 度；Bounciness 调为 1，意味着当门达到极值角度时，所受到的弹性大小；Bounce Min Velocity 调为 0.2，意味着反弹时的最小速度为 0.2。如图 11-41 和图 11-42 所示。

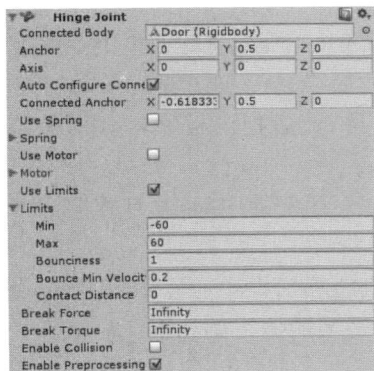

图 11-41　开启 Use Limits

图 11-42　当前效果

第四扇门，它是由 Axis 和 Spring 两个属性组成的，那么接下来我们来具体说一下它的创建过程。

［1］创建 2 个 Cube，分别作为中间的门板和左边的门框，分别给 2 个 Cube 添加 Rigidbody 组件。因为铰链关节是基于刚体组件创建生成的，其中我们要勾选两个门框刚体组件中的 Is Kinematic 属性，这样就取消了物理模拟属性，才可以让门悬挂在空中不下落。

［2］将门板与门框连接起来，因为我们要实现的效果是门板绕着门框轴旋转，这是门框对门板的作用，所以我们要给门框添加关节组件，然后把门板物体分别拖入 Hinge Joint 的 Connected Body 属性中。

［3］调节中心点位置，因为我们要保证中心点位于门框的中间，并且方向为 Y 轴正方向，调整 Anchor 的 Y 值为 0，Axis 的 Y 值为 1。

［4］使用弹簧属性，因为我们要实现的是门受到外力被打开然后又慢慢回到最开始的状态，所以我们要将 Use Spring 属性勾选，同时展开弹簧属性列表，调节适当的值。例如将 Spring 调为 20，意味着旋转时弹性为 20；Damper 调为 10，意味着旋转时阻力为 10；Targrt Position 保持为 0，默认为初始位置即可。如图 11-43 和图 11-44 所示。

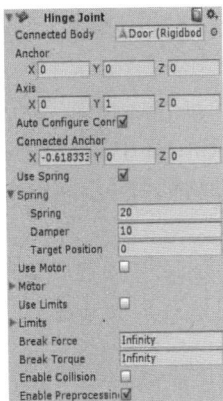

图 11-43　设置参数

图 11-44　当前效果

第五扇门,它是由 Axis 和 Spring 两个属性组成的,那么接下来我们来具体说一下它的创建过程。

[1] 创建 3 个 Cube,分别作为中间的门板和两边的门框,分别给三个 Cube 添加 Rigidbody 组件。因为铰链关节是基于刚体组件创建生成的,其中我们要勾选两个门框刚体组件中的 Is Kinematic 属性,这样就取消了物理模拟属性,才可以让门悬挂在空中不下落。

[2] 将门板与门框连接起来,因为我们要实现的效果是门板绕着门框自动旋转,这是门框对门板的作用,所以我们要给门框添加关节组件,然后把门板物体分别拖入 HingeJoint 的 Connected Body 属性中。

[3] 调节中心点位置,因为我们要保证中心点位于门框的中间,并且方向为 Y 轴正方向,调整 Anchor 的 Y 值为 0,Axis 的 Y 值为 1。

[4] 使用马达属性,因为我们要实现的是门一直绕着门框中心点不停旋转,我们要将 Use Motor 属性勾选,同时展开马达属性列表,调节适当的值。例如将 Target Velocity 调为 20,意味着马达速率为 20;Force 调为 5,意味着施加的力为 5;勾选 Free Spin 属性,意味着发动机永远不会停止,旋转只会越转越快。如图 11-45 和图 11-46 所示。

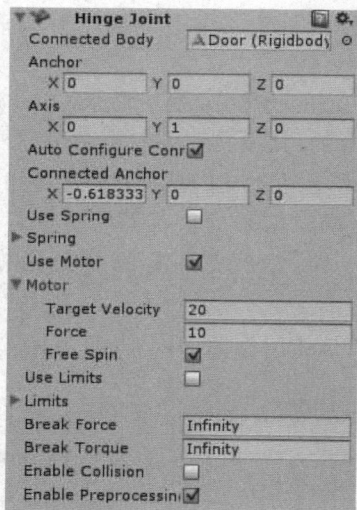

图 11-45　设置参数

图 11-46　当前效果

第六扇门,它是由 Axis 和 Limits 两个属性组成的,那么接下来我们来具体说一下它的创建过程。

[1] 创建 3 个 Cube,分别作为中间的门板和两边的门框,分别给三个 Cube 添加 Rigidbody 组件。因为铰链关节是基于刚体组件创建生成的,其中我们要勾选两个门框刚体组件中的 Is Kinematic 属性,这样就取消了物理模拟属性,才可以让门悬挂在空中不下落。

[2] 将门板与门框连接起来,因为我们要实现的效果是门板绕着门框轴旋转,并且有旋转角度限制。这是门框对门板的作用,所以我们要给门框添加关节组件,然后把门板物体分别拖入 Hinge Joint 的 Connected Body 属性中。

[3] 调节中心点位置,因为我们要保证中心点位于门框的中间,并且方向为 Y 轴正方

向,调整 Anchor 的 Y 值为 0,Axis 的 Y 值为 1。

［4］使用限制属性,因为我们要实现的是门板绕着门框有角度限制的来回旋转,同时展开限制属性列表,调节适当的值。例如将 Min 调为－60,意味着旋转的最小角度为－60°;Max 调为 60,意味着旋转的最大角度为 60°。Bounciness 调为 1,意味着当门达到极值角度时,所受到的弹性大小。Bounce Min Velocity 调为 0.2,意味着反弹时的最小速度为 0.2。如图 11-47 和图 11-48 所示。

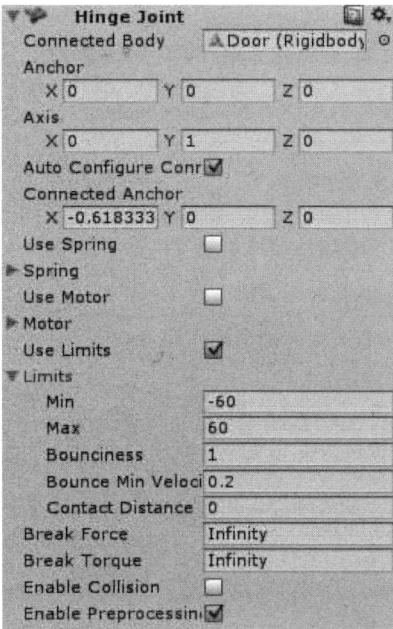

图 11-47　设置属性

图 11-48　当前效果

铰链关节的所有属性说明如表 11-3 所示。

表 11-3　铰链关节属性说明

属性	说明
Connected Body 连接刚体	为关节指定要连接的刚体,若不指定则该关节将与世界相连接
Anchor 锚点	刚体可围绕锚点进行摆动,这里可以设置锚点的位置,该值应用于局部坐标系
Axis 轴	定义了刚体摆动的方向,该值应用于局部坐标系
Auto Configure Connected Anchor 自动设置连接锚点	如果启用该选项,连接锚点会自动设置,该项默认开启状态
Connected Anchor 连接锚点	手动设置连接锚点

属性	说明
Use Spring 使用弹簧	选中该项,弹簧会使刚体与其连接的主体形成一个特定的角度
Spring 弹簧	当 Use Spring 参数开启时此属性有效
—Spring 弹簧力	该项用于设置推动对象使其移动到相应位置的作用力
—Damper 阻尼	该项用于设置对象的阻尼值,数值越大则对象移动得越缓慢
—Target Position 目标角度	弹簧的目标角度。将弹簧拉向这个角度,以度为单位
Use Motor 使用发动机	选中该项,发动机会使对象发生旋转
Motor 发动机	当 Use Motor 参数开启时,此属性会被用到
—Target Velocity 目标速度	该项用于设置对象预期要达到的速度值
—Force 力	该项用于设置为了达到目的速度而施加的作用力
—Free Spin 自由转动	选中该项,则发动机永远不会停止,旋转只会越转越快
Use Limits 使用限制	选中该项,则铰链的角度将被限定在最大值和最小值之间
Limits 限制	当 Use Limits 参数开启时,此属性会被用到
—Min 最小值	设置铰链能达到的最小角度
—Max 最大值	设置铰链能达到的最大角度
—Bounciness	当到达最小限制或者最大限制止损时,有多少物体反弹
—Bounce Min Velocity	反弹时的最小速度
—Contact Distance 接触距离	用来控制关节的抖动
Break Force 断开力	设置铰链关节断开的作用力
Break Torque 断开扭矩	设置断开铰链关节所需的扭矩
Enable Collision 激活碰撞	选中后,关节之间会检测碰撞
Enable Preprocessing 激活预处理	实现关节的稳定

　　当单独的铰链关节被应用到一个游戏对象上,铰链会绕着锚点属性所指定的点来旋转,按照 Axis 属性指定的轴来移动。不需要给关节的 Connected Body 属性添加对象,只

有当希望关节的变换属性依赖于附加对象的变换属性时才为关节的 Connected Body 属性来添加对象。多个铰链关节也可以串联起来形成一条链条，可以给链条的每一个环添加关节，并像 Connected Body 那样添加到下一环上。

11.5.2　固定关节（Fixed Joint）

固定关节更加简单，它可以模拟一个刚体钉在另一个物体上的效果，它的效果与父子关系的游戏对象一样，父物体移动，子物体也会继承父物体的运动方式，只是使用固定关节是通过物理引擎来模拟。

首先，我们将通过三个例子来对固定关节的各个属性有进一步的了解，下面是整体的效果图。如图 11-49 所示。

图 11-49　场景效果

第一个例子，它是最简单的固定关节应用，只是单纯将两个钢板连接在一起，使其成为一个整体，那么接下来我们来具体说一下它的创建过程。

［1］创建 2 个 Cube，分别作为两块钢板，分别给 2 个 Cube 添加 Rigidbody 组件。因为固定关节是基于刚体组件创建生成的，其中我们要将勾选的 Use Gravity 去掉，这样就取消了两块钢板的重力因素，才可以让它们悬挂在空中不下落。如图 11-50 所示。

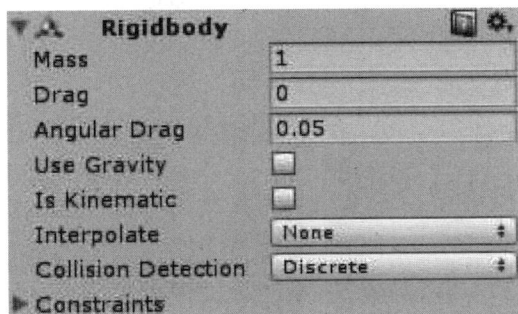

图 11-50　添加 Rigidbody

[2] 然后将两块钢板连接起来,因为我们要实现的效果是将两块钢板结合为一个整体,这是两者彼此之间的相互作用,所以我们要给两块钢板都添加固定关节组件,然后把两个物体分别互相拖入 Fixed Joint 的 Connected Body 属性中。这样就保证了无论施加多大的外力,两块钢板都是一个整体,不会相互脱离。如图 11-51 和图 11-52 所示。

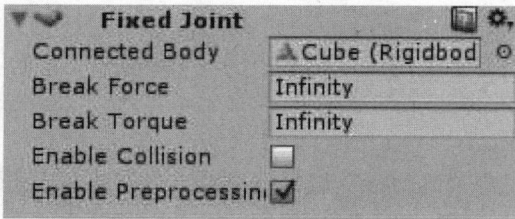

图 11-51　设置 Fixed Joint 属性

图 11-52　当前效果

我们先来看第三个例子,因为例子二中将用到例子三中的属性,它使用了 Break Force 属性,该属性的作用是当施加的外力达到一定的程度时,彼此之间的整体就会断开,那么接下来我们来具体说一下它的创建过程。

[1] 创建 2 个 Cube,分别作为两块钢板,分别给 2 个 Cube 添加 Rigidbody 组件。因为固定关节是基于刚体组件创建生成的,其中我们要将勾选的 Use Gravity 去掉,这样就取消了两块钢板的重力因素,才可以让它们悬挂在空中不下落。

[2] 然后将两块钢板连接起来,因为我们要实现的效果是将两块钢板结合为一个整体,这是两者彼此之间的相互作用,所以我们要给两块钢板都添加固定关节组件,然后把两个物体分别互相拖入 Fixed Joint 的 Connected Body 属性中。这样就保证了无论施加多大的外力,两块钢板都是一个整体,不会相互脱离。

[3] 使用 Break Force 属性。因为我们要观察的效果是当力达到某个数值时,两块钢板就会彼此断开的效果,所以我们需要给这个属性附一个值,例如 10,也就是说当施加的外力大于 10,那么就会彼此断开。如图 11-53 和图 11-54 所示。

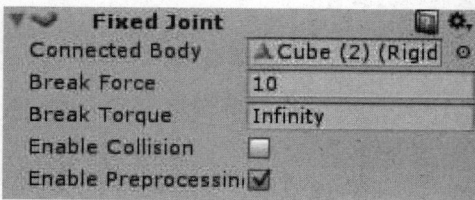

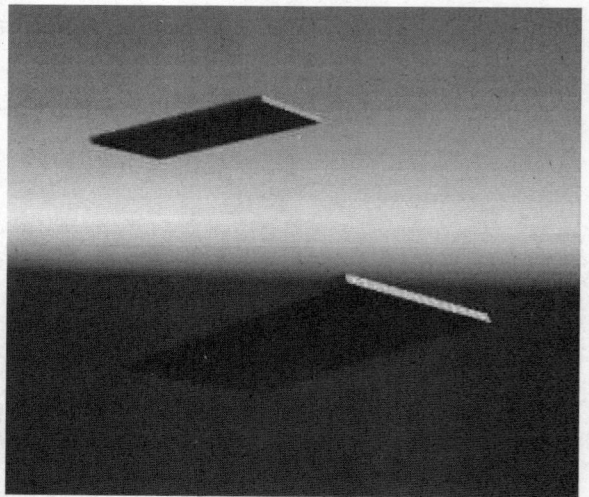

图 11-53　设置 Fixed Joint

图 11-54　当前效果

　　第二个例子,它使用了固定关节的 Enable Collision 属性,该属性的作用是使得关节之间也会相互检测碰撞,那么接下来我们来具体说一下它的创建过程。

　　[1] 创建 6 个 Cube,分别作为 6 块钢板,分别给 6 个 Cube 添加 Rigidbody 组件。因为固定关节是基于刚体组件创建生成的,其中我们要将勾选的 Use Gravity 去掉,这样就取消了两块钢板的重力因素,才可以让它们悬挂在空中不下落。

　　[2] 现在我们设定正视图所看到的是主钢板,然后将其余五块钢板分别和主钢板连接起来,因为我们要实现的第一个效果是将 6 块钢板连接起来,其次是看看主钢板会不会对其他钢板有碰撞检测作用,这是主钢板对其余钢板之间的相互作用,所以我们要给其余五块钢板都添加固定关节组件,然后把主钢板物体分别互相拖入 FixedJoint 的 Connected Body 属性中。这样首先保证了整体性,然后我们通过给这个整体一个小球的冲击力,看看是否会有碰撞效果。

　　[3] 使用 Break Force 属性同上个例子。

　　[4] 使用 Enable Collision 属性,因为我们想要知道关节彼此之间是否会产生碰撞检测,所以在属性框里我们要勾上这个选项。然后就是施加一个外力,当它们受到外力彼此分离时就会发生碰撞检测。如图 11-55 和 11-56 所示。

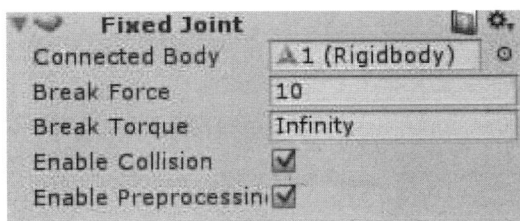

图 11-55　设置 Fixed Joint 属性　　　　图 11-56　当前效果

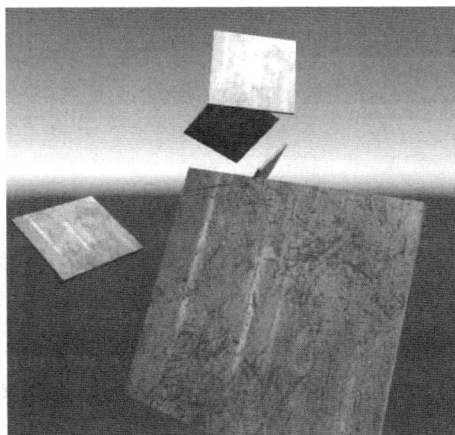

固定关节的所有属性说明如下表所示。

表 11-4　固定关节属性说明

属性	说明
Connected Body 连接刚体	用于指定关节要连接的刚体,若不指定则该关节将与世界相连接
Break Force 断开力	用于设置关节断开的作用力
Break Torque 断开扭矩	用于设置断开关节所需的扭矩

属性	说明
Enable Collision 激活碰撞	选中后,关节之间会检测碰撞
Enable Preprocessing 激活预处理	实现关节的稳定

有时游戏中会存在这样的情景:当要某些游戏对象暂时或永久性粘在一起,这时就很适合使用固定关节组件。该组件不需要通过脚本来更改层级结构就可以实现想要的效果,只需要为那些要使用固定关节的游戏对象添加刚体组件即可。

可通过 Break Force 和 Break Torque 属性来设置关节的强度极限,如果这些参数不是无穷大而是一个数值的话,那么当施加到对象身上的力或扭矩大于此极限值时,固定关节将被销毁,其对对象的约束也就随之失效。

11.5.3 弹簧关节(Spring Joint)

铰链关节可以使得被连接的刚体绕着锚点和轴向进行旋转,在制作像链条那样的对象,它就像一段长度固定的绳子绑在刚体的两端,而如果需要实现像橡皮筋那样的效果,那么就需要使用弹簧关节(Spring Joint)。

使用弹簧关节与使用铰链关节的方法相似,而且它的属性要比铰链关节少得多。

首先,我们将通过对 5 个弹簧关节的例子进行讲解,以便于我们更好地理解弹簧关节的作用。整体的效果图,如图 11-57 所示。

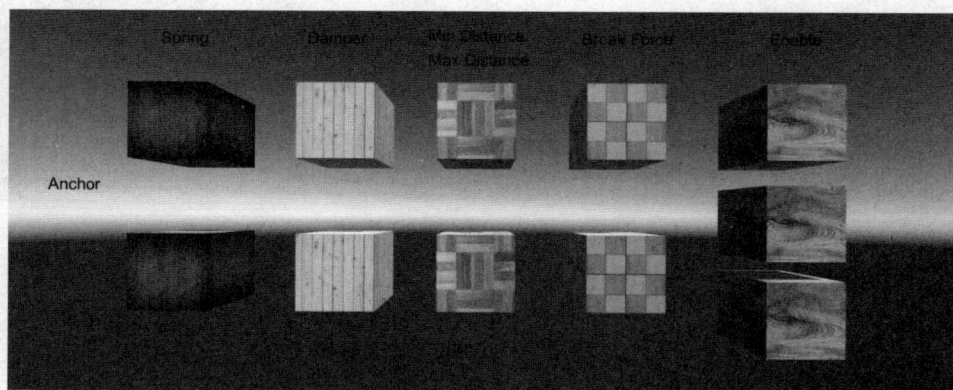

图 11-57 场景效果

首先是第一个例子,它是由 Anchor 和 Spring 两个属性组成的,那么接下来我们来具体说一下它的创建过程。

[1] 创建 2 个 Cube,分别作为悬挂物与被悬挂物,分别给 2 个 Cube 添加 Rigidbody 组件。因为弹簧关节是基于刚体组件创建生成的,我们要勾选被悬挂物体的刚体组件中的 Is Kinematic 属性,这样就取消了物理模拟属性,才可以让下方的悬挂物悬在空中不下落。如图 11-58 和图 11-59 所示。

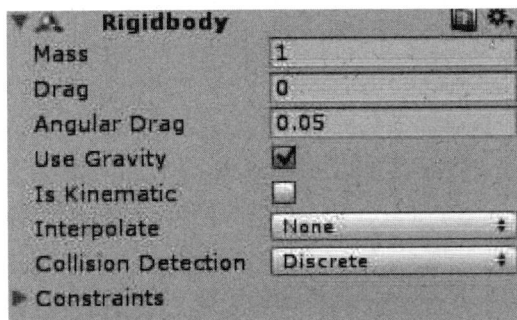

图 11-58　设置属性

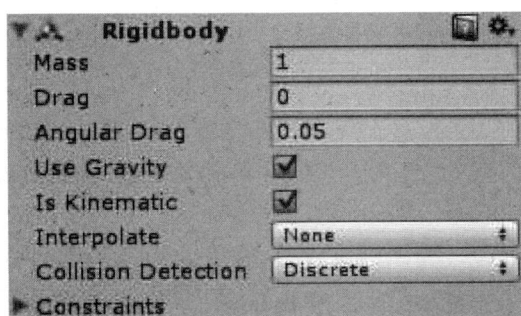

图 11-59　设置属性

　　[2] 将悬挂物与被悬挂物连接起来,因为我们要实现的效果是下方的物体像弹簧一样悬挂于上方的物体,这是悬挂物对被悬挂物的作用,所以我们要给上方的悬挂物添加弹簧关节组件,然后把下方物体拖入 Spring Joint 的 Connected Body 属性中。

　　[3] 调节锚点位置,因为我们要保证锚点位于被悬挂物的顶部,调整 Anchor 的 Y 值为 0.5。还有一点要注意的是,绝大多数情况下我们默认是将 Auto Configure Connected Anchor 勾选上的,它的意思是连接锚点会自动设置,所以我们不用去管它。只要将其勾上,就会帮助我们自动生成 Connected Anchor 的 X 值、Y 值、Z 值。

　　[4] 使用弹簧属性,因为我们要实现的是下方的物体像弹簧一样悬挂的状态,所以需要调节适当的值。例如将 Spring 调为 10,意味着弹簧的弹性为 10。如图 11-60 和图 11-61所示。

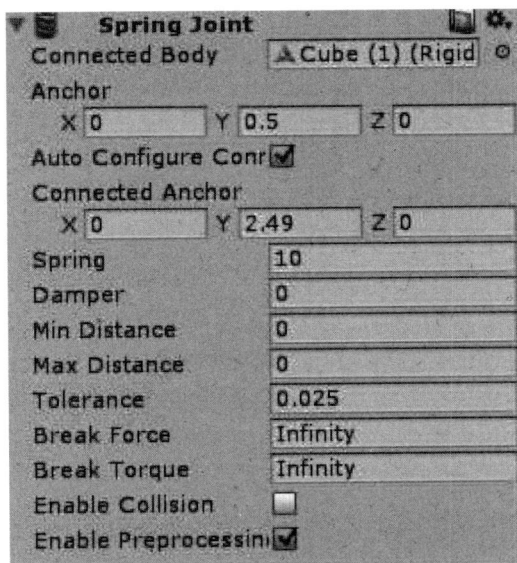

图 11-60　设置 Sprint Joint 属性

图 11-61　当前效果

　　第二个例子,它是由 Anchor 和 Damper 两个属性组成的,那么接下来我们来具体说一下它的创建过程。

　　[1] 创建 2 个 Cube,分别作为悬挂物与被悬挂物,分别给 2 个 Cube 添加 Rigidbody

组件。因为弹簧关节是基于刚体组件创建生成的,其中我们要勾选被悬挂物体的刚体组件中的 Is Kinematic 属性,这样就取消了物理模拟属性,才可以让下方的悬挂物在空中不下落。

[2]调节锚点位置,因为我们要保证锚点位于被悬挂物的顶部,调整 Anchor 的 Y 值为 0.5。还有一点要注意的是,绝大多数情况下我们默认是将 Auto Configure Connected Anchor 勾选上的,它的意思是连接锚点会自动设置,所以我们不用去管它。只要将其勾上,就会帮助我们自动生成 Connected Anchor 的 X 值、Y 值、Z 值。

[3]使用阻尼属性,因为我们要实现的效果基本和第一个例子差不多,不同的是这次的例子中添加了阻尼属性,所以需要调节适当的值。例如将 Spring 调为 10,意味着弹簧的弹性为 10。再将阻尼调为 0.5,意味着在发生弹性形变时,增加了 0.5 的阻尼系数,系数越大,也就是弹簧强度减小幅度越大。如图 11-62 和图 11-63 所示。

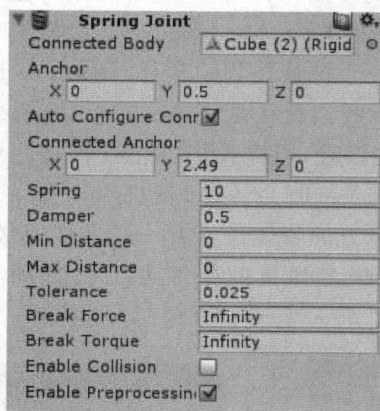

图 11-62　设置 SprintJoint 属性　　　　图 11-63　当前效果

然后是第三个例子,它是由 Anchor 和 Min/Max Distance 两个属性组成的,那么接下来我们来具体说一下它的创建过程。

[1]创建 2 个 Cube,分别作为悬挂物与被悬挂物,分别给 2 个 Cube 添加 Rigidbody 组件,因为弹簧关节是基于刚体组件创建生成的,我们要勾选被悬挂物体的刚体组件中的 Is Kinematic 属性,这样就取消了物理模拟属性,才可以让下方的悬挂物在空中不下落。

[2]调节锚点位置,因为我们要保证锚点位于被悬挂物的顶部,调整 Anchor 的 Y 值为 0.5。还有一点要注意的是,绝大多数情况下我们默认是将 Auto Configure Connected Anchor 勾选上的,它的意思是连接锚点会自动设置,所以我们不用去管它。只要将其勾上,就会帮助我们自动生成 Connected Anchor 的 X 值、Y 值、Z 值。

[3]使用最小/最大距离属性。这两个属性其实算是是否使用弹簧关节的开关,Min Distance 意思是设置弹簧启用的最小距离值。如果两个对象之间的当前距离与初始距离的差大于该值,则不会开启弹簧。Max Distance 意思是设置弹簧启用的最大距离值。如果两个对象之间的当前距离与初始距离的差小于该值,则不会开启弹簧。下面我们来调节适当的值。例如将 Min Distance 调为 0.5,将 Max Distance 调为 2,也就是说,当前距离与初始距离的差大于 0.5 并且小于 2 时,是不会开启弹簧功能的。如图 11-64 和图

11-65所示。

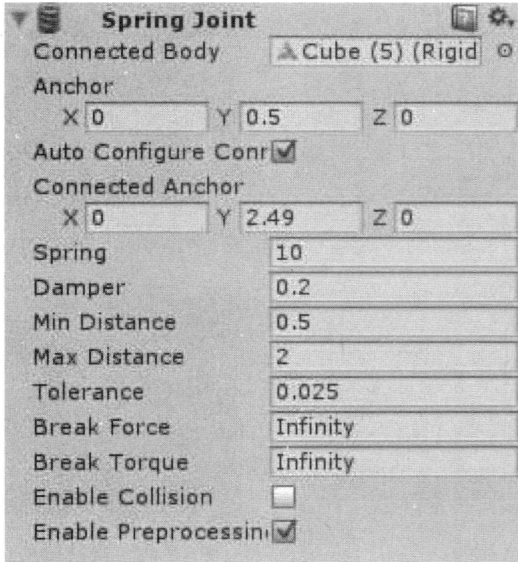

图 11-64　设置 SprintJoint 属性

图 11-65　当前效果

　　然后是第四个例子,它是由 Anchor 和 Break Force 两个属性组成的,那么接下来我们来具体说一下它的创建过程。

　　[1]创建 2 个 Cube,分别作为悬挂物与被悬挂物,分别给 2 个 Cube 添加 Rigidbody 组件。因为弹簧关节是基于刚体组件创建生成的,我们要勾选被悬挂物体的刚体组件中的 Is Kinematic 属性,这样就取消了物理模拟属性,才可以让下方的悬挂物在空中不下落。

　　[2]调节锚点位置,因为我们要保证锚点位于被悬挂物的顶部,调整 Anchor 的 Y 值为 0.5。还有一点要注意的是,绝大多数情况下我们默认是将 Auto Configure Connected Anchor 勾选上的,它的意思是连接锚点会自动设置,所以我们不用去管它。只要将其勾上,就会帮助我们自动生成 Connected Anchor 的 X 值、Y 值、Z 值。

　　[3]使用 Break Force 属性。因为我们要观察的效果是当力达到某个数值时,悬挂物体和被悬挂物体就会彼此断开的效果,所以我们需要给这个属性附一个值,例如 50,也就是说当施加的外力大于 50,那么就会彼此断开。如图 11-66 和图 11-67 所示。

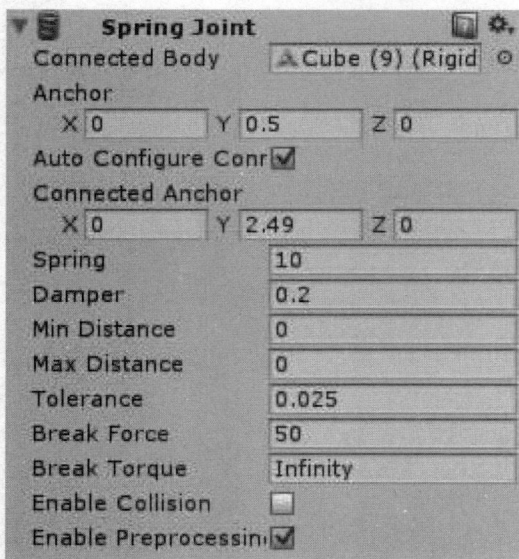

图 11-66　设置 SpringJoint 属性

图 11-67　当前效果

　　第五个例子,它是由 Anchor 和 Enable Collision 两个属性组成的,那么接下来我们来具体说一下它的创建过程。

　　[1] 创建 3 个 Cube,其中最上方的物体悬挂中间的物体,中间的物体悬挂下方的物体,分别给 3 个 Cube 添加 Rigidbody 组件。因为弹簧关节是基于刚体组件创建生成的,我们要勾选最上方物体的刚体组件中的 Is Kinematic 属性,这样就取消了物理模拟属性,才可以让中间以及下方的悬挂物在空中不下落。

　　[2] 将最上方的物体和中间的物体,中间的物体和下方的物体连接起来,因为我们要实现的效果是中间的物体像弹簧一样悬挂于上方的物体,下方的物体像弹簧一样悬挂于中间的物体。因此我们要给上方的悬挂物和中间的悬挂物添加弹簧关节组件,然后把各自下方物体拖入 Spring Joint 的 Connected Body 属性中。

　　[3] 调节锚点位置,因为我们要保证锚点位于被悬挂物的顶部,调整 Anchor 的 Y 值为 0.5。还有一点要注意的是,绝大多数情况下我们默认是将 Auto Configure Connected Anchor 勾选上的,它的意思是连接锚点会自动设置,所以我们不用去管它。只要将其勾上,就会帮助我们自动生成 Connected Anchor 的 X 值、Y 值、Z 值。

　　[4] 使用 Enable Collision 属性,因为我们想要知道关节彼此之间是否会产生碰撞检测,所以在属性框里我们要勾上这个选项。然后就是施加一个外力,当它们受到外力彼此运动时就会发生碰撞检测。如图 11-68 和图 11-69 所示。

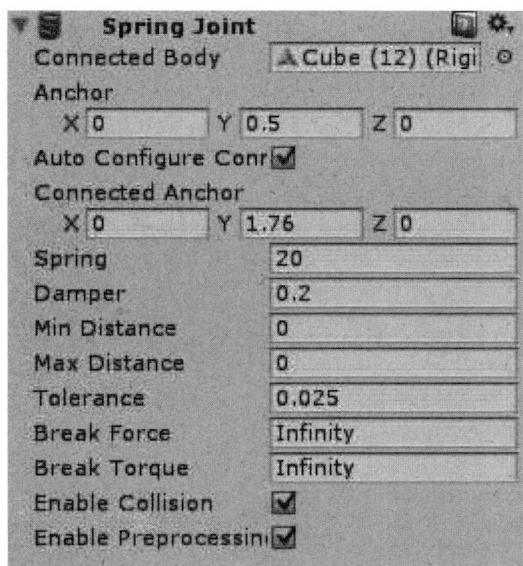

图 11-68　设置 Spring Joint 属性

图 11-69　当前效果

弹簧关节的所有属性说明如表 11-5 所示。

表 11-5　弹簧关节属性说明

属性	说明
Connected Body 连接刚体	用于指定关节要连接的刚体,若不指定则该关节将与世界相连
Anchor 锚点	设置 Joint 在对象局部坐标系中的位置,这并不是对象将弹向的点
Auto Configure Connected Anchor 自动设置连接锚点	选中该项,连接锚点会自动设置,该项默认开启状态
Connected Anchor 连接锚点	手动设置连接锚点
Spring 弹簧	设置弹簧的强度。该值越大,强度越大
Damper 阻尼	设置弹簧的阻尼系数,该值越大,强度减小的幅度越大
Min Distance 最小距离	设置弹簧启用的最小距离值。如果两个对象之间的当前距离与初始距离的差大于该值,则不会开启弹簧
Max Distance 最大距离	设置弹簧启用的最大距离值。如果两个对象之间的当前距离与初始距离的差小于该值,则不会开启弹簧
Tolerance 公差	变化的误差容限,允许其余弹簧具有不同的长度
Break Force 断开力	设置弹簧关节断开所需的作用力

属性	说明
Break Torque 断开扭矩	设置弹簧关节断开所需的扭矩力
Enable Collision 激活碰撞	选中该项，关节之间会检测碰撞
Enable Preprocessing 激活预处理	实现关节的稳定

弹簧关节允许一个带有刚体的游戏对象被拉向一个指定的目标位置，这个目标可以是另一个刚体对象或者世界。当游戏对象离目标位置越来越远时，弹簧关节会对其施加一个作用力使其回到目标的原点位置，这类似橡皮筋或者弹弓的效果。

弹簧关节被创建后，其目标位置是由从锚点到连接的刚体的相对位置所决定的，这使得在编辑器中将弹簧关节设置给角色或其他游戏对象非常容易，但是如果通过脚本来生成一个实时的推拉弹簧的行为就相对比较困难。如果想通过弹簧关节来控制游戏对象的位置，通常是建立一个带有刚体的空对象，然后将该空对象设置到 Connected Rigidbody 属性上，这样就可以通过脚本来控制空对象的运动，进而弹簧也会随着空对象的位移而移动了。

11.5.4　角色关节（Character Joint）

角色关节用于实现例如布偶这样的效果，一个角色添加上角色关节组件之后，它身体的每个关节都会受到物理引擎的作用，例如一个角色死亡躺倒在地上的过程，就可以使用这种方法来实现。接下来，我们来实现当角色碰到从上面滚落下来的石头时死亡的效果。该场景我们分两部分进行，第一部分是实现随机掉落石头的效果；第二部分是实现当角色碰到石头时死亡的效果。

使用 Resources 类中的 Load 方法向场景中导入资源库中的资源，并使用 GameObject 类中的 Instantiate 函数自动生成产生掉落的石头。

［1］打开工程中的 CharacterJointTest 场景，如图 11-70 所示。

图 11-70　初始场景

［2］在 Project 窗口中新建一个文件夹，并命名为 Resources。使用 Resources 类来从资源库中导入资源，需要把需要的资源放在 Resources 目录下。在该目录下可以包含子

目录,所以也可以直接把资源放在它下面。如图 11-71 所示。

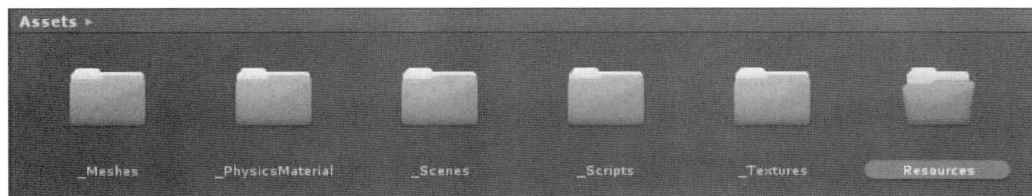

图 11-71　使用 Resources 类来从工程资源中实时生成游戏对象

［3］在 Project 窗口中,找到 Rocks 目录下的子目录 prefabs,其中包含了五块石头的模型预置(Prefab),这五块石头已经添加了刚体组件和 MeshCollider 组件(由于形状不规则,要把凸面体 Convex 属性勾选上,这样才不会产生碰撞失效的错误)。把这五块石头模型预置拖到 Resources 目录下,如图 11-72 所示。

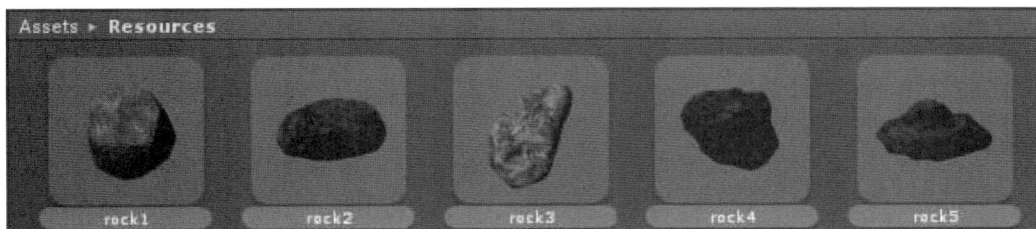

图 11-72　石头模型资源

［4］在场景中创建一个空的游戏对象,命名为 RockSpawner,并把它放置在场景中斜坡的顶端,如图 11-73 所示。

图 11-73　新建一个空的游戏对象

［5］新建一个 C♯ 脚本,命名为 RockSpawnConController,并输入以下代码。

```
1    using UnityEngine;
2    using System.Collections;
```

```
3    public class RockSpawnConController ：MonoBehaviour
4    {
5        private float time = 0.0f；  //用于计时
6        private float timeToSpawn = 3.0f；//产生石头的时间间隔
7        private GameObject rock；
8        // Use this for initialization
9    void Start()
10   {
11   }
12       // Update is called once per frame
13   void Update()
14   {
15       if (countTime() == true)
16       {
17       if (rock == null)
18       {
19       int rockIndex = Random.Range(1, 5)；//产生一个 0~5 之间的随机数
20       switch (rockIndex)
21       {
22       case 1：
23   //在 RockSpawner 对象的位置上产生一块石头对象
24       rock = Instantiate (Resources. Load ("rock1"), gameObject. transform. position,
           gameObject. transform. rotation) as GameObject；
25       break；
26       case 2：
27       rock = Instantiate (Resources. Load ("rock2"), gameObject. transform. position,
           gameObject. transform. rotation) as GameObject；
28       break；
29       case 3：
30       rock = Instantiate (Resources. Load ("rock3"), gameObject. transform. position,
           gameObject. transform. rotation) as GameObject；
31       break；
32       case 4：
33       rock = Instantiate (Resources. Load ("rock4"), gameObject. transform. position,
           gameObject. transform. rotation) as GameObject；
34       break；
35       case 5：
36       rock = Instantiate (Resources. Load ("rock5"), gameObject. transform. position,
           gameObject. transform. rotation) as GameObject；
37       break；
38           }
39       }
```

```
40        }
41    }
42    bool countTime()
43    {
44        time += Time.deltaTime;
45        if (time > timeToSpawn)
46    {
47        time = 0;
48        return true;
49    }
50        else
51        return false;
52    }
53    }
```

[6] 把上面的脚本代码添加到 RockSpawn 对象上，最后运行游戏，经过 3 秒钟，在 RockSpawn 位置上随机产生了一块石头对象，并往下滚落，如图 11-74 所示。

图 11-74　自动生成石头对象的效果

[7] 实现经过一段时间之后把石头对象销毁掉。新建一个 C♯ 脚本，并命名为 DestroyRock，并输入以下代码：

```
1    Void Start()
2    {
3        //10 秒之后销毁对象
4    Destroy(gameObject,10);
5    }
```

[8] 在 Project 窗口中同时选择那五块石头模型预置，并把该脚本添加上去，如图 11-75 所示。

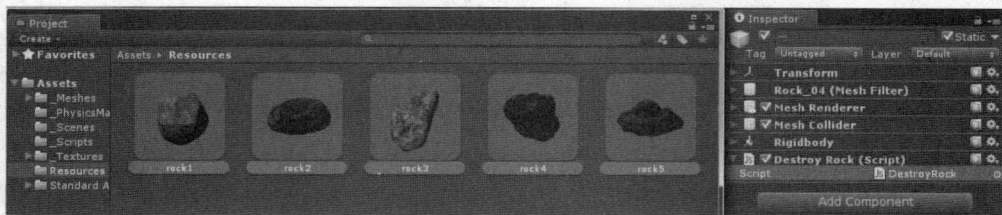

图 11-75　为每个石头资源添加销毁代码

　　[9] 复制出两个 RockSpawn 对象,并排放置在斜坡顶端,如图 11-76 所示。运行游戏,这两个对象都能产生出石头对象。

图 11-76　复制 RockSpawn 对象

　　[10] 在 Project 窗口中选择那五块石头模型预置,在 Inspector 窗口中点击 Tag 属性后的 Undefined 下拉菜单,点击【Add Tag】,出现标签添加面板,在 Tags 下的 Element 0 中输入 Rock,如图 11-77 所示。

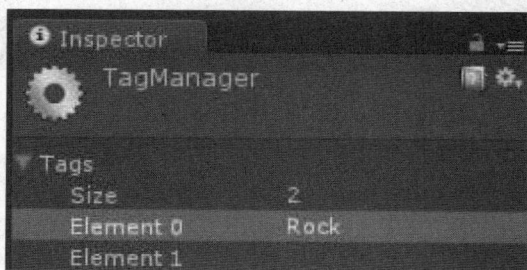

图 11-77　添加新的标签(Tag)

　　[11] 重新选择那五块石头预置,再次点击 Tag 属性后的 Undefined 下拉菜单,选择 Rock 选项,为这五块石头预置添加 Rock 标签,如图 11-78 所示。该步骤是为下面的步骤做准备。

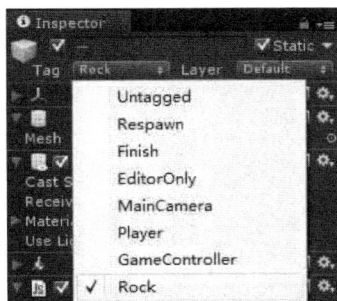

图 11-78　为石头资源添加 Rock 标签

至此，随机产生石头对象的过程就完成了。

创建布偶（Ragdoll）。

［1］在主菜单中选择【GameObject】→【3D Object】→【Ragdoll…】选项，弹出一个 Create Ragdoll 面板，如图 11-79 所示。

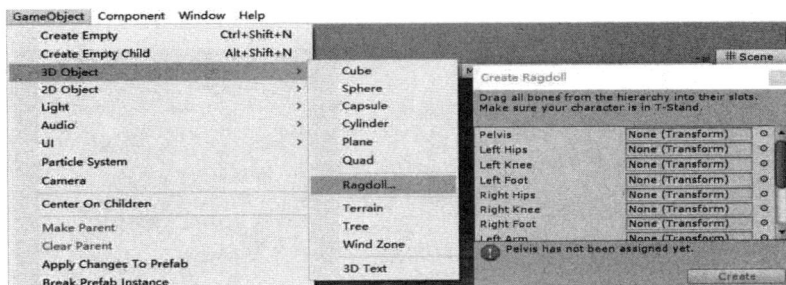

图 11-79　新建 Ragdoll 对象

［2］Project 窗口中找到 Standard Assets→Character Controllers→Sources→PrototypeCharacter 目录下的 PlayerMesh 模型资源，把它拖到场景中。

［3］在 Hierachy 窗口中展开 PlayerMesh 对象，如图 11-80 所示。

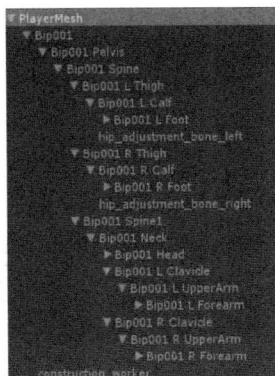

图 11-80　角色的骨骼结构

［4］把对应的骨骼位置拖到 Create Ragdoll 面板中的对应属性上，如图 11-81 和图 11-82 所示。最后点击面板中的 Create 按钮。该步骤能够令 Unity3D 在角色的对应骨骼

位置上添加相应的碰撞盒,而且会自动为对应的骨骼添加 CharacterJoint 组件。

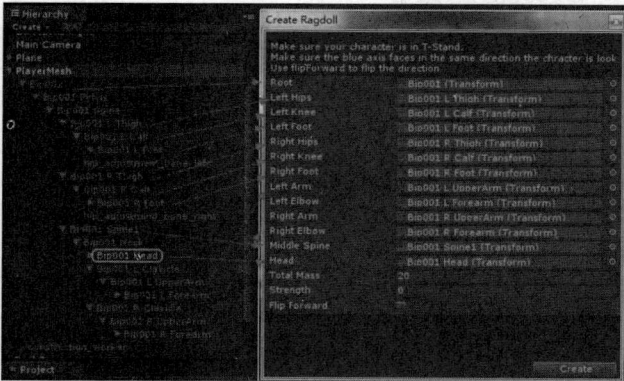

图 11-81 把对应的骨骼拖到 Create Ragdoll 面板属性上

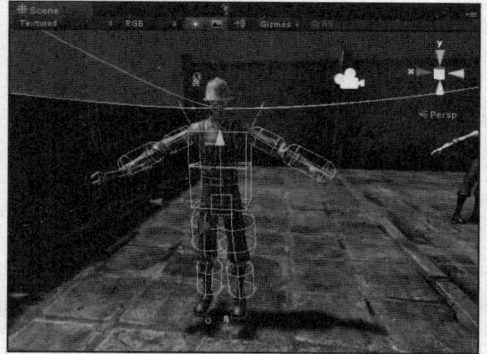

图 11-82 Ragdoll 创建结果

[5]在场景中发现头部的碰撞盒有错误,选择 Bip001 Head 对象,在 Inspector 窗口中设置它的 Sphere Collider 参数,如图 11-83 所示。

图 11-83 修改头部碰撞盒错误

[6]运行游戏时会发现,添加进来的 PlayerMesh 模型会因为受到重力的作用而瘫倒在地上,如图 11-84 所示。

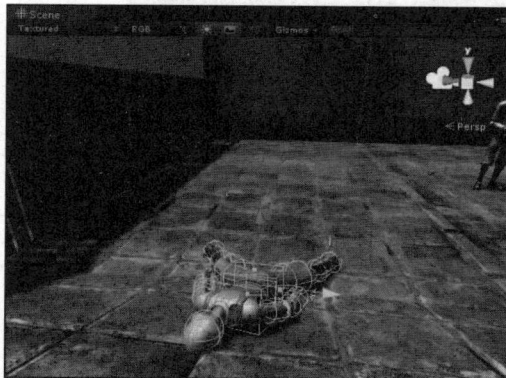

图 11-84 Ragdoll 效果

[7]把 PlayerMesh 对象从 Hierachy 窗口中拖到 Project 窗口中的 Resources 目录下,生成一个 PlayerMesh 预置,接着把场景中的 PlayerMesh 对象删除掉,如图 11-85

所示。

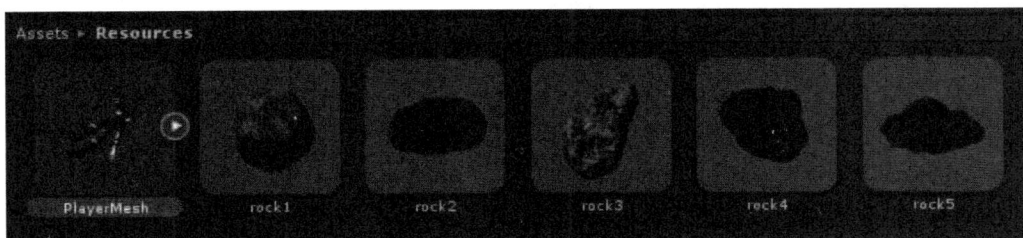

图 11-85　把新建的 Ragdoll 保存成 Prefab

[8] 新建一个 C# 脚本，并命名为 DeadController，并输入以下代码：

```
1   using UnityEngine;
2   using System.Collections;
3   public class DeadController : MonoBehaviour {
4   private bool isDead = false;
5   private GameObject ragdoll;
6   /* *检测是否碰到了石头*/
7   void OnControllerColliderHit(ControllerColliderHit hit)
8   {
9       if (hit.gameObject.tag == " Rock ")
10      {
11      isDead = true;
12      setupRagdoll();
13      }
14  }
15  void setupRagdoll()
16  {
17      if (ragdoll == null)
18      {
19  //生成一个 Ragdoll 对象
20  ragdoll = Instantiate(Resources.Load(" PlayerMesh "),transform.position,transform.rotation) as GameObject;
21  //找到对象的子对象 pelvis
22      Transform characterPelvis = GameObject.Find(" Bip001 Pelvis ").transform;
23      Transform ragdollPelvis = ragdoll.transform.FindChild(" Bip001 ").FindChild(" Bip001 Pelvis ");
24  //匹配角色骨骼与 Ragdoll 骨骼的位置
25      MatchChildrenTransform(characterPelvis, ragdollPelvis);
26  //隐藏原来的角色
27      gameObject.SetActive(false);
28      }
29  }
```

359

```
30    void MatchChildrenTransform(Transform source，Transform target)
31    {
32      if（source.childCount ＞ 0)
33      {
34  //遍历整个骨骼，使得 ragdoll 的骨骼与角色的当前每个骨骼位置一一对应
35      foreach（Transform sourceTransform in source.transform）
36      {
37      Transform targetTransform ＝ target.Find(sourceTransform.name)；
38      if（targetTransform !＝ null)
39        {
40        //递归调用
41        MatchChildrenTransform(sourceTransform，targetTransform)；
42        targetTransform.localPosition ＝ sourceTransform.localPosition；
43        targetTransform.localRotation ＝ sourceTransform.localRotation；
44        }
45      }
46   }
47   }
48   }
```

[9]把该脚本代码添加到 Third Person Controller 对象上，运行游戏，当角色碰到石头时，角色便瘫倒在地了，如图 11-86 所示。

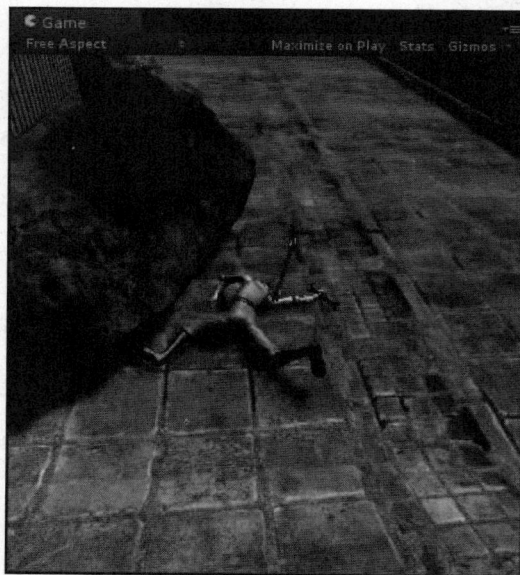

图 11-86 最终效果

角色关节的所有属性说明如表 11-6 所示。

表 11-6　角色关节属性说明

属性	说明
Connected Body 连接刚体	用于指定关节要连接的刚体,若不指定则该关节将与世界相连接
Anchor 锚点	设置游戏对象局部坐标系中的点,角色关节将围绕该点进行旋转
Axis 扭动轴	设置角色关节的扭动轴,以橙色的圆锥 gizmo 表示
Auto Configure Connected Anchor 自动设置连接锚点	选中该项,连接锚点会自动设置,该项默认开启状态
Connected Anchor 连接锚点	手动设置连接锚点
Swing Axis 摆动轴	设置角色关节的摆动轴,以绿色的圆锥 gizmo 表示
Twist Limit Spring	弹簧的扭曲限制
—Spring	设置角色关节扭曲的弹簧强度
—Damper	设置角色关节扭曲的阻尼值
Low Twist Limit 扭曲下限	设置角色关节扭曲的下限
—Limit	设置角色关节扭曲的下限值
—Bounciness	设置角色关节扭曲下限的反弹值
—Contact Distance	用于为了避免抖动而限制的接触距离
High Twist Limit 扭曲上限	设置角色关节扭曲的上限
—Limit	设置角色关节扭曲的上限值
—Bounciness	设置角色关节扭曲上限的反弹值
—Contact Distance	用于为了避免抖动而限制的接触距离
Swing 1 Limit 摆动限制 1	参考同上
Swing 2 Limit 摆动限制 2	参考同上
Enable Projection 启用投影	设置用于激活投影
Projection Distance 投影距离	设置当对象与其连接刚体的距离超过投影距离时,该对象会回到适当的位置
Projection Angle 投影角度	设置当对象与其连接刚体的角度超过投影角度时,该对象会回到适当的位置
Break Force 断开力	控制角色关节断开所需的作用力
Break Torque 断开扭矩	设置角色关节断开所需的扭矩
Enable Collision 激活碰撞	选中后,关节之间会检测碰撞
Enable Preprocessing 激活预处理	实现关节的稳定

　　角色关节提供了很多可能应用于约束通用关节的运动。扭矩为关节的运动提供了限制,扭矩允许用户以角度的形式设置关节旋转的下限和上限。比如 $-20°$ 的扭矩下限和

70°的扭矩上限限制了绕扭动轴的旋转角度在－20°～70°之间。Swing 1 Limit 限制了绕摆动轴的旋转。其对摆动轴旋转角的限制是对称的,如设置 Swing 1 Limit 的限制角度为30°,则表示 Swing 1 Limit 的旋转被限制在－30°～30°之间。Swing 2 Limit 没有 gizmo 辅以表示,此轴垂直于扭动轴和 Swing 1 Limit。与 Swing 1 Limit 相同,对 Swing 2 Limit 旋转角度的限制也是对称的,如设置 Swing 2 Limit 的限制角度为 40,则表示 Swing 2 Limit 的旋转被限制在－40°～40°之间。

11.6 总结

本章介绍了 Unity3D 内置的物理引擎的使用方法。从本章可以了解到,物理模拟分为刚体和柔体两种方式。刚体用于模拟不会发生形变的物体,比如石头、铅球等;柔体用于模拟会发生形变的物体,比如布料、皮球等等。在刚体的运用中,Unity3D 还提供了各种连接刚体的物理关节,包括铰链关节、弹簧关节、固定关节和角色关节,可以使用它们来模拟多个刚体的连接方式。使用刚体,我们还可以为它添加物理材质,而通过物理材质,可以模拟物体的摩擦力、弹力等属性。

最后需要强调一点,在场景中使用物理模拟时,场景的尺寸需要准确,如果对场景的尺寸没有把握,可以在场景中创建一个 Cube 游戏对象,其尺寸默认是 1m×1m×1m,我们可以使用它作为参考对象,对场景的大小进行衡量。

11.7 练习题

1.什么是刚体和柔体。

2.列举物理材质的属性以及作用。

3.对比 Vector3.up 和 transform.up 等预置常量的区别。

4.对比在脚本程序中使用力来改变刚体的位置和使用变换(transform)来改变物体的位置的区别。

5.对刚体进行数据操作时是使用 FixedUpdate 函数还是使用 Update 函数,为什么?

6.本章使用的键盘输入为 Input.GetAxis 函数,请说明该函数的功能,并查找文档,对比其他的键盘监听函数的功能以及它们之间的区别。

7.列举 Unity3D 中提供的物理关节的类型,以及它们的属性。

8.设计一个场景,场景中的物体可以使用 Unity3D 中的基本图形(比如 Cube 等),要求用到所有的物理关节,同时使用 Unity3D 中的 Third Person Controller 角色来与这些物理现象进行交互。

9.列举布料所需的组件,以及每个组件当中的属性。

10.设计一个场景,在该场景中模拟你想达到的布料效果。

11.OnTriggerEnter 和 OnCollisionEnter 等回调函数中有一个参数,该参数为 Collision 类对象,请查阅文档,Collision 包含哪些信息。

12.Physics 类提供了针对 3D 物理引擎的相关操作,请查阅文档,了解该类的功能。

12

CHAPTER TWELVE

第 12 章

2D 物理模拟

本章内容

Unity 当中提供的 2D 物理系统是基于 Box2D 物理引擎开发的,该引擎是 2D 物理模拟中的佼佼者。经过 Unity 的封装可以发现,该物理系统与 3D 物理系统的使用方法类似。同时,在组件命名区分上,只是在 3D 物理模拟的组件名称后方添加了 2D 两个字符,因此熟悉 3D 物理引擎之后学习 2D 物理引擎会更加容易。本章将简单介绍 2D 物理模拟的功能①。

12.1　2D 刚体（Rigidbody 2D）

同 3D 物理模拟相同,2D 物理也提供了刚体组件,其命名为 Rigidbody 2D,同时参数与 3D 的刚体类似,如图 12-1 所示。

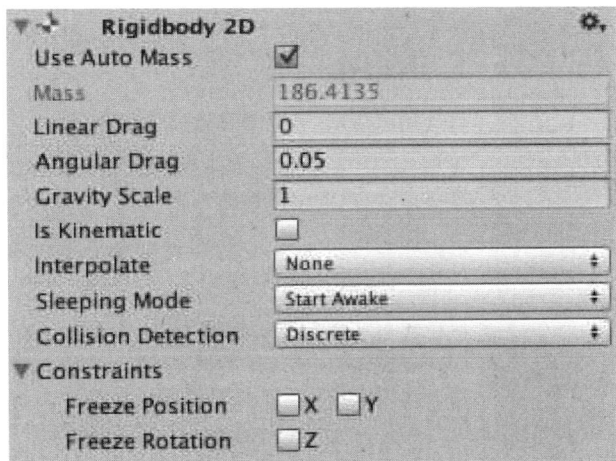

图 12-1　2D 刚体属性面板

其属性的说明如表 12-1 所示。

表 12-1　刚体属性

属性	说明
Use Auto Mass 自动质量	系统自动设置物体质量。
Mass 质量	刚体的质量。
Linear Drag 线性阻力	当游戏对象运动时受到的空气阻力。0 表示没有空气阻力。阻力极大时游戏对象会立即停止运动。

---

① 本章实例可以导入本书提供的素材 Chapter12-2DPhysics. unityPackage

续　表

属性	说明
Angular Drag 角阻力	当游戏对象受扭矩力旋转时受到的空气阻力。0 表示没有空气阻力,阻力极大时游戏对象会立即停止旋转。
Gravity Scale 重力大小	该项用于设置游戏对象所受重力的大小,1 表示 1 倍重力,0 表示重力大小为 0,即不受重力影响,该值小于 0 表示重力的反方向影响。
Is Kinematic 是否开启动力学	若激活,游戏对象将不再受到物理引擎的影响从而只能通过几何变换组件属性来对其操作。该方式适用于模拟平台的移动或带有铰链关节链接刚体的动画。
Interpolate 插值	控制刚体运动时的抖动,可以尝试下面的选项。
—None 无	不应用插值。
—Interpolate 内插值	基于上一帧的变换来平滑本帧变换。
—Extrapolate 外插值	基于下一帧的预估变换来平滑本帧变换。
Sleeping Mode 休眠模式	该项用于控制刚体的休眠模式,可以尝试下面的选项。
—Never Sleep	休眠。
—Start Awake	最开始就唤醒。
—Start Asleep	最开始就休眠,可以通过碰撞唤醒。
Collision Detection 碰撞检测	该属性用于控制避免高速运动的游戏对象穿过其他的对象而未发生碰撞,可以尝试下面的选项。
—Discrete 离散碰撞检测	该模式与场景中其他的所有碰撞体进行碰撞检测。该值为默认值。
—Continuous 连续碰撞检测	该模式用于检测与动态碰撞体(带有刚体)碰撞,以及用来检测与网格碰撞体的(不带有刚体)碰撞。其他的刚体会采用离散碰撞模式。此模式适用于那些需要采用连续动态碰撞检测的对象相碰撞的对象。这对物理性能会有很大的影响,如果不需要对快速运动的对象进行碰撞检测,就使用离散碰撞检测模式。
Constraints 约束	对刚体运动的约束。
Freeze Position 冻结位置	刚体对象在世界坐标系中的 X,Y,Z 轴方向上的移动将无效。
Freeze Rotation 冻结旋转	刚体对象在世界坐标系中的 X,Y,Z 轴方向上的旋转将无效。

12.2　2D 碰撞盒(Collider 2D)

　　碰撞盒定义一个对象与其他物体碰撞的近似形状。二维碰撞盒的名字都以"2D"结尾。注意,由于 3D 物理引擎和 2D 物理引擎不是同一个系统,因此不能把 3D 游戏对象和二维物体或 2D 游戏对象和三维物体进行碰撞检测。2D 碰撞盒的类型及说明,如下图 12-2所示与表 12-2。

图 12-2　2D 碰撞盒类型

表 12-2　2D 碰撞盒类型说明

2D 矩形碰撞盒 Box Collider 2D	碰撞盒的形状是矩形
2D 圆形碰撞盒 Circle Collider 2D	碰撞盒的形状是圆形
2D 边缘碰撞盒 Edge Collider 2D	碰撞盒的形状是一条直线,只有在直线的一侧才有碰撞效果
2D 多边形碰撞盒 Polygon Collider 2D	碰撞盒的形状是多边形,自动确定形状,可手动编辑

2D 碰撞盒属性与 3D 碰撞器基本相同,多了"Used by Effector",开启后能被 2D 效应器组件影响。

2D 多边形碰撞盒形状的编辑:按下"Edit Collider"按钮编辑多边形的形状。拖动顶点移动。在边上拖动,可以拖出一个新的顶点。按住 Ctrl / Cmd 键,点击顶点删除。如图 12-3 所示。

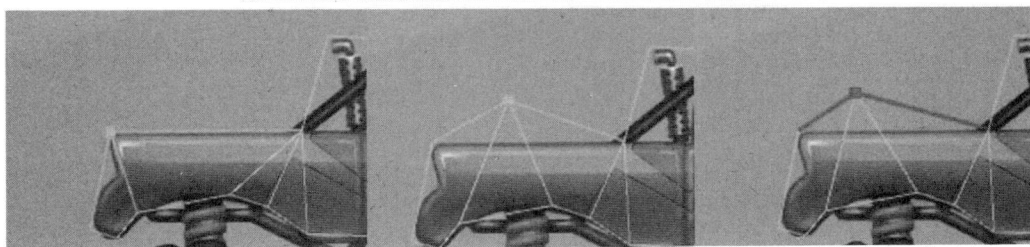

图 12-3　编辑多边形碰撞盒的形状

12.3　2D 物理材质（Physics Material 2D）

只有两个属性:摩擦系数 Friction 和弹力系数 Bounciness。如图 12-4 所示。

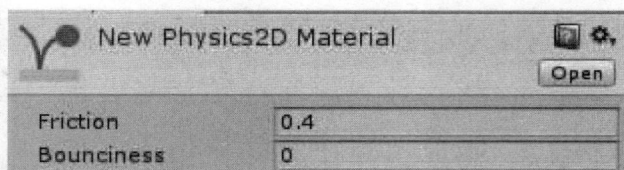

图 12-4　2D 距离关节属性面板

12.4　2D 关节（2D Joints）

2D 关节用于模拟两个 2D 对象的连接关系，并以某种规则约束它们的距离或旋转。这两个对象可以是 2 个 2D 刚体组件，也可以是 1 个刚体组件和 1 个固定的世界坐标点。为与 3D 关节区别，2D 关节的名字都以 2D 结尾，如 Distance Joint 2D。如图 12-5 所示。

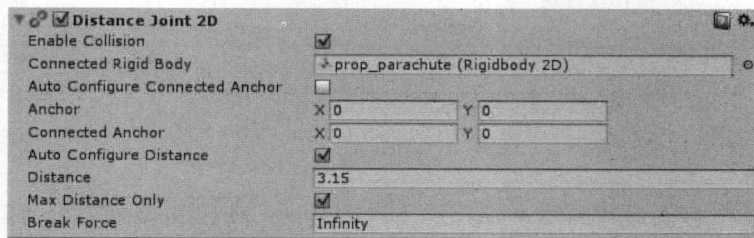

图 12-5　2D 距离关节属性面板

2D 关节的种类如下表所示。

表 12-3　2D 距离关节类型

2D 距离关节 Distance Joint 2D
2D 固定关节 Fixed Joint 2D
2D 摩擦关节 FrictionJoint 2D
2D 铰链关节 HingeJoint 2D
2D 相对关节 RelativeJoint 2D
2D 滑块关节 SliderJoint 2D
2D 弹簧关节 SpringJoint 2D
2D 目标关节 TargetJoint 2D
2D 车轮关节 WheelJoint 2D

12.4.1　2D 距离关节（Distance Joint 2D）

将两个 2D 对象以固定的距离（就像一根不会变形的杆子）连接在一起。如图 12-6 所示。

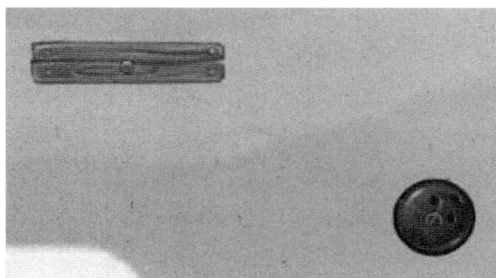

图 12-6　用 2D 距离关节制作的摆球

案例：制作摆球

场景如上图所示，摆球是由一块固定的木板和球组成，它们之间的距离是固定的。用一个距离关节就可以实现。

［1］模拟摆球和木板之间的杆子。给木板添加 2D 刚体组件 Rigidbody 2D，为使木板保持静止，开启运动学属性使它不受物理引擎控制，把 Is Kinematic 打钩。如图 12-7 所示。

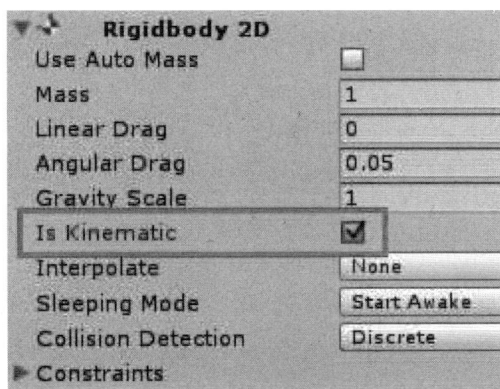

图 12-7　2D 距离关节和 2D 弹簧关节的场景

［2］给球添加 2D 刚体，2D 距离关节 Distance Joint 2D。把木板拖进 Connected Rigid Body 里，球就连接到木板上了。摆球的物理效果便制作完成。如图 12-8 所示。

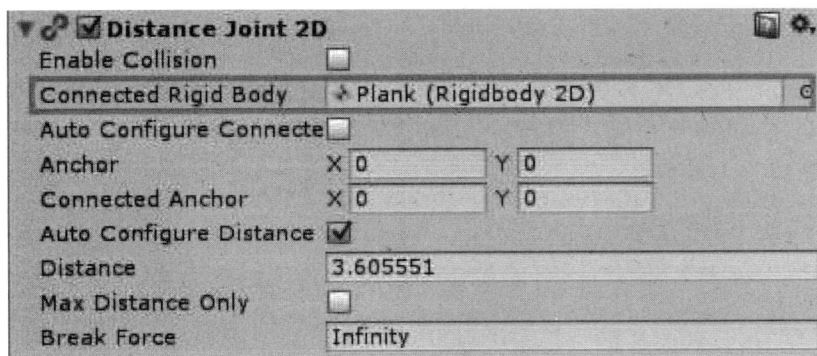

图 12-8　2D 距离关节属性设置

〔3〕做杆子。用画线组件画出杆子,添加画线组件 Line Renderer 和脚本 DrawLine. cs。如图 12-9 所示。

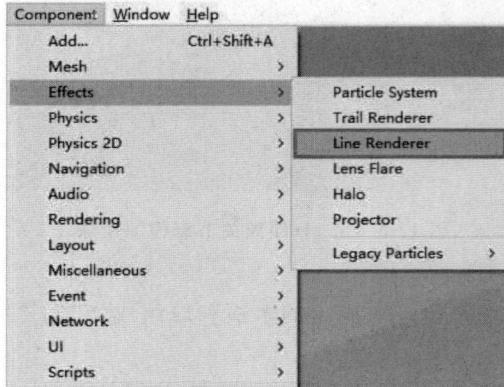

图 12-9 添加画线组件 Line Renderer

〔4〕脚本 DrawLine. cs 的作用是将起点定在木板上,终点定在球上。

```
1   using UnityEngine;
2   using System. Collections;
3
4   public class DrawLine ：MonoBehaviour {
5
6       public Transform startPoint;
7       public Transform endPoint;
8
9       //游戏对象,这里指线段对象
10      private GameObject LineRender;
11
12      //线段渲染器
13      private LineRenderer lineRenderer;
14
15      //设置线段的个数,标示一个曲线由几条线段组成
16      private int lineLength = 2;
17
18      //分别记录 4 个点,通过这 4 个三维世界中的点去连接一条线段
19      private Vector3 v0;
20      private Vector3 v1;
21      void Start(){
22
23          //通过之前创建的对象的名称,就可以在其他类中得到这个对象,
24          //这里在 main. cs 中拿到 line 的对象
25
26          //通过游戏对象,将 GetComponent 方法传入 LineRenderer,
```

```
27          //就是之前给 line 游戏对象添加的渲染器属性
28          //有了这个对象才可以为游戏世界渲染线段
29          lineRenderer =（LineRenderer）gameObject.GetComponent（" LineRenderer "）;
30
31          //设置线段长度,这个数值须和绘制线 3D 点的数量相等,
            //否则会出现异常
32          lineRenderer.SetVertexCount(lineLength);
33          v0 = startPoint.position;
34          v1 = endPoint.position;
35
36       }
37
38       void Update（）{
39
40          //在游戏更新中去设置点,
41          //根据点将这个曲线链接起来,
42          //第一个参数为起点的 3D 坐标
43          //第二个参数为终点的 3D 坐标
44          //坐标一样的话就标明是一条线段
45
46          v0 = startPoint.position;
47          v1 = endPoint.position;
48
49          lineRenderer.SetPosition（0，v0）;
50          lineRenderer.SetPosition（1，v1）;
51
52       }
53   }
54
```

[5] 最终效果如图 12-10 所示。

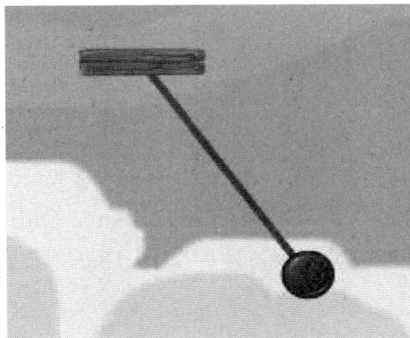

图 12-10　最终效果

2D 距离关节属性说明,如图 12-11 所示。

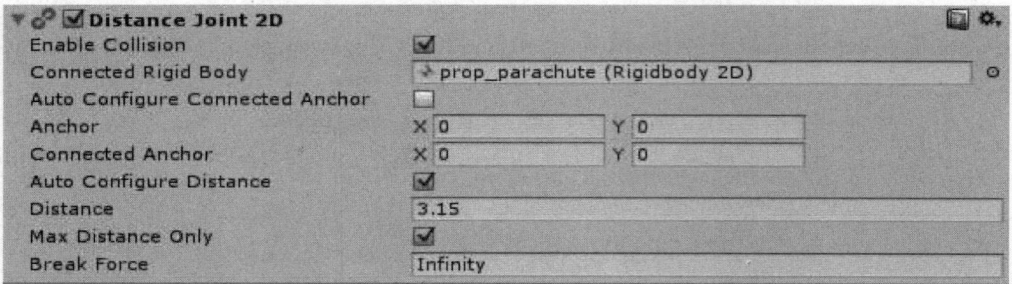

Distance Joint 2D

Enable Collision	☑
Connected Rigid Body	→ prop_parachute (Rigidbody 2D)
Auto Configure Connected Anchor	☐
Anchor	X 0 Y 0
Connected Anchor	X 0 Y 0
Auto Configure Distance	☑
Distance	3.15
Max Distance Only	☑
Break Force	Infinity

图 12-11 2D 距离关节属性面板

表 12-4 2D 距离关节属性说明

属性	说明
Enable Collision 激活碰撞	两个连接的对象可以发生碰撞
Connected Rigid Body 被连接的刚体	用于指定要连接的 2D 刚体,若不指定则该弹簧将与世界相连接
Auto Configure Connected Anchor 自动配置被连接的锚点	自动把被连接锚点和锚点重合,默认开启
Anchor 锚点	该对象上的锚点的局部坐标
Connected Anchor 被连接的锚点	被连接的 2D 刚体上的锚点的局部坐标
Auto Configure Distance 自动设置距离	如果启用该选项,自动检测两个物体之间的距离,并且设置为默认距离
Distance 距离	设置两个物体之间的距离
Max Distance Only 仅最大距离限制	如果启用,关节只能执行一个最大距离(即对象仍然可以靠拢)。若禁用,对象之间的距离将是固定的
Break Force 断开力	设置铰链关节断开的作用力,默认为无穷大

细节

● 只是模拟硬杆产生线性力维持距离,没有扭矩。

● 这个关节有一个可选的约束 Max Distance Only。

● 当 Max Distance Only 未启用,在 2 个锚点之间保持一个固定的距离,例如:一辆单车上的两个轮子的距离是固定的。如图 12-12 所示。

● 在 2 个物体之间保持最大距离(当 Max Distance Only 启用),例如:玩溜溜球时,球可以靠近手,但不能超过线的长度。如图 12-13 所示。

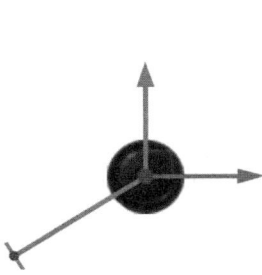

图 12-12　Max Distance Only 不启用　　图 12-13　Max Distance Only 启用

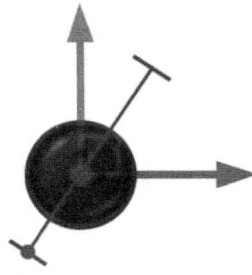

● 不能计算动量守恒定律，无法实现牛顿摆球效果，如图 12-14 所示。

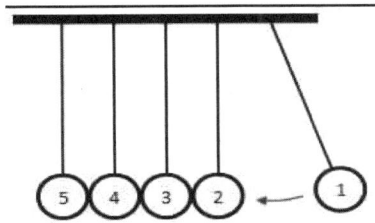

图 12-14　牛顿摆球

12.4.2　2D 弹簧关节(Spring Joint 2D)

2D 弹簧关节可将两个带刚体的 2D 游戏对象连接在一起，使其像连着弹簧那样运动。如图 12-15 所示。

图 12-15　2D 弹簧关节不同属性效果对比

2D 弹簧关节属性说明，如图 12-16 所示。

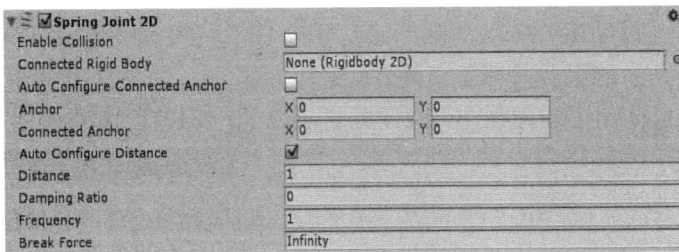

图 12-16　2D 弹簧关节属性面板

表 12-5   2D 弹簧关节属性说明

属性	说明
Enable Collision 激活碰撞	两个连接的对象可以发生碰撞
Connected Rigid Body 被连接的刚体	用于指定要连接的 2D 刚体,若不指定则该弹簧将与世界相连接
Auto Configure Connected Anchor 自动配置被连接的锚点	自动把被连接锚点和锚点重合,默认开启
Anchor 锚点	该对象上的锚点的局部坐标
Connected Anchor 被连接的锚点	被连接的 2D 刚体上的锚点的局部坐标
Auto Configure Distance 自动配置距离	若选中,自动检测两个物体之间的距离,并且设置为两个物体之间的默认距离
Distance 距离	两个对象间的距离应保持在这个值左右
Damping Ratio 阻尼系数	弹簧振动抑制的程度:范围为 0~1,值越高,阻力越大
Frequency 频率	弹簧接近分离距离所需要的频率
Break Force 断开力	设置铰链关节断开的作用力

细节

● 这个关节像弹簧,动画效果是在两点间保持线性距离,没有扭矩。

● 制作硬弹簧,就提高频率、阻尼系数;而制作软弹簧,则降低频率和阻尼系数。

● 当弹簧将其力作用于物体之间时,当它趋向超越设定距离时,会反复地反弹,出现连续振动。阻尼系数设置对象如何快速停止振动。频率设置对象在目标距离的两边快速振动。

● 该关节有一个约束:在两个刚体上的锚点维持一个初始线性距离。例如:一个角色是由多个对象组成的,它们是半刚性的。使用弹簧关节连接角色的身体部分,使他们能够彼此伸展。你可以指定身体部位是松散或紧密地连接。

提示:

频率为 0 是一个特例,此时弹簧最硬,不发生形变。2D 弹簧关节使用 Box 2D 弹簧关节。2D 距离关节也使用了相同的 Box 2D 弹簧关节,但它设置的频率为 0,从技术上讲,一个频率为 0 和阻尼系数为 1 的 2D 弹簧关节和 2D 距离关节是相同的。如图 12-17 所示。

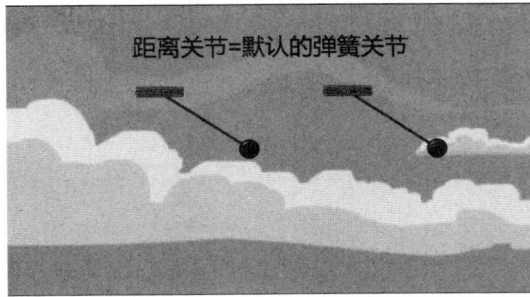

图 12-17　2D 距离关节和 2D 弹簧关节的对比

12.4.3　2D 固定关节(Fixed Joint 2D)

这个关节是用来固定两个物体的相对位置和相对角度,就像把两个物体用一个很短的弹簧连在一起。如图 12-18 所示。

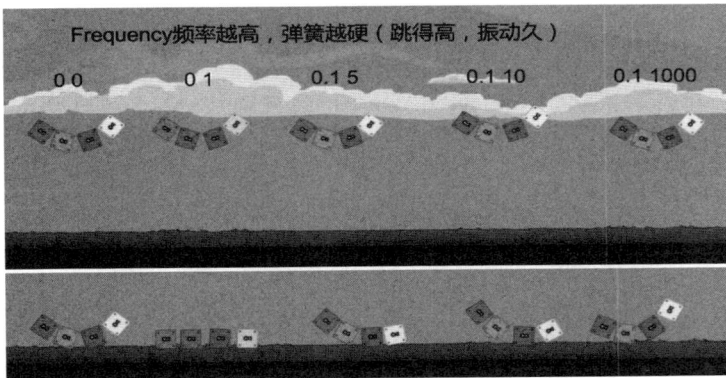

图 12-18　2D 固定关节

案例:弹簧

[1] 打开场景 2 Fixed,如上图所示,有多个不同属性的弹簧。每个弹簧由 4 个精灵对象方块 block 组成,掉到地上会发生形变、反弹。

[2] 添加碰撞。它们可以和地面发生碰撞,所以给它们添加矩形碰撞盒组件 Box Collider 2D。如图 12-19 所示。

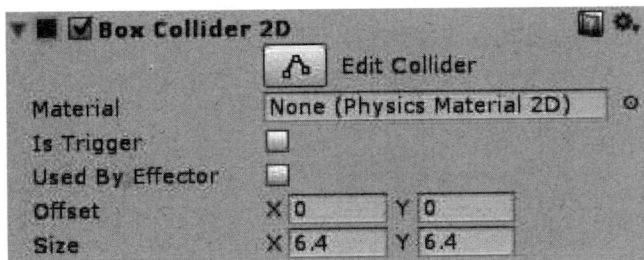

图 12-19　添加矩形碰撞盒组件

〔3〕关节只作用于刚体,所以先给它们添加 2D 刚体 Rigidbody 2D。

〔4〕添加关节。2 个方块之间的距离固定,受力时方块会围绕一个点旋转。所以给第 2 个方块添加 2D 固定关节 Fixed joint 2D,把第 1 个方块拖进 Connected Rigid Body 里。如图 12-20 所示。

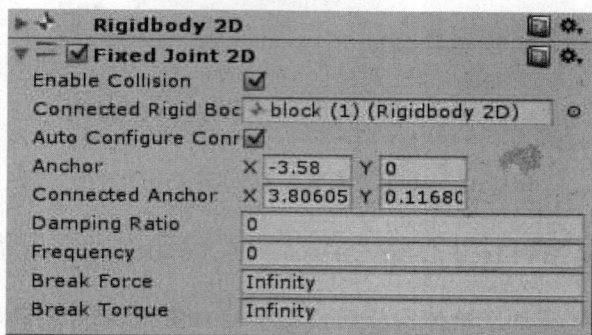

图 12-20 添加 2D 刚体和 2D 固定关节

〔5〕配置锚点。受力时方块会围绕一个点旋转,这个点就是关节的锚点。将第二个方块的锚点 Anchor 移到与第 1 个方块的中间,如果自动配置连接锚点 Auto Configure Connected Anchor 打钩,那么 Connected Anchor 会自动与 Anchor 重合,不用手动编辑。其余方块的关节做法类似。如下图 12-21 所示。

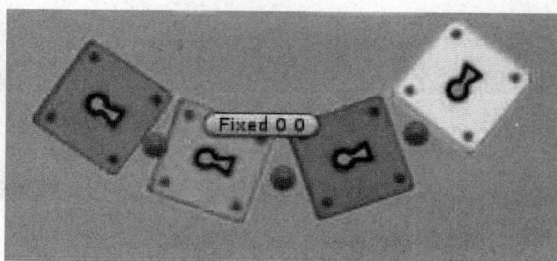

图 12-21 添加 2D 固定关节,配置好锚点后的效果

〔6〕设置弹簧的软硬。调节 Frequency 和 Damping Ratio。默认都为 0,是理论上最硬的弹簧,不发生形变,掉在地上不会反弹;Frequency 频率越大,弹簧越硬,Damping Ratio 阻尼系数越大,弹簧越快停止振动,实际上效果并不明显。如图 12-22 所示。

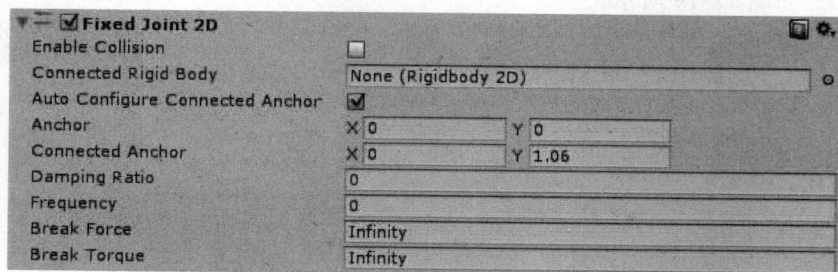

图 12-22 2D 固定关节属性面板

2D 固定关节的属性说明如表 12-6 所示。

表 12-6　2D 固定关节属性说明

属性	说明
Enable Collision　激活碰撞	两个连接的对象可以发生碰撞
Connected Rigid Body　被连接的刚体	用于指定要连接的 2D 刚体,若不指定则该弹簧将与世界相连接
Auto Configure Connected Anchor 自动配置被连接的锚点	自动把被连接锚点和锚点重合,默认开启
Anchor 锚点	该对象上的锚点的局部坐标
Connected Anchor　被连接的锚点	被连接的 2D 刚体上的锚点的局部坐标
Damping Ratio　阻尼系数	用于设置所要抑制弹性振动的程度:范围为 0～1,值越大,阻力越大,1 是临界阻尼(效果不明显)
Frequency　频率	两个对象接近分离距离时的圆周摆动频率
Break Force　断开力	设置铰链关节断开的作用力
Break Torque　断开扭矩	设置断开铰链关节所需的扭矩

细节

这个关节是用来固定两个物体的相对位置和相对角度。将对象移动限制为依赖于其他对象。这在某种程度上类似于父子化,不过不是变换层级结构而是通过物理引擎来实现。使用它们的最佳情况是:要方便相互分离的对象,或是连接两个对象的移动而不进行父子化。

12.4.4　2D 摩擦关节(Friction Joint 2D)

该组件通过物理引擎连接刚体对象。该组件可以使对象减速,模拟自上而下的摩擦。如图 12-23 所示。

图 12-23　2D 摩擦关节不同属性效果

在场景 7 Friction 中,不同属性时摩擦关节的效果对比。如图 12-24 所示。

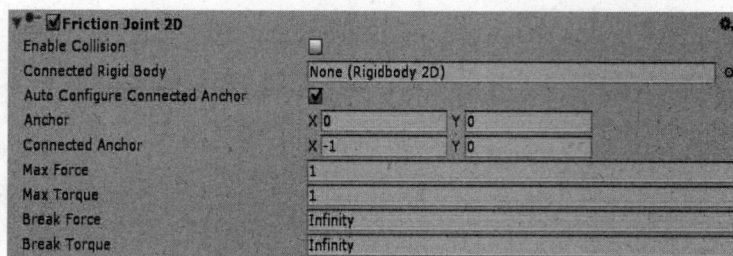

图 12-24　2D 摩擦关节属性面板

表 12-7　2D 摩擦关节属性说明

属性	说明
Enable Collision　激活碰撞	两个连接的对象可以发生碰撞
Connected Rigid Body　被连接的刚体	用于指定要连接的 2D 刚体,若不指定则该弹簧将与世界相连接
Auto Configure Connected Anchor 自动配置被连接的锚点	自动把被连接锚点和锚点重合,默认开启
Anchor　锚点	该对象上的锚点的局部坐标
Connected Anchor　被连接的锚点	被连接的 2D 刚体上的锚点的局部坐标
Max Force　最大力	设置对象之间的线性(或直线)运动
Max Torque　最大扭矩	设置对象之间的角度(或旋转)运动
Break Force　断开力	设置铰链关节断开的作用力
Break Torque　断开扭矩	设置断开铰链关节所需的扭矩

细节

● 使 2 个锚点减速至停止,保持零相对线性和角度偏移,有线性力和扭矩。低阻力模仿低功率电机。

● Max Force 越大,物体越难朝连接对象移动。

● Max Torque 越大,物体越难以连接对象为中心旋转。

● 有 2 个约束:在 2 个锚点之间维持 0 线性速度;在 2 个锚点之间维持 0 角度速度。

● 例如一个旋转的平台受到摩擦阻力。球的摩擦与物体的速度有关,而不是任何碰撞。它的作用就像 Rigidbody2D 组件设置里的 Linear Drag 和 Angular Drag。不同的是,摩擦关节可以设置最大力和扭矩。

12.4.5　2D 铰链关节(Hinge Joint 2D)

2D 铰链关节组件会约束刚体,使它们像被连接在一个铰链上那样运动。如图 12-25 所示。

图 12-25　2D 铰链关节

　　例子：左边的是斧头在不停地旋转，木板会左右平移；中间左上的是铰链，其中左边的木板不动，右边的木板碰到从天上掉下来的球会旋转，然后复位；中间右下的木板碰到球会旋转；右边是链条。

案例：门铰

　　其效果如图 12-26 所示。

　　[1] 给 2 块木板添加 Box Collider 2D、Rigidbody 2D。

　　[2] 物理模拟：用关节连接木板。给横放的木板添加 Hinge Joint 2D，它有个属性 Connected Rigid Body，把另一块木板拖进来，然后把锚点移到两木板的连接处。如图 12-27 所示。

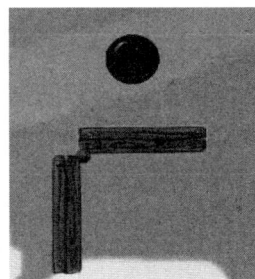

图 12-26　2D 铰链木门

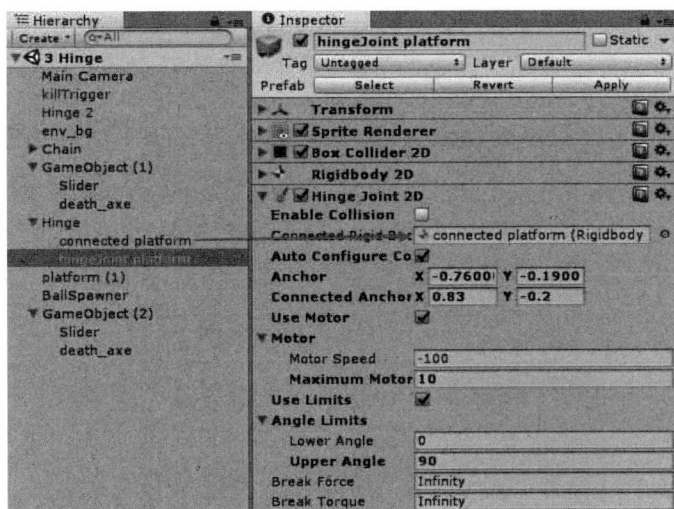

图 12-27　2D 铰链关节设置属性

　　[3] 设置木板自动恢复位置，用关节的马达来提供驱动力。打开马达 Use Motor，设置转速为−100（负值是逆时针旋转），设置马达最大动力为 10，该值与木板的质量呈负

相关。

[4]限制旋转的范围。打开角度限制 Limits，最低角度 0，最高角度 90°，表示从当前位置顺时针旋转 90°。如图 12-28 所示。

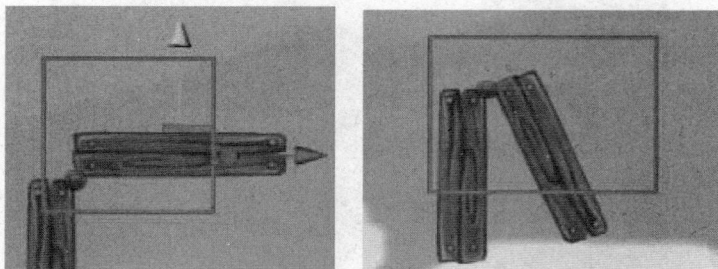

图 12-28　2D 铰链关节旋转限制范围

2D 铰链关节属性说明，如图 12-29 所示。

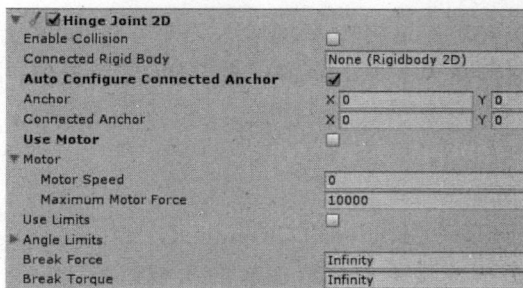

图 12-29　2D 铰链关节属性面板

表 12-8　2D 铰链关节属性说明

属性	说明
Enable Collision　激活碰撞	两个连接的对象可以发生碰撞
Connected Rigid Body 被连接的刚体	用于指定要连接的 2D 刚体，若不指定则该弹簧将与世界相连接
Auto Configure Connected Anchor 自动配置被连接的锚点	自动把被连接锚点和锚点重合，默认开启
Anchor 锚点	该对象上的锚点的局部坐标
Connected Anchor　被连接的锚点	被连接的 2D 刚体上的锚点的局部坐标
Use Motor　使用马达	设置是否启用铰链马达
Motor	马达
—Motor Speed	转速
—Maximum Motor Force	旋转的最大驱动力，限制最大扭矩
Use Limits　使用限制	设置是否开启旋转角度的限制
Angle Limits	角度限制

属性	说明
—Lower Angle　角度下限	设置旋转角度的下限值
—Upper Angle　角度上限	设置旋转角度的上限值
Break Force　断开力	断开铰链关节所需的力
Break Torque　断开扭矩	断开铰链关节所需的扭矩

细节

铰链关节，顾名思义，它可以做成门铰，围绕某一点转动，例如：机械零件、动力车轮和钟摆。

这个关节用马达可以驱动刚体围绕锚点旋转，能限制旋转角度的上下限。

它有 3 个约束：在 2 个锚点之间维持相对线性距离、维持角速度、维持可旋转角度范围。

用于以转动枢轴连接的物理对象。例如：

● 跷跷板，支点在水平段与底座连接，用角度限制来模拟跷跷板运动的最高点和最低点。

● 剪刀，用角度限制模拟剪刀最大开口。

● 汽车，车身连接到车轮，连接车轮的枢轴（锚点）在车轮中心，用马达转动车轮。如图 12-30 所示。

图 12-30　2D 相对关节属性面板

12.4.6　2D 相对关节(Relative Joint 2D)

该组件通过物理引擎连接两个刚体对象，以维持两个游戏对象的平衡。使用关节，使得两个物体在给定的位置和角度相互抵消。如图 12-31 所示。

图 12-31　2D 相对关节

案例:弹簧球

〔1〕添加刚体。不添加刚体则 2D 相对关节组件无效,因此需要给球和弹簧添加刚体。

〔2〕添加碰撞盒。为使弹簧和地面等物体发生碰撞,需要给弹簧添加碰撞盒。

〔3〕添加关节。给弹簧添加 2D 相对关节组件 Relativejoint 2D,把球拖进 Connected Rigid Body 里。如图 12-32 所示。

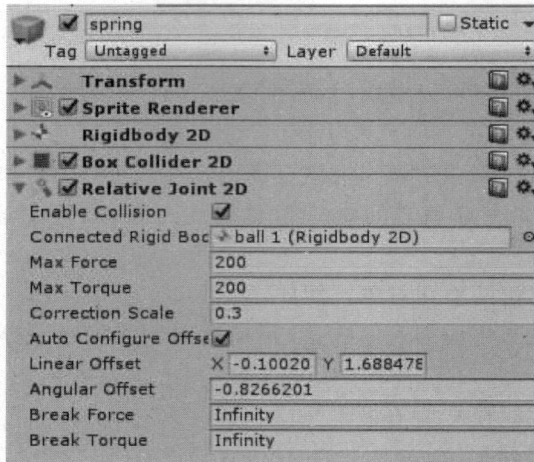

图 12-32　2D 相对关节

〔4〕设置弹簧。调节 Max Force(弹簧的最大弹力)和 Max Torque(弹簧的最大扭转弹力)。2D 相对关节属性说明,如图 12-33 所示。

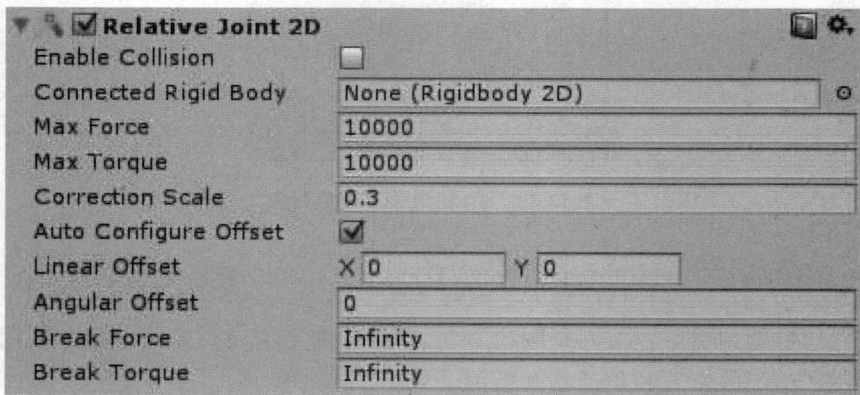

图 12-33　2D 相对关节属性面板

表 12-9　2D 相对关节属性说明

属性	说明
Enable Collision　激活碰撞	两个连接的对象可以发生碰撞。
Connected Rigid Body 被连接的刚体	用于指定要连接的 2D 刚体,若不指定则该弹簧将与世界相连接。

属性	说明
Max Force　最大力	设置接合对象之间的线性(或直线)运动—高值抵抗对象之间的线性运动。
Max Torque　最大扭矩	设置接合对象之间的角度(或旋转)运动—高值抵抗对象之间的旋转运动。
Correction Scale　修正量表	调节确保铰链的行为要求。通常默认设置为 0.3,但它可能需要在 0 和 1 之间的范围内调整。
Auto Configure Offset 自动设置偏移	若选中,自动设置连接对象之间的距离和角度。
Linear Offset　线性偏移	进入局部指定空间坐标并保持连接的对象之间的距离。
Angular Offset　角度偏移	进入局部指定空间坐标并保持连接的对象之间的角度。
Break Force　断开力	设置铰链关节断开的作用力。
Break Torque　断开扭矩	设置断开铰链关节所需的扭矩。

细节
- 在 2 点之间维持线性和角度距离(偏移)。这 2 个点可以是 2 个刚体也可以是刚体和世界坐标。
- 这个关节有 2 个约束:维持线性偏移,维持角度偏移。例如:2 个对象需要彼此保持距离,既不能靠近又不能远离,你可以设置这个距离,并让它可以实时变化,在特定的角度对彼此旋转。
- 用途:连接缓动。例如:在一个太空射击游戏中,玩家有火炮充能电池跟随。电池移动有轻微滞后,但旋转正常。力可配置。例如:摄像机跟随玩家。

固定关节和相对关节的区别
- 固定关节是弹簧型的;相对关节是电机驱动型的,有最大力和(或)最大扭矩。
- 固定关节用弹簧维持相对线性和角度偏移;而相对关节用马达,可以设置关节的弹簧或马达。
- 固定关节有锚点(由 Anchored Joint 2D 脚本衍生),在 2 个锚点之间维持相对线性和角度偏移;相对关节无锚点(直接由 Joint 2D 脚本衍生)。
- 相对关节可以实时修改线性偏移和角度偏移,固定关节不行。

12.4.7　2D 滑块关节(Slider Joint 2D)

对象只能沿一条直线滑动来响应碰撞和力。关节的马达可以限制其在线的一部分上保持位置。如图 12-34 所示。

图 12-34　2D 滑块关节制作的旋转斧头

案例：摆斧

［1］这个斧头在场景 3 Hinge & Slider 中，斧头自动旋转，周期性左右平移。

［2］原理：滑动关节只要受到力就会滑动，斧头旋转时的力带动了滑动关节，当斧头从左摆到右时，滑动关节受到反作用力，向右平移；当斧头从右摆到左时，滑动关节受到反作用力，向左平移。

［3］制作旋转的斧头。给斧头添加 Hinge Joint 2D，有个属性 Connected Rigid Body，把木板拖进这里面。如图 12-35 所示。

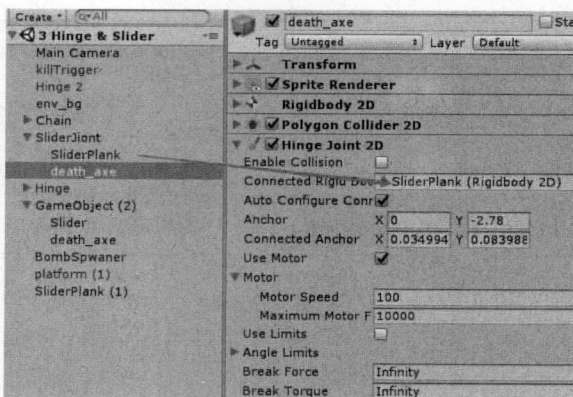

［4］设置斧头旋转。用马达产生力来旋转斧头。把 Use Motor 打钩，设置

图 12-35　2D 滑块关节制作的旋转斧头

Motor Speed 和 Maximum Motor Force 调节转速。

［5］使木板能滑动。给木板添加 Slider Joint 2D。如图 12-36 所示。

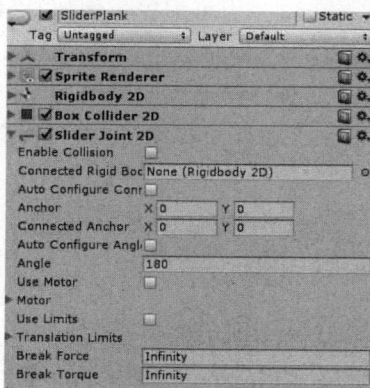

图 12-36　2D 滑块关节属性面板

［6］设置滑动方向为水平方向。滑动方向为木板与被连接锚点的连线。设置被连接锚点与木板保持同一高度，即 Connected Anchor 的 Y 值与木板的世界坐标的 Y 值相同。

制作完成。

2D 滑动关节属性说明。如图 12-37 所示。

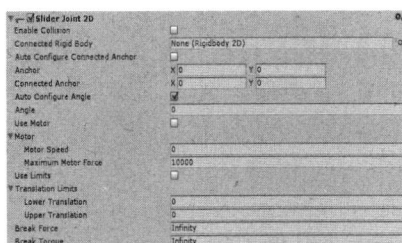

图 12-37　2D 滑块关节属性面板

表 12-10　2D 滑块关节属性说明

属性	说明
Enable Collision　激活碰撞	两个连接的对象可以发生碰撞
Connected Rigid Body 被连接的刚体	用于指定要连接的 2D 刚体,若不指定则该弹簧将与世界相连接
Auto Configure Connected Anchor 自动配置被连接的锚点	自动把被连接锚点和锚点重合,默认开启
Anchor 锚点	该对象上的锚点的局部坐标
Connected Anchor　被连接的锚点	被连接的 2D 刚体上的锚点的局部坐标
Auto Configure Angle 自动配置角度	若选中,自动检测两个物体之间的角度,并将其设置为两个对象之间共同保持的角度
Angle　角度	设置相对于其他刚体的角度
Use Motor　使用马达	设置是否启用马达
Motor 马达	
—Motor Speed　马达速度	设置目标的运动速度
—Maximum Motor Force 最大马达力	最大转矩马达可以应用在试图达到的目标速度上
Use Limits　使用限制	设置是否开启旋转角度的限制
Translation Limits　平移限制	
—Lower Translation　平移下限	设置刚体对象到连接锚点的最小距离
—Upper Translation　平移上限	设置刚体对象到连接锚点的最大距离
Break Force　断开力	设置铰链关节断开的作用力
Break Torque　断开扭矩	设置断开铰链关节所需的扭矩

细节

效果是维持 2 个点在直线上滑动。该关节用线性力连接的刚性物体,以保持他们的路线。它也有一个模拟线性电机,用于通过线性力沿直线移动刚体。虽然直线是无限长的,但你可以用平移限制指定一条线段。这个关节同时有 3 个约束,都是可选的:在 2 个锚点所在直线指定的线段上,保持一个相对的直线距离;在指定的线段上保持线性速度;(速度被最大力限制)在指定的线段上保持两点之间的直线距离。例如:你可以使用这个连接来构造需要反应的物理对象,就像他们在一条线上的连接。例如:一个上下移动的平台。当有东西放在上面,平台下落但不能横向移动,只能在限制范围内上下移动,用马达驱动平台上升。

12.4.8 2D 目标关节(Target Joint 2D)

该组件需要连接到指定的坐标,而不是刚体。这是一个弹簧式关节,在重力下可用于拾取和移动物体。如图 12-38 所示。

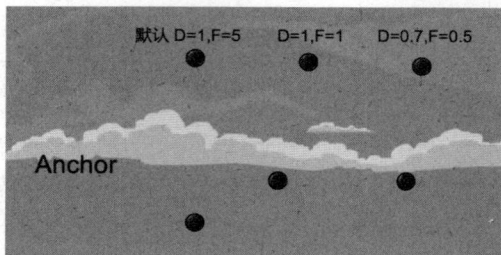

图 12-38　2D 目标关节效果对比

在场景 5 Target 中可以看到它们在不同阻尼系数、频率、锚点情况下的效果。

2D 目标关节属性说明,如图 12-39 所示。

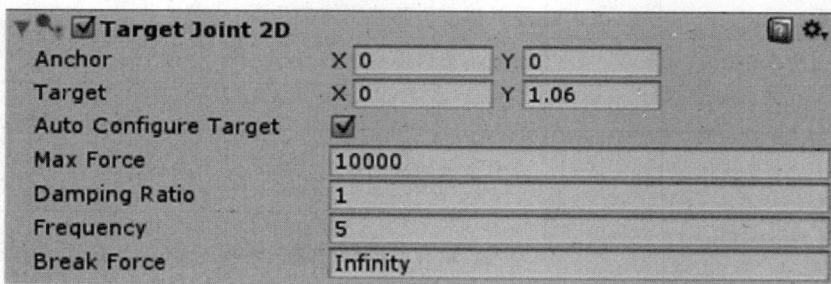

图 12-39　2D 目标关节属性面板

表 12-11　2D 目标关节属性说明

属性	说明
Anchor　锚点	设置当前对象上锚点的局部坐标
Target　目标	刚体对象需要移动到的指定的位置
Auto Configure Target 自动配置目标	若选中,关节的另一端自动设置对象的位置为当前位置,目标改变为可移动物体,如果没选中,不会改变目标
Max Force　最大力	设置对象移动到目标施加的力。该值越高,最大力越大

属性	说明
Damping Ratio　阻尼系数	设置抑制弹性振动的程度：范围为 0～1，值越高，阻力越大
Frequency　频率	弹簧接近分离距离所需要的频率
Break Force　断开力	设置铰链关节断开的作用力

细节

使用这个关节连接刚体到一个空间的点。这个关节的目的是保持两点之间的直线距离：一个刚性物体和一个世界的空间位置，称为"目标"的锚点。应用线性力，不适用于转矩（角力）。制作一个硬弹簧：高频率，高阻尼系数，软弹簧，反之亦然。当弹簧将其力作用于刚性物体与目标之间时，它会在它们之间设置一个距离，然后反复反弹，出现连续振荡。阻尼系数决定刚体如何快速停止移动。频率设置刚体如何在你指定的距离的两边进行快速摆动。这个关节有一个约束：在刚体物体和一个世界空间位置（目标）之间保持直线距离为 0。

用途：你可以使用这个连接来构建需要移动到指定目标位置的物理对象，并在那里等待另一个目标位置被选中或关闭。游戏玩家用鼠标点击拿起蛋糕，并拖动到一个盘子。你可以用这个关节把每一块蛋糕移到盘子。你也可以使用连接来允许对象挂起：如果锚点不是质量中心，那么这个物体将旋转。如：一个玩家拿起箱子的游戏。如果他们用鼠标点击来选择一个盒子，并拖动它，它会挂在光标上。频率为 0 是一个特例：它可能使弹簧变最硬。

12.4.9　2D 车轮关节（Wheel Joint 2D）

2D 车轮关节组件在可以移动的对象上使用模拟滚动轮，轮子使用悬挂"弹簧"保持与主体的距离，带马达。如图 12-40 和图 12-41 所示。

图 12-40　车轮关节制作的汽车

图 12-41　2D 车轮关节制作的汽车

案例：汽车

〔1〕制作思路：在车身上放 2 个 2D 车轮关节，用关节上的马达分别驱动前后轮。

〔2〕给汽车添加碰撞盒。给车轮添加圆形碰撞盒；给车身添加多边形碰撞盒，按下"Edit Collider"按钮编辑多边形的形状。拖动顶点移动。在边上拖动，可以拖出一个新的顶点。按住 Ctrl / Cmd 键，点击顶点删除。如图 12-42 和图 12-43 所示。

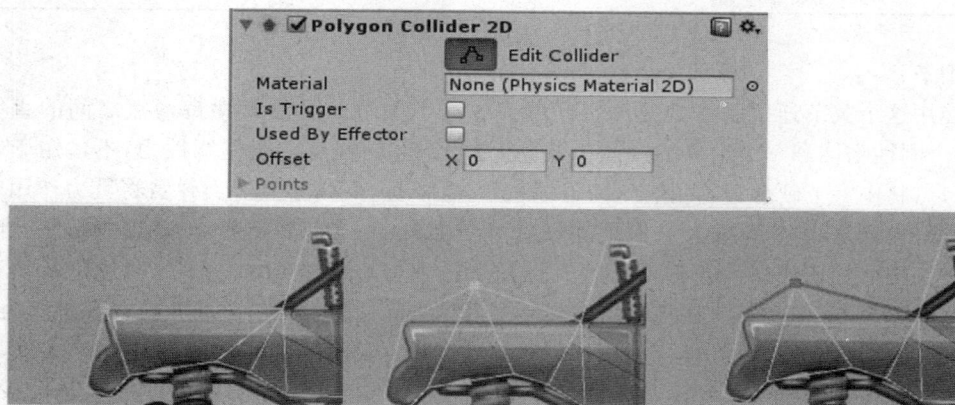

图 12-42　编辑多边形碰撞盒的形状

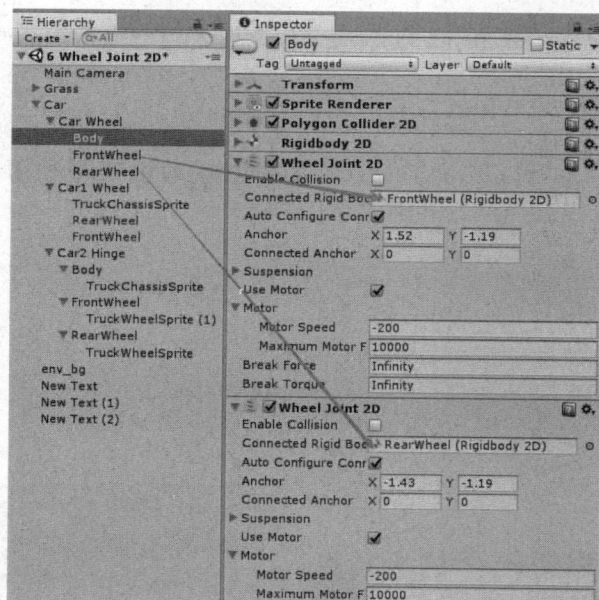

图 12-43　车身属性

〔3〕给车身添加 2D 车轮关节组件，分别把被连接刚体设置为前轮、后轮。

〔4〕锚点位置。设置 Anchor 的坐标为车轮的中心点坐标。

〔5〕车轮转速。设置 Motor Speed 和 Maximum Motor Force 分别为－200、10000。（注意：Motor Speed 正数表示顺时针旋转，因为这里是把马达放在车身上，驱动车轮旋转的力就要反方向。）

388

〔6〕车身与车轮的连接关系。车身与车轮之间的连接用组件上的弹簧属性控制。设置 Damping Ratio(阻尼系数)和 Frequency(频率)分别为 0.7、4。如图 12-44 所示。

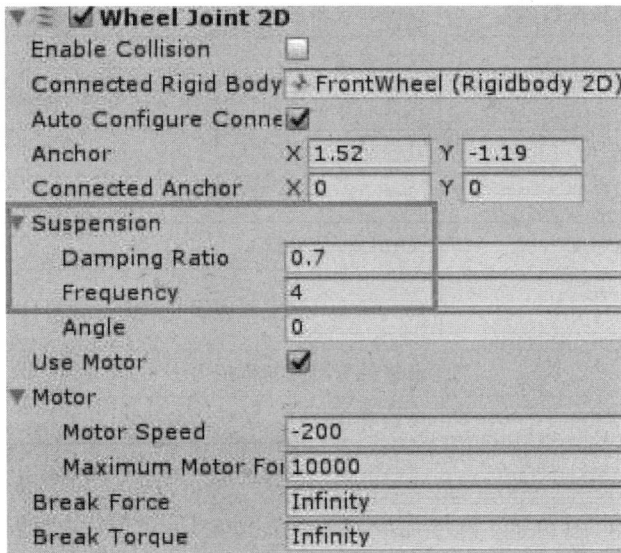

图 12-44　车轮关节属性面板

2D 车轮关节属性属性说明，如图 12-45 所示。

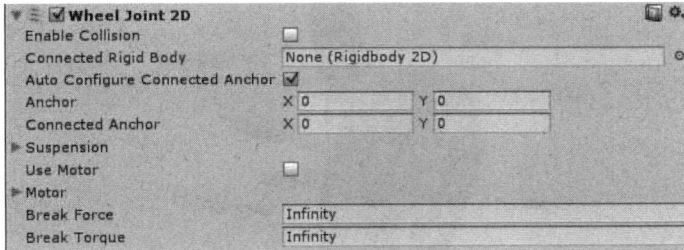

图 12-45　车轮关节属性面板

表 12-12　车轮关节属性说明

属性	说明
Enable Collision　激活碰撞	两个连接的对象可以发生碰撞
Connected Rigid Body 被连接的刚体	用于指定要连接的 2D 刚体,若不指定则该弹簧将与世界相连接
Auto Configure Connected Anchor 自动配置被连接的锚点	自动把被连接锚点和锚点重合,默认开启
Anchor 锚点	该对象上的锚点的局部坐标
Connected Anchor　被连接的锚点	被连接的 2D 刚体上的锚点的局部坐标
Suspension	悬架、车身与车轮之间的弹簧关节

属性	说明
—Damping Ratio　阻尼系数	设置弹簧阻尼系数
—Frequency　频率	设置弹簧频率
—Angle　角度	弹簧的移动方向,用世界坐标表示,即正数表示逆时针方向
Use Motor　使用马达	设置是否启用马达
Motor 马达	
—Motor Speed　马达速度	设置目标的转速
—Maximum Motor Force 最大马达力	最大转矩马达可以应用在试图达到的目标速度上
Break Force　断开力	设置关节断开的作用力
Break Torque　断开扭矩	设置断开铰链关节所需的扭矩

细节

车轮关节 Wheel Joint 2D 就像把滑动关节 Slider Joint 2D(去掉马达和限制)和铰链关节 Hinge Joint 2D (去掉限制)。它用了线性力使两个刚体在一条直线上运动,马达用来使它们在直线上旋转,一个弹簧模拟车轮悬架。如图 12-46 所示。

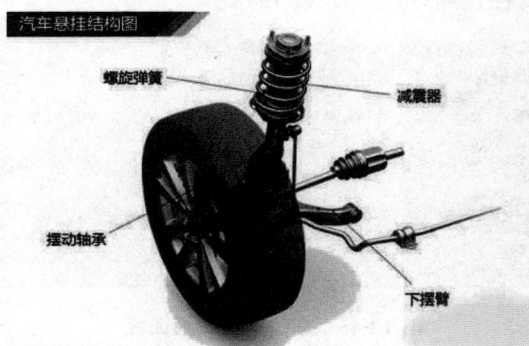

图 12-46　车轮悬架

刚性悬挂设置方法:同时调高频率和阻尼系数。频率越高,悬架弹簧越硬;阻尼系数越大悬架越难移动。松软的悬架设置方法反之,频率为 0 是一个特例:它可能使弹簧变最硬。

提示:

Wheel Joint 2D 和 Wheel Collider 的区别:

Wheel Collider 用于 3D 物理对象,Wheel Joint 2D 用于 2 个分开的刚体对象。

Wheel Collider 是用 raycast 射线模拟悬架,车轮的旋转是纯动画效果。

Wheel Joint 2D 的车轮对象通常是一个带有 Physics Material 2D 的 Circle Collider 2D 的物体。

模拟汽车或其他车辆:设置 电机速度 属性设置为 0,然后从您的脚本根据玩家的输入改变它。你可以改变最大驱动力、模拟的齿轮变化和通电的效果。

12.5　2D 恒力（Constant Force 2D）

属性面板如下图 12-47 所示。

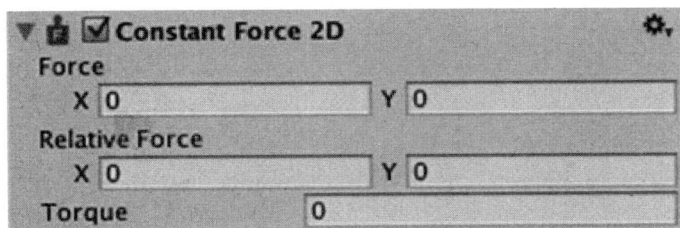

图 12-47　2D 恒力属性面板

表 12-13　2D 恒力属性说明

属性	说明
Force　力	可用于设置世界坐标系中使用的力,应用在刚体每次物理更新,用二维向量表示
Relative Force 相对力	用于设置相对于刚体系统的力,应用在刚体每次物理更新,用二维向量表示
Torque　扭矩	用于设置物体使用的扭矩力,该值大于 0 时逆时针转动,该值小于 0 时顺时针转动,该值的绝对值越大,转动速度越快

12.6　2D 区域效应（Area Effector 2D）

2D 区域效应将力应用于一个区域中。如果该对象开启触发器,则该效应应用力到目标碰撞体中会发生重叠。如果该对象不是触发器,则该对象与目标只接触而不发生重叠。这种效应主要是为了工作将效应自身设置为触发器,以便使目标碰撞体重叠定义的区域。如图 12-48 所示。

图 12-48　2D 区域效应

只要将 Area Effector 2D 组件添加到物体上就能在它的触发器内产生一个方向的

力。如图,箭头上的硬币受到力而移动。

当 Area Effector 2D 的属性 Force Target 有两个选项 Rigidbody 和 Collider。前者是把受力物体看作质点,受力物体不会旋转。后者看作有形状的物体,对边缘施加力,因此会旋转。如图 12-49 和 12-50 所示。

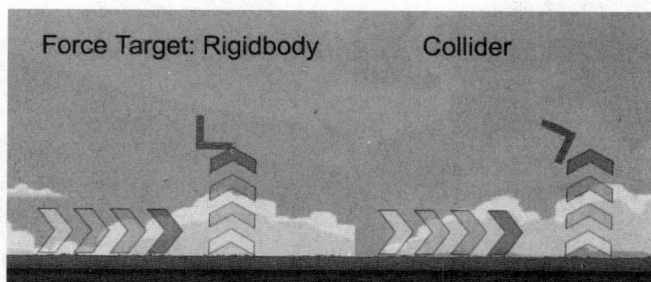

图 12-49　2D 区域效应属性面板

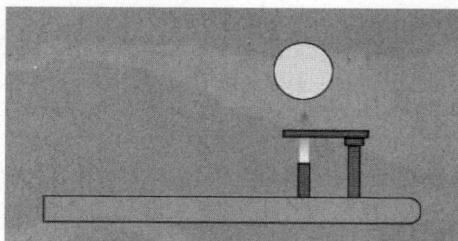

图 12-50　2D 区域效应制作的吹球玩具

制作水池

〔1〕气流添加触发器。添加 Box Collider 2D,把 Is Trigger、Used By Effector 打勾。

〔2〕添加 Area Effector 2D 组件。设置力的大小。

〔3〕给白球添加 2D 刚体组件。

Area Effector 2D 属性说明,如图 12-51 所示;其属性及说明如表 12-14。

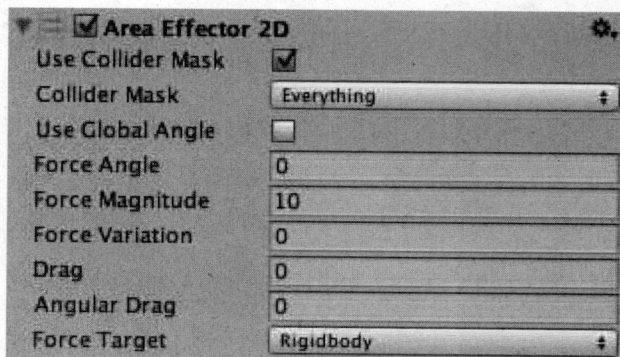

图 12-51　2D 区域效应属性面板

表 12-14　Area Effector 属性说明

属性	说明
Use Collider Mask 激活碰撞屏蔽	如果不使用该属性,所有碰撞矩阵将被用作默认碰撞体
Collider Mask　碰撞屏蔽	用于选择特定的层允许交互效应
Use Global Angle 激活世界角度	设置力的角度是世界坐标系还是局部坐标系
Force Angle　力的角度	设置力的角度,如图 12-52 所示
Force Magnitude　力的大小	设置力的大小
Force Variation　力的变化	设置力的变化大小
Drag　阻力	设置刚体的线性阻力
Angular Drag　角阻力	设置刚体的角阻力
Force Target　力作用的目标	设置效应力应用的目标
—Collider　碰撞	目标点被定义为碰撞体的当前位置。如果碰撞体质量不位于中心,施加的力能够产生扭矩
—Rigidbody　刚体	目标点被定义为当前刚体质量的中心。应用力在这里将不会产生转矩

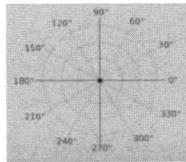

图 12-52　Force Angle

12.7　2D 浮力效应（Buoyancy Effector 2D）

2D 浮力效应,可以定义简单的流体行为,如浮动的流体阻力和流量,还可以控制液体的表面与流体行为。如图 12-53 所示。

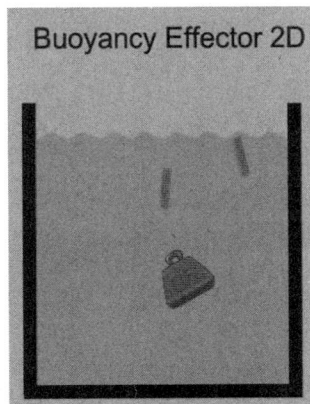

图 12-53　2D 浮力效应制作的水池

制作水池

[1] 给水添加触发器。添加 Box Collider 2D，把 Is Trigger、Used By Effector 打钩。如图 12-54 所示。

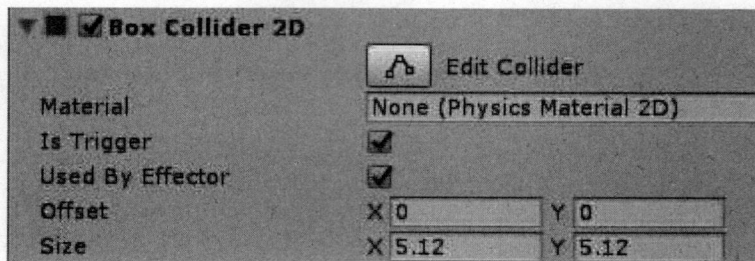

图 12-54 2D 浮力效应属性面板

[2] 制作浮力效果。给水添加 Buoyancy Effector 2D 组件，如图 12-55 所示。

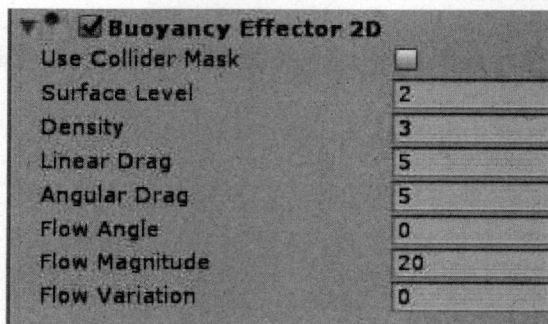

图 12-55 2D 浮力效应属性面板

[3] 设置浮力属性。水面高度 Surface Level 为 2，如图 12-56 所示。

图 12-56 水面高度 Surface Level(粗线)

[4] 添加半透明水材质。创建一个默认材质，改成 Sprites 的 Default 材质，把颜色改为蓝色，Alpha 值调成一半。如图 12-57 所示。

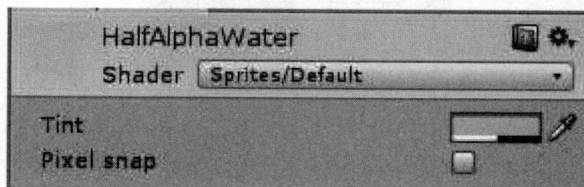

图 12-57 水面高度 Surface Level(粗线)

2D 浮力效应属性说明,如图 12-58 所示。

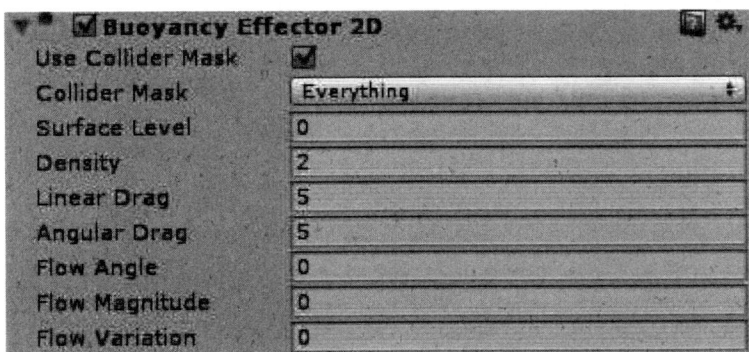

图 12-58　2D 浮力效应属性面板

表 12-15　2D 浮力效应属性面板

属性	说明
Use Collider Mask 激活碰撞屏蔽	如果不使用该属性,所有碰撞矩阵将被用作默认碰撞体。
Collider Mask　碰撞屏蔽	用于选择特定的层允许交互效应。
Surface Level　表面等级	设置浮力流体的表面。当对象是上一级,没有力可以施加。当一个对象相交或者完全低于这条线,力可以施加。这是指定为沿着世界 Y 轴的位置发生的空间偏移,而且也可通过对象的变换部件进行缩放。
Density　密度	效应流体影响对撞机密度的行为:比如具有较高密度的水槽,具有较低密度的浮子,以及那些具有相同的密度的流体。
Linear Drag　阻力	设置刚体的线性阻力。
Angular Drag　角阻力	设置刚体的角阻力。
Flow Angle　流动角	世界空间角用于流体流动的方向。流体在指定的方向应用力。
Flow Magnitude　流幅度	流体的流动力和流体相结合的角度,这个规则适用于物体水平流动的力。幅度也可以是负的,在这种情况下,力从 180°的流动角开始施加。
Flow Variation　流量变化	输入一个值,随机改变流体的流量。可以指定一个正的或负的变化,随机改变流体幅度的增加或减少。

12.8　2D 点效应(Point Effector 2D)

使一个点产生吸引力或排斥力。如图 12-59 和图 12-60 所示。

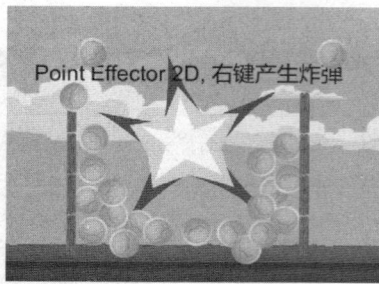

图 12-59 爆炸

图 12-60 黑洞

制作黑洞吞噬小行星

[1] 给黑洞添加触发器。添加 Circle Collider 2D,把 Is Trigger、Used By Effector 打钩。如图 12-61 所示。

图 12-61 触发器属性

[2] 模拟黑洞吸引力。添加 Point Effector 2D,设置 Force Magnitude 力的大小为 -10,负数表示方向由外向内。如图 12-62 所示。

2D 点效应属性说明,如图 12-63 所示。

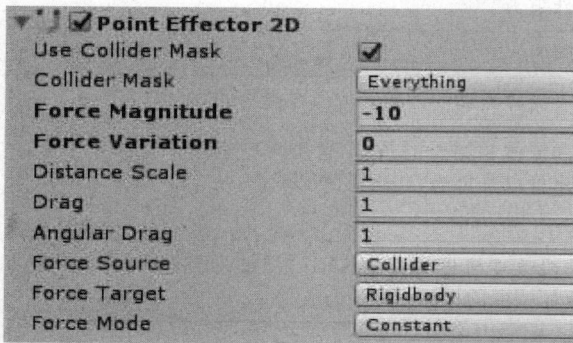

图 12-62 2D 点效应属性面板

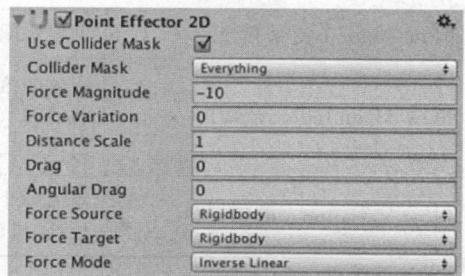

图 12-63 2D 点效应属性面板

表 12-16　2D 点效应属性说明

属性	说明
Use Collider Mask 激活碰撞屏蔽	如果不使用该属性,所有碰撞矩阵将被用作默认碰撞体
Collider Mask　碰撞屏蔽	用于选择特定的层允许交互效应
Force Magnitude	设置力的大小,正数表示方向向外
Force Variation　力的变化	设置力的变化大小
Distance Scale　距离大小	设置自身对象到目标之间的距离
Drag　阻力	设置刚体的线性阻力
Angular Drag　角阻力	设置刚体的角阻力
Force Source　力的来源	用于计算质心点的效应。与目标的距离从这个点定义
—Collider　碰撞	目标点被定义为碰撞体的当前位置。如果碰撞体质量不位于中心,施加的力能够产生扭矩
—Rigidbody　刚体	目标点被定义为当前刚体质量的中心。应用力在这里将不会产生转矩
Force Target　力作用的目标	用于设置效应力应用的目标
—Collider　碰撞	目标点被定义为碰撞体的当前位置。如果碰撞体质量不位于中心,施加的力能够产生扭矩
—Rigidbody　刚体	目标点被定义为当前刚体质量的中心。应用力在这里将不会产生转矩
Force Mode　力的模式	设置效应力的模式
—Constant	常数
—Inverse Linear	可逆线性
—Inverse Squared	可逆平方

12.9　2D 平台效应（Platform Effector 2D）

该组件应用于单向碰撞等"平台"的行为。

比如我们都熟悉的魂斗罗游戏,角色需要跳到上面的台阶去,玩过游戏的玩家都知道,角色可以从下往上穿越台阶从而跳到台阶上面,但是当你一旦跳到上面之后,角色就稳稳站在了台阶上面而不会穿透掉下来,该物理组件的效果就是类似这样的属性,应用于特定的游戏场合。如图 12-64 和图 12-65 所示。

属性面板如图 12-66 所示。

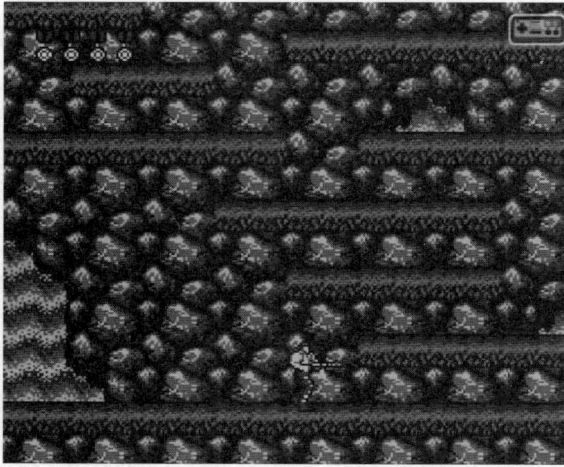

图 12-64　魂斗罗游戏截图

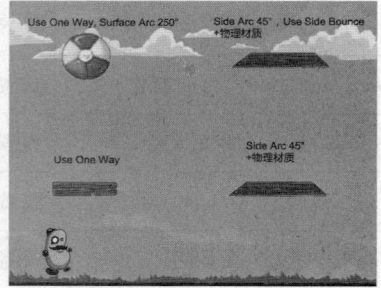

图 12-65　2D 平台效应制作的台阶

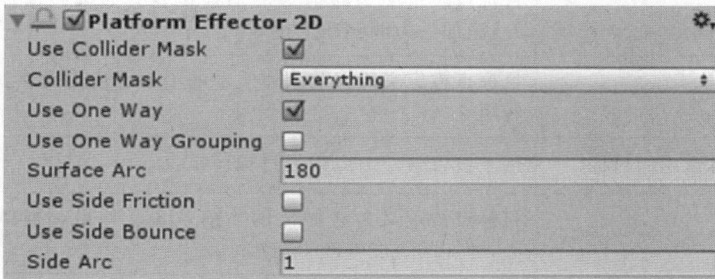

图 12-66　2D 平台效应属性面板

表 12-17　2D 平台效应属性说明

属性	说明
Use Collider Mask 激活碰撞屏蔽	如果不使用该属性,所有碰撞矩阵将被用作默认碰撞体
Collider Mask　碰撞屏蔽	用于选择特定的层允许交互效应
Use One Way　激活单向碰撞	设置是否使用单向碰撞
Use One Way Grouping 激活单项分组	设置是否使用单向分组
Surface Arc　表面角度变化	一个弧形的对撞机在局部中心向上定义的角度中不允许在表面传递。此弧外的任何物体都被认为是单向碰撞
Use Side Friction　激活摩擦	设置摩擦是否使用平台面
Use Side Bounce　激活弹力	设置反弹是否使用平台面
Side Arc　支持角度变化	支持平台上的角度变化,零角度只匹配 90°角的平台上边缘

12.10　2D 表面效应（Surface Effector 2D）

使碰撞盒表面产生切线力，可以用来创建恒速电梯和表面移动。如图 12-67 所示。

图 12-67　2D 表面效应制作

案例：会走的金币

［1］给木板添加碰撞盒。添加 Box Collider 2D，把 Used By Effector 打勾。

［2］添加 Surface Effector 2D，设置 Speed，控制金币在木板表面上的移动速度。如图 12-68 所示。

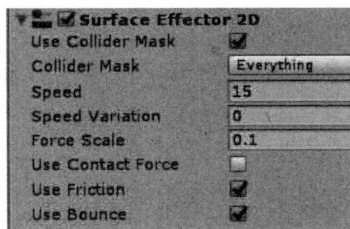

图 12-68　2D 表面效应属性面板

［3］金币生成。创建一个空物体，命名为 Spawner，添加脚本 Spawner.cs。

```
1    using UnityEngine；
2    using System.Collections；
3
4    public class Spawner：MonoBehaviour
5    {
6        public float spawnTime = 5f；// 生成时间间隔
7        public float spawnDelay = 3f；// 开始生成前的时间
8        public GameObject[] objs；// 存放预置的数组
9
10
11       void Start（）
12       {
13           // 每隔一段时间就调用 Spawn 方法
14           InvokeRepeating(" Spawn "，spawnDelay，spawnTime)；
15       }
```

399

```
16
17
18        void Spawn ()
19        {
20            // 随机产生 objs 数组里的对象的索引
21            int Index = Random.Range(0, objs.Length);
22
23            // 根据索引生成对象
24            Instantiate(objs[Index], transform.position, transform.rotation);
25        }
26    }
```

[4] 把金币预制体 gold 放进 Objs 里,制作完成。如图 12-69 所示。

2D 表面效应属性说明,如图 12-70 所示。

图 12-69 添加 Spawner 脚本

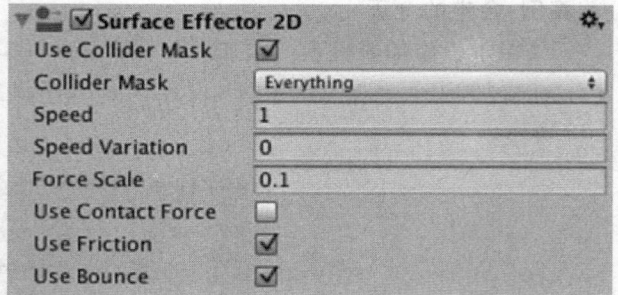

图 12-70 2D 表面效应属性面板

表 12-18 2D 表面效应属性说明

属性	说明
Use Collider Mask 激活碰撞屏蔽	如果不使用该属性,所有碰撞矩阵将被用作默认碰撞体
Collider Mask 碰撞屏蔽	用于选择特定的层,允许交互效应
Speed 速度	这个速度保持在碰撞表面切线方向
Speed Variation 速度的变化	
Force Scale 速度的比例	达到指定速度所施加力的比例。数值范围为 0~1,用来调节游戏对象到达该速度的快慢程度
Use Contact Force 激活使用持续力	若选中,当速度的变化数值相对较大时,游戏对象会有翻滚
Use Friction 激活摩擦	设置是否激活摩擦属性
Use Bounce 激活弹力	设置是否激活弹力属性

12.11 总结

本章通过范例介绍 2D 物理引擎的基本用法,其中包括刚体、关节、力场和效应的使用。可以发现,其使用方法与 3D 物理引擎的使用方法类似,但 2D 物理引擎提供了更多的功能,如力场和效应。

12.12　练习题

1. 请对比 3D 物理引擎和 2D 物理引擎,总结它们之间的异同。

2. 2D 物理引擎也提供了对应的回调函数,例如 OnTriggerEnter2D、OnTriggerExit2D 等,请查阅文档,熟悉它们的调用时机以及使用方法。

3. OnTriggerEnter2D、OnTriggerExit2D 等回调函数的参数为 Collision2D 类对象,请查阅文档,了解该类包含了那些信息。

4. Physics2D 提供了针对 2D 物理模拟的相关功能,请查阅文档,了解他们的功能。尤其要注意其中的射线功能。

5. 实现以下功能,利用从摄像机发射射线的方法,点击鼠标可以选择场景中的 2D 对象。提示,尝试利用 Physics 或 Physics2D。

13

CHAPTER THIRTEEN

第 13 章

动画系统

本章内容

　　动画是游戏开发中必不可少的环节,游戏场景中角色的行走、跑步、弹跳,机关的打开等等都离不开动画技术的应用。Unity3D 目前使用的是两套动画系统,一套是在 Unity3D 3.5版本以前使用的旧的(Legacy)系统,另一套是在 Unity3D 4.0 版本新增加的名为 Mecanim 的动画系统。之所以在新版本中保留旧的那套动画系统,是出于能够在新版本中打开老版本工程的目的。现在,官方鼓励在新工程中使用 Mecanim 动画系统,而不要使用旧的动画系统。因此,在本章中将不做大篇幅介绍旧版本的动画系统,而把篇幅留给 Mecanim 动画系统。

　　Mecanim 是 Unity3D 4.0 版本新增加的动画编辑系统,该系统在方便性、功能性上都有很大的提升。使用该系统进行动画编辑,与旧的动画系统相比较,它的主要优点是:

- 可视化的动画剪辑编辑。
- 把两足动物(人类)动画编辑功能独立出来,使得编辑两足动物动画的工作流更加清晰。
- 能够对动画信息进行复用,例如把某个角色的动画剪辑(Animation Clip)赋给另外一个角色。
- 能够根据游戏的逻辑对角色的不同部位赋予不同的动画剪辑。
- 利用动画状态机(Animation State Machine)实现不同状态下动画剪辑的过渡。

如图 13-1 和图 13-2 所示。

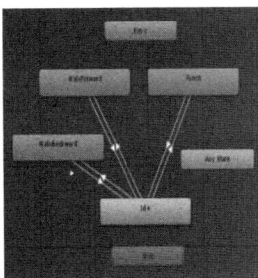

图 13-1　Mecanim 动画系统的动画状态机

图 13-2　把人物跑步的动画复用到卡通熊的动作上

　　在使用 Mecanim 动画系统的过程中,一般的流程是:

- 在第三方建模软件中制作好模型,对于较为复杂的动画,比如角色动画等也是在第三方建模软件中完成,接着导出 Unity3D 支持的格式,然后导入到 Unity3D 中。
- 在 Unity3D 对导入的模型进行设置,这里分两种类型的设置,一种是二足角色设置(Humanoid Character Setup),该种类型的设置可以对动画剪辑(Animation Clip)进行复用,即把该动画剪辑添加到其他的二足角色上;另外一种是普通的模型设置(Generic Character Setup),该种类型的动画用于除了二足角色以外的模型,比如四足角色,这种类型的动画剪辑不能复用。

● 通过状态机(State Machines)和融合树(Blend Trees)和反向动力学(inverse kinematics)等功能对动画剪辑进行设置,最后使用代码控制角色动画的播放。

接下来,对以上的三个步骤一一介绍。

13.1　二足角色动画

13.1.1 二足角色资源的制作和导入

对二足角色动画的控制是 Mecanim 动画系统的强项之一。它可以让角色的动画剪辑只制作一遍,接下来这些动画剪辑便可以复用到不同二足角色模型上。

在制作二足角色时,一般采用的技术是骨骼绑定,也就是说,该模型资源除了模型数据(Meshes)之外,还包括了一套节点层级(Joint Hierachy)或者骨骼(Skeleton),并采用蒙皮(Skinning)技术把该模型顶点绑定到骨骼上。然后,通过调整骨骼的位置来达到控制角色模型动画的目的。如图 13-3、图 13-4 和图 13-5 所示。

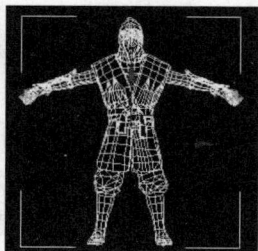

图 13-3　角色模型

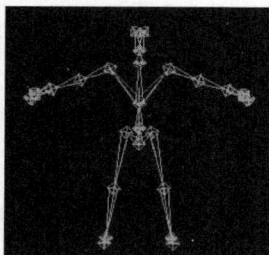

图 13-4　角色骨骼

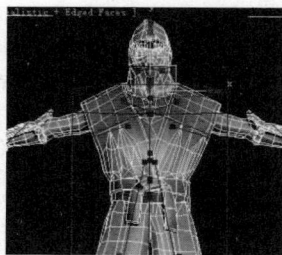

图 13-5　使用蒙皮技术使得骨骼能够控制模型顶点

01 建模过程中需要注意的事项。

● 合理的模型拓扑结构(Topology)。在建模的过程中需要时时刻刻考虑模型的顶点和多边形的布局,因为每个顶点和多边形的布局会影响到角色该部位的动画效果。这些知识在很多的三维角色建模中都有提及,这里不做深入介绍。

● 注意模型的尺寸。例如一个人物的高度一般在 1.7～1.8m 之间,可以通过三维建模软件中的测量工具来测量,或者在制作过程中把模型导入到 Unity3D 中,使用无缩放过的立方体对象(默认长宽高为 1m×1m×1m)来作为参考,如图13-6所示。

● 在三维建模软件中,使得角色的最底部与世界坐标的中心点对齐,也就是让它站在世界坐标系的原点。因为把模型导入 Unity3D 中之后,Unity3D 会以该世界坐标系的原点作为该模型的中心点,这样,对于控制角色的位置会更加方便,如图 13-7 所示。

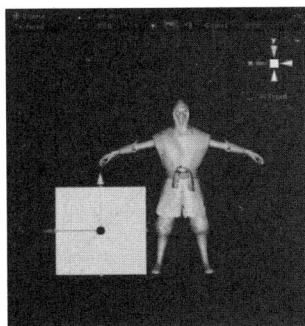

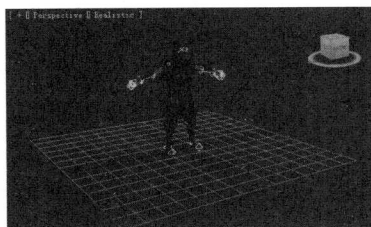

图 13-6　使用标准立方体作为尺寸参考　　图 13-7　在三维建模软件中把模型放置在世界坐标系的原点处

● 尽量把模型制作成 T 型（T-pose）姿势。这种姿势可以方便模型的修改、骨骼设置与蒙皮的处理。

● 注意整理模型的顶点和多边形。删除不必要的顶点和多边形，尽量使模型的拓扑结构是封闭的，这样会更加方便蒙皮的处理。

02 骨骼装配（Rigging），也就是为角色添加骨骼的过程。不同的三维建模软件提供了不同类型的骨骼装配工具，但是都需要注意以下的事项。

● 根据角色的姿势、大小和角色的关节创建骨骼层级，如图 13-8 所示。

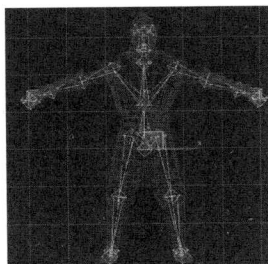

图 13-8　为角色添加骨骼

● 确保骨盆位置上的骨骼关节（如名称为 Hip 或者 Root 等）为所有骨骼的父层级，如图 13-9 所示。

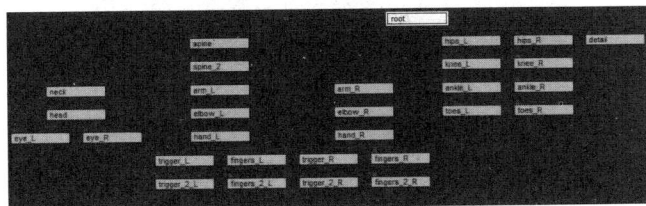

图 13-9　Root 节点位于角色的骨盆中心点，而且是所有骨骼层级的根节点

● 确保该骨骼结构至少有 15 个骨骼。

● 每个骨骼需要按照现实生活中的骨骼进行层级设置。比如左手掌必须是左肘关节的子物体，而左肘关节必须是左手臂的子物体，而左手臂必须是左肩部的子物体等等。同时需要为每个关节命名合理的名称。例如臀部为 Hips，脊椎为

Spine，胸为 chest，左肩部为 Shoulder_L，左手臂为 arm_L 等等。这样，在 Unity3D 中对骨骼进行匹配时能够快速定位到该骨骼上。

03 蒙皮（Skinning）。蒙皮就是把模型的顶点与骨骼关联起来的一种操作。顶点根据与某个骨骼的权重值来决定该骨骼对该顶点的影响大小。为角色进行蒙皮操作，每种三维建模软件都有不同的操作过程，在这里需要注意的一点是，在 Unity3D 中，每个顶点只能最多受到 4 个骨骼的权重影响，如果超过 4 个，在播放动画的时候将会造成信息的丢失。

13.1.2 动画的导出与导入

笔者建议采用 FBX 文件格式对模型进行导出，该格式除了能够导出模型数据、贴图数据等之外，还能够保存动画信息（使用 Max 或者 ma 等第三方建模软件的文件时，在导入到 Unity3D 时需要确保该系统上已经安装了对应的建模软件，并且版本需要一致）。采用 FBX 导出动画有两种方式，一种是把所有的动画信息（例如跑步动画、行走动画等）与模型信息一起导出，这些动画导入 Unity3D 之后是被视为一个连续的动画；第二种方法是把每个动画信息单独导出为 FBX 格式。

使用第一种方法导出动画需要在 Unity3D 中对动画剪辑序列进行切割，所以动画师需要把每个动画剪辑的范围（开始帧和结束帧）记录下来，比如行走动画为 1 ～ 33 帧，跑的动画为 41 ～ 57 帧，idle 状态的动画为 60 ～ 100 帧等等。

使用第二种方法导出动画可以不用提供每个动画剪辑的开始帧和结束帧信息，但是需要对每个动画剪辑文件进行合理的命名，它的命名规则是"模型名称@动画剪辑名称.fbx"。比如某个角色模型的名称为 ninja，那么它的跑步的动画剪辑应该命名为 ninja@run. fbx，idle 状态的动画剪辑应该命名为 ninja@idle. fbx。这些动画剪辑文件需要和模型文件保存在同个目录中，只要动画剪辑的命名符合以上的规则，那么当导入模型文件时，Unity3D 会自动把这些动画剪辑也导入。在 3Ds Max 中，导出 FBX 动画剪辑序列时的开始帧和结束帧可以在 FBX 导出设置面板中设置，如图 13-10 所示。

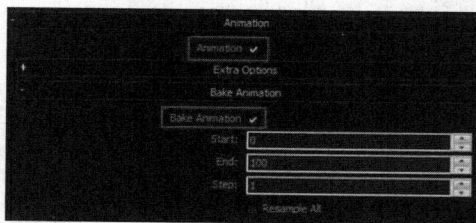

图 13-10　导出 FBX 格式的动画信息前的设置

13.1.3 使用 Mecanim 动画系统制作二足角色动画

Mecanim 动画系统在二足动画方面表现非常出色。只要是二足动物（最常用的是人类角色）相匹配的骨骼结构就可以非常方便地使用该系统的各项功能。

基于二足动物的骨骼结构基本相同，所以它的动画剪辑能够复用（retargeting）到其

408

他二足角色上,这和反向动力学(Inverse Kinematics)等功能是它最大的优点之一。

　　由于二足动物骨骼和模型拓扑结构的相似性,使得 Mecanim 能够模仿骨骼装配过程(Rigging)和骨骼动画对模型的控制。但是,在使用动画剪辑对模型进行动画控制之前,需要有一种能够令 Mecanim 动画系统识别的骨骼结构与实际骨骼结构之间的映射(mapping),这种映射能够把我们实际具有的骨骼结构与 Mecanim 中的骨骼结构对应起来。在 Mecanim 动画系统中,这种映射被称为替身(Avatar)。

　　❶ 制作替身(Avatar)。制作替身是使得实际骨骼结构与 Mecanim 动画系统的骨骼系统对应起来,接下来通过例子介绍如何制作替身。

　　[1] 打开 Chapter13-Mecanim 工程。打开 AvatorSetup 场景,如图 13-11 所示。

　　[2] 在 Project 窗口中我们打开 Character 文件夹,该文件夹内包含了角色模型和多个动画剪辑文件,如图 13-12 所示。

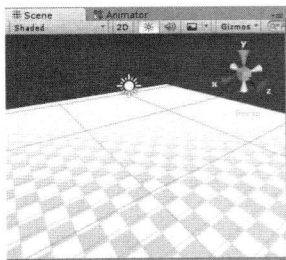

图 13-11　AvatorSetup 初始场景　　　　图 13-12　BaseMale 中的模型以及动画资源

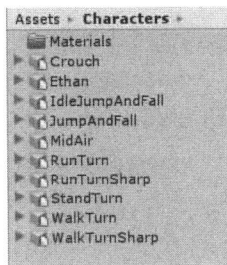

　　[3] 在 Project 窗口中点击 Ethan 文件,该文件只保存了模型信息和骨骼信息。在 Inspector 窗口中显示 FBX Import 属性面板,激活骨骼装配(Rig)面板,在动画类型属性上(Animation Type)选择 Humanoid,设置完之后点击 Apply 按钮,此时,映射(Mapping)操作自动完成。当在配置(Configure...)按钮前方出现一个钩时,表示已经自动进行映射操作,同时在模型文件的层级中自动添加了一个 Avator 子对象(如果装配不成功,该按钮前方会出现一个叉,此时需要点击 Configure... 按钮进入手动映射操作)。如图 13-13 和图 13-14 所示。有时候虽然显示映射成功,但是其映射结果并不是很正确,这时也需要手动调整。在配置骨骼时,只需要使得属性名与实际骨骼的位置对应起来就可以了,所以在三维模型软件中对每个骨骼进行正确的命名在装配时非常有帮助。

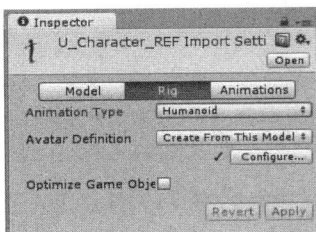

图 13-13　自动装配成功　　　　　图 13-14　新生成的 Avatar

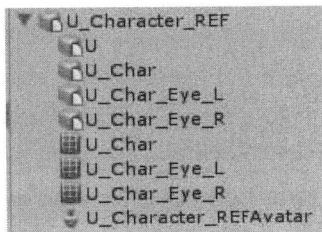

　　[4] 打开映射配置界面。点击【Configure...】按钮,此时 Unity3D 会提示是否保存当前场景,点击确定之后进入 Mapping... 设置界面,其设置面板位于 Inspector 窗口中,而

Scene 窗口用于预览设置。如图 13-15、图 13-16 和图 13-17 所示。Scene 窗口中,绿色的骨骼显示已经映射到 Avatar 上面了,当然并不是说需要把所有的骨骼都做映射处理。中间的图是一个可视化的 Avatar,点击上面的圆圈,在 Optional Bone 上的对应属性会高亮显示。

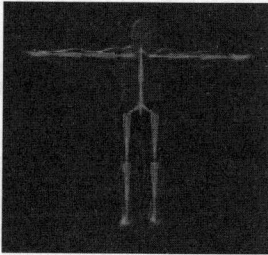

图 13-15　Mapping 模式下 Scene 窗口的显示

图 13-16　可视化 Avatar

[5] 修正 Avatar 映射。观察 Scene 窗口中的骨骼,可以发现 Spine 属性上的骨骼设置有误,应该是 Bip01 Spine(下面的那根灰色的骨骼),而不是 Bip01 Spine01。在 Optional Bone 上点击 Spine 属性后面的小圆圈,弹出骨骼选择窗口,选择 Bip01 Spine,如图 13-18 所示。

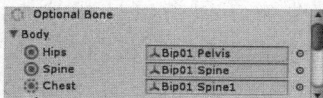

图 13-17　角色骨骼与 Avatar 结构的对应关系

图 13-18　修改 Spine 部位的骨骼

[6] 使用同样的办法,把 Bip01 Spine01,即上胸的那根骨骼,赋值给 Chest 属性,如图 13-19 所示。如果重复赋值骨骼,在 Scene 窗口、可视化 Avatar 窗口和 OptinalBone 面板上以红色作为标记,如图 13-20 所示。

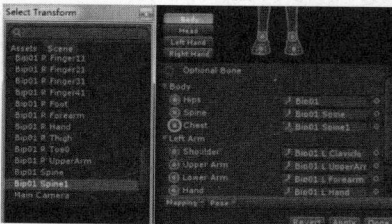

图 13-19　修改 Chest 部位的骨骼

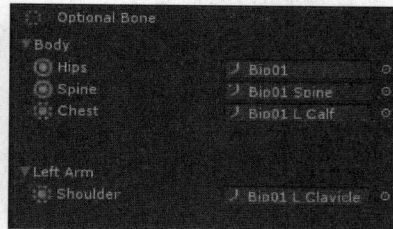

图 13-20　错误的骨骼对应

[7] 在可视化 Avatar 视图上点击 Head,进入头部设置面板,把 Bip01 Neck 骨骼赋给 Neck 属性,如图 13-21 和图 13-22 所示。

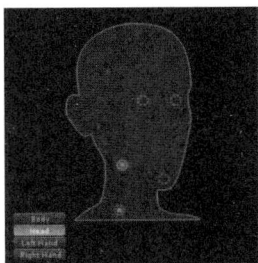

图 13-21　Avatar 的面部结构

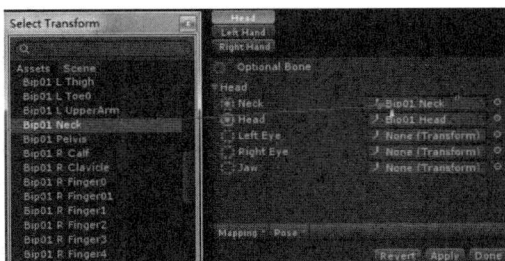

图 13-22　修正 Avatar 的 Neck 部位对应的骨骼

［8］再观察一遍，确定骨骼配置正确之后，在 Optional Bone 面板下点击【Apply】按钮应用配置，最后点击【Done】按钮，完成手动配置。此时会退出骨骼装配模式，回到原来的场景中。

❷ 设置动画状态机。角色会根据该状态机的设置进行角色的动画剪辑播放。

［9］在 Project 窗口中，选择所有的动画剪辑，如图 13-23 所示。在 Inspector 窗口中选择 Rig 面板，确保所有的动画类型（Animation Type）为"类人动画"（Humanoid）。接着把 Avatar Definition 设置成 Copy From Other Avatar，最后在 Source 属性中选择我们上面创建的 EthanAvatar，这样就可以把上面的装配运用到这些动画文件上，如图 13-24 所示。

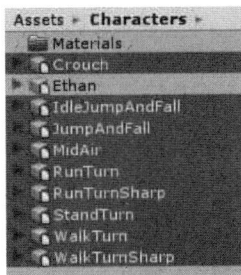

图 13-23　选择所有动画剪辑

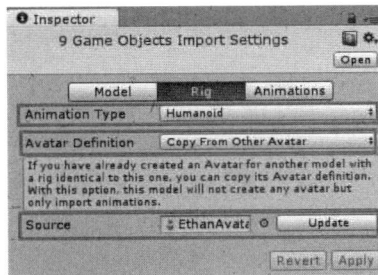

图 13-24　设置这些动画剪辑对应的装配 Avatar

［10］在 Project 窗口中，点击鼠标右键，在弹出的下拉菜单中选择【Create】→【Animator Controller】，新建一个动画控制器资源，并命名为 Ethan Animation Controller，在该控制器中可以设置动画的状态机，如图 13-25 所示。

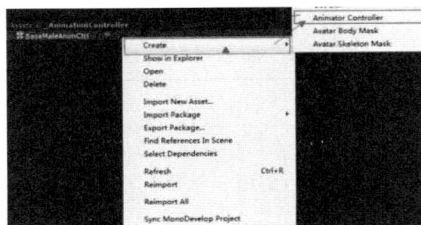

图 13-25　新建动画控制资源，该资源保存了将要设置的动画状态机

［11］设置动画状态机。双击该资源，打开 Animator 设置窗口，如图 13-26 所示。每个新建的动画状态机都会有一个名为 Any State 动画状态，表示的是任何状态。

图 13-26　动画状态机界面

[12] 创建空的动画状态。在 Animator 窗口中,点击鼠标右键,在弹出的下拉菜单中选择【Create State】→【Empty】,创建一个空的动画状态,如图 13-27 所示。

[13] 重命名动画状态。点击新创建的动画状态,其默认名称为 New State,在 Inspector 窗口中,把该状态重新命名为 Idle,如图 13-28 所示。

图 13-27　新建一个动画状态

图 13-28　重新命名动画状态

[14] 为 Idle 状态添加动画剪辑序列。点击 Motion 属性后面的小圆圈,打开 Select Motion 窗口,在其中找到 Idle 资源并双击,为它赋予 Idle 动画剪辑(如果在 Select Motion 窗口中没找到动画剪辑,可以在 Project 窗口中找到该对应的动画剪辑文件,其 Motion 资源在该动画剪辑序列文件的子层级上)。如图 13-29 所示。

图 13-29　为动画状态添加动画序列

动画状态的属性说明如表 13-1 所示。

表 13-1　动画状态属性说明

属性	说明
Speed	该动画的播放速度,值为 0 表示停止,值为 0.5 表示播放速度为原动画速度的 50%,值为 1 表示原动画,负值表示反向播放
Motion	该动画状态的动画剪辑序列
Foot IK	是否对该状态使用脚反向运动学(Foot IK)
Transitions	从该状态到其他状态的转移列表

[15] 创建状态转移(Transform)。在 AnyState 状态上点击鼠标右键,选择【Make Transform】,此时从该状态会出现一个白色箭头,该箭头方向表示从选择的状态转移到另外一个状态,如图 13-30 所示。Any State 表示任何的状态。

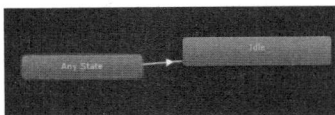

图 13-30　创建一个从 Any State 到 Idle 状态的转移

[16] 运行游戏,此时角色便不断播放 Idle 动画了。

[17] 添加行走动画,重复第 12 至 14 步,只是把它的动画状态名称改为 Walk,并把 Walk 动画剪辑序列赋给 Motion 属性,如图 13-31 所示。

图 13-31　创建行走动画状态

[18] 重复第 12 步,为它添加一个 Run 状态。最后为这些已经添加的状态进行状态转移设置(如果设置错误,可以选择该状态或者转移,点击键盘上的 Del 键进行删除),如图 13-32 所示。该状态机表示,首先播放 Walk 动画,播放完毕之后过渡到 Run 状态,接着过渡到 Idle 状态,最后又回到 Walk 状态。现在运行游戏,角色便按照上面的状态流程进行动画播放了。

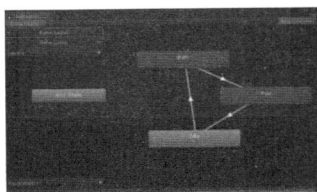

图 13-32　把三个动画状态用状态转移箭头进行连接

[19] 在场景中选择 Ethan 对象,同时打开 Animator 窗口,此时会在正在播放的动画剪辑状态下出现一个蓝色进度条,如图 13-33 所示。可以通过该功能观察目前所播放的动画的状态和进度。

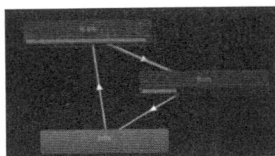

图 13-33　动画播放过程

03 设置动画循环。很多动画剪辑都要求循环播放,例如走路、跑步等动画剪辑序列。

所以在制作动画序列时,其开始帧和结束帧的动画信息是相同的,这样在循环播放的时候才能够无缝连接(当从结束帧跳转到开始帧时,不会产生奇怪的过渡)。

[20] 在 Project 窗口中选择 baseMale@run 文件,在 Inspector 窗口中选择 Clip 下面的 run 动画剪辑,此时会出现该剪辑的属性面板,如图 13-34 所示。

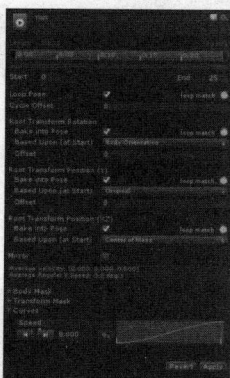

图 13-34　Animation Clip 属性面板

该属性的说明如表 13-2 所示。

表 13-2　动画剪辑属性说明

属性	说明
Name	动画剪辑的名称。
Length	动画剪辑的长度和每秒帧数。
Start	动画剪辑的起始帧。
End	动画剪辑的结束帧。
Loop Pose	使该动画循环播放。
Cycle Offset	对循环播放的动画进行偏移,可以用于调整它的开始播放时间。
Root Transform Rotation	设置如何烘焙源动画文件中的 Root 节点的旋转信息到最终动画剪辑中。
Bake into Pose	启用时把角色的 Root 节点中的旋转信息(在第三方软件中制作)烘焙到该动作中,当关闭时原动画中的 Root 节点旋转信息不会保存到该动画剪辑中。
Based Upon(at Start)	决定怎样对旋转信息进行烘焙。
—Original	使用源动画文件中的旋转信息。
—Body Orientation	保持上半身始终朝前。
Offset	对 root 的旋转角度进行偏移。
Root Transform Position(Y)	设置如何烘焙原动画文件中的 Root 节点的 Y 轴位置(朝上)信息到最终动画剪辑中。

414

属性	说明
Bake into Upon	启用时把角色的 Root 节点中的 Y 轴位置(朝上)信息(在第三方软件中制作)烘焙到该动作中,当关闭时原动画中的 Root 节点 Y 轴位置(朝上)信息不会保存到该动画剪辑中。
Base Upon	决定怎样对 Y 轴位置(朝上)信息进行烘焙。
—Original	使用源动画文件中的 Y 轴位置(朝上)信息。
—Center of Mass	保持中心点与 Root 节点的位置保持对齐。
—Feet	保持脚部与 Root 节点的位置保持对齐。
Offset	对 Y 轴位置(朝上)进行偏移。
Root Transform Position(XZ)	设置如何烘焙源动画文件中的 Root 节点的 XZ 轴位置(水平面)信息到最终动画剪辑中。
Bake into Pose	启用时把角色的 Root 节点中的 XZ 轴位置(水平面)信息(在第三方软件中制作)烘焙到该动作中,当关闭时原动画中的 Root 节点 XZ 轴位置(水平面)信息不会保存到该动画剪辑中。
Base Upon	决定怎样对 XZ 轴位置(水平面)信息进行烘焙。
—Original	使用源动画文件中的 XZ 轴位置(水平面)信息。
—Center of Mass	保持中心点与 Root 节点的位置保持对齐。
Offset	对 XZ 轴位置(水平面)信息进行偏移。
Mirror	对动画的左边动画与右边动画进行镜像翻转。
Body Mask	设置该动画剪辑的身体蒙版。
Transform Mask	设置该动画剪辑的变换蒙版。
Curves	用于使用曲线来控制自定义变量值。该自定义如果跟动画状态机中的自定义变量名相同,他们将被关联起来。

[21] 拖动剪辑上面的开始标签或结束标签,如果开始标签和结束标签的动画信息不相同,此时下面的 Loop Match 属性右边的绿色圆圈(起始帧和结束帧动画信息相同)会变成红色(起始帧和结束帧动画信息几乎不相同)的,如果是黄色表示两个标签的动画信息相接近,但不完全相同。在拖动标签的过程中,会显示出该动画信息的相关曲线。如图 13-35 所示,通过该面板可以检查其开始帧和结束帧的动画信息是否相同,如果不相同,根据需要对动画序列重新调衡。其检测属性包括了循环姿势(Loop Pose)、骨骼根旋转(Root Transform Rotation)信息、根位置 Y(Root Transform Position Y,角色的向上方向)信息和骨骼根位置 XZ(Root Transform Position XZ,角色的水平面方向),当开始帧和结束帧的某个信息不相同,该属性后面的圆圈便会变成黄色或者红色。

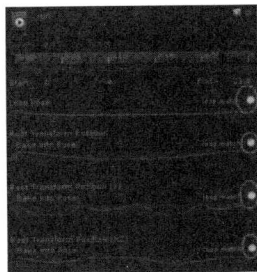

图 13-35　跳帧动画剪辑的起始帧和结束帧

[22] 把 Idle 动画序列、Walk 动画序列和 Run 动画序列中的 Loop Pose 选项和所有的 Bake intoPose 勾选上。

[23] 当设置完成之后,点击该面板最下方的【Apply】按钮对所做的操作进行保存。

❹ 使用代码控制角色的动画。每种动画状态的转移,都是在一定的条件下被触发的。在默认情况下,它是通过设置该动画播放到某个位置上时触发下一个动画。在 Animator 窗口中任意选择一个 Transform 箭头,在 Inspector 窗口中可以看到动画转移的属性设置,在该面板中有一个 Conditions 子栏,其中有一个参数名为 Exit Time,它是默认的状态转移属性,后面的参数表示当前一个动画播放了 75% 之后,便开始播放下一个状态的动画,其中的过渡时间点和过渡长度都可以通过拖动该面板的动画剪辑可视化图标来修改。如图 13-36 所示。该属性也可以使用自定义变量的方式来控制,接下来我们通过为该条件添加一个自定义变量,并使用代码控制变量值的改变,从而触发下一个动画的效果。

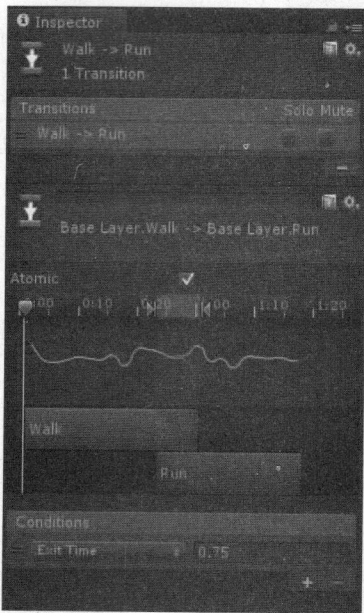

图 13-36　动画状态转移控制面板

[24] 重新设置该角色的状态机,如图 13-37 所示。现在三种状态可以互相转换。

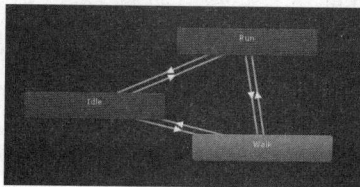

图 13-37　完成后的动画状态机

[25] 在 Animator 窗口的左下角有一个 Parameters 子栏,此子栏可以添加需要的变量,这些变量类型可以是 Vector、Float、Int 和 Bool 类型。通过添加属性,使得为程序脚

本提供一个接口,可以通过脚本修改这些变量来控制动画状态的播放和状态的转换。现在点击 Parameters 右边的加号,并选择 Float 类型,为该状态机添加一个 Float 类型的变量,并命名为 Speed,如图 13-38 所示。

图 13-38 为状态机添加一个 float 类型的自定义变量

[26] 点击 Idle 到 Walk 的转移箭头,在 Conditions 面板中把 Exit Time 改为 Speed,在后面的属性中选择"大于"(Greater),并设置它的值为 0.1,其意思是当 Speed > 0.1 时,触发状态转移。如图 13-39 所示。

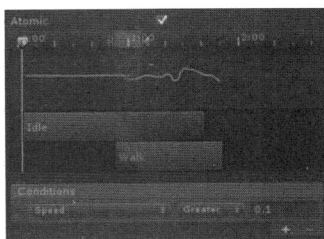

图 13-39 修改动画状态的转移条件

[27] 点击 Walk 到 Idle 的转移箭头,在 Conditions 中把 Exit Time 改为 Speed,在后面的属性中选择"小于"(Less),并设置它的值为 0.1,其意思是当 Speed < 0.1 时,触发状态转移。如图 13-40 所示。

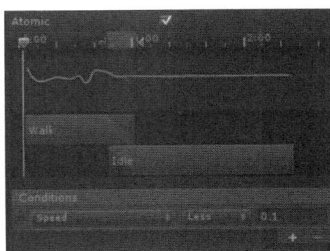

图 13-40 修改动画状态的转移条件

[28] 在 Parameters 子栏中,添加一个 Bool 型的变量,名为 IsRun,如图 13-41 所示。

图 13-41 添加 bool 型的自定义变量

[29] 选择 Idle 到 Run 的转移箭头,在 Conditions 面板中,设置转移条件为 IsRun,设置它的值为 true,表示当 IsRun 的值为 True 时,状态从 Idle 开始转移到 Run 状态,如图 13-42 所示。

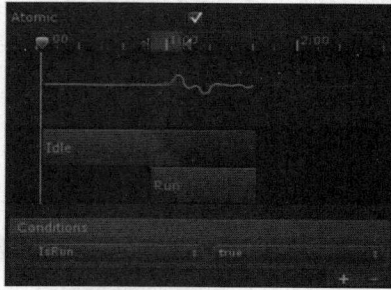

图 13-42 修改动画状态的转移条件

[30] 选择从 Run 到 Idle 状态的转移箭头,在 Conditions 面板中,设置转移条件为 Is-Run,设置它的值为 false,表示当 IsRun 的值为 false 时,状态从 Run 开始转移到 Idle 状态,如图 13-43 所示。

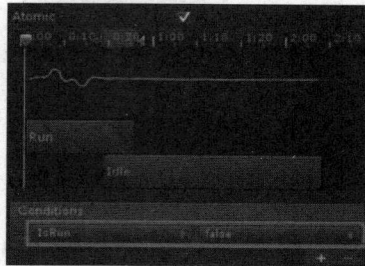

图 13-43 修改动画状态的转移条件

[31] 对从 Walk 到 Run 的转换条件中,也是 IsRun 值为 true,对从 Run 到 Walk 的转换条件中,把 IsRun 值设置为 false。

[32] 设置完状态机之后,把该状态机赋值给角色的 Animator 组件中的 Animation Controller 属性上,如图 13-44 所示。

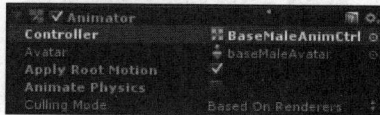

图 13-44 把动画状态机所在的动画控制器添加到 Animator 组件中的 Controller 属性上

[33] 使用脚本控制角色动画的状态转移。脚本与状态机之间的交流一般使用上面所示的自定义变量。新建一个 C♯ 脚本,命名为 CharacterAnimCtrl。输入以下代码:

```
1   using UnityEngine;
2   using System. Collections;
3
4   public class CharacterAnimCtrl : MonoBehaviour
5   {
6
7       protected Animator animator;//保存 Animator 组件
```

```
8       float speed = 0.01f;

9

10      void Start()

11      {

12              animator = GetComponent<Animator>(); //获得 Animator 组件

13      }

14

15      void Update()

16      {

17              if (animator)

18              {

19                      //返回－1 ～ 1 之间的数值

20                      float h = －Input.GetAxis(" Horizontal "); //使用水平(Horizontal)按键(别
                        名 Virtual axes and buttons)获得键盘或者鼠标事件

21                      float v = Input.GetAxis(" Vertical "); //使用垂直(Vertical)按键(别名 Vir-
                        tual  axes and buttons)获得键盘或者鼠标事件

22

23                      animator.SetFloat(" Speed ", h * h + v * v);  //设置状态机中 Speed 变量
                        的值

24                      if (v != 0 || h != 0)  //如果 v 或者 h 的值不等于零,便使角色运动起来,
                        该公式不是很准确,此处对它不进行考究

25                      {

26                              transform.position += new Vector3(h * speed, 0, v * speed);

27                      }

28

29                      //如果向后运动,则先转向

30                      if (v < 0)

31                      {

32                              transform.rotation = Quaternion.Euler(0, 180, 0);

33                      }

34                      else

35                      {

36                              transform.rotation = Quaternion.Euler(0, 0, 0);

37                      }

38

39                      //如果同时按下左 Shift 键,则角色会跑起来

40                      if (Input.GetKey(" left shift "))

41                      {

42                              animator.SetBool(" IsRun ", true); //设置状态机中变量 IsRun 的值
                                为 True

43                              transform.position += new Vector3(h * 2 * speed, 0, v * 2 * speed);

44                      }
```

```
45                  else
46                  {
47                      //设置状态机中变量 IsRun 的值为 false
48                      animator.SetBool(" IsRun ", false);
49                  }
50              }
51          }
52  }
```

[34] 为角色添加一个 Character Controller 组件,该组件位于【Component】→【Physics】→【Character Controller】中,如图 13-45 所示。

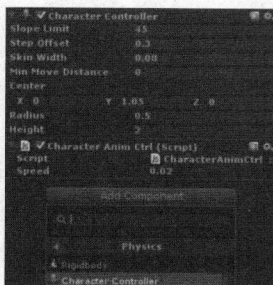

图 13-45　为角色添加一个 Character Controller 组件

[35] 把上面的脚本组件添加到 BaseMale 对象上,运行游戏。现在点击 WASD 时,角色便开始走动起来,当配合左 Shift 键时,角色便从走动状态转换到跑动的状态上。当没有按下任何按键时,角色便处于 Idle 状态。如图 13-46 所示。

图 13-46　最终效果

以上的例子介绍了如何对角色进行 Avatar 设置,以及状态机的使用,最后使用状态机自定义变量和脚本对动画状态进行控制的方法。下面介绍如何使用 BlendTree 来对角色动画进行融合。

13.1.4 状态机的融合树技术(Blend Tree)

一般的动画系统中都会涉及动画剪辑序列之间的融合,比如从走的动画过渡到跑步的动画,这种动画过渡可以使用状态机来进行融合,就像上一节所说的状态转移。还有一种动画剪辑序列过渡的例子便是角色的左转和右转状态过渡,为了保证在过渡过程中不产生突兀的转变,可能需要使用到 Mecanim 动画系统中的融合树技术(BlendTrees)。

融合树技术与状态机中的状态转移（Transform）技术相似。其区别是状态转移技术通过设置某个条件使得转移事件的发生，而且每次转移只能从一种状态转移到另外一种状态，在从一个状态转移到另一个状态之间可以设置其动画融合的长度。融合树技术可以使得一个动画剪辑序列与另外的动画剪辑序列进行光滑融合，也可以说是两个动画的合并。Mecanim 通过跟踪两个动画序列中每个相同的骨骼信息计算出最后的骨骼位置，而融合两个动画信息的权重通过一个名为 Blending parameter 来控制。由于是两个动画信息的融合，所以这两个动画序列需要对齐才能够正确计算出最后的融合效果。如图 13-47 和图 13-48 所示。

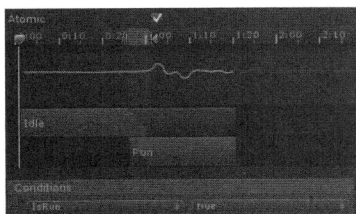

图 13-47　使用动画状态转移进行动作融合　　图 13-48　使用融合树技术实现动作融合

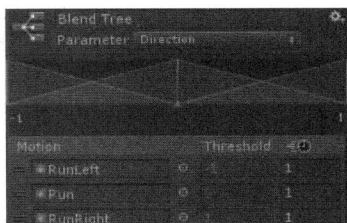

［1］打开 Chapter13-Mecanim 工程中的 BlendTree 场景，如图 13-49 所示。

图 13-49　初始场景

［2］在 Project 窗口中找到 Characters 目录下，找到 Crouch Walk Left 文件和 Crouch Walk Right 文件，打开它的动画剪辑属性面板，确认 Loop Pose 和 Root Transform Position(Y)被选中，Crouch Walk 中的 Loop Pose 、Root Transform Rotation、Root Transform Position(Y)和 Root TransformPosition(XZ)属性被选上。

［3］新建一个 Animator Controller，命名为 BlendTreeAnimCtrl。双击打开 Animator 编辑窗口。

［4］在其中创建一个 Empty State，并命名为 Idle，并把 idle 动画剪辑序列赋值给它的 Motion 属性，步骤可以参照前面的例子。

［5］创建 BlendTree。在 Animator 窗口中鼠标右键，在弹出的下拉菜单中选择【Create State】→【From new Blend Tree】，并命名为 BlendTree-Crouch，如图 13-50 所示。

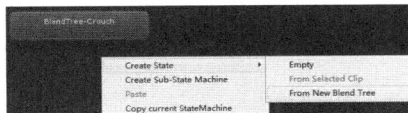

图 13-50　在动画状态机中创建融合树

421

[6] 双击 BlendTree-Crouch 动画状态,进入 BlendTree 编辑窗口,如图 13-51 所示。

图 13-51　该状态中的默认动画状态可视化图标

[7] 选择 BlendTree,在 Inspector 窗口中显示它的属性面板,如图 13-52 所示。

图 13-52　融合树的设置面板

[8] 点击 Motion 下面的＋号,在弹出的下拉菜单中选择【Add Motion Field】添加一个动画序列,如图 13-53 所示。

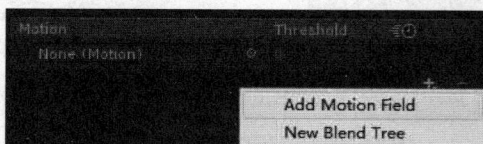

图 13-53　为该融合树添加一个动画序列

[9] 点击 none(Motion)后面的小圆圈,打开 Select Motion 面板,选择 Crouch Walk Left 动画序列。如图 13-54 所示。

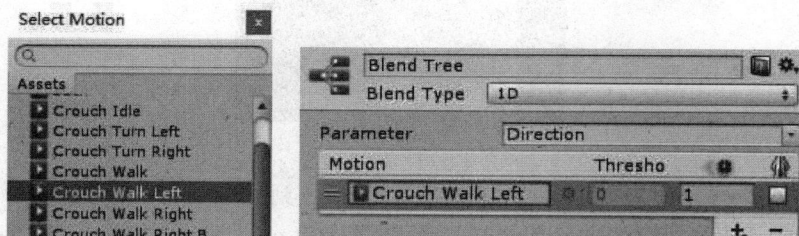

图 13-54　添加新的动画序列

[10] 两次重复步骤 8 和步骤 9,分别添加 Crouch Walk 和 Crouch Walk Right 动画序列,如图 13-55 所示。上方的曲线图表示了三个动画在不同播放时间其融合的权重。左边的直角三角形表示第一个动画序列,也就是 Crouch Walk Left,在临界点 0 处,它的权重是 100％。中间的等腰三角形表示第二个动画序列,也就是 Crouch Walk,在临界点 0.5 处,它的权重是 100％,而第一个动画序列的权重降为 0。最右边的直角三角形表示第三个动画序列,也就是 Crouch Walk Right,在临界点 1 处,它的权重是 100％,而第一个动画序列和第二个动画序列的权重都降为 0。在其他位置上,三个动画根据不同的权值进行融合。在 BlendTree 中,临界点的设置可以通过自定义自变量的方式来控制。所谓临界点就是动画序列的权重从 100％向 0％开始递减或者从 0％向 100％开始递增的位置。

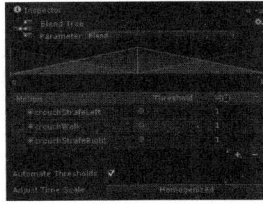

图 13-55　添加三个动画序列之后的融合树

[11] 修改权重位置。把自动临界点（Automate Threshholds）的钩取消掉,使得上面动画序列的阈值可以进行手工设置,现在把第一个动画序列的阈值设置成−1,第二个动画序列的阈值设置成 0,第三个动画序列的阈值设置为 1,如图 13-56 所示。

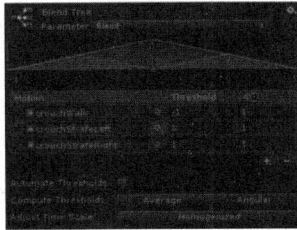

图 13-56　对融合树中的三个动画序列融合权重重新设置

[12] 在 Animator 窗口中,选中 BlendTree 状态,滑动 Blend 滑杆,可以在它的 Preview 窗口中看到动画序列的融合效果,如图 13-57 所示。BlendTree 状态右边连接的三个动画序列就是已经添加的三个动画序列。当播放某个动画时,其连线会变成蓝色。

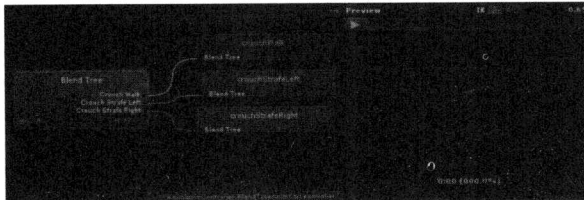

图 13-57　最终的融合树效果

[13] 双击 Animator 窗口的空白处,退出 BlendTree 编辑状态,此时该 BlendTree 也成为一个普通的动画状态,只是该动画状态包括了三个动画的融合。把 Idle 和 BlendTree 进行状态转移连接,如图 13-58 所示。

图 13-58　在 Idle 和融合树之间建立动画状态转移

[14] 为该状态机新建两个自定义变量,分别是 float 类型的 Speed 和 float 类型的 Direction。我们用 Speed 来控制从 Idle 状态到 Crouch 状态的转移,使用 Direction 变量来

控制 BlendTree-Crouch 中动画融合位置。如图 13-59 所示。

图 13-59　添加自定义变量

　　[15] 选中从 Idle 到 BlendTree-Crouch 状态的转移箭头，设置 Condition 的属性为 Speed，并设置成大于（Greater），其值为 0.1，表示当 Speed ＞ 0.1 时，状态从 Idle 转移到 BlendTree-Crouch 状态上。同样的，选择 BlendTree-Crouch 到 Idle 状态的转移箭头，设置 Condition 的属性为 Speed，并设置成小于（less），其值为 0.1，表示当 Speed ＜ 0.1 时，状态从 BlendTree-Crouch 转移到 Idle 状态上。如图 13-60 和图 13-61 所示。

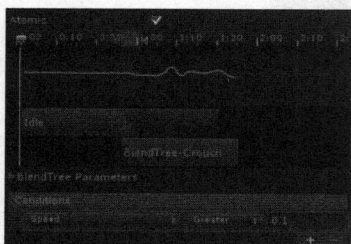

图 13-60　修改动画状态转移条件　　　**图 13-61　修改动画状态转移条件**

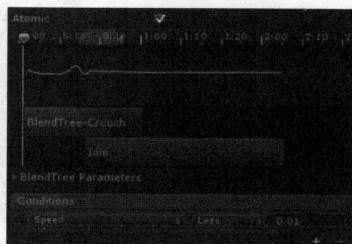

　　[16] 双击 BlendTree-Crouch 状态，进入 BlendTree 编辑状态，选中 BlendTree，在 Inspector 窗口中把 Parameters 设置成 Direction，这样就可以通过修改 Direction 的值来控制动画的融合位置了。如图 13-62 所示。

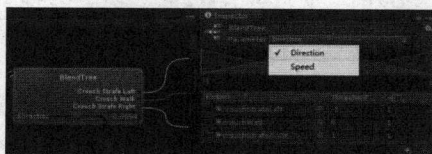

图 13-62　使用 Driection 自定义变量控制融合树中的动画融合权重

　　[17] 把 BlendTreeAnimCtrl 赋值给角色 Animator 组件中的 AnimationController 属性，如图 13-63 所示。

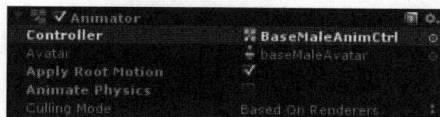

图 13-63　把动画状态机所在的动画控制器添加到 Animator 组件上的 Controller 属性上

　　[18] 新建一个 C♯脚本，并命名为 BlendTreeAnimCtrl，输入以下代码：

```
1    using UnityEngine；
2    using System.Collections；
3
4    public class BlendTreeAnimCtrl：MonoBehaviour
```

```
5    {
6        protected Animator animator；  //用于保存 animator 组件
7        public float DirectionDampTime = 0.25f；//设置光滑过渡所用时间
8        public float leftSpeed = 0.35f；//设置角色的左移速度
9        public float rightSpeed = 0.35f；//设置角色的右移速度
10        public float forwardSpeed = 0.65f；//设置角色的前进速度
11        public float backwardSpeed = 0.6f；//设置角色的后移速度
12
13        // Use this for initialization
14        void Start（）
15        {
16            animator = GetComponent<Animator>()；//获得角色的 Animator 组件
17        }
18
19        // Update is called once per frame
20        void Update()
21        {
22            if（animator）
23            {
24                //获得第一层的动画状态信息
25                AnimatorStateInfo stateInfo = animator.GetCurrentAnimatorStateInfo(0)；
26
27                float h = -Input.GetAxis("Horizontal")；//获得水平按键的返回值
28                float v = Input.GetAxis("Vertical")；//获得垂直按键的返回值
29                animator.SetFloat("Speed"，h*h+v*v)；//把 h 和 v 的平方相加值赋值给
         状态机中的自定义变量 Speed 上
30                            //经过 DirectionDampTime 时间,从初始值光滑变化到目前
         的 h 值
31                animator.SetFloat("Direction"，h，DirectionDampTime，Time.deltaTime)；
32
33                //如果目前的角色正处在 BlendTree-Crouch 状态,那么控制角色的移动
34                if（stateInfo.IsName("Base Layer.BlendTree-Crouch")）
35                {
36                    if（h < 0）
37                    {
38                        transform.position += -transform.right * leftSpeed * Time.delta-
                    Time；
39                    }
40                    else if（h > 0）
41                    {
42                        transform.position += transform.right * rightSpeed * Time.delta-
                    Time；
```

```
43                        }
44                        if（v ＜ 0）
45                        {
46                            Debug. Log(0)；
47                            transform. position ＋ ＝ － transform. forward ＊ backwardSpeed ＊
                            Time. deltaTime；
48                        }
49                        else if（v ＞ 0）
50                        {
51                            transform. position＋＝ transform. forward ＊ forwardSpeed ＊ Time.
                            deltaTime；
52                        }
53                    }
54                }
55            }
56    }
```

[19] 把该代码添加给 BaseMale 对象。最后注意要为角色添加一个 CharacterCon-troller 组件,并把 Animator 组件中的 Apply Root Motion 打开(因为该动画的源文件中并没有位移变化),如图 13-64 所示。

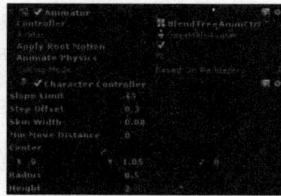

图 13-64　激活 Apply Root Motion

表 13-3　动画角色参数说明

Animator 的属性说明如下表所示。

属性	说明
Controller	附加到角色上的动画控制器。
Avatar	角色的 Avatar。
Apply Root Motion	是从动画自身来控制角色位置还是通过脚本控制,当原动画文件中的动画也有位置变化时,可以关闭该选项,表示使用的是动画自身的相对位置,开启时需要通过脚本来控制。
Animate Physics	该动画是否能与物理模拟进行交互。
Culling Mode	动画的消隐模式。共有两种方式,一种是"总是动画"(Always Animate),总是动画,不进行消隐;一种是"基于渲染"(Base On Renderers),当渲染不可见的时候,只有根动作是动画的。在角色不可见时,其他身体部分将保持静止。

［20］运行游戏。通过键盘的 WASD 键，可以控制角色的行走，观察 BlendTree 编辑状态下的动画播放情况。可以看出，Direction 的值的变化能控制动画融合的位置。如图 13-65 所示。

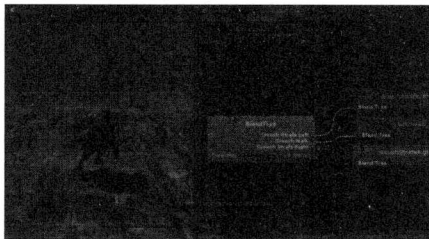

图 13-65　最终效果

13.1.5　状态机的动画层（Animation Layer）与身体蒙版（Body Mask）

角色的动画是角色每一个骨骼运动共同作用的结果。使用动画层可以制作对身体的不同部位的动作使用不同动画剪辑序列的动画信息组合成整个角色的动画。例如只提供一个跑步的动画剪辑序列和一个射击的动画剪辑序列。现在需要制作一个边跑步边射击的动画，那么需要使用到动画层的功能。动画层可以把不同部位的动画组合起来，也就是说跑步的动画只使用腿部的动画，射击的动画只使用手臂的动画（此时使用 BodyMask 技术屏蔽 Avatar 身体某个部位的动画），最后组合成边跑步边射击的动画效果。

此处需要注意的是动画层技术与融合树技术的区别。融合树技术是得两个动画序列的同一个骨骼的不同运动位置融合为骨骼的最终位置，而动画层用于把不同部位的动画组合起来最后成为全身的动画效果。

接下来介绍如何使用动画层和身体蒙版来制作一个角色在行走的过程中按下鼠标左键时上半身挥刀的效果。

［1］打开 Chapter13-Mecanim 工程中的 AnimLayer 场景，如图 13-66 所示。

［2］运行游戏，现在此模型便行走了起来，如图 13-67 所示。

图 13-66　初始场景

图 13-67　角色行走的动画效果

［3］打开 Animtor 窗口，可以看到，现在状态机中有一个基础动画层（BaseLayer），该

层中有一个 Walk 的状态，如图 13-68 所示。

图 13-68　动画状态机中的层

　　[4] 新建一个动画层。在 Layers 的右边点击＋号，添加一个新的动画层，并命名为 sword_slash Layer，如图 13-69 所示。

　　[5] 查看需要的动画序列，Hero@sword_slash，路径在 Hero 文件夹中。这个动画剪辑序列是角色挥刀的动画，如图 13-70 所示。

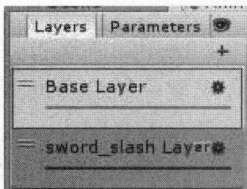

图 13-69　新建一个动画层

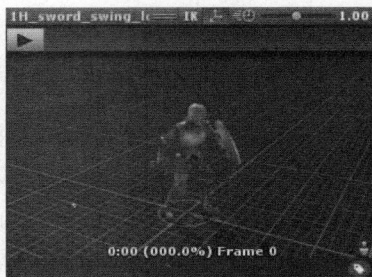

图 13-70　Slash 动画序列

　　[6] 新建身体蒙版（Body Mask）。在 Project 窗口中点击鼠标右键，在弹出的下拉菜单中选择【Create】→【Avator Body Mask】，新建一个 Body Mask 资源，并命名为 sword_Slash Body Mask。该资源可以用于设置 Avator 某些部位屏蔽不受骨骼动画的影响。如图 13-71 和图 13-72 所示。

图 13-71　新建一个身体蒙版

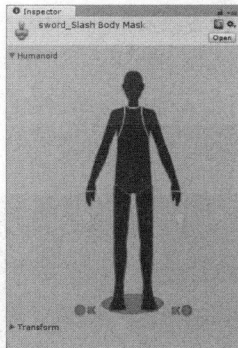

图 13-72　设置身体蒙版

　　[7] 设置身体蒙版。点击该资源，在 Inspector 窗口中显示身体蒙版的设置面板，设置它下半身为红色，其他为绿色，红色表示该部位将屏蔽骨骼动画的影响，绿色表示会接受骨骼的影响，如图 13-73 所示。

　　[8] 为 sword_slash Layer 动画层设置身体蒙版，表示该层将受到该身体蒙版的作用。回到 Animator 窗口，点击 sword_slash Layer 右侧的设置按钮，这时候会弹出一个面

板,在弹出的面板中找到 Mask 属性,点击右边的小圆圈,弹出 Select AvatorBodyMask 窗口,在其中选择 sword_Slash Body Mask。如图 13-73 所示。

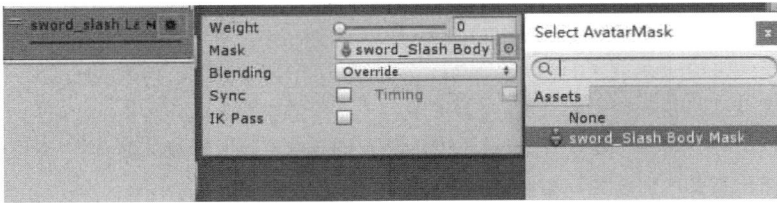

图 13-73 把 sword_Slash Body Mask 赋值给 sword_slash Layer 层中的 Mask 属性

[9] 为 sword_slash Layer 动画层添加动画状态机。选择 sword_slash Layer 动画层,被选中的动画层在其面板背景为灰色。添加两个动画状态,在 Null State 状态中保持 Motion 属性为空,Slash 状态中为 Motion 属性添加 Sword_Slash 动画剪辑序列,如图 13-74 所示。

图 13-74 为 sword_slash Layer 层新建动画状态

[10] 设置自定义变量 Slash。在 Animator 窗口中的 Parameters 面板上,添加一个类型为 Bool 的名为 Slash 的变量,如图 13-75 所示。

[11] 选择从 Null State 状态到 Slash 状态的转移箭头,设置 Conditions 条件参数为 Slash,并设置为 True,表示当 Slash 等于 True 时,动画才从 Null State 状态转移到 Slash 动画状态。如图 13-76 所示。

图 13-75 添加 bool 型的自定义变量

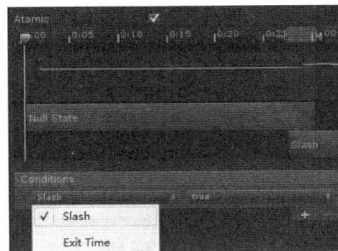

图 13-76 修改状态转移条件

[12] 新建一个 JavaScripte 脚本,并命名为 SwordSlashCtrl,在该脚本中输入以下代码:

```
1   using UnityEngine;
2   using System.Collections;
3
4   public class SwordSlashCtrl : MonoBehaviour
5   {
```

```
6          protected Animator animator；//保存 Animator 组件
7
8          void Start()
9          {
10             animator = GetComponent<Animator>()；//获得 Animator 组件
11 //如果状态机中有两个动画层,则设置第二个图层的权重为 1,
12 //图层的序号从 0 开始计算,权重 1 表示没有被身体蒙版所屏蔽的部分将
13 //由该图层的骨骼动画控制,权重为 0 表示不受该层的影响
14             if (animator.layerCount >= 2)
15             {
16                 animator.SetLayerWeight(1,1)；
17             }
18         }
19
20         void Update()
21         {
22             if (animator)
23             {
24                 if (Input.GetButtonDown(" Fire1 "))
25                 {
26                 animator.SetBool(" Slash ", true)；      //当按下 Fire1 键时,自定义参数 Slash
                    设置为 True
27                 }
28                 if (Input.GetButtonUp(" Fire1 "))
29                 {
30                 animator.SetBool(" Slash ", false)；//当按键 Fire1 弹起时,自定义参数 Slash
                    设置为 false
31                 }
32             }
33         }
34 }
```

[13] 把该脚本添加到场景中 Ninja 游戏对象上,运行游戏,当点击鼠标左键时,角色的腿部继续播放行走动画,但是手臂确实受到 Sword_Slash 动画的控制。如图 13-77 所示。

图 13-77　最终效果

13.1.6 　动画复用(Retargeting)

动画复用是 Mecanim 动画系统的一个重要功能。它能够把动画剪辑序列复用到其他的角色上。Mecanim 动画系统能够实现动画信息的复用,关键就在于 Avatar 的设置。使用动画复用很简单,只要保证角色的骨骼结构相似并合理地设置 Avatar,便可以对动画信息进行复用。它的机制如图 13-78 所示。

[1] 打开 Chapter13-Mecanim 工程中的 AnimRetarget 场景,该角色在前面的例子中已经为它添加了 Avatar,如图 13-79 所示。

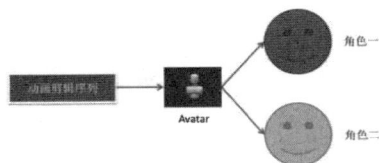

图 13-78 　动画剪辑复用机制

图 13-79 　初始场景

[2] 在场景中选择该角色,并把上一节的动画状态机 AnimLayerCtrl 赋值给它的 Animator 组件中的 Controller 属性,如图 13-80 所示。

[3] 把 SwordSlashCtrl 脚本组件赋值给该角色,最后运行程序,虽然该动画状态机是上一节中角色的动画状态机,但是,同样作用到其他角色上。如图 13-81 所示。

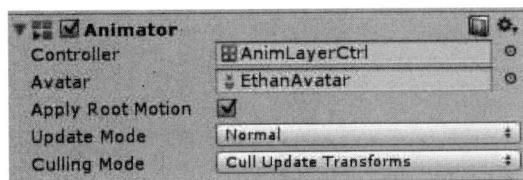

图 13-80 　添加上一节的忍者的动画控制器

图 13-81 　把忍者的动画控制器赋给其他角色

13.1.7 　反向运动学(IK)

骨骼动画一般分为以下两种:前向动力学(Forward Kinematics,也称为 FK)和反向动力学(Inverse Kinematics,也称为 IK)。前向动力学是指完全遵循父子关系的层级,用父层级带动子层级的运动,例如手臂带动手掌的运动。与前向动力学相反,反向动力学是依据子关节的最终位置、角度来反求出父关节甚至整个骨架的形态,例如使用手掌去拿起某个物体时,其手臂也会跟着运动起来。使用反向动力学可以只控制子关节的位置和角度,便能够自动计算出父骨骼的位置和角度。在 Mecanim 动画系统中,提供了对 IK 的控制。

[1] 打开 Chapter13-Mecanim 工程中的 IKTest 场景,场景中的角色已经添加了 Avator 和 Ethan Animation Controller 状态机。如图 13-82 所示。这个例子将使用手掌上的小球来控制角色右手臂的运动。

图 13-82　初始场景

[2] 打开 IK 通道。在 Project 窗口中找到 Ethan Animation Controller 并选择,在 Animator 窗口中显示该状态机,在基础图层(BaseLayer)上找到 IK Pass 选项并勾选。如果不需要使用 IK 时,建议把这个选项去掉,否则会占用计算机资源,如图 13-83 所示。

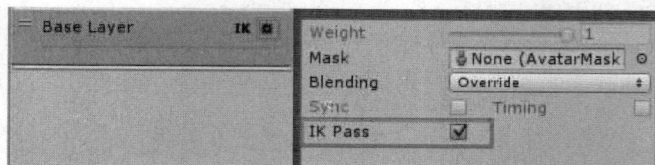

图 13-83　使 IK 通道生效

[3] 新建一个 C# 脚本,命名为 IKCtrl,并输入以下代码:

```csharp
1   using UnityEngine;
2   using System.Collections;
3
4   public class IKCtrl : MonoBehaviour
5   {
6       protected Animator animator;
7       public bool ikActive = false;
8       public Transform rightHandObj = null; //右手掌控制辅助对象
9
10      void Start()
11      {
12          animator = GetComponent<Animator>();
13      }
```

432

```
14
15      void OnAnimatorIK()
16      {
17          if(animator)
18          {
19              //如果 isActive 的值为 True,则右手掌的位置和角度由 rightHandObj 决定
20              if(ikActive)
21              {
22                  //设置 IK 权重,当权重为 1 时,右手掌的位置和角度全由 IK 目标(即
                    rightHandObj)来决定
23                  animator.SetIKPositionWeight(AvatarIKGoal.RightHand,1.0f);
24                  animator.SetIKRotationWeight(AvatarIKGoal.RightHand,1.0f);
25                  //设置右手掌的最终位置到 rightHandObj 上
26                  if(rightHandObj! = null)
27                  {
28                      animator.SetIKPosition(AvatarIKGoal.RightHand,rightHandObj.
                        position);
29                      animator.SetIKRotation(AvatarIKGoal.RightHand,rightHandObj.
                        rotation);
30                  }
31              }
32              //当 isActive 为 false 时,设置它的 IK 权重为 0,表示右手掌重新回到当前动画
                剪辑所控制的位置上
33              else
34              {
35                  animator.SetIKPositionWeight(AvatarIKGoal.RightHand,0);
36                  animator.SetIKRotationWeight(AvatarIKGoal.RightHand,0);
37              }
38          }
39      }
40  }
```

[4] 把该代码添加到场景中角色对象上,并把场景中的 Sphere 赋值给 RightHandObj 属性。运行游戏,此时角色按照状态机的设置播放动画,当把脚本组件中的 IKActive 属性勾上之后,在 Scene 窗口中移动或者旋转辅助球体 Sphere,会发现,右手臂也会跟着辅助球体运动起来。如图 13-84 所示。

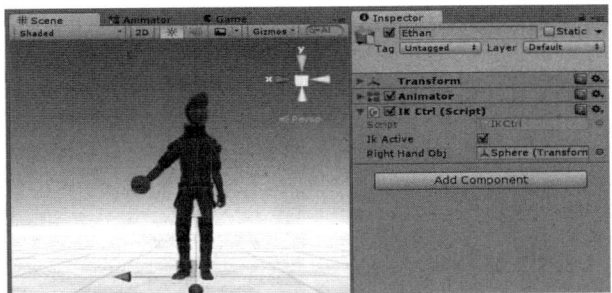

图 13-84　最终效果

以上几节介绍了 Mecanim 动画系统中二足动物动画的功能和例子。在资源商店（Asset Store）还有由官方提供的范例工程，该范例工程较为完整地展示了 Mecanim 的功能，如果需要深入了解的话，可以导入该工程进行学习。在商店中搜索关键字 Mecanim Example Scnes，便能够找到，如图 13-85 所示。

图13-85　在 Assets Store 上提供的 Mecanim 范例

13.2　不规则骨骼动画

在一些游戏中有很多非二足角色的动画，这里暂且称该类型为不规则骨骼结构动画。对于不规则骨骼结构的动画其用法与二足角色动画差不多，包括动画状态机和脚本控制等等。其主要区别是在导入 Unity3D 之后，把 Rig 面板中把 Animation Type 属性改为 Generic，而且不用对它的 Avatar 进行配置，如图 13-86 所示。下面介绍不规则骨骼动画的用法。

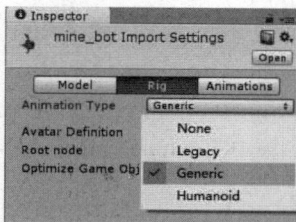

图 13-86　修改动画类型为"Generic"（一般）类型

［1］打开 Chapter13-Mecanim 工程中的 GenericAnimTest 场景，如图 13-87 所示。

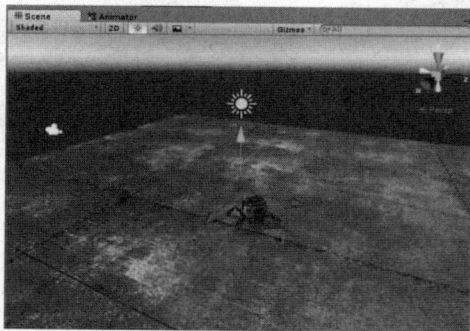

图 13-87　初始场景

［2］在 Project 窗口中选择 MineBot 目录,该目录包括了模型文件以及该模型的所有动画序列,模型文件已经有一个名为 mine_botAvatar 的 Avatar(当使用 Generic 类型的动画时,Unity3D 也会为该模型添加一个 Avatar,该 Avatar 不用对它进行骨骼配置),而且在 Inspector 窗口中的 Rig 面板中的 Animation Type 属性为 Generic,如图 13-88 所示。

［3］新建一个动画状态机(动画控制器),命名为 MineBotAnimCtrl。如图 13-89 所示。

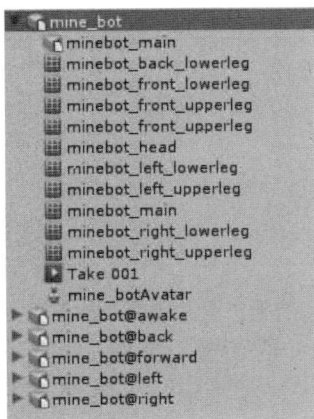

图 13-88　该角色的动画序列资源　　　　图 13-89　新建动画控制器

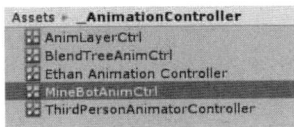

［4］创建动画状态。打开 MineBotAnimCtrl,新建一个动画状态,并命名为 Awake,为它的 motion 属性添加一个 Awake 动画剪辑,如图 13-90 所示。

［5］新建一个 BlendTree,命名为 Locotion,用于融合过渡几个行走动画。如图 13-91 所示。

图 13-90　新建动画状态　　　　　　　图 13-91　新建一个融合树

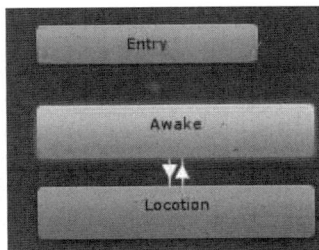

［6］设置 Locotion。双击 Locotion 进入 BlendTree 编辑模式。在 Inspector 窗口中,会显示该 BlendTree 的属性。先将 BlendTree 的模式修改为 2DSimpleDirectional。然后点击 Motion 属性右下角的加号,选择 Add Motion Field,在动画序列属性上添加 back 动画序列。接着重复该步骤,最后的设置如图 13-92 所示。

［7］设置自定义参数。在 Pamemeters 中添加两个 float 类型的自定义变量,并命名为 Horizontal 和 Vertical,该变量用于控制 Locotinon 中的动画剪辑之间的融合。如图 13-93 所示。

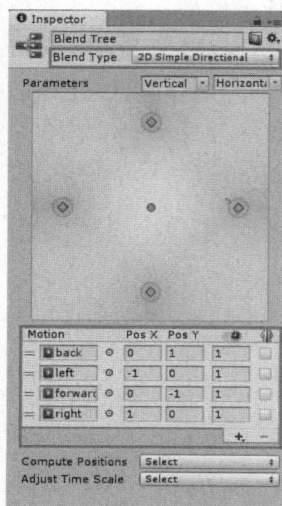

图 13-92　设置融合树

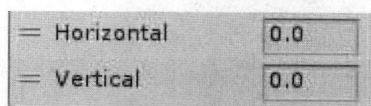

图 13-93　添加一个 float 类型的自定义变量

〔8〕设置动画剪辑融合点。选择 Locotion 融合树，在 Inspector 窗口中显示的 Parameter 属性设置成 Vertical 和 Horizontal，最后将 Pos X 和 Pos Y 设置成如图 13-94所示。

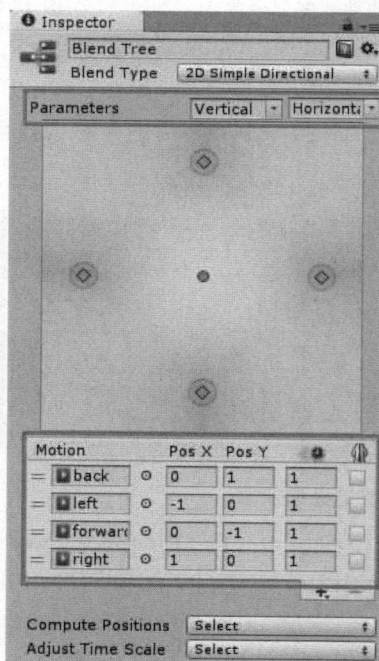

图 13-94　设置动画融合权重

〔9〕建立 Awake 和 Locotion 动画状态之间的转移。双击 Animator 窗口中的空白处，退出 BlendTree 编辑状态。在 Awake 和 Locotion 之间建立两个转移箭头，如图 13-95所示。

［10］设置状态转移条件。在 Parameters 中新建一个 float 类型的自定义变量，命名为 Speed。如图 13-96 所示。

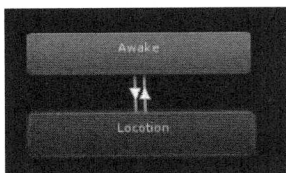

图 13-95　创建动画转移　　　　图 13-96　新建一个 float 类型的自定义变量

［11］选择 Awake 状态到 Locotion 状态之间的转移箭头，设置 Condition 中的变量为 Speed，判断条件为 Greater，值为 0.1，如图 13-97 所示。

［12］选择 Locotion 状态到 Awake 状态之间的转移箭头，设置 Condition 中的变量为 Speed，判断条件为 Less，值为 0.1，如图 13-98 所示。

图 13-97　修改动画转移条件　　　　图 13-98　修改动画转移条件

［13］添加一个 bool 类型的自定义变量，用于判断是否弹跳，并命名为 Jump。如图 13-99 所示。

［14］在场景中选择 mine_bot 对象，把 MineBotAnimCtrl 赋值给 Animator 组件中的 Controller 属性，如图 13-100 所示。

图 13-99　添加一个 bool 型的自定义变量

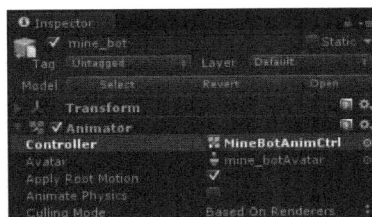

图 13-100　把 MineBotAnimCtrl 赋值给 Animator 组件中的 Controller 属性

［15］新建一个 C♯脚本，命名为 MineBot，输入以下代码：

```
1   using UnityEngine;
2   using System.Collections;
3
4   public class MineBot ：MonoBehaviour
5   {
6       protected Animator animator;
```

437

```
7
8      void Start()
9      {
10            animator = GetComponent<Animator>();
11     }
12
13     void Update()
14     {
15           if (animator)
16           {
17               bool jump = Input.GetButton("Fire1");
18               float h = Input.GetAxis("Horizontal");
19               float v = Input.GetAxis("Vertical");
20               //使用 h * h + v * v 保证该值不为零
21               animator.SetFloat("Speed", h * h + v * v);
22               //获得角色需要移动的朝向
23               animator.SetFloat("Horizontal", v);
24               animator.SetFloat("Vertical", h);
25               animator.SetBool("Jump", jump);
26               Rigidbody rigidbody = GetComponent<Rigidbody>();
27               //使用刚体控制角色的移动,此角色已经添加了一个球形刚体
28               if (rigidbody)
29               {
30                   Vector3 speed = rigidbody.velocity;
31                   speed.x = 4 * h;
32                   speed.z = 4 * v;
33                   rigidbody.velocity = speed;
34                   if (jump)
35                   {
36                       rigidbody.AddForce(Vector3.up * 20);
37                   }
38               }
39           }
40     }
41  }
```

[16] 把该代码添加到 MineBot 对象上,运行游戏,当按下 WASD 按键时,角色的动画开始播放起来。但是此时有两个问题:第一,角色的 Awake 动画播放太快;第二,角色无法移动。

[17] 调节 Awake 动画的播放速度。选择 MineBotAnimCtrl,在 Animator 窗口中选择 Awake,在 Inspector 中设置它的动画播放速度(Speed)为 0.3,如图 13-101 所示。

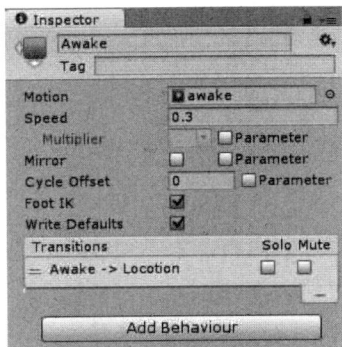

图 13-101　设置播放速度

[18] 对角色应用刚体物理。在场景中选择 MineBot 对象,在其 Animator 组件中把 Apply Root Motion 属性勾选掉,将 Update Mode 改为 Animate Physics,如图 13-102 所示。Apply Root Motion 属性用于使用 Transform 等组件来控制角色的运动,Animate Physics 使用物理模拟来控制。

[19] 锁定物理旋转效果。为了防止由于受到力的作用使得角色翻滚起来,需要把他刚体组件中的 Freeze Rotation 勾选上,如图 13-103 所示。

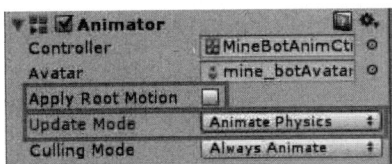

图 13-102　启用物理模拟

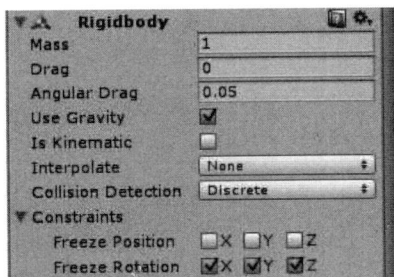

图 13-103　冻结角色的 Rotation 属性

[20] 运行游戏,现在能够正常地播放动画,并能够通过 WASD 按键控制角色的行走,而用鼠标左键控制他的跳跃了。

13.3　无骨骼对象动画

无骨骼对象动画相对比有骨骼对象的动画较为简单,比如移动、旋转或者材质颜色渐变、灯光强弱变化等等,这些动画可以采用第三方建模软件制作或者使用脚本来控制,也可以使用 Unity3D 的曲线编辑器来编辑。采用第三方建模软件制作的动画建议使用 Mecanim 动画系统来控制。如果使用 Unity3D 的曲线编辑器,可以使用曲线关键帧和曲线类型来控制对象的运动方式,使用曲线编辑器可以方便地制作动画事件(所谓动画事件就是动画运动到某一帧时触发的事件,即调用某个函数)。

需要使用曲线编辑器编辑动画,可以在主菜单中选择【Windows】→【Animation】,弹出 Animation 编辑窗口,如图 13-104 所示。

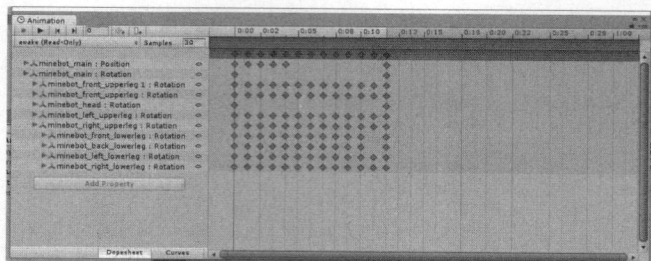

图 13-104　动画编辑窗口

该窗口顶端为编辑控制和时间线,窗口左边为对象的属性栏,窗口右边为曲线编辑器。Animation 窗口和 Hierachy 窗口、Scene 窗口以及 Inspector 窗口的联系非常紧密。在场景中选择某个对象,可以在 Animation 窗口的左边显示该对象的所有可控制属性,而属性可以通过 Animation 窗口或者 Inspector 窗口来编辑。接下来的例子介绍使用动画曲线编辑器以及动画事件的用法。

〔1〕打开 Chapter13-Mecanim 工程中的 AnimCurve 场景,该场景中有一个带尖刺的陷阱,现在使用曲线编辑器为尖刺制作动画效果,如图 13-105 所示。

〔2〕在场景中选择 pinchos(尖刺)对象,如图 13-106 所示。

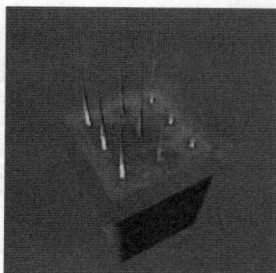

图 13-105　初始场景

图 13-106　选择 pinchos 对象

〔3〕打开 Animation 窗口。在主菜单中选择【Window】→【Animation】,弹出 Animation 窗口,该窗口的左边栏显示了 pinchos 对象的属性,如图 13-107 所示。

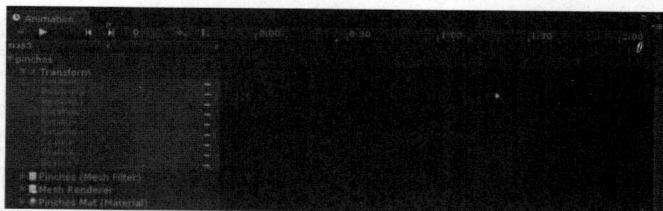

图 13-107　打开动画编辑窗口

〔4〕调整尖刺的位置。调整尖刺的位置,使它隐藏在石墩里面,如图 13-108 所示。

〔5〕启动动画编辑状态。点击 Animation 窗口中的左上角剪辑录制按钮█,此时会

弹出一个动画剪辑文件保存窗口,动画剪辑的扩展名为 Anim,把该动画剪辑命名为 Up. Anim,如图 13-109 所示。保存之后,编辑窗口中的游戏运行按钮等三个按钮变成了红色■■■■■,说明此时已经进入了动画编辑状态。

图 13-108　调整尖刺的位置

图 13-109　保存新建的动画剪辑文件

〔6〕调整尖刺弹出动画。在 Animation 窗口中选择 pinchos 的 Position. y 属性,点击该属性右边的小横杆,选择 Add Curve,为该属性添加一条控制曲线,如图 13-110 所示。添加控制曲线之后,Position 属性右边的小横杆根据 X、Y 和 Z 轴不同轴向变成不同颜色的棱形,在曲线编辑窗口也添加了对应的初始曲线。

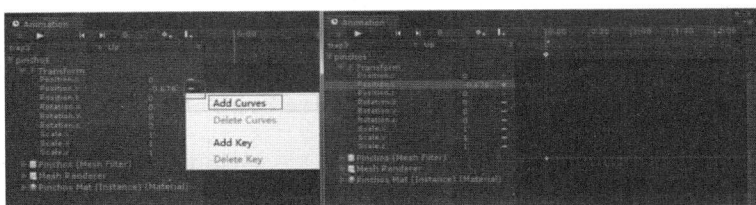

图 13-110　为属性添加曲线控制

〔7〕添加关键帧。选择 Position. y 属性,把动画播放标签移动到 0:30 处,在曲线上右键,选择【Add Key】,添加一个关键帧,如图 13-111 所示。

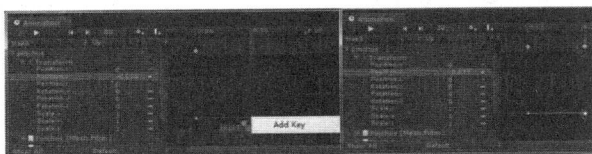

图 13-111　为曲线添加关键帧

〔8〕调整关键帧位置。选择第二个关键帧,在 Scene 窗口中把尖刺沿着 Y 轴往上移,此时 Position. y 对应的曲线也会根据尖刺调整的位置来改变位置,如图 13-112 所示。

图 13-112　修改尖刺的位置

〔9〕改变曲线类型。默认的曲线是直线形状,表示该属性值是匀速变化。为了提高

真实性,将第一个关键帧和第二个关键帧附近的曲线类型更改为切线平行类型,使它成为一条曲线。点击第一个关键帧(被选中的关键帧会变成白色的菱形),点击鼠标右键,在弹出的下拉菜单中选择 Flat 曲线类型,同样对第二个关键帧也采用 Flat 曲线类型,如图 13-113 所示。

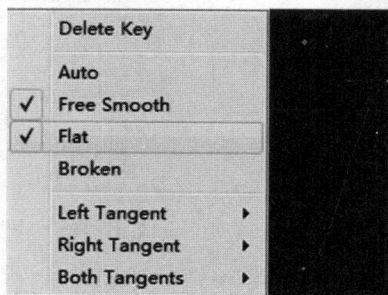

图 13-113　修改曲线两个端点的过渡类型

[10] 点击录制按钮右边的动画预览按钮 ，可以对动画进行预览。

[11] 添加尖刺收回动画。在 Animation 窗口中的左边栏上方,点击 Up(该动画为上面所制作的动画剪辑),在弹出的下拉菜单中选择【Create New Clip】,此时弹出动画剪辑保存窗口,与上图相同,这次把新添加的动画剪辑命名为 Down,保存之后,便进入该 Down 动画序列的编辑状态,如图 13-114 和图 13-115 所示。

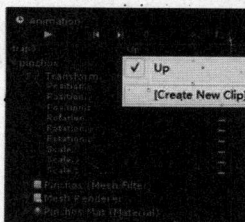

图 13-114　在同个对象中添加新的动画序列

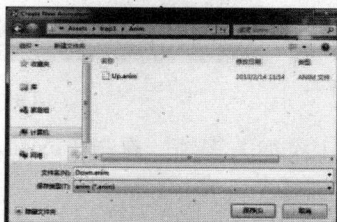

图 13-115　保存新的动画序列

[12] 复制 Up 动画剪辑第二个关键帧的值。为了使得尖刺收回的起始位置与尖刺弹出的最终位置相同,首先从 Down 的编辑状态切换到 Up 编辑状态,选择第二个关键帧,在 Inspector 窗口中把 Position 中的 Y 值拷贝下来(选择该值,配合 Ctrl+C 复制该值)。如图 13-116 所示。

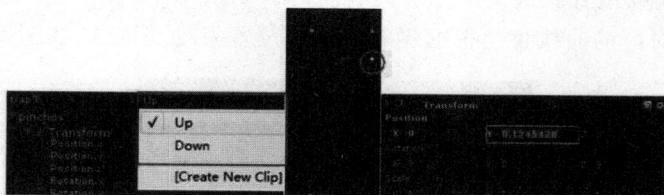

图 13-116　保证 Down 动画序列的起始帧与 Up 动画序列的结束帧中的对象的 Y 值相同

[13] 修改 Down 动画剪辑第一个关键帧的值,如图 13-117 所示。从 Up 动画剪辑状态转换到 Down 动画剪辑状态,选择第一个关键帧,在 Inspector 窗口中把 Position 的 Y

值全选，配合 Ctrl＋V 把上一个步骤的值复制过来，注意此时的动画播放标签应该与第一个关键帧对齐，如图 13-118 所示。

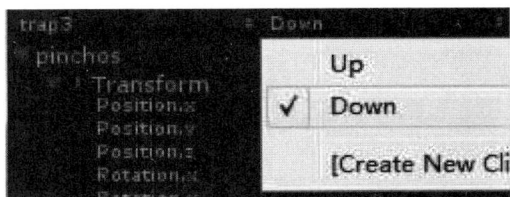

图 13-117　切换到 Down 动画序列编辑状态

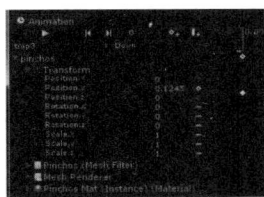

图 13-118　粘贴 Up 结束帧的值到 Down 的起始帧中

［14］添加第二个关键帧。把动画播放标签移动到 0∶30 处，把 Up 动画剪辑序列中的地一个关键帧的 Position.y 值复制给 Down 动画剪辑的第二个关键帧。此处不用手动添加关键帧，只要改变属性，Unity3D 会自动在动画标签的位置上添加关键帧。如图 13-119 所示。

［15］同样把该曲线的两个端点设置成 Flat 类型，如图 13-120 所示。

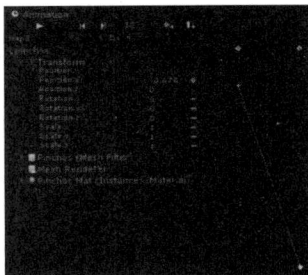

图 13-119　调整结束帧

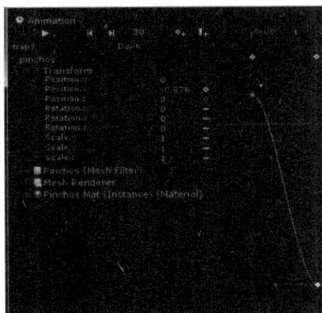

图 13-120　修改曲线两个端点的过渡类型

［16］两个动画剪辑编辑后，其动画信息保存在刚才保存的两个 Anim 文件中，要播放动画需要通过脚本来控制，如图 13-121 所示。

［17］在为某个对象添加动画剪辑之后，Unity3D 会自动为它添加一个 Animation 组件，该组件用于控制对象的动画播放。其中有两个属性需要注意，第一个是 Animation，它是设置对象的默认动画剪辑；第二个是 Animations，该属性可以添加所需要的动画剪辑，可以多个剪辑文件；第三个是 Play Automatically，如果勾选，表示会自动播放默认的动画序列，如果取消，则需要使用脚本来控制动画的播放，如图 13-122 所示。

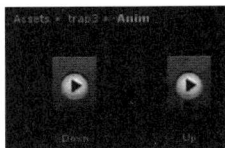

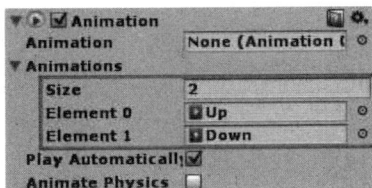

图 13-121　新制作的两个动画剪辑序列资源　图 13-122　把两个动画剪辑序列添加到对象的 Animation 组件上

［18］新建一个从 C♯脚本，命名为 TrapCtrl，并输入以下代码：

443

```
1   using UnityEngine；
2   using System. Collections；
3
4   public class TrapCtrl ：MonoBehaviour
5   {
6       private Animation animation；
7
8       void Start()
9       {
10          animation = GetComponent＜Animation＞()；
11      }
12
13      void Update()
14      {
15          //向上箭头弹起
16          if（Input. GetKeyUp(KeyCode. UpArrow)）
17          {
18              //判断是否有动画在播放和尖刺是否已经伸出
19              if（! animation. isPlaying）
20              {
21                  //播放 Up 动画剪辑
22                  animation. Play(" Up ")；
23              }
24          }
25          if（Input. GetKeyUp(KeyCode. DownArrow)）
26          {
27              if（! animation. isPlaying）
28              {
29                  animation. Play(" Down ")；
30              }
31          }
32      }
33  }
```

[19]把该脚本组件添加到 Trap3 对象上,运行游戏。按下并弹起键盘上的向上方向键,尖刺便弹出来,按下并弹起键盘上的向下方向键,尖刺便收回来。

[20]修正动画错误。当连续按下向上方向键时,Up 动画不断播放。此时可以通过很多途径来修正该错误,为了演示动画事件的作用,下面使用动画事件的方式来修正该错误。

[21]添加 Up 动画剪辑的动画事件。打开 Animation 窗口,选择 Up 动画剪辑,点击剪辑录制按钮进入动画编辑状态,把动画标签放在第二个关键帧上,点击【Add Event】按钮 ,如图 13-123 所示。此时在时间轴上的动画标签位置上添加一个柱形标签,表示此处添加了一个动画事件。也就是说,当动画播放到此处时,该动画事件会起作用,说简单

一些,就是当动画播放到此处时,会调用该处所添加的函数。

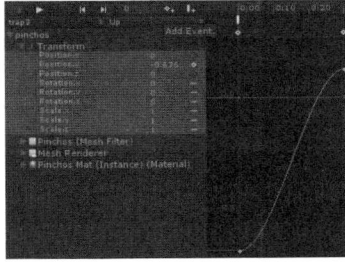

图 13-123　添加动画事件到 Up 动画剪辑序列的起始帧

[22] 分别对 Up 动画剪辑和 Down 动画剪辑的关键帧添加四个动画事件。

[23] 编写动画事件函数。打开 TrapCtrl 脚本,修改原来的代码,如下所示。

```
1    using UnityEngine;
2    using System.Collections;
3
4    public class TrapCtrl : MonoBehaviour
5    {
6        private Animation animation;
7        private bool isUpState = false;//当尖刺弹出完毕未收回时,其值为 true
8        private bool isDownState = false;//当尖刺收回完毕未弹起时,其值为 true
9
10       void Start()
11       {
12           animation = GetComponent<Animation>();
13       }
14
15       void Update()
16       {
17           //向上箭头弹起
18           if(Input.GetKeyUp(KeyCode.UpArrow))
19           {
20               //判断是否有动画在播放和尖刺是否已经伸出
21               if(! animation.isPlaying)
22               {
23                   //播放 Up 动画剪辑
24                   animation.Play("Up");
25               }
26           }
27           if(Input.GetKeyUp(KeyCode.DownArrow))
28           {
29               if(! animation.isPlaying)
```

```
30                    {
31                        animation.Play("Down");
32                    }
33                }
34          }
35
36          //自定义动画事件函数
37          void AnimUp()
38          {
39              isUpState = true;
40          }
41          void AnimUpStop()
42          {
43              isUpState = false;
44          }
45          void AnimDown()
46          {
47              isDownState = true;
48          }
49          void AnimDownStop()
50          {
51              isDownState = false;
52          }
53    }
```

[24] 在 Animation 窗口中，点击 Up 动画剪辑的第一个关键帧上的动画事件，弹出事件选择窗口，选择 AnimDownStop() 函数，如图 13-124 所示。

[25] 在 Up 动画剪辑的第二个关键帧上的动画事件添加 AnimUp() 函数。在 Down 动画剪辑的第一个关键帧上的动画事件添加 AnimUpStop() 函数，第二个关键帧上的动画事件添加 AnimDown() 函数。如图 13-125、图 13-126 和图 13-127 所示。

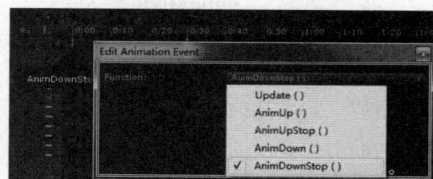

图 13-124   为动画事件添加被调用函数

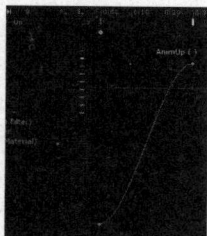

图 13-125   Up 动画剪辑序列的
结束帧动画事件被调用函数

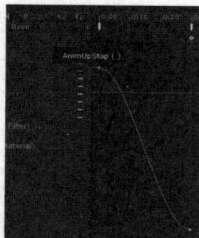

图 13-126   Down 动画剪辑序列
的起始帧动画事件被调用函数

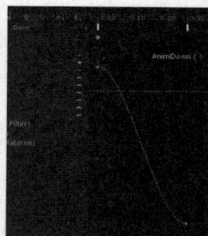

图 13-127   Down 动画剪辑序列的
结束帧动画事件被调用函数

[26] 运行游戏,由于动画事件的作用,使得能够根据动画的播放状态对两个开关变量 isUpState 和 isDownState 的值进行修改,最后在播放动画剪辑之前判断这两个开关变量的值,从而修正了以上的错误。

13.4　2D 动画

前面讲述的都是 3D 动画相关的内容,那假如我们正在制作的是一款 2D 游戏,我们怎样为我们的精灵(Sprite)添加动画呢?不用担心,Unity 的 2D 编辑器内置了一些和动画有关的工具,这让我们制作 2D 动画也变得轻松无比。

在 Unity 中,制作 2D 动画有两种方式。一种是利用帧动画的形式,还有一种就是拆分动画的形式。

13.4.1　帧动画

Unity 编辑器中的 2D 模式,让我们可以更加容易地制作出优秀的 2D 动画,使用编辑器内置的工具,我们可以导入精灵、填充我们的场景、添加物理效果或动画。

在这一节中,我们的例子是使用帧动画的形式创建下面机器人所用到的动画。

01 导入资源。Unity 2D 资源一般都会在外部制作好,然后导入 Unity 中使用。笔者建议最好将同一类的资源(如一个角色的行走动画)拼接在一张图中,这样可以减少资源。

[1] 打开 2D Animation 工程。打开 RobotBoy 场景,如图 13-128 所示。

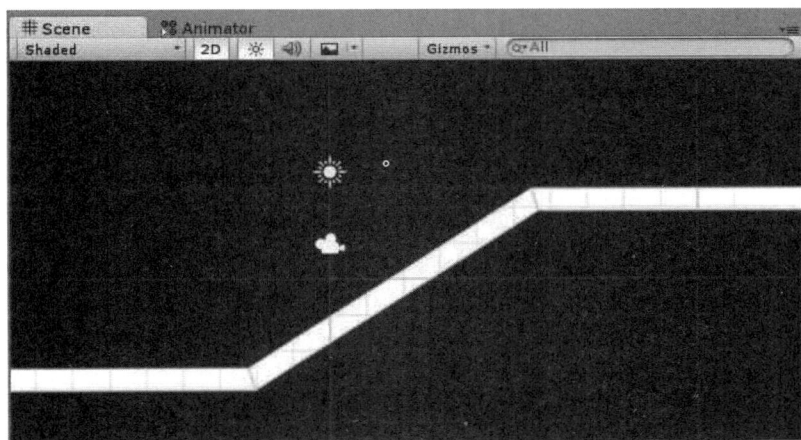

图 13-128　初始场景

[2] 在 Project 窗口中我们打开 Sprites 文件夹,该文件夹内包含了我们制作 2D 动画所需要的图片资源,如图 13-129 所示。

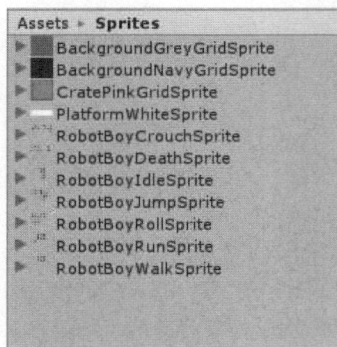

图 13-129　精灵图片资源

[3] 选中 RobotBoyCrouchSprite，在检视面板（Inspector）中我们可以看到精灵（Sprite）的属性列表。如图 13-130 所示。

图 13-130　精灵属性面板

02 切割图片。同时我们发现在检视面板（Inspector）下面的预览窗口中，有张图片是由很多个图片拼接而成的精灵图集，精灵图集在 Unity 中是十分常见的。如图 13-131 所示。

图 13-131　精灵编辑窗口

[1] Unity 中的 2D 动画的一种制作方式的原理和老式的电影放映机有点像，就是快速的播放一组连续的图片，这样看起来就好像画面动起来了。但是现在这些动作在一张图片中，要想将其连续的播放，我们在制作动画之前就需要将它切割。

[2] 选中 RobotBoyCrouchSprite，然后将检视面板（Inspector）的 Sprite Mode 属性改为 Multiple，之后点击【Sprite Editor】按钮，打开精灵编辑器窗口。如图 13-132 所示。

图 13-132　打开精灵编辑窗口

[3] 这时会弹出一个对话框，选择应用（Apply）即可。这时候我们发现系统已经帮我们自动切割好了。由于图片比较规范，所以我们不需要再对其做其他调整了，如果图片切割得不规范，那么就需要我们手动调整了，同时该工具也提供了好几种切割的方式，请自行尝试。如图 13-133 所示。

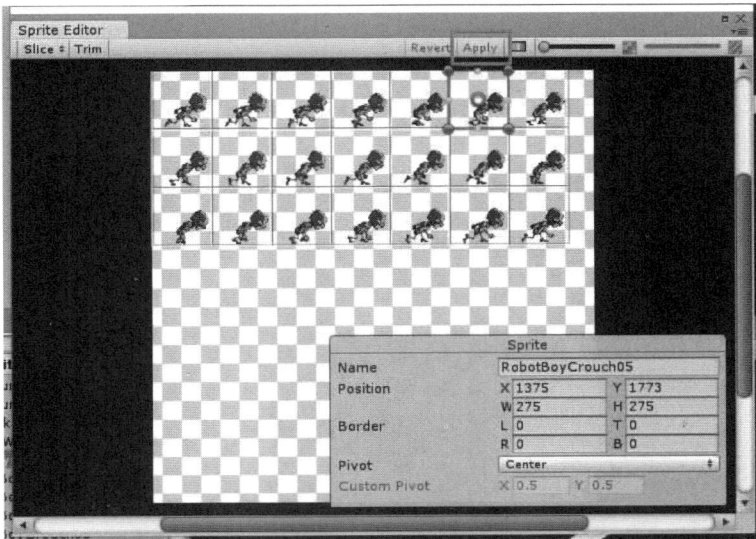

图 13-133　切分精灵片段

[4] 调整图片的时候，当我们选中其中的一个图片，会发现这个图片的四周出现了一

个蓝色的方框,我们可以通过拖拉,放大或缩小切割的图片的尺寸。我想读者们应该也发现了,图片中间有一个小圆圈,这个小圆圈可是十分重要,它代表图片的中心。当我们切割完图片之后,我们可以点击上方的 Apply 按钮,将操作应用到图片上,这里由于自动切割的结果已经很好了,所以我们不作出任何修改,此时 Apply 按钮是灰色的。

［5］关闭精灵编辑器窗口,然后在 Project 窗口中我们打开 Sprites 文件夹,点击 RobotBoyCrouchSprite 左边的小三角形,我们发现下面自动创建了 21 个精灵。如图 13-134 所示。

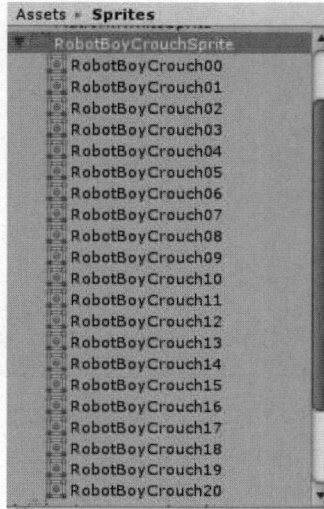

图 13-134　切分好的精灵资源

03 制作动画。终于到了最重要的一步了,制作动画。

［1］前面也说了,我们这里制作的动画是通过不停地播放一系列连续的动作图片来让人们在视觉上感觉角色在动,其实就是帧动画,那我们是不是需要创建 21 个关键帧,然后将图片一张一张的拖上去呢? Unity 为我们提供了一种更为便捷的方法,由多个精灵自动生成动画。

［2］我们先选中 RobotBoyCrouchSprite 下的所有的精灵。如图 13-135 所示。

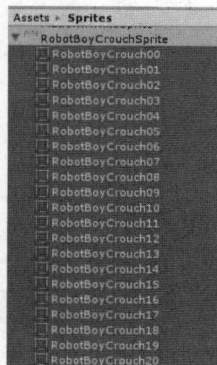

图 13-135　选择所有精灵片段资源

［3］然后将他们拖到层级面板中（Hierarchy），这时候会自动弹出一个对话框，选择一个位置用来保存动画。这里我们在 Assets 文件夹下创建一个 Animations 文件夹，然后选中该文件夹，将文件名设为 Crouch，点击保存。如图 13-136 所示。

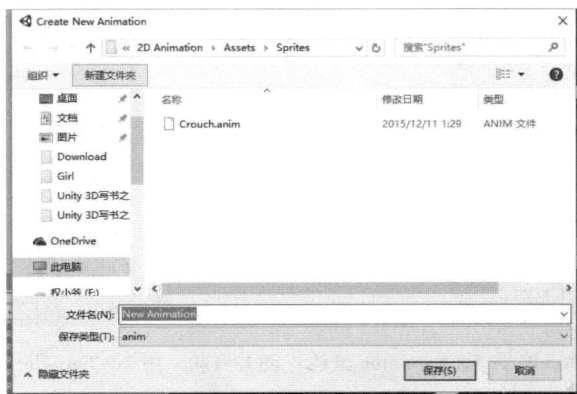

图 13-136　保存动画

［4］这时候在 Project 窗口中的 Animations 文件夹下，我们发现系统自动为我们创建了一个名为 RobotBoyCrouch 的动画剪辑和 RobotBoyCrouch00 的动画控制器。我们将动画控制器的名字设为 2dCharacterAnimator。如图 13-137 所示。

［5］重复前面的操作，制作剩下的动画。删除多余的动画控制器，最后的资源列表如图 13-138 所示。

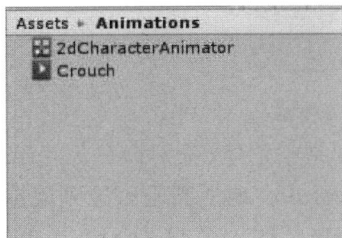

图 13-137　动画资源

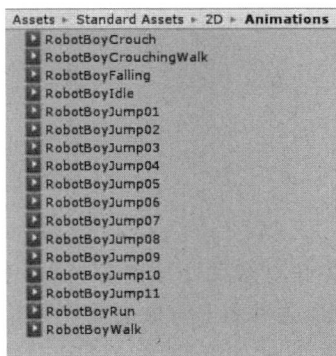

图 13-138　创建其他动画资源

04 创建主角。动画创建完成之后，我们便需要创建主角了。

［1］在层级面板中（Hierarchy）右键→2D Object→Sprite，创建一个精灵，命名为 CharacterRobotBoy。选中 CharacterRobotBoy，我们可以在检视面板中（Inspector）看到系统已经自动为我们添加了 Sprite Renderer 组件和 Animator 组件。如图 13-139 所示。

［2］我们发现 Sprite Renderer 组件的 Sprite 属性目前为空，所以我们现在在场景中什么也看不到，我们需要为它添加一个精灵。我们点击 Sprites 文件夹下的 RobotBoy-IdleSprite 精灵图集左边的小三角形，然后将下拉框中的 RobotBoyIdleSprite00 拖动到 Sprites 上，这样我们就能在场景中看到一个萌萌哒的机器人啦。

451

〔3〕由于动画师组件和前面一样,所以我们就不详细介绍了。我们将 Animations 文件夹下的 2dCharacterAnimator 拖动到 Animator 组件的 Controller 上。如图 13-140 所示。

图 13-139   添加 SpriteRenderer 和 Animator 组件   图13-140   把 2dCharacterAnimator 赋给 Controller

〔4〕接下来我们先为主角添加一个刚体组件(Rigidbody)。

〔5〕添加碰撞盒。我们需要为主角添加两个碰撞盒,一个是方形碰撞盒(Box Collider 2D)和一个圆形碰撞盒(Circle Collider 2D),并对其位置和大小进行调整,如图 13-141 所示。

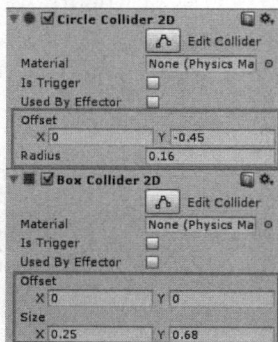

图 13-141   添加碰撞盒

〔6〕为主角创建两个子对象,这两个子对象都是空物体,分别命名为 GroundCheck 和 CeilingCheck,这两个子对象的功能是检测角色是否站在地上和是否撞到墙壁。所以我们还需要对其位置做下调整。如图 13-142、图 13-143、图 13-144 所示。

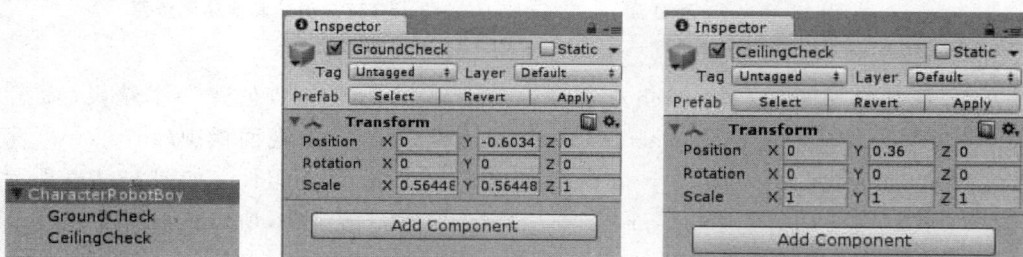

图 13-142   创建空物体   图13-143   设置 GroundCheck 位置   图 13-144   设置 Ceiling Check 位置

❺ 制作状态机。Unity 2D 同样也需要用状态机来管理剪辑之间的转换,由于这和

3D 动画的情况并没有什么差别,所以我就简单地说一下。

　　[1] 首先选中角色,然后打开 Animator 窗口,我们看到当前状态机如图 13-145 所示。

　　[2] 创建 BlendTree。在 Animator 窗口中鼠标右键,在弹出的下拉菜单中选择【Create State】→【From new Blend Tree】,并命名为 Jumping,如图 13-146 所示。为了让角色跳跃动画更加自然,所以我们在这里用到了融合树。

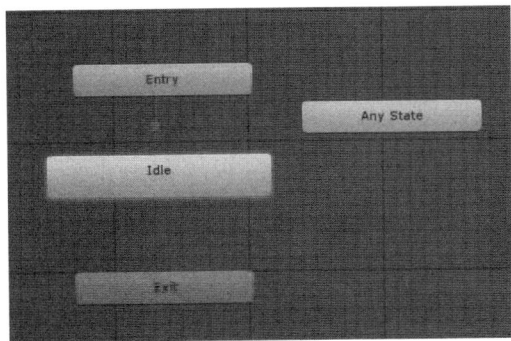

图 13-145　创建状态机　　　　　　　　　　图 13-146　创建融合树

　　[3] 双击 Jumping 动画状态,进入 BlendTree 编辑窗口,如图 13-147 所示。

　　[4] 选择 BlendTree,在 Inspector 窗口中显示它的属性面板,然后我们将其名字修改为 Jumps,如图 13-148 所示。

图13-147　进入 BlendTree 编辑窗口　　　　图 13-148　修改融合树的名称

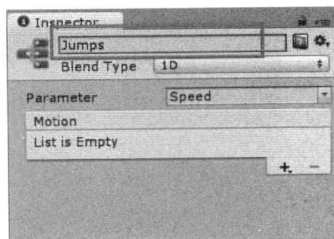

　　[5] 点击 Motion 下面的＋号,在弹出的下拉菜单中选择【Add Motion Field】,添加一个动画序列,如图 13-149 所示。

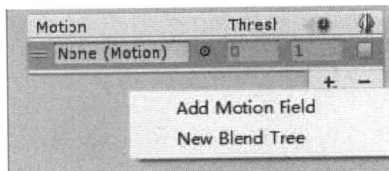

图 13-149　为融合树添加动画序列

　　[6] 点击 None(Motion)后面的小圆圈,打开 Select Motion 面板,选择 RobotBoy-Jump01 动画序列。

　　[7] 重复十次步骤 5、步骤 6,然后分别修改其阈值,如下图 13-150 所示。

　　[8] 为状态机添加一个自定义变量。Float 类型的 vSpeed,并将 BlendTree 的 Param-

eter 属性设置为 vSpeed。如下图 13-151 所示。

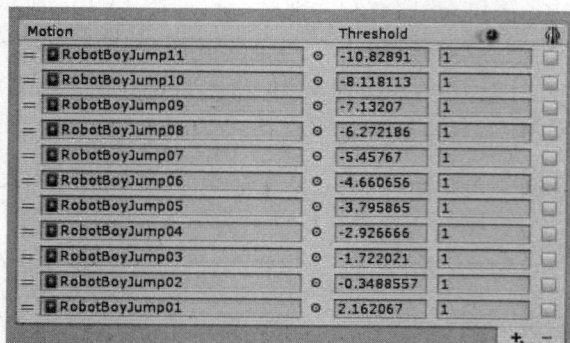

图 13-150　为融合树添加所有动画序列

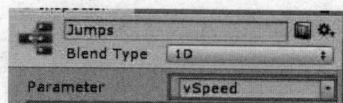

图 13-151　添加状态控制属性

　　[9] 双击 Animator 窗口的空白处,退出 BlendTree 编辑状态,此时该 BlendTree 也成为一个普通的动画状态,只是该动画状态包括了 11 个动画的融合。把 Idle 和 Jumping 进行状态转移连接。

　　[10] 再创建 4 个状态,分别命名为 Walk、Run、Crouch、CrouchingWalk,这 4 个状态各自的 Motion 属性所对应的动画剪辑分别为:RobotBoyWalk、RobotBoyRun、Robot-BoyCrouch、RobotBoyCrouchingWalk。然后对状态机中的所有状态进行状态转移连接。如下图 13-152 所示。

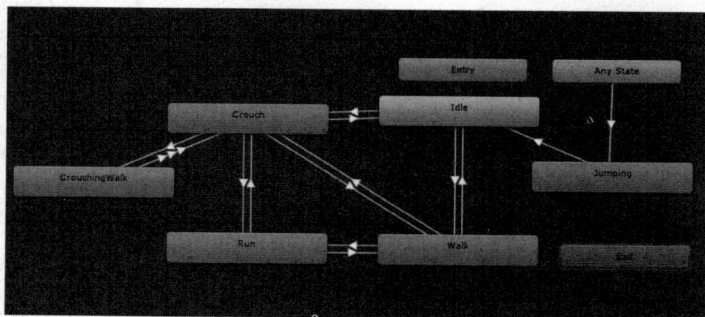

图 13-152　状态机最终效果

　　[11] 为该状态机新建三个自定义变量,分别是 Float 类型的 Speed 和 Bool 类型的 Ground 以及 Bool 类型的 Crouch。

　　[12] 为转换设置 Condition 属性。

　　1)选中 Any State 到 Jumping 状态的转移箭头,设置 Condition 的属性为 Ground,并设置成 false。

　　2)选中 Jumping 到 Idle 状态的转移箭头,设置 Condition 的属性为 Ground,并设置成 true。

　　3)选中 Idle 到 Walk 状态的转移箭头,并设置成大于(Greater),其值为 0.01,表示当 Speed > 0.01 时,状态从 Idle 转移到 Walk 状态上。

　　4)选中 Walk 到 Idle 状态的转移箭头,设置 Condition 的属性为 Speed,并设置成小于

（Less），其值为 0.01。

5）选中 Idle 到 Crouch 状态的转移箭头，设置 Condition 的属性为 Crouch，并设置成 true。

6）选中 Crouch 到 Idle 状态的转移箭头，这里我们需要两个限制条件。首先添加两个 Condition 属性，设置第一个 Condition 的属性为 Crouch，并设置成 false。然后设置第二个 Condition 的属性为 Speed，并设置成小于（Less），其值为 0.01。

7）选中 Walk 到 Crouch 状态的转移箭头，设置 Condition 的属性为 Crouch，并设置成 true。

8）选中 Crouch 到 Walk 状态的转移箭头，设置 Condition 的属性为 Crouch，这里我们需要两个限制条件。首先添加两个 Condition 属性，设置第一个 Condition 的属性为 Crouch，并设置成 false。然后设置第二个 Condition 的属性为 Speed，并设置成大于（Greater），其值为 0.01。

9）选中 Run 到 Crouch 状态的转移箭头，设置 Condition 的属性为 Crouch，并设置成 true。

10）选中 Crouch 到 Run 状态的转移箭头，设置 Condition 的属性为 Crouch，这里我们需要两个限制条件。首先添加两个 Condition 属性，设置第一个 Condition 的属性为 Crouch，并设置成 false。然后设置第二个 Condition 的属性为 Speed，并设置成大于（Greater），其值为 0.1。

11）选中 Run 到 Walk 状态的转移箭头，并设置成大于（Greater），其值为 0.1。

12）选中 Run 到 Walk 状态的转移箭头，设置 Condition 的属性为 Speed，并设置成小于（Less），其值为 0.1。

13）选中 CrouchingWalk 到 Crouch 状态的转移箭头，设置 Condition 的属性为 Speed，并设置成小于（Less），其值为 0.01。

14）选中 Crouch 到 CrouchingWalk 状态的转移箭头，设置 Condition 的属性为 Crouch，这里我们需要两个限制条件。首先添加两个 Condition 属性，设置第一个 Condition 的属性为 Crouch，并设置成 true。然后设置第二个 Condition 的属性为 Speed，并设置成大于（Greater），其值为 0.01。

06 添加代码。

[1] 接下来就是添加代码来控制这些转换了。新建一个 C＃脚本，并命名为 PlatformerCharacter2D，输入以下代码：

```
1  using System；
2  using UnityEngine；
3
4  namespace UnityStandardAssets._2D
5  {
6      public class PlatformerCharacter2D ：MonoBehaviour
7      {
8          [SerializeField] private float m_MaxSpeed ＝ 10f；//角色在 X 轴移动的最快速度
9          [SerializeField] private float m_JumpForce ＝ 400f；//角色跳跃时添加的力
```

```
10          [Range(0, 1)] [SerializeField] private float m_CrouchSpeed = .36f; //下蹲时的
            速度占最大速度的比例,1 = 100%
11          [SerializeField] private bool m_AirControl = false; //玩家是否可以在跳跃的时候
            控制角色移动
12          [SerializeField] private LayerMask m_WhatIsGround; //地面的遮罩,判断什么东
            西对角色来说是地面
13
14          private Transform m_GroundCheck; //位置标记,用于判断角色是否在地面的重叠
            圆的位置
15          const float k_GroundedRadius = .2f; //确定是否在地面上的重叠圆的半径
16          private bool m_Grounded; //玩家是否在地面
17          private Transform m_CeilingCheck; //位置标记,用于判断角色是否撞到天花板的
            重叠圆的位置
18          const float k_CeilingRadius = .01f; //确定是否可以站起来的重叠圆的半径
19          private Animator m_Anim; //角色的动画组件
20          private Rigidbody2D m_Rigidbody2D; //角色的刚体组件
21          private bool m_FacingRight = true;   //用来判断当前角色的方向
22          private void Awake()
23          {
24              // Setting up references.
25              m_GroundCheck = transform. Find(" GroundCheck ");
26              m_CeilingCheck = transform. Find(" CeilingCheck ");
27              m_Anim = GetComponent<Animator>();
28              m_Rigidbody2D = GetComponent<Rigidbody2D>();
29          }
30
31
32          private void FixedUpdate()
33          {
34              m_Grounded = false;
35
36              //用重叠圆的方法检测角色是否在地面上;
37              Collider2D[] colliders = Physics2D. OverlapCircleAll(m_GroundCheck. posi-
                tion, k_GroundedRadius, m_WhatIsGround);
38              for (int i = 0; i < colliders. Length; i++)
39              {
40                  if (colliders[i] .gameObject ! = gameObject)
41                      m_Grounded = true;
42              }
43              m_Anim. SetBool(" Ground ", m_Grounded);
44
45              //设置竖直方向的动画
```

```
46              m_Anim.SetFloat(" vSpeed ", m_Rigidbody2D.velocity.y);
47          }
48
49
50          //角色移动函数
51          public void Move(float move, bool crouch, bool jump)
52          {
53              //如果角色是蹲着的,检测判断角色是否站起来了
54              if (! crouch && m_Anim.GetBool(" Crouch "))
55              {
56                  //如果在角色站起来的头顶有天花板,那么让角色继续蹲着。
57                  if (Physics2D.OverlapCircle(m_CeilingCheck.position, k_CeilingRadius,
                    m_WhatIsGround))
58                  {
59                      crouch = true;
60                  }
61              }
62
63              m_Anim.SetBool(" Crouch ", crouch);
64
65              //only control the player if grounded or airControl is turned on
66
67              //如果角色需要跳起来
68              if (m_Grounded && jump && m_Anim.GetBool(" Ground "))
69              {
70                  //给角色添加一个竖直方向的力
71                  m_Grounded = false;
72                  m_Anim.SetBool(" Ground ", false);
73                  m_Rigidbody2D.AddForce(new Vector2(0f, m_JumpForce));
74              }
75          }
76
77
78          private void Flip()
79          {
80              // Switch the way the player is labelled as facing.
81              m_FacingRight = ! m_FacingRight;
82
83              // Multiply the player's x local scale by-1.
84              Vector3 theScale = transform.localScale;
85              theScale.x *= -1;
86              transform.localScale = theScale;
```

```
87                }
88            }
89    }
```

[2] 为了能让角色真正动起来,我们还需要添加一脚本。新建一个 C♯脚本,并命名为 Platformer2DUserControl,输入以下代码:

```
1    using System;
2    using UnityEngine;
3    using UnityStandardAssets.CrossPlatformInput;
4
5    namespace UnityStandardAssets._2D
6    {
7        [RequireComponent(typeof(PlatformerCharacter2D))]
8        public class Platformer2DUserControl : MonoBehaviour
9        {
10            private PlatformerCharacter2D m_Character; // PlatformerCharacter2D 脚本对象
11            private bool m_Jump; //判断角色是否跳跃
12
13
14            private void Awake()
15            {
16                m_Character = GetComponent<PlatformerCharacter2D>(); //获取角色身
                     上的 PlatformerCharacter2D 脚本组件
17            }
18
19
20            private void Update()
21            {
22                if (! m_Jump)
23                {
24                    //在 Update 函数里读取跳跃键(空格)的输入,这样不会错过
25                    m_Jump = CrossPlatformInputManager.GetButtonDown("Jump");
26                }
27            }
28
29
30            private void FixedUpdate()
31            {
32                //读取输入(左 Control 键)
33                bool crouch = Input.GetKey(KeyCode.LeftControl);
34                float h = CrossPlatformInputManager.GetAxis("Horizontal");
35                //把所有参数传递给角色控制脚本。
```

36	m_Character.Move(h，crouch，m_Jump)；
37	m_Jump = false；
38	}
39	}
40	}

［3］把这两段代码添加给 CharacterRobotBoy 对象。这样就大功告成啦！

13.4.2　用拆分的方法制作 2D 动画

前面讲了我们如何用帧动画制作角色动画。除了这种方法外，我们还有另外一种制作 2D 动画的方法，就是将一个整体拆分成很多个部分，然后对这些部分分别添加动画。举个例子，假如我们要为上一节中的机器人添加动画，我们可以将机器人拆分成腿、胳膊、身体、头四个部分，然后分别为这四个部分添加属性动画，这样同样可以达到我们需要的效果。接下来我们就通过一个例子来说说应该怎样制作这样一个动画。

我们这一节用到的例子是官方提供的一个叫土豆人的例子。在这里我们就不详细的介绍这款游戏的制作流程了，这一节仅仅会介绍主角动画部分的教程。

❶ 导入资源。这里我们直接从 Asset Store 导入该资源即可。

［1］在 Unity 中打开 Asset Store 窗口（Windows→Asset Store）。

［2］在搜索框中输入 2D Platformer，点击搜索。我们可以看到第一个游戏就是我们要找的资源。如图 13-153 所示。

［3］点击打开该资源，然后单击 Download 按钮，开始下载。资源下载完成之后，会出现下面的提示框。点击 All，然后点击 Import 按钮。如图 13-154 所示。

图13-153　资源商店上的 2D 游戏范例

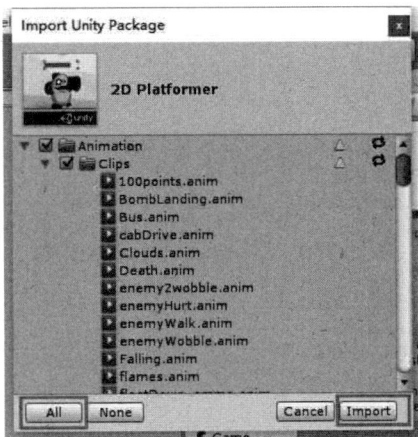

图13-154　导入资源

❷ 组合主角。这里我们就不详细介绍场景搭建什么的了，主要讲怎样制作主角的动画。在为主角添加动画之前，我们要先将主角的精灵图集中的主角的各个部分拼成一个主角。

［1］首先我们找到 Sprites→_Character 目录下的 char_hero_beanMan。然后点击左

边的小三角形,可以发现资源已经替我们切割好了。这里的切割方式和上一节相同,所以我们就不详细介绍了。如图 13-155 所示。

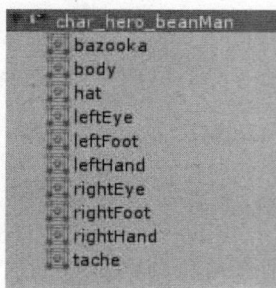

图 13-155　角色资源

〔2〕首先在场景中创建一个空对象(Empty Gameobject),然后命名为 hero。

〔3〕创建 Sprite。我们先选中上图中的 bazooka,然后将其拖到 Hierarchy 面板里面,我们会发现系统自动为我们生成了一个名为 bazooka 的 Sprite 游戏对象。拖动 bazooka,让它变成 hero 的子对象。

〔4〕调整 bazooka 的位置,把它摆到一个合适的位置。

〔5〕重复第 3、第 4 两步,把 hero 的其他部分也创建成游戏对象。如图 13-156 和图 13-157 所示。

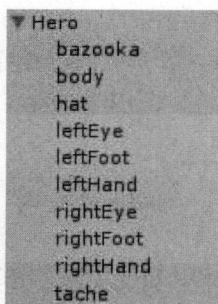

图 13-156　角色组装

图 13-157　角色组装效果

〔6〕现在我们看主角是不是还觉得有点奇怪呢?没错,没有层次,虽然现在看着好像没什么问题,但是为了后面我们要添加的动画我们还是需要为他们添加一些层次的。这里我们通过调整他们的 Z 轴来直接调整他们的前后层次。他们 Z 轴值对应关系如表 13-3 所示。

表 13-3　身体各部位与 Z 轴对应关系

身体部位	Z 轴值
Bazooka	1
hat	0
leftEye	−1

身体部位	Z 轴值
leftFoot	0
leftHand	0
rightEye	−1
rightFoot	0
rightHand	−1
tache	−1

［7］为主角添加刚体(Rigidbody 2D)。

［8］为主角添加碰撞盒。这里我们为主角添加两个碰撞盒,分别为圆形碰撞盒(Circle Collider)和方形碰撞盒(Box Collinder),并调整位置和大小如下图 13-158 所示。

图 13-158 为角色添加碰撞盒

03 创建动画。接下来就是创建动画。

［1］创建 Idle 动画。选中角色,然后打开 Animation 窗口,点击 Create 按钮。创建动画剪辑 Idle。在 Idle 动画界面角色只需要 body 上下移动一下即可。所以我们选择动画录制,我们先将红线拖动到 0∶05 的位置上,然后将角色 body 稍微向下面拖动一点;然后再将红线拖动到 1∶00 位置,然后选择 body,在检视面板(Inspector)将 transform 的 position 调整为初始状态(0,0,0)。

［2］这样,一个简单的动画就制作完成了。其他的如 Run 和 Jump 动画的制作方式和这个相差不大,都是通过调整子对象的动画来完成的。在这里我们就不详细介绍了,大家可以参考资源中已经创建好的动画剪辑。

剩下的步骤和前面的基本一样,创建状态机,然后为状态机添加状态,为状态机中的状态添加转换,最后再添加代码控制这些转换,这些前面已经讲了很多了,我就不再一一和大家讲解了。如果制作不好的同学可以去参考资源中已经为我们创建好了的主角的预制(prefab)。

现在我们来总结一下 2D 动画的制作吧。Unity 2D 动画有两种常用的制作方法。一种是利用帧动画来制作,另外一种是使用属性动画来制作。两种方法都有各自的优缺点。

帧动画的方式,对于 Unity 开发人员来说,动画制作比较简单,但是这个方法占用的资源较多。属性动画对 Unity 开发人员来说制作起来相对来说要耗费一点时间,但是对于美工来说就会轻松很多,并且这种方式占用的资源比帧动画要少很多。

两种方法没有好坏之分,主要还是看项目需求,根据具体的需求选择合适的动画制作方法。

13.5　总结

本章介绍了 Unity3D 的 Mecanim 动画系统,该系统提供了二足角色动画控制、不规则骨骼动画控制等功能。该系统通过动画状态机控制动画的播放时机,其可视化的编辑窗口能够为用户提供更加直观的编辑方式。使用 Mecanim 动画系统的一般步骤是配置 Avatar,设置动画状态机,添加自定义变量,使用脚本控制自定义变量的值来改变动画状态机的状态。在无骨骼动画这一节中,介绍了使用曲线编辑系统编辑动画和使用动画事件的过程。同时,最后一节中,我们讲述了两种制作 2D 动画的技巧,分别是帧动画和拆分动画制作方式。

13.6　练习题

1. 描述二足角色资源的制作和导入步骤。

2. 描述角色动画的导入方式。

3. 描述 Mecanim 动画系统的工作原理。

4. 对比二足角色动画、不规则骨骼动画和无骨骼对象动画的区别。

5. 对比融合树技术与动画层技术之间的区别和作用。

6. 简单描述反向动力学的原理。

7. 在 Assets Store 上下载 Mecanim Example Scenes 工程,并分析该工程中每种动画效果的实现方式。

8. 对比帧动画和拆分动画两种制作 2D 动画的方法的优缺点。

9. 请介绍前向动力学(FK)和反向动力学(IK)的用途和区别。

10. 利用 Animator 和 Animation 的曲线可以创作摄像机的推拉摇移效果,请尝试实现这种效果。

14

CHAPTER FOURTEEN

第 14 章

粒子系统

本章内容

粒子系统(Particle System)是游戏制作过程中必不可少的工具之一,常用于制作烟、火、爆炸、灰尘、蒸汽、落叶、发光轨迹、拖尾等视觉效果。如图 14-1 所示。

图 14-1　粒子系统效果

粒子系统通过"粒子发射器"发射出粒子,粒子发射器和每个发射出来的粒子都有自身的属性,例如外观、大小、速度、生命周期等等。在 Unity3D 中,内置了一个名为 Shuriken 的粒子系统,该粒子系统可以通过参数控制、曲线控制等方式对粒子的属性进行调节。而且,该系统具有嵌套功能,每个粒子系统对象中又能包含更多的粒子系统对象,所以可以实现很多丰富多彩的粒子效果。

粒子系统在 Unity3D 中是一种组件,可以通过两种方式创建粒子系统对象:一种是在主菜单中选择【GameObject】→【ParticleSystem】;另外一种是在已有的游戏对象上通过添加粒子系统组件(【Component】→【Effects】→【ParticleSystem】)来完成。

由于粒子属性很多,我们先对每种属性类型进行介绍。

14.1　粒子系统模块

创建一个粒子系统对象之后,在 Inspector 窗口中会显示该粒子的属性面板。粒子系统的属性非常多,但是通过分类,大致可以分为以下几种大模块(Module):粒子初始化(Initial)模块、粒子发射器(Emission)模块、发射器形状(Shape)模块、粒子速度(Velocity)模块、粒子颜色(Color)模块、粒子旋转(Rotation)模块、粒子受力(Force)模块、粒子碰撞(Collision)模块、粒子贴图切片动画(Texture Sheet Anmation)模块、粒子渲染模式(Renderer)模块。如图 14-2 所示。

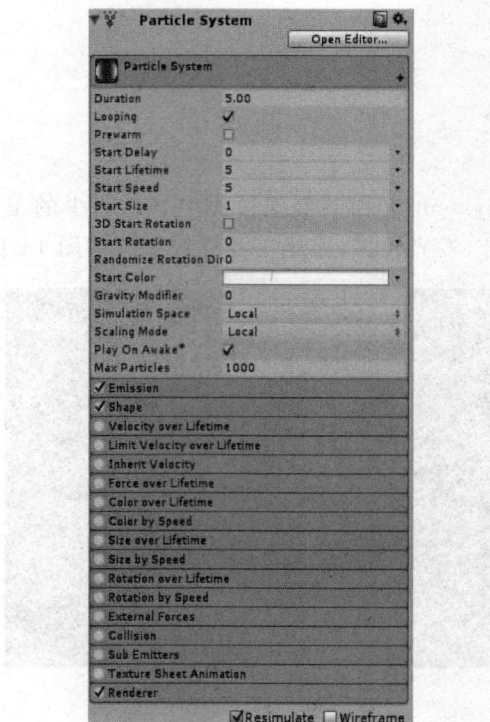

图14-2　ParticleSystem 属性面板

14.1.1　粒子初始化(Initial)与发射器(Emission)模块

粒子发射器模块控制粒子的初始状态和发射属性。其面板如图 14-3 所示。

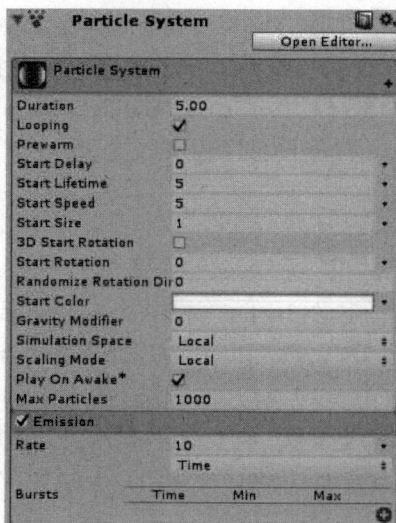

图 14-3　Initial 和 Emission 模块面板

属性说明如表 14-1 所示。

表 14-1　粒子初始化与发射器模块属性说明

属性	说明
Duration	粒子系统发射粒子的持续时间。
Looping	粒子系统是否循环发射。
Prewarm	当 Looping 系统开启时,才能启动预热系统,也就是说粒子系统在游戏开始时已经发射了粒子,就好像它已经发射了一个周期的粒子。
Start Delay	粒子系统发射粒子之前的延迟。注意在 Prewarm(预热)启用下不能使用此项。
Start Lifetime	粒子存活时间,以秒为单位。
Start Speed	粒子发射时的速度,以米/秒为单位。
Start Size	粒子发射时的大小。
3D Start Size	
Start Rotation	粒子发射时,单个粒子的旋转角度,注意不是发射角度。
Start Color	粒子发射时的颜色。
Gravity Multiplier	粒子在发射时受到的重力影响。
Inherit Velocity	对于移动中的粒子系统,控制粒子继承了粒子系统多少移动速率。
Simulation Space	粒子系统的位置是参考自身的局部坐标系还是世界坐标系。
Scaling Mode	设置粒子缩放模式是参照层次,局部坐标系还是 shape。
Play On Awake	如果启用粒子系统,在创建时,自动开始播放。当取消该项时,必须通过脚本程序来控制。
Max Particle	一个周期粒子发射的最大数量。
Rate	每秒或每米的粒子发射数量。
Bursts	指定时间内(在生存期内,以秒为单位),将发射指定数量的粒子。用"+"或"-"调节爆发数量。

14.1.2　粒子发射器形状(Shape)模块

该模块控制粒子发射器的形状,它决定了发射粒子的方向和范围。其模块面板如图 14-4 所示。根据形状的不同,该面板的属性也有所区别。

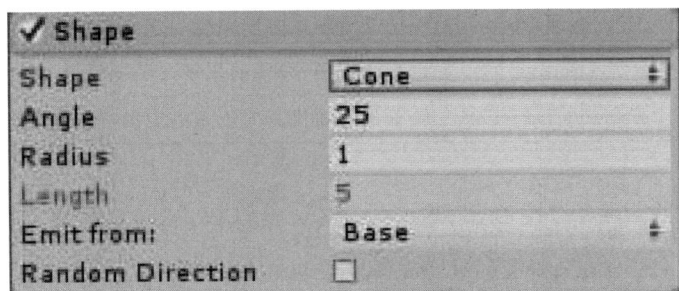

图 14-4　Shape 模块面板

其属性说明如表 14-2 所示。

表 14-2　粒子发射器形状模块属性说明

形状	属性	说明
Sphere	Radius	球体的半径(可以在场景视图里面手动操作)。
	Emit from Shell	从球体外壳发射。如果设置为不可用,粒子将从球体内部发射。
	Random Direction	粒子将随机方向或是沿表面法线发射。
Hemisphere	Radius	半椭圆的半径(可以在场景视图里面手动操作)。
	Emit from Shell	从半椭圆外壳发射。如果设置为不可用,粒子将从半椭圆内部发射。
	Random Direction	粒子是沿随机方向或是沿表面法线发射。
Cone	Angle	圆锥的角度。如果是值为 0,粒子沿着一个方向发射(可以在场景视图里面手动操作)。
	Radius	如果值超过 0,将创建 1 个帽子状的圆锥,通过这个将改变发射的点(可以在场景视图里面手动操作)。
	Emit From	设置粒子的发射源。分别是从圆锥原点发射(Base)、从表面发射(Base Shell)、从体积内发射(Volumn)和从体积和表面发射(Volumn Shell)。
	Random Direction	粒子将随机方向或是沿表面法线发射。
Box	Box X、BoxY、BoxZ	立方体的 X、Y、Z 轴向上的大小。
	Random Direction	粒子是沿着一个随机方向发射或延 Z 轴发射。
Mesh(Mesh Renderer)(Skinned Mesh Renderer)	Type	粒子将从顶点、边或面发射。
	Mesh	选择一个面作为发射面。
	Random Direction	粒子是沿随机方向或是沿表面法线发射。
Circle	Radius	圆的半径(可在视图中手动调节)。
	Arc	圆的 arc 角度(即从 0°~360°圆呈直线到扇形再到圆的变化)。
	Emit from edge	设置粒子的发射源为圆的边缘。
	Random Direction	粒子是沿随机方向或是沿表面法线发射。
Edge	Radius	边缘的半径(线段的长度,可在视图中手动调节)。
	Random Direction	粒子是沿随机方向或是沿表面法线发射。

14.1.3　速度(Velocity)控制模块

该模块包括两个子模块,分别是根据生命周期控制粒子速度(Velocity over Lifetime)模块和根据生命周期限制速度(Limit Velocity Over Lifetime)模块。

01 根据生命周期控制粒子速度（Velocity Over Lifetime）模块。利用该模块控制每个粒子的速度随着该粒子的生命的推移而变化的方式，例如在制作火焰的效果的时候，随着粒子从产生到灭亡，其粒子的速度是越来越慢的。其面板如图 14-5 所示。这个面板属性比较简单，通过设置 XYZ 三个值来控制三个方向上的速度的大小，并且可以设置空间（Space）属性来设置速度是在局部坐标系（Local）下还是世界坐标系（World）下进行计算。

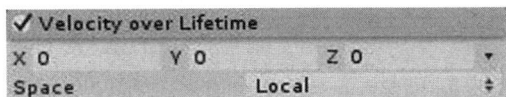

图 14-5　Velocity over Lifetime 模块面板

02 根据生命周期限制粒子速度（Velocity Over Lifetime）模块。该模块根据每个粒子生命的推移而采取的粒子速度限制的方式。也就是说，通过该模块可以控制粒子的不同生命阶段对粒子速度的阀值。其面板如图 14-6 所示。

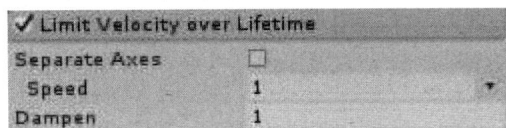

图 14-6　Limit Velocity over Lifetime 模块面板

其属性说明如下表所示。

表 14-3　根据生命周期限制粒子速度模块属性

属性	说明
Separate Asix	启动则可以对每个坐标轴上的速度进行控制。取消则对所有轴进行统一控制。
XYZ	对 XYZ 方向上的速度进行控制。
Space	速度是根据世界坐标系还是根据局部坐标系来进行计算。
Dampen	0～1 的值确定多少过渡的速度将被减弱。举例来说，该值为 0.5 时，将以50％的速率降低速度。

14.1.4　根据生命周期控制粒子受力（Force Over LifeTime）模块

该模块根据粒子的生命的推移控制其受力的情况。其模块面板如图 14-7 所示。

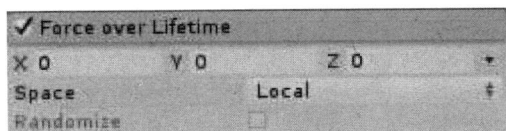

图 14-7　Force over Lifetime 面板

其属性说明如下表所示。

表 14-4　根据生命周期限制粒子受力模块属性说明

属性	说明
XYZ	对 XYZ 方向上的力进行控制。
Space	作用力是根据世界坐标系还是根据局部坐标系来进行计算。
Randomize	开启则使得每帧作用在粒子上面的力都是随机的。

14.1.5　颜色（Color）控制模块

颜色的控制通过两种子模块，Color over Lifetime 与 Color by Speed 模块，一个是根据生命周期来控制颜色，另一种是根据速度来控制颜色。这两个子模块如图 14-8 所示。

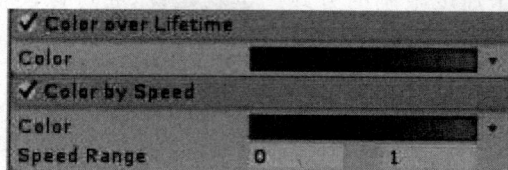

图 14-8　Color over Lifetime 和 Color by Speed 模块面板

其属性说明如下表。

表 14-5　颜色控制模块属性说明

属性	说明
Color	使用渐变颜色来控制每个粒子在其存活期间的颜色。左边颜色表示粒子刚产生时的颜色，右边表示粒子消亡时的颜色。根据速度变化查看下面的 Speed Range 属性。
Speed Range	使粒子颜色根据其速度的变化而变化。在 0 和 1 之间重新指定颜色变化（0 表示速度为最小速度，1 表示最大速度）。min 和 max 值用来定义颜色变化速度的范围。

14.1.6　大小（Size）控制模块

大小控制面板与颜色控制面板相似，也有两个子面板，一个通过生命周期控制大小，一个通过速度控制大小。如图 14-9 所示。

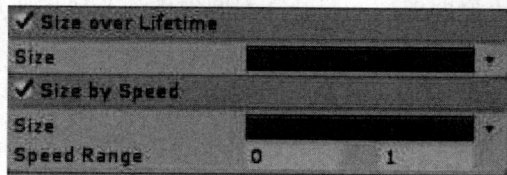

图 14-9　Size over Lifetime 和 Size by Speed 模块面板

其属性说明如下表。

表 14-6　大小控制模块属性说明

属性	说明
Size	控制每个粒子在其存活期间内根据生命周期的大小变化。左边为粒子生长时,右边为粒子消亡时。
Speed Range	使粒子大小根据其速度的变化而变化。在 0 和 1 之间重新指定大小变化(0 表示速度为最小速度,1 表示最大速度)。min 和 max 值用来定义大小变化速度的范围。

14.1.7　旋转(Rotation)控制模块

旋转控制面板与颜色控制面板相似,也有两个子面板,一个通过生命周期控制,一个通过速度控制。如图 14-10 所示。

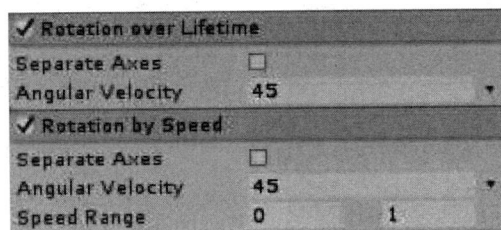

图 14-10　Rotation over Lifetime 和 Rotation by Speed 模块面板

其属性说明如下表。

表 14-7　旋转控制面板模块属性说明

属性	说明
Angular Velocity	控制每个粒子在其存活期间内根据生命时期的旋转速度。
Speed Range	使粒子的旋转角度根据其速度的变化而变化。在 0 和 1 之间范围内重新指定旋转角度(0 表示速度为最小速度,1 表示最大速度)。min 和 max 值用来定义旋转角度变化速度的范围。

14.1.8　外力(External Forces)控制模块

这里外力是指由风力区域(Wind Zone)所产生的力。该模块只有一个缩放因子(Multiplier)属性,如图 14-11 所示。Multiplier 中文有相乘的意思,也就是说粒子受到风力的大小乘以该因子就是风力作用于该粒子上最终的力。

图14-11　粒子受到风力的大小乘以该因子就是风力作用于该粒子上最终的力

14.1.9 碰撞(Collision)设置模块

该模块用于设置粒子与场景中的对象的碰撞效果。该模块有两种模式,一种是平面(Planar)模式,如图 14-12 所示;一种是世界(World)模式,如图 14-13 所示。平面模式是最高效也是最简单的碰撞检测方法,它通过在某个游戏对象上创建一个虚拟的平面,用于作为粒子的碰撞平面,此平面在游戏中是不会显示出来的。世界模式采用射线检测(Raycast)法进行运算,可以使得粒子能够与场景中所有的碰撞盒进行碰撞检测,但是此模式需要的计算量比平面模式要大。

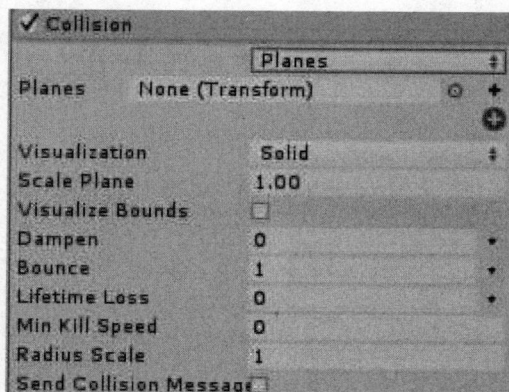

图 14-12 平面模式

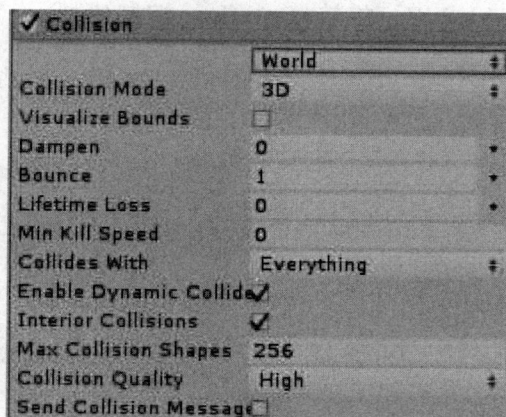

图 14-13 世界模式

其属性说明如下表所示。

表 14-8 碰撞设置模块属性说明

模式	属性	说明
Planes	Planes	在某个位置上生成一个或者多个碰撞平面,而且可以被动画化。
	Visualization	设置可视化平面方式:网格(Grid)还是实体(Solid),方便对碰撞平面进行设置。
	Scale Plane	重新缩放平面。
	Particle Radius	用于调整每个粒子的碰撞球体半径。
	Visualize Bounds	渲染粒子的碰撞边界。
World	Collision Mode	使用 3D 碰撞或者 2D 碰撞。
	Colliders With	与场景中处于那个层(Layer)上面的游戏对象发生碰撞。
	Enable Dynamic Colliders	粒子是否与动态物体碰撞。
	Collision Quality	碰撞检测的精确度。
	Max Collision Shapes	多少粒子可以与形状碰撞,多余的形状会被忽略,地形优先。

模式	属性	说明
公有属性	Dampen	当粒子碰撞时,保持原来速度的比例。
	Bounce	当粒子碰撞,保持原来粒子速度的比例,只作用在碰撞面的法线方向上。
	Lifetime Loss	每次碰撞时粒子生命衰减的比例。当生命值为 0 时,粒子死亡。例如,当粒子应该在第一次碰撞时死亡,可以把数值设置成 1.0。
	Min Kill Speed	当粒子以多大的速度发生碰撞时消亡。
	Send Collision Messages	如果启用,粒子可以从 OnParticleCollision 脚本检测碰撞。

14.1.10　子粒子发射(Sub Emitters)模块

该模块是粒子系统中最出色的模块之一,是该粒子系统能够嵌套其他粒子的一项技术,它能够根据粒子的状态从该粒子的位置上发射出其他的粒子。可以利用该模块制作例如烟花飞上天空并在天空爆炸的效果。该模块的面板如图 14-14 所示。该面板有三种状态来产生子粒子,分别是产生(Birth)、碰撞(Collision)和消亡(Death)。点击每个属性后面的小圆圈可以添加已经在场景中存在的粒子,点击后面的＋号,可以自动新建一个子粒子系统,并成为其原粒子的子物体,如图 14-15 所示。

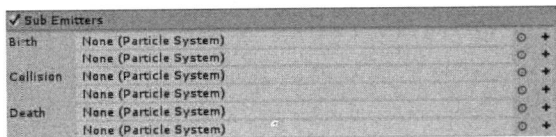

图 14-14　Sub Emitters 模块面板

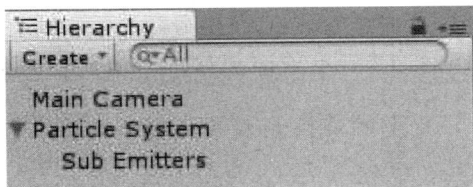

图 14-15　新生成的发射器成为原粒子系统的子系统

属性说明如下表所示。

表 14-9　粒子发射模块属性说明

属性	说明
Birth	在每个粒子出生的时候生成其他粒子系统。
Collision	在每个粒子碰撞的时候生成其他粒子系统。需要与碰撞设置模块一起使用。
Death	在每个粒子死亡的时候生成其他粒子系统。

14.1.11　粒子贴图切片动画(Texture Sheet Animation)

在以上的模块面板中可以控制粒子的大小、颜色和速度等动画,但是不能控制粒子的形状动画(由带有 Alpha 通道的粒子贴图提供),此时可以使用该模块来实现这种功能。其面板如图 14-16 所示。该面板用于控制粒子贴图的 UV 来对贴图进行切片,实现每个粒子的动画。如图 14-17 所示。

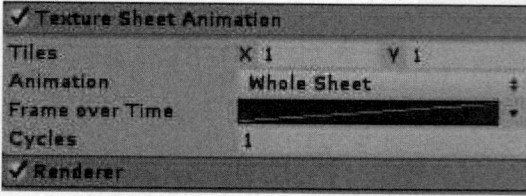

图 14-16   Texture Sheet Animation 模块面板

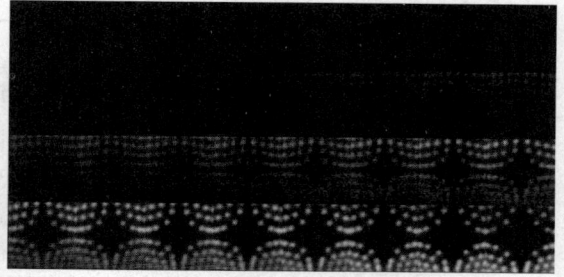

图 14-17   包括了粒子动画的序列图

其属性列表如表 14-10 所示。

表 14-10   粒子贴图切片动画属性说明

属性	说明
Tiles X Y	在贴图纹理的横向和纵向上对纹理进行切割,成为切片,每个切片称为粒子的一帧。
Animation	设置动画方式。有"整个表"(Whole Sheet),对整个贴图进行 uv 动画;"单行"(Single Row),使用单行播放。
Frame Over Time	根据时间控制帧的播放,可以使用曲线或者固定值来设置。
Cycles	循环次数。

14.1.12　粒子渲染(Renderer)控制模块

粒子渲染控制模块用于设置粒子的渲染方式和材质等属性。其面板如图 14-18 所示。

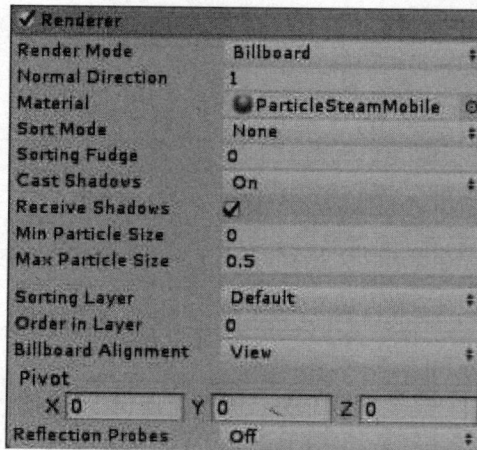

图 14-18   粒子渲染模块

其属性说明如下表所示。

表 14-11　粒子渲染模块属性说明

渲染模式（Render Mode）	属性	说明
Billboard	Normal Direction	广告牌技术。让粒子永远面对摄像机。数值范围为 0 到 1，设置粒子正对摄像机的比例，0 为完全正对摄像机，1 表示粒子的侧面完全正对摄像机。
Stretched Billboard	Camera Scale	拉伸的广告牌技术。决定摄像机的速度对粒子伸缩的影响程度。
	Speed Scale	通过比较速度来决定粒子的长度。
	Length Scale	通过比较宽度来决定粒子的长度。
Horizontal Billboard	Normal Direction	让粒子沿 Y 轴对齐。该数值设置粒子与 Y 轴之间的对齐比例。
Vertical Billboard	Normal Direction	当面对摄像机时，粒子沿 XZ 轴对齐。该数值设置粒子与 XZ 轴之间的对齐比例。
Mesh	Mesh	使用模型而不是平面来渲染粒子。
共同属性	Material	广告牌或网格粒子所用的材质。
	Sort Mode	根据粒子与摄像机之间的距离远近决定绘制顺序还是根据粒子生成的早晚时间作为绘制的顺序依据。
	Sorting Fudge	纠正因绘制顺序的原因而导致的错误。粒子系统带有更低 sorting fudge 值，更有可能被最后绘制，从而显示在透明物体和其他粒子系统的前面。
	Cast Shadows	是否在灯光作用下投射阴影。
	Receive Shadows	是否接收其他对象所产生的阴影。
	Min Particle Size	相对于窗口的大小设置粒子的最小尺寸。
	Max Particle Size	相对于窗口的大小设置粒子的最大尺寸。
	Pivot	给粒子添加一个偏移的枢轴。
	Reflection Probes	反射探头。

14.2　粒子属性编辑方式

14.2.1　传统参数控制方式

　　粒子属性数值设置有三种设置模式，一是数值输入，二是曲线控制，三是调色板设置。对于速度、大小和旋转等能够用数值来设置的，用数值输入和曲线控制；对于颜色的设置，采用调色板控制。

Unity5.X 游戏开发基础

01 数值输入控制。要选择数值输入方式控制，在该属性的右边有一个小三角形，点击该三角形，接着选择 Constant（固定值）或者 Random Between Two Constants（在两个固定值之间随机产生），如图 14-19 所示。

图 14-19　固定值方式

02 曲线控制。要选择曲线控制方式控制，在该属性的右边有一个小三角形，点击该三角形，接着选择曲线（Curve）或者 Random Between Two Curves（在两个曲线的范围内随机产生），如图 14-20、图 14-21 和图 14-22 所示。设置成曲线控制模式之后，在 Inspector 窗口的下方会出现一个 Particle System Curves 面板，使用该控制面板来调节曲线的形状，如果某个参数具有多个数值时，比如 XYZ，每条不同的颜色曲线对应每一个数值。对于范围曲线，每个数值对应两条相同颜色的曲线。在曲线控制模式下，纵坐标表示因变量，比如大小（Size）、旋转（Rotation）、速度（Velocity）等。横坐标表示自变量，比如粒子生命（LifeTime）、速度（Speed）等。还有在 Velocity Over Lifetime 模块中，横坐标表示粒子生命、纵坐标表示速度。

图 14-20　曲线方式　　　图 14-21　曲线控制面板　　　图 14-22　随机曲线面板

03 调色板控制。对于需要对颜色进行控制的属性，比如颜色渐变，需要通过调色板来控制。点击该属性后面的小三角形，在弹出的下拉菜单中选择固定颜色（Color）、渐变颜色（Gradient）、在两个固定颜色之间随机选择（Random Between Two Colors）和在两个渐变颜色之间随机选择（Random Between Two Gradient）。如图 14-23 所示。

图 14-23　调色板方式

如果选择固定颜色的控制方式，可以直接在色块上点击，便弹出了调色板，如图 14-24 所示。

476

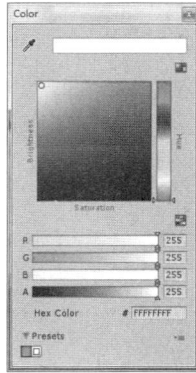

图4-24　调色板面板

如果选择的是渐变颜色控制方式，点击色块时，出现的是渐变颜色控制面板，如图 14-25 所示。上方的标签用于控制透明度，下面的标签用于控制颜色。点击渐变颜色条的上方或者下方，可以添加标签，往外拖标签，可以删除选中的标签。

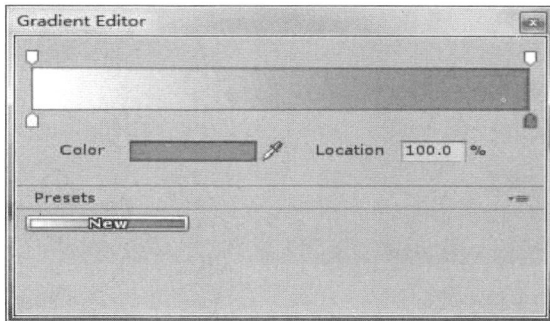

图 14-25　渐变色设置面板

14.2.2　扩展参数控制方式

选择某个粒子系统之后，在 Inspector 窗口中的粒子属性面板右上角，点击【Open Editor...】，会弹出一个粒子编辑面板，如图 14-26 所示。该面板可以更直观地用于编辑粒子属性。左分栏显示了该粒子系统的所有属性以及其子粒子的属性，可以从这里看出该粒子包括了多少的子粒子系统以及这些粒子系统的属性。右分栏是曲线设置面板。

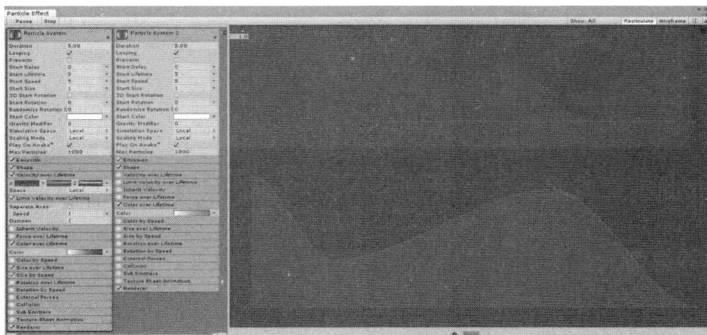

图 14-26　粒子编辑面板

14.3　粒子系统范例

接下来,我们用几个例子来讲解粒子系统的使用方法。

14.3.1　火焰

火的效果在游戏的开发中非常常见,例如火把、飞机的尾焰、篝火等等。本节要实现篝火的火焰效果。如图 14-27 所示。

［1］在 Unity 中打开一个空的场景。

［2］在主菜单中选择【GameObject】→【Particle System】,创建一个粒子系统,并命名为 Fire Main,如图 14-28 所示

图 14-27　现实中的篝火

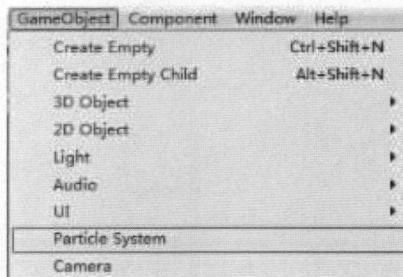

图 14-28　创建一个新的粒子系统

［3］在场景中可以看到一个默认的粒子系统效果,如图 14-29 所示。右下角有一个用于控制预览的面板,可以通过该面板控制粒子的播放、暂停、播放速度以及时间。

［4］设置发射器形状。选择 Fire Main 粒子对象,在 Inspect 窗口中显示粒子系统控制面板。观察最终的火焰效果,发射范围比较集中且朝一个方向发射,打开 Shape 模块面板,设置它的形状为锥体(Cone),角度(Angle)为 4.3,半径(Radius)为 0.9,其他保持默认值,如图 14-30 所示。

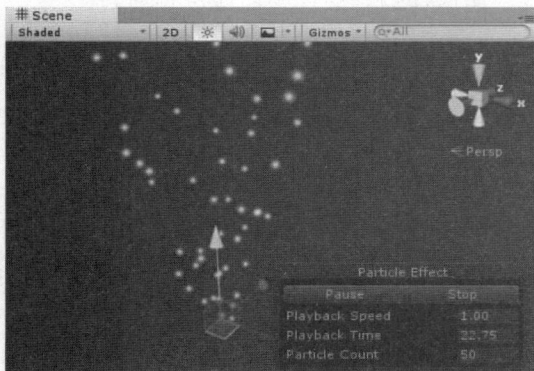

图 14-29　初始的粒子效果

图 14-30　修改放射器形状模块中的属性

[5] 设置粒子的初始值。我们可以看到，默认的粒子系统的生命周期过长，速度过慢，大小、形状、角度太过统一。选择 Fire Main 粒子对象，观察最终火焰形态，设置发射持续时间（Duration）为 4.3，开始生命周期（Start Lifetime）为 0.95，开始速度（Start Speed）为 5，开始大小（Start Size）为 5，粒子受重力影响（Gravity Modifier）为 -0.2，最大粒子数（Max Particles）为 250，其他保持默认，如图 14-31 所示。

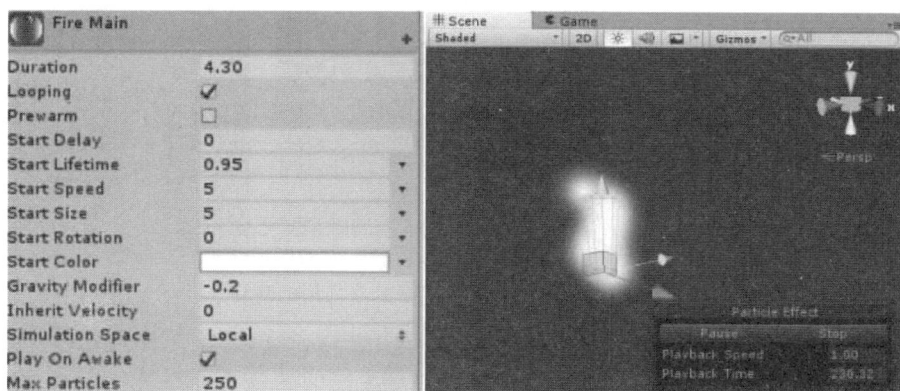

图 14-31　设置初始化模块中的属性

[6] 设置发射率。当前的粒子发射率过小，需要提高发射率。打开发射器（Emission）面板，设置发射率（Rate）为每秒72.3，模式为 Time。如图 13-32 所示。

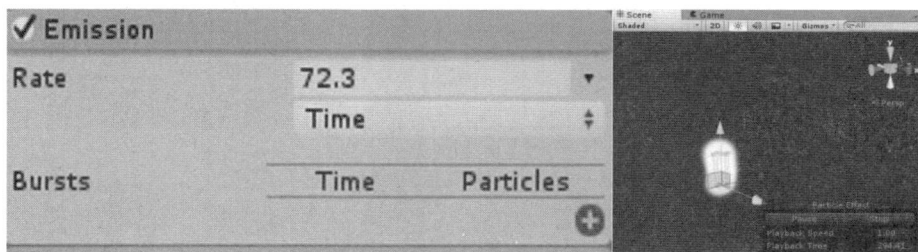

图 14-32　设置发射率

[7] 添加粒子材质。我们从上图中看到粒子白茫茫一片，所以我们要改变粒子的材质，让他看起来更真实。展开 Renderer 面板，点击 Material 属性后面的小圆圈，弹出材质选择窗口，并选择其中的 Flame 材质。该材质适用于 Particle/Additive 着色器，并添加了一张外围发光的贴图。设置 Sorting Fudge 值为 -0.25，Max Particle Size 为 11，如图 14-33 所示。

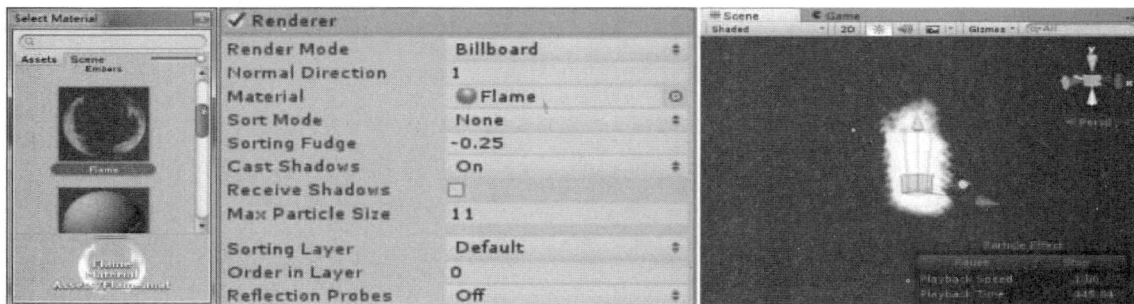

图 14-33　添加粒子材质

　　[8] 设置粒子的颜色变化。因为粒子已经添加了材质和着色器,所以粒子颜色的黑白色则是影响粒子的透明度。勾选 Color Over Lifetime,激活该面板,并展开,设置其渐变色如图 14-34 所示,上边的标签设置为默认(分别在头和尾,Alpha 值为 255),下边的标签的颜色值,第一个为 R:255,G:255,B:255,第二个 R:255,G:255,B:255,位置(Location)为 38.2%,最后一个为 R:0,G:0,B:0。

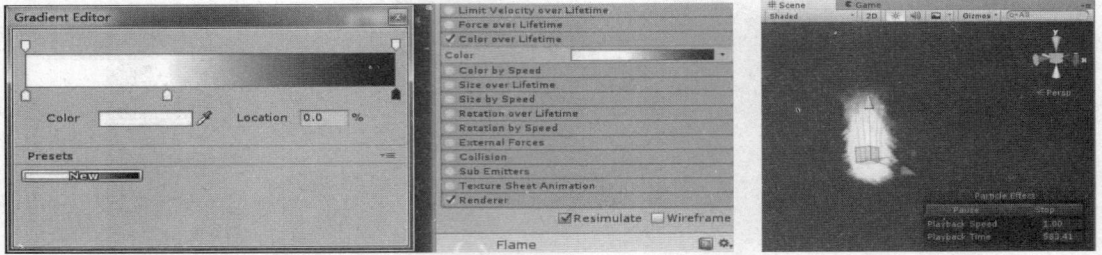

图 14-34　设置粒子颜色根据生命周期的变化

　　[9] 设置成粒子大小随生命周期变化的方式。勾选 Size Over Lifetime,激活面板并调节曲线,如图 14-35 所示。这样,粒子的大小随着生命周期先变大后变小。

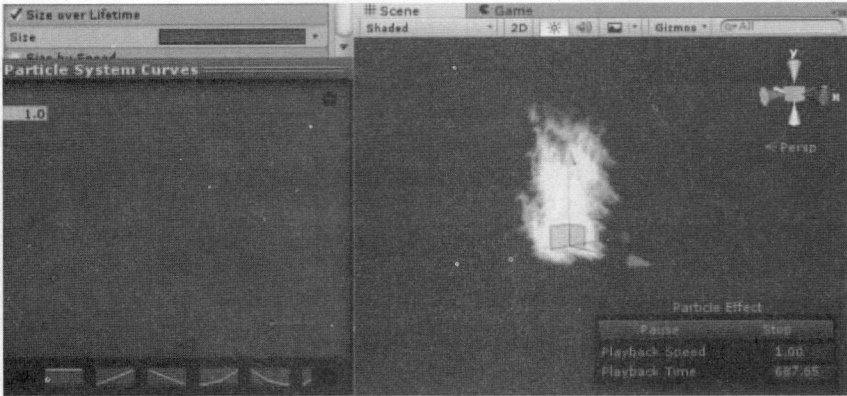

图 14-35　设置粒子大小随生命周期变化曲线

　　[10] 设置粒子旋转随生命周期变化和粒子受到的外力作用。勾选 Rotation Over Lifetime,激活该面板并展开,设置每个粒子根据生命周期旋转速度(Angular Velocity)为 45。勾选 External Forces,激活该面板并展开,设置 Multiplier 为 1,如图 14-36 所示。

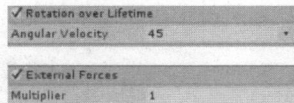

图 14-36　设置粒子旋转随生命周期变化和粒子受到的外力作用

　　[11] 进一步制作火焰效果。这时我们的火焰主体已经制作完成了,为了使火焰更加真实并且有层次感,我们将 Main Fire 对象复制两个,并且拖入 Main Fire 名下成为其子对象,分别命名为 Fire1、Fire2,如图 14-37 所示。下面细微调整新的两个粒子系统的数值使火焰整体更有层次感。进入 Fire1 对象,调整 Gravity Multiplier 为 -1.8,设置 Color

Over Lifetime 渐变色为图 14-38 所示,设置 Rotation Over Lifetime 中 Angular Velocity 为 130,其他值不变。进入 Fire2 对象,调整 Gravity Multiplier 为 −0.9,Max Particles 为 300,设置 Color Over Lifetime 渐变色为图 14-39 所示,设置 Rotation Over Lifetime 中 Angular Velocity 为 130,其他值不变。最后我们将三个对象的移动位置放在一起,效果如图 14-40 所示。

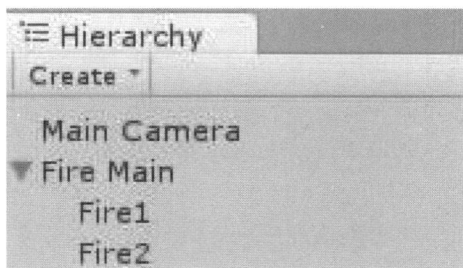

图 14-37　设置子对象粒子系统

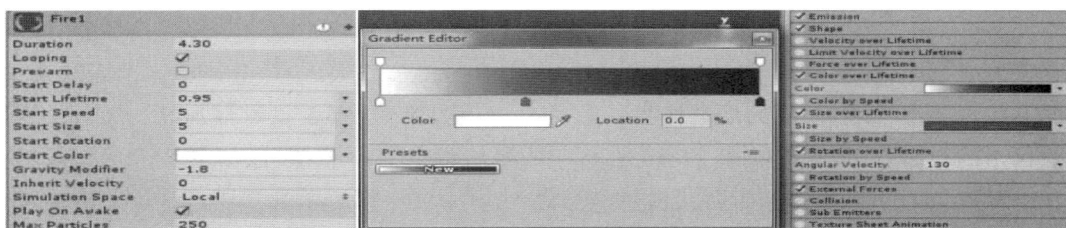

图 14-38　Fire1 参数设置

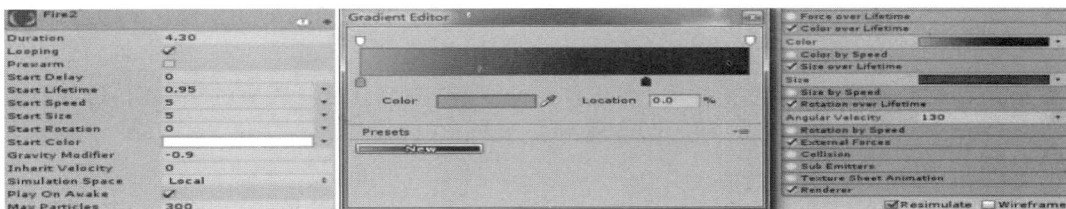

图 14-39　Fire2 参数设置

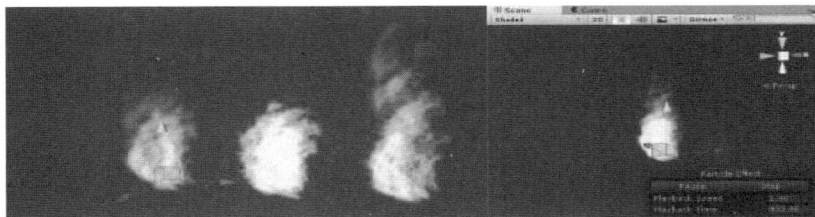

图 14-40　效果图

[13] 设置灰烬效果。新建一个粒子系统,取名为 Embers,拖入 Main Fire 名下,设置参数如图 14-41 所示。灰烬飘散的效果是一个锥形,设置发射器形状为 Cone。由于火焰燃烧后产生的灰烬一闪即逝,所以我们要调小粒子的生命周期。灰烬从产生到消失经历

了由大到小的变化,所以设置 Size Over Lifetime,调整曲线如图所示。为了增加灰烬的随机性,设置粒子的旋转 Rotation Over Lifetime。为了使灰烬看起来更加真实,需要添加粒子材质,打开 Renderer,点击 Material 后边的小圆圈,选择材质为 Embers,Sorting Fudge 为-0.25,Max Particles Size 为 1。

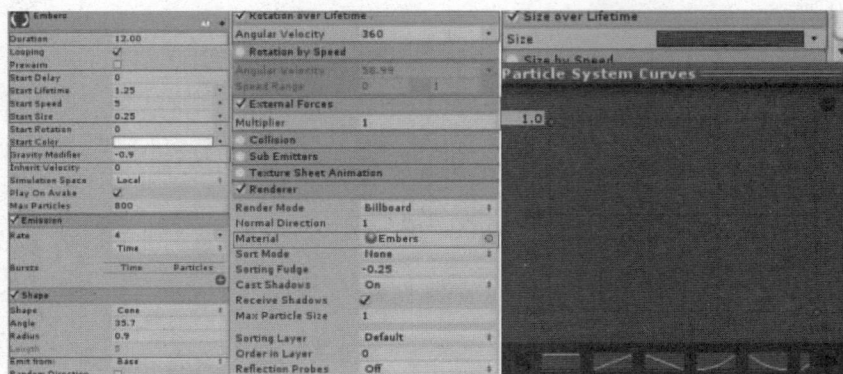

图 14-41　Embers 参数设置

[14]制作烟雾效果。新建粒子系统,取名为 Smoke,拖入 Main Fire 名下。由于火焰的形状是一个锥形,相应的烟雾产生的形状也应该为锥形,设置发射器形状为 Cone。设置粒子的初始状态,参数如图 14-42 所示。烟雾从产生到消散,颜色也会从浓变到淡,所以设置粒子的颜色随生命周期变化 Color Over Lifetime,设置渐变色如图 14-42 所示,上边的标签保持默认,下边的标签第一个 Location 为 4.7%,R:84,G:69,B:52,第二个标签 Location 为 34.4%,R:0,G:0,B:0。烟雾在持续一段时间之后会慢慢地变小直到消失,所以设置粒子大小随生命周期变化 Size Over Lifetime,调整曲线如图所示。为了使粒子产生更加具有速记性,设置粒子的旋转随生命周期变化 Rotation Over Lifetime。为了使烟雾更加真实,需要添加粒子材质,打开 Renderer,点击 Material 后边的小圆圈,选择材质为 Smoke,渲染模式(Render Mode)选择 Vertical Billboard,Sorting Fudge 为 0,Max Particles Size 为 0.5。

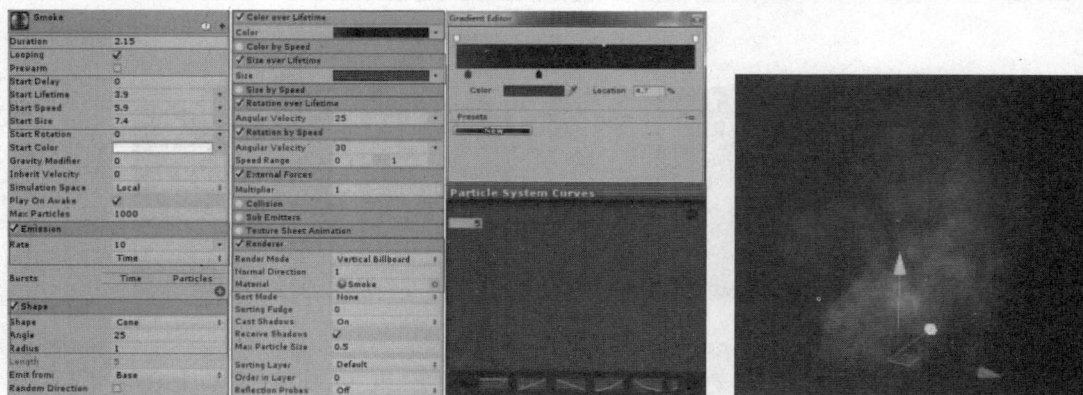

图 14-42　Smoke 参数设置及当前效果

[15]风带及最终效果。接下来我们将 Embers 和 Smoke 两个对象移动到合适的位

置组合起来,效果如图 14-43。在自然界中,火焰常常受到风的影响,我们添加一个风带(Wind Zone),点击【GameObject】→【3D Object】→【Wind Zone】,参数如图 14-44 所示。在粒子产生之前打开风带,效果为火焰被风吹向一个方向;如果在粒子产生后再打开风带,效果为火焰在风中摇曳,如图 14-45 所示。

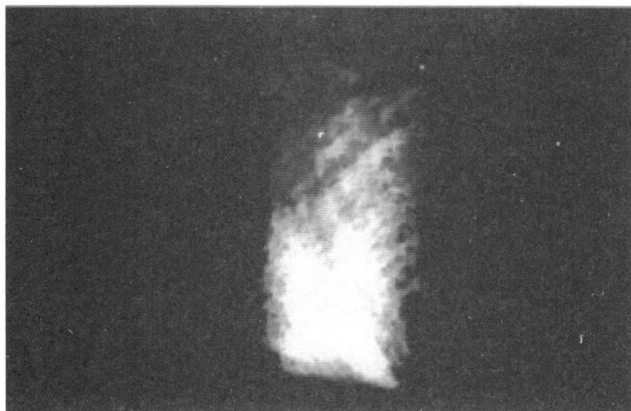

图 14-43　最终效果

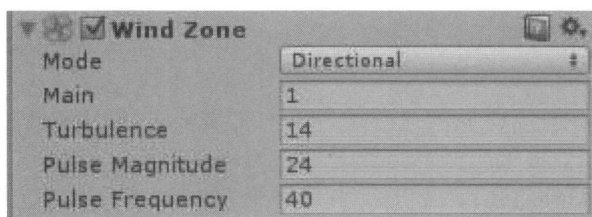

图 14-44　风带参数

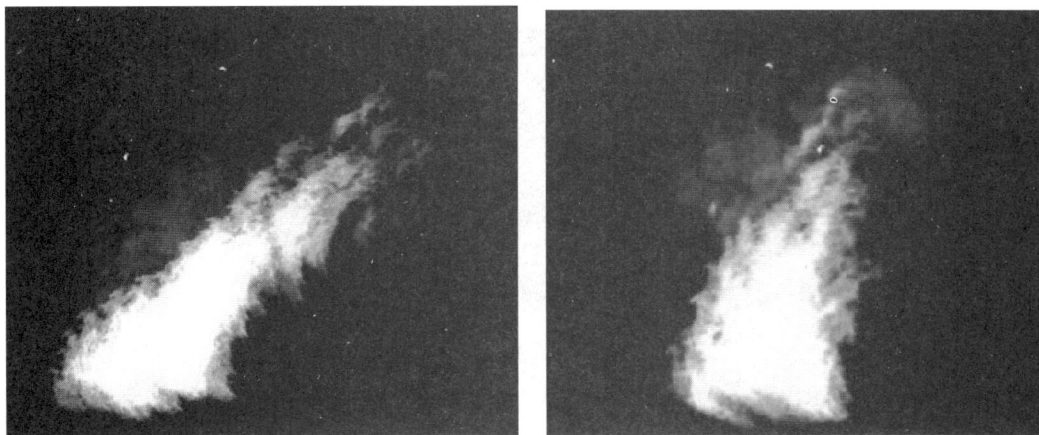

图 14-45　火焰在风带作用下的状态

14.3.2　冰技能特效

在一款游戏中,技能特效是必不可少的,如图 14-46 所示。大多数游戏特效都是用粒子系统完成的,该例子是使用粒子系统制作一个冰属性天使雕像降临的技能特效。

图 14-46 《剑灵》的游戏特效

[1] 打开 Chapter14-Particle 工程中的 IceSkill 场景,该场景是一个空的场景,但是提供了所需的材质、模型、贴图等资源。

[2] 创建初识粒子对象,在主菜单中选择【GameObject】→【ParticleSystem】,创建一个粒子系统,并命名为 IceSkill。

[3] 设置粒子系统的初始状态。在属性面板设置属性,参数如图 14-47 所示。由于我们需要粒子一闪而过,所以我们需要调低粒子的生命周期,关闭粒子的循环(提示:可在调整好粒子的其他参数后再关闭循环),粒子的初始颜色 Start Color 设置为灰色,数值为 R:228,G:228,B:228,Alpha:162。由于我们只需要在原地爆发出一个粒子,并且不需要粒子出现位移,所以设置粒子的初始速度 Start Speed 为 0,在 Emission 模板中,设置 Rate 为 0,Bursts 中 Min、Max 均为 1,关闭发射器形状 Shape 模板。

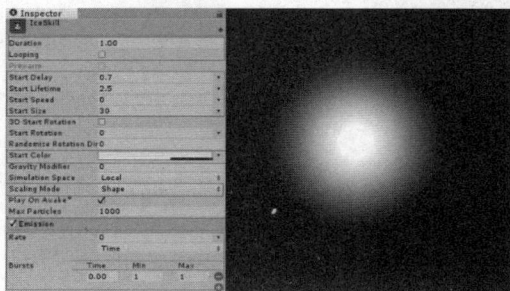

图 14-47 设置 IceSkill 参数

[4] 设置粒子颜色随生命周期的变化。现在在屏幕上可以看到一个闪烁的白球,为了让白球有渐入渐出的效果,设置粒子颜色随生命周期的变化 Color over Lifetime,设置上方标签 Alpha 值,第一个标签为 0,第二个标签为 255,第三个标签为 0,设置下方标签颜色,第一个标签和第二个标签都为纯白色,如图 14-48 所示。

图 14-48　设置 Color over Lifetime

〔5〕设置粒子大小随生命周期的变化。为了使粒子的出现看上去更有冲击感,所以设置粒子大小随生命周期变化 Size over Lifetime,从小突然变大然后持续一段时间,设置曲线如图 14-49 所示。

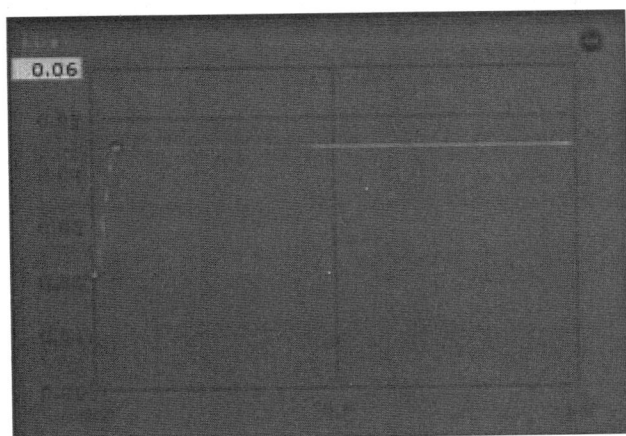

图 14-49　设置 Size over Lifetime

〔6〕设置粒子的渲染方式。首先将我们制作好的白球变成这个技能的主体:天使雕像,打开 Renderer 模板,设置渲染模式(Render Mode)为网格模式(Mesh),点击下方 Mesh 右边的小圆圈,选择天使雕像的模型:angelStatue_mesh,如图 14-50 所示。

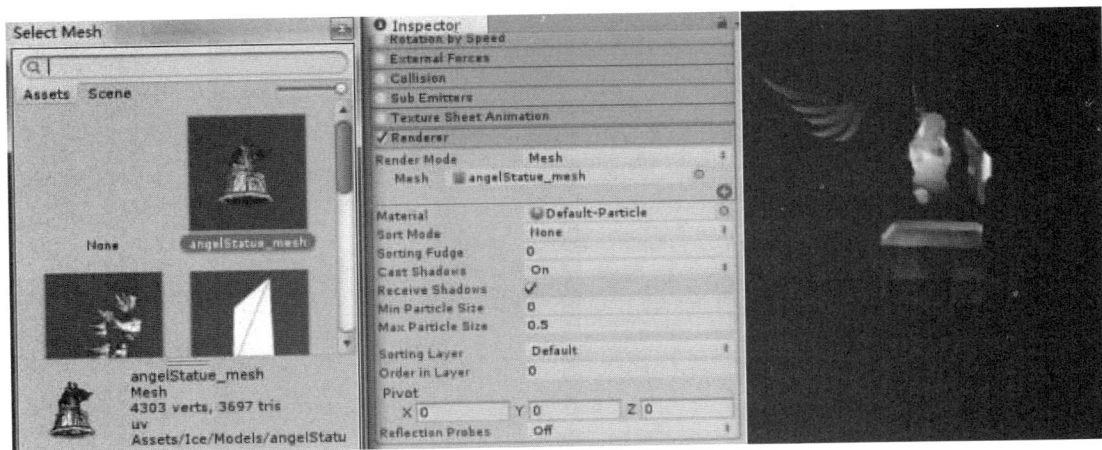

图 14-50　设置渲染模式为 Mesh,并且改变模型

[7] 添加粒子材质。为了使粒子看上去像冰一样,需要给粒子添加一个冰的材质,点击 Material 右边的小圆圈,选择材质为 ice。由于天使雕像是这个技能的主体,所以我们看到的这个粒子系统优先级应该高于其他粒子系统,所以设置 Sorting Fudge 为—2000,如图 14-51 所示。

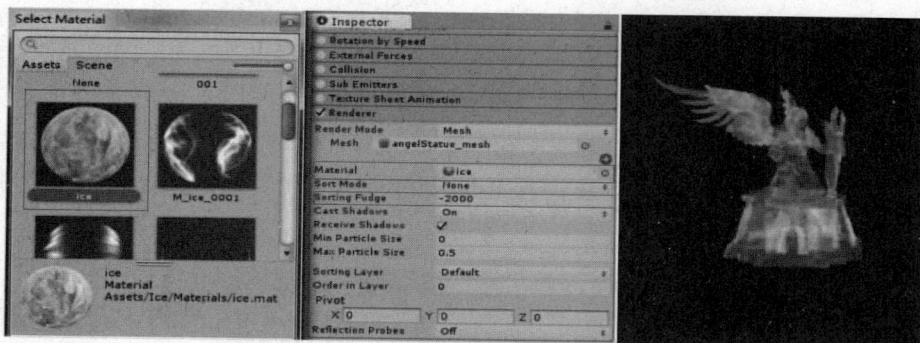

图 14-51　添加材质

[8] 制作闪光效果。这个技能特效的主体天使雕像出现的部分就已经做好了,现在制作雕像出现时闪光的效果,新建一个粒子系统,取名为 Shine,并将其拖入 Ice 名下成为子对象,如图 14-52 所示。

图 14-52　创建新的粒子系统,制作闪光效果

[9] 设置粒子的初始状态。在属性面板设置属性,如图 14-53 所示。在天使雕像出现时,光芒伴随着雕像一闪而逝,所以我们需要将粒子的生命周期降低,设置粒子初始颜色 Start Color 数值为 R:93,G:173,B:255,同样我们不需要粒子有位移,所以设置粒子初始速度 Start Speed 为 0,在 Emission 模板中,设置 Rate 为 20,在 Shape 模板中,设置 Shape 为 Sphere,Radius 为 0.01,

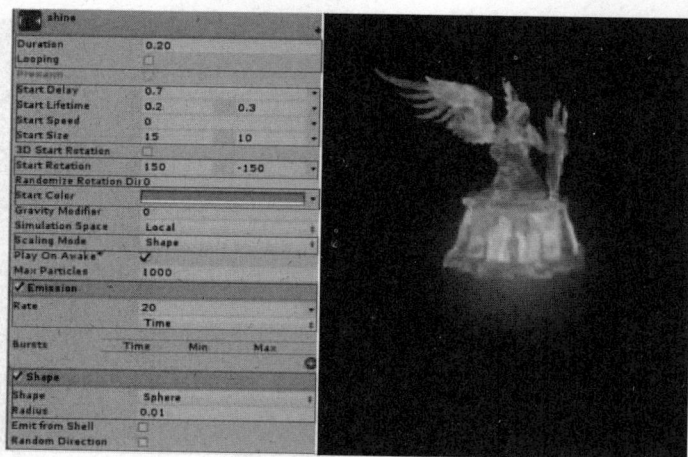

图 14-53　设置 shine 参数

[10]设置粒子颜色随生命周期的变化。为了让光芒闪现然后消失,我们需要设置粒子颜色随生命周期变化 Color over Lifetime,设置上方标签,第一个标签和第三个标签为0,第二个标签为255,设置下方标签,第一个标签 R:97,G:195,B:255,第二个标签 R:59,G:140,B:255,如图 14-54 所示。

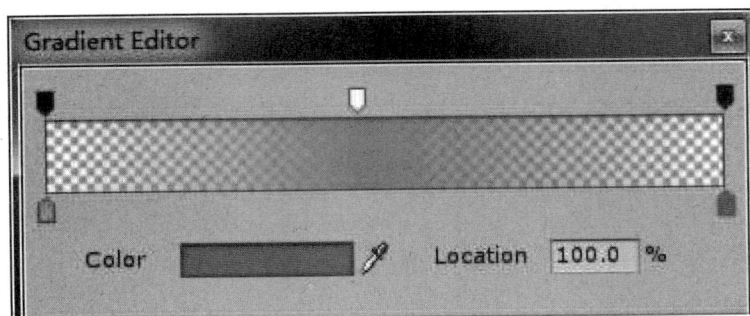

图 14-54　设置 Color over Lifetime 参数

[11]设置粒子大小随生命周期变化。闪光从出现到消失经历了由小到大变化,设置粒子大小随生命周期变化 Size over Lifetime,模式选择为在两条曲线内变化,曲线如图14-55 所示。

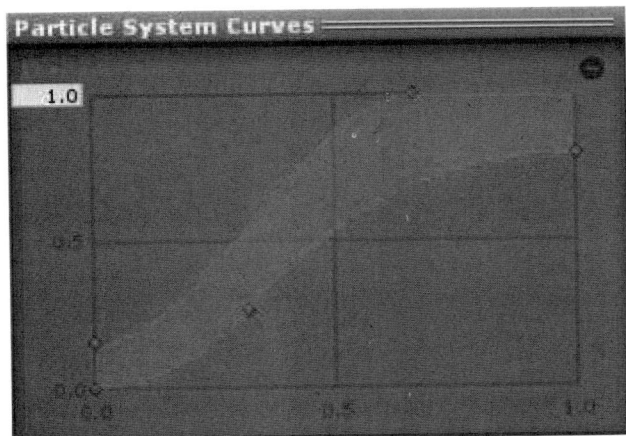

图 14-55　设置 Size over Lifetime 参数

[12]设置粒子材质。现在我们看到的是一个闪烁的球,需要给粒子添加一个材质使粒子变成光芒状,在 Renderer 模板中,点击 Material 右边的小圆圈,选择材质为 shine,由于闪光是伴随着天使雕像的作用,是为衬托主体和增加视觉效果,所以我们看到的优先级应该低于其他的粒子系统,设置 Sorting Fudge 为 1000,Max Particle Size 为 2,如图 14-56所示。

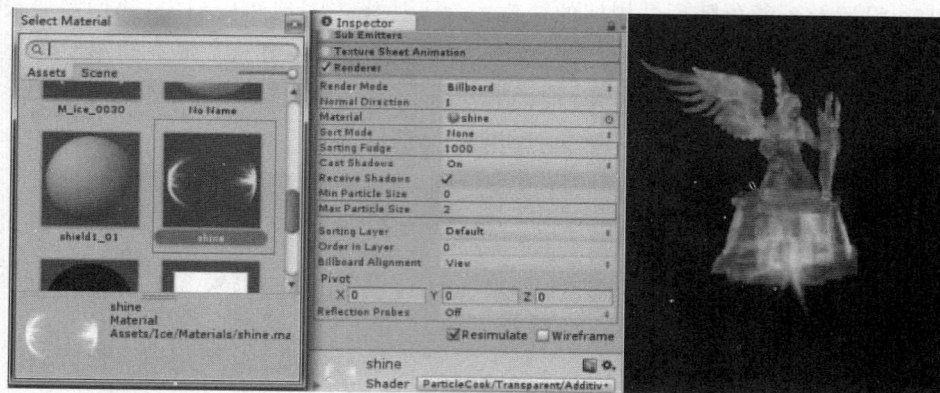

图 14-56　添加 shine 的材质

　　[13] 制作其余的闪光效果。由于其余 5 个闪光效果制作过程相似,只需要修改部分材质和参数,所以书中不再赘述,请读者自行打开工程文件查看详细参数。效果图如图 14-57 所示。

　　[14] 制作光线效果。闪光的效果已经制作好了,接下来我们要制作一些光线来增加技能的视觉效果。新建粒子系统拖入 IceSkill 名下成为子对象,取名为 Ray,在属性面板设置属性,参数如图 14-58 所示。与闪光效果不同的是,光线数量更多,出现方式更柔和,持续时间更长,勾选取消 looping,设置粒子初始颜色 Start Color 颜色数值为 R:103,G:185,B:255,Alpha:197。光线从地面射向空中,所以设置发射器模板中,选择发射器形状 Shape 为 box。

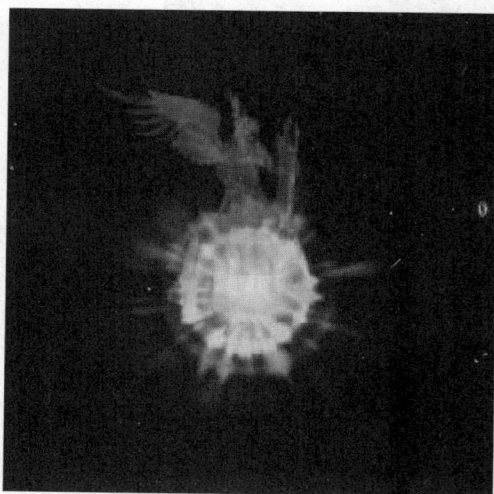

图 14-57　效果图

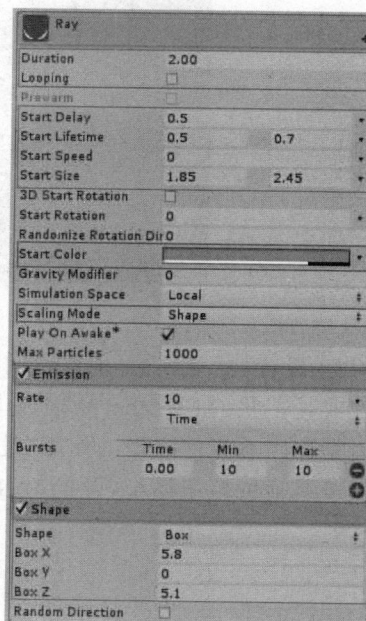

图 14-58　设置 Ray 参数

　　[15] 设置光线颜色随生命周期变化。为了让光线看上去更有层次感和渐入渐出的

效果,需要设置粒子颜色随生命周期的变化 Color over Lifetime,设置上方标签,第一个标签和第三个标签为 0,第二个标签为 255,设置下方标签,第一个标签 R:105,G:192,B:255,第二个标签 R:88,G:220,B:255,如图 14-59 所示。

图 14-59　设置 Color over Lifetime 参数

[16] 设置光线大小随生命周期的变化。光线出现到消失,由短变长并且持续一段时间,设置粒子大小随生命周期的变化 Size over Lifetime,设置曲线如图 14-60 所示。

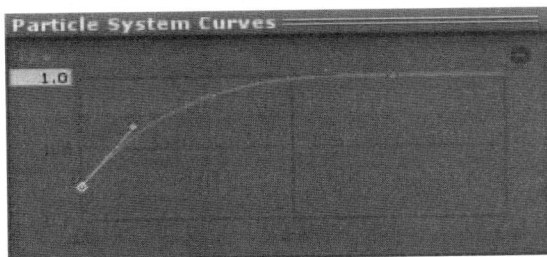

图 14-60　设置 Size over Lifetime 参数

[17] 改变粒子渲染模型,添加材质。为了让光线呈线状发射,在 Renderer 模板中,设置渲染模式 Render Mode 为网格,点击 Mesh 右边的小圆圈,选择十字面片的模型:CrossModel,接下来改变粒子材质让光线看起来更加真实,点击 Material 右边的小圆圈,选择材质为 Ray,如图 14-61 所示。

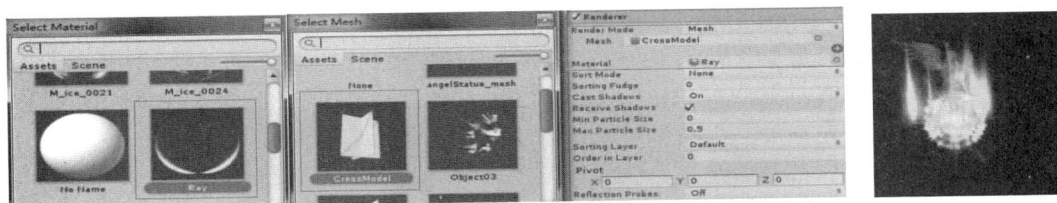

图 14-61　添加 Ray 的材质及当前效果

[18] 制作冰锥效果。光线效果做好后,我们在天使雕像出现时同时产生一些冰锥,突出技能冰属性的特点。新建粒子系统拖入 IceSkill 名下成为子对象,取名为 ice,在属性面板设置属性,参数如图 14-62 所示。冰锥出现与天使雕像同步,勾选取消 looping,设置粒子初始颜色 Start Color 颜色数值为 R:176,G:176,B:176,冰锥只需要在原地出现一次并消失,不需要粒子的位移,所以设置粒子的初始速度 Start Speed 为 0,在 Emission 模板中,设置 Rate 为 0,Bursts 中 min、max 为 1,关闭 Shape 模板。

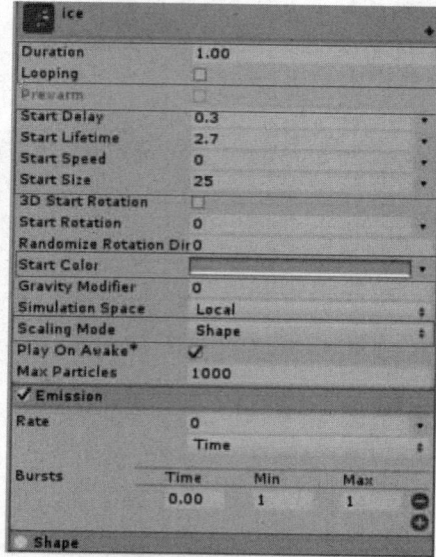

图 14-62　设置 ice 参数

[19] 制作冰锥渐入渐出的效果。需要设置粒子颜色随生命周期的变化 Color over Lifetime，设置上方标签，第一个标签和第三个标签为 0，第二个标签为 255，设置下方两个标签都为纯白色，如图 14-63 所示。

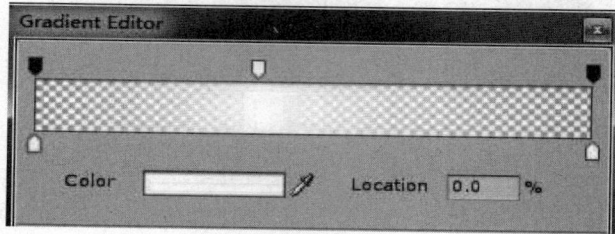

图 14-63　设置 Color over Lifetime 参数

[20] 设置粒子大小随生命周期的变化。冰锥产生时由小变大并持续一段时间，设置 Size over Lifetime，设置最大值为 0.06，设置曲线如图 14-64 所示。

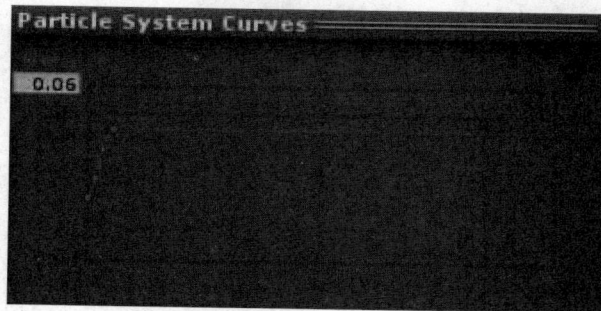

图 14-64　设置 Size over Lifetime 参数

[21] 改变粒子系统的模型,添加粒子材质。改变粒子的模型,在 Renderer 模板中,设置 Render Mode 为 Mesh,点击 Mesh 右边的小圆圈,选择 ice cone,点击 Material 右边的小圆圈,选择材质为 ice,如图 14-65 所示。

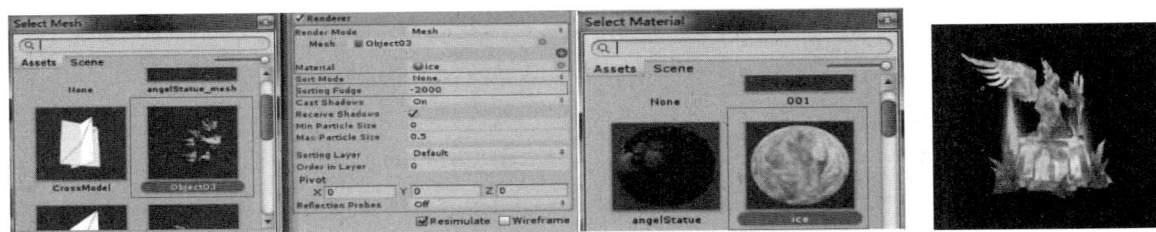

图 14-65　添加 ice 的材质及当前效果

[22] 制作光环效果。新建粒子系统拖入 IceSkill 名下成为子对象,取名为 halo,在属性面板设置属性,Duration:0.3,勾选取消 looping,Start Delay:0.5,Start Lifetime:3,Start Speed:0,Start Size 选择在两个参数间变化,设置参数为 15 到 17,Start Rotation 选择在两个参数间变化,设置参数为 360 到 -360,Start Color 颜色数值设置为 R:181,G:208,B:176,Alpha:164,Scale Mode 设置为 Shape 模式。在 Emission 模板中,设置 Rate 为 0,Bursts 中 min、max 为 2,关闭 Shape 模板,如图 14-66 所示。

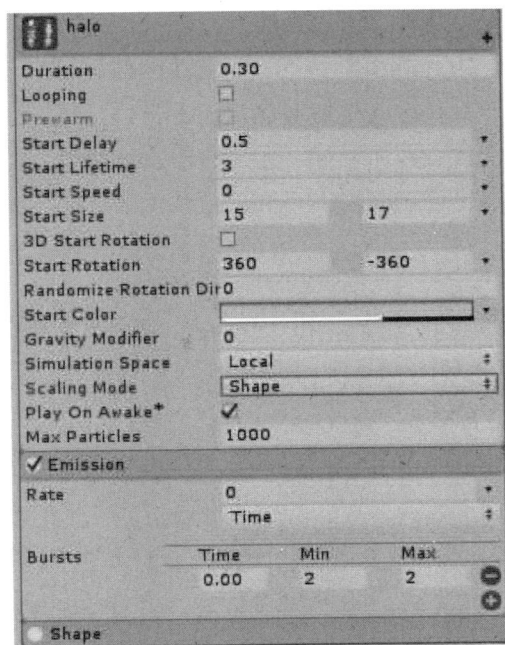

图 14-66　设置 halo 参数

[23] 勾选 Color over Lifetime,设置上方标签,第一个标签和第三个标签为 0,第二个标签为 255,设置下方两个标签,第一个标签 R:255,G:255,B:255,第二个标签 R:135,G:205,B:255,如图 14-67 所示。

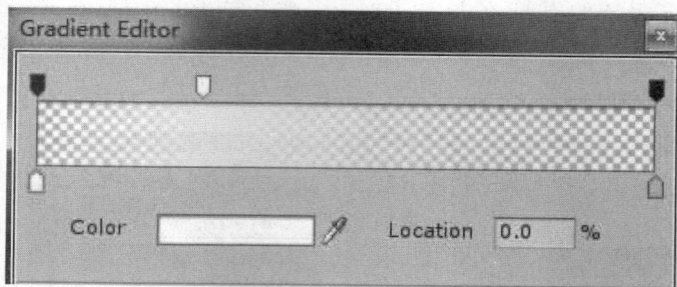

图 14-67　设置 Color over Lifetime 参数

［24］在 Renderer 模板中，设置 Render Mode 为 Horizontal Billboard，点击 Material 右边的小圆圈，选择材质为 halo，设置 Max Particle Size 为 2，如图 14-68 所示。

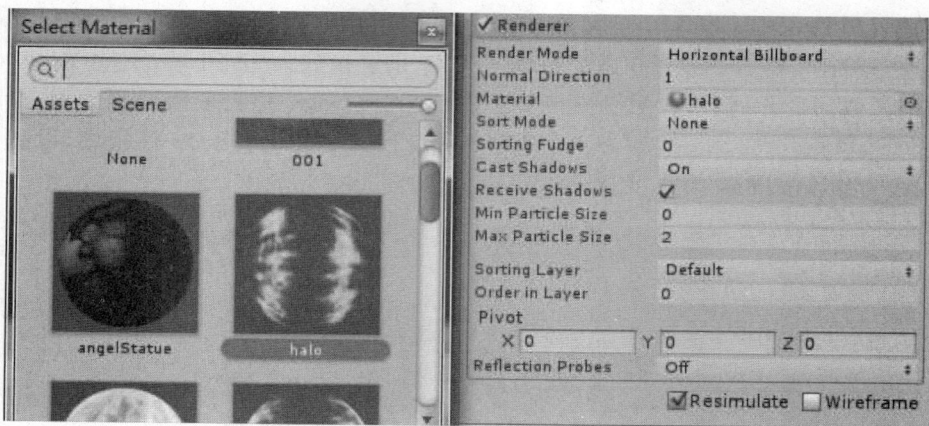

图 14-68　添加 halo 的材质

［25］新建粒子系统拖入 halo 名下成为子对象，取名为 halo2，在属性面板设置属性，Duration：0.4，勾选取消 looping，Start Delay：0.3，选择 Start Lifetime 在两个参数间变化，设置参数为 0.3 到 0.4，Start Speed：0，选择 Start Size 在两个参数间变化，设置参数为 2.3 到 2.7，选择 Start Rotation 在两个参数间变化，设置参数为 360 到 -360，Start Color 颜色数值设置为 R：103，G：204，B：255，Alpha：155，Scale Mode 设置为 Shape 模式。在 Emission 模板中，设置 Rate 为 60，关闭 Shape 模板，如图 14-69 所示。

［26］勾选 Color over Lifetime，设置上方标签，第一个标签和第三个标签为 0，第二个标签为 255，设置下方两个标签，第一个标签 R：103，G：185，B：255，第二个标签 R：101，G：184，B：255，如

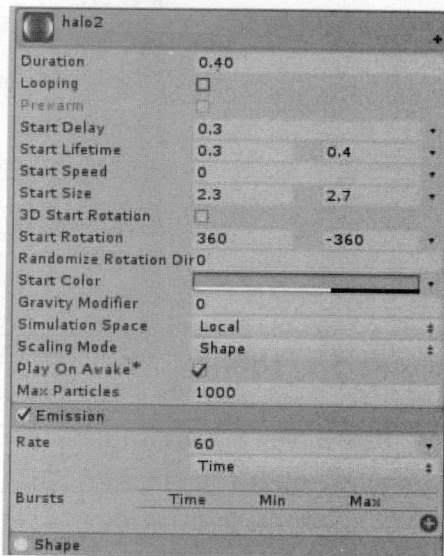

图 14-69　设置 halo2 参数

图 14-70 所示。

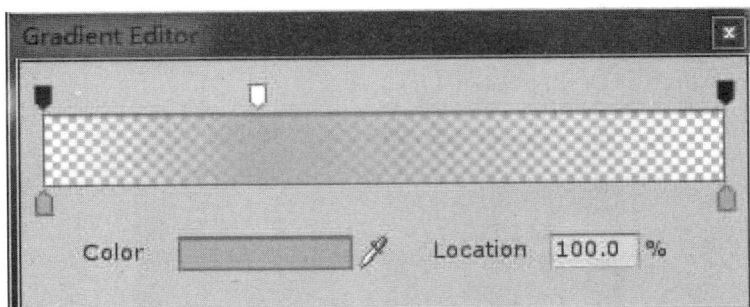

图 14-70　设置 Color over Lifetime 参数

［27］勾选 Size over Lifetime，设置最大值为 1.1，设置曲线如图 14-71 所示。

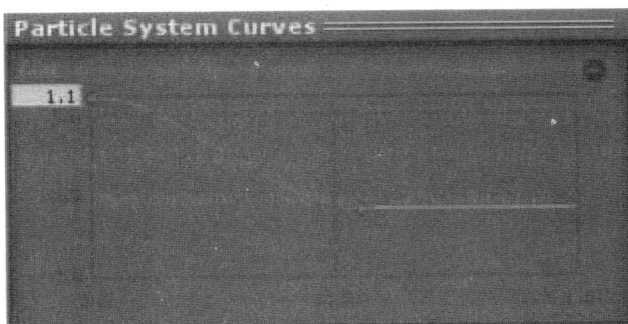

图 14-71　设置 Size over Lifetime 参数

［28］在 Renderer 模板中，设置 Render Mode 为 Mesh，点击 Mesh 右边的小圆圈，选择 Mesh 为 Polygon，点击 Material 右边的小圆圈，选择材质为 halo2，设置 Sorting Fudge 为 4500，Max Particle Size 为 0.5，如图 14-72 所示。

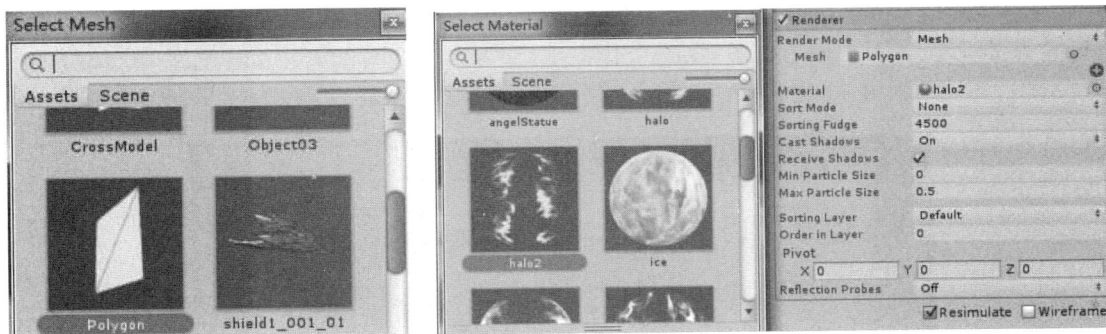

图 14-72　添加 halo2 的材质

［29］制作尘光效果。新建粒子系统拖入 IceSkill 名下成为子对象，取名为 dustlight，在属性面板设置属性，Duration 为 1.5，勾选取消 looping，Start Delay 为 0.3，Start Life-time 选择在两个参数间变化，设置参数为 0.8 到 1，选择 Start Speed 在两个参数间变化，设置参数为 2.5 到 4.6，选择 Start Size 在两个参数间变化，设置参数为 1 到 1.2，选择

Start Rotation 在两个参数间变化,设置参数为 180 到－180,Start Color 选择在两种颜色间变化,颜色数值第一个为 R:203,G:230,B:255,第二个为 R:118,G:186,B:255,Scale Mode 设置为 Shape 模式。在 Emission 模板中,设置 Rate:80,Shape 模板设置 Shape 为 Cone,设置 Angle:0,Radius:2.6,如图 14-73 所示。

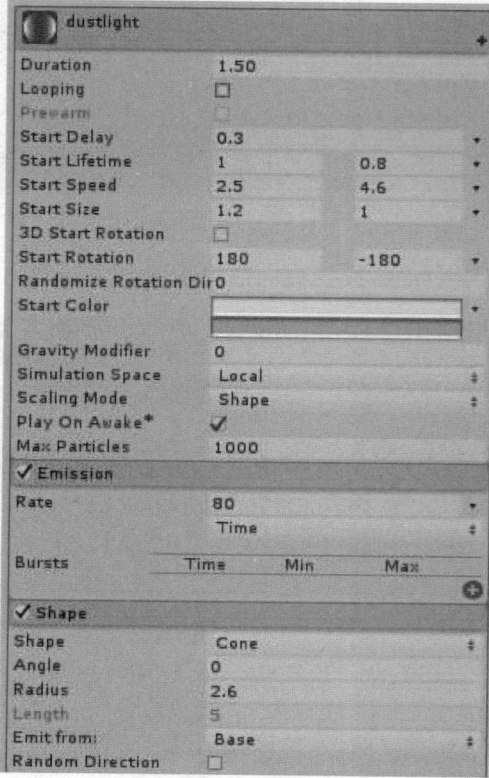

图 14-73　设置 dustlight 参数

[30] 勾选 Color over Lifetime,设置上方标签,第一个标签和第三个标签为 0,第二个标签为 255,设置下方两个标签,第一个标签 R:84,G:205,B:255,第二个标签 R:131,G:172,B:255,如图 14-74 所示。

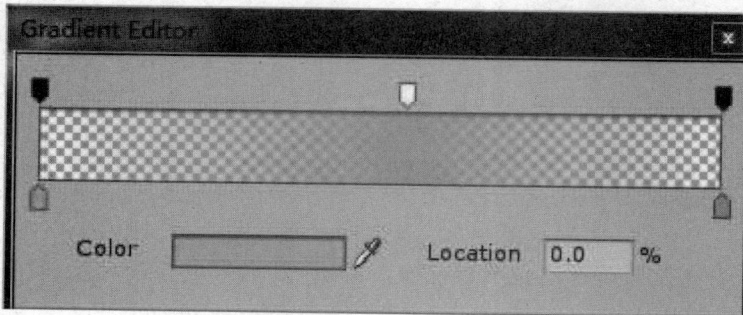

图 14-74　设置 Color over Lifetime 参数

[31] 勾选 Size over Lifetime,设置曲线如图 14-75 所示。

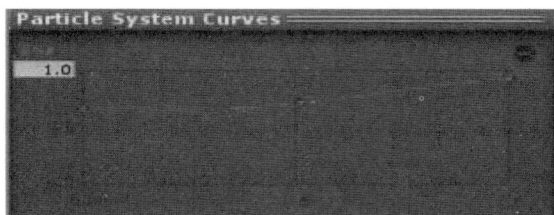

图 14-75　设置 Size over Lifetime 参数

[32] 在 Renderer 模板中，点击 Material 右边的小圆圈，选择材质为 shine，设置 Sorting Fudge 为 150，Max Particle Size 为 0.5，如图 14-76 所示。

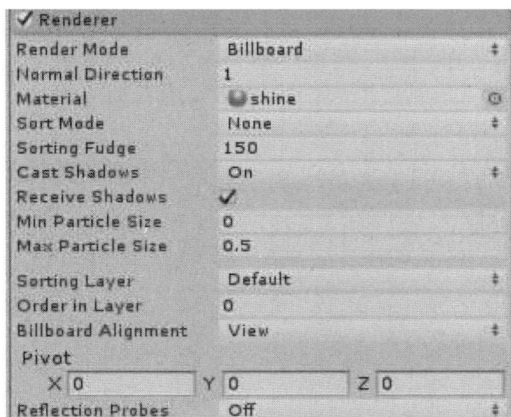

图 14-76　添加 dustlight 的材质

[33] 新建粒子系统拖入 dustlight 名下成为子对象，取名为 dustlight2，在属性面板设置属性，Duration：3，勾选取消 looping，设置 Start Delay 为 0.3，选择 Start Lifetime 在两个参数间变化，设置参数为 0.8 到 1，选择 Start Speed 在两个参数间变化，设置参数为 0.35 到 0.15，选择 Start Size 在两个参数间变化，设置参数为 0.15 到 0.6，选择 Start Rotation 在两个参数间变化，设置参数为 180 到 −180，选择 Start Color 在两种颜色间变化，颜色数值第一个为 R：203，G：230，B：255，第二个为 R：118，G：186，B：255，Scale Mode 设置为 Shape 模式。在 Emission 模板中，设置 Rate 为 150，Shape 模板设置 Shape 为 Cone，设置 Angle 为 12，Radius 为 2.3，设置 Emit from 为 Volume Shell，设置 Length 为 3，勾选 Random Direction，如图 14-77 所示。

[34] 勾选 Color over Lifetime，设置上方标

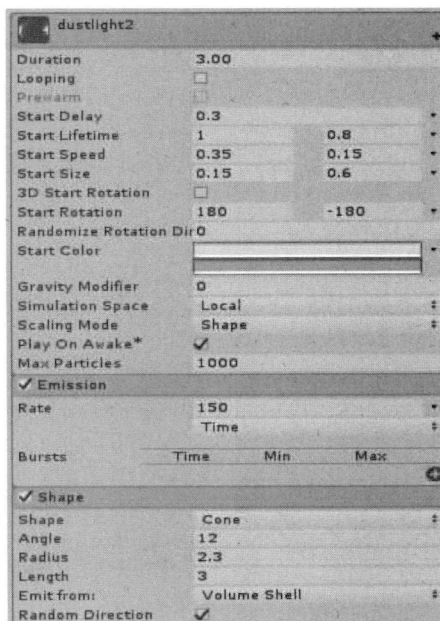

图 14-77　设置 dustlight2 参数

495

签,第一个标签和第三个标签为 0,第二个标签为 255,设置下方两个标签,第一个标签 R:84,G:205,B:255,第二个 R:131,G:172,B:255,如图 14-78 所示。

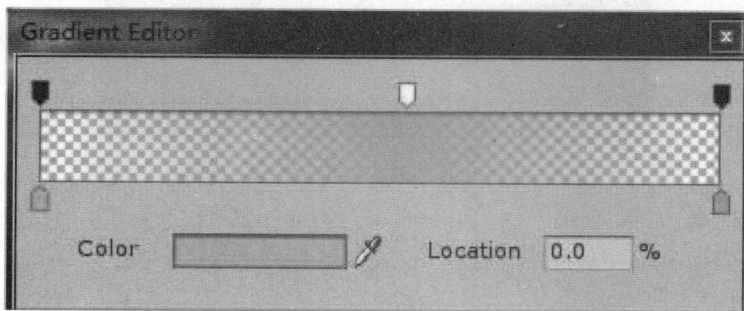

图 14-78 设置 Color over Lifetime 参数

[35] 勾选 Size over Lifetime,设置曲线如图 14-79 所示。

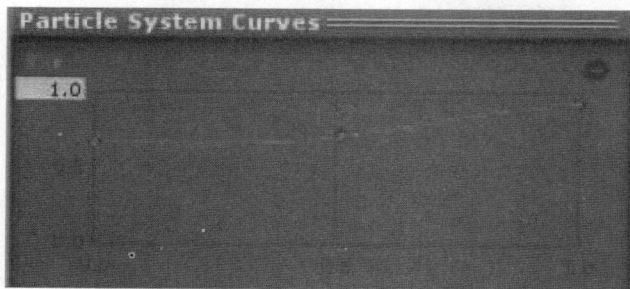

图 14-79 设置 Size over Lifetime 参数

[36] 在 Renderer 模板中,点击 Material 右边的小圆圈,选择材质为 shine,设置 Sorting Fudge 为 150,Max Particle Size 为 0.5,如图 14-80 所示。

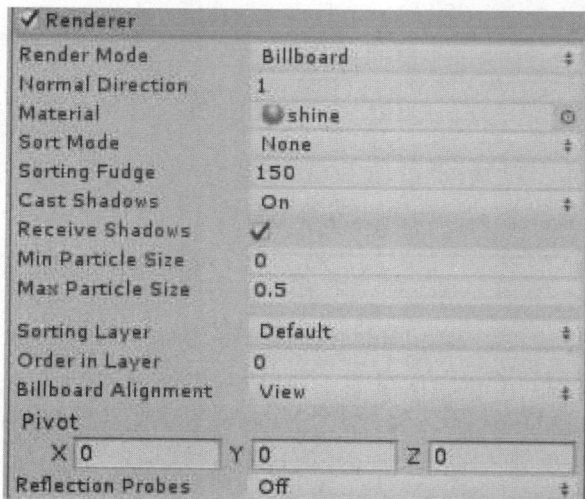

图 14-80 添加 dustlight2 的材质

[37] 制作烟雾效果。新建粒子系统拖入 IceSkill 名下成为子对象,取名为 Smoke,在

属性面板设置属性,Duration:2,勾选取消 looping,Start Delay:0.3,选择 Start Lifetime 在两个参数间变化,设置参数为 0.8 到 1,选择 Start Speed 在两个参数间变化,设置参数为 0.5 到 6.6,选择 Start Size 在两个参数间变化,设置参数为 4.9 到 7.9,选择 Start Rotation 在两个参数间变化,设置参数为 180 到一180,选择 Start Color 在两种颜色间变化,颜色数值第一个为 R:120,G:164,B:255,第二个为 R:116,G:191,B:255,Scale Mode 设置为 Shape 模式。在 Emission 模板中,设置 Rate 为 20,Shape 模板设置 Shape 为 Cone,设置 Angle 为 0,Radius 为 2.2,如图 14-81 所示。

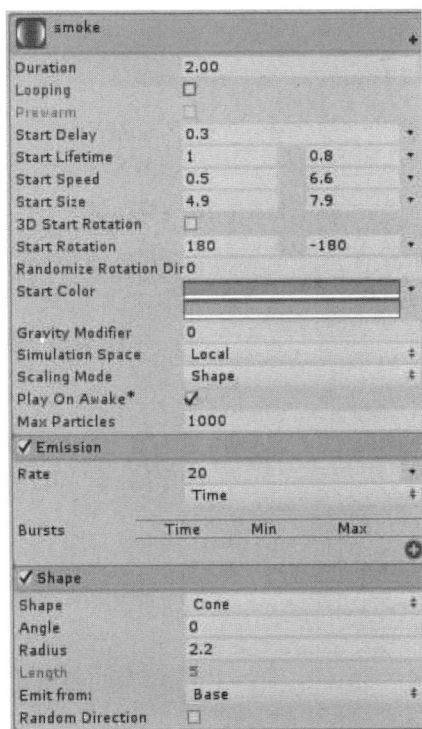

图 14-81　设置 smoke 参数

[38] 勾选 Color over Lifetime,设置上方标签,第一个标签和第三个标签为 0,第二个标签为 255,设置下方两个标签,第一个 R:107,G:208,B:255,第二个 R:114,G:202,B:255,如图 14-82 所示。

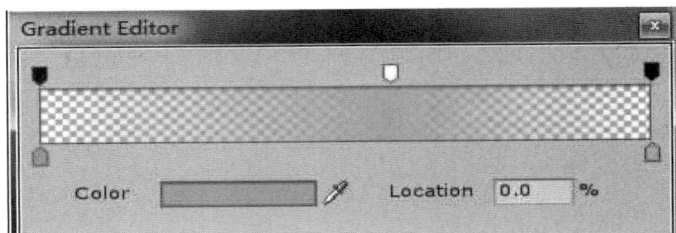

图 14-82　设置 Color over Lifetime 参数

[39] 勾选 Size over Lifetime,设置曲线如图 14-83 所示。

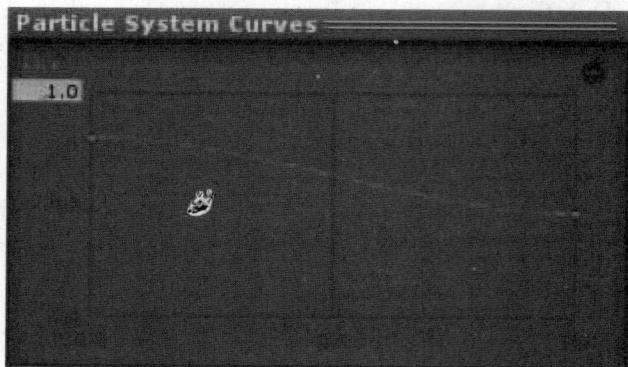

图 14-83　设置 Size over Lifetime 参数

〔40〕在 Renderer 模板中，点击 Material 右边的小圆圈，选择材质为 smoke，设置 Sorting Fudge 为 150，Max Particle Size 为 0.5，如图 14-84 所示。

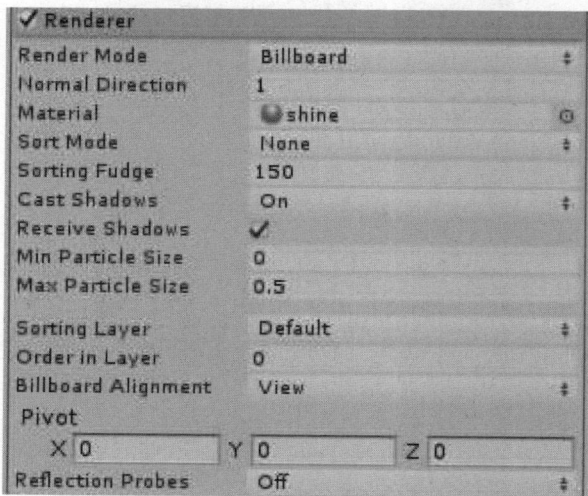

图 14-84　添加 smoke 的材质

〔41〕新建粒子系统拖入 smoke 名下成为子对象，取名为 Smoke，在属性面板设置属性，Duration 为 2，勾选取消 looping，Start Delay：0.5，选择 Start Lifetime 在两个参数间变化，设置参数为 1.4 到 1.7，选择 Start Speed 在两个参数间变化，设置参数为 0.5 到 0.1，选择 Start Size 在两个参数间变化，设置参数为 5.4 到 3.3，选择 Start Rotation 在两个参数间变化，设置参数为 180 到 −180，选择 Start Color 在两种颜色间变化，颜色数值第一个为 R：203，G：230，B：255，Alpha：101，第二个为 R：118，G：186，B：255，Alpha：110，Scale Mode 设置为 Shape 模式。在 Emission 模板中，设置 Rate 为 80，Shape 模板设置 Shape 为 Mesh，选择 Mesh 为 shield_001_01，如图 14-85 所示。

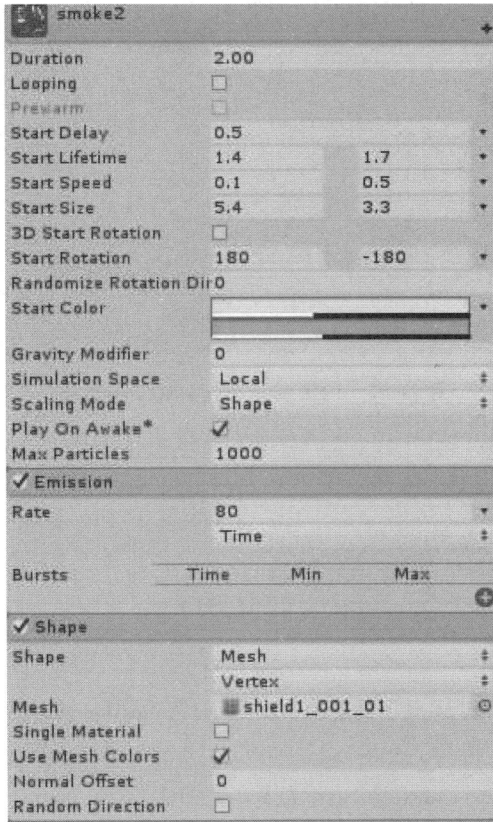

图 14-85　设置 smoke2 参数

[42] 勾选 Color over Lifetime,设置上方标签,第一个标签和第三个标签为 0,第二个标签为 90,设置下方两个标签,第一个标签 R:84,G:205,B:255,第二个标签 R:131,G:172,B:255,如图 14-86 所示。

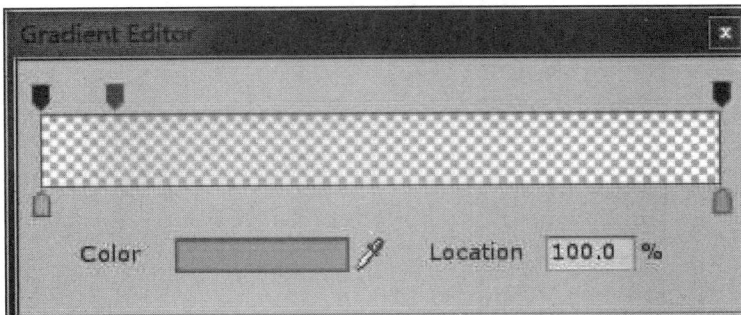

图 14-86　设置 Color over Lifetime 参数

[43] 勾选 Size over Lifetime,设置曲线如图 14-87 所示。

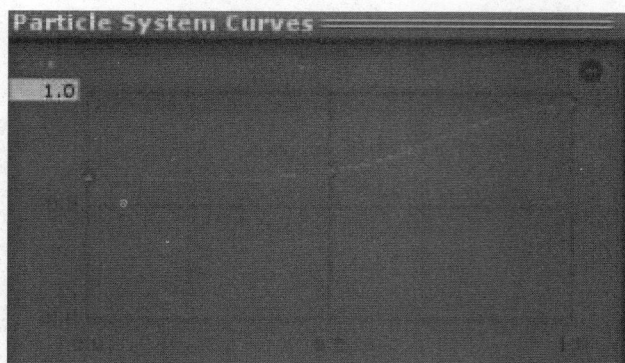

图 14-87　设置 Size over Lifetime 参数

［44］勾选 Texture Sheet Animation 模板中，设置 Tiles 中 X、Y 的值为 2，Frame over Time 选择在两个参数间变化，设置参数为 1 到 3，如图 14-88 所示。

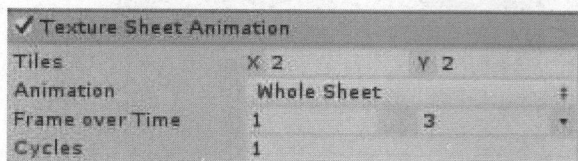

图 14-88　设置 Texture Sheet Animation 参数

［45］在 Renderer 模板中，点击 Material 右边的小圆圈，选择材质为 smoke2，设置 Sorting Fudge 为 150，Max Particle Size 为 0.5，如图 14-89 所示。

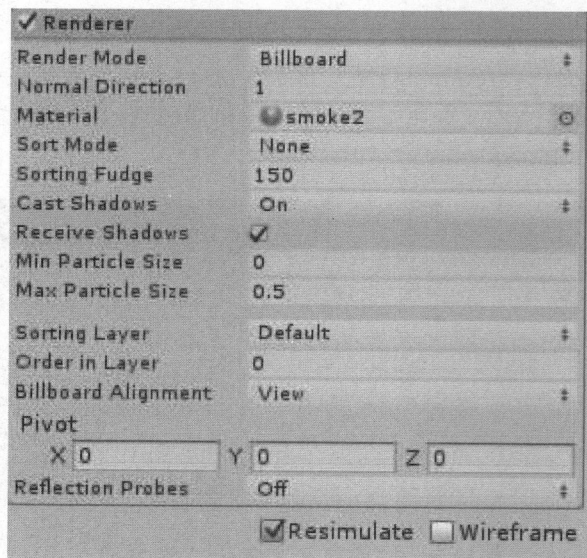

图 14-89　添加 smoke 的材质

到这里，一个冰系技能的制作已经结束了，运行游戏后可以看到效果非常棒，这可以运用在很多游戏中，比如一个魔法师的魔法特效。如图 14-90 所示。

图 14-90　最终效果图

14.3.3　烟花

　　在制作烟花之前，需要先观察现实生活中烟花的运动方式。如图 14-91 所示。烟花先以小的粒子状态飞上天空，而且有拖尾的现象。升到空中之后爆炸，放出烟花，当烟花熄灭之后会留下烟雾。接下来，介绍烟花的制作方法。在该例子中，会用到子粒子的功能。

图 14-91　现实中的烟火效果

　　[1] 打开 Chapter14-Particle 工程的 Firework 场景，该场景也是一个空的场景。

　　[2] 创建初始粒子对象。在主菜单中选择【GameObject】→【ParticleSystem】，创建一个粒子系统，并命名为 Firework。

　　[3] 打开 ParticleEditor 窗口，选择 Firework，在 Inspector 窗口中点击【Open Editor...】，如图 14-92 所示。

图 14-92　打开 Particle Editor 面板

[4] 设置发射器形状。打开 Shape 面板,设置形状为圆锥体(Cone),角度(Angle)为 35,半径(Radius)为 0,如图 14-93 所示。

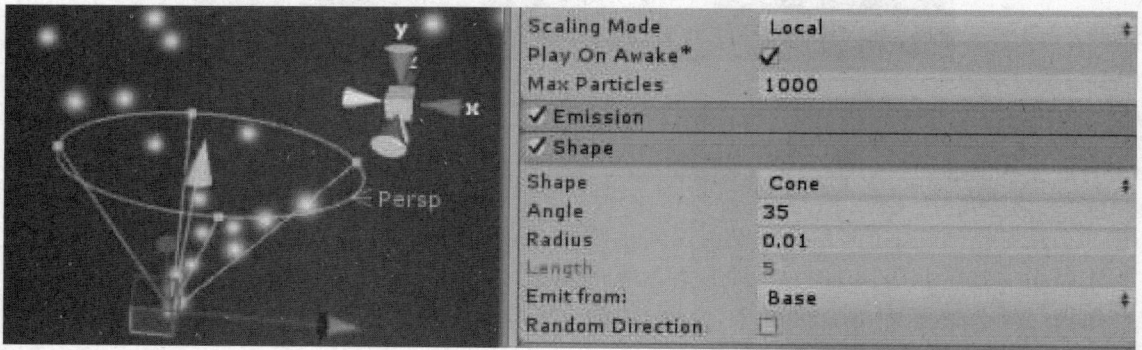

图 14-93　设置粒子发射形状

[5] 设置粒子发射初始状态。烟花在发射的时候一般都是一颗一颗发射的,而且速度比较快,轻微受到重力的作用,所以修改的属性以及其值为 Start Lifetime:3,Start Speed:25,Start Size:3,StartColor 的 R 为 255,G 为 155,B 为 145,设置 Gravity Multiplier 为 0.2,Emission 中的 Rate 为 1。如图 14-94 所示

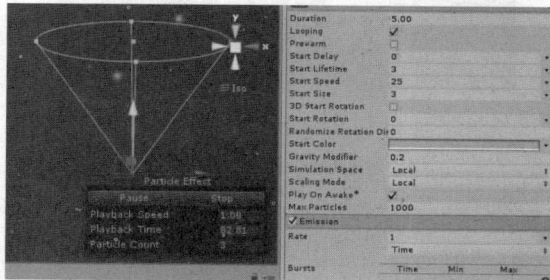

图 14-94　设置粒子初始发射状态

[6] 设置粒子大小随粒子生命周期的变化方式。为了使得刚发射的烟花有忽大忽小、忽明忽暗的效果,在 Size Over Lifetime 面板中采用曲线(Curve)参数控制方式控制烟花的大小。最后其曲线如图 14-95 所示。

图 14-95　使用曲线控制粒子大小随生命周期的变化

〔7〕添加粒子材质。展开 Renderer 面板，点击 Material 属性后面的小圆圈，弹出材质选择窗口，并选择其中的 Fireworks 材质，如图 14-96 所示。该材质适用了 Particle/Additive 着色器，并添加了一张外围发光的贴图。

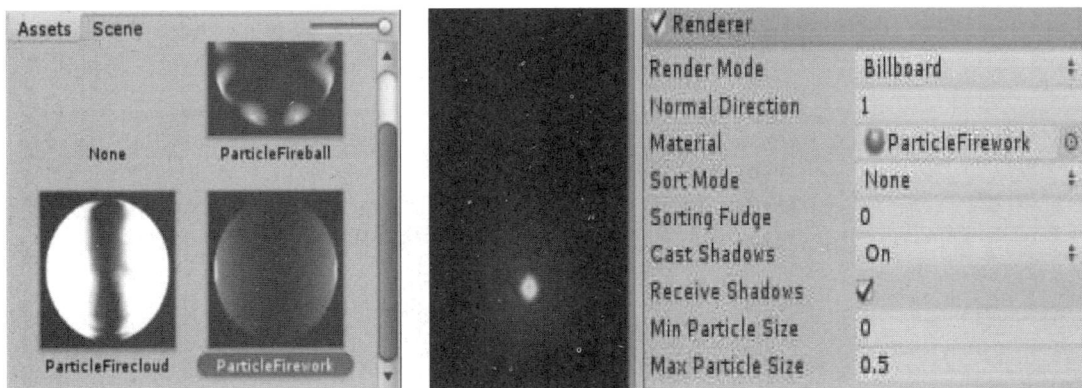

图 14-96　添加粒子材质

〔8〕制作拖尾效果。拖尾效果可以采用子粒子系统的功能。勾选 Sub Emitters，激活该面板并展开，在 Birth 属性的最后面点击＋号，创建一个子粒子系统，此时在 firework 粒子面板右边就添加了一个新的粒子系统面板，如图 14-97 所示。

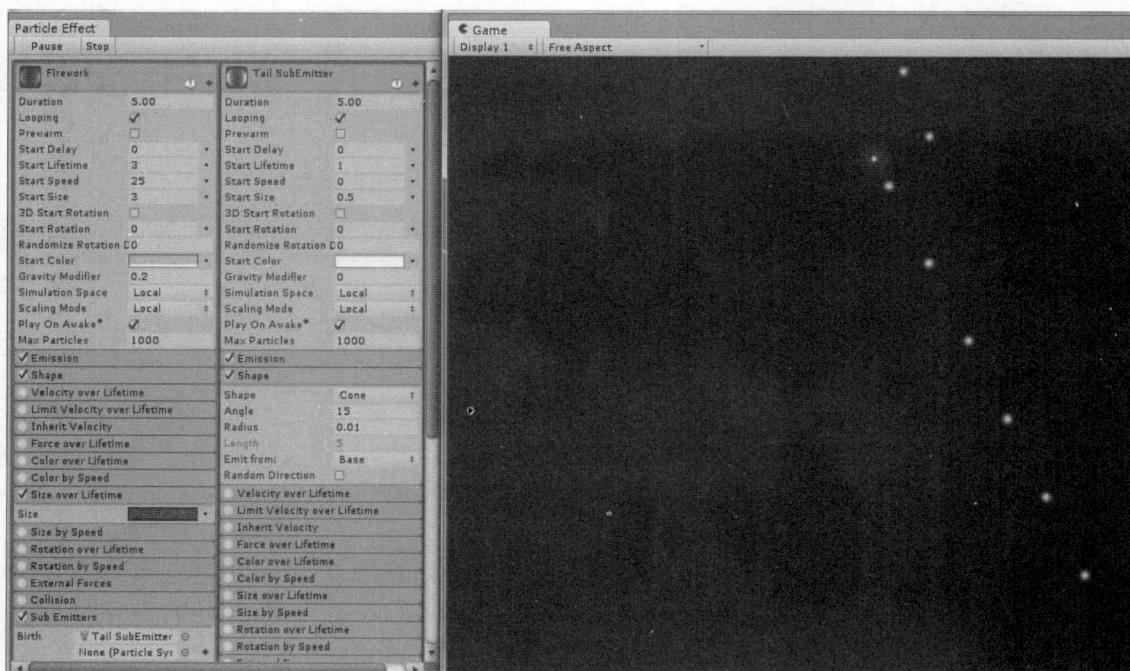

图 14-97　新增子粒子系统

　　[9] 修改该子粒子系统的名称。在 Hierachy 窗口中，选择 SubEmitter 对象，也可以在粒子系统编辑面板中的属性面板的最上方鼠标右键，弹出一个下拉菜单，选择 Show Location 选项，在 Hierachy 面板中定位到该对象的位置，并把它命名为 Tail SubEmitter，如图 14-98 所示。

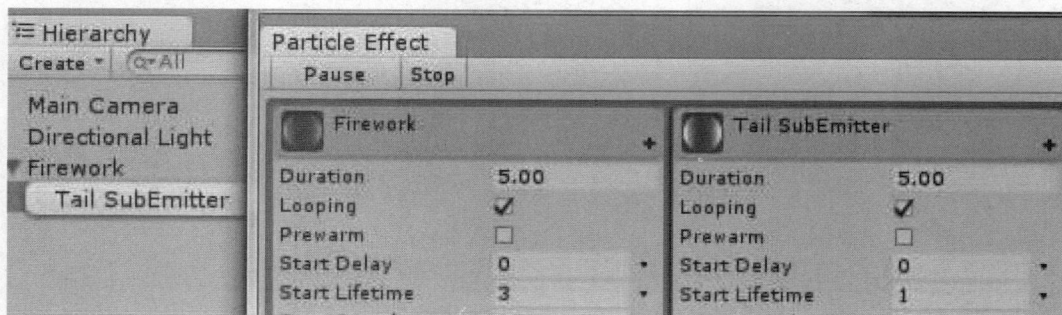

图 14-98　在 Hierarchy 窗口中定位该粒子系统

　　[10] 设置 Tail SubEmitter 对象的发射器属性。在其 Shape 面板中，设置 Shape 为 Cone，Angle 为 15，Radius 为 0.01，如图 14-99 所示。

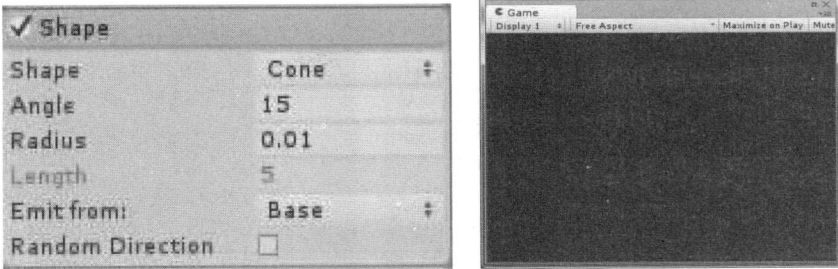

图 14-99　设置子粒子的发射器形状

[11] 设置 Tail SubEmitter 对象的初始状态。其参数为 Start Lifetime：3，Start Speed：10，Gravity Modifier：1，Max Particles：10000，设置 Emission 中的 Rate 为 50，如图 14-100 所示。

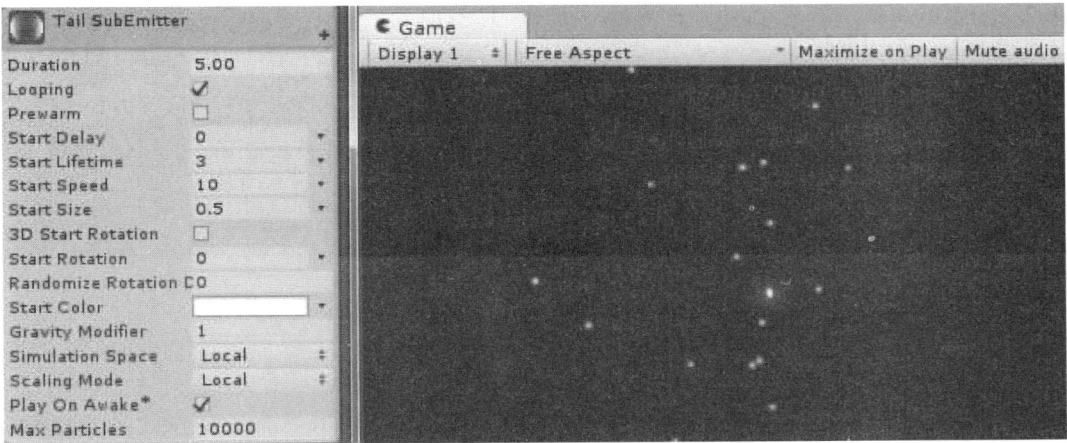

图 14-100　设置拖尾子粒子的初始发射属性

[12] 设置 Color over Lifetime 中的渐变颜色。激活 Color over Lifetime，设置它的渐变颜色，如图 14-101 所示。下方的第一个颜色标签为 R：255，G：60，B：0；第二个标签为 R：255，G：255，B：255；第三个标签为 R：255，G：220，B：0；第四个标签为 R：255，G：135，B：0；第五个标签为 R：255，G：90，B：0。

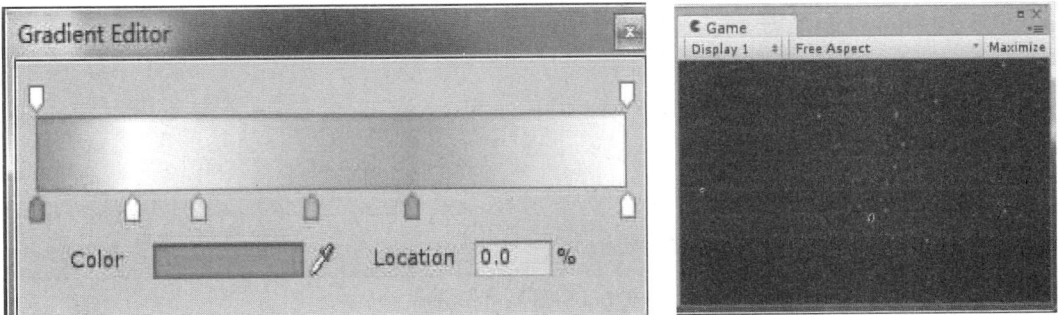

图 14-101　设置 Color over Lifetime 中的渐变颜色

[13] 设置粒子大小随粒子生命周期的变化方式。勾选 Size over Lifttime，激活该面

板并展开。使用曲线控制方式控制粒子大小,其曲线如图 14-102 所示。

图 14-102　使用曲线控制粒子大小根据生命的变化

[14]设置拖尾效果。展开 Renderer 面板,设置渲染模式为 Stretched Billboard,设置 Speed Scale 为 0.15,Length Scale 为 1,如图 14-103 所示。

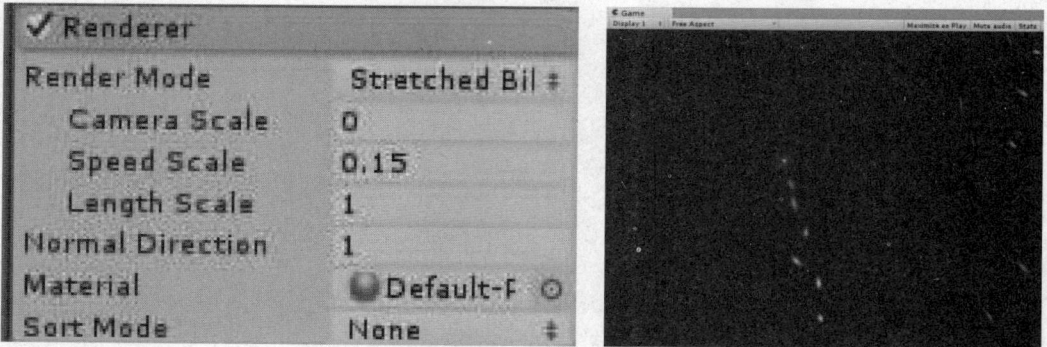

图 14-103　设置 Render Mode 为 Stretched billboard

[15]制作 Tail SubEmitter 的粒子拖尾效果,它是由 Tail SubEmitter 粒子的未燃尽的残渣所产生的。在 Tail SubEmitter 面板中勾选 Sub Emitters,激活该面板并展开,接着在 Birth 属性后面点击＋号,创建一个 SubEmitter 子粒子系统,如图 14-104 所示。

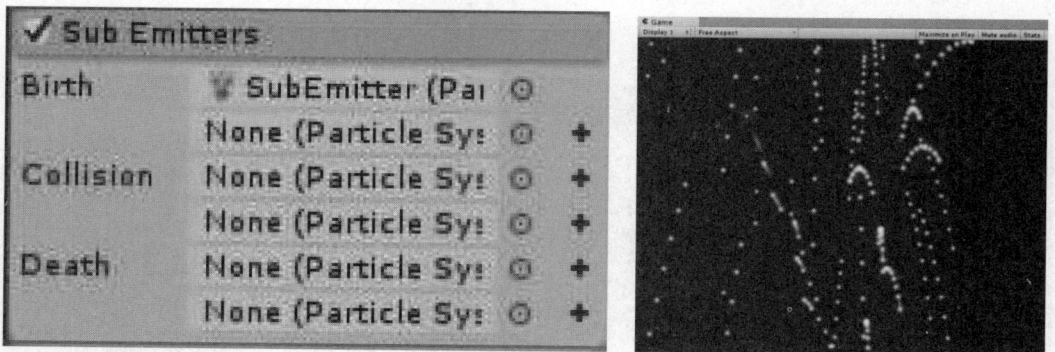

图 14-104　为 Tail SubEmitter 添加子粒子系统

[16]设置 SubEmitter 粒子对象的初始值。Start Speed 为 2,Max Particles 为 10000,Emission 中的 Rate 为 1。如图 14-105 所示。

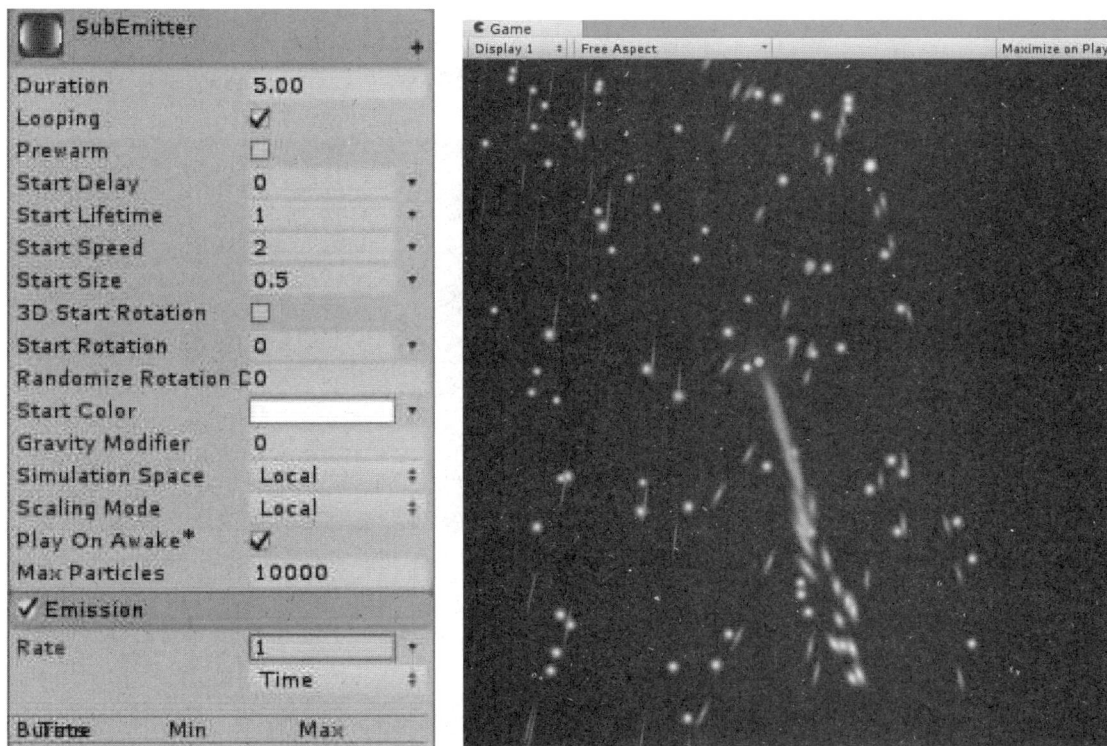

图 14-105　设置初始发射属性

[17] 设置随机生命周期。采用 Random Between Two Curves 属性控制方式，在 Start Lifetime 属性设置它的曲线。先采用 Constant 方式设置它的值为 1.5，这样可以定义其最大值，接着切换到 Random Between Two Curves 方式，保持默认的曲线形状，这样，生成的每个粒子的生命周期就会在 0～1.5 之间取值，增加了随机性，如图 14-106 所示。

图 14-106　采用 Random Between Two Curves 控制 Start Lifetime 属性

[18] 设置它的初始颜色值 Start Color 为 R：255，G：230，B：200。

[19] 设置粒子大小随粒子生命周期变化的方式。由于残渣会很快消失，这里采用 Size Over Lifetime 来控制它的大小，勾选 Size over Lifetime，激活并展开面板，设置它的曲线如图 14-107 所示。

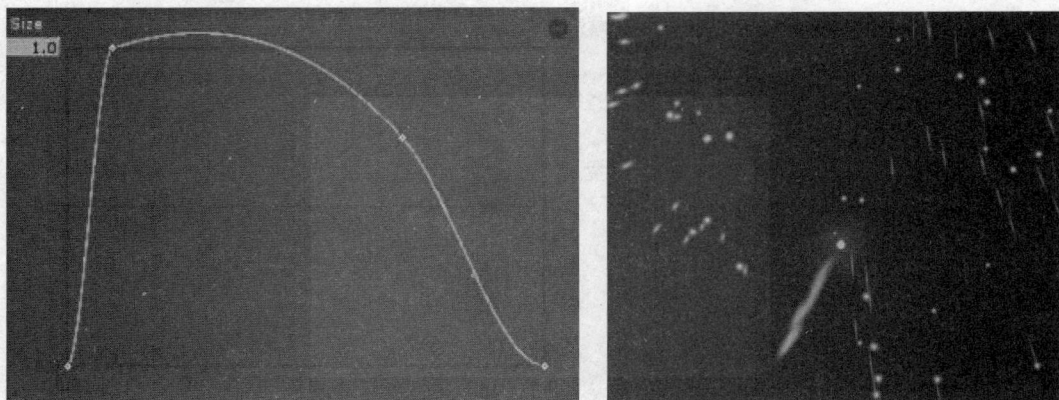

图 14-107　采用曲线控制 Size Over Lifetime 中的 size 属性

[20] 接下来实现烟花爆炸后的烟雾效果。选择 Firework 粒子面板，点击 Death 属性后面的＋号，添加一个当粒子消亡时产生的子粒子系统，并命名为 Smoke SubEmitter，如图 14-108 所示。

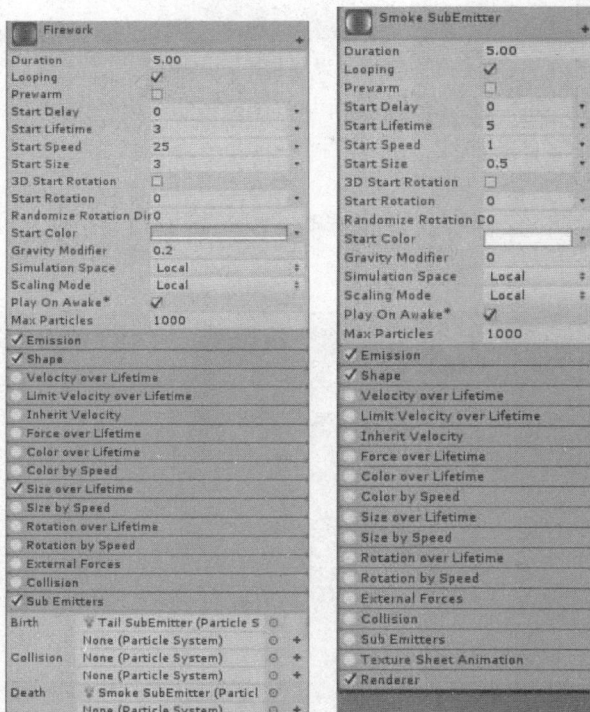

图 14-108　新增子粒子系统，用于制作烟花爆炸后的烟雾效果

[21] 在 Smoke SubEmitter 面板中，设置它的初始值为 Start Size 为 50，Start Rotation：180，StartColor 为 R：21，G：21，B：21，Max Particle 为 10000，Emission 中的 Rate 为

0,Bursts 中的 Time 为 0.00,min 为 1,max 为 1,如图 14-109 所示。

　　[22] 设置粒子大小和旋转角度为在两条曲线之间随机取值。在 StartSize 属性中选择 Random Between Two Curves,并设置它的曲线。同样,设置它的 Start Rotation 属性的控制方式为 Random Between Two Curves,如图 14-110 和图 14-111 所示。

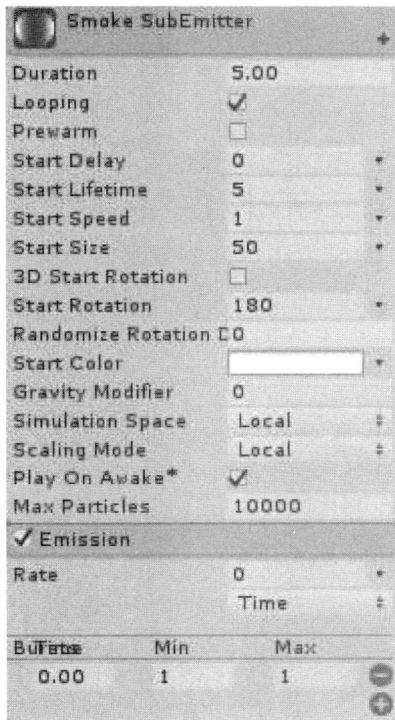

图 14-109　设置初始发射属性

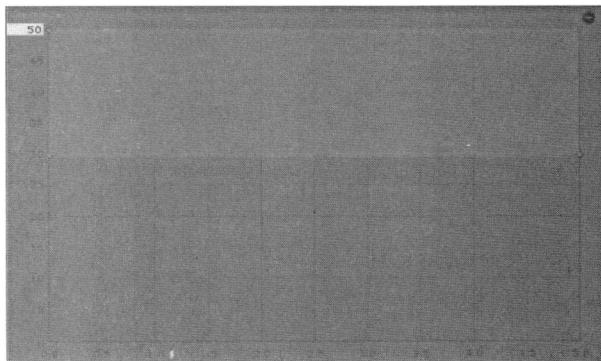

图 14-110　使用 Random Between Two Curves 设置 StartSize

图 14-111　使用 Random Between Two Curves 设置 rotation

　　[23] 控制粒子随着生命的推移逐渐淡出。勾选 Color over Liftime,激活该面板并展开,设置它的渐变颜色如图 14-112 所示。上方的标签的值为 Alpha:0,其他都为纯白色。

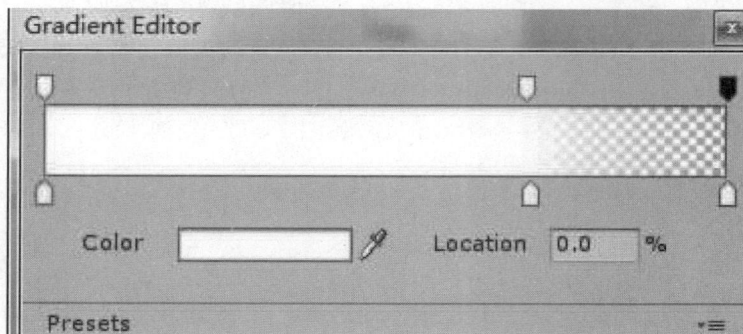

图 14-112　采用渐变颜色设置 Color over Lifttime 中的 Color 属性

[24] 设置粒子随着生命的推移其大小逐渐增大，模拟烟雾扩散的效果。勾选 Size over Lifetime，激活该面板并展开，使用曲线控制方式来控制其大小，如图 14-113 所示。

图 14-113　使用曲线设置 Size over Lifttime 中的 Size 属性

[25] 设置粒子的材质。打开 Renderer 面板，为 Material 属性添加一个 ParticleSmokeVertlit 材质，如图 14-114 所示。

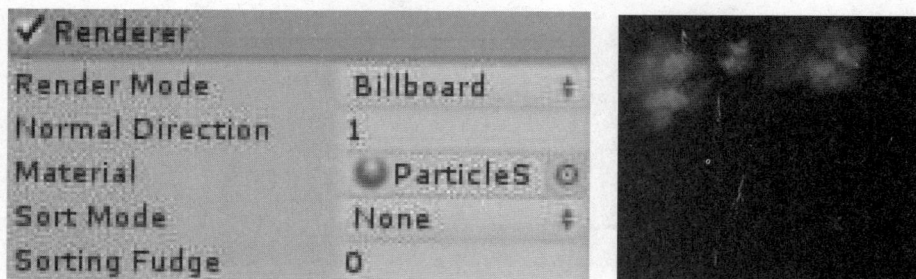

图 14-114　添加烟雾材质

[26] 制作烟花爆炸效果。在 Smoke SubEmitter 属性面板中，勾选 Sub Emitter，激活该面板并展开，在 Birth 属性后面点击＋号，添加一个子粒子系统，并命名为 Explosion SubEmitter，如图 14-115 所示。

[27] 设置 Explosion SubEmitter 粒子的初始值，其属性值为 Start Lifetime：5，Start Speed：3，Start Size：0. 8，Start Rotation：180，Gravity Modifier：0. 2，Max Particles：

10000。如图 14-116 所示。

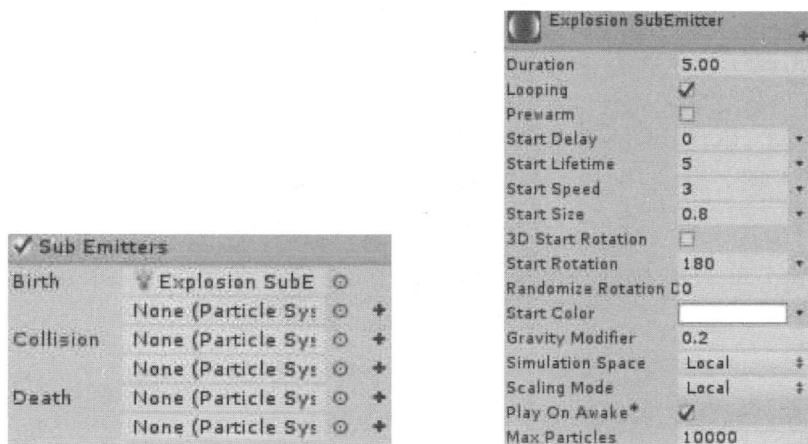

图 14-115　新增子粒子系统,用于制作烟花爆炸效果　图 14-116　设置初始发射属性

[28] 设置爆发效果。在 Emission 中 Rate:0,Bursts 中的 Time 为 0.01,min 为 200,max 为 200,如图 14-117 所示。

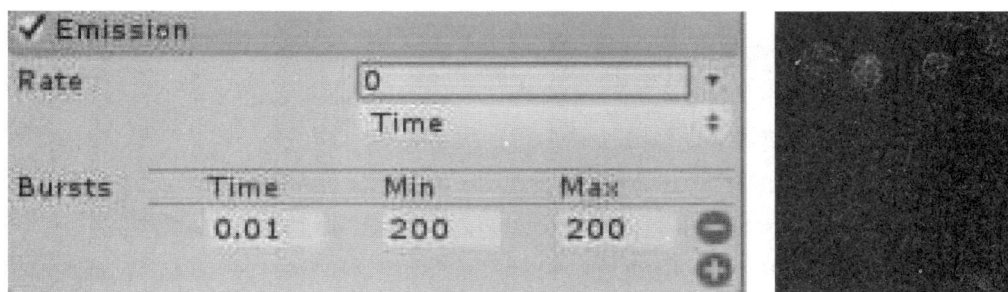

图 14-117　设置 Emission 中的爆发(Bursts)属性值

[29] 设置随机值。此步骤把 StartLifetime、Start Speed、Start Rotation 设置成 Random Between Two Curves 方式,其曲线形状如图 14-118、图 14-119 和图 14-120 所示。

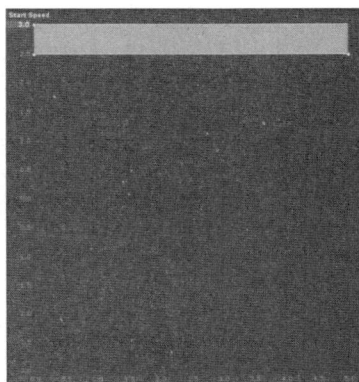

图 14-118　StartLifetime 的属性曲线形状　　图 14-119　Start Speed 的属性曲线形状

图 14-120　StartRotation 的属性曲线形态

[30]设置随机产生的颜色。烟花在爆炸时会产生各种颜色。在 Start Color 中选择 Random Between Two Colors 模式,并设置第一个颜色为 R:181,G:181,B:181,第二个颜色为 R:0,G:255,B:140。如图 14-121 所示。

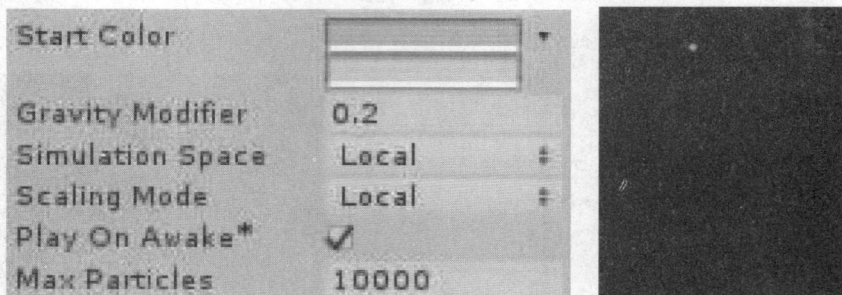

图 14-121　使用 Randowm Between Two Colors 设置 Start Color 属性

[31]设置粒子颜色随生命的推移而变化的效果。勾选 Color Over Lifttime,激活该面板并展开,设置其渐变颜色如下图 14-122 所示。下方第一个标签值为纯白色,第二个标签值为 R:255,G:0,B:40,第三个标签值为 R:255,G:120,B:140,第四个标签值为 R:255,G:200,B:0。

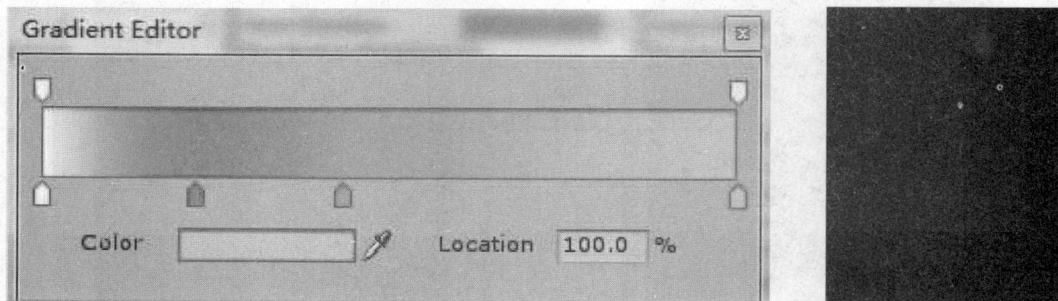

图 14-122　使用渐变颜色设置 Color Over Lifttime 的 Color 属性

[32]设置粒子大小随粒子生命周期的变化方式。勾选 Size over Lifetime,采用曲线控制的方式,并调节它的曲线如图 14-123 所示。最大值和最小值可以先使用 Random

Between Two Constant 进行设置,再改用曲线控制。

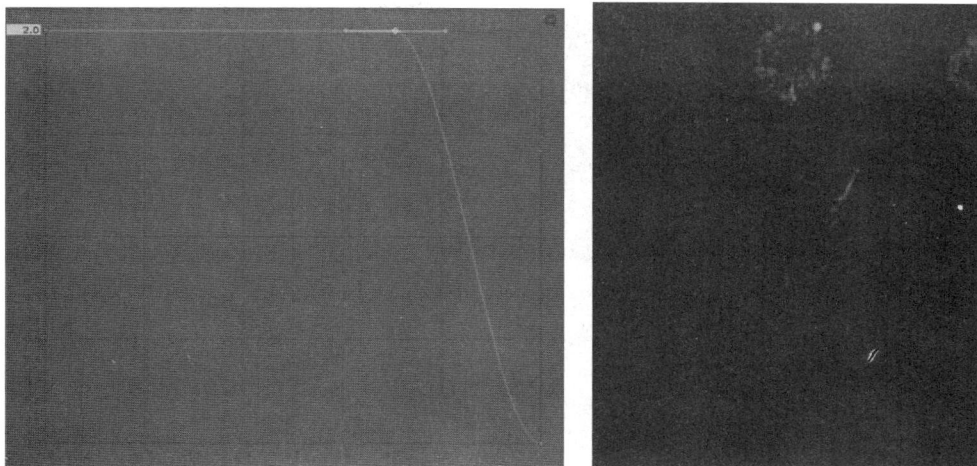

图 14-123　使用曲线控制 Size over Lifetime 中的 Size 属性

〔33〕在 Renderer 面板中,设置 Material 属性为 ParticleFirework 材质,如图 14-124 所示。

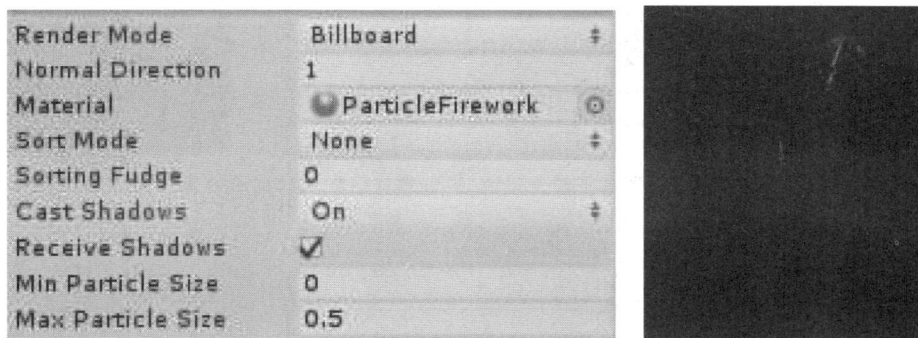

图 14-124　为粒子添加 Fireworks 材质

〔34〕实现粒子速度随机值。观察现在的效果,发现 Explosion SubEmitter 粒子的运动速度有点单一。勾选 Velocity over Lifetime,激活面板并展开,设置它的 X 值为 1.2,Y 值为1.5,Z 值为 1.2,如图 14-125 所示。

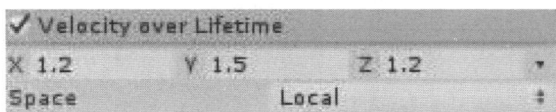

图 14-125　设置 Velcotity over Lifetime 的 X、Y、Z 属性

〔35〕接着转换为 Random Between Two Curves 控制模式,把 X 值和 Z 值的曲线范围设置在 -1.2~1.2,Y 值设置在 -1.5~1.5 之间,如图 14-126 所示。

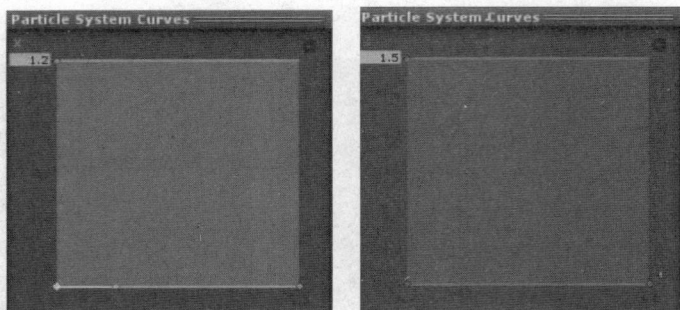

图 14-126　改用 **Random Between Two Curve** 模式控制速度属性

[36] 为 Explosion SubEmitter 设置拖尾效果。勾选 Sub Emitter,激活该面板并展开,在 Birth 属性后面点击＋号,创建一个新的子粒子系统,并命名为 Tail 2 SubEmitter,如图 14-127 所示。

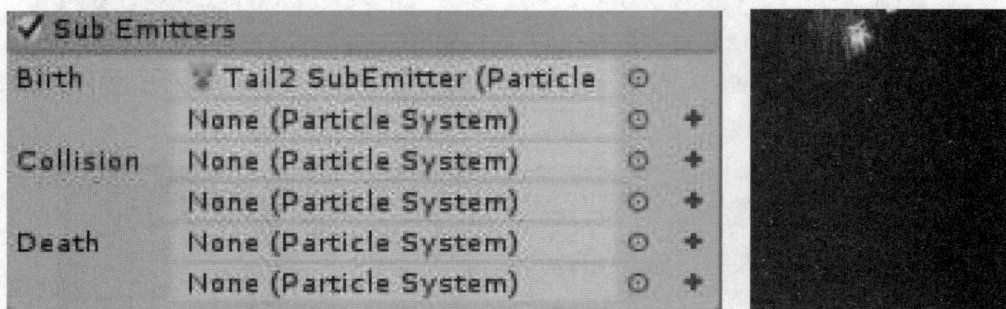

图 14-127　添加子粒子系统,实现爆炸后粒子的拖尾效果

[37] 设置 Tail2 SubEmitter 粒子的初始值,Start Lifttime：2,Start Speed：1,StartSize：0.2,Gravity Multiplier：0.5,Max Particles：10000,Emission 中的 Rate 为 3,方式设置为 Distance,如图 14-128 所示。

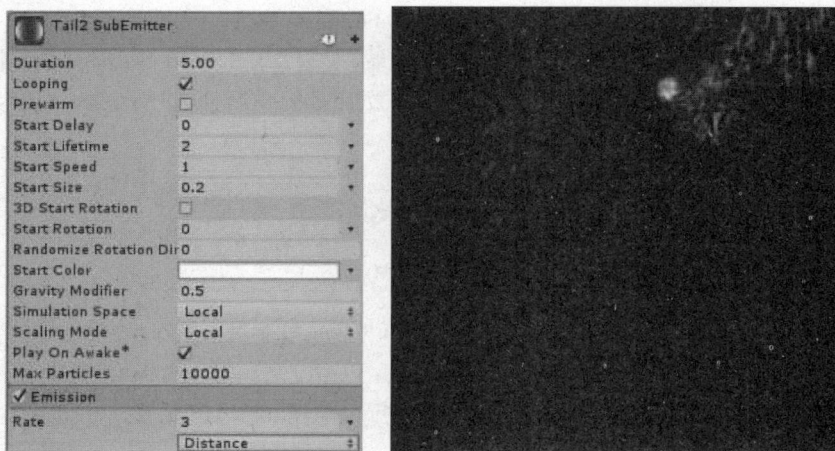

图 14-128　设置初始发射属性

[38]设置发射器形状。展开 Shape 面板,shape 属性为 Cone,Angle 为 45,如图

14-129所示。

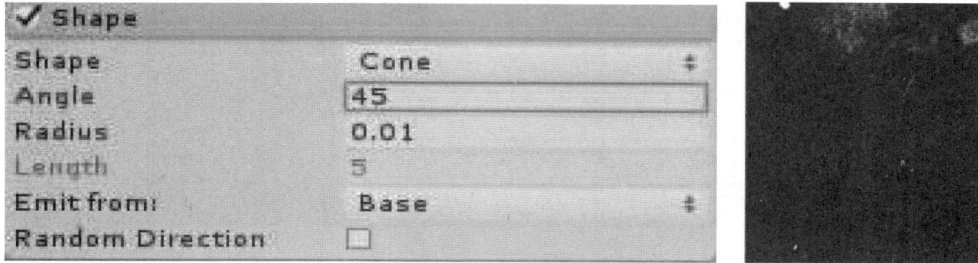

图 14-129　设置发射器的形状

［39］设置粒子颜色随生命推移的变化方式。勾选 Color over Lifetime,激活该面板并展开,调整它的渐变颜色如图 14-130 所示。上方的标签,第一个标签 Alpha:255,第二个标签 Alpha:130,第三个标签 Alpha:0;下方的标签,第一个标签的值为纯白色,第二个标签值为 R:255,G:220,B:0,第三个标签和第四个标签的值都为 R:255,G:135,B:0。

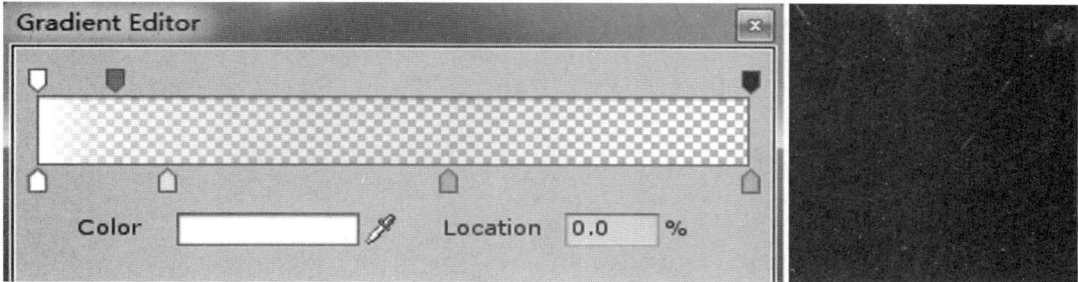

图 14-130　使用渐变颜色设置 Color over Lifttime 中的 Color 属性

［40］设置拖尾效果。在 Renderer 面板中,设置 Render Mode 为 Stretched Billboard,Speed Scale 为 0.2,Length Scale 为 0,如图 14-131 所示。

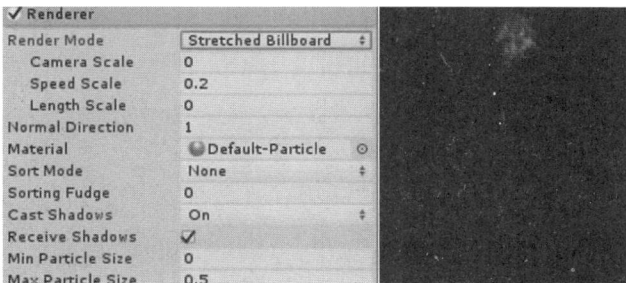

图 14-131　设置 Render Mode 为 Stretched Billboard

［41］实现烟花爆炸效果所产生的粒子第二次爆炸的效果。选择 Explosion SubEmitter 对象,在 Sub Emitter 面板中,点击 Death 属性后面的＋号,添加一个新的子粒子系统,并命名为 Explosion2 SubEmitter,如图 14-132 所示。

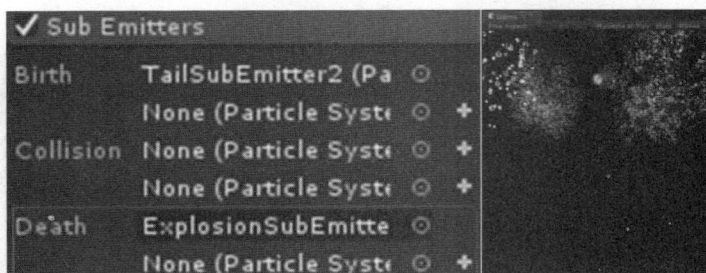

图 14-132　添加子粒子系统,用于第二次爆炸效果

［42］选择 Explosion2 SubEmitter 对象。设置它的初始值,Start Lifetime:5,Start Speed:1.5,Start Size:1.5,Gravity Modifier:0.1,Max Particle:10000,Emission 中的 Rate 为 0,Bursts 中的 Time 为 0.00,max、min 为 5,如图 14-133 所示。

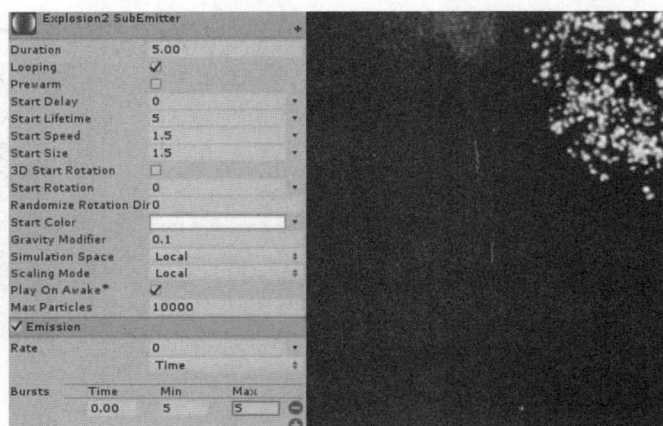

图 14-133　设置初始发射属性

［43］设置粒子大小随粒子生命周期的变化方式。勾选 Size over Lifetime,激活该面板并展开,使用曲线方式控制它的大小,如图 14-134 所示。

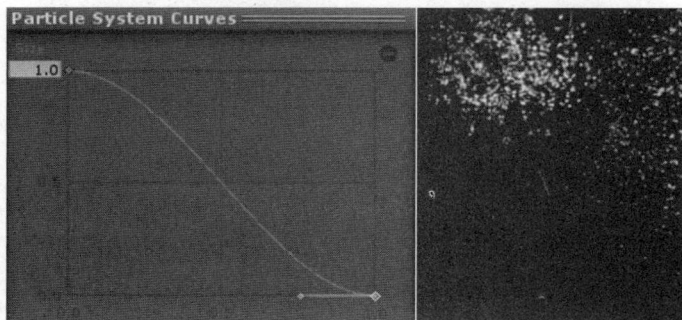

图 14-134　使用曲线修改粒子大小

［44］设置粒子颜色随生命推移的变化方式。勾选 Color over Lifetime,激活该面板并展开,调整它的渐变颜色如图 14-135 所示。下方第一个标签值为 R:0,G:255,B:140,

第二个标签值为 R:255,G:110,B:0。

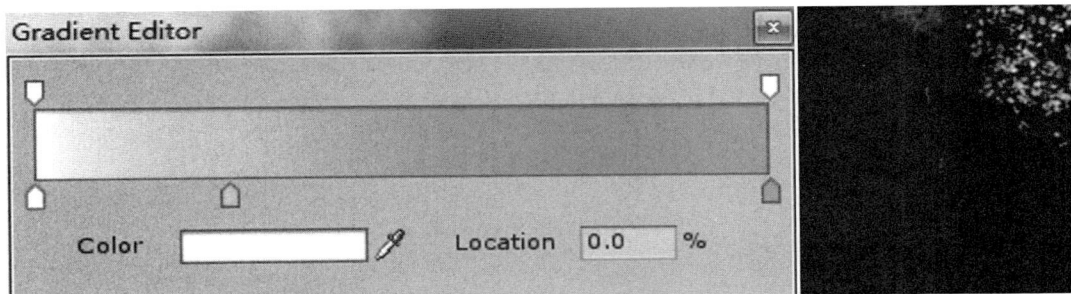

图 14-135　使用渐变颜色设置 Color over Lifttime 中的 Color 属性

［45］设置 Renderer 面板中的 Material 为 ParticleFirework 材质,如图 14-136 所示。

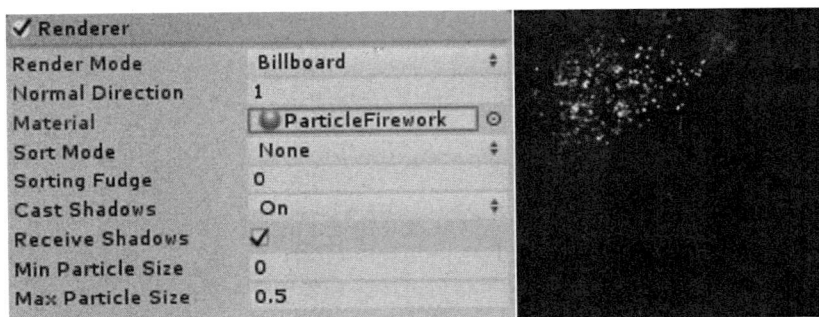

图 14-136　添加 Fireworks 材质

［46］设置 StartLifetime 为 Random Between Two Curves 模式,如图 14-137 所示。

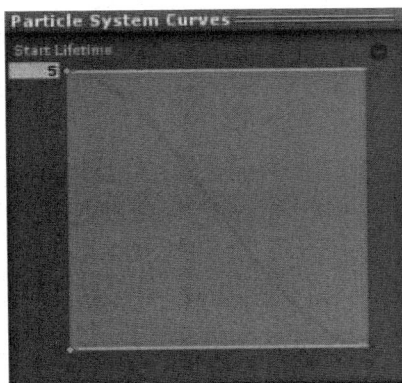

图 14-137　使用 Random Between Two Curves 控制 Start Lifetime

［47］设置 StartColor 为 Random Between Two Colors,并把第一个颜色设置成纯白色,第二个颜色设置成灰色,如图 14-138 所示。

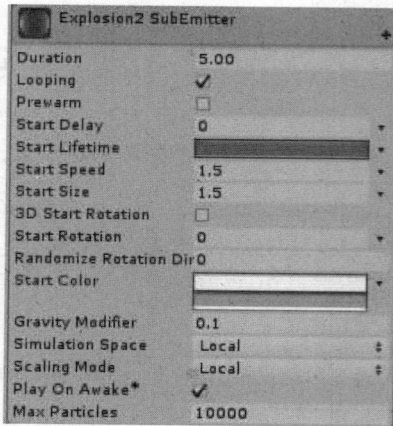

图 14-138 使用 Random Between Two Colors 设置 Start Color

[48] 设置随机速度。勾选 Velocity over Lifetime,激活该面板并展开,采用 Constant 方式,并修改 Z 值为 2,space 为 World,如图 14-139 所示。

图14-139 使用 Constant 方式设置 Velocity over Lifetime

到这里,一个烟花的效果便制作完成了。运行游戏,可以看到,其效果与真实的烟花效果可以相媲美了,如图 14-140 所示。

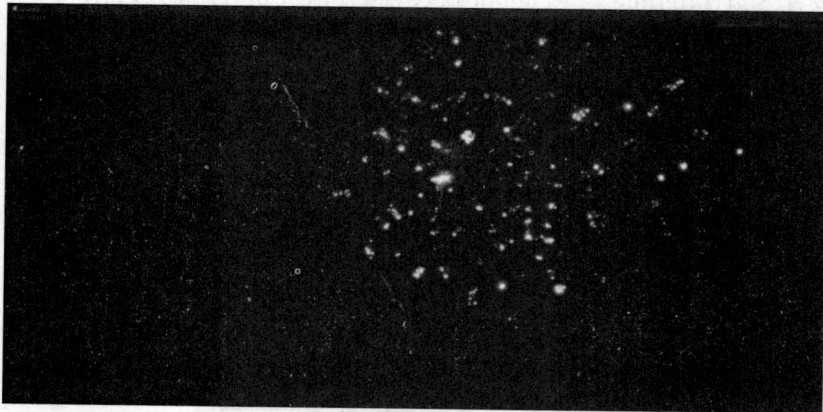

图 14-140 最终效果

粒子的属性非常多,可调节性也很强,所以只要认真观察,熟悉这些参数的含义,再加上耐心,就可以创作出所需要的效果了。在 Chapter14-Particle 工程中,已经包含了三个粒子效果的演示场景,有 Shuriken 和 SimpleParticlePack,读者可以打开里面的场景,更深入地学习各种粒子效果的属性设置。

14.4　使用代码控制粒子系统

Shuriken 粒子系统是由 ParticleSystem 类来控制的，该类继承自 Component 类，因此 ParticleSystem 也是一种组件，可以通过常规的获得组件的方法来获得 ParticleSystem 的对象。在 Unity3D 中，其 API 只提供了粒子初始属性（例如 startSpeed、StartSize、StartLifttime 等）和控制粒子的播放与暂停（例如 Play 方法、Stop 方法、isPlaying 方法）等接口。接下来我们通过代码来实现当角色走到篝火前面时，点燃篝火的效果。

[1] 打开 Chapter14-Particle 工程中的 campfire 场景，如图 14-141 所示。场景中包含了一个角色、一个火把模型和一个火的粒子对象。

图 14-141　初始效果

[2] 在场景中选择 Campfire Particle 对象，在 Inspector 窗口中显示它的属性面板，在初始化面板中把 Play On Awake 选项取消掉，使它不会自动播放粒子，如图 14-142 和图 14-143 所示。

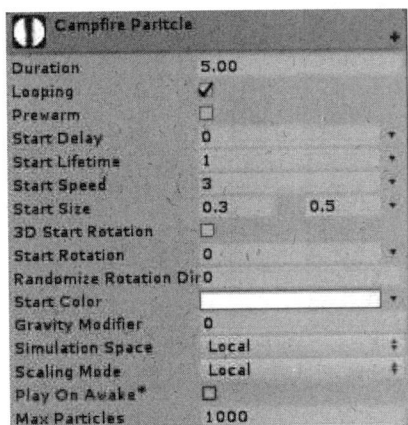

图 14-142　设置粒子的初始发射属性

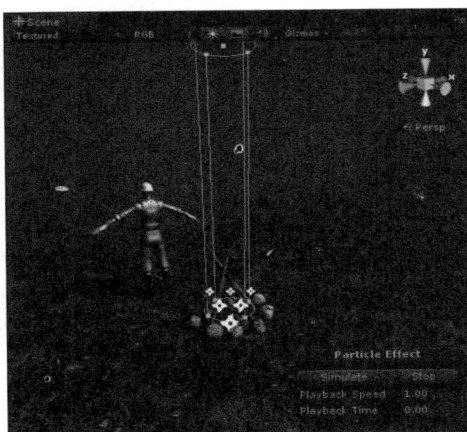

图 14-143　取消 Play On Awake 后粒子不会自动发射了

[3] 新建一个 C♯ 脚本,命名为 PlayCampfire,打开并输入以下代码:

```
1   using UnityEngine;
2   using System.Collections;
3
4   public class PlayCampfire : MonoBehaviour {
5
6       void OnControllerColliderHit(ControllerColliderHit hit) {
7           //角色与 campfire 对象碰撞
8           if(hit.collider.gameObject.name == " campfire ")
9           {
10              //在场景中找到篝火粒子对象
11              GameObject campfireParticleObj = GameObject.Find(" CampfireParticle ");
12              //获得粒子组件
13              ParticleSystem campfireParticle = campfireParticleObj.GetComponent<ParticleSystem>();
14              //判断篝火粒子是否处于停止播放状态
15              if (campfireParticle.isStopped)
16              {
17                  campfireParticle.Play();
18              }
19          }
20      }
21  }
```

[4] 把该脚本代码添加到 3rd Person Controller 对象上。最后运行游戏,当角色碰到篝火模型时,篝火粒子便开始播放,如图 14-144 所示。

图 14-144 添加脚本程序之后的效果

[5] 为火添加照明效果。为篝火粒子添加照明效果时需要借助点光源对象。首先,在场景中添加一个点光源,并命名为光 campfireLight,如图 14-145 所示。

图 14-145　为篝火添加灯光效果

［6］设置点光源属性，实现火光的基本颜色。选择 campfireLight 对象，在 Inspector 窗口中显示它的属性面板，设置它的颜色（Color）值为 R：255，G：130，B：50。如图 14-146 所示。

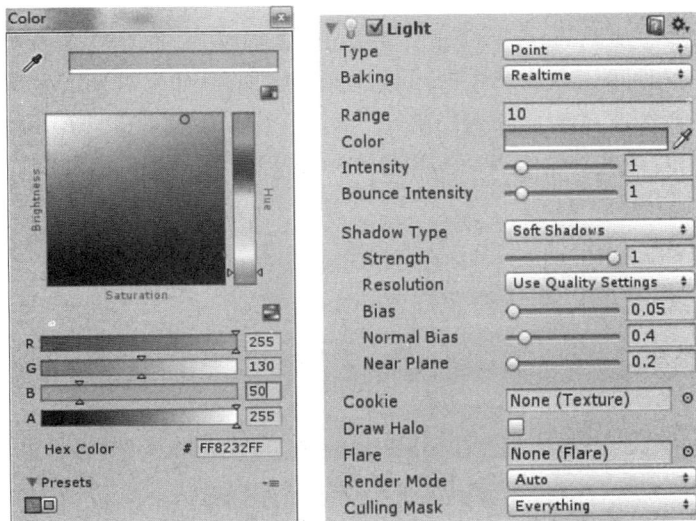

图 14-146　设置灯光属性

［7］制作篝火照明的闪烁效果。新建一个 C♯脚本，命名为 Flicker，打开并输入以下代码：

```
1   using UnityEngine；
2   using System.Collections；
3
4   public class Flicker：MonoBehaviour {
5       private float flicker = 1.0f；
6       float amplitude = 1.0f；
7       float period = 1.0f；
```

```
8        GameObject fireLight;
9
10       // Use this for initialization
11       void Start () {
12           fireLight = GameObject. Find(" campfireLight ");
13
14       }
15
16   // Update is called once per frame
17   void Update () {
18           //使用不同周期的正余弦和随机数产生火光闪烁的效果
19           flicker = 0.2f+Mathf. Abs(amplitude * Mathf. Cos(period * Time. time)+
20               Random. Range(0.2f, 2f) * Mathf. Abs(amplitude * Mathf. Sin(2 * period *
               Time. time)));
21           fireLight. GetComponent<Light>(). intensity = flicker;
22   }
23   }
```

[8] 把该脚本添加到 campfireLight 对象上,运行游戏,查看灯光的效果,此时灯光便随机闪烁起来了。使用该方法产生的闪烁效果不够真实,如果需要产生更理想的效果,需要使用其他一些较为复杂的算法来控制。

[9] 选择 campfireLight 对象,在 Inspector 窗口中把 Light 组件前面的钩取消掉,使灯光失效。如图 14-147 所示。

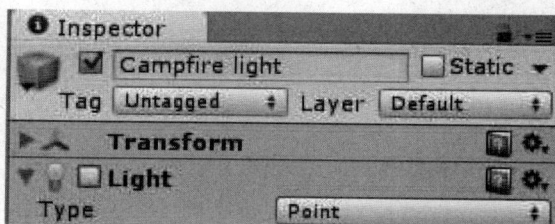

图 14-147 使灯光组件失效

[10] 重新打开 PlayCampfire 脚本,添加打开灯光效果的代码,其代码如下。

```
1    using UnityEngine;
2    using System. Collections;
3
4    public class PlayCampfire ：MonoBehaviour {
5
6        void OnControllerColliderHit(ControllerColliderHit hit) {
7            //角色与 campfire 对象碰撞
8            if(hit. collider. gameObject. name == " campfire ")
9            {
10               //在场景中找到篝火粒子对象
```

522

```
11            GameObject campfireParticleObj = GameObject.Find(" CampfireParticle ");
12            //获得粒子组件
13            ParticleSystem campfireParticle = campfireParticleObj.GetComponent<Par-
              ticleSystem>();
14            //判断篝火粒子是否处于停止播放状态
15            if(campfireParticle.isStopped)
16            {
17                campfireParticle.Play();
18                GameObject fireLight = GameObject.Find(" campfireLight ");
19                fireLight.GetComponent<Light>().enabled = true;
20            }
21        }
22    }
23 }
```

　　[11] 运行游戏,当角色碰到火把的时候,篝火被点燃,并产生了照明效果,如图 14-148 所示。

图 14-148　最终效果

14.5　总结

　　本章介绍了 Unity3D 的粒子系统功能,该系统的属性比较多,但是有章可循的。在使用该粒子系统时,注意先观察要实现的效果的变化方式,包括发射速度、大小、颜色、旋转角度、材质等等,接着是要对每个控制模块的功能和属性有所了解,这样在制作需要的粒子效果时才能更加胸有成竹。

14.6　练习题

　　1.简单描述粒子系统的作用。

2.列举粒子系统的各个模块,以及这些模块的作用和属性。

3.列举粒子系统中粒子属性的编辑方式。

4.打开官方的 standard Assert 工程,描述范例中每个场景中的粒子的实现步骤。

5.使用粒子系统设计一种粒子效果。

6.尝试使用 TimelineFXEditor(下载地址 http://www.rigzsoft.co.uk/)粒子贴图生成软件和粒子系统中的粒子贴图切片动画模块控制单个粒子的动画。

15

CHAPTER FIFTEEN

第 15 章

UGUI

本章内容

GUI(Graphical User Interface)，即图形用户界面，又称图形用户接口。对于一个游戏来说，UI界面设计是游戏设计中至关重要的一个环节，能否给玩家留下好的第一印象，往往就取决于这款游戏的UI界面设计质量。同时，设计合理的游戏界面可以让玩家能够更快地上手游戏，同时能更方便与游戏进行交互。游戏的可玩性固然重要，但不可否认，UI元素是游戏的第一门户，所以做好游戏的UI界面也就意味着你的游戏离成功更进了一步。

Unity 4.6 版本之前的内置 UI 系统，其功能较为薄弱，往往不能满足用户需求。但自 Unity 4.6 开始，内置的 GUI 系统进行了颠覆性的功能修改，从而让用户可以不用借助第三方 UI 插件，仅使用内置的 UI 系统便能方便、快捷地创建 UI。因为是 Unity 内置的 UI 系统，所以用户也把该系统称为 UGUI。

15.1　UGUI 组件介绍

在使用 UGUI 之前，有必要先了解 UGUI 常用的组件。

15.1.1　Canvas 相关组件

Canvas 组件负责所有 GUI 组件的渲染，所有的 GUI 组件都必须是添加有 Canvas 组件的游戏对象的子对象，即 Canvas 对象是其他 UI 组件对象的根，这样，GUI 才能正常显示和交互。也就是说，只要创建了某个 UI，那么游戏场景中必须有一个 Canvas 来负责它的渲染。为了方便，Unity 在用户创建某个 UI 时，如果场景中原先没有 Canvas，那么 Unity 会自动为用户添加。如图 15-1 所示。

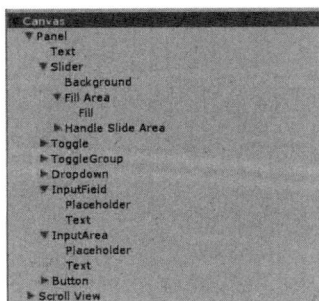

图 15-1　Canvas 是根对象，其他 UI 控件需要挂在它之下，才能正常显示和交互

Canvas 的画布在 Scene 窗口中以白色边框的方式显示，它的比例与 Game 窗口的长宽比一致，同时会随着游戏画面的大小和比例的变化而做对应的变化，其他 UI 组件只有在这个白色边框中时才会被显示出来。如图 15-2 所示。

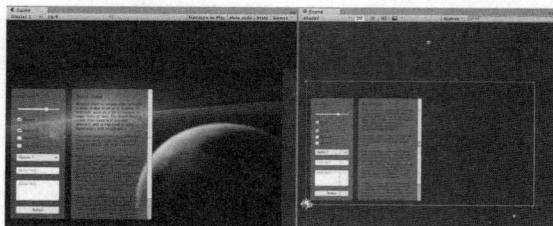

图 15-2　Canvas 画布

与 Canvas 组件相关的组件有：Canvas 组件、Canvas Scaler 组件、Canvas Group 组件和 Canvas Render 组件。下面只介绍前两种比较常用的组件的基本功能。

01 Canvas 组件

以上谈到，Canvas 用于负责渲染 UI，它共有三种渲染模式：基于屏幕坐标空间的叠加模式（Screen Space-Overlay），基于屏幕坐标空间的摄像机叠加模式（Screen Space-Camera）和基于世界坐标空间模式（World Space）。这三种模式用于控制 UI 在不同坐标空间下进行渲染，因此其参数也有所不同。如图 15-3 所示。

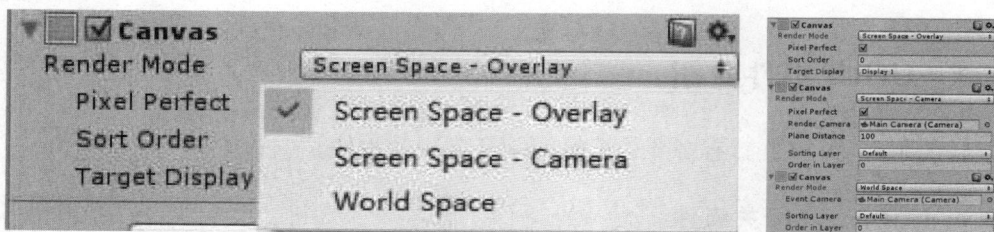

图 15-3　三种渲染模式

● 基于屏幕坐标空间的叠加模式（Screen Space-Overlay）。

在这种模式下，所有的 UI 元素都叠加在所有场景之上，即永远保持在画面的最上层。而且，所有的 UI 元素会根据 Canvas 画布大小的变化而做相应的变化。如图 15-4 所示。

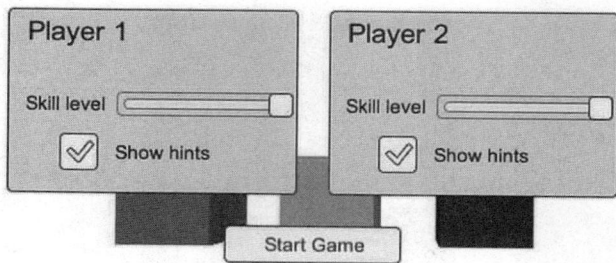

图 15-4　基于屏幕坐标空间的叠加模式

其参数如下所示。

表 15-1　基于屏幕坐标空间的叠加属性说明

属性	说明
Pixel Perfect	选择 UI 是否用抗锯齿精度的方式渲染
Sort Order	画布层级
Target Display	选择目标显示器

● 基于摄像机空间的屏幕坐标空间叠加模式（Screen Space-Camera）。

　　该模式下，所有 UI 元素就像画在一个平面上，然后这个平面再通过一个摄像机渲染出来。同时，该模式下只有当这台摄像机的视见体大小或比例改变时，UI 才会做对应的变化。而且，当有其他物体在这个 UI 平面之前时，那么这些物体会覆盖这些 UI，相反，UI 则会显示在物体之上，如图 15-5 所示。

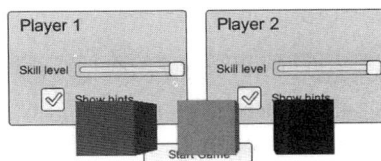

图 15-5　基于屏幕坐标空间的摄像机叠加模式

其参数如下所示。

表 15-2　摄像机叠加模式属性说明

属性	说明
Pixel Perfect	选择 UI 是否用抗锯齿精度的方式渲染
Render Camera	选择渲染摄像机
Plane Distance	UI 平面放置在摄像机前的距离
Sorting Layer	画布层级
Order in Layer	画布在其层级中的次序

● 基于世界坐标空间模式（World Space）。

　　该模式下，UI 元素也如同画在一个平面上，但与摄像机空间模式不同的是，这个 UI 平面就像一个实际平面模型一样放在场景中，这样可以用于制作具有透视的 UI 效果。如图 15-6 所示。

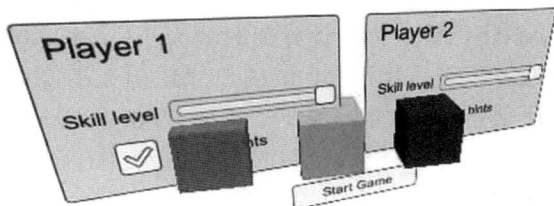

图 15-6　基于世界坐标空间模式

529

其参数如表 15-3 所示：

表 15-3　基于世界坐标空间模式属性说明

属性	说明
Event Camera	用于处理 UI 相关事件的摄像机
Sorting Layer	画布层级
Order in Layer	画布在其层级中的次序

02 Canvas Scaler 组件

该组件用于整体控制在当前所处 Canvas 下的所有 UI 元素的缩放模式和像素密度，也就是起到使 UI 根据屏幕分辨率自适应调整的作用。该组件提供了三种缩放模式，分别为固定像素尺寸（Constant Pixel Size），根据屏幕尺寸缩放（Scale With Screen Size）和固定物理尺寸（Constant Physical Size）。如图 15-7 所示。

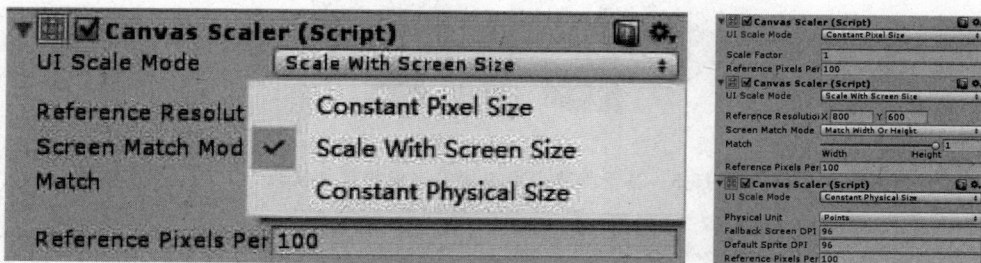

图 15-7　Canvas Scaler 组件

● 固定像素尺寸（Constant Pixel Size）。

　该模式下将保持所有 UI 元素的原始大小（以像素为单位）和位置不变（以像素为单位）。

其参数如表 15-4 所示。

表 15-4　固定像素尺寸按钮说明

属性	说明
Scale Factor	缩放画布上所有的 UI 元素
Reference Pixels PerUnit	如果一个精灵有这个像素单位的设置，那么精灵中的一个像素将覆盖 UI 中的一个单元。

● 根据屏幕尺寸缩放（Scale With Screen Size）。

　该模式下可根据屏幕的分辨率调整 UI 元素的大小和位置，可通过设置属性 reference Resolution（建议设置为设计界面时的大小）。当屏幕分辨率大于该属性，那么 Canvas 保持 referenceResolution 的尺寸比例大小，但会按比例缩放到适配屏幕分辨率，相反地，当屏幕分辨率小于该属性，那么 Canvas 也会一起缩放以适配屏幕分辨率。当然，为了避免该组件错误地适配 UI 元素比例而造成的变形，有三种不同的适配方法。

其参数如表 15-5 所示。

表 15-5　屏幕缩放尺寸属性说明

属性	说明
Reference Resolution	UI 界面布局的分辨率设计。如果屏幕分辨率更大,UI 界面将增大,如果它变小,UI 界面将缩小。
Screen Match Mode	用于缩放画布区域的模式,如果当前分辨率的纵横比不适合参考分辨率,可转换模式。
Match Width or Height	将画布区域的宽度或高度或在两者之间的某个值作为参考。
Expand	从水平或垂直方向上扩大画布区域,让画布的大小永远不会小于参考分辨率。
Shrink	从水平或垂直方向上裁剪画布区域,让画布的大小永远不会大于参考分辨率。
Match	确定缩放是使用宽度还是高度作为参考,或在两者之间的混合值。
Reference Pixels Per Unit	如果一个精灵有这个像素单位的设置,那么精灵中的一个像素将覆盖 UI 中的一个单元。

● 固定物理尺寸(Constant Physical Size)。

如果设置成该模式,那么所有 UI 元素的位置和大小将通过物理单位来设置,例如厘米(Centimeter)、毫米(Millimeter)、英寸(Inch)、点(Point)、十二点活字(Picas,1/6 英寸)等。这个模式的单位大小需要依赖设备的具体屏幕点密度(DPI)。

其参数如表 15-6 所示。

表 15-6　固定物体尺寸属性说明

属性	说明
Physical Unit	确定位置和大小的物理单元。
Fallback Screen DPI	反馈屏幕的每英寸点数。
Default Sprite DPI	默认精灵的每英寸点数。
Reference Pixels Per Unit	如果一个精灵有这个像素单位的设置,那么它的 DPI 将作为默认精灵 DPI 设置。

注:以上三种模式针对的是 Canvas 的 Screen Space - Overlay 和 Screen Space - Camera,如果 Canvas 的 Render Mode 设置为 World Space,那么 Canvas Scale 则成为设置 UI 元素在屏幕上的像素密度。如图 15-8 所示。

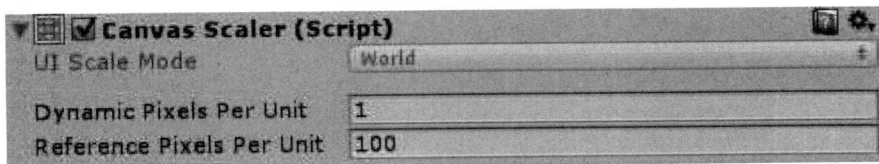

图 15-8　像素密度设置

15.1.2 Rect Transform 组件

对于普通的游戏对象,要保存对象的变换(位置、旋转和缩放)的信息使用的是 Transform 组件,但由于 UI 的特殊性,Unity 设计了一个专门针对 UI 元素的组件,它被称为 Rect Transform 组件。Transform 用于表示成一个点,而 Rect Transform 则表达一个用于填充 UI 元素的矩形。子父关系的层级结构在 UI 设计中是至关重要的,因为它可以使子对象根据父对象的 Rect Transform 信息定义自己的相对父对象的位置和大小的信息。如图 15-9 和图 15-10 所示。为了能够方便在场景编辑窗口中修改 UI 元素的外观,Unity 加入了第 4 个针对矩形修改按钮(快捷键位 T), ，该按钮可以用于移动、缩放和旋转 UI 元素。

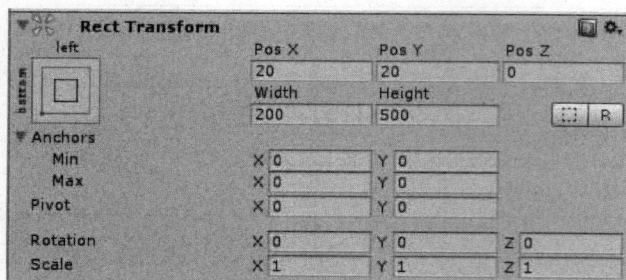

图 15-9　RectTransform 组件

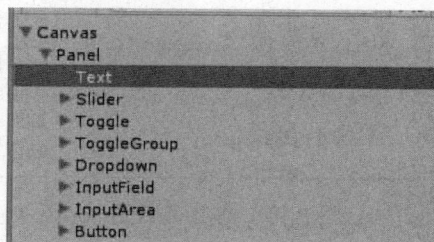

图 15-10　选择 UI 控件

在 Rect Transform 组件中,使用 Pos(x,y,z)分别表示对象的位置,Width 和 Height 表示对象的宽和高,Rotation 表示旋转,Scale 表示在 Width 和 Height 基础上的缩放。

Pivot(中心点),在对 UI 元素进行旋转、调整大小和缩放都是围绕着这个中心点进行,这个中心点的位置直接决定了以上操作的最终效果,如图 15-11 所示。

图 15-11　Pivot 中心点

如果需要修改这个中心点的位置,需要在矩形修改按钮模式下,并把工具栏中的中心点模式设置为 Pivot,如图 15-12 所示。

图 15-12　开启 Pivot 修改模式

如果要精确设置 Pivot 的位置,可以通过 Inspector 窗口的对应属性进行设置,如图 15-13 所示。

Anchor(锚点),主要作用在于方便用户进行 UI 元素的屏幕自适应操作。通过对这个锚点的操作,用户可以决定该 UI 元素与它的父对象之间的位置和大小相对关系。这个锚点是以四个小三角形图标表示。默认情况下,这四个图标合并在一起,并与父对象的坐标原点对齐的,如图 15-14 所示。

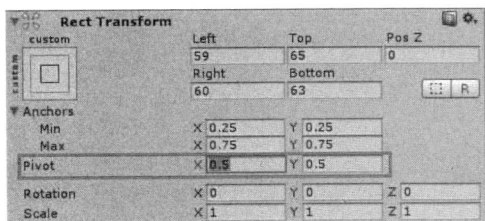

图 15-13　精确设置 Pivot 位置

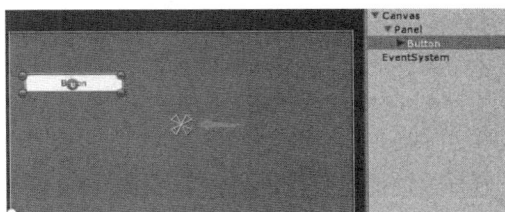

图 15-14　锚点

在 UGUI 的设计中,锚点的四个三角形图标分别表示 UI 元素与父对象之间的左上、左下、右上和右下四个角的相对位置。如左上角的锚点对应 UI 元素的左上角,同时,该锚点与 UI 元素的左上角之间的距离保持不变,而该锚点与父对象的左上角之间以百分比的方式对当前 UI 元素进行调整,因此,当父对象缩放时,UI 元素也会按照相同比例进行缩放,如图 15-15 所示。

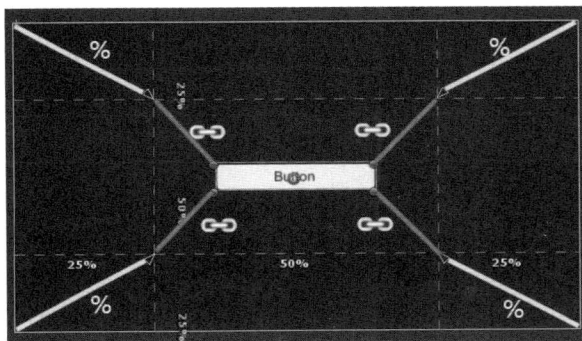

图15-15　四个角的锚点与当前 UI 元素的四个对应角距离保持不变,但与父对象的四个角的距离是可以改变的,但保持四个角之间与父对象四个角的距离百分比不变

如果要精确地调整它们与父对象之间的距离比例,可以通过 Inspector 窗口对对应属性进行修改,如图 15-16 所示。

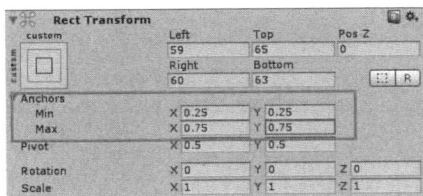

图 15-16　精确控制四角与父对象的距离比例

注意:当四个三角图标合并时,Rect Transform 中的 UI 元素位置显示为 PosX 和 Po-sY,表示当前 Pivot 点与 Anchor 点之间的相对位置。当四个三角图标不是合并状态时,

533

UI 元素的位置属性显示为 Left 和 Top,分别表示 UI 元素左侧与左侧锚点之间的像素距离和顶侧与顶侧锚点之间的像素距离,如图 15-17 所示。

在 RectTransform 的左上角,有一个预制的对齐工具,如下图 15-18 所示。该工具可以方便、精确地对 UI 控件和屏幕进行对齐。

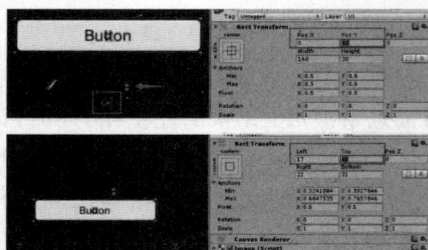

图 15-17 属性的变化

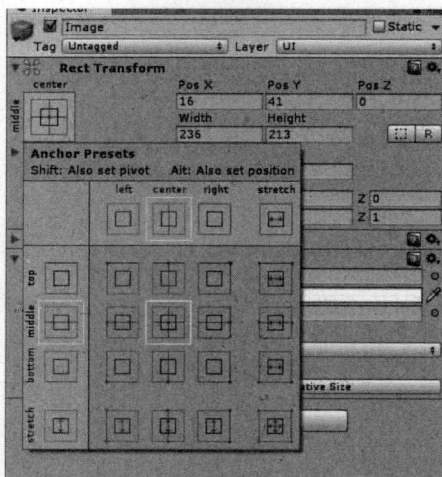

图 15-18 自动对齐工具

15.1.3 视觉(Visual)相关 UI 控件

01 Text 控件

Text 组件用于实现文本字符的显示,例如说明、按钮的文字显示等等。如图 15-19 和图 15-20 所示。

图 15-19 Text 控件效果

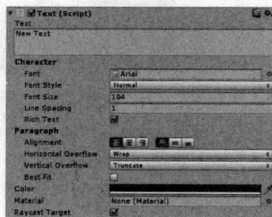

图 15-20 Text 控件属性

属性说明如表 15-7 所示。

表 15-7 Text 控件相关属性说明

属性		说明
Text		控制显示的文本内容
Character	Font	字体
	Font Style	文本样式

属性		说明
Character	Font Size	文本字体大小
	Line Spacing	文本行之间的间隔
	Rich Text	是否允许文本中有多样的文本样式
Paragraph	Alignment	文本在水平和垂直方向上的对齐方式
	Align by Geometry	使用字形几何的程度来执行对齐,而不是字形度量
	Horizontal Overflow	用于处理文本太宽,不适合矩形框的情况。可选择包括和溢出
	Vertical Overflow	用于处理文本太高而不适合矩形的情况。可选择截断和溢出
	Best Fit	是否统一忽略大小属性,并简单适当地将文本安排到控件的矩形框中
Color		文本颜色
Material		文本材质
Raycast Target		是否可作为射线目标

02 Image 控件

图片控件用于显示图片,该控件可以用作界面背景、图标等的图片显示。由于 Image 控件使用的图片是 Sprite 类型,因此可以更加灵活地控制图片的动画效果,如图 15-21 和图 15-22 所示。

图 15-21　Image 控件效果

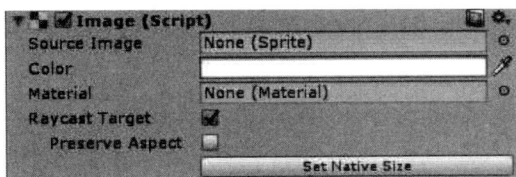

图 15-22　Image 控件属性

其属性说明如表 15-8 所示。

表 15-8　Image 控制属性说明

属性	说明
Source Image	图片的来源(必须是精灵)
Color	图片颜色
Material	图片材质
Raycast Target	是否可作为射线目标
Preserve Aspect	确保图像保持现有尺寸
Set Native Size	将图片的尺寸设置为原始贴图的像素大小

03 Raw Image 控件

该控件与 Image 功能类似，它可以添加更多的图片格式，但是没有提供像 Image 一样的灵活动画设置。如图 15-23 和图 15-24 所示。

图 15-23　Raw Image 控件效果

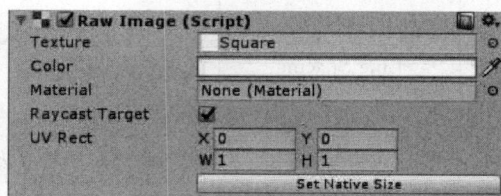

图 15-24　Raw Image 控件属性

04 Mask 组件

该组件称为蒙板组件，用于控制 UI 的显示范围，该控件就像 UI 的窗口，可以只显示 UI 的一部分。当 UI 层级中的某个控件添加了该组件，那么则会利用该控件的图片来显示该控件的子对象的显示，如图 15-25 和图 15-26 所示。

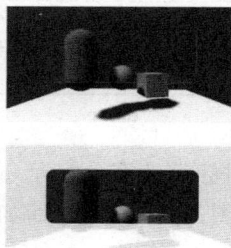

图 15-25　Mask 组件效果

图 15-26　Mask 属性

该控件只有一个属性，为 Show Mask Graphic，用于控制是否显示父对象的蒙板形状。

05 RectMask2D 组件

该组件与 Mask 组件类似，只是相对 Mask 组件来说它会减少更多的资源，当然，它只能用在 2D 空间中。

15.1.4　UI 效果（Effect）相关组件

01 Shadow 组件

该组件用于文本控件和图片控件阴影的显示。如图 15-27 和图 15-28 所示。

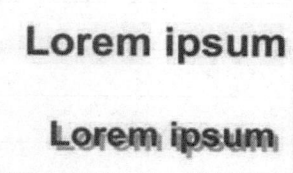

图 15-27　Shadow 组件效果

图 15-28　Shadow 属性

其属性说明如下。

表 15-9　Shadow 组件属性说明

属性	说明
Effect Color	阴影的颜色
Effect Distance	阴影的偏移（向量）
Use Graphic Alpha	将该元素的颜色叠加到阴影的颜色上

02 Outline 组件

该组件可以为文本控件或者图像控件进行描边，如图 15-29 和 15-30 所示。

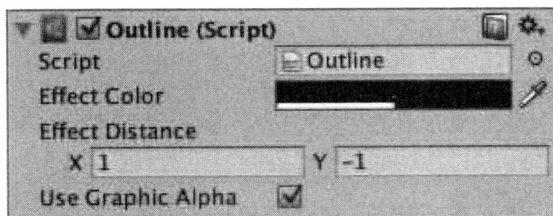

图 15-29　Outline 组件效果

图 15-30　Outline 组件属性

其属性说明如下。

表 15-10　Outline 组件属性说明

属性	说明
Effect Color	轮廓的颜色
Effect Distance	轮廓的偏移（向量）
Use Graphic Alpha	将该元素的颜色叠加到轮廓的颜色上

15.1.5　交互（Interaction）相关控件

01 Button 控件

按钮（Button）控件是游戏界面中不可或缺的重要控件。例如开始按钮、暂停按钮等等。如图 15-31 和图 15-32 所示。

图 15-31　Button 控件效果

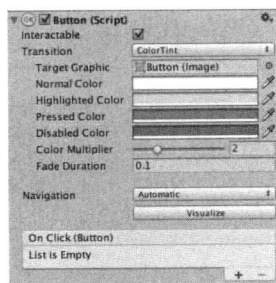

图 15-32　Button 控件属性

Unity5.X 游戏开发基础

Unity 提供的按钮控件可以监听鼠标等的位置和点击事件,从而方便按钮控件的功能创建。其属性如表 15-11 所示。

表 15-11　Button 控件属性说明

属性		说明
Interactable		决定该组件是否将接受交互
Transition	Color Tint	设置按钮不同状态时的颜色
	Sprite Swap	根据目前按钮的状态允许不同的精灵显示,精灵可以多样化设置
	Animation	根据按钮的状态播放动画,必须存在一个动画组件才能使用动画过渡,且要确保根运动被禁用
Color Tint	Target Graphic	用于交互的目标组件
	Normal Color	控件一般状态的颜色
	Highlighted Color	控件高亮显示状态的颜色
	Pressed Color	被按下时的颜色
	Disabled Color	被禁用时的颜色
	Color Multiplier	颜色过渡时的叠加值
	Fade Duration	按钮状态之间转换的时间间隔
Sprite Swap	Target Graphic	一般状态时使用的精灵
	Highlighted Sprite	高亮显示时使用的精灵
	Pressed Sprite	被按下时使用的精灵
	Disabled Sprite	被禁用时使用的精灵
Animation	Normal Trigger	一般状态时使用的动画触发器
	Highlighted Trigger	高亮显示时使用的触发器
	Pressed Trigger	被按下时使用的触发器
	Disabled Trigger	被禁用时使用的触发器
Navigation		在播放模式中的 UI 元素的导航控制模式
Visualize		在 scene 窗口中可视化已设置的导航连接
On Click		当用户点击这个按钮并释放时调用该事件

02 Toggle 控件和 Toggle Group 控件

Toggle 控件是一种特殊的按钮,它实现的是一种开关功能,它可以具有选中和未选中的双状态按钮。如图 15-33 和图 15-34 所示。

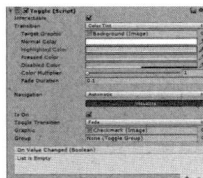

图 15-33　Toggle 控件效果　　　　图 15-34　Toggle 控件属性

其属性说明如下表所示。

表 15-12　Toggle 控件属性说明

属性	说明
Is On	初始状态是否为选中状态
Toggle Transition	当它切换状态时对勾反应的方式。选择 None（即对勾是直接出现或消失）和 Fade（即对勾淡入或淡出）
Graphic	对勾的贴图
Group	该切换按钮属于哪个组
On Value Changed	控件切换状态时调用这个事件

经常跟 Toggle 控件配合使用的是 Toggle Group 控件，该控件实现了在该控件下的子对象（包含有 Toggle 控件）一次只能选择一个，起到了单选的功能，如图 15-35 和图 15-36 所示。

图 15-35　Toggle Group 组件效果　　　　图 15-36　Toggle Group 属性

03 Slider 控件

滑动条（Slider）控件，提供了一种通过滑动来设置数值的功能，利用该控件，可以实现如设置游戏亮度、音量等功能。如图 15-37 和图 15-38 所示。

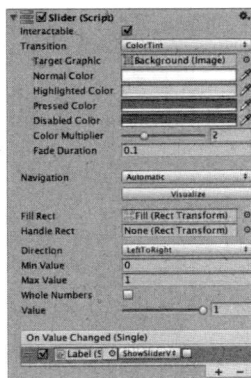

图 15-37　Slider 控件效果　　　　图 15-38　Slider 控件属性

539

其属性说明如下。

表 15-13　Slider 控件属性说明

属性	说明
Fill Rect	用于滑动条的填充区域的贴图
Handle Rect	用于滑动"手柄"部分的贴图
Direction	当手柄被拖动时,滑块的值增加的方向
Min Value	滑动条的最小值
Max Value	滑动条的最大值
Whole Numbers	滑块值是否是被限制为整数
Value	滑块的当前位置值
On Value Changed	当滑块值改变时调用事件。无论是否启用整数属性,当前值都作为一个浮点类型的动态参数传递

04 ScrollBar 控件

当一个 UI 的内容,如文本、图片等太多或者太大而造成有限的空间内无法显示所有内容时,可以利用滚动条(ScrollBar)来设置当前 UI 的显示部分。如图 15-39 和图 15-40 所示。

图 15-39　ScrollBar 控件效果　　　　图 15-40　ScrollBar 属性

其属性说明如表 15-14 所示。

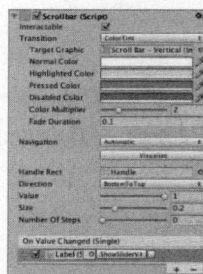

表 15-14　ScrollBar 控件属性说明

属性	说明
Handle Rect	滑块部分的贴图。
Direction	当滑块被拖动时值增加的方向。
Value	滚动条的初始位置值,范围为 0~1。
Size	滚动条的大小,范围为 0~1。
Number Of Steps	滚动条允许的不同滚动位置的数量。
On Value Changed	当滑块值改变时调用事件。当前值作为一个浮点类型的动态参数传递。

05 Dropdown 控件

下拉（Dropdown）菜单控件，可以为界面提供一个单项选择的列表。该控件可以在不浪费界面控件下为用户提供更多的选项。如图 15-41 和图 15-42 所示。

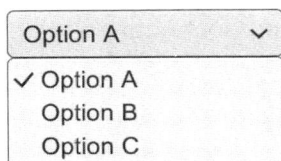

图 15-41　Dropdown 控件效果

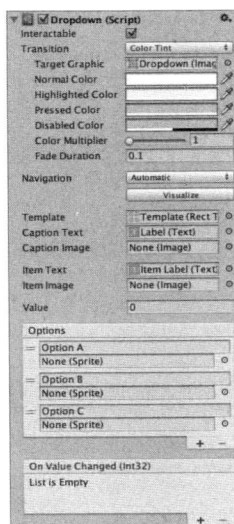

图 15-42　Dropdown 属性

其属性说明如表 15-15。

表 15-15　Dropdown 控件属性说明

属性	说明
Template	下拉菜单的矩形变换模板。
Caption Text	用来保存当前选中选项文本的文本组件。（可选）
Caption Image	用来保存当前选中选项图像的图像组件。（可选）
Item Text	用来保存该控件文本的文本组件。（可选）
Item Image	用来保存该控件图像的图像组件。（可选）
Value	当前选择的选项的索引。0 是第一个选择，1 是第二个选择，以此类推。
Options	选项列表。可以为每个选项指定一个文本字符串和一个图像。
On Value Changed	当用户点击一个下拉列表中的选项时，调用对应的事件。

06 Input Field 控件

该控件被称为文本输入框（Input Field），可以实现如输入玩家账号、密码等功能。如图 15-43 和图 15-44 所示。

Enter text...

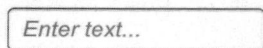

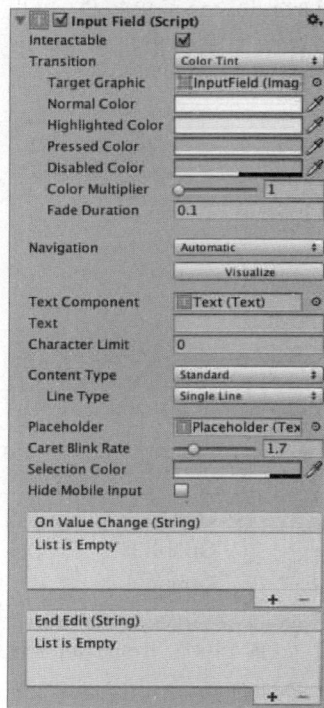

图 15-43　Input Field 控件效果　　　　　图 15-44　Input Field 属性

其属性说明如表 15-16 所示。

表 15-16　Input Field 控件属性说明

属性	说明
TextComponent	文本输入框的内容,文本的引用来源
Text	编辑开始之前放置在字段中的初始文本
Character Limit	可以输入的最大字符数
Content Type	定义输入字段接受的字符的类型
Line Type	定义输入字段的格式。一行或多行、回车键换行等
Placeholder	作为输入字段引用如占位符文本元素:"输入文本…"
Caret Blink Rate	定义放置在行上的标记的闪烁速率,以表示建议插入的文本
Selection Color	文本选定部分的背景颜色
Hide Mobile Input	隐藏在移动设备的屏幕键盘上的本地输入字段。请注意,这仅适用于 iOS 设备
On Value Change	当文本内容的输入字段变化时调用事件。事件可以将当前的文本内容作为字符串类型的动态参数传递
End Edit	当用户完成或提交或者通过点击的方式调用事件,同时将焦点转移。事件可以将当前的文本内容发送为字符串类型的动态参数

⑰ ScrollRect 控件

滚动框(控件)与 ScrollBar 类似,也是用于显示过大或过多的 UI 内容而设置的滚动框。使得这些内容只在一个较小的范围内显示这些 UI 的部分内容。如图 15-45 和图 15-46 所示。

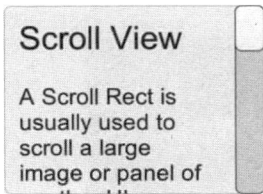

图 15-45　Scroll Rect 控件效果

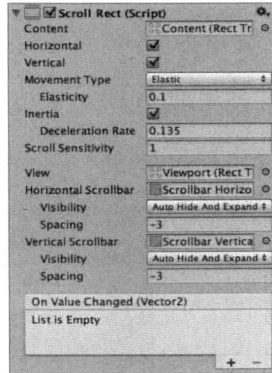

图 15-46　Scroll Rect 属性

其属性说明如表 15-17 所示。

表 15-17　Scroll Rect 控件属性说明

属　性	说　明
Content	被滚动的 UI 元素的引用来源。
Horizontal	支持水平滚动。
Vertical	支持垂直滚动。
Movement Type	滚动模式。Unrestricted(不受限制的)、Elastic(弹性的)或 Clamped(限制夹紧)的模式。当滚动到边缘时,采用 Elastic 或 Clamped 的模式会将其保持在滚动边界。Elastic 模式达到滚动边缘的时候还会反弹。
Elasticity	弹性模式中使用的反弹的数量。
Inertia	惯性设置,当拖动滚动条后释放时,将继续移动。
Deceleration Rate	当设定惯性时,减速率决定了内容停止运动的速度。0 将立即停止运动。1 意味着永远不会放慢速度。
Scroll Sensitivity	滚动轮和跟踪滚动条事件的灵敏度。
Viewport	视口。
Horizontal Scrollbar	参考水平滚动条。
Visibility	当不需要滚动条时是否自动隐藏以及扩展视口。
Spacing	滚动条和视口之间的空间距离。
Vertical Scrollbar	参考垂直滚动条。
On Value Changed	当滚动条的位置变化时可以调用事件。事件可以发送当前的滚动位置作为一个 Vector2 类型动态参数传递。

543

15.2 UGUI 实例

以上介绍了 UGUI 提供的基本控件,接下来,我们将通过实例来讲解如何利用 UGUI 创作界面①。

要开发开始界面的背景,先来看下预览图,如图 15-47 所示。

图 15-47　开始界面预览

[1] 导入 Fantasy GUI Pack 包,然后新建一个场景 start scene。

[2] 把 Sprite 里面的图片格式都改为 Sprite(2D and UI)这是专门用来做界面的图片格式。先创建一个 Image,并将 start scene 作为图片源,如图 15-48 所示。

[3] 在 Rect Transform 中,按住 ALT 键,使图片充满整个视图,选择右下角的按钮,如下图 15-49 所示。

图 15-48　创建背景

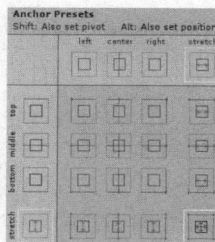

图 15-49　控件对齐

[4] 首先来创建一个声音按钮。新建一个 Image,为其添加 button round 作为图片源,如下图 15-50 所示。

[5] 再创建一个 Image,作为刚才 Image 的子物体,为其添加图片源 button round foreground。如图 15-51 所示。

_____

① 素材名称为"FantasyGui Pack"出自 Unity 资源商店,https://www.assetstore.unity3d.com/cn/#!/content/17387

图 15-50　创建按钮背景

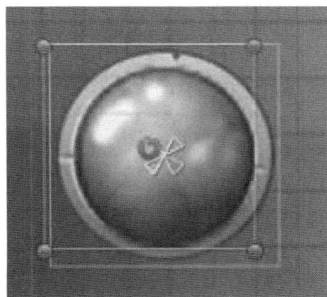

图 15-51　创建按钮背景

[6] 创建第二个子物体 Image，为其添加图片源 sound。如图 15-52 所示。

[7] 创建第三个子物体 Image，为其添加图片源 leave。如图 15-53 所示。

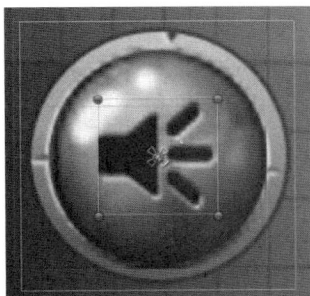

图 15-52　创建按钮前景

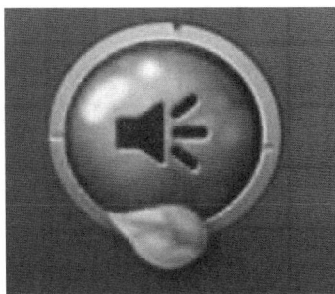

图 15-53　为按钮添加修饰图片

[8] 然后在父物体中为其添加一个 button 脚本，使其有点击功能。这样一个简单的点击按钮就做出来了。

[9] 接下来以相同的方法创建其他按钮，效果如图 15-54 所示。

图 15-54　其他按钮最终效果

[10] 再以相同的方法创建一个开始按钮，为其添加一个 Text 脚本，文本内容是 Start。如图 15-55 所示。

图 15-55　创建开始按钮

545

[11] 这里有一个问题,当改变屏幕大小的时候,上方的两个按钮会飞到屏幕外边,所以将左上的按钮的锚点,设置在屏幕左上角,将右上按钮的锚点,设置在屏幕右上角,这样就可以自适应屏幕大小了。到此,开始界面就创建好了。

15.2.2 游戏菜单界面

先来看一下预览图,如图 15-56 所示。

图 15-56 菜单界面效果

[1] 新建一个场景 main scene。

[2] 创建一个 Image,为其添加图片源 bg-02,使其铺满整个屏幕。

[3] 然后我们来创建一个头像 UI,创建 Image,为 Image 添加两个文本脚本,分别显示名字和等级。由于比较简单,我们直接来看效果。如图 15-57 所示。

[4] 同时我们要为头像 UI 添加一个 button 脚本,这样,当我们点击该按钮的时候就可以显示任务属性面板。

接着我们来设计人物的体力条:

[5] 创建最外的背景层 Image,为其添加图片源 bar background,然后再创建滑动条的黑色底背景,将 Image 复制,缩小复制的 Image,并将其底色改为黑色。如图 15-58 所示。

图 15-57 等级控件

图 15-58 制作等级界面背景

[6] 然后就是绿色的填充图片,很简单,复制 Image,将底色改为绿色即可。如图 15-59 所示。

图 15-59 制作进度条

[7] 这里要将复制的两个 Image 作为子物体放在最开始的 Image 下面。然后为父物

体添加脚本 Slider。如图 15-60 所示。

[8] 将绿色图片作为变量传入 Fill Rect 中。然后调节绿色图片的属性,如图 15-61 所示。

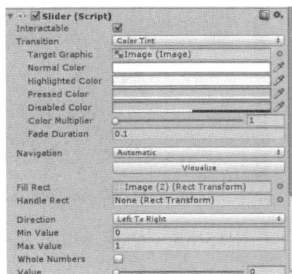

图 15-60　进度条属性设置　　　图 15-61　进度条属性设置

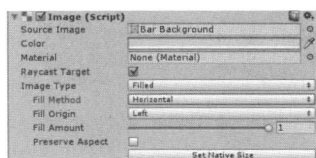

[9] 将默认的 Image Type 类型改成 Filled,将 Fill Method 改为水平,这样就会有一个渐变的效果。接下来,让我们把体力条的其他图片显示出来,方法同上,直接看最终效果,如图 15-62 所示。

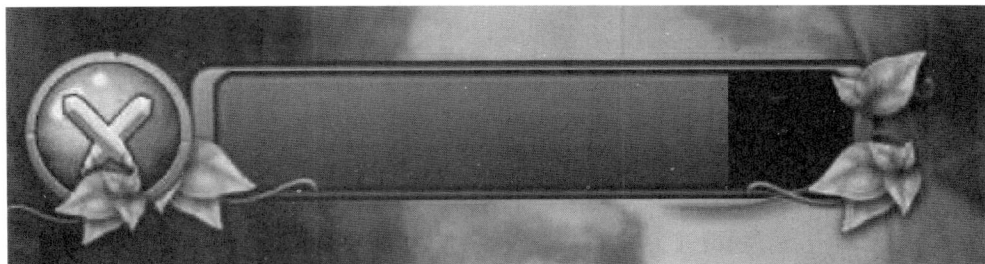

图 15-62　最终效果

[10] 然后创建一个 Text,用来显示剩余多少体力,效果如图 15-63 所示。

图 15-63　体力数值显示

[11] 同时因为体力条不受鼠标控制,所以在属性面板中应该勾掉 Interactable。接着是创建游戏菜单界面左边的两个按钮和中间角色升级的特效 UI,方法和上面是一样的。

[12] 创建技能冷却 UI 界面。创建一个 Image,然后添加图片源 slot2,接着再创建一个子物体 Image,添加图片源 Thunder Icon,然后复制子物体。将复制的子物体底色调成黑色,透明度调到 95 左右,以便于区分冷却效果。如图 15-64 所示。

[13] 子物体的属性面板如上所示,将 Image Type 调成 Filled 模式,这样会有一个时

钟渐变效果,Fill Origin 调节到 top,勾掉 Clock wise。效果如图 15-65 所示。

图 15-64 冷却界面属性设置

图 15-65 使用 Filled 模式

[14] 为技能添加快捷键操作,新建 Text 文本,设置快捷键为 1,然后为文本添加 UI 特效中的描边特效 Add component→UI→Effects→out line。操作十分简单,所以看一下最后的效果,如图 15-66 所示。

图 15-66 边框修饰

[15] 通过点击或者快捷键实现释放技能的效果,首先要为 skill item 添加一个脚本,在脚本中控制冷却等效果,然后因为需要点击,再为其添加一个 button 脚本。如图 15-67 所示。

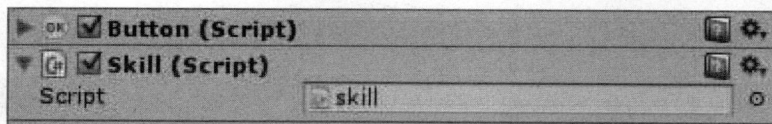

图 15-67 添加脚本

[16] 在脚本中创建一个 On Click 方法,然后在 button 中设置属性如图 15-68 所示。

图 15-68 添加点击事件

[17] 点击按钮后就会触发脚本。添加代码如下:

```
1        //快捷键
```

```
2        public KeyCode keycode;
3        //技能冷却时间
4        public float coldTime = 2;
5        //计时器
6        private float timer = 0;
7        //Image 组件
8        private Image filledImage;
9        //开关变量
10        private bool isStartTimer = false;
11
12        // Use this for initialization
13        void Start()
14        {
15            //获取组件
16            filledImage = transform.Find("FilledImage").GetComponent<Image>();
17
18        }
19
20        // Update is called once per frame
21        void Update()
22        {
23
24            if(Input.GetKeyDown(keycode))
25            {
26                isStartTimer = true;
27            }
28
29            if (isStartTimer)
30            {
31                timer += Time.deltaTime;
32                filledImage.fillAmount = (coldTime - timer) / coldTime;
33                if (timer >= coldTime)
34                {
35                filledImage.fillAmount = 0;
36                    timer = 0;
37                    isStartTimer = false;
38                }
39            }
40
41        }
42
43        public void OnClick()
```

```
44        {
45            isStartTimer = true;
46        }
```

运行结果,可以发现我们能通过点击鼠标或者按快捷键施放技能。

用相同的方法,可创建其他两个技能 UI。请读者自行尝试,最终效果如图 15-69 所示。

图 15-69   最终效果

15.2.3 角色面板和背包系统的背景

接下来,我们讲解如何创建角色面板和背包系统的背景,如图 15-70 所示。

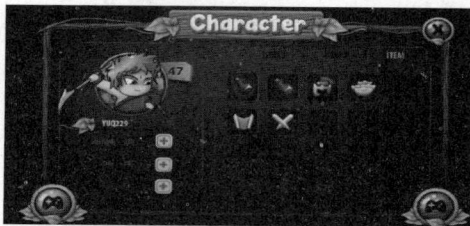

图 15-70   角色面板和背景系统界面

[1] 首先还是新建一个场景 window frame。

[2] 然后创建一个背景,新建 Image,添加图片源 bg-01,在 Rect Transform 中,将背景自适应屏幕大小。然后创建一个窗口面板,新建 Image,添加图片源 window。适当将图片放大,得到的效果如图 15-71 所示。

图 15-71   设置界面背景

[3] 在这里,我们会发现,当放大窗口的时候,边框并没有被拉伸,因为我们已经把图

片的类型改成了 sliced，即九宫格模式，如图 15-72 所示。

图 15-72　利用九宫格模式设置界面边框

[4] 我们已经切好了图片的九宫格，所以无论图片怎么被拉伸，边框是锁定的。

[5] 我们继续创建标题背景和标题内容，非常简单，分别新建 Image 和 Text，效果如图 15-73 所示。

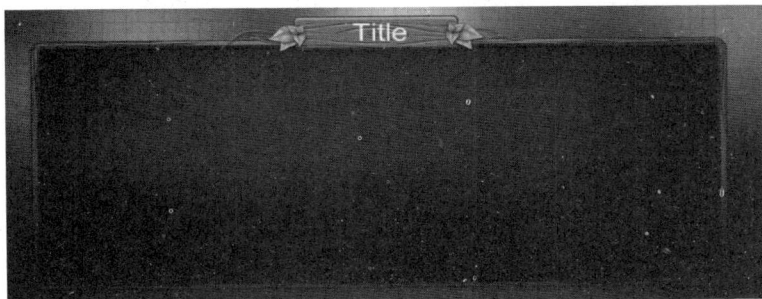

图 15-73　为界面添加修饰控件

15.2.4　角色面板

[1] 新建场景 character，创建背景，和之前方法一样，创建角色窗口，效果如图 15-74 所示。

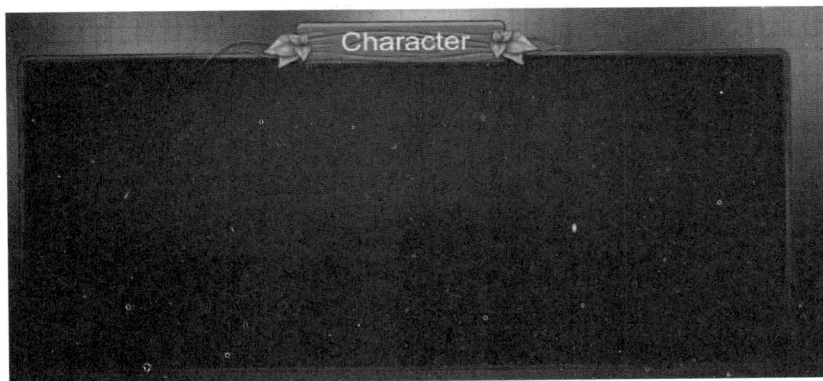

图 15-74　为界面添加修饰控件

[2] 为角色控制面板创建关闭按钮，再为按钮创建一个前景图和背景图，并且添加

button 组件,将点击效果设置为前景图,以此来显示点击效果。

[3] 接下来设计人物头像,首先用 Image 新建一个白色边框,如图 15-75 所示。

[4] 这张图片也是用九宫格事先切好的,所以边角不会被拉伸。然后创建 Image 作为头像背景,添加图片源 portrait。创建 Image 作为头像本身,添加图片源 character。然后为任务添加等级,新建 Text 即可。

[5] 创建人物 ID 显示,方法还是添加图片和文字,效果如图 15-76 所示。

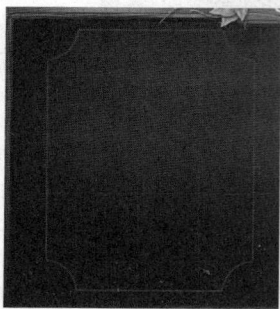

图 15-75　人物头像边框　　　　　图 15-76　添加修饰控件

[6] 接着添加人物属性,创建 Text 显示属性名称、属性数值,Image 显示属性背景,如图 15-77 所示。

图 15-77　设置血量显示

[7] 这里要为最后的加号图片添加一个 button 组件,点击可以增加我们当前的血量。然后通过上述方法,分别再做魔法属性、能量属性。最后效果如图 15-78 所示。

图 15-78　最终效果

15.2.5　创建背包系统

[1] 创建 Image,作为边框背景,添加图片源 frame-1。调整边框,使其与左边的边框对齐。

［2］创建物品栏选项，新建 Image，添加图片源 tab-normal，再创建一个 Image，添加图片 tab-select，作为物品栏的选中状态。然后为 tab-normal 添加一个 Toggle 组件。同时将 Toggle 中的 graphic 属性设置为 tab-select。运行，我们就可以切换物品栏状态了。如图 15-79 所示。

图 15-79　创建标签界面

［3］然后再复制两个物品栏。分别是装备、消耗品、任务道具。

［4］接着我们要利用 Toggle 进行不同物品栏的切换，如图 15-80 所示。

［5］为 knapsack 添加一个 Toggle group 组件。

［6］分别将 knapsack 拖入到 3 个物品栏的 group 属性中，这样三个多选就变成了一个单选，也就是只能切换一个状态。如图 15-81 所示。

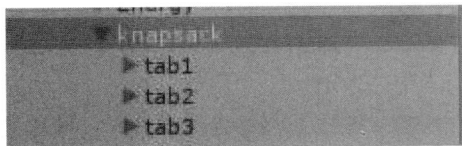

图 15-80　复制 Toggle

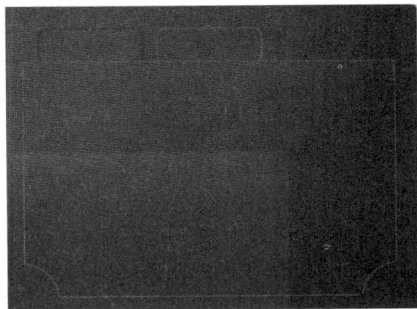

图 15-81　添加 Toggle Group

［7］一般情况下，我们默认 tab1 是选中状态。然后我们开始创建物品面板：在 knapsack 中创建一个空物体为 panel1，复制两个分别为 panel2、panel3。分别为每个 panel 创建一个 button 组件，用于显示代替面板的内容。我们要通过 tab 切换 panel，下面来实现一下，如图 15-82 所示。

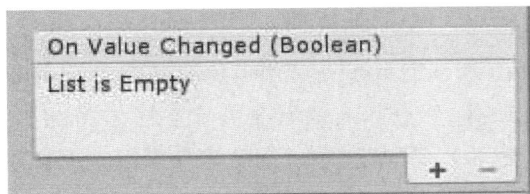

图 15-82　添加事件触发

［8］我们可以看到，每个 tab 都有 On Value Changed，我们可以通过这个面板来显示

和隐藏 panel。如图 15-83 所示。

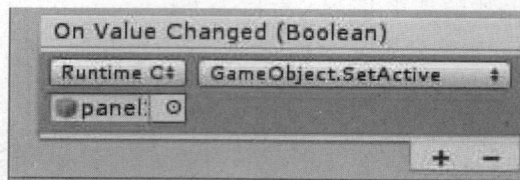

图 15-83　设置界面事件触发机制

[9] 把 panel1 拖进来，同时选择 setactive，就可以实现这个功能。同时对 tab2 和 tab3 也是如此，这样就实现了切换功能。初始状态下，tab1 是默认存在的，tab2 和 tab3 的 is　on 属性是勾掉的。同时 panel2 和 panel3 初始是隐藏的，我们在 inspector 最上方勾掉即可。这样我们就完整实现了这个功能，如图 15-84 所示。

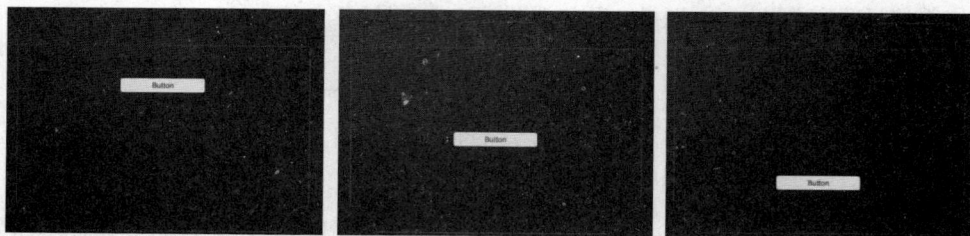

图 15-84　三个 panel 效果

[10] 接下来具体实现面板里面的内容：首先在 panel1 下建立一个空物体 Grid，然后为这个空物体添加一个组件，component→layout→grid layout group，调整 grid 大小，继续在 panel1 下创建一个 Image 命名为 item，添加图片源 slot，在 item 下创建 Image，任意找一张装备图片源，如图 15-85 所示。

图 15-85　创建 Icon

[11] 为了防止 loyout 布局对 item 的影响，我们需要在 panel1 中再建立一个空物体，将 item 作为空物体的子物体。这样，布局只会影响空物体，而不会对 item 造成影响。我们将空物体命名为 grid-item。要注意一点，空物体与里面的子物体中心点要保持一致，这样才能居中显示。

[12] 把 grid-item 移到 grid 下面作为子物体。复制多个 grid-item。效果如图 15-86 所示。

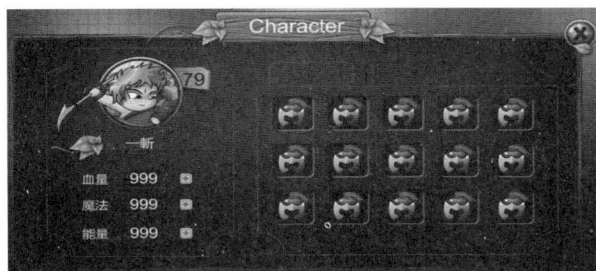

图 15-86　利用 Grid 进行控件自动排列

〔13〕然后我们需要在下方显示格子的个数和物品的个数,这个就是创建文字和图片,效果如图 15-87 所示。

图 15-87　创建提示文本

〔14〕同样的方法为 panel2 和 panel3 创建物品面板。最后我们要为每个选项卡创建文本内容,即装备、消耗品、任务道具。方法很简单,就是创建 Text 文本,最后我们来看下效果,如图 15-88 所示。

图 15-88　最终效果

15.2.6　关卡选择界面

现在我们介绍如何创建关卡选择界面,如图 15-89 所示。

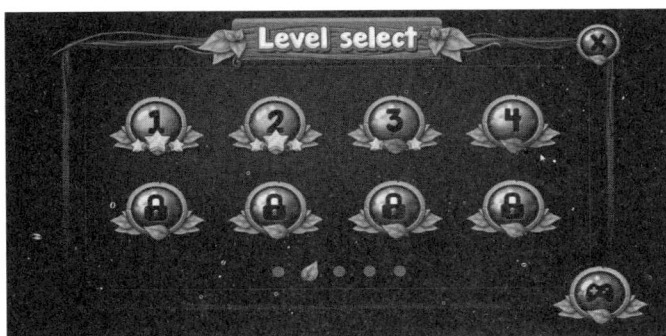

图 15-89　关卡选择界面

〔1〕新建场景 select level。首先要完成的还是背景制作,同上,这里不细说,直接看效果,如图 15-90 所示。

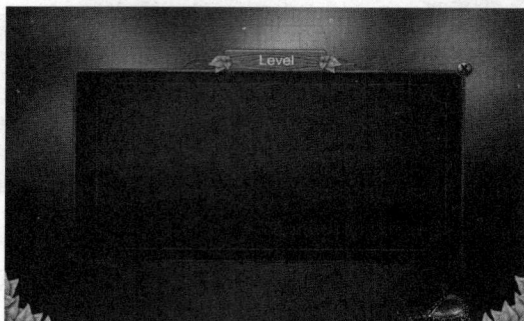

图 15-90　制作界面背景

〔2〕接下来制作关卡按钮和锁定关卡按钮:首先是每个关卡按钮,由 Image 和 Text 组成,第一种是已经通关的关卡,直接来看效果图,如图 15-91 所示。

〔3〕第二种是未通关的关卡,效果如图 15-92 所示。

图 15-91　创建按钮

图 15-92　创建未解锁按钮

〔4〕因为这些按钮要按照 grid 排布,为了防止按钮被 grid 布局改变,我们依旧创建空物体,将按钮放在空物体中,之前也讲过这个做法。记得要将空物体和按钮的中心点设置一致。

〔5〕在白色边框 bg frame 下创建一个空物体作为子物体,命名为 grid content,为空物体添加组件 grid layout group,将 start axis 属性设置为垂直方向。这样便于制作之后的滚动页面。

〔6〕将 levelitem1 和 levelitem2 分别放入空物体作为子物体,然后复制多个 levelitem,调节 group 中的 cell size 属性,使得一个页面中有 8 个关卡按钮,效果如图 15-93 所示。

图 15-93　利用 Grid Layout Group 对按钮进行自动排列

［7］因为关卡按钮是向右滚动，所以我们需要将 grid 的中心点设置在左侧边的中点。然后拉长 grid 至原来的 4 倍，我们的目的是设计 32 个关卡按钮。方法同上，最后效果如图 15-94 所示。

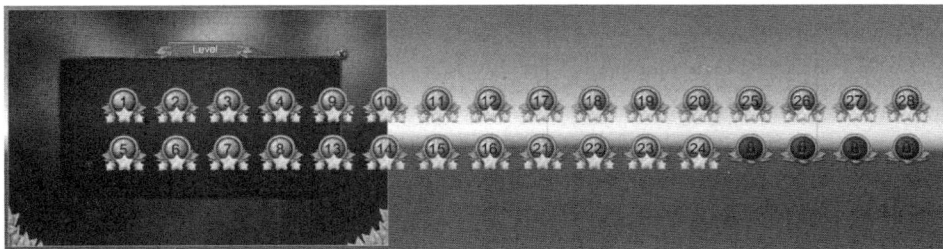

图 15-94　所有按钮的排列

接下来我们要设计关卡的滚动列表。

［8］首先我们在白色边框的下面创建一个 Image，命名为 scrollpanel，作为滚动的背景，调整大小，使背景可容纳 8 个按钮。将之前做好的 rgid content 作为 Image 的子物体。

［9］在 scrollpanel 中添加组件 scroll rect，因为我们需要让按钮向右滑动，所以在 scroll rect 面板中，我们要将垂直勾掉。然后将 grid content 拖入 content 属性中。

［10］我们不需要显示超出的部分，所以我们要用遮罩：在 scrollpanel 中添加组件 mask。如图 15-95 所示。

图 15-95　利用 Mask 组件创建遮罩

［11］因为滚动背景我们也不需要显示，因此将 Show Mask Graphic 勾选，最终效果如图 15-96 所示。

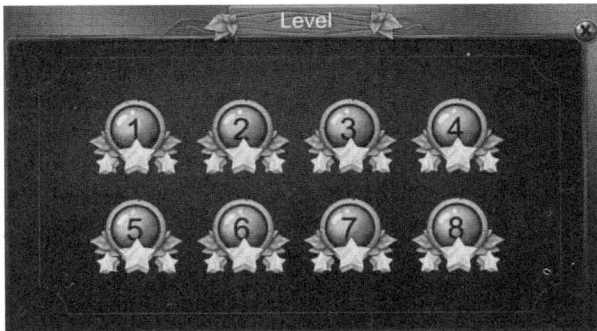

图 15-96　添加遮罩后的效果

［12］接着我们需要控制滑动列表按照页数滑动：我们需要一个脚本来控制，新建脚本 buttonscroll，代码如下：

```
1    public class buttonscroll : MonoBehaviour, IBeginDragHandler, IEndDragHandler {
```

```
 2
 3      private ScrollRect scrollrect;
 4      private float[] pagearray = new float[] { 0, 0.333f, 0.666f, 1.1f };
 5      // Use this for initialization
 6      void Start () {
 7      scrollrect = GetComponent<ScrollRect>();
 8  }
 9
10  // Update is called once per frame
11  void Update () {
12
13  }
14
15      //实现接口
16      public void OnBeginDrag(PointerEventDataeventData)
17      {
18
19      }
20
21      public void OnEndDrag(PointerEventDataeventData)
22      {
23          float posx = scrollrect. horizontalNormalizedPosition;
24          int index = 0;
25          float offset = Mathf. Abs(pagearray[index] - posx);
26          for(int i=1;i<pagearray. Length;i++)
27          {
28              float offsetTemp = Mathf. Abs(pagearray[i] - posx);
29              if(offsetTemp<offset)
30              {
31                  index = i;
32                  offset = offsetTemp;
33              }
34          }
35          scrollrect. horizontalNormalizedPosition = pagearray[index] ;
36      }
37  }
```

我们到此就可以通过代码实现滚动列表的当前显示页面。

[13] 我们会发现,页面之间的过渡太僵硬,我们需要改进代码,使页面之间的切换有一个缓动的效果。

代码改进如下:

```
 1  public class buttonscroll : MonoBehaviour, IBeginDragHandler, IEndDragHandler {
```

```
2
3        private ScrollRect scrollrect；
4        public float smoothing = 4；
5        private float[] pagearray = new float[] { 0, 0.333f, 0.666f, 1.1f }；
6        private float targetHorizontal = 0；
7        private bool isDraging = false；
8        // Use this for initialization
9        void Start () {
10         scrollrect = GetComponent<ScrollRect>()；
11     }
12
13   // Update is called once per frame
14       void Update () {
15
16           //页面缓动效果
17           if(isDraging == false)
18        scrollrect. horizontalNormalizedPosition = Mathf. Lerp(scrollrect. horizontalNormali-
           zedPosition；
19        targetHorizontal，Time. deltaTime * smoothing)；
20     }
21
22       //实现接口
23       public void OnBeginDrag(PointerEventDataeventData)
24       {
25       isDraging = true；
26       }
27
28       public void OnEndDrag(PointerEventDataeventData)
29       {
30       isDraging = false；
31           float posx = scrollrect. horizontalNormalizedPosition；
32       int index = 0；
33           float offset = Mathf. Abs(pagearray[index] - posx)；
34           for(int i=1;i<pagearray. Length;i++)
35           {
36               float offsetTemp = Mathf. Abs(pagearray[i] - posx)；
37               if(offsetTemp<offset)
38               {
39                   index = i；
40                   offset = offsetTemp；
41               }
42           }
```

```
43              targetHorizontal = pagearray[index];
44              //scrollrect.horizontalNormalizedPosition = pagearray[index];
45          }
46  }
```

运行游戏,可以发现页面之间的切换有一个缓动效果。

接下来,我们添加一个控制页数滑动的按钮。

[14] 首先在白色边框下添加一个空物体 toggle group,我们将按钮都放在这个物体中,在 Toggle group 下面创建一个 Image 作为子物体,添加图片源 knob,在 konb 下再创建一个子物体 Image,添加图片源 leave,调整位置,让叶子正好挡住圆圈。将 knob 的组件命名为 Toggle,给 Toggle 添加组件 Toggle,将 Toggle 下的子物体 leave 托给变量 graphic,这样当选中的时候显示的是叶子而不是圆圈。因为我们是 4 页,所以再复制三个 Toggle。

[15] 然后我们需要把 4 个 Toggle 做成一个组,这样才能选中一个,方法同上,我们需要在 Toggle group 中添加 Toggle group 组件,然后将 Toggle group 分别拖入 4 个 Toggle 的 group 变量。

最后效果如图 15-97 所示。

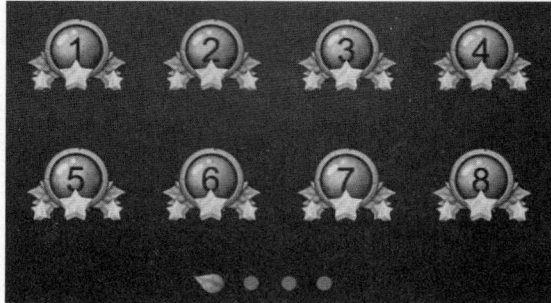

图 15-97 最后效果

[16] 到此,我们分别实现了页面的滑动和页面的选择,但是并没有将它们联系起来,因此最后我们需要把它们联系起来。我们需要在 buttonscroll 脚本中注册 4 种方法。代码如下:

```
1   public void MovePage1(bool isOn)
2   {
3           if(isOn)
4           {
5           targetHorizontal = pagearray[0];
6           }
7   }
8   public void MovePage2(bool isOn)
9   {
10          if (isOn)
```

```
11              {
12                  targetHorizontal = pagearray[1];
13              }
14          }
15  public void MovePage3(bool isOn)
16      {
17          if (isOn)
18          {
19              targetHorizontal = pagearray[2];
20          }
21      }
22  public void MovePage4(bool isOn)
23      {
24          if (isOn)
25          {
26              targetHorizontal = pagearray[3];
27          }
28  }
```

［17］我们在这里要为每个 Toggle 注册信息,如图 15-98 所示。

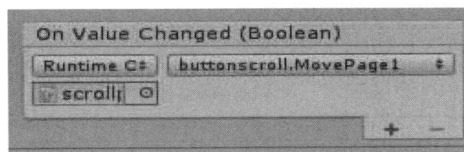

图 15-98　为每一个 Toggle 注册信息

这样我们就可以通过点击页数控制页面,如图 15-99 所示。

图 15-99　点击页数显示不同按钮

［18］到这里我们可以用按钮控制页面选择,但是两者是双向的,接下来我们需要通过页面来控制按钮显示,我们只需稍微改动一下代码,如图 15-100 所示。

```
private float[] pagearray = new float[] { 0, 0.333f, 0.666f, 1.1f };
public Toggle[] togglearray;

targetHorizontal = pagearray[index];
togglearray[index].isOn = true;
```

图 15-100　微调代码

［19］我们只需要增加上图所示代码即可，然后我们需要把 4 个按钮分别添加到 but-tonscroll 脚本中的数组中，如图 15-101 所示。

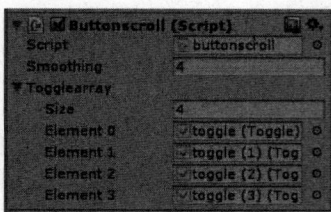

图 15-101　把 buttonscroll 添加到脚本的数组中

这样我们就实现了双向控制。

以上就是 UGUI 的几个实例，有助于我们更好地掌握和理解 UGUI 的功能。

15.3　总结

通过上述第二部分介绍的各个组件的属性和例子，我们可以发现新版的 GUI 系统相对于旧版本的 GUI 系统有了很大的进步和完善，同时通过第三部分各组件结合开发的实例我们也可以看出，GUI 系统可以做出各种各样很炫酷的界面，这里介绍的都是一些比较常用的属性和典型的实例，有兴趣的开发者可以尝试更多的细节和功能，这样就可以做出更加炫酷的效果，总的来说，新版的 GUI 系统大大地提高了开发效率。

15.4　练习题

1. UGUI 提供了哪些界面控件，他们的功能分别是什么？

2. 屏幕自适应是指界面在不同的屏幕分辨率下，都能自动调整界面大小和布局，从而使得界面不会排列混乱，请查找资料，如何做到界面的屏幕自适应。

3. UGUI 提供了一个控件事件响应的组件，请找出该组件，并说明它们实现了什么事件相应。

4. 九宫格技术是界面常用的技术，请谈谈什么是九宫格技术，为什么需要使用九宫格技术，它的优缺点何在。

5. 如何实现界面的淡入淡出效果？

6. 如何实现关卡按钮的解锁功能？

7. Canvas 中的 Render Mode 提供了什么渲染模式，它们之间的区别是什么？

8. 尝试把你制作的界面发布到 Android 或 IOS 平台上，并分析总结它和 PC 上的界面有何不同。

16

CHAPTER SIXTEEN

第 16 章

人工智能

本章内容

人工智能可以赋予游戏角色更多的智能,使游戏显得更加真实。而寻路和导航是最重要的环节。

寻路需要一个游戏数据来存储场景里可以站立行走的区域,称为 Navmesh。Navmesh 由多个多边形组成。Unity 将游戏角色的坐标位置映射到离它最近的 Navmesh 网格上。然后 Unity 开始检索附近多边形的所有网格,一直检索到目标位置所在的网格。接着在这一片所检索的区域上,寻找出一条最短路径。

16.1　寻路功能

下面,通过例子来实现简单的寻路功能。

［1］首先在 Unity 中创建一个 Create Empty。然后将它命名为 Navmesh,如图 16-1 所示。

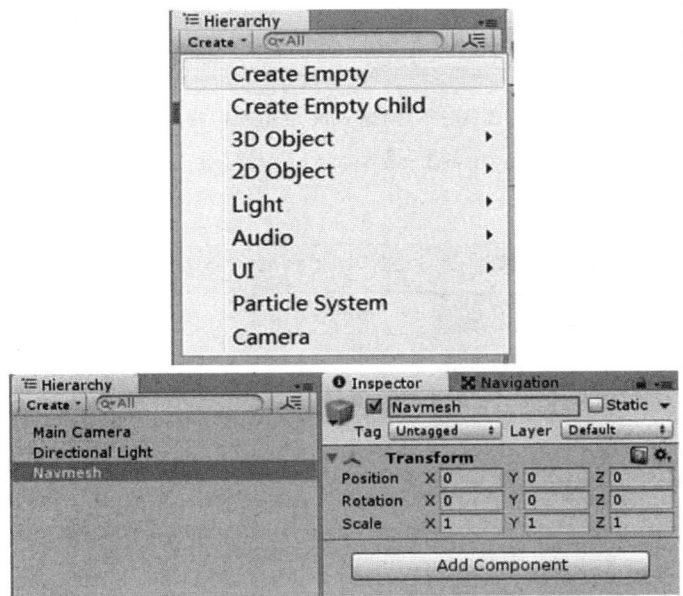

图 16-1　创建 Create Empty

［2］在 Navmesh 下创建一个 cube,并且将它拉大,用来模拟游戏场景中的地板。如图 16-2 所示。

图 16-2　创建 cube

〔3〕在场景中多创建几个 cube 来模拟障碍物。如图 16-3 所示。

图 16-3　创建 cube 模拟障碍物

〔4〕点击菜单栏中的【Windows】→【Navigation】，会打开一个新的窗口。如图 16-4 所示。

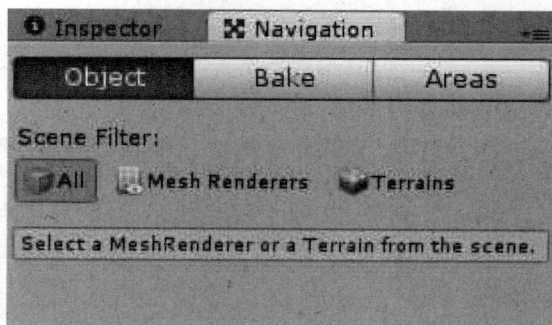

图 16-4　Navigation 窗口

〔5〕选中 Navmesh，将它勾选为 Navigation Static 导航网格静态。如图 16-5 所示。在 Navigation 界面中点击 Bake(烘焙)按钮，保存场景，场景中就会烘焙上导航网格。如图16-6所示。

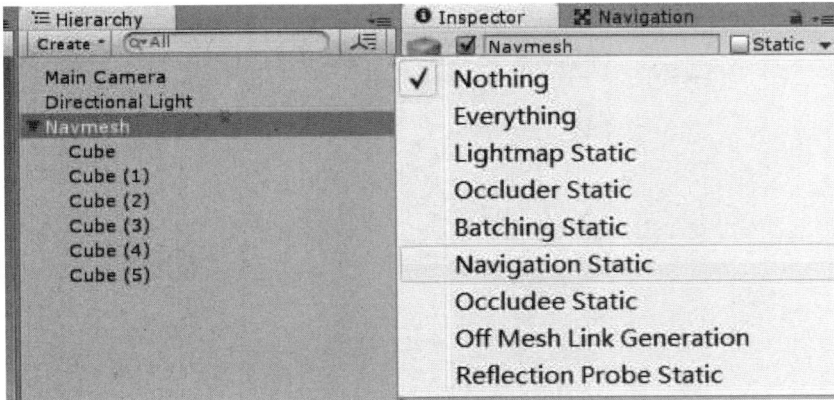

图 16-5　将场景勾选为 Navigation Static 导航网格静态

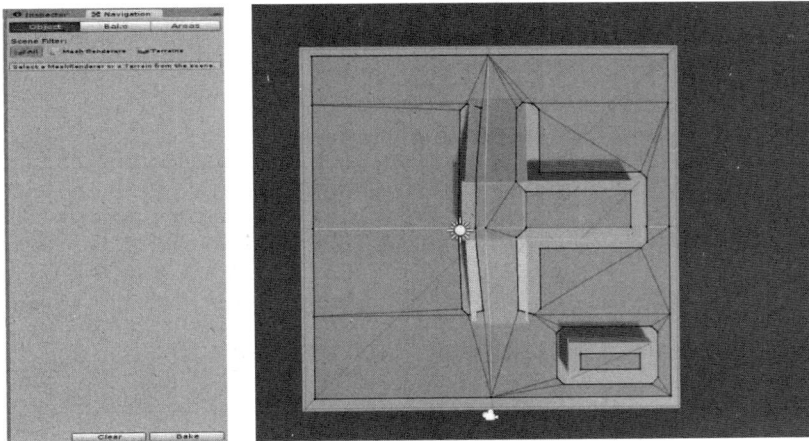

图 16-6　将场景烘焙上导航网格

［6］烘焙场景后，在 Assets 目录下，会创建一个与该场景同名的文件夹，该文件夹下有一个游戏资源，这个资源储存着这个场景中所有游戏角色可以站立行走的游戏数据。如图 16-7 所示。

图 16-7　保存 Navmesh 数据的目录

[7] 烘焙标签下的参数组成。如图 16-8 所示。

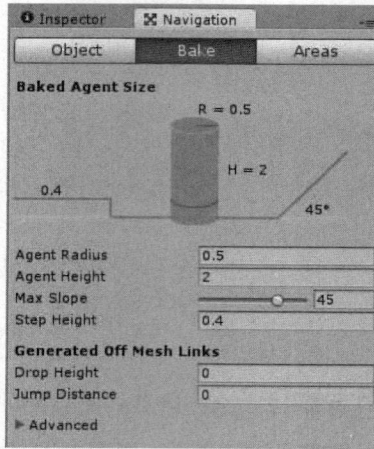

图 16-8 烘焙标签

其参数如表 16-1。

表 16-1 烘焙标签参数说明

参数名称	说明
Agent Radius	该参数代表了游戏场景中游戏角色的通用宽度。我们可以看到网格和边界之间有一条预留的空间，该空间随着参数的变大而变大，这样可以防止游戏角色碰撞到墙或者走到悬崖的边上。如图 16-9 所示。
Agent Height	具有代表性的物体的高度。增加该参数的数值，低于这个数值的高度将不会被烘焙上导航网格。
Max Slope	可以烘焙上导航网格的最大角度。大于这个角度的物体不能被烘焙上导航网格。当把参数的数值改为 5 时。这个斜坡不能被烘焙上导航网格。该参数最小为 0，最大为 60。如图 16-10 所示。
Step Height	台阶高度 Step Height 0.4 高度差小于 0.4 的物体可以连接在一起。创建几个方块来模拟台阶，方块的高度设置为 0.4。点击烘焙，台阶就会被烘焙上导航网格。如果把高度差的数值改为 0.3。台阶就不会被烘焙上导航网格。如图 16-11 所示。
Drop Height	跳跃高度。
Jump Distance	跳跃距离。
Manual Voxel Size	体素大小，该值一般为默认值，数值为宽度的三分之一。当我们进行导航时，会将物体体素化，体素化的大小为该值大小，值越小，精度越大，但也更加消耗性能。
Min Region Area	当独立面积的区域表面小于该值时，将不会被烘焙。我们把数值改为 20，这个长方体表面将不会被烘焙上导航网格，它的表面区域小于 20。如图 16-12 所示。

参数名称	说明
Height Mesh	高度网格，烘焙网格时勾选上它，将会记录原始的高度信息。会对速度和内存、性能有影响。

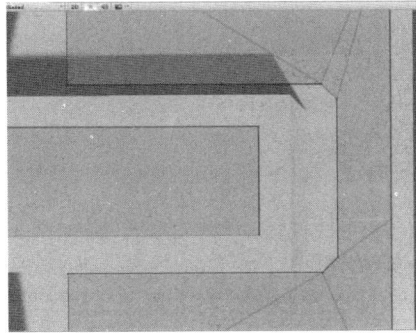

图 16-9　Agent Radius

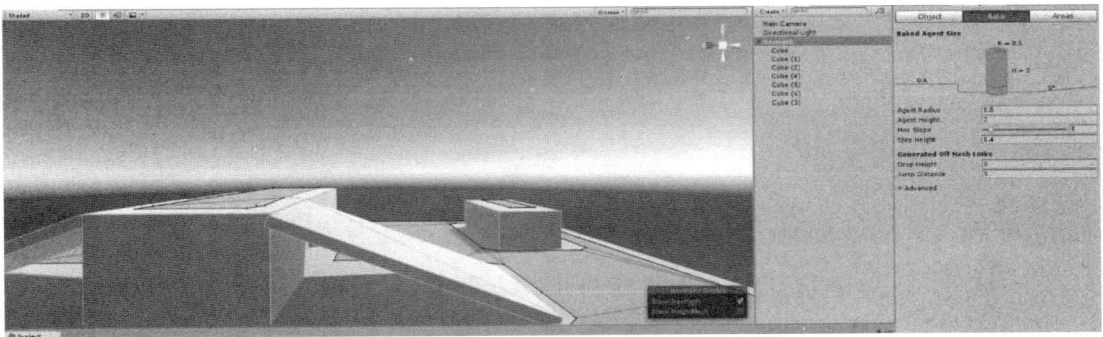

图 16-10　Max Slope

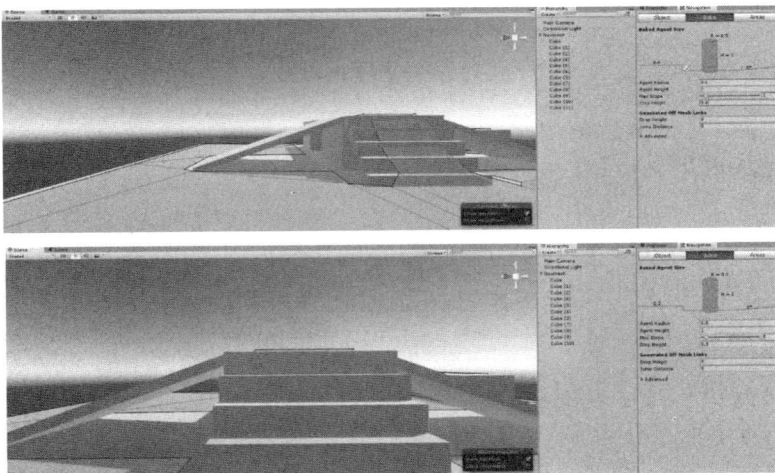

图 16-11　Step Height

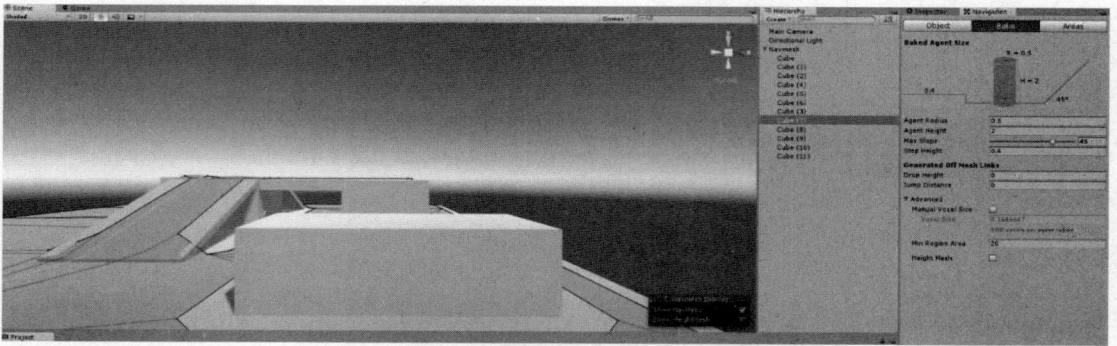

图 16-12　Min Region Area

［8］新建一个胶囊体，来模拟游戏中的人物角色。如图 16-13 所示。

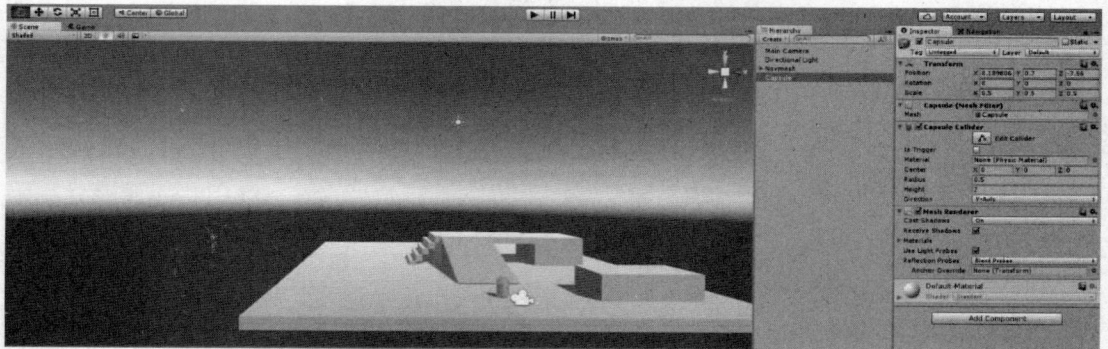

图 16-13　新建胶囊体

［9］新建一个 C♯脚本。命名为 NPC，编辑脚本。创建一个小球，小球位置为目的地所在位置。把编辑好的脚本赋予胶囊体。如图 16-14 所示。将小球的位置拖到胶囊体 Taregt 上，运行游戏，胶囊体会跑到小球所在的位置。

```
using UnityEngine；
using System.Collections；
［RequireComponent(typeof(NavMeshAgent))］//自动为该脚本的物体添加 NavMeshAgent 组件
public class NPC ：MonoBehaviour {
    public Transform taregt；
    private NavMeshAgent agent；//获取游戏物体上的 NavMeshAgent 组件
    // Use this for initialization
    void Start ()
    {
        agent = GetComponent<NavMeshAgent> ();//NavMeshAgent 组件初始化
    }

    // Update is called once per frame
    void Update ()
```

```
    {
        agent.destination = taregt.position;//将目的地的位置赋予 agent


    }
}
```

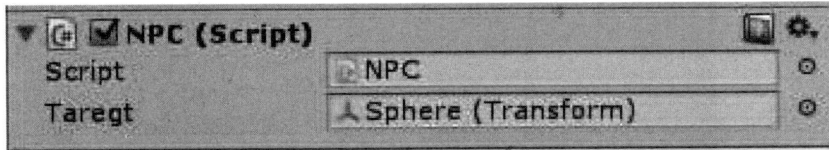

图 16-14 脚本赋予胶囊体

[10] 实现通过点击鼠标右键来控制角色行走位置。

```
using UnityEngine;
using System.Collections;
[RequireComponent(typeof(NavMeshAgent))] //自动为该脚本的物体添加上 NavMeshAgent
组件
public class NPC : MonoBehaviour {
    public Transform taregt;
    private NavMeshAgent agent;//获取游戏物体上的 NavMeshAgent 组件
    // Use this for initialization
    void Start ()
    {
        agent = GetComponent<NavMeshAgent> ();//NavMeshAgent 组件初始化
    }


    // Update is called once per frame
    void Update ()
    {
        if (Input.GetMouseButtonDown (1))
        {
            Ray ray = Camera.main.ScreenPointToRay(Input.mousePosition);//通过点击屏
幕中的一个位置,发射出一条射线,将鼠标的点击位置传输进去
            RaycastHit hit;//声明变量保存碰撞信息
            if(Physics.Raycast(ray,out hit,100))
            {
                agent.SetDestination(hit.point);//游戏角色移动到目的地

            }//当发生碰撞时,将执行这段代码
        }//当用户点击鼠标右键,函数返回值为 TURE,执行代码
    }
}
```

16.2 Nav Mesh Agent

搭建好的场景,如图 16-15 所示。

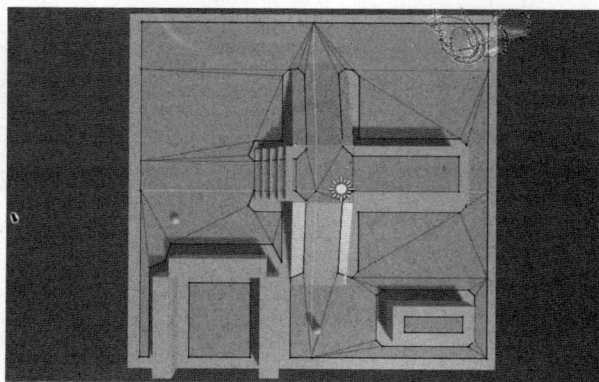

图 16-15 搭建好的场景

16.2.1 Nav Mesh Agent 参数介绍

Nav Mesh Agent 的属性面板,如图 16-16 所示。

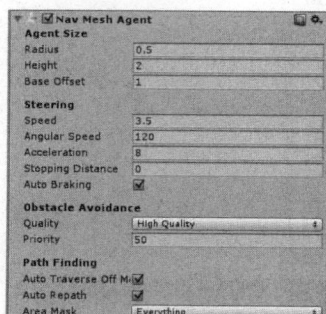

图 16-16 Nav Mesh Agent 面板

其参数说明如表 16-2 所示。

表 16-2 Nav Mesh Agent 参数说明

参数名称	说明
Agent size	Agent size 规定 Agent 组件体积大小。我们可以看到胶囊体外部绿色的线框,该线框就是它的体积。改变这三个参数可以改变游戏模型的体积大小。如图 16-17 所示。
Radius	半径,随着数值的增大而增大。当半径的数值从 0.5 变为 1 时,如图 16-18 所示。

参数名称	说明
Height	高度,随着数值的增大而增大,当高度的数值从 2 变为 3 时,如图 16-19 所示。
Base Offset	偏移,指在 Y 轴上的偏移。当把偏移的数值从 1 变为 2 时,如图 16-20 所示。
Steering	与运动相关。
Speed	速度,游戏运行过程中角色的最大速度。
Angular Speed	角速度,游戏角色最大的转身速度。
Acceleration	加速度,物体速度从 0 增加到最大速度的加速度。
Stopping Distance	停止距离,游戏角色到达目标地点还有多少距离时自动减速并停止下来。
Auto Braking	是否自动减速。当没有勾选这个选项时,游戏角色会以一定的惯性越过目标地,又回到目的地,平滑地来回移动。可以模拟在固定点内巡逻的游戏角色。
Obstacle Avoidance	该组参数与运动过程中的躲避质量相关。
Quality	躲避质量等级。
Priority	优先级。低优先级的物体会给高优先级的物体让路。
Auto Traverse Off Mesh Link	自动运动和关闭
Auto Repath	当我们没有勾选这个选项,让角色往一个封闭的区域移动,由于障碍物的阻挡,角色无法进入封闭的区域,剩下的路径会以虚线的形式表示,即使我们把障碍物移开后,角色也不会完成剩下的路径。当我们勾选这个选项,把障碍物移开后,角色会继续完成剩下的路程。如图 16-21 所示。
Auto Mask	控制角色在场景中可行走的区域。

图 16-17　Agent size

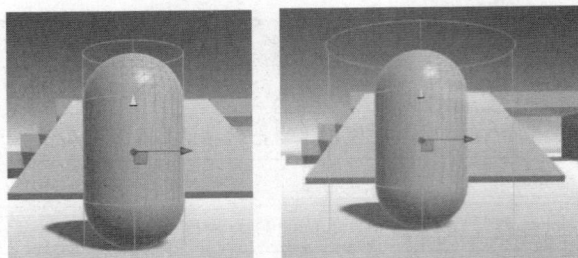

图 16-18　Radius

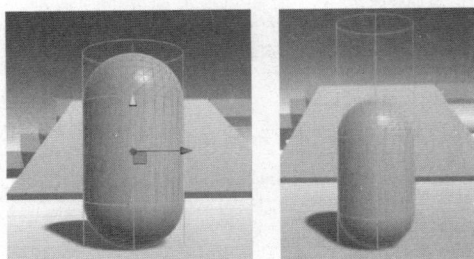

图 16-19　Height

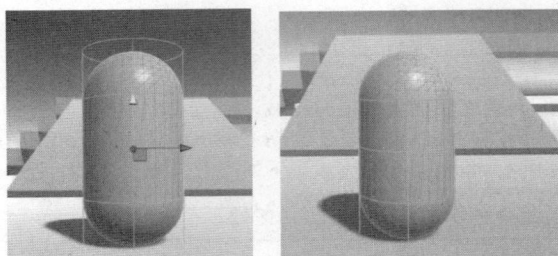

图 16-20　Base Offset

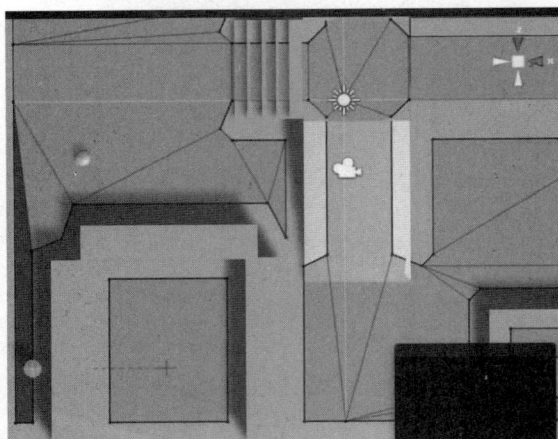

图 16-21　Auto Repath

　　Agent Size 中的体积大小主要是为了防止游戏角色在动态过程中发生碰撞。Baked Agent Size 中的体积大小主要是给静态网格留下一条白色的边缘,防止游戏角色穿墙。

如图 16-22 所示。

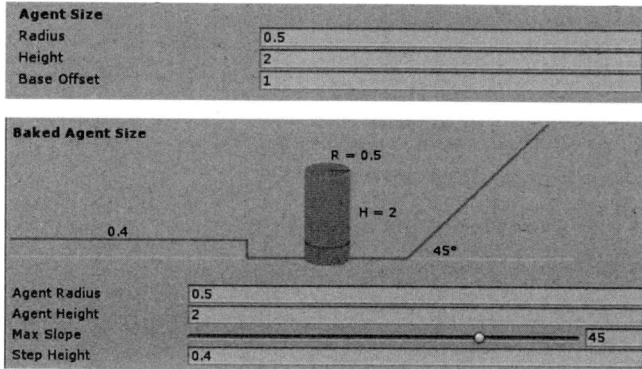

图 16-22　Agent Size 与 Baked Agent Size 的区别

16.2.2　通过脚本修改参数

表 16-3　脚本方法说明

方法	说明
destination	给 Agent 组件设置一个目的地。
nexposition	手动让游戏角色进行移动。
remainingDistance	游戏角色与目的地间的距离。通过这个距离可以判断游戏角色是否到达了目的地。添加代码,运行游戏,给游戏角色一个目的地,在 Console 窗口中就可以看到游戏角色到达目的地的距离。当数值变为 0 时,就可以判断游戏角色到达了目的地。如图 16-23 所示。
UpdatePosition UpdateRotation	这两个为布尔值。可以通过更改这两个值来停止使用 Anget 组件驱动游戏角色的移动。
isOnNavMesh	判断游戏角色是否在游戏网格上。
isOnOffMeshLink	判断游戏角色是否在游戏网格链接上。

代码如下所示:

```
using UnityEngine;
using System.Collections;
[RequireComponent(typeof(NavMeshAgent))] //自动为该脚本的物体添加 NavMeshAgent 组件
public class NPC : MonoBehaviour {
    public Transform taregt;
    private NavMeshAgent agent;//获取游戏物体上的 NavMeshAgent 组件
    // Use this for initialization
    void Start () {
        agent = GetComponent<NavMeshAgent> ();//NavMeshAgent 组件初始化
    }
```

```
// Update is called once per frame
void Update（）
    {
    if（Input. GetMouseButtonDown（1））
        {
            Ray ray = Camera. main. ScreenPointToRay（Input. mousePosition）;//通过点
击屏幕中的一个位置,发射出一条射线,将鼠标的点击位置传输进去
            RaycastHit hit;//声明变量保存碰撞信息
            if(Physics. Raycast(ray,out hit,100))
            {
                agent. SetDestination(hit. point);//游戏角色移动到目的地
            }//当发生碰撞时,将执行这段代码
        }//当用户点击鼠标右键,函数返回值为 TURE,执行代码
        Debug. Log（agent. remainingDistance）;//判断游戏角色是否到达目的地
    }
}
```

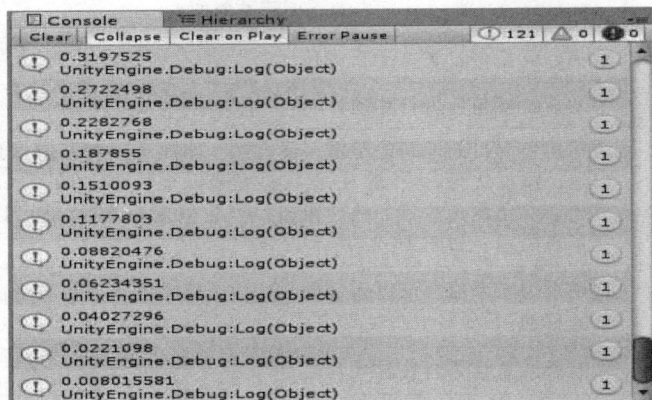

图 16-23 remainingDistance

常用函数

表 16-4 常用函数说明

常用函数	说明
SetDestition	通过该函数赋予游戏角色一个目的地。
Stop	通过该函数使游戏角色停止运动。
Resume	重新开始移动。如图 16-24 所示。添加代码,运行游戏,按下鼠标右键赋予角色一个目的地,角色向目的地移动,在这过程中按下鼠标左键,角色停止移动。发现再按右键,角色也不会移动。按下中键后,角色会重新开始向目的地移动。
Warp	可以瞬移到某个可以到达的点。如图 16-25 所示。

```
using UnityEngine；
using System. Collections；
［RequireComponent(typeof(NavMeshAgent))］//自动为该脚本的物体添加上 NavMeshAgent 组件
public class NPC ：MonoBehaviour {
    public Transform taregt；
    private NavMeshAgent agent；//获取游戏物体上的 NavMeshAgent 组件
    // Use this for initialization
    void Start ()
    {
        agent = GetComponent<NavMeshAgent> ()；//NavMeshAgent 组件初始化
    }

    // Update is called once per frame
    void Update ()
    {
        if (Input. GetMouseButtonDown (0))
        {
            agent. Stop()；
        }//如果按下鼠标左键,角色停止移动
        if (Input. GetMouseButtonDown (2))
        {
            agent. Resume()；
        }//如果按下鼠标中键,角色开始移动
        if (Input. GetMouseButtonDown (1))
        {
            Ray ray = Camera. main. ScreenPointToRay(Input. mousePosition)；//通过点击屏
幕中的一个位置,发射出一条射线,将鼠标的点击位置传输进去
            RaycastHit hit；//声明变量保存碰撞信息
            if(Physics. Raycast(ray,out hit,100))
            {
                agent. SetDestination(hit. point)；//游戏角色移动到目的地
            }//当发生碰撞时,将执行这段代码
        }//当用户点击鼠标右键,函数返回值为 TURE,执行代码
        Debug. Log (agent. remainingDistance)；//判断游戏角色是否到达目的地
    }
}
```

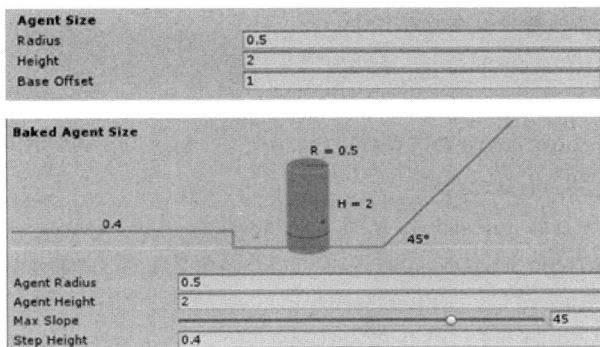

图 16-24　Resume

```
using UnityEngine；
using System. Collections；
［RequireComponent(typeof(NavMeshAgent))］//自动为该脚本的物体添加上 NavMeshAgent
组件
public class NPC：MonoBehaviour {
public Transform taregt；
private NavMeshAgent agent；//获取游戏物体上的 NavMeshAgent 组件
// Use this for initialization
void Start ()
{
agent = GetComponent<NavMeshAgent> ();//NavMeshAgent 组件初始化
}


// Update is called once per frame
void Update ()
{
//agent. destination = taregt. position；//将目的地的位置赋予给 agent
if (Input. GetMouseButtonDown (0))
{
agent. Stop();
}//如果按下鼠标左键,角色停止移动
if (Input. GetMouseButtonDown (2))
{
agent. Resume();
}//如果按下鼠标中键,角色开始移动
if (Input. GetMouseButtonDown (1))
{
Ray ray = Camera. main. ScreenPointToRay(Input. mousePosition)；//通过点击屏幕中的一个位
置,发射出一条射线,将鼠标的点击位置传输进去
RaycastHit hit；//声明变量保存碰撞信息
if(Physics. Raycast(ray,out hit,100))
{
agent. Warp(hit. point)；//游戏角色瞬移到目的地
}//当发生碰撞时,将执行这段代码
}//当用户点击鼠标右键,函数返回值为 TURE,执行代码
Debug. Log (agent. remainingDistance)；//判断游戏角色是否到达目的地
}
}
```

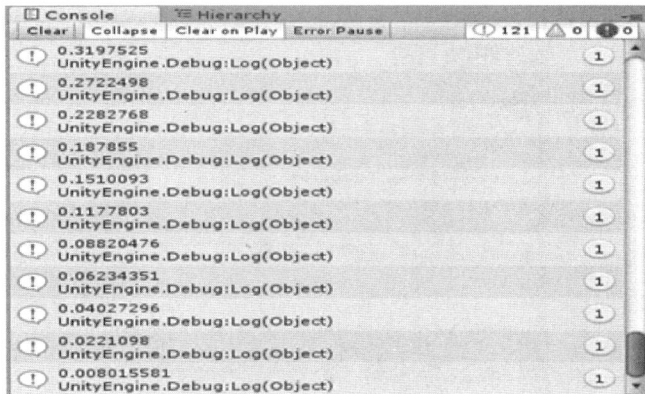

图 16-25　Warp

16.3　Off Mesh Link

在 Navigation 属性面板下 Drop Height（跳跃高度）和 Jump Distance（跳跃距离）属性。在这两个属性下，可以设置分离网格链接。如图 16-26 所示。

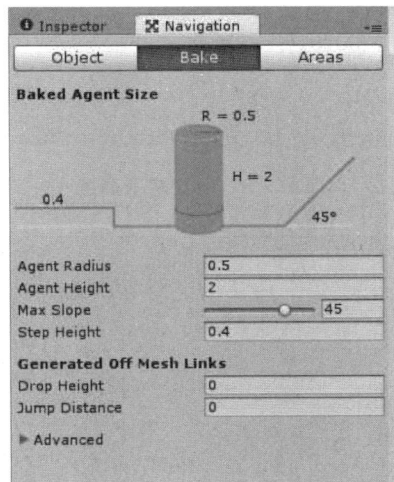

图 16-26　Navigation 属性面板

16.3.1　自动添加分离网格链接

[1] 选中一个物体，在 Object 面板下，勾选 Generate OffMeshLinks，它会自动为物体添加上一个分离网格链接。如图 16-27 所示。

图 16-27 勾选 Generate OffMeshLinks

［2］在 Bake 面板下设置一个跳跃高度,如图 16-28 所示。角色会在两个网格高度差的跳跃高度范围内从高往低跳跃,这个链接是单向的,不能从低处往高处跳跃,要使得角色从下往上跳跃,只能使用手动网格链接。对网格进行烘焙,就可以看到场景中生成了从高处往低处跳跃的网格链接。如图 16-29 所示。

图 16-28 设置跳跃高度

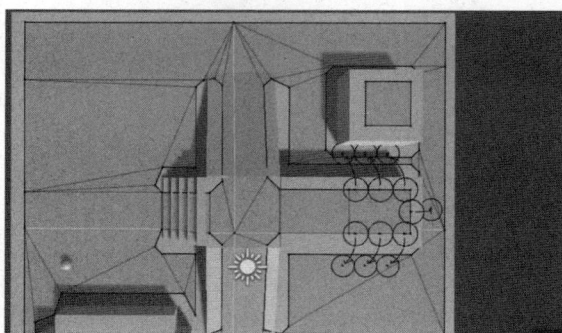

图 16-29 网格进行烘焙

［3］我们将跳跃距离的数值设为 30,角色可以在一定水平面内的两个物体间进行跳跃。这个跳跃是双向的。如图 16-30 所示。

图 16-30 设置跳跃距离

［4］我们为这个物体勾选 Generate OffMeshLinks,则会自动为物体添加上一个分离

网格链接。如图 16-31 所示。

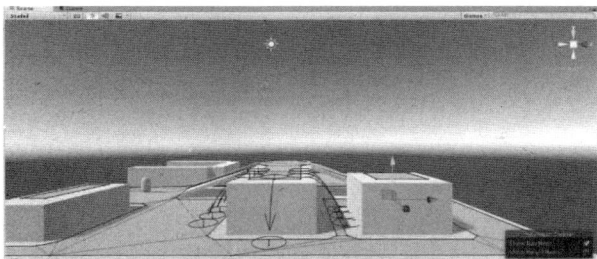

图 16-31　自动为物体添加上一个分离网格链接

［5］给场景重新烘焙。两个物体间生成了网格链接。如图 16-32 所示。

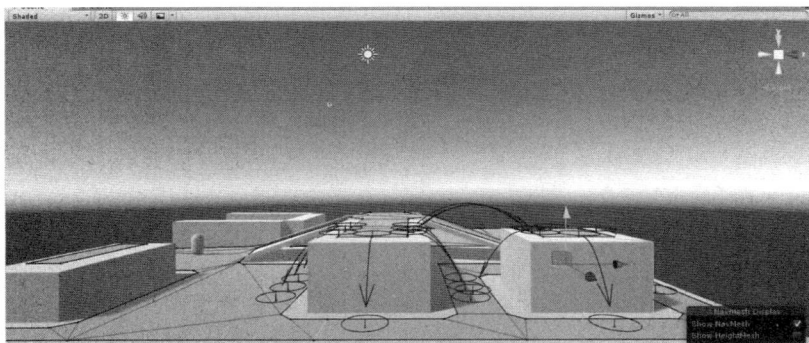

图 16-32　自动为物体添加上一个分离网格链接

16.3.2　手动添加分离网格链接

当我们想使游戏角色实现爬墙、爬梯等从低处往高处跳跃时，就要使用到手动网格链接。

［1］创建两个小方块作为攀爬起点和终点的标示物体。如图 16-33 所示。

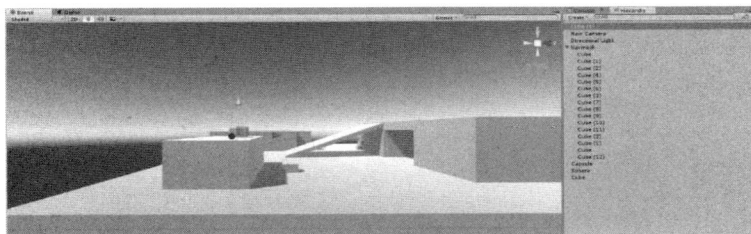

图 16-33　创建两个小方块

［2］给两个方块添加上分离网格链接组件。【Add Component】→【Navigation】→【off mesh link】。如图 16-34 所示。

［3］将两个方块分别拖到 Start 和 End 内，设置起始位置和终点位置，勾选 BiDirectional，我们可以看到一个双向的箭头，表示这个链接是双向通道。如图 16-35 所示。

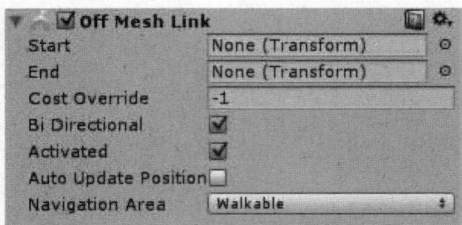

图 16-34 添加分离网格链接组件

图 16-35 勾选 Bi Directiona

16.4 Nav Mesh Obstacle

［1］在场景中创建一个 Cube 模拟场景中的障碍物，为它勾选导航网格静态。如图 16-36 所示。

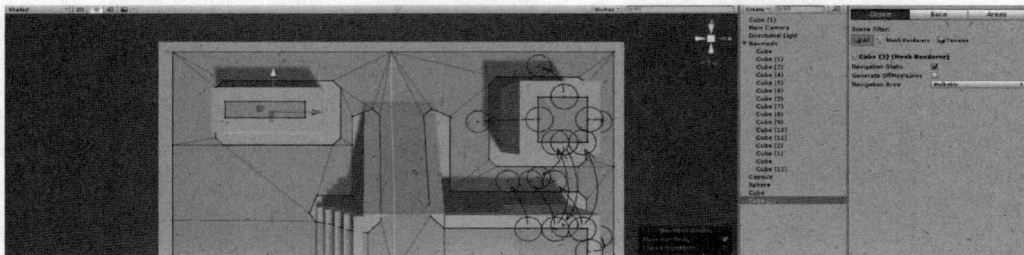

图 16-36 创建 Cube 模拟场景中的障碍物

［2］场景中生成了一个障碍物，但是这个障碍物是静态的，在游戏过程中是无法移动的。但是在游戏中我们时常会需要一些动态的障碍物，比如一道动态的门。这时就需要用到网格导航障碍物组件。如图 16-37 所示。

［3］我们将障碍物的导航网格去掉，重新烘焙。在导航网格中，用碰撞体当障碍物是没有作用的。运行游戏，发现角色可以通过这个障碍物。通过【Add Component】→【Navigation】→【Nav Mesh Obstacle】添加障碍物组件。重新运行游戏，发现游戏角色已经不能通过障碍物了。

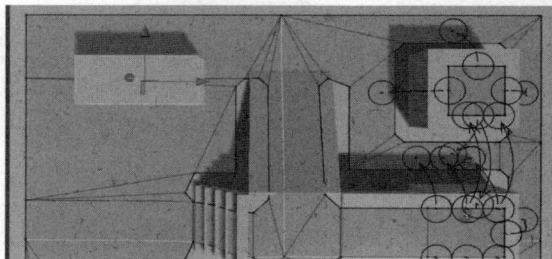

图 16-37 动态障碍物

［4］障碍物参数介绍，如图 16-38 所示。

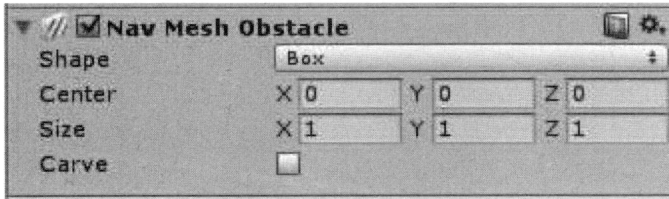

图 16-38　障碍物属性面板

表 16-4　障碍物属性说明

属性	说明
Shape	Unity 提供了两个基本的障碍物形状,一个是盒形,一个是胶囊形。
Center	中心点。
Size	长宽高的大小。
Carve	动态的改变导航网格。当没有勾选这个选项时,我们移动障碍物,阻断了一条道路,运行游戏,让角色移动到红色标示的目的地。发现障碍物成功阻断了角色的移动,但是这不是我们想要的结果,通往目的地的路径有多条,但是角色仍然计算这条是通往目的地的最短路径。如图 16-39 所示。当我们勾选这个选项后。障碍物底下边缘会生成一条白色的区域,动态的改变导航网格,角色会重新计算一条最短路径通往目的地。但是这个操作是相当消耗性能的,因为它会重新计算导航网格。如图 16-40 所示。

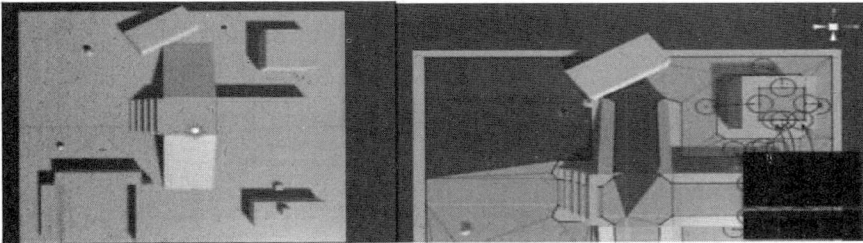

图 16-39　Carve

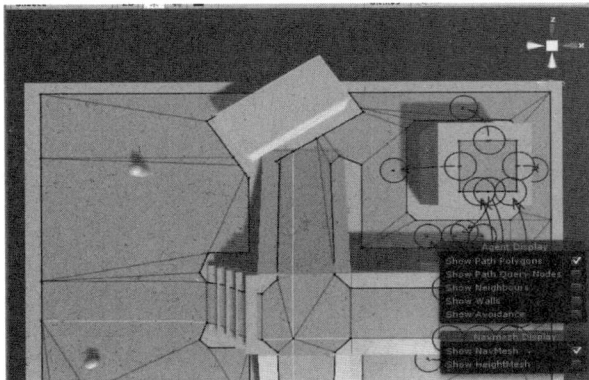

图 16-40　重新计算线路

Carve 子参数,如图 16-41 所示。

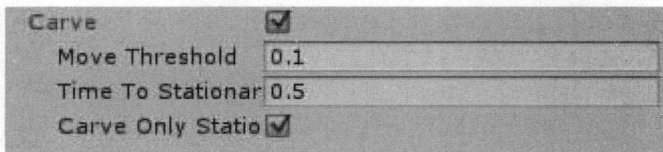

图 16-41　Carve 子参数面板

表 16-6　Carve 子参数说明

属性	说明
Move Threshold	该障碍物移动多少距离后才会重新雕刻导航网格。我们把数值改为 10,发现微距移动障碍物,它原来雕刻的导航网格不会发生改变,只有移动距离超过 10 之后,它的导航网格才会重新雕刻。
Time To Stationar	移动障碍物后,间隔多少秒才会对导航网格产生影响。
Carve Only Statio	只有障碍物静止下来,才会雕刻导航网格。

16.5　分层寻路

01 在【Navigation】→【Areas】界面中,我们可以将游戏场景划分为几个区域,并定义游戏角色可以在哪些区域行走,以实现分层寻路的效果。如图 16-42 所示。在 Areas 标签栏下,我们总共可以定义 32 组不同的区域。Unity 为我们提供了三个默认的区域。分别为可行走的区域、不可行走的区域和跳跃的区域。我们定义这些区域后,可以在 Object 标签栏,选中需要烘焙的物体。在 Navigion Area 下为物体选择区域。如图 16-43 所示。

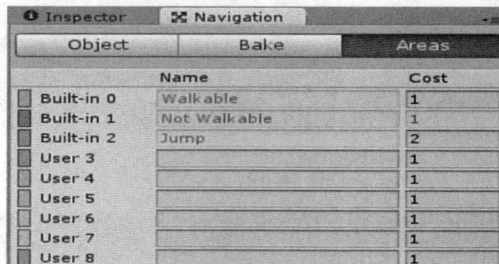

图 16-42　分层寻路

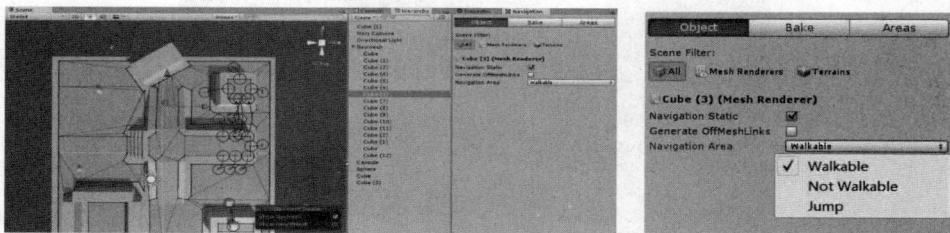

图 16-43　为物体选择区域

02 我们选中滑坡这个物体,然后给它选择 Not Walkable,对场景进行烘焙。我们发现滑坡上已经没有了导航网格。如图 16-44 所示。

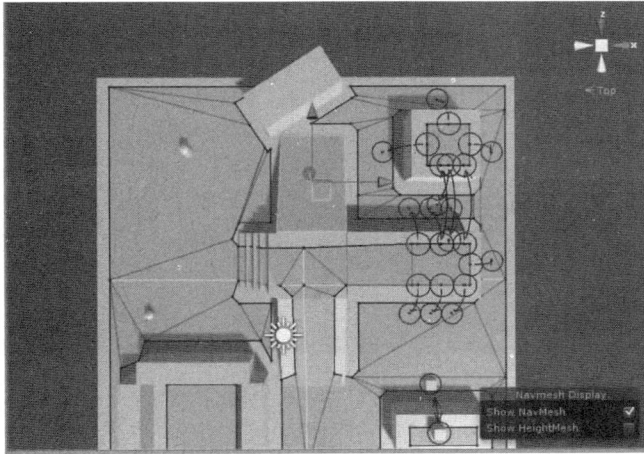

图 16-44　为物体选择区域

03 定义区域。Cost：寻路成本，即游戏角色从起点到终点所花费的行动率。行动率＝行动距离×行动成本。行走所花费的成本为 1，角色到小球的路径为红色标示的直线，行动率＝距离×1. 如图 16-45 所示。

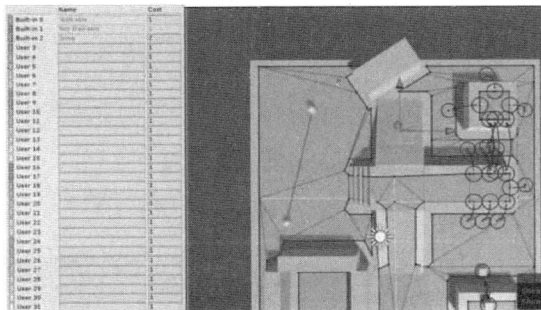

图 16-45　行动率

04 我们定义两个区域，如图 16-46 所示。

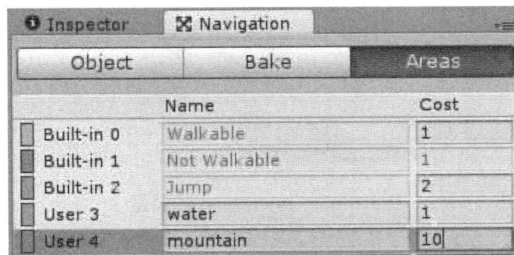

图 16-46　定义两个区域

05 我们需要搭建一个场景。如图 16-47 所示。

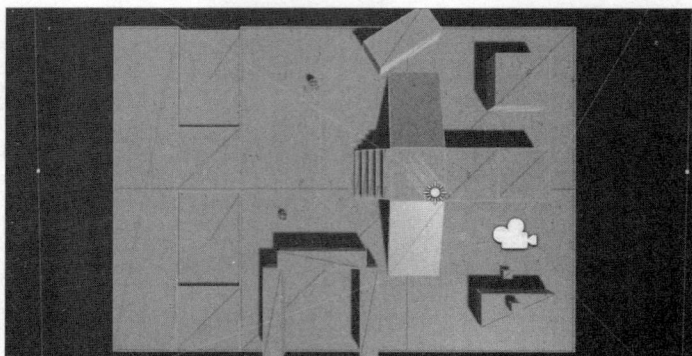

图 16-47 搭建场景

06 将两块下拉的区域改为 water 层。如图 16-48 所示。

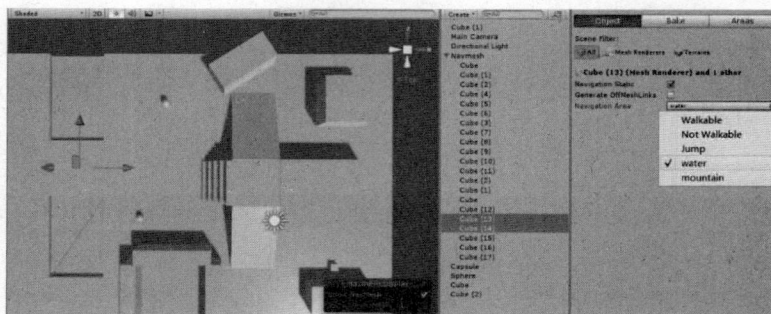

图 16-48 water 层设置

07 将这块区域改为 mountain 层。如图 16-49 所示。

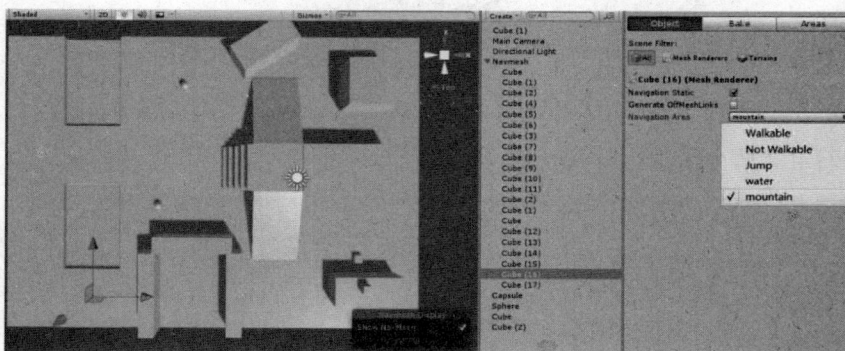

图 16-49 mountain 层设置

08 对场景重新烘焙,并选择胶囊体,对它的行走区域进行设置。如图 16-50 所示。

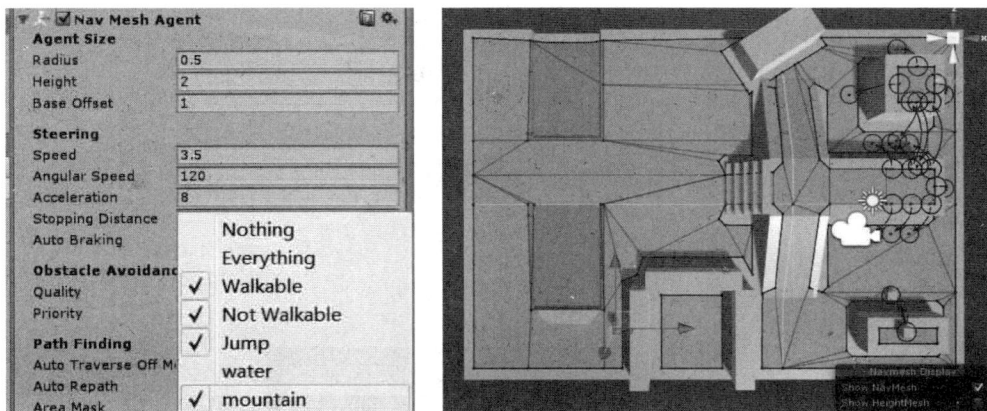

图 16-50　对行走区域进行设置

⑨ 我们在绿色区域的对面设置目的地,发现角色绕过了红色区域,也没有直线穿过绿色区域,因为我们设置了红色区域是角色不可行走的区域。而绿色区域所花费的成本是 10,走过的距离相当于普通路径的十倍。所以角色选择了一条花费成本最低的路径。如图 16-51 所示。

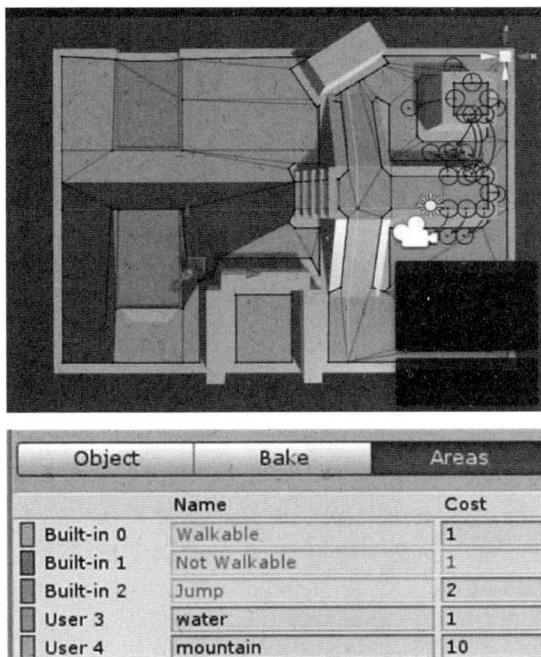

图 16-51　在绿色区域对面设置目的地

⑩ 我们把 water 区域勾选上,发现角色可以在这个红色区域上行走了。如图 16-52 所示。系统为角色选择了花费最小的路径。

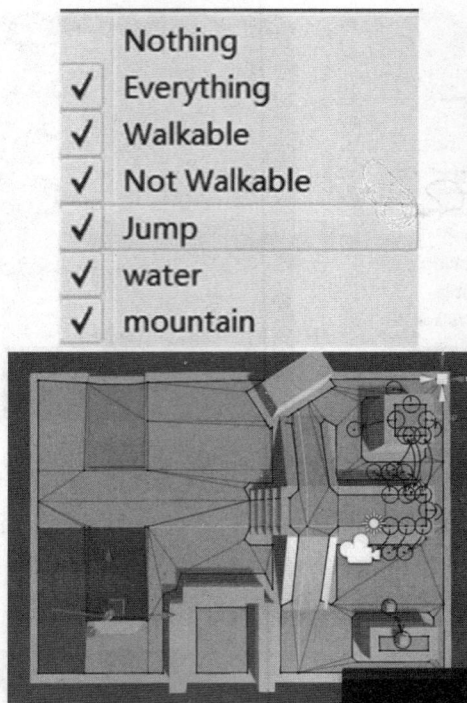

图 16-52　花费最短的路径

16.6　总结

Unity 内置的寻路系统为游戏开发人员提供了便捷的人工智能功能。从以上的例子可以看出,创建寻路系统大致可以分为三个步骤:寻路路径创建(NavMesh)、为角色添加(NavMeshAgent)和编写控制脚本。

16.7　练习题

1.请自行搭建一个场景,并利用 Unity 的寻路系统实现角色的寻路功能。

2.实现当鼠标点击场景中的某个位置时,角色可以自行寻找并到达该目的地的功能。

3.创建 4 个角色,并分为红方和蓝方(各 2 个角色),在场景中分别设定两个目标点,分别为红方目标点和蓝方目标点,通过寻路系统,使得红方和蓝方自行移动到对应的目标点。

4.为场景添加如楼梯、河流等障碍,实现角色的攀爬和绕道的功能。

5.利用第三人称角色素材,实现 NPC 跟踪角色的功能。

6.在场景中实现 NPC 按照固定路径巡逻的功能,当发现玩家角色时,会追击玩家。当 NPC 追击失败时,返回原来固定的巡逻路径。